데이터 모델
리소스 북
vol.1

앞서가는 모델러와
모든 회사를 위한
유니버설 라이브러리

WILEY

the Data Model Resource Book vol.1
A Library of Universal Data Models for All Enterprises

데이터 모델 리소스 북

Revised Edition

렌 실버스톤 지음

김기창 옮김

Volume1

앞서가는 모델러와
모든 회사를 위한
유니버설
라이브러리

스포트라잇북
SPOTLIGHT BOOK

렌 실버스톤(Len Silverston)은 데이터 관리 분야의 저자, 강사, 컨설턴트 및 개척자다. 그는 30년 이상 정보 아키텍처를 개발하고 데이터베이스를 설계하며 데이터 관리 문제를 해결하기 위한 고유한 접근 방식을 사용하여 정보 시스템을 구축하고 통합하는 데 도움을 주었다. 여러 국가 및 국제 회의에서 초청 연사로 활동했으며, 데이터 관리 검토 및 데이터 웨어하우스 연구소의 데이터 웨어하우징 저널과 같은 간행물에 데이터베이스 설계 및 데이터 웨어하우징에 관한 많은 기사를 저술했다.

렌 실버스톤은 기업이 "참조 데이터 모델"을 응용해서 구현하고 전사 통합 시스템을 개발하는 데 도움이 되는 컨설팅 및 교육을 제공하는 Colorado 소재의 Universal Data Models, LLC(www.universaldatamodels.com)의 설립자이자 소유자다. Universal Data Models, LLC는 재사용 가능한 데이터 모델 및 데이터 웨어하우스 디자인의 광범위한 저장소를 통해 짧은 시간에 데이터 아키텍처와 디자인을 개발하는 데 도움을 준다. 이 회사는 고품질의 데이터베이스와 정보 시스템을 짧은 시간에 제공할 수 있는 도구를 제공하는 여러 세미나를 주최한다.

"전체를 볼 수 있다면 진리에 가까워지고 있는 것이다."

제가 모델링 노트의 첫 문장으로 게오르그 칸토어가 말한 집합의 정의를 사용한 이유가 있 듯이, 렌 실버스톤이 위 문장을 이 책의 첫 문장으로 사용한 이유가 있을 것입니다.

이 책 『데이터 모델 리소스 북 vol.1』은 출판된 지 20년이 되어 가는 책입니다. 이렇게 오래 된 책을 번역하게 된 이유가 있습니다. 전체를 볼 수 있도록 참조 모델을 설명하고 있기 때 문입니다. 제가 쓴 모델링 노트 등 모델링 이론 책은 몇 권 있지만 참조 모델을 설명한 책은 드뭅니다. 영역 별로 참조할 수 있는 모델을 소개해서 전체를 볼 수 있도록 하는 게 이 책의 대표적인 특징입니다. 영역 별 개념 모델은 실무에서 응용하기 적절합니다.

다른 이유는 당연히 유명한 책이기 때문입니다. 참조 모델을 다룬 책은 원서도 그렇게 많지 않습니다. 그 중에서도 이 모델링 리소스 책은 최고의 책이라고 생각합니다. 3권이 이미 번 역됐지만, 1권은 더욱 고전인 책이며, 주변에서 여러 사람들이 원서로 공부하는 유명한 책 입니다.

또 다른 이유는 모델링 책이 적다는 것입니다. 출간된 모델링 책 자체도 많지 않지만, 대부 분은 구할 수 없게 된 책입니다. 모델러로서 다양한 모델링 책이 많이 출판되어 모델링이 더 욱 부각됐으면 하는 바람이 있습니다. 책이 많다고 모델링이 중요해지는 것은 아닐 것입니 다. 하지만 모델러가 양성되는 데 도움이 될 것이고, 모델러가 제대로 일하는 데 도움이 될 것입니다. 기업에 좋은 모델이 생기는 데 도움이 될 책입니다.

실제로 이 책에는 모델러가 실무에서 적용하기 적절한 모델이 다수 있습니다. 개념만을 참 조할 수도 있고, 모델을 그대로 참조할 수도 있습니다. 그대로 따라서 설계하지 않더라도 방 향을 잡는 데 도움을 주거나, 방향이 맞는지 확신할 수 있도록 도움을 줄 것입니다.

이 책을 번역하면서 읽을 때는 하지 못했던 어려움이 있었습니다. 번역을 시작하고 두 개의 커다란 문제가 생겼습니다. 모델을 설명하는 내용에 업무에 대한 설명이 많이 포함돼 있다는 점이 난감했습니다. 그러면서 업무에 대한 자세한 설명은 없어 업무에 대해 이해하기 어려웠다는 것입니다. 다른 하나는 모델이나 표를 어떤 형식으로 번역할 것인지가 문제였습니다.

전자는 어쩔 수 없었습니다. 원문이 업무 자체를 설명하는 책이 아닌데다 광범위한 업무를 상세히 설명할 수 없기 때문입니다. 어쨌든 미국의 업무가 우리와 다르게 느껴지는 부분이 있었고, 업무에 대한 이해도가 떨어지는 상태에서 문장 그대로 번역할 수밖에 없었습니다. 내용을 풀어서 설명하거나 추가해서 설명할 수가 없었습니다. 이 점이 번역가로서의 한계였던 거 같습니다.

실제 모델링을 해도 비슷한 상황에 처합니다. 처음 경험한 업무를 설계할 때는 당연히 업무에 대한 이해도가 떨어집니다. 하지만 인터뷰를 하거나 매뉴얼 등의 자료를 활용해 업무를 먼저 충분히 이해하게 되는데, 번역할 때는 이런 과정이 없어서 업무에 대해 충분히 이해할 수 없는 경우가 있었습니다.

특히 6장은 우리 환경에 맞지 않는다는 생각이 들었습니다. "Work Effort"에 대한 번역어를 찾기도 쉽지 않았습니다. 이 장에 포함된 참조 모델 중에 개인적으로 일부 유사한 모델을 설계한 적은 있지만, 그다지 중요하지 않는 모델이었고, 핵심적인 모델로 설계한 경험이 없어서 더욱 그렇게 느껴졌습니다.

번역을 어떻게 할지에 대한 후자의 경우는 시행착오를 몇 번 거쳤습니다. 모델의 엔터티나 속성을 번역하면 의미가 왜곡될 거 같았습니다. CASE 툴의 문제도 있고, 모델 자체를 번역해서 다시 그릴 수도 없었기 때문에 모델 자체는 그대로 두기로 했습니다.

대신 모델을 설명한 본문 내용에 포함된 엔터티나 속성은 그대로 번역했는데, 모델과 연결되지 않아 이해하기 어렵다고 생각해서 형식을 바꿨습니다. 본문 내용에서도 영문을 그대로 활용하면서 참조하도록 우리말 표기를 병행했습니다. 중복 표현으로 어지러울 수도 있었지만, 이해를 돕는 방법이라고 생각했습니다.

예를 들면 엔터티에 대해서는 대문자로 시작하는 영문을 그대로 사용해서 "Order(주문)"와 같이 번역했습니다. 속성은 소문자로 시작하는 영문을 사용해서 "from date(시작일자)"와 같이 번역했습니다. 괄호 안의 엔터티나 속성의 한글 명은 실제 모델링을 할 때의 명명법과 똑같이 띄어쓰기를 하지 않았습니다.

표에 대해서는 번역을 하려고 했지만, 모델과 비슷한 현상이 있었고, 데이터를 나타내는 표를 번역했을 때 가독성이 매우 떨어졌습니다. 그래서 결국 표도 그대로 두고 내용 부분에서 설명을 자세히 하는 게 최선이라 생각했습니다. 본문에서는 번역을 한 후 데이터는 괄호 안에 넣어서 알아볼 수 있도록 했습니다. 스미스(Smith)와 같은 형식입니다.

모델이나 표에 대한 번역과 설명은 어느 정도 만족하고 있습니다. 설명을 읽으면서 모델을 찾는 과정을 반복해야 하지만, 다른 방법을 생각할 수 없었고, 이해하기에 불편하지 않다고 생각합니다.

책 내용에 대해서도 약간의 아쉬운 부분이 있습니다. 공간 제약 때문일 것으로 생각되는데 사례가 충분하지 않거나 적절하지 않아 이해하기 충분하지 않다고 느껴지는 표가 일부 있었습니다. 설명이 길지 않아도 사례 데이터만으로 모델이 이해될 수 있기 때문에 일부 사례가 충분하지 않은 것은 아쉬운 점입니다.

모델이 지나치게 정규화됐다는 점도 염두에 두어야 할 부분 같습니다. 이 점은 오히려 업무를 잘 이해할 수 있게 하기도 합니다. 엄격하게 정규화를 한 점이 단점이라고 볼 수도 없습니다. 개념 모델 성격이기 때문에 더욱 그렇지요. 단지 비정규형 모델은 아니라는 점과 일부 비정규화해야 할 요소가 있다는 점은 감안할 필요가 있습니다.

업무에 대한 설명이 주를 이루는데 이 책에 포함된 모든 업무를 제대로 알고 있는 사람은 드물 것입니다. 더욱이 미국 업무이기 때문에 생소할 수도 있고요. 업무에 대한 개념을 설명하고 있기 때문에 개념 모델 수준에서 개괄적으로 이해하는 것이 좋을 것 같습니다. 튼튼한 구조를 세우는 데 사용하면 좋습니다.

유연한 모델을 지향하고 있다는 점이 매우 좋습니다. 데이터 구조는 예외 없이 변경될 수 있다고 강조합니다. 유연한 설계가 리소스 북에 있는 모델 설계의 핵심이라고 생각합니다. 필요할 경우 비정규화할 수 있다는 정도의 언급이 있을 뿐 물리적인 성능 얘기도 없습니다. 앞서 밝혔듯이 엄격한 정규형 모델을 제시합니다. 이론에 충실한 설계 방법입니다.

중복 데이터의 사용을 지양해야 한다고 강조하는 것도 매우 바람직합니다. 모델링 이론과 데이터베이스 사용 목적에 부합하는 설명입니다. 식별자 값에 의미가 없도록 정하도록 제시하는 것도 의미 있습니다. 보통 식별자 값에 의미 있는 코드 값을 부여하는데 변경될 때 유연하지 않기 때문에 식별만 되도록 의미 없는 번호를 사용할 것을 제안하고 있습니다.

다양한 업무의 참조 모델은 아무래도 업무에 치중될 수밖에 없어 모델링 이론에 소홀할 수 있습니다. 하지만 이 책 『데이터 모델 리소스 북』은 여러 업무의 개념적인 모델을 설명하면서도 모델링의 이론을 원칙적으로 적용해서 설계했기 때문에 실무 모델러에게 많은 도움이 될 것입니다.

충분하진 않지만 데이터 웨어하우스나 데이터 마트에 대한 모델도 포함돼 있습니다. 업무 영역 모델과 상호간의 관계를 알 수 있으며, 넓게는 데이터 아키텍처에 대해 이해하는 데 도움이 됩니다.

- 김기창(역자, 위즈덤마인드 대표 컨설턴트)

『데이터 모델 리소스 북 vol.1』은 데이터 아키텍처 분야 최고의 책이다. 단순히 데이터 아키텍처의 상위 단계(자크만 프레임워크의 1단계 또는 2단계)를 언급하는 것은 아니다. 여러분의 요구 사항에 맞게 사용자 정의할 수 있는 데이터 설계는 물론 공통 및 산업별 논리 모델을 제공한다. 최종 결과는 고급 모델, 논리 모델, 웨어하우스 디자인, 스타 스키마, SQL 스크립트를 포함하여 데이터 아키텍처의 상위 및 하위 수준에 걸쳐 모델이 포함된 풍부한 프레임워크이다. 여러분은 데이터 모델 및 디자인, 스크립트를 자신의 모델링을 위한 템플릿이나 시작점, 친숙하지 않은 주제 영역에 대한 소개, 기존 모델의 유효성을 확인하기 위한 참조 및 전사 데이터 아키텍처 구축에 대한 도우미로 사용할 수 있다. 이 책은 한 단계에서 다른 단계로 모델을 변환하는 기술과 모델에서 적절한 수준의 추상화를 위한 조언 및 기술을 제공한다. 예제 테이블(데이터)은 모델에 생명력을 넣는 데 도움이 된다. 나는 지난 수년 동안 많은 프로젝트에서 이 책의 모델을 수정해서 사용했다. 이 모델은 나에게 귀중한 자료다. - 밴 스콧, Sonata Consulting, Inc. 사장

렌 실버스톤은 데이터 모델러가 일하면서 언젠가 만날 가능성이 있는 일반적인 전사 주제 영역의 광범위한 모습과 다양한 산업에 대한 일반 데이터 모델(너무 일반적이지 않은)에 대해 엄청난 유용성을 지닌 두 권의 책을 썼다. 이 자료는 명확하게 쓰여지고 체계적으로 정리되어 있으며 기업의 비뚤어지거나 어려운 정보 요구사항 일부를 명확하게 보여준다. 이것은 특정 모델링 단계로 뛰어들기 전에 숙지해야 할 귀중한 자원이다. 어떤 상황에 있든 사용할 수 있는 매우 유사한 템플릿은 분명히 존재한다. - 윌리엄 스미스, William G. Smith & Associates 사장

오늘날의 급변하는 e-지향 세계에서 변화하기 어려운 데이터 구조에 비즈니스 제약을 심어 놓는 것은 더 이상 용인되지 않는다. 데이터 설계자는 복잡한 요구 사항을 이해하고 예기치 않은 미래를 예측하여 데이터 아키텍처를 재구성해야 한다. 렌의 모델은 유연한 데이터 모델 제공을 위해 초보자 및 고급 데이터 설계자에게 뛰어난 출발점을 제공한다. 이 모델은 업무 규칙 시대에 조직을 배치한다. 적절한 구현 및 사용자 정의를 통해 비즈니스 정책 및 규칙을 외부화하고 관리하여 사전에 스스로 변할 수 있다. 이러한 방식으로, 렌의 모델과 사용자 정의 절차에 기반한 데이터 아키텍처는 비즈니스 변경의 토대가 된다. - 바바라 폰 할레, Knowledge Partners, Inc. 설립자, 『Handbook of Relational Database Design』의 공동 저자

이 책은 참조 데이터 모델을 구현하는 모든 회사가 오래 기다린 책이며 꼭 필요한 책이다. 실용적인 통찰력과 템플릿이 포함되어 있다. 경험 수준에 상관없이 모든 기업에 도움이 될 수 있다. 대부분의 책은 데이터 모델의 필요성은 다루지만 실용적인 조언을 거의 제공하지 않는다. 이 책은 그런 공백을 채워 모든 기업들이 활용하게 해준다. – 론 파월, DMReview 출판인

전 세계의 기업들은 IT 상점들이 보다 빨리 구축될 수 있는 양질의 시스템을 요구하고 있다. 이 책은 데이터 모델러에게 확장할 수 있는 패턴의 기초를 제공하며, 프로젝트 기간을 단축할 수 있게 한다. 이 책은 L.L Bean에서의 모델링 작업에 가치 있는 자료이자, 모든 모델 작성자 툴킷에서 필수적인 구성 요소라고 생각한다. – 수잔 올리버, L.L. Bean, Inc. Bean, Inc. 전사 데이터 아키텍트

내가 전사 데이터 모델을 원했던 회사에 고용되었을 때, 처음 이 책을 소개받았다. 이 회사는 '모든 회사는 기본적으로 동일하다'는 격언을 믿지 않았다. 그들은 독특한 회사라고 자부했다. 렌 실버스톤의 도움으로 약간의 분석을 한 결과 우리는 실제로 우리가 고객과 계좌, 직원, 혜택 및 다른 회사에서도 발견할 수 있는 것들을 보유하고 있음을 알게 되었다. 우리가 해야 하는 일은 렌의 책에서 상품 구성 요소를 적용하는 것이었다. 이제 우리는 모든 데이터에 대한 훌륭한 프레임워크로 나아갈 준비가 되었다. 이 개정판에는 더욱 흥미진진한 기능인 산업 특유의 데이터 모델이 제공되었다. 예를 들어, 예약은 항공사, 레스토랑 또는 호텔에 관계없이 동일하다(석유 산업에서는 할당이라는 비슷한 것을 가지고 있다). 나의 생각과 어휘를 바꾸어 놓은 또 다른 개념은 'party(관계자)'라는 단어다. 나는 최근 직원이 고객 및 온라인 컴퓨터 사용자로도 기능할 수 있는 프로젝트를 관리했다. 팀은 이 엔터티에 대한 이름과 관련해서 동의하지 않았다. 그러나 이 책을 확인한 후에 우리는 여기서 party(관계자)가 세 가지 역할을 수행한다는 것을 깨달았다. 여러분의 업무가 데이터 웨어하우스 프로젝트를 시작하든 다음 운영 데이터베이스의 주제 영역에 대한 아이디어를 차용하는 것이든 이 책을 설계용 바이블로 사용할 것을 적극 권장한다. – 테드 코왈스키, Equilon Enterprises LLC, 『Opening Doors: Facilitator's Handbook』의 저자

감사의 말

나는 참조 데이터 모델이 중요한 데이터 관리 및 통합 문제에 효과적인 솔루션을 제공할 수 있다고 생각하기 때문에 이 책을 썼다. 지난 20년 간의 보람 있는 상호 작업과 고객과의 관계를 통해 얻은 통찰력과 지식 없이는 이 책을 쓰기 불가능했을 것이다. 비즈니스 및 정보 관리에 대한 지식을 넓히면서 서비스를 제공할 수 있게 해준 이러한 고객들에게 감사의 마음을 전한다. 참조 데이터 모델 구조에 대한 사용, 구현 및 수정은 이 책의 내용에 크게 기여했다. 공헌한 많은 사람들 중에서 Regina Pieper, Howard Jenkins, Rob Jacoby, Chris Nickerson, Jay Edson, Dean Boyer, Joe Misiaszek, Paul Zulauf, Steve Seay, Ken Haley, Ted Kowalski, Mike Brightwell, Dan Adler, Linda Abt, Joe Lakitsky, Trent Hampton, Kevin Morris, Karen Vitone, Tracy Muesing, Steve Lark와 Chuck Dana에게 감사한다. 또한 참조 데이터 모델 패러다임을 추가하고 지원한 많은 고객 조직에 감사한다.

나는 이 책의 현재 판의 내용을 풍부하게 해 준 사람들에게 매우 감사한다. 중요한 기여를 한 사람은 Bob Conway다. 그는 매우 바쁜 컨설팅 일정에서 이러한 모델을 철저히 검토하여 통찰력 있는 제안을 했다. Burt Holmes가 수많은 고객들에게 참조 데이터 모델을 구현하고 이러한 모델의 실제 구현에 필요한 변경 사항에 대한 가치 있는 피드백을 제공하는 작업을 했던 것에 크게 감사한다. 광범위한 데이터 모델링 배경을 기반으로 하는 참조 데이터 모델에 대한 지속적인 아이디어를 제공하고, 참조 데이터 모델 구현 장의 첫 번째 장을 초안한 Natalie Arsenault에게 감사의 마음을 전한다. 참조 데이터 모델 구현 장을 검토한 David Templeton에게 감사한다.

이 책의 초판에서 도움이 된 몇몇 사람에게 감사한다. Wiley에게 이 책의 초판을 제안한 Bill Inmon에게 감사를 드린다. Bill Inmon은 이 책에 데이터 웨어하우스에 대한 비전과 데이터 모델을 데이터 웨어하우스 디자인으로 변환하는 방법을 추가했다. 필자는 이 책의 첫 번째 판에 엄청난 액수의 기부금과 기고금을 기증한 Kent Graziano에게 감사하며, Designer 2000 기술은 초판 CD-ROM 제작에 도움이 되었다. 초판에서의 긍정적인 서문뿐만 아니라 데이터 웨어하우스에 도움을 준 Claudia Imhoff에 감사한다.

나를 인도하는 데 도움을 주고 이 일을 끝마치는 데 도움을 준 멘토들이 있다. Richard Flint에 대한 나의 영감, 지도 및 격려에 감사한다. John DeMartini가 내 인생을 보다 전체적으로 보고 전체적인 통합 시스템에 대해 지속적으로 배우고 글쓰기를 촉구해 준 데 대해 감사한다.

John Wiley & Sons에서 내가 아는 최고의 편집인인 Bob Elliott와 함께 이 책을 작업할 수 있게 된 것을 영광으로 생각하며, 나를 지속적으로 격려해 준 것뿐만 아니라 이 책에 대한 훌륭한 비전, 관리, 편집 및 지원에 감사한다. 나는 Wiley에서 John Wiley & Sons의 Emilie Herman이 이 책을 출판하면서 많은 작업을 담당해 준 것에 감사한다.

내 글에서 내게 영감을 불어넣고 지원해 주는 작가인 Dede Silverston에게 감사한다. 나의 아버지, 위대한 아버지인 Nat Silverston, 내 형제이자 위대한 친구인 Steve Silverston은 내 영혼에 기운을 주고 나를 위해 존재했으며, 큰 언쟁을 했던 내 동생 Betty Silverston에게도 감사의 마음을 전한다. 무엇보다도 나는 이 책을 쓰는 동안에 아름다운 아내인 Annette, 딸 Danielle와 Michaela의 지지와 인내와 사랑이 있었기 때문에 축복을 받았기에 감사와 사랑의 마음을 전한다.

차례

역자의 말 (그리고 이 책 활용을 위한 도움말) 5
이 책에 쏟아진 찬사 9
감사의 말 11

추천사_데이터 모델러들의 필독서이자 반드시 소장해야 할 책 22

1장_전체를 볼 수 있다면 진리에 가까워지고 있는 것이다 25
왜 이 책이 필요한가? 25
이 책을 읽으면 도움이 될 사람은 누구인가? 26
참조 데이터 모델의 필요성 26
시스템 개발의 전체론적 접근법 27
이 책과 모델들의 활용 방법 29
이 책에 추가된 것들 30
이 책에 사용된 표기법과 표준 31
　엔터티 31
　슈퍼타입과 서브타입 32
　　상호 배타적이지 않은 서브타입 집합 33
　속성 34
　관계 35
　　관계존재성 36
　　관계비 36
　　외래 키 관계 37
　　외래 키 상속 37
　　다대다 관계를 다루는 교차 엔터티 38
　　배타 관계 40
　　재귀 관계 40
　물리 모델 41
　사례 표에 사용된 표기법 41
　부록에 관하여 41

2장_사람과 조직 43
조직 44
사람 47
　사람 대안 모델 49
관계자 51
관계자 역할 55

조직 역할 57
공통 관계자 역할 서브타입 58
트랜잭션이 일어난 시간에 역할이 정의돼야 하는가? 59
관계자 역할 예제 60
이 책에 나온 역할 유형 60
관계자 관계 **62**
관계자 관계 예제 69
관계자 관계 정보 71
상태 유형 72
관계자 접촉 정보 **73**
우편 주소 정보 73
지리 구역 76
관계자연락매체-통신번호와 전자주소 77
관계자 연락 매체(확대) 78
연락 매체 목적 80
시설 대 연락 매체 **82**
관계자 접촉내역 **84**
접촉내역 후속 조치 90

3장_상품 92

상품 정의 93
상품 카테고리 94
상품 식별 코드 98
상품 특성 99
상품 특성 연계 100
상품 특성 서브타입 101
상품 특성 예제 102
측정 단위 103
상품의 공급업체와 제조업체 105
재고품 보관 107
상품 가격 110
Price Component(가격구성요소) 111
가격 구성요소 속성 및 상품이나 상품 특성과의 관계 112
가격 결정 요인 112
국제 가격 114
상품 가격 책정의 예제 116
상품 원가 118
상품과 상품 연계 120
상품과 부품 124

4장_상품 주문 **129**

표준 주문 모델 130
주문과 주문 품목 133
주문 관계자 및 연락 매체 137
  판매 주문 관계자 및 연락 매체 138
    주문 관계자 및 관련 연락매체 140
    주문 접수 관계자 및 관련된 연락 매체 140
    배송 관계자 및 연락 매체 141
    청구 관계자 및 연락 매체 143
    주문에 대한 개인 역할 143
  구매 주문 관계자 및 연락 매체 144
  일반 주문 역할과 연락 매체 146
주문 조정 **149**
  주문 상태 및 조건 153
  주문 상태 153
  주문 조건 153
주문 품목 연계 **154**
추가적 주문 모델 **156**
요구사항 **157**
  요구사항 역할 158
  요구사항 상태 160
  상품 요구사항 160
  주문 요구사항 실행 160
  요구사항 예제 161
요청 **163**
  요청 163
  요청 항목 165
견적 정의 **167**
  견적 역할 168
  견적 169
  견적 품목 169
  견적 조건 170
계약 정의 **171**
계약 품목 **174**
계약 조건 **177**
계약 가격 **179**
주문 계약 **183**

5장_배송 186

배송 187
    배송 유형 187
    배송 관계자 및 연락매체 188
배송 세부 정보 191
    배송 상태 193
주문과 배송 관계 194
배송 수령 198
출하 품목에 대한 품목 배급 202
배송 문서 203
배송 경로 205
    배송 차량 208

6장_작업 활동 211

작업 요구사항 및 작업 활동 212
작업 요구사항 정의 212
    Requirement Types(요구사항 유형) 214
    기대 수요 216
    주문과 비교한 작업 요구사항 216
작업 요구사항 역할 217
작업 활동 생성 219
    작업 활동 유형 및 작업 활동 목적 유형 221
    작업 활동 속성 222
    작업 요구사항 수행 222
    업무 활동 및 시설 225
    작업 활동 생성 - 대체 모델 226
업무 활동 연계 227
    작업 활동 연계 정의 227
    작업 활동 종속 229
    작업 활동 및 작업 임무 229
작업 활동 관계자 할당 229
    작업 활동 관계자 할당 231
    관계자 기술과 기술 유형 232
    작업 활동 상태 232
    작업 활동 관계자 할당 234
    작업 활동 역할 유형 235
    작업 활동 할당 시설 235
작업 활동 시간 추적 237

작업 활동 요금 **240**
    작업 활동 할당 요금 242
재고 배정 **243**
고정 자산 배정 **244**
    고정 자산 245
    고정 자산 유형 245
    고정 자산 배정 및 상태 247
관계자 고정 자산 할당 **248**
작업 활동 유형 표준 **249**
    작업 활동 기술 표준 251
    작업 활동 제품 표준 251
    작업 활동 고정 자산 표준 252
작업 활동 결과 **254**

7장_청구 256

송장과 송장 품목 **257**
송장 역할 **262**
결제 계정 **265**
송장 특정 역할 **268**
송장 조건 및 상태 **270**
    송장 상태 270
    송장 조건 272
송장 및 연관 거래 **272**
    배송 품목에 대한 대금 청구 273
    작업 활동 및 시간 항목에 대한 요금 청구 276
    주문 품목에 대한 대금 청구 278
지불 **279**
재무 회계와 입금, 인출 **285**

8장_회계 및 예산 288

내부 조직 회계 계통도 **289**
    총계정 원장 계정 및 유형 290
    조직 총계정 원장 계정 291
    회계 기간 292
회계 거래 정의 **294**
    기업 거래 대 회계 거래? 296
    회계 거래 296

회계 거래 및 관련 관계자 299

회계 거래 세부 정보 299

거래 세부 301
회계 거래 세부 사항 간의 관계 303

계정 잔액 및 거래 305

보조 계정 307

자산 감가상각 308

예산 정의 310

예산 310
예산 품목 313
예산 상태 313

예산 수정 314

예산 검토 316

예산 시나리오 318

예산 금액의 사용 및 출처 320

예산에 대한 약정 322
예산에 대한 지불 323

총계정원장과 예산 관계 325

예산 품목 대 총계정 원장 계정 327

9장_인적 자원 330

표준 인적 자원 모델 331

고용 333

직위 정의 334

직위 336
직위 승인 336
직위 유형 336
직위 책임 337

직위 유형 정의 339

조직 340

직위 이행 및 추적 341

직위 이행 341
직위 상태 유형 342
채용 조직 343
기타 고려 사항 343

직위 보고 관계 343

직위 보고 구조 345

급여 결정 및 지불 내역 346

직위 유형 비율 346

급여 등급 및 호봉 348
지불 내역 및 실제 연봉 350

혜택 정의 및 추적 **351**
고용 351
관계자 혜택 351
기간 유형 353
혜택 유형 353

급여 정보 **354**
직원 354
지불 방법 유형 354
급여 선호 356
급여 357
공제 및 공제 유형 357

구직 신청 **358**

직원 기술 및 자격 **360**

직원 성과 **360**

직원 해고 **363**

10장_전사 데이터 모델에서 데이터 웨어하우스 데이터 모델 생성 368

데이터 웨어하우스 아키텍처 **368**
전사 데이터 모델 368
데이터 웨어하우스 디자인 369
부서별 데이터 웨어하우스 디자인 또는 데이터 마트 369
설계된 데이터 웨어하우스 환경 369

전사 데이터 모델 **371**
변환 요구사항 371
프로세스 모델 373
상위 및 논리 데이터 모델 374

변환하기 **375**
운영 데이터 제거 376
웨어하우스 키에 시간 요소 추가 377
파생 데이터 추가 378
관계 아티팩트 생성 379
데이터의 세분성 변경 382
테이블 병합 382
데이터 배열 만들기 384
안정성에 따른 데이터 구성 385

11장_예제 데이터 웨어하우스 데이터 모델 387

고객 송장으로의 변환 388
운영 데이터 제거 389
시간 요소 추가 389
파생 데이터 추가 392
관계 아티팩트 만들기 392
세밀도의 수용 수준 395
테이블 병합 395
안정성에 따른 분리 395
기타 고려 사항 396
예제 데이터 웨어하우스 데이터 모델 397
공통 참조 테이블 397

12장_판매 분석을 위한 스타 스키마 설계 399

판매 분석 데이터 마트 400
고객 판매 팩트 테이블 402
고객 디멘전 403
고객 인구 통계 디멘전 403
영업 사원 디멘전 405
내부 조직 디멘전 405
주소 디멘전 406
상품 디멘전 407
시간 디멘전 407
트랜잭션 지향 판매 데이터 마트 409
영업 분석 데이터 마트의 변형 411
변형 1: 영업 사원 실적 데이터 마트 411
고객 담당자 판매 팩트 테이블 413
시간 디멘전 413
변형 2: 상품 분석 데이터 마트 413
상품 판매 팩트 테이블 414
지리 구역 디멘전 414

13장_인적 자원을 위한 스타 스키마 디자인 417

인적 자원 스타 스키마 418
인적 자원 팩트 테이블 419
조직 디멘전 420
직위 유형 디멘전 421
성별 디멘전 422
근속연한 디멘전 422

상태 디멘전 422
급여 등급 디멘전 422
EEOC 유형 디멘전 422
월별 기간 디멘전 423
높은 수준의 세분화된 인적 자원 스타 스키마 **424**

14장_추가 스타 스키마 디자인 **426**
재고 관리 분석 **427**
구매 주문 분석 **429**
배송 분석 **429**
작업활동 분석 **431**
재무 분석 **432**

15장_참조 데이터 모델 구현 **435**
전사 데이터 모델 – 기업 정보의 통합 비즈니스 뷰 **436**
참조 데이터 모델 사용자 정의 438
사용자 정의 변경 438
고유 비즈니스 용어에 대한 모델 사용자 정의 439
특정 기업에 대한 용어 변경의 사례 441
기업에 필요한 추가 정보 요구사항 444
참조 데이터 모델 및 전사 데이터 모델로 비즈니스 문제를 해결하는 방법 446
특정 응용 프로그램에 대한 데이터 모델 사용 **447**
업무 프로세스 이해하기 448
논리 데이터 모델 작성 450
물리 데이터베이스 설계 **453**
데이터베이스 디자인 기본 원칙 453
물리 데이터베이스 설계 생성 455
물리 데이터베이스 설계 예 456
관계자 역할 및 관계 모델 검토 456
관계자 역할 및 관계 물리 디자인, 옵션1 458
물리 데이터베이스 설계를 위한 예제 데이터, 옵션1 462
관계자 역할 및 관계 물리 설계, 옵션2 466
관계자 역할 및 관계 일반 설계, 옵션3 469
데이터 웨어하우스 모델 사용 **473**

부록 A_논리 데이터 모델 엔터티와 속성 **479**
부록 B_데이터 웨어하우스 데이터 모델의 테이블과 컬럼 **533**
부록 C_스타 스키마 설계의 테이블과 컬럼 **539**
그 밖의 데이터 모델과 데이터 웨어하우스 디자인 자료 **549**

데이터 모델러들의 필독서이자
반드시 소장해야 할 책

1970년대 중반에 처음 데이터 모델링 분야에 종사할 때 나는 모델링 작도법과 정규화 규칙, 그리고 모델 설계를 잘하기 위한 몇 가지 원칙을 배웠다. 하지만 내가 배운 교육은 단순한 부분만을 다뤘다는 것을 곧 알았다. 경험 있는 모델러라면 알겠지만 모델러의 진정한 임무는 업무 요구사항을 이해하고 요구사항을 지원하도록 적절한 개념과 구조를 선택하는 데 있다. 전사에서 어떤 것들이 데이터로 관리돼야 하는지, 어떻게 관계를 가지고 있는지를 묻는 물음에 대한 전통적인 조언은 종종 '엔터티와 관계를 식별하는 과정은 매우 어렵다'는 식으로 매우 단순화돼 있다.

전문가, 즉 경험 있는 데이터 모델러는 제일의 원칙을 사용해서 모델링을 수행하기보다 기존에 설계했던 모델이나 일부를 채택하거나 재사용한다. 사실 그들의 경쟁력은 필수 기술을 사용한 뛰어난 재능에서만 나오는 것은 아니다. 그들의 역량은 개인적으로 가지고 있는 모델 자료에서 나올 수 있는데, 그 자료는 문서화된 게 아니라 기억에 의존하는 것이다. 템플릿 모델의 재사용은 업무 전문가와 모델러 간의 대화를 본질적으로 바꿨다. 모델러는 그들의 모델 중에서 어떤 모델이 상황에 적절할지를 찾은 후에 상세하게 검토할 것이다. 이 방법은 기존의 전통적인 방법보다 모델러가 더욱 주도적인 역할을 하는 것이며, 업무 전문가나 모델러 둘 다 아이디어를 제안할 수 있고 만족할 만한 최종 모델을 이끌어낸다.

물론, 개인이 라이브러리 수준으로 모델을 확보하기 위해서는 광범위한 업무 요구사항을 다뤄야 하고 시간이 필요하다. 게다가 일부 전문 데이터 모델러만 이렇게 할 수 있는 기회를 얻는다. 현실에서는 많은 데이터 모델링이 비 전문가에 의해서 수행된다.

명확히 더 나은 방법은 전문 모델러가 대부분의 업무에서 공통으로 존재하는 요건을 설계해서 공유하고 논의하면서 모델을 향상시키는 것이다. 거의 모든 기업은 고객이나 직원, 판매에 대한 데이터를 관리해야 한다. 거의 모든 데이터 모델러는 단순하지 않은 이런 공통 부분을 설계하는 데 많은 시간을 허비하면서 쓸데없이 애쓰지만 그렇다고 어떤 모델러가 더 잘 설계했는지에 대해서 확신하지도 못한다.

데이터 모델링 분야에 더해진 이런 상황은 오래 전에 시작됐다. 책이나 논문, 교육 자료는 지속적으로 모델링 패러다임이나 작도법, 정규화와 같은 데이터 모델링의 기초에 초점을 맞췄다. 기초가 중요한 요소인 건 확실하지만, 더 완성된 자료가 부족하다는 점은 데이터 모델링이 제대로 자격을 갖춘 지식 분야의 지위를 누리기 어렵게 하고 있다.

아마도 그 이유는 공통 상황을 알고 그것을 모델로 설계하는 입장에 있는 개인이 현역 모델러, 특히 광범위한 영역의 업무 요건을 볼 기회가 있는 컨설턴트이기 때문이다. 그들이 수년 간 개발한 모델은 가치 있는 전문적인 자원이고 일반 출판용보다는 컨설팅 임무에 더 적합하다. 또한 동료가 세심히 검토할 수 있도록 스스로 해결책을 제시할 용기가 있고, 가장 뛰어난 해결책을 개발하기 위해 자연스럽게 문제에 집중할 것이다.

렌 실버스톤의 이 책은 업무 요건을 데이터 모델로 설계하는 역할을 하는 사람이라면 반드시 읽어야 하는 책이다. 또한 렌이 내용을 지속적으로 향상시키고 있기에 핵심 모델이 권위 있는 출발점으로서 응당한 지위를 얻을 것이라는 희망을 갖게 되었다.

그레임 심시언

CHAPTER

1

전체를 볼 수 있다면
진리에 가까워지고 있는 것이다

왜 이 책이 필요한가?

많은 데이터 모델링 컨설팅 업무에서 고객은 같은 질문을 한다. "이런 구조로 설계하는 표준화된 방법을 보여주는 책을 어디에서 찾을 수 있는가? 우리가 기업이나 주소 데이터를 설계하는 첫 번째 회사는 아니지 않는가?"

많은 조직이 외부의 자료를 거의 참고하지 않고 데이터 모델이나 데이터 웨어하우스 설계를 개발한다. 시스템 설계의 중요한 컴포넌트를 개발하기 위해 경험 많은 컨설턴트를 고용하거나 내부 인력을 사용하는 데 많은 비용이 든다. 회사가 데이터 모델이나 데이터 웨어하우스 설계를 입증하거나 데이터베이스 구조에 대한 대안을 찾기 위해 사용할 수 있는 객관적인 참고 자료는 드물다.

템플릿 또는 일반 데이터 모델을 사용하고 다양한 기업에 맞게 수정한 다수의 경험을 기반으로 우리는 다음의 결론을 내렸다. 보통 50% 이상의 데이터 모델이 대다수 조직에 적용할 수 있는 공통 구조로 이루어져 있으며, 다른 25%의 모델은 산업에 특화돼 있고, 평균적으로 약 25%의 모델이 해당 조직에 특화돼 있다는 사실이다. 이것은 대부분의 데이터 모델링 노력이 다른 조직에서 이미 여러 번 설계된 모델 구조를 재현하는 것이라는 의미다.

매번 회사가 새로운 시스템을 개발하는 데 시간을 낭비하지 않으려면 모델링 작업을 시작할 수 있는 데이터 모델 원본을 가지고 있어야 한다는 것은 자명하다. 이제 우리는 공통적이거나 일반적인 데이터베이스 구조를 사용함으로써 시간과 비용을 절감할 수 있다. 회사가 이전에 시스템을 개발할 때 확보한 데이터 모델이 있더라도 표준 모델은 대안을 평가하기 위해서 객관적인 원본과 비교하면서 디자인을 검토하는 데 매우 도움이 될 것이다.

많은 책들이 모델을 어떻게 설계해야 하는지를 설명하지만 예제 모델은 매우 적다. 이 책은 모델링을 잘 시작할 수 있도록 적합한 모델을 제공한다. 이는 모델러가 최소한의 노력으로 더 효과적이고 통합된 데이터베이스 디자인을 개발하도록 도울 것이다.

이 책을 읽으면 도움이 될 사람은 누구인가?

이 책은 다양한 종류의 시스템을 개발하는 많은 전문가, 즉 데이터 관리자, 데이터 모델러, 데이터 분석가, 데이터베이스 설계자, 데이터 웨어하우스 관리자, 데이터 웨어하우스 설계자, 데이터 담당자, 데이터 통합 담당자, 그리고 데이터 구조를 분석하거나 통합하는 사람들 모두에게 도움이 된다. 시스템 전문가는 생산성을 높이고 모델 품질을 체크하기 위해 이 책에 있는 데이터베이스 구조를 사용할 수 있다.

참조 데이터 모델의 필요성

데이터 모델링의 개념은 1976년에 피터 첸의 논문인 "실체-관계 모델링"에서 새롭게 발견한 방법으로 처음 등장했다. 그후로 데이터 모델링은 데이터베이스를 설계하는 데 사용하는 표준 방법이 됐다. 조직의 데이터를 올바르게 모델링함으로써 데이터베이스 설계자는 부정확한 정보와 비효율적인 시스템의 주 원인인 중복 데이터를 제거할 수 있다.

최근에 데이터 모델링은 널리 알려져 있고 효과적인 데이터베이스를 설계하는 데 적합한 방법으로 받아들여진다. 기업에 표준 템플릿을 제공하여 백지 상태에서 급하게 설계하지 않고 템플릿을 사용해서 정제하고 수정하면서 설계할 수 있도록 하는 활동이 반드시 필요하다.

비록 많은 표본 모델이 존재하긴 하지만 데이터 모델링을 한 단계 더 나아가게 할 필요성이 있으며, 그 단계는 공통 데이터 모델 예제가 있는 라이브러리에 편하게 접근해서 사용하도록 하는 것이다. 서로 다른 많은 조직과 산업은 이 데이터 모델 라이브러리를 사용할 수 있어야 한다. 이런 참조 데이터 모델은 시스템 개발 과정에서 사용되는 막대한 시간과 비용을 절감할 수 있도록 해준다.

시스템 개발의 전체론적 접근법

효과적인 시스템을 구축하기 위한 가장 훌륭한 도전 중 하나는 통합이다. 시스템은 필요할 때마다 개별적으로 구축되곤 한다. 기업은 응대 관리 시스템, 판매 주문 시스템, 프로젝트 관리 시스템, 회계 시스템, 예산 시스템, 구매 주문 시스템, 인적 자원 시스템 등 다양한 시스템이 필요하다.

시스템이 개별적으로 구축될 때는 정보 저장소가 각 시스템에 생성된다. 이 중 많은 시스템은 조직, 사람, 장소, 상품과 같은 공통 정보를 사용할 것이다. 이는 시스템이 개별적으로 정보 원천을 구축해서 각자 사용한다는 것을 의미한다. 이런 접근의 대표적 문제점은 같은 종류의 정보가 여러 시스템에 걸쳐 중복 저장되기 때문에 정보를 정확하게 관리하고 최신의 상태로 유지하기가 거의 불가능하다는 것이다. 큰 조직에서 고객, 사원, 조직, 상품, 위치 정보가 십여 개의 분리된 시스템에 저장돼 있는 것을 보는 일은 어렵지 않다. 그러면 어떤 정보가 최신 정보며 가장 정확한 정보인지 어떻게 알 수 있겠는가?

통합되지 않은 데이터 구조 시스템 운영의 또 다른 문제점은 기업이 통합된 정보를 조회할 때 일관된 정보를 볼 수 없다는 것이다. 개인과 조직, 상품과 재고에 대한 완전한 정보를 조회할 수 있다는 것은 대단한 장점이다. 어떤 조직이라도 타 부서가 무엇을 하는지 알 수 있고, 조직의 대고객 부서, 판매 부서, 구매 부서, 회계 부서가 사람, 조직, 상품에 대한 정보를 어디에 통합했는지 알 수 있도록 구축된 시스템을 상상해 보라. 통합 시스템은 서비스와 판매는 물론, 기업의 생산성에 커다란 차이를 가져다 줄 것이다.

시스템 개발의 또 다른 접근 방법은 개별 시스템을 서로 연결해서 사실상 하나의 연결 시스템에서 볼 수 있도록 하는 것이다. 시스템이 효과적으로 작동할 수 있도록 전사적 프레임워크를 구축하는 것은 대단히 유용하다. 이 프레임워크에는 기업의 가장 가치 있는 자산 중 하나인 정보를 관리 지원할 수 있는 전사 데이터 모델을 포함해야 한다. 각 시스템이나 응용 프로그램은 사람, 조직, 상품, 위치에 대한 유사한 정보를 사용하기 때문에 공유 정보 아키텍처는 매우 유용하다.

IS(정보 시스템) 산업은 통합된 디자인이 필요하고, 많은 기업 데이터 모델링과 기업 데이터 웨어하우스 모델링의 필요성을 인지하고 있다. 불행하게도 IS 산업이 기업 데이터 모델을 구축하고 운영한 실적은 매우 부족하다. 기업들은 데이터 모델을 구축하기 위해서는 매우 많은 시간과 자원이 소요된다는 것을 깨닫고 있다.

CASE(Computer-Aided Systems Engineering) 도구는 기업이 모델링에 노력을 들일 때 엄청난 생산성과 시간 절약을 가져다준다. 이런 도구는 모델을 문서화하는 데 도움이 되는 반면, 불행하게도 좋은 기업 모델을 개발하는 시간을 줄이지는 못한다.

많은 기업이 시간적 제약 때문에 기업 데이터 모델 구축을 중단했다. 그들은 기업 데이터 모델링과 CASE 도구의 사용이 아닌 다른 대안을 택하고 있다.

기업 데이터 모델 구축에 시간과 비용을 들이지 않고 경영자가 원하는 경영 정보를 제공하는 방법은 결국 데이터 웨어하우스 시스템을 만드는 것이다. 기업은 의사 결정 지원 시스템을 구축하기 위해서 정보의 필요한 부분을 운영 시스템으로부터 직접 추출하고 있다.

이 방법의 유일한 문제점은 전과 동일한 문제가 존재한다는 것이다. 데이터 웨어하우스에 존재하는 정보가 다수의 부정확한 원천에서 추출된 것일 수도 있기 때문이다. 만약 고객 정보를 저장하고 있는 곳이 여러 군데라면 어떤 시스템의 정보가 가장 정확한 원천인가?

데이터 웨어하우징 원칙에 따르면 변환 규칙은 데이터를 통합하고 정제하는 역할을 해야 한다. 만약 다양한 데이터 조각에 대한 부서들의 요구사항이 서로 다르다면, 각 부서는 운영 시스템에서 직접 추출해서 자신의 정보를 구축하게 된다. 특정 부서는 특정 알고리즘을 사용해서 정보를 변환한다. 어떤 부서는 또 다른 알고리즘을 사용할 수 있다. 예를 들어 두 부서가 판매 분석 정보를 추출할 때, 한 부서는 주문 처리 시스템을 원천 데이터로 사용하고 다른 부서는 송장 시스템을 원천 데이터로 사용한다고 생각해 보다. 고위 경영자는 양쪽의 데이터 웨어하우스에서 다른 결과를 보게 될 수도 있다. 그러면 모든 정보에 대해 의문을 가지게 될지도 모른다. 이런 시나리오는 사실 데이터를 분산시킬수록 여러 원천 데이터가 지닌 초기 문제를 악화시킨다.

이는 데이터 웨어하우스 접근법의 잘못만은 아니다. 의사 결정 지원 시스템을 구축하는 것뿐만 아니라 통합 환경에 이행 경로를 구축하는 것도 매우 효과적이고 기발한 접근법이다. 데이터 웨어하우스 변환 절차는 운영 시스템 어디에 데이터의 불일치가 있으며 데이터 중복이 있는지 알 수 있게 해준다. 따라서 더욱 통합된 데이터 구조로 이행하기 위해서 이런 정보를 사용하는 것은 반드시 필요하다.

좋은 품질의 정확한 정보를 제공하기 위해서는 통합된 데이터 구조를 구축하는 것이 답이다. 이렇게 할 수 있는 유일하고 효과적인 방법은 기업 내에 있는 데이터와 그 데이터 간 관계가 어떻게 어울리는지를 이해하고 데이터를 전체적인 통합 관점에서 보는 것이다. 효과적인 시스템을 구축하기 위해서 데이터의 본질을 이해하는 것은 필수다. IS 산업은 시간이 오래 걸린다는 이유로 기업 데이터 모델링이나 CASE 도구가 잘못된 방법이라고 말해선 안 된다. 더 효과적으로 일할 수 있는 길을 찾아야 한다. 공통적이며 재사용이 가능한 데이터 구조를 구축함으로써 IS 산업은 빠른 결과를 낼 수 있고 트랜잭션 처리와 데이터 웨어하우스 환경 모두에서 통합된 구조로 나아갈 수 있다.

이 책과 모델들의 활용 방법

대부분의 데이터 모델링 책은 데이터 모델링 기술과 방법론에 초점을 맞추고 있지만 이 책의 접근은 완전히 다르다. 이 책은 독자가 데이터를 어떻게 설계하는지를 안다고 가정한다. 대부분의 정보 시스템 전문가는 데이터 모델링 개념에 익숙하고 이 책을 이해할 수 있을 정도로 데이터 주변에서 오랫동안 일했다. 따라서 이 책은 예제를 설명할 때를 제외하고는 데이터 모델링 원칙을 설명하는 데 시간을 들이지 않는다. 데이터 모델러는 더 나은 데이터 모델을 개발하기 위해 이전에 했던 경험에 더해서 이 책에 포함된 데이터 모델 예제를 수정해서 사용할 수 있다. 기본적으로 이 책은 모델러에게 기초적인 도구와 재사용할 수 있는 요소를 제공한다. 모델러는 더 생산적으로 일할 수 있고, 급하게 데이터 모델을 구축하는 대신에 표준 데이터 모델로 모델링을 시작할 수 있어 많은 시간과 노력을 줄일 수 있다.

더 나아가 독자는 의사 결정 지원 환경에 사용할 수 있는 데이터 웨어하우스 모델을 유용하게 사용할 수 있다. 이 책은 데이터 웨어하우스 디자인 예제를 제공하는 것뿐만 아니라 논리 데이터 모델을 전사적 데이터 웨어하우스로 어떻게 전환하는지, 그 후에는 부서별 데이터 마트로 어떻게 전환하는지 상세하게 설명한다. 이 책에서 설명한 논리 데이터 모델과 데이터 웨어하우스 모델은 매우 다양한 기업에 적용될 수 있다.

이 모델들은 기업의 논리 모델과 데이터 웨어하우스 데이터 모델 개발의 출발점이 되도록 의도한 것이다. 각 기업은 자신만의 상세한 요구사항이 있을 것이다. 이 모델들을 특정 기업에 실행하기 위해서는 수정이 필요하다. 데이터 웨어하우스 데이터 모델은 논리 데이터 모델이 아닌 실제 데이터베이스 디자인을 반영하기 때문에 이 모델들을 사용하기 위해서는 기업의 특화된 업무 요구사항에 더 의존해야 한다. 그밖에 이 책의 모델들은 기업에서 이미 사용 중인 데이터 모델을 검증하는 데 사용될 수 있다.

이 책의 첫 번째 부분(2장부터 9장까지)에 나오는 모델들은 논리 데이터 모델이며 물리 데이터베이스 설계가 아니다. 이 모델들은 정규화됐고, 물리 데이터베이스를 설계할 때는 비정규화를 고려해야 할지도 모른다. 마찬가지 관점에서 논리 데이터 모델은 어떤 추출 속성도 포함하지 않는다. 왜냐하면 추출 속성은 업무의 정보 요구사항에 포함되는 속성이 아니기 때문이다. 추출 속성은 물리 데이터베이스의 성능을 향상시키는 데만 기여한다.

논리 데이터 모델은 기업의 데이터 요건을 나타낸다. 데이터 모델에 반영될 수도 있는 업무 처리 규칙은 상당수 모델에 모두 포함시키지 않는다. 데이터 모델은 일반적으로 업무 규칙을 반영하기 위해 필요한 모든 정보를 제공한다. 그러나 독자는 데이터 모델을 보완하기 위해서 부가적인 업무 규칙이 설계될 수 있는 많은 경우를 보게 된다. 이 책에서 업무 규칙이 필요한 예제를 제공한다.

이 책의 데이터 모델들은 여러 산업 분야와 기업에 도움이 될 수 있도록 설계됐다. 대부분의 기업에서 나타나는 매우 공통적인 데이터 구조를 대표하기 때문에 특별히 책에 실었다. 특화된 기업에 의존적인 데이터 모델을 설계할 필요가 있을 때마다 많은 기업에서 사용할 수 있도록 가장 유연한 데이터 모델을 선택했다.

게다가 참조 데이터 모델을 적용하는 장에서는 전사 데이터 모델, 논리 데이터 모델, 물리 데이터베이스 디자인을 구축하기 위해서 어떻게 데이터 모델을 사용하는지를 설명한다. 데이터 모델이 데이터베이스 관리 시스템에 적용되는 물리 데이터베이스 설계로 어떻게 변환되는지를 보여주는 상세한 예제가 제공된다.

이 책에 추가된 것들

데이터 모델 리소스 북은 향상된 많은 모델들을 추가로 제공한다. 매우 많은 내용을 수정했고 추가했다. 그 모델들은 매우 수준이 높은 것들이다. 이 책에 있는 대다수의 데이터 모델은 엔터티와 속성, 관계를 추가해서 상당히 향상됐다. 다양한 사용 경험을 바탕으로 더 효과적인 데이터 구조를 반영하기 위해서 모델이 수정됐다.

14장에는 데이터 분석 솔루션의 템플릿으로 사용할 수 있는 스타 스키마를 추가했다. 15장에서는 전사 데이터 모델, 논리 데이터 모델, 물리 데이터베이스 설계를 구축하기 위해 참조 데이터 모델을 어떻게 사용해야 하는지를 설명했다. 참조 데이터 모델 중 하나를 적용하기 위해서 전사 데이터 모델과 논리 데이터 모델을 보강한 예제와 일부 물리 데이터베이스 설계 예제를 제공한다. 매우 많은 참조 데이터 모델이 이미 존재하는 종합적인 라이브러리에 추가됐다. 표 1.1은 새롭게 추가된 모델을 나타낸다.

이 책에 사용된 표기법과 표준

이 책에 사용된 모델에서 볼 수 있는 명명 표준과 작도법을 설명한다. 엔터티, 서브타입, 속성, 관계, 외래 키, 물리 모델, 사례 테이블에 대해서 자세하게 알아본다.

엔터티

엔터티는 기업이 정보를 저장하려고 하는 어떤 중요한 곳이다. 이 책에서는 엔터티를 대문자로 나타낸다. 예를 들어 ORDER(주문) 엔터티는 상품을 구매하는 관계자 간의 행위 정보를 저장하는 엔터티를 나타낸다. 개념과 업무 규칙을 묘사하기 위해서 엔터티의 이름이 문장에 사용될 때는 일반 텍스트처럼 쓴다. 예를 들어 "많은 기업은 판매 주문 정보를 저장하기 위해서 판매 주문 양식과 같은 방법을 보유하고 있다."와 같다.

엔터티에 대한 명명법은 운영되는 정보를 반영한 가능한 의미 있는 단수 명사를 사용하는 것이다. 추가로 만약 ORDER(주문) 엔터티와 같이 실제로 발생한 특정 인스턴스를 나타내는 게 아니라 ORDER TYPE(주문유형) 엔터티와 같이 정보의 분류를 나타낸다면 접미어 "TYPE"를 엔터티 명에 추가한다.

이 책에서는 id(아이디)와 description(설명)만이 있는 엔터티라도 ERD에 TYPE 엔터티로 포함시킨다. 이런 엔터티들은 완전한 모델을 위해서 추가되고 허용 값이 어디에 저장돼 있는지를 보여주기 위해서 포함된다.

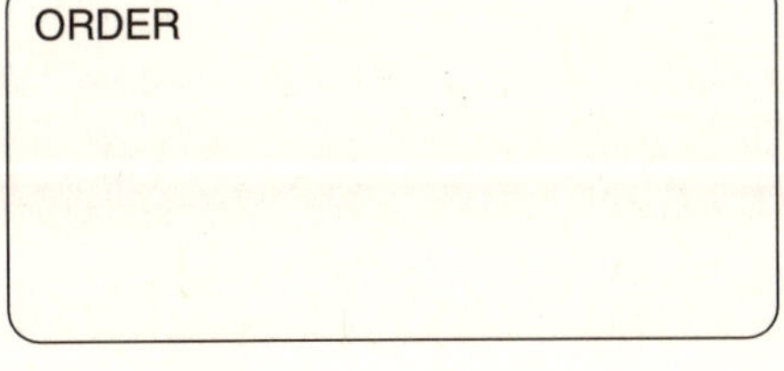

ORDER

그림 1.1 엔터티

엔터티가 만약 정보로서 관리해야 하는 기업의 요구사항이라면 그 엔터티는 데이터 모델에 포함된다. 예를 들어 기업이 배송 추적에 관심이 없다면 데이터 모델에 이 정보는 포함되지 않아야 한다. 왜냐하면 그것은 기업이 관리할 정도로 중요한 정보가 아니기 때문이다.

엔터티는 둥근 박스로 표현된다. 그림 1.1은 ORDER(주문) 엔터티를 보여준다.

슈퍼타입과 서브타입

간혹 서브 엔터티로 언급되기도 하는 서브타입은 일반적인 엔터티와 마찬가지로 속성이나 관계를 가지고 있는 엔터티의 종류다. 예를 들어 LEGAL ORGANIZATION(법인조직)과 INFORMAL ORGANIZATION(비공식조직)은 ORGANIZATION(조직)의 서브타입이다.

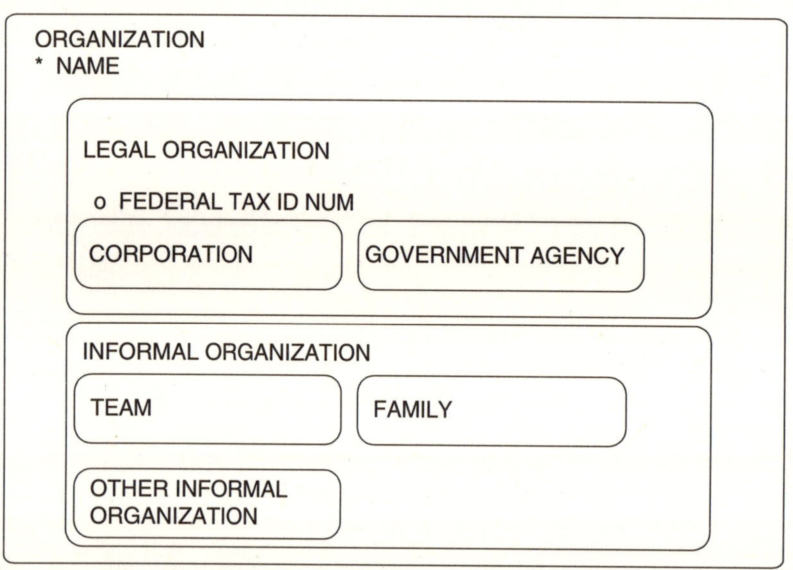

그림 1.2 서브타입과 슈퍼타입

서브타입은 ERD에서 엔터티 안에 표현된다. 서브타입의 공통 속성과 공통 관계는 슈퍼타입인 바깥 엔터티에 나타난다. 슈퍼타입의 속성과 관계는 서브타입으로 상속된다. 그림 1.2는 슈퍼타입인 ORGANIZATION(조직)과 서브타입인 LEGAL ORGANIZATION(법인조직), INFORMAL ORGANIZATION(비공식조직)을 보여준다. Name(이름) 속성은 슈퍼타입인 ORGANIZATION(조직)에 적용됐고 federal tax Id(연방세ID) 속성은 서브타입인 LEGAL ORGANIZATION(법인조직)에만 적용됐다는 것을 주목하라. 이 속성은 해당 서브타입에 적용되기 때문에 LEGAL

ORGANIZATION(법인조직) 서브타입에만 보인다. LEGAL ORGANIZATION(법인조직)과 INFORMAL ORGANIZATION(비공식조직) 서브타입은 슈퍼타입의 속성을 상속하기 때문에 모두 name(이름) 속성을 가진다.

슈퍼타입의 단계는 여러 개가 될 수 있다. 그림 1.2에서 CORPORATION(기업)과 GOVERNMENT AGENCY(정부기관)는 ORGANIZATION(조직) 서브타입에 속해있는 LEGAL ORGANIZATION(법인조직)의 서브타입이라는 것을 나타낸다. 어떤 서브타입이 부모 슈퍼타입의 속성과 관계를 상속하는지를 묘사하기 위해 상자 안에 상자를 그려서 단계를 나타낼 수 있다.

한 엔터티 내에 있는 서브타입 분류는 완전한 집합이어야 한다. 즉 서브타입의 합은 수퍼타입이어야 한다. 그리고 동시에 상호 배타적이어야 한다(상호 배타적이지 않은 서브타입에 대한 예외 사항은 다음 장에서 다룰 것이다). 많은 경우에 데이터 모델에 OTHER(기타) 서브타입을 포함시킨다. 이는 기업이 정의해서 사용할 엔터티에 다른 유형의 서브타입이 생길 것을 대비하기 위해서다. 예를 들어 INFORMAL ORGANIZATION(비공식조직)은 TEAM(팀)이나 FAMILY(가족), 또는 OTHER INFORMAL ORGANIZATION(기타비공식조직)일 수 있다.

서브타입이 발생 가능한 유형의 완전한 집합을 나타내는 반면에 데이터 모델에 포함되지 않는 더 상세화된 서브타입이 있을 수 있는데, 이는 TYPE(유형) 엔터티에 포함시킬 수 있다. 이 경우 서브타입은 모델에서 두 가지 형태로 나타난다. 즉 서브타입 자체로 나타나고, 엔터티에 허용된 타입의 영역을 보여주는 TYPE(유형) 엔터티로 나타난다.

상호 배타적이지 않은 서브타입 집합

간혹 서브타입은 서로 배타적이지 않다. 다시 말해서 슈퍼타입이 다른 방식으로 분류될 수 있고 하나 이상의 서브타입 집합이 같은 슈퍼타입에 적용될 수 있다.

REQUIREMENT(요구사항) 슈퍼타입이 다른 방식의 서브타입으로 설계된 그림 1.3을 보라. REQUIREMENT(요구사항)는 고객에게서 나온 CUSTOMER REQUIREMENT(고객요구사항)일 수 있고 기업 내부의 요구사항인 INTERNAL REQUIREMENT(사내요구사항)일 수도 있다. 동시에 REQUIREMENT(요구사항)는 특정 상품에 대한 요구사항인 PRODUCT REQUIREMENT(상품요구사항)일 수 있고, 수행된 업무에 대한 요구사항인 WORK REQUIREMENT(업무요구사항)일 수 있다.

따라서 두 개 이상의 서브타입이 REQUIREMENT(요구사항)에 인스턴스를 생성할 수 있다. 예를 들어 CUSTOMER REQUIREMENT(고객요구사항)와 PRODUCT REQUIREMENT(상품요구사항)가 REQUIREMENT(요구사항)에 인스턴스를 생성할 수 있다. 그림 1.3은 서브타입에 이름이 없는 상자를 사용해서 상호 배타적이지 않은 서브타입임을 나타낸다. 이런 상자는 슈퍼타입에 대해 하나 이상의 서브타입 집합이 있을 때 사용한다.

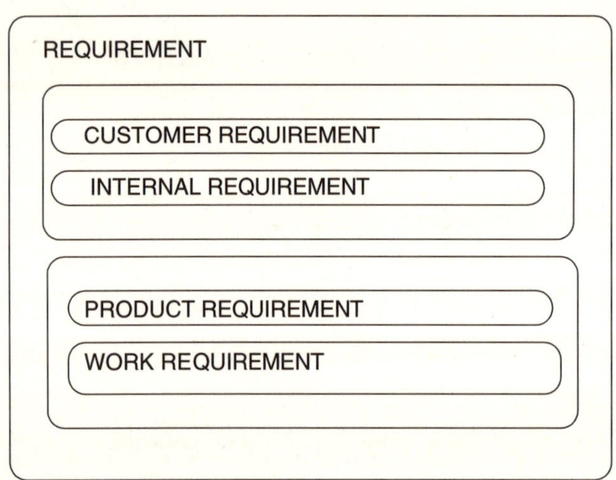

그림 1.3 배타적이지 않은 서브타입

속성

속성은 주문에 대한 주문일과 같은 특정 정보를 담는다. 이 책에서 속성을 나타낼 때는 order date(주문일자)와 같이 소문자 굵은 글씨로 표시한다.

그림 1.4 속성

엔터티의 주 키로 알려진 식별자도 속성의 일부다. ERD에서 주 키 속성의 속성 명 앞에는 "#" 표시를 하여 식별한다. 필수 속성은 속성 명 앞에 "*" 표시를 해서 구분한다. 선택 속성은 속성 명 앞에 "o" 표시를 한다. 그림 1.4 ORDER(주문) 엔터티의 주 키 속성은 order ID(주문ID) 속성이며,

필수 속성은 order date(주문일자) 속성, 선택 속성은 entry date(입력일자) 속성이다.

속성 명에 포함된 문자열은 표 1.1에서 설명한 것과 같은 의미로 사용될 수 있다.

표 1.1 속성 명시 사용된 규칙

STRING WITHIN ATTRIBUTE NAME	MEANING
ID	System-generated sequential unique numeric identifier (i.e., 1, 2, 3, 4,...)
Seq id	System-generated sequence within a parent ID (e.g., order line sequence number)
Code	Unique mnemonic—used to identify user-defined unique identifiers that may have some meaning embedded in the key (i.e., an example of a geo code to store Colorado may be "CO")
Name	A proper pronoun such as a person, geographical area, organization
Description	The descriptive value for a unique code or identifier
Ind (indicator)	A binary choice for values (i.e., yes/no or male/female)
from date	Attribute that specifies the beginning date of a date range and is inclusive of the date specified
thru date	Attribute that specifies the end date of a date range and is inclusive of the date specified (**to date** is not used because **thru date** more clearly represents an inclusive end of date range)

관계

관계는 두 개의 엔터티가 서로 어떻게 연관돼 있는지를 나타낸다. 관계가 설명에 사용될 때는 일반 소문자를 사용한다. 어떤 경우에 특별히 강조하고 싶을 때는 굵은 소문자를 사용한다. 예를 들어 "manufactured by"는 이 책의 내용에서 관계를 의미할 수 있다.

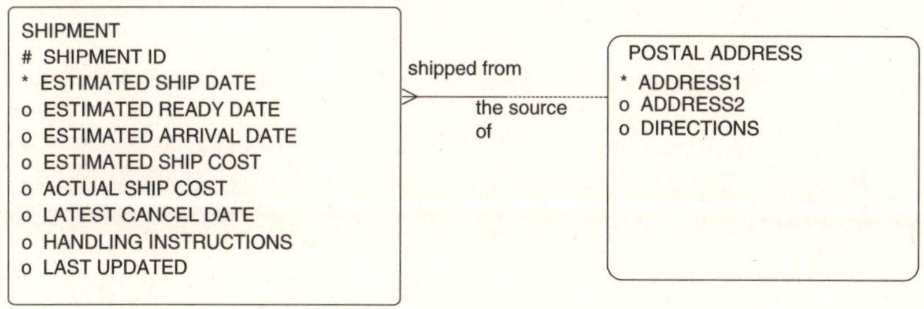

그림 1.5 필수 관계와 참조 관계

관계존재성

관계존재성은 "선택"이거나 "필수"다. 엔터티 옆에 점선으로 된 관계선은 그 엔터티로부터의 관계가 선택이라는 것을 의미한다. 실선으로 된 관계는 그 엔터티의 모든 인스턴스에 관계가 존재해야 하는 필수 관계를 의미한다. 그림 1.5의 관계는 SHIPMENT(배송) 엔터티의 모든 인스턴스는 반드시 하나의 POSTAL ADDRESS(우편주소)를 가져야 하는 관계를 나타낸다. 이는 배송 데이터를 생성하기 위해서는 배송에 대한 우편 주소가 반드시 필요하다는 것을 의미한다. 이 관계를 반대 방향에서 읽을 때는 선택이 된다. 즉 어떤 POSTAL ADDRESS(우편주소)는 배송과 연결되지 않을 수 있다. 이는 배송에 사용되지 않은 우편 주소가 존재할 수 있다는 것이다.

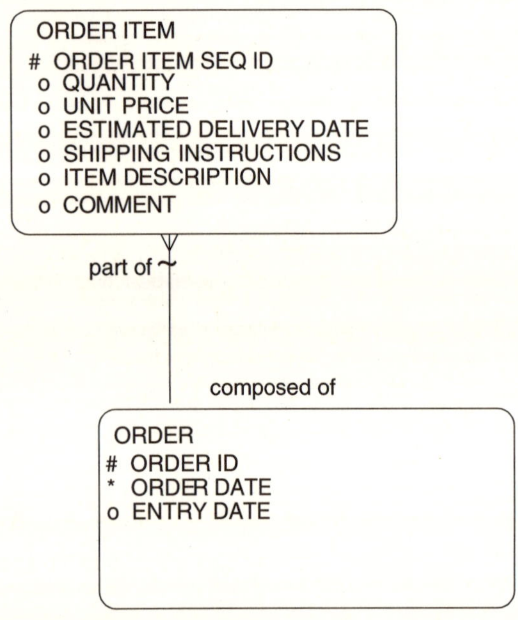

그림 1.6 일대 다 관계

관계비

관계는 일대일(1:1), 일대다(1:M), 다대다(M:M) 관계가 있다. 이를 일반적으로 관계비라고 한다. 까마귀 발처럼 세 개의 선으로 갈라진 새발 표시가 보이면 한 인스턴스가 다른 엔터티의 하나 이상의 인스턴스를 가리킨다는 것을 나타낸다.

그림 1.6은 새발 표시가 ORDER ITEM(주문품목) 엔터티 쪽에 있기 때문에 "각 ORDER(주문)가 하나 이상의 ORDER ITEM(주문품목)으로 구성됐다"는 것을 나타낸다. 반대 방향의 관계는 "각

ORDER ITEM(주문품목)은 하나의 ORDER(주문)에만 포함돼야 한다"는 것을 나타낸다. 일대일 (1:1) 관계는 관계에 새발 표시가 없으며, 다대다(M:M) 관계는 관계 양쪽에 새발 표시가 있다. 가끔 일대다(1:M) 관계는 부모-자식 관계로 언급된다.

간혹 "언젠가는"이란 단어가 일대다(1:M) 관계를 확인하기 위해서 관계 문장에 추가된다. 예를 들어 ORDER(주문)는 단지 하나의 ORDER STATUS(주문상태)만 가질지 모른다. 그러나 만약 상태 이력이 필요하면 ORDER(주문)는 언젠가는 하나 이상의 상태를 가질지 모른다.

이 책에 사용된 데이터 모델 중에서 일대일(1:1) 관계는 소수다. 이는 주로 일대일(1:1) 관계가 정규화되면 단일 엔터티로 합쳐질 수 있기 때문이다. 다대다(M:M) 관계는 매번 교차 엔터티로 해소되기 때문에 ERD에 다대다(M:M) 관계가 나타나지 않는다.

외래 키 관계

외래 키는 엔터티 내에 있는 다른 엔터티의 주 키로 정의된다. 예를 들어 그림 1.6 ORDER(주문) 엔터티에서 내려온 order Id(주문ID) 속성이 ORDER ITEM(주문품목) 엔터티의 일부가 된다. 따라서 order Id(주문ID) 속성은 외래 키다. 일대다(1:M) 관계는 관계비가 "1"인 엔터티의 주 키가 관계비가 "M"인 엔터티로 내려온다. 어떤 데이터 모델러는 이 외래 키를 엔터티의 속성으로 보여준다 (이는 키 이행으로 알려져 있다). 이 책에서는 이런 표현이 중복이기 때문에 엔터티의 외래 키를 속성으로서 보여주지 않는다.

관계 자체는 외래 키를 의미한다. 그림 1.6 모델에서 order ID(주문ID) 속성은 ORDER ITEM(주문품목) 엔터티의 속성으로 보여지지 않는다. 일대다(1:M) 관계는 외래 키가 있다는 것을 의미하기 때문이다.

외래 키 상속

이 책에서 사용한, 상속된 외래 키가 자식 엔터티의 주 키의 일부임을 나타내는 관계선의 작도법은 관계선에 "~" 표시를 하는 것이다. 그림 1.6 관계에서 보이는 "~" 표시는 order ID(주문ID) 속성 이 ORDER ITEM(주문품목) 엔터티의 주 식별자에 포함돼 있다는 것을 나타낸다. 이 표기법에서는 "~"가 표시된 관계 쪽 엔터티의 주 키 뿐만 아니라 상위 엔터티의 주 키 속성이 합쳐져서 엔터티의 주 키가 됨을 나타낸다.

따라서 ORDER ITEM(주문품목) 엔터티의 주 키는 order item seq ID(주문품목순번ID) 속성에 ORDER(주문) 엔터티의 주 키인 order id(주문ID) 속성을 더한 속성이다.

이 표기법은 엔터티의 주 키를 문서화하기 위해 기호를 허용하는 것이며, 이는 다른 엔터티의 주 키에 외래 키 속성이 반복됨으로써 공간을 차지하는 것을 방지한다. 또한 "#" 기호가 있는 속성뿐만 아니라 주 키에 포함되는 관계를 분명하게 명시해서 주 키의 의미를 나타낸다.

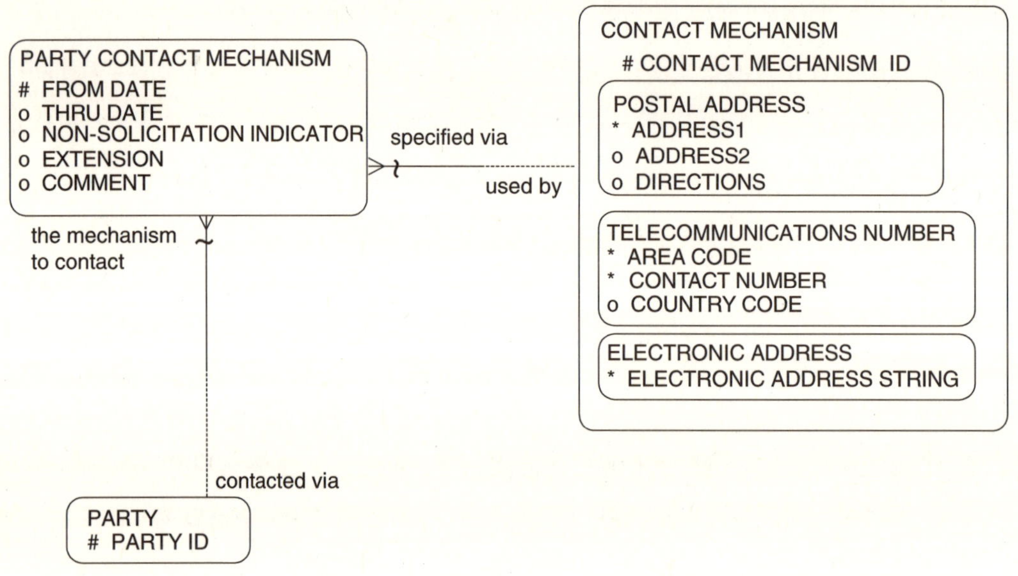

그림 1.7 다대다 관계

다대다 관계를 다루는 교차 엔터티

교차 엔터티는 연관 엔터티 또는 상호 참조 엔터티로도 알려져 있다. 교차 엔터티는 두 엔터티가 서로 참조하면서 다대다(M:M) 관계를 해소하는 데 사용된다. 그리고 종종 관계를 더 설명하는 별도 속성이 존재한다. 그림 1.7의 PARTY(관계자) 엔터티와 CONTACT MECHANISM(연락매체) 엔터티는 서로 참조하는 다대다(M:M) 관계임을 보여준다. 관계자에게 연락할 수단은 많기 때문에 PARTY(관계자) 엔터티가 POSTAL ADDRESS(우편주소), TELECOMMUNICATIONS NUMBER(전화번호), ELECTRONIC ADDRESS(전자주소)와 같은 하나 이상의 CONTACT MECHANISM(연락매체)과 연관된다. 반면에 하나의 CONTACT MECHANISM(연락매체)은 하나 이상의 PARTY(관계자)에 의해서 사용될 수 있다. 예를 들어 많은 사람의 회사 주소나 사무실 전화번호가 같을 수 있다. 이런 다대다(M:M) 관계는 PARTY CONTACT MECHANISM(관계자연락매

    데이터 모델 리소스 북

체) 엔터티와 같은 교차 엔터티로 풀린다. 양쪽 엔터티의 키는 교차 엔터티로 상속된다. 따라서 교차 엔터티가 양쪽 엔터티의 키를 상속한 것을 나타내기 위해 교차 엔터티 관계에 "~" 기호가 항상 사용된다. 예제에서 party id(관계자ID) 속성과 contact mechanism id(연락매체ID) 속성은 from date(시작일자) 속성과 함께 PARTY CONTACT MECHANISM(관계자연락매체) 엔터티의 주 키의 일부다.

모든 모델에서 관계의 양쪽에는 관계를 묘사하는 두 개의 관계 명이 존재한다. 관계 명은 아래와 같이 조합되어 완전한 문장으로 읽힐 수 있어야 한다. "각 엔터티는 {하나/하나 또는 그 이상} 엔터티와 엔터티 관계 명{여야 한다/일 수 있다}"라는 문장으로 적절히 채워져야 한다.

ERD의 가독성을 높이는 일관된 방법으로써 관계비를 나타내는 새발 표시는 일반적으로 위측이나 좌측을 향하도록 한다. 이렇게 하면 데이터 모델의 가독성이 더 좋아진다.

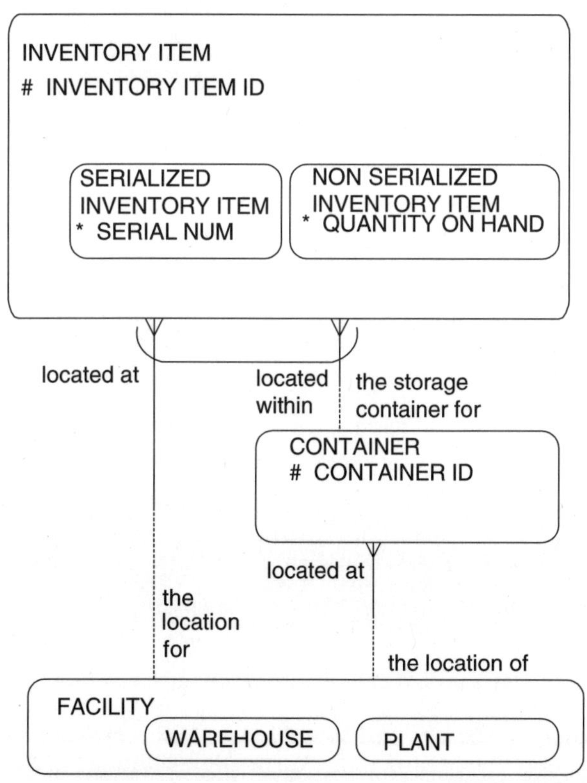

그림 1.8 배타 관계

배타 관계

배타 관계는 한 엔터티가 두 개 이상의 다른 엔터티와 관계를 가진다는 것을 식별하기 위해서 사용하는데, 하나의 인스턴스에는 하나의 관계만이 존재할 수 있다. 배타 관계는 두 개 이상의 관계선을 통과하는 휘어진 선으로 표현한다. 그림 1.8은 배타 관계에 대한 예제다. 배타 관계는 다음과 같이 읽힌다. "각 INVENTORY ITEM(재고품)은 하나의 FACILITY(시설)나 CONTAINER(컨테이너)에 위치해야 하고 둘 다에 위치하면 안 된다." 이것은 재고품은 두 종류의 저장소 중에서 하나에만 저장돼야 한다는 것을 의미한다. 재고품은 창고와 같은 시설에 위치할 수 있고 시설 내에 위치한 통과 같은 컨테이너에 저장될 수 있다.

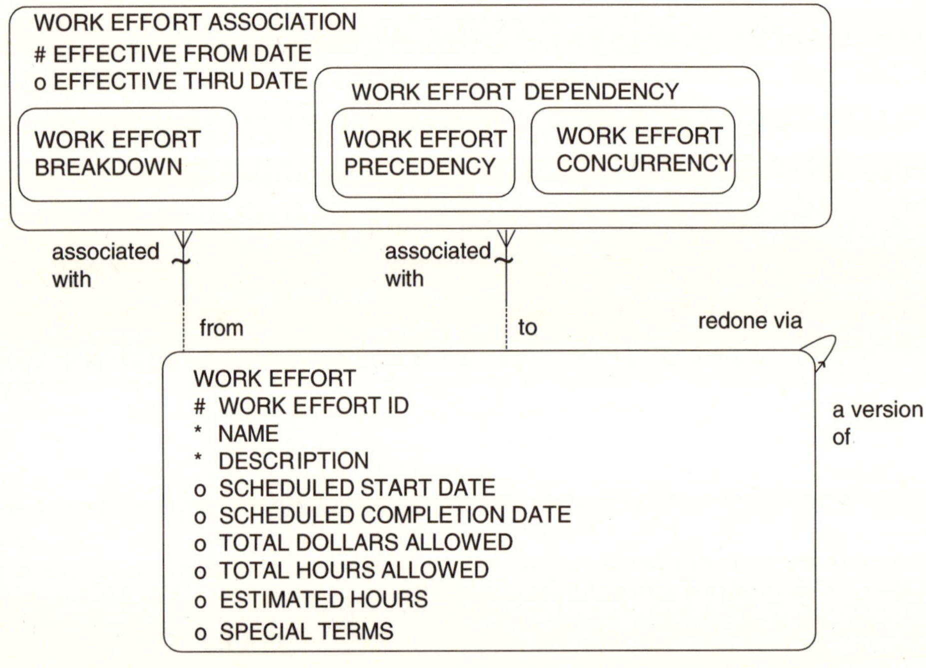

그림 1.9 재귀 관계

재귀 관계

재귀 관계는 한 엔터티가 자신과 어떻게 연관되는지를 나타내는 관계다. 예를 들어 재귀 관계는 한 엔터티가 자기 자신에게 지정한 관계를 통해서나 다대다(M:M) 관계를 통해서 설계될 수 있다. 이것은 재귀 관계가 다대다(M:M) 재귀 관계나 일대다(1:M) 재귀 관계인지에 달려있다. 한 엔터티에 여러 개의 재귀 관계가 존재하는 것은 가능하다.

    데이터 모델 리소스 북

그림 1.9 예제는 재공정이 있을 수 있기 때문에 WORK EFFORT(작업공정) 엔터티에 일대다 (1:M) 재귀 관계를 나타낸다. 모델은 또한 작업 공정이 다른 공정에 속해있거나 여러 개의 하위 공정으로 분해될 수 있어서 교차 엔터티인 WORK EFFORT ASSOCIATION(작업공정연계) 엔터티로 해소된 다대다(M:M) 재귀 관계를 보여준다.

물리 모델

15장에도 약간 포함됐으며 10장부터 14장까지 다룰 데이터 웨어하우스 모델과 ERD는 물리 데이터베이스 설계를 나타낸다. 이 모델은 물리 데이터베이스 설계를 의미하기 때문에 각 상자가 테이블을 나타낸다는 걸 제외하면 이전에 설명한 것과 같은 작도법이 사용될 수 있다.

사례 표에 사용된 표기법

데이터 모델의 많은 부분은 속성에 적절한 값을 저장한 테이블을 통해서 실제로 보여진다. 각 사례 표는 일반적으로 특정 엔터티와 그 엔터티와 연관된 정보를 보여주기 위해 정의된다. 예를 들어 표 1.2에서는 ORDER ITEM(주문품목) 엔터티에 대한 테이블을 보여준다.

표 1.2에는 ORDER ITEM(주문품목) 엔터티를 자세하게 묘사하기 위해서 ORDER(주문) 엔터티로부터 약간의 속성 정보를 받아들인다. 이 책에서 사례 표의 데이터가 참조될 때마다 그것을 쌍따옴표로 표현한다.

예를 들어 "Need this item urgently"라고 설명된 특정 주문 "12930"과 주문품목 ID "1"이라고 본문에 언급될 것이다.

표 1.2 주요 품목

ORDER ID	ORDER DATE	ORDER ITEM SEQ ID	COMMENT
12930	April 30, 1995	1	Need this item urgently
		2	There's no time pressure at all on this item

부록에 관하여

이 책과 부록은 논의된 모델에 대한 매우 상세한 설명을 제공한다. ERD에는 모든 관계, 필수 속성 및 컬럼, 기본 키를 표현했고 약간의 선택 속성도 포함돼 있다. 부록에는 데이터 유형과 크기와 같은 속성 및 컬럼의 물리 상세 정보가 포함된다. 이 정보를 사용해서 데이터 모델러나 데이터베이스 디자이너는 자신이 사용하는 도구에 이 모델을 재생성하는 것도 가능하고, 데이터베이스에 모델을 구축하기 위해 SQL 코드를 작성하는 것도 가능하다.

그러나 이렇게 하려면 상당한 시간이 걸리고 데이터 오류가 생길 수 있다. 이 책에 설명된 모델을 신속하게 구현하려는 사람들을 돕기 위해 모델은 전자 형식으로 제공된다. 전체 모델은 별도로 판매된다.

책에 나온 데이터 구조는 일반적으로 관계형 데이터베이스나 객체 관계 데이터베이스에 사용할 수 있다. 스크립트가 데이터베이스에 실행되면 기업에서 사용하는 CASE 도구를 이용해서 모델을 역 설계할 수 있다. 대부분의 CASE 도구는 역공학 기능을 제공하고 있다. 모델이 저장소에 한번 저장되면 쉽게 접근할 수 있고 기업의 요건에 맞게 수정될 수 있다. 게다가 저장된 모델은 기업 데이터 모델과 신규 어플리케이션, 데이터 웨어하우스 설계, 의사 결정 지원 시스템을 빠르게 개발할 수 있도록 사용될 수 있다.

이 책의 나머지 부분에서는 시스템 개발 생산성을 높일 수 있는 참조 데이터 모델과 데이터 웨어하우스 설계에 대한 예제 모델을 많이 제공할 것이다. 이 모델들을 어떻게 적용할 수 있는지는 15장(참조 데이터 모델 실행)에서 상세하게 설명할 것이다.

CHAPTER

2

사람과 조직

가장 빈번하게 요구되는 업무 요건은 사람과 조직에 대해 질문하는 것이고, 이 질문에 대한 정확한 답변에 의존할 수 있는 것이다. 예를 들면 다음과 같다.

- 사업을 수행하는 과정에 포함된 사람과 조직의 속성이나 특징은 무엇인가?
- 다양한 사람 간, 조직 간, 사람과 조직 간에 존재하는 관계는 무엇인가?
- 사람과 조직의 주소, 전화번호, 다른 연락 매체는 무엇인가? 어떻게 연락될 수 있는가?
- 다양한 관계자 사이에 어떤 종류의 연락 방법이 존재하는가? 효과적으로 소통하기 위해서 필요한 것은 무엇인가?

대부분의 업무 응용 프로그램은 사람과 조직에 대한 정보를 추적하고 고객, 공급자, 자회사, 부서, 사원, 그리고 계약자에 대한 정보를 서로 다른 시스템에 반복해서 저장한다. 이 때문에 고객 연락 데이터와 같은 핵심 정보를 정확하게 관리하기가 매우 어렵다. 사람과 조직에 대한 정보를 저장하는 응용 프로그램으로는 판매, 마케팅, 구매, 주문, 송장, 프로젝트 관리, 회계 시스템이 있다.

이 장에서 소개할 데이터 모델은 대부분의 조직과 응용 프로그램에서 사용될 수 있다. 이어지는 장에서는 이 데이터 모델을 기반으로 더 자세한 내용을 추가할 것이다. 이 장에 포함된 데이터 모델은 아래와 같다.

- 조직
- 사람(대안 모델도 제공)
- 관계자(조직과 사람)

■ 관계자 역할(예. 고객, 공급자, 내부조직)

■ 특정 관계자 관계(예. 고객 관계, 공급자 관계, 채용)

■ 공통 관계자 관계

■ 관계자 관계 정보

■ 우편 주소 정보(우편 주소와 지역 정보)

■ 관계자 연락 매체 – 통신번호와 전자 주소

■ 관계자 연락 매체(추가)

■ 장비와 연락 매체

■ 관계자 접촉 내역(예. 통화, 지원전화, 대면)

■ 접촉 내역 후속 조치

조직

대부분의 데이터 모델은 개별적으로 도출된 다양한 엔터티에서 조직 정보를 관리한다. 예를 들어 고객 엔터티, 판매처 엔터티, 부서 엔터티가 있을 것이다. 기업 내의 각 응용 프로그램은 각자의 쓰임새가 있다. 따라서 데이터 모델러는 응용 프로그램의 고유한 요건에 기반해서 모델을 구축해야 한다. 예를 들어 주문 접수 응용 프로그램을 구축할 때 고객 정보는 매우 중요하다. 따라서 데이터 모델러는 고객을 관리하는 개별 엔터티를 설계한다. 마찬가지로 구매 응용 프로그램을 구축할 때 공급자 정보 또한 중요하다. 따라서 일반적으로 공급자 엔터티를 설계한다. 인적 자원 시스템을 위해 데이터 모델러는 사원이 일하는 곳인 부서 엔터티를 설계한다.

문제는 환경에 따라서 한 조직이 많은 역할을 할 수 있다는 것이다. 예를 들면 큰 회사의 내부 조직은 서로에게 판매를 한다. 자산 관리 사업부는 상품 판매 사업부의 공급자일 수 있다. 자산 관리 사업부는 또한 상품 판매 사업부의 고객일 수 있다. 이 경우에 일반적으로 각 사업부에 대한 고객과 공급자 인스턴스가 반복해서 생길 것이다. 고객과 공급자 인스턴스뿐 아니라 기업 내에서 조직이 얼마나 많은 역할을 수행하는지에 따라 많은 인스턴스가 추가로 존재할 수 있다.

주소 등의 조직 정보가 바뀔 때, 조직 정보가 쌓인 많은 시스템 중에서 한 곳만 정보가 수정될 수 있다. 이렇게 되면 기업 내의 정보는 일치하지 않게 된다. 이는 정확한 메일 목록을 원하는 관리자와 고객, 공급자 등에게 매우 당황스런 결과를 초래할 수 있다.

이런 중복 문제에 대한 해결책은 기업, 부서, 사업부, 정부기관, 비영리조직 같은 공통 목적을 가진 사람 집단에 대한 정보를 쌓는 ORGANIZATION(조직)이라는 하나의 엔터티를 설계하는 것이다. Name(이름)이나 federal tax ID num(연방세ID)와 같은 기본적인 조직 정보는 중복을 줄이고 불일치하게 수정될 가능성을 제거하기 위해서 엔터티 내에 한 번만 저장된다.

그림 2.1은 조직 정보에 대한 데이터 모델을 나타낸다. 조직은 개인이 공식적이거나 비공식적으로 연계된 집단으로 정의된다. ORGANIZATION(조직)은 CORPORATION(기업)이나 GOVERNMENT AGENCY(정부기관)와 같은 LEGAL ORGANIZATION(법인조직)이거나 FAMILY(가족), TEAM(팀), 또는 OTHER INFORMAL ORGANIZATION(기타비공식조직)과 같은 INFORMAL ORGANIZATION(비공식조직)일 수 있다. 법인 조직과 비공식 조직 모두 여러 관계를 공유할 수 있다. 왜냐하면 그 둘은 모두 다양한 역할과 책임에 할당될 수 있고 사람에 의해 관리될 수 있기 때문이다. 그들은 많은 것을 공유하는 반면에 또한 다른 것을 가진다. 예를 들어 법인 조직은 계약에 대한 관계자가 될 수 있는 유일한 유형의 조직이다.

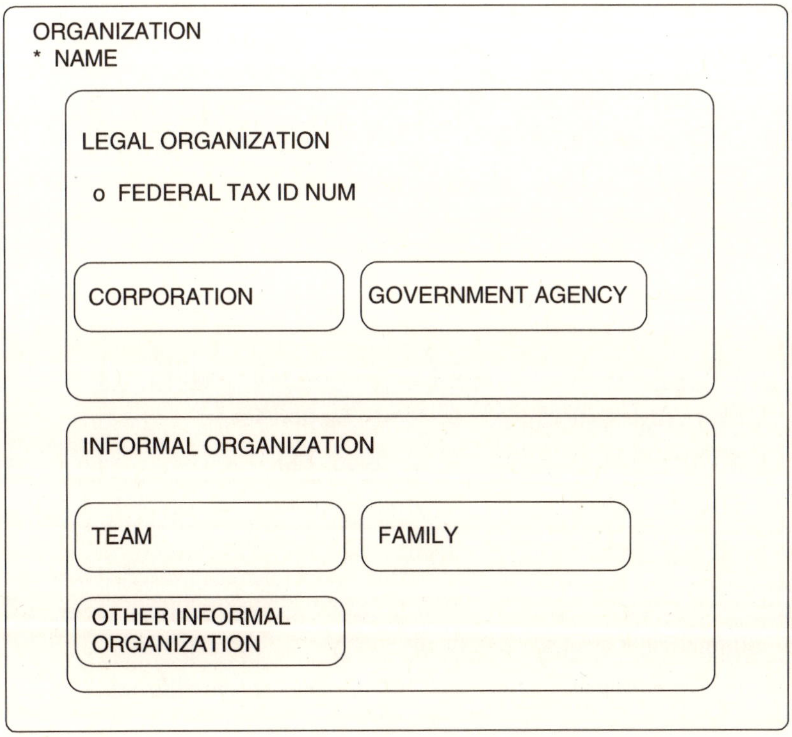

그림 2.1 조직

이 모델은 조직 정보를 한 곳에만 저장하므로 중복을 줄인다. 고객 엔터티, 공급자 엔터티, 부서 엔터티, 또는 조직 정보를 저장한 다른 어떤 엔터티에 이 정보를 반복해서 쌓는 것과는 대조적이다.

표 2.1은 ORGANIZATION(조직) 엔터티의 사례 데이터를 보여준다. ABC Corporation(ABC기업)과 ABC Subsidiary(ABC자회사)는 기업의 내부 조직에 생길 수 있는 법인 조직(legal organization)의 예이다. "Accounting Division(회계사업부)", "Information Systems Department(정보시스템부)", "고객서비스사업부(Customer Service Division)"는 비공식 조직(informal organization)인 기업의 내부 조직이다. "Fantastic Supplies(Fantastic공급업체)", "Hughs Cargo(Hughs화물)" 그리고 "Sellers Assistance Corporation(판매지원협회)"는 사업에 종사하는 회사를 나타내는 법인 조직(legal organization)이다. "Smith family(스미스가족)"는 가족과 관련된 개인 집단을 나타내기 때문에 조직이며, 인적 정보를 저장하는데 유용할 수 있다.

이 책의 나머지 부분에서는 데이터 모델이 설계되는 내부 조직을 언급하기 위해서 "기업"이라는 용어가 사용될 것이다. 예를 들어 각 기업은 이 모델을 활용하기 위해 어떻게 고칠 것인지를 결정할 고유한 요구사항과 업무 규칙을 가지고 있을 것이다.

표 2.1 조직

ORGANIZATION ID	ORGANIZATION SUBTYPE	NAME
100	Legal organization	ABC Corporation
200	Legal organization	ABC Subsidiary
300	Informal organization	Accounting Division
400	Informal organization	Information Systems Department
500	Informal organization	Customer Service Division
600	Informal organization	Customer Support Team
700	Legal organization	ACME Corporation
800	Legal organization	Fantastic Supplies
900	Legal organization	Hughs Cargo
1000	Legal organization	Sellers Assistance Corporation
1100	Informal organization	Smith Family
1200	Legal organization	Government Quality Commission

사람

대부분의 모델이 다양한 형태의 조직을 개별 엔터티로 설계하는 것과 같이 다양한 형태의 사람을 사원, 계약자, 공급업체담당자, 고객담당자와 같은 개별 엔터티로 설계한다. 각 엔터티에 이런 정보를 관리하는 것의 문제는 사람이 언젠가는 직업과 역할을 바꿀 수 있다는 것이다. 사람의 역할이 바뀔 때마다 인스턴스를 저장할 것이기 때문에 대부분의 시스템은 사람에 대한 정보를 중복해서 저장할 것이다.

예를 들어, 존 스미스는 ABC기업의 좋은 고객이었다. 그런 후에 ABC기업의 계약직으로 근무하기 시작했다. ABC기업 사람들은 그가 일하는 것을 좋아해서 그를 사원으로 채용했다. 대부분의 시스템에서 존 스미스는 고객과 계약자 그리고 사원으로서 개별 인스턴스가 존재할 것이다. 그러면 이름, 성별, 생년월일, 기술, 인적 사항과 같은 존 스미스의 많은 정보는 동일하게 저장된다. 존 스미스의 정보가 여러 곳에 저장돼 있기 때문에 많은 시스템은 그의 정보를 정확하고 일관되게 유지하는 데 어려움을 겪을 것이다.

```
PERSON
o CURRENT LAST NAME
o CURRENT FIRST NAME
o CURRENT MIDDLE NAME
o CURRENT PERSONAL TITLE
o CURRENT SUFFIX
o CURRENT NICKNAME
o GENDER
o BIRTH DATE
o HEIGHT
o WEIGHT
o MOTHER'S MAIDEN NAME
o MARITAL STATUS
o SOCIAL SECURITY NO
o CURRENT PASSPORT NO
o CURRENT PASSPORT EXPIRE DATE
o TOTAL YEARS WORK EXPERIENCE
o COMMENT
```

그림 2.2a 사람

또 다른 문제는 같은 사람이 동시에 여러 가지 다른 역할을 할 수 있다는 것이다. 예를 들어 ABC기업은 사업부가 많은 큰 회사다. 셜리 존스는 운송 사업부의 사원이면서 관리자다. 그녀는 또한 보급 사업부의 고객일 수 있다. 동시에 그녀가 카탈로그를 운반해 주는 출판 사업부에는 공급자가된다. 따라서 셜리는 한 사업부의 사원이고 다른 사업부의 고객이고, 또 다른 사업부의 공급자다. 셜리에 대해서 세 개의 인스턴스를 중복해서 저장하기보다는 하나의 인스턴스로 저장해야 한다.

이 문제를 다루기 위해서 직업이나 역할과 무관하게 특정 사람의 정보를 저장하는 PERSON(개인) 엔터티를 그림 2.2a에 보여준다. PERSON(개인) 엔터티에는 최종 이름과 성별, 생년월일, 신장, 체중 등 그림 2.2a에 나열된 속성을 포함할 것이고, 그 속성들은 사람을 묘사할 것이다.

표 2.2는 PERSON(개인) 엔터티의 사례 데이터로 John Smith(존 스미스), Judy Smith(주디 스미스), 낸시 바리(Nancy Barry), 마크 마르티네스(Marc Martinez), 윌리암 존스(William Jones), 셜리 존스(Shirley Jones), 보비 쿠닝햄(Bobby Cunningham), 해리 존슨(Harry Johnson) 등에 대한 주요 정보를 나타낸다.

이 모델은 한 사람이 많은 역할을 할지라도 그 사람의 기본 정보는 한 번만 저장되기 때문에 데이터 중복을 줄인다. 이 장 나중에 '관계자 역할' 부분에서 사람과 조직에서 수행되는 다양한 역할을 어떻게 설계하는지를 설명할 것이고, "관계자 관계" 부분에서는 관계자 역할 사이의 상호 관계를 어떻게 설계하는지를 설명할 것이다.

PERSON(개인) 엔터티의 속성 중 일부는 반복 속성일 수 있으며, 기업의 요건에 따라서 개별 엔터티로 분리시키는 게 필요할 수 있다. 이는 속성에 많은 인스턴스가 쌓인다는 것을 의미한다.

표 2.2 사람 데이터

PERSON ID	LAST NAME	FIRST NAME	GENDER	BIRTH DATE	HEIGHT	WEIGHT
5000	Smith	John	Male	1/5/49	6'	190
5100	Smith	Judy	Female			
5200	Barry	Nancy	Female			
5300	Martinez	Marc	Male			
5400	Jones	William	Male			
5500	Jones	Shirley	Female	4/12/59	5'2"	100
5600	Cunningham	Bobby	Male	3/14/65	5'11"	170
5700	Johnson	Harry	Male	12/9/37	5'8"	178
5800	Goldstein	Barry				
5900	Schmoe	Joe	Male			
6000	Red	Jerry	Male			

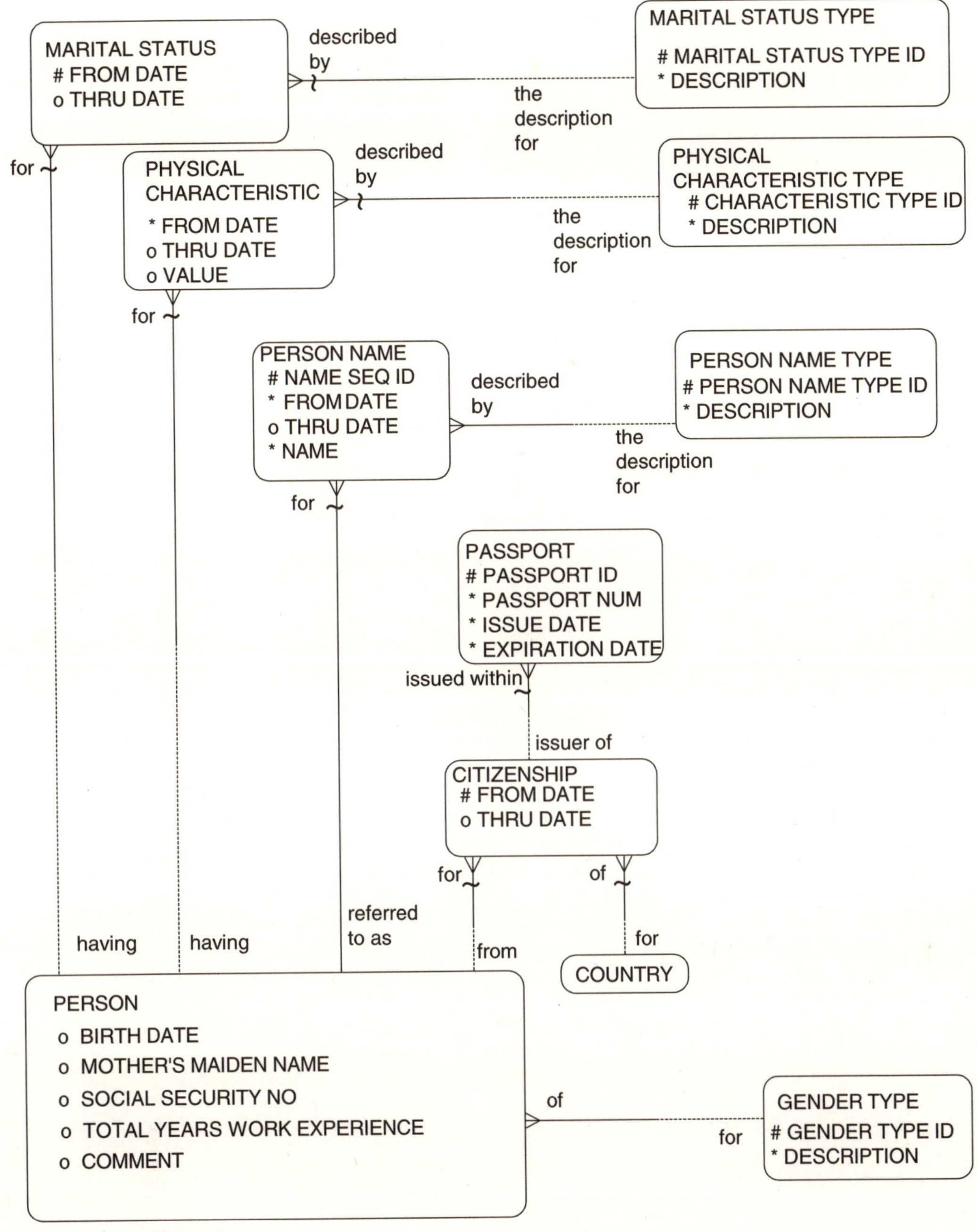

그림 2.2b 사람 대안 모델

사람 대안 모델

그림 2.2b는 PERSON(개인) 엔터티의 반복 속성을 별도의 엔터티로 분리한 대안 모델이다. 예를 들어 MARITAL STATUS(결혼상태) 엔터티는 결혼 상태의 변경 내역을 관리하고, MARITAL

STATUS TYPE(결혼상태유형) 엔터티에는 "독신", "기혼", "이혼", "과부"라는 인스턴스가 저장된다.

1장에서부터 반복해서 설명하는 표기법이지만 관계선의 "~" 기호는 상속된 외래 키가 자식 엔터티의 주 키의 일부라는 것을 나타낸다. 예를 들어 그림 2.2b의 왼쪽 상단 관계선의 "~" 표시는 party id(관계자ID) 속성과 marital status type id(결혼상태유형ID) 속성이 MARITAL STATUS(결혼상태) 엔터티의 주 키의 일부라는 것을 나타낸다. 이 표기법은 "~" 기호가 표시된 쪽의 엔터티가 참조하는 엔터티의 주 키뿐만 아니라 "#"로 표현된 주 키 속성의 조합으로서 주 키를 식별하게 한다.

PHYSICAL CHARACTERISTICS(신체특성) 엔터티는 신장이나 체중 같은 개인의 신체적 특성에 대한 내역을 저장하기 위한 방법을 제공한다. 이 내역은 또한 건강 관련 분야에 유용하다. 각 특성의 상세한 내용은 PHYSICAL CHARACTERISTIC TYPE(신체특성유형) 엔터티에 저장된다. 이 엔터티에는 "신장", "체중", "혈액형" 등이 저장된다. PHYSICAL CHARACTERISTIC(신체특성) 엔터티의 value(값) 속성에는 185cm와 같은 측정치를 관리하는데, 이 속성은 다양한 특성을 저장할 수 있도록 데이터 타입이 문자다.

언젠가 바뀌는 것을 포함하면 개인은 여러 개의 이름을 가질 수 있지만 동시에도 여러 개의 이름을 가질 수 있다. 이는 많은 응용 프로그램에서 중요한 정보일 것이다. 이름과 별칭의 변경 내역을 관리하길 원하는 곳의 예가 감옥이나 교도소이다. 이 경우 PERSON NAME(개인이름) 엔터티는 모든 종류의 이름과 별칭을 저장하기 위해 사용될 수 있다. current last name(최종성), current first name(최종명), current middle initial(최종중간명첫글자), current prefix(최종직함), current suffix(최종접미어) 그리고 current nickname(최종별명) 속성은 PERSON NAME(개인이름) 엔터티와 PERSON NAME TYPE(개인이름유형) 엔터티에서 관리되고 있다. PERSON NAME(개인이름) 엔터티는 이름과 유효 시기를 관리하고 PERSON NAME TYPE(개인이름유형) 엔터티의 description(설명) 속성에서 이름의 유형을 관리한다. PERSON NAME TYPE(개인이름유형) 엔터티의 description(설명) 속성 값의 예는 "first"나 "last"이다. 이 데이터 모델은 많은 종류의 이름이 저장될 수 있도록 더 유연하게 설계됐다. 어떤 문화권에서는 하나 이상의 중간 이름이나 성을 사용할 수 있는데, 이 구조는 다양한 요구를 수용한다. 최종 이름은 많은 환경에서 매우 자주 사용되기 때문에 최종 성이나 최종 이름, 최종 중간 이름, 최종 직책(예를 들명 Mr., Mrs., Dr., Ms.), 최종 접미어(예를 들어 Jr., Senior, III) 그리고 최종 별명이나 가명은 그림 2.2a의 PERSON(개인) 엔터티에 저장하고 PERSON NAME(개인이름) 엔터티에는 이름의 변경 내역을 저장하도록 사용할 수 있다.

그림 2.2a 모델에서 간단하게 관리한 current passport number(현재여권번호) 속성과 passport expiration date(여권만기일) 속성 대신에 그림 2.2b에서는 CITIZENSHIP(시민) 엔터티와 PASSPORT(여권) 엔터티를 설계한 것을 볼 수 있다. 이는 여행 응용 프로그램에서 유용할 수 있다.

GENDER TYPE(성별유형) 엔터티에서는 성별에 대한 일반적인 설명을 관리하는데, 인스턴스는 "남성", "여성", "성전환(남)", "성전환(여)" 그리고 "모름"과 같다. 만약 특화의료기업에서 성별에 대한 과거 내역이 필요하면, 이를 위해 PERSON(개인) 엔터티와 GENDER TYPE(성별유형) 엔터티 사이의 교차 엔터티인 PERSON GENDER(개인성별) 엔터티를 설계할 수 있다.

모델에 나타난 것처럼 사람과 조직에 대한 많은 인적 정보가 관리된다. 사람과 조직에 대한 정보를 한 곳에서 관리함으로써 기업은 더욱 일관된 데이터를 유지할 수 있어 정보를 다양하게 사용할 수 있다.

관계자

조직과 사람은 많은 면에서 유사하다. 그들은 신용 등급이나 주소, 전화번호, 팩스번호, 이메일 주소 등 스스로를 묘사하는 공통된 특징이 있다. 조직과 사람은 또한 계약자, 구매자, 판매자, 책임자나 다른 조직의 구성원에게 관계자로서 비슷한 역할을 한다. 예를 들어 컴퓨터 사용자 모임과 같은 회원 조직의 정보는 법인 회원과 개인 회원에 대한 정보와 유사할 수 있다. 계약은 일반적으로 조직이나 사람을 계약 관계자로서 명시할 수 있다. 판매 주문에 대한 고객은 조직이나 개인이 될 수 있다.

개인과 조직이 완전히 분리된 엔터티로 설계된다면 데이터 모델은 더욱 복잡해질 것이다. 개인이나 조직에 포함된 계약, 판매 주문, 회원, 거래 각각은 모두 두 개의 관계가 필요할 것인데, 하나는 개인 엔터티와의 관계고 다른 하나는 조직 엔터티와의 관계다. 게다가 이런 관계는 상호 배타적이기 때문에 배타 관계가 필요할 것이다(배타 관계에 대해서는 1장을 보라). 예를 들어 판매 주문은 개인에 의해서 발생될 수 있고 조직에 의해서 발생될 수 있다. 그러나 하나의 주문이 동시에 개인과 조직에 의해서 발생될 수는 없다.

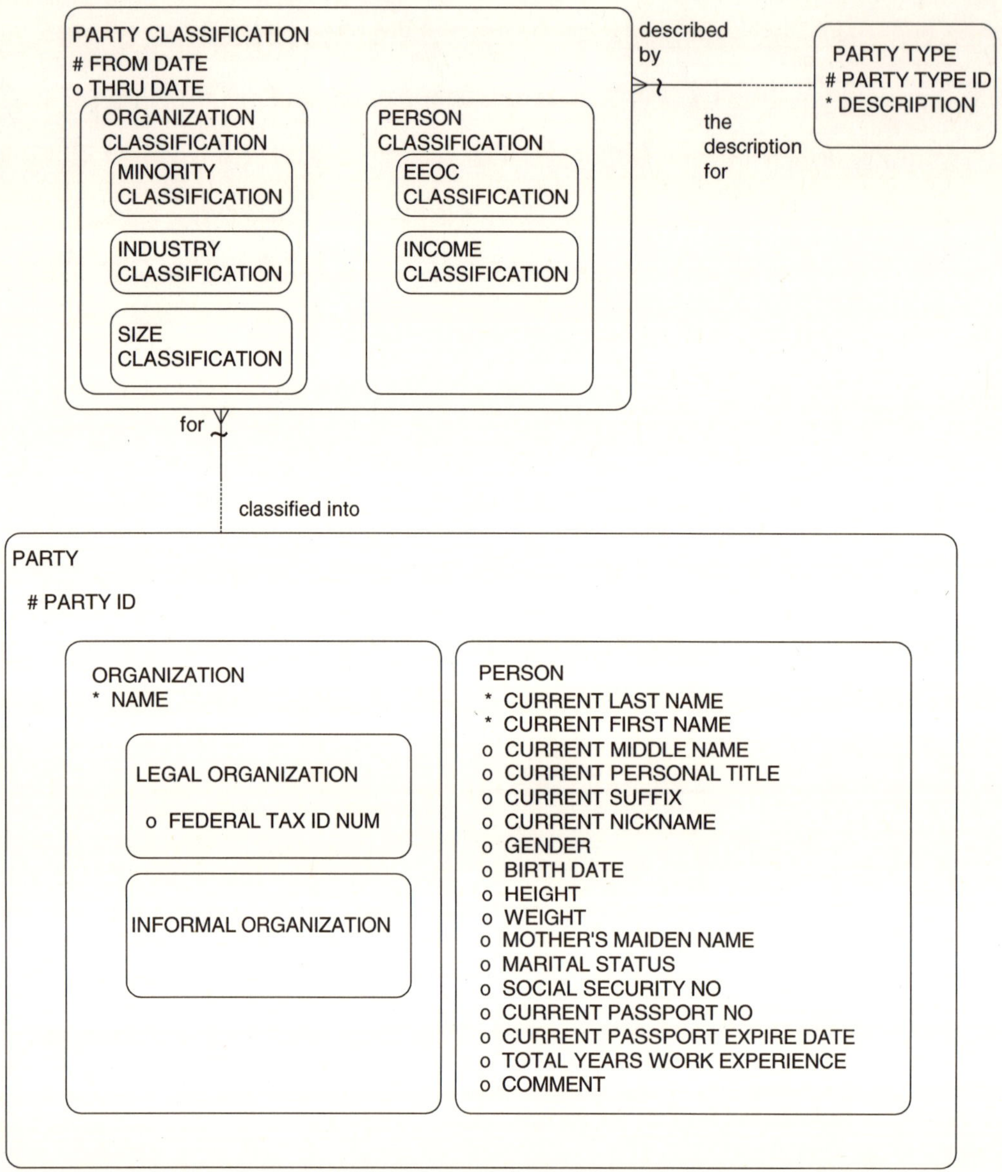

그림 2.3 관계자

　따라서 그림 2.3은 PERSON(개인)과 ORGANIZATION(조직) 서브타입을 가지고, PARTY(관계자)로 명명된 슈퍼타입 엔터티를 보여준다. 이 PARTY(관계자) 엔터티에는 사람과 조직이 공유하는 몇 개의 공통된 특성과 관계를 저장할 수 있을 것이다.

　관계자가 속할 유형을 저장한 PARTY CLASSIFICATION(관계자분류) 엔터티를 사용해서 관계자는 다양한 유형에 분류된다. EEOC CLASSIFICATION(평등고용추진위원회분류)이나 INCOME CLASSIFICATION(소득분류)과 같이 사람을 구분하는 서브타입뿐만 아니라

INDUSTRY CLASSIFICATION(산업분류), SIZE CLASSIFICATION(규격분류), MINORITY CLASSIFICATION(소수집단분류)과 같은 ORGANIZATION CLASSIFICATION(조직분류) 서브타입이 있다. 더 상세하게 설계한다면 ORGANIZATION CLASSIFICATION(조직분류)과 PERSON CLASSIFICATION(개인분류)은 각각 ORGANIZATION(조직)과 PERSON(개인)하고 관계가 있을 수 있다. 그러나 이 모델에서는 단순하게 보이도록 PARTY(관계자) 엔터티와 관계를 표현하고 PARTY CLASSIFICATION(관계자분류) 서브타입으로 보여준다. 이는 설명하기 위한 목적으로 몇몇 유형을 나타낸 것이며, 다른 유형은 PARTY TYPE(관계자유형) 엔터티에서 관리된다.

MINORITY CLASSIFICATION(소수집단분류)에 대한 예는 "소수집단소유사업", "8A사업", "여성소유사업"이 있다. INDUSTRY CLASSIFICATION(산업분류)에 대한 예는 "통신", "정보협회", "제조"가 있다. SIZE CLASSIFICATION(규격분류)에 대한 예는 "소", "중", "대", "국제표준"일 수 있고, 사원의 숫자로 다양하게 정의될 수도 있다. 사람에 대한 EEOC CLASSIFICATION(평등고용추진위원회분류) 인스턴스는 "아프리카계미국인", "북아메리카원주민", "아시아/태평양섬주민", "라틴계", "비라틴백인"과 같다. "여성"은 또 다른 EEOC 유형이다. 그러나 이는 PERSON(개인) 엔터티에 있는 gender(성별) 속성을 사용하는 것으로 설계할 수 있다. INCOME CLASSIFICATION(소득분류)의 예는 "$20,000이하", "$20,001~50,000", "$50,001~250,000", "$250,000이상"과 같다.

관계자에 대한 이런 분류는 사업할 때 특별히 고려해야 할 것이나 특별한 가격 정책, 또는 관계자 유형별 특수 용어가 있는지를 결정하는 데 사용될 수 있다. 이는 또한 사업을 세분화하고 마케팅 활동을 위해 기업을 산업 유형으로 분류하는 방법이다. 정의가 언젠가는 바뀔 수 있기 때문에 from date(시작일자) 속성과 thru date(종료일자) 속성이 포함돼서 변경 내역을 추적할 수 있다.

PARTY ID	PARTY NAME (ORGANIZATION NAME OR FIRST NAME/LAST NAME)	PARTY TYPE
100	ABC Corporation	Minority-owned business Manufacturer
200	ABC Subsidiary	Minority-owned business Manufacturer
300	Accounting Division	
400	Information Systems Department	
500	Customer Service Division	
600	Customer support team	
700	ACME Corporation	Woman-owned business Mail order firm Large organization
800	Fantastic Supplies	Janitorial service organization Small organization
900	Hughs Cargo	8A organization Service organization Small organization
1000	Sellers Assistance Corporation	Marketing service provider Medium-sized organization
1100	Smith Family	
5000	John Smith	
5100	Judy Smith	
5200	Nancy Barry	
5300	Marc Martinez	Hispanic Income classification $50,000–250,000
5400	William Jones	African American
5500	Shirley Jones	
5600	Barry Cunningham	
5700	Harry Johnson	
5800	Barry Goldstein	
5900	Joe Schmoe	
6000	Jerry Red	

표 2.3은 개인과 조직의 예에서 가져온 몇몇 관계자 인스턴스를 보여준다. 각 인스턴스는 트랜잭션에 대한 관계자로서 데이터 모델이 개인이나 조직을 언급하는 것을 허용한다. 표는 다양한 인

적 유형으로 관계자를 분류하는 PARTY TYPE(관계자유형)을 포함해서 조직과 사람의 예를 보여준다. 조직과 사람은 여러 방식으로 분류될 수 있다. 따라서 PARTY(관계자) 엔터티와 PARTY TYPE(관계자유형) 엔터티 간에는 다대다(M:M) 관계가 필요하다. "ABC Corporation(ABC기업)"은 "minority owned business(소수집단소유사업)"과 "manufacturer(제조사)"로 분류될 수 있다. "ACME Corporation(ACME기업)"은 "woman-owned business(여성소유사업)"과 "mail order firm(통신판매회사)", "large organization(대규모조직)"으로 분류될 수 있다. 사람은 INCOME CLASSIFICATION(소득분류)과 같은 개인 분류뿐만 아니라 EEOC CLASSIFICATION(평등고용추진위원회분류)과 같은 다양한 유형으로 분류될 수 있다. 표 2.3은 Marc Martinez(마크 마르티네스)가 "Hispanic(라틴계)"로 분류되고, 수입 구간은 "$50,000-250,000"로 분류된 것을 나타낸다. William Jones(윌리암 존스)는 "African American(아프리카계미국인)"임을 나타낸다. 많은 사람은 분류가 없다. 이것은 이 정보가 선택적이기 때문에 모든 관계자가 분류되지 않을 수 있다는 것을 나타낸다.

관계자 역할

이전에 언급한 것처럼 개인이나 조직은 고객, 공급자, 사원, 내부조직과 같은 몇몇 역할을 담당할 수 있다. 특정 관계자가 동시에 또는 언젠가는 많은 역할을 수행할 수 있기 때문에 각 역할에 대한 정보를 정의할 필요가 있다. PARTY(관계자) 엔터티는 시간이 지나도 바뀌지 않는 관계자의 본래 성격을 정의한다. PARTY TYPE(관계자유형) 엔터티는 관계자를 특정 유형으로 분류한다. PARTY ROLE(관계자역할) 엔터티는 관계자가 어떻게 행동하는지, 다시 말해 기업 환경 하에서 관계자가 어떤 역할을 수행하는지를 나타낸다. 특정 역할에만 적용된 관계자에 대한 정보가 존재할 수 있다. 예를 들어 신용 정보는 고객에게만 적용할 수 있다. 따라서 이 역할만을 위한 관계나 속성이 있을 수 있다. 특정 관계는 특정 역할에만 적용할 수 있다. 예를 들어 "from date(시작일자)"와 "start date(종류일자)" 속성을 가진 EMPLOYMENT(고용) 엔터티와의 관계는 직원의 역할과 특별히 관련이 있다.

　이런 역할들은 단지 PARTY(관계자) 엔터티의 서브타입인가? 아니면 각 PARTY(관계자)가 하나 이상의 역할을 수행할지 모른다는 것을 나타내기 위해 PARTY ROLE(관계자역할) 엔터티가 존재하는가? 예를 들어 CUSTOMER(고객) 엔터티와 SUPPLIER(공급자) 엔터티는 PARTY(관계자) 엔터티의 서브타입인가? 또는 동일한 관계자가 고객과 공급자가 될 수 있다는 것을 보여주기 위해 PARTY ROLE(관계자역할) 엔터티의 서브타입이 돼야만 하는가? 사람들은 어느 쪽 모델이라도 주장할 수 있다.

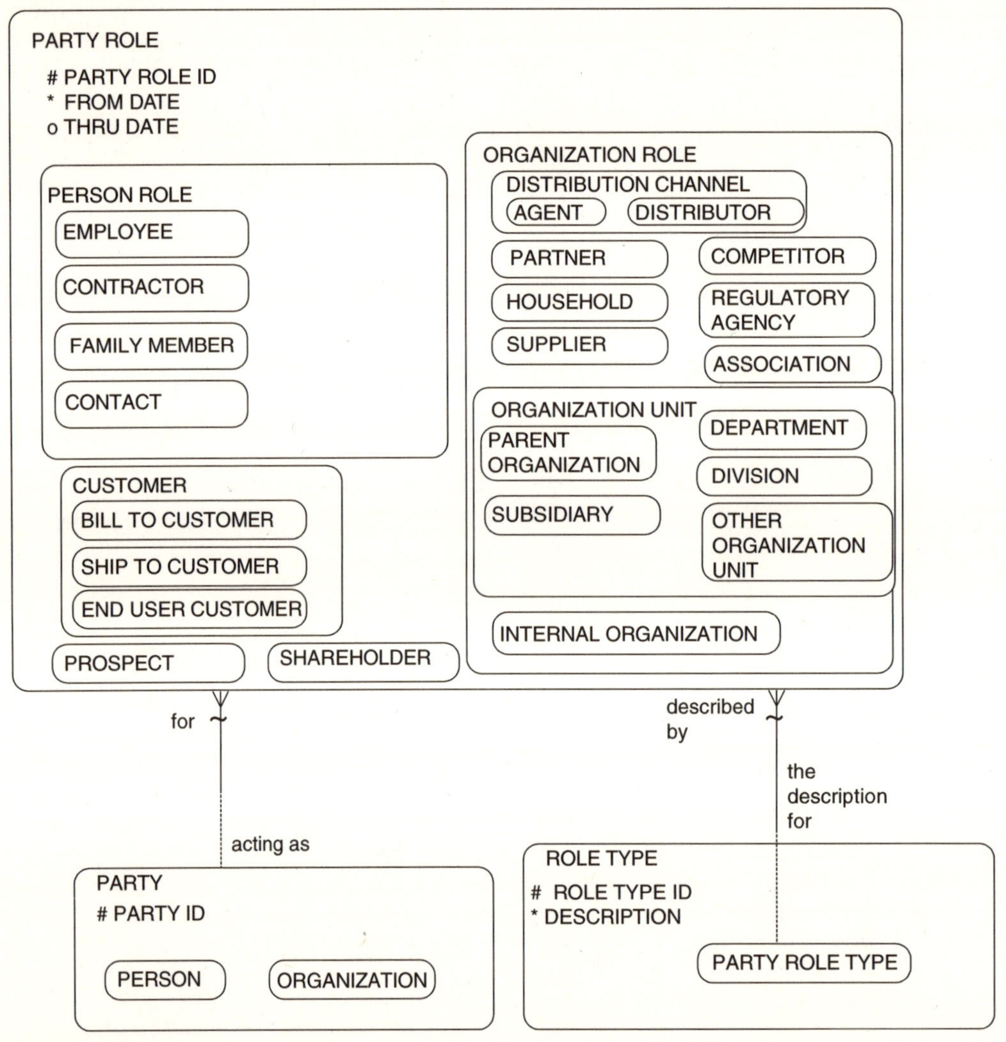

그림 2.4 관계자 역할

　이 접근 방법 중 어느 쪽이라도 CUSTOMER(고객), SUPPLIER(공급자), EMPLOYEE(사원), INTERNAL ORGANIZATION(내부조직)과 같은 역할은 PARTY(관계자) 엔터티와 더불어 추적이 필요한 엔터티라는 것을 확고히 하는 게 중요하다. PARTY(관계자) 엔터티는 기업이 사람과 조직에 대한 일관된 정보를 추적하도록 한다. PARTY ROLE(관계자역할)은 특정 역할 하에서 기업이 각 관계자에 대한 정보를 관리하도록 한다. 예를 들면 고객이나 공급자, 대리인일 수 있는 관계자는 기업 내에서 얼마나 많은 역할을 수행하는지와는 무관하게 집 주소, 사무실 주소, 핸드폰 번호 등과 같은 다양한 연락 정보를 가질 수 있다. 고객으로서 관계자의 역할을 위해서 신용등급 정보를 저장하는 게 중요할 수 있다.

기업 내의 특정 역할을 어떻게 설계하는지를 설명하기 위해서 그림 2.4에 데이터 모델을 제공한다. 이에는 많은 기업에서 광범위하게 적용할 수 있는 다양한 공통 역할이 포함돼 있다. 기본 키인 Party Role id(관계자역할ID) 속성을 사용하면 동일한 관계자가 서로 다른 시점에 동일한 역할을 수행할 수 있다. 역할은 PERSON ROLE(개인역할)과 ORGANIZATION ROLE(조직역할) 그리고 개인이나 조직에 속할 수 있는 역할로 서브타입돼 있다. PERSON ROLE(개인역할)에는 회사의 정규직으로서의 EMPLOYEE(사원), 기업과 계약 관계에 있는 CONTRACTOR(계약자), 가정의 일부인 사람을 나타내는 FAMILY MEMBER(가족구성원), 조직의 대리인으로 행동하는 CONTACT(담당자)가 포함된다. 이는 판매 담당자, 지원 담당자, 고객 담당자, 공급 담당자나 다른 종류의 담당자가 될 수 있다.

사람이나 조직을 위해 존재할 수 있는 공통 역할은 CUSTOMER(고객)인데, 고객은 기업으로부터 상품이나 서비스를 구매하고 배송 받아서 사용하는 관계자다. SHAREHOLDER(주주)는 개인이나 조직이 될 수 있어서 개인 역할이나 조직 역할은 아니다. 회사가 그들의 상품을 구매해서 사용할 것이라고 예상하는, 개인이나 조직인 PROSPECT(잠재고객)에 대해서도 동일하게 적용된다.

조직 역할

조직 역할은 AGENT(대리인)나 DISTRIBUTOR(유통업자)를 나타내는 DISTRIBUTION CHANNEL(유통조직), COMPETITOR(경쟁사), PARTNER(동업자), REGULATORY AGENCY(관리기관), HOUSEHOLD(가정), ASSOCIATION(협회), SUPPLIER(공급자), PARENT ORGANIZATION(부모조직), SUBSIDIARY(자회사), DEPARTMENT(부서), DIVISION(사업부), OTHER ORGANIZATION UNIT(기타조직체계)를 포함한다. 뿐만 아니라 조직이 기업의 일부분인지 아니면 외부 조직인지를 나타내는 INTERNAL ORGANIZATION(내부조직)을 포함한다.

DISTRIBUTION CHANNEL(유통조직)은 기업의 상품을 출시하는 조직이다. AGENT(대리인)는 물건을 사거나 운반하지 않으면서 상품을 출시하는 반면에 DISTRIBUTOR(유통업자)는 일반적으로 구매하고 판매하는 것으로 물건을 출시한다. COMPETITOR(경쟁사)는 유사한 상품을 취급하고 비교분석하기 위해 성과를 추적한다. PARTNER(동업자)는 협력자인 조직으로 상호 이익 관계가 성립된다. REGULATORY AGENCY(관리기관)는 기업 활동을 단속하거나 통제하는 조직이다. HOUSEHOLD(가정)는 같은 지역 내에 사는 사람들의 비공식 조직으로 가정이 전형적인 예다. 이 정보는 개별 상품별 고객 인적 정보를 설정하는 데 유용하다. ASSOCIATION(협회)은 동일한 흥미를 가지거나 동종 산업 분야 내의 인적 네트워크로 정보 공유와 같은 서비스를 제공하는 조직이다. SUPPLIER(공급자)는 기업에게 물건이나 서비스와 같은 상품을 제공하는 기업이다. ORGANIZATION UNIT(조직체계) 역할은 조직의 형태를 식별하고 조직 구조를 관리할 뿐만 아니라 조직의 일부분을 식별하는 데 유용하다. 이 역할은 기업 특유의 고유한 조직 유형을 포함하기 위해서 PARENT ORGANIZATION(부모조직), SUBSIDIARY(자회사), DEPARTMENT(부서) DIVISION(사업부), OTHER ORGANIZATION UNIT(기타조직체계)와 같은 서브타입을 가질 수 있다. PARENT ORGANIZATION(부모조직)은 이 기업이 다른 기업을 포함하는 역할이다. SUBSIDIARY(자회사) 조직은 다른 기업에 의해서 이 조직이 포함된 역할로, 부모 조직에 의해서 부분적으로나 전체적으로 소유된 조직이다. DIVISION(사업부)은 기업 내에서 특정 목적을 위해 만들어진 조직의 일부다. 또한 DEPARTMENT(부서)는 더 구체적인 목적을 달성하기 위해 기업 내에 만든 조직의 부분이고, 간혹 기업의 사업부 내에 존재한다. INTERNAL ORGANIZATION(내부조직)은 기업의 일부분에 속하는 조직이며, 이 기업을 위해서 데이터 모델이 개발된다.

공통 관계자 역할 서브타입

이 서브타입에서는 대부분의 기업에서 사용되는 공통 서브타입 목록을 제공한다. 각 기업은 자신의 특정 요건을 적용하기 위해서 이 서브타입 목록을 수정한다고 생각해야 한다. 각 관계자 역할은 오로지 하나의 PARTY ROLE TYPE(관계자역할유형)에 의해서 설명될 수 있다. PARTY ROLE TYPE(관계자역할유형)는 ROLE TYPE(역할유형)의 서브타입이며, ROLE TYPE(역할유형)에는 역할 유형의 값을 관리하는 description(설명) 속성이 존재한다. 역할은 이 사람은 잠재고객이다라는 식으로 서술되거나 주문, 계약, 요청 등과 같은 특정 트랜잭션과 연관될 수 있다. 따라서 이 책에서는 관계자가 기업 내에서 어떻게 연관되는지를 나타내는 역할 유형을 보여주기 위해서 ROLE TYPE(역할유형) 엔터티를 사용할 것이다. 나중에 언급될 다른 ROLE TYPE(역할유형) 서브타입은 ORDER ROLE TYPE(주문역할유형), AGREEMENT ROLE TYPE(계약역할유형), REQUIREMENT ROLE TYPE(요청역할유형)과 다른 많은 유형의 트랜잭션에 대한 특정 역할 유형일 것이다.

PARTY ROLE TYPE(관계자역할유형)에는 사원, 담당자, 고객, 공급자, 내부조직 등과 같이 이전에 언급했던 모든 서브타입이 포함된다. 또한 "모집고객", "청구고객", "임명고객", "고객담당자", "공급담당자"와 같은 특정 역할 유형이 포함되며 PARTY ROLE(관계자역할) 서브타입에 정의되지 않은 다른 역할도 추가된다. 상기시키기 위해서 다시 언급하면 이 책의 표기법은 PARTY ROLE(관계자역할)과 같이 엔터티 내에 서브타입을 나타낸다. 그리고 생길 가능성이 있는 다른 모든 유형을 포함시키기 위해서 TYPE(유형) 엔터티와의 관계도 나타낸다.

어떤 PARTY ROLE(관계자역할)은 다른 관계자에 의존해야 완전하게 정의되고, 어떤 역할은 스스로 독립적으로 정의될 수 있다. 예를 들어 PARENT ORGANIZATION(부모조직) 역할은 다른 회사를 소유한 회사를 나타내는 데 유용하다. 이 역할은 보통 SUBSIDIARY ORGANIZATION(자회사조직)인 다른 조직에 의존한다. 따라서 이런 역할은 다음에 설명할 PARTY RELATIONSHIP(관계자관계) 인스턴스를 가져야 한다. "공증인"이나 "의사"와 같은 관계자 역할은 스스로 존재할 수 있어서 PARTY RELATIONSHIP(관계자관계)과 연관되지 않고도 이런 역할을 가질 수 있다.

각 PARTY ROLE(관계자역할)은 특정 기간에 유효할 수 있어서 PARTY ROLE(관계자역할) 엔터티에 from date(시작일자) 속성과 thru date(종료일자) 속성이 존재한다. 이 속성들은 필수가 아니다. 왜냐하면 역할에 대한 기간이 다음에 설명할 PARTY RELATIONSHIP(관계자관계) 엔터티에 의존할 것이기 때문이다. 이 기간 속성은 특별히 "공증인"이나 "의사"와 같은 관계자립 역할에 유용하다.

트랜잭션이 일어난 시간에 역할이 정의돼야 하는가?

특정 트랜잭션이 발생해서 역할 정보가 생긴 후에 불필요해질 때까지 기업은 관계자의 역할을 알지 못한다고 생각할 수 있다. 예를 들어 CUSTOMER(고객)를 물건을 구매해서 사용한 관계자로 정의한다면 ORDER(주문), INVOICE(송장), DEPLOYMENT USAGE(사용법), SHIPMENT(배송) 엔터티는 누가 고객인지를 말할 것이다. 즉 이 정보는 이런 엔터티들과 PARTY(관계자) 엔터티 사이의 관계에서 얻을 수 있다. 실제로 특정 관계자의 역할을 선언적으로 명시할 수 있는 것은 중요하다. 예상되는 사건을 관리하는 어떠한 트랜잭션이 없더라도 기업은 "XYZ회사"는 가망고객이라고 명시할 것이다. 비슷하게 어떠한 연관된 트랜잭션이 없더라도 기업은 특정 관계자가 고객이라는 것을 명시하길 원할 것이다. 게다가 비록 이것이 기술적으로 고려해야 한다고 해도 기업은 실제로 연관된 트랜잭션을 찾지 않고도 누가 고객이고 공급자이고 직원이었는지 등을 알고 싶을 것이다. "공증인"이나 "의사"와 같은 관계자립 역할은 기업이 저장하려고 하는 트랜잭션과 연관되지 않고 명시될 필요가 있다.

이렇게 트랜잭션이 발생할 때 정의된 역할에 대한 논쟁의 또 다른 관점은 상황에 따라 기업은 트랜잭션이 발생한 시간에 이런 역할을 설명할 수 있다는 것이다. 그 역할은 트랜잭션이 발생하기 전에 설명돼야 할 필요는 없다. 예를 들어 관계자가 주문할 때, 관계자는 CUSTOMER(고객)에 대한 PARTY ROLE(관계자역할)의 하나의 인스턴스가 될 수 있다. 기업은 BILL TO CUSTOMER(주문고객), SHIP TO CUSTOMER(배송고객), END USER CUSTOMER(사용고객)와 같은 몇 개의 고객 역할 인스턴스를 가질 수 있다. 그러면 ORDER(주문)는 이 인스턴스와 연관될 수 있다.

관계자 역할 예제

표 2.4는 발생 가능한 역할을 보여준다. 어떤 이유에서든 관리돼야 하기 때문에 대부분의 관계자는 최소한 하나의 역할을 가지며 종종 하나 이상의 관계를 가진다는 것을 주의하라. 관계자가 단 하나의 역할도 없는 게 가능한데, 예를 들면 사람들에 대한 인구조사 데이터를 관리하는 데 있어서 그렇다.

이 책에 나온 역할 유형

이전 장에서 관계자가 많은 역할을 할 수 있다고 설명했다. 관계자에 대한 역할은 그 사람이 "의사"인 것과 같이 관련된 트랜잭션 없이 명시적으로 정의될 수 있다. 역할은 또한 데이터 모델에 포함된 트랜잭션 유형에 대해서 정의될 수 있다. 데이터 모델에 발생한 주문, 배송, 송장, 또는 다른 종류의 트랜잭션에 대한 역할이 있을 수 있다.

PARTY ID	PARTY	PARTY ROLE
100	ABC Corporation	Internal organization Parent organization
200	ABC Subsidiary	Internal organization Subsidiary organization
300	Accounting Division	Internal organization Division
400	Information Systems Department	Internal organization Department
500	Customer Service Division	Internal organization Department
600	Customer support team	Internal organization Team
700	ACME Corporation	Customer Supplier
800	Fantastic Supplies	Supplier Prospect
900	Hughs Cargo	Supplier
1000	Sellers Assistance Corporation	Agent
1100	Smith Family	Prospect
5000	John Smith	Employee Supplier coordinator Parent Team leader Mentor
5100	Judy Smith	Child
5200	Nancy Barry	Supplier service contact
5300	Marc Martinez	Customer contact
5400	William Jones	Employee Account manager (internal sales representative)
5500	Shirley Jones	Project manager Employee QA representative
5600	Barry Cunningham	Contractor
5700	Harry Johnson	Notary
5800	Barry Goldstein	Employee Apprentice
5900	Joe Schmoe	Customer contact
6000	Jerry Red	Employee Customer service representative

이런 모든 역할은 표준 구조를 가질 것이며 PARTY(관계자)나 ROLE TYPE(역할유형)과 연관될 것이고 트랜잭션과도 연관될 것이다. 예를 들어 각 ORDER(주문)는 많은 ORDER ROLE(주문역할)을 가질 수 있다. 이는 주문을 받은 관계자, 주문을 한 관계자, 주문에 대해 결제한 관계자 등 PARTY(관계자)와 연관된 ORDER ROLES TYPE(주문역할유형)일 것이다. ORDER ROLE TYPE(주문역할유형), PARTY ROLE TYPE(관계자역할유형) SHIPMENT ROLE TYPE(배송역할유형), INVOICE ROLE TYPE(송장역할유형) 등은 ROLE TYPE(역할유형)의 서브타입이 될 수 있다. 따라서 role type id(역할유형ID)나 description(설명)과 같은 ROLE TYPE(역할유형) 엔터티의 속성을 상속받을 것이다. 역할에 대한 서브타입 표기는 그림 2.5에 보인 것처럼 PARTY ROLE TYPE(관계자역할유형)을 ROLE TYPE(역할유형)의 서브타입으로 표현한다. 그러나 이 책의 나머지 부분에서는 특정 역할 유형만을 보여줄 것이다. 예를 들면 모델을 단순화하기 위해서 ORDER ROLE TYPE(주문역할유형) 엔터티를 슈퍼타입 없이 표현할 것이다.

관계자 관계

이전에 언급한 것과 같이 개인이나 조직은 고객, 공급자, 고용주, 자회사와 같은 여러 역할을 할 수 있다. 한 관계자가 하는 많은 역할은 다른 관계자와 관계를 갖음으로서만 의미를 가진다. ACME회사가 고객이면, ABC자회사의 고객인가 아니면 부모 회사인 ABC기업의 고객인가? 아마 작은 사업부의 고객일 수도 있다.

고객관계관리(CRM) 시스템은 SI 업계에서 인기 있는 분야다. 놀라운 사실은 많은 CRM 시스템이 관계자 간의 관계를 추적할 수 있는 엔터티를 포함시키지 않는다는 것이다. 관계자의 개념을 도입한다면 이 시스템에는 대개 관계자에 대한 정보를 추적하기 위해서 "담당자" 엔터티가 있다. 그리고 그 엔터티는 담당자에 대한 상태나 우선순위, 특이사항, 다양한 날짜와 연관될 것이다.

문제는 상태나 우선순위, 특이사항, 특정 날짜와 같은 많은 정보가 "담당자"와 연관되지 않는다는 것이다. 즉 그런 정보는 두 관계자 간의 관계와 연관된다. 예를 들어 다른 상품을 팔고 있는 세 명의 판매원을 상상하라. 이 세 명에 대한 담당자는 ACME기업의 마크 마르티네즈다. 이때 각 판매원이 자신의 상태나 우선순위, 특이사항, 그리고 관계 시작일을 지정해서 사용하는 것이 가능한가? 각 판매원은 마크와 유일한 관계를 가지고 있고 마크에게 많이 판매한 판매원은 관계의 상태를 "매우활발"로 저장할 수 있다. 반면에 다른 판매원은 그 시기에 사업을 활발하게 하지 않았기 때문에 "비활성"이라는 상태를 저장할 수 있다. 만약 status(상태) 속성이 단지 담당자 마크와만 관계가 있다면 판매 담당자들은 아마도 그들의 관계와 전망에 따라서 다른 사람의 정보를 갱신할 것이다. 판매원은 서로 논의해서 결국 그들의 관계를 메모에 저장하기를 원할 것이고 관계에 대한 일부 정보는 개인 소유가 될 수 있다. 물론 기업은 "담당자"에 대한 모든 정보가 조회되길 원할 것이다. 또한 기업은 각 관계에 대한 정보를 일관되게 유지하기를 원할 것이다. 다시 말해서 관계가 매우 중요하다면 관계에 대한 정보를 관리하길 원할 것이다.

따라서 관계자의 역할뿐만 아니라 관계자 간의 관계를 설계할 필요가 있다. 예를 들어 마크 마르티네즈가 고객 담당자라는 것뿐만 아니라 마크와 각 판매 담당자와의 관계에 대한 상세한 정보를 관리해야 한다는 것이다. 이와 유사하게 ACME회사가 고객이라는 것뿐만 아니라 ACME회사가 ABC자회사의 고객이라는 것을 알 필요가 있다.

관계는 두 개의 관계자와 그들 각각의 역할에 의해서 정의된다. 예를 들어 그림 2.5는 PARTY RELATIONSHIP(관계자관계) 엔터티의 서브타입 예제로서 CUSTOMER RELATIONSHIP(고객관계), EMPLOYMENT(고용), ORGANIZATION ROLLUP(조직합병)이 있다는 것을 나타낸다. PARTY RELATIONSHIP(관계자관계) 엔터티는 관계자가 다른 관계자와 연관되는 것을 허용한다. 그리고 관계 내에서의 각각의 역할을 관리한다. PARTY RELATIONSHIP(관계자관계) 엔터티는 관계가 언제 시작되고 언제 끝났는지를 보여주기 위해서 from date(시작일자) 속성과 thru date(종료일자) 속성을 가지고 있다.

그림 2.5의 PARTY RELATIONSHIP(관계자관계) 엔터티는 관계자가 다른 관계자와 연관되는 것을 허용하고, 관계 내에서 각자의 역할을 관리한다.

관계자 관계의 서브타입은 많지만 EMPLOYMENT(고용), CUSTOMER RELATIONSHIP(고객관계), ORGANIZATION ROLLUP(조직합병) 등 몇 개만을 표현했다. 예를 들어 PARTY RELATIONSHIP(관계자관계)의 서브타입인 CUSTOMER RELATIONSHIP(고객관계)은 PARTY ROLE(관계자역할)의 서브타입인 CUSTOMER(고객)와 PARTY ROLE(관계자역할)의 서브타입인 INTERNAL ORGANIZATION(내부조직)과 연관될 수 있다. PARTY RELATIONSHIP(관계자관계) 엔터티는 관계의 유효한 기간을 나타내기 위해서 from date(시작일자) 속성과 thru date(종료일자) 속성을 관리한다. 이는 CUSTOMER RELATIONSHIP(고객관계)에 대해서 관계자가 언제 고객 관계를 형성하고 끝냈는지를 나타낼 것이다.

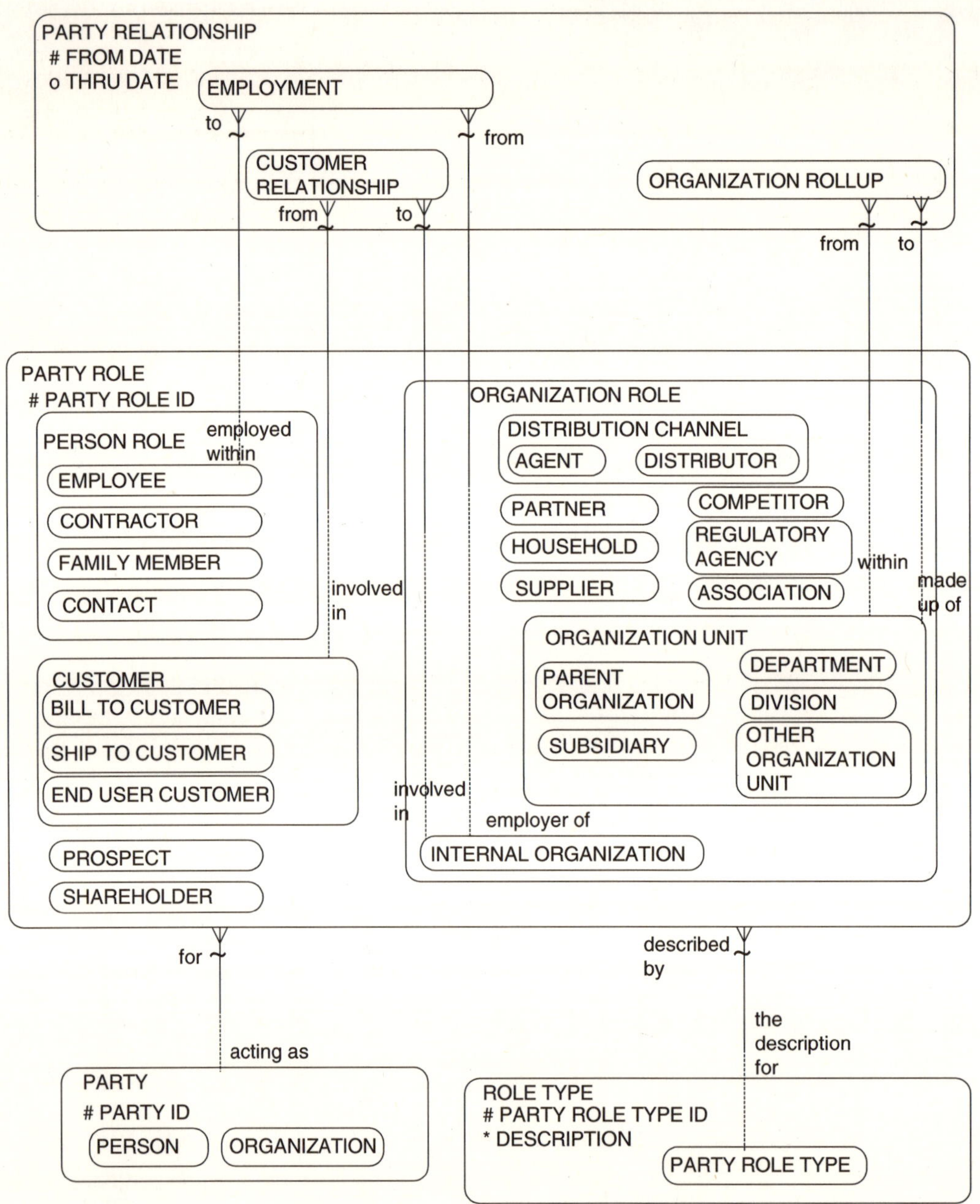

그림 2.5 관계 관계자

CUSTOMER RELATIONSHIP(고객관계) 서브타입은 CUSTOMER(고객)가 내부 조직에 고객으로서 참여할 수 있다는 것을 보여준다. 반대도 마찬가지여서 PARTY ROLE(관계자역할)과는 다대다(M:M) 관계가 된다. 고객을 저장할 뿐만 아니라 누가 어떤 조직의 고객인지를 추적할 필요가 있다면 CUSTOMER RELATIONSHIP(고객관계) 서브타입은 CUSTOMER(고객)와 INTERNAL ORGANIZATION(내부조직) 역할 대신에 CUSTOMER(고객)와 SUPPLIER(공급자) 역할 서브타입과 연관될 수 있다. 이것은 고객이 어떤 조직에 연관되는지와 누가 어떤 조직의 고객과 공급자인지를 보여준다.

PARTY RELATIONSHIP(관계자관계)의 서브타입인 EMPLOYMENT(고용)는 기업 내부 조직에 사람인 사원을 연관시키는 방법을 제공한다. 따라서 EMPLOYEE(사원)와 INTERNAL ORGANIZATION(내부조직)은 관계가 있다. 이는 또한 다대다(M:M) 관계다. 왜냐하면 한 사람이 언젠가는 여러 내부 조직의 사원이 될 수 있고, 하나의 내부 조직에는 여러 사원이 속할 수 있기 때문이다.

ORGANIZATION ROLLUP(조직병합) 교차 엔터티는 조직 부서가 언젠가는 하나 이상의 조직 체계에 속할 수 있다는 것을 나타낸다. 부서는 항상 하나의 사업부에만 속한다고 주장할 수 있지만, 만약 조직 체계가 계속 바꿔서 한 사업부에 속했다가 다른 사업부로 변경되면 어떻겠는가? 만약 두 개의 PARTY ROLE(관계자역할) 사이에 일대다(1:M) 관계가 있다면, 모델러는 PARTY RELATIONSHIP(관계자관계) 엔터티를 사용하는 대신에 이 역할들 사이의 일대다(1:M) 관계로 설계할 수 있다. 그러나 두 PARTY ROLE(관계자역할) 사이의 관계는 대부분 다대다(M:M)인 경향이 있다.

이 예제들은 다양한 관계자 관계 사이에 유사성이 있다는 것을 나타낸다. 그림 2.6a는 관계자 관계에 대해 더 많은 예제를 보여준다. 역할의 각 쌍 사이의 특정 관계를 보여주는 대신 모델을 일반화했다. 이 모델을 적용할 때는 각 PARTY RELATIONSHIP(관계자관계) 서브타입에 연관된 두 개의 PARTY ROLE(관계자역할)을 관계선으로 표현할 것을 추천한다. 이것은 각 관계의 성격을 명확하게 할 것이다. 그리고 관계 각자는 매우 중요한 정보를 나타내기 때문에 관계선의 표현은 필수적이다. 그림 2.6a는 PARTY ROLE(관계자역할)과 연관돼 있는 PARTY RELATIONSHIP(관계자관계)의 일반적인 성격을 보여준다.

또한 PARTY RELATIONSHIP(관계자관계)과 관계되는 PARTY RELATIONSHIP TYPE(관계자관계유형) 엔터티를 보여주고, PARTY ROLE TYPE(관계자역할유형) 엔터티와의 관계를 보여준다. PARTY RELATIONSHIP TYPE(관계자관계유형) 엔터티의 description(설명) 속성은 이 유형의 관계에 내포돼 있는 더 상세한 의미를 나타낸다. 예를 들어 "고객관계"는 "고객이 내부 조직으로부터 상품을 구매한 것이나 구매한 상품을 사용한 것"이라고 설명할 수 있다(만약 고객의 범위를 더 넓힐 필요가 있다면 내부 조직 대신에 공급자로 대체할 수 있다).

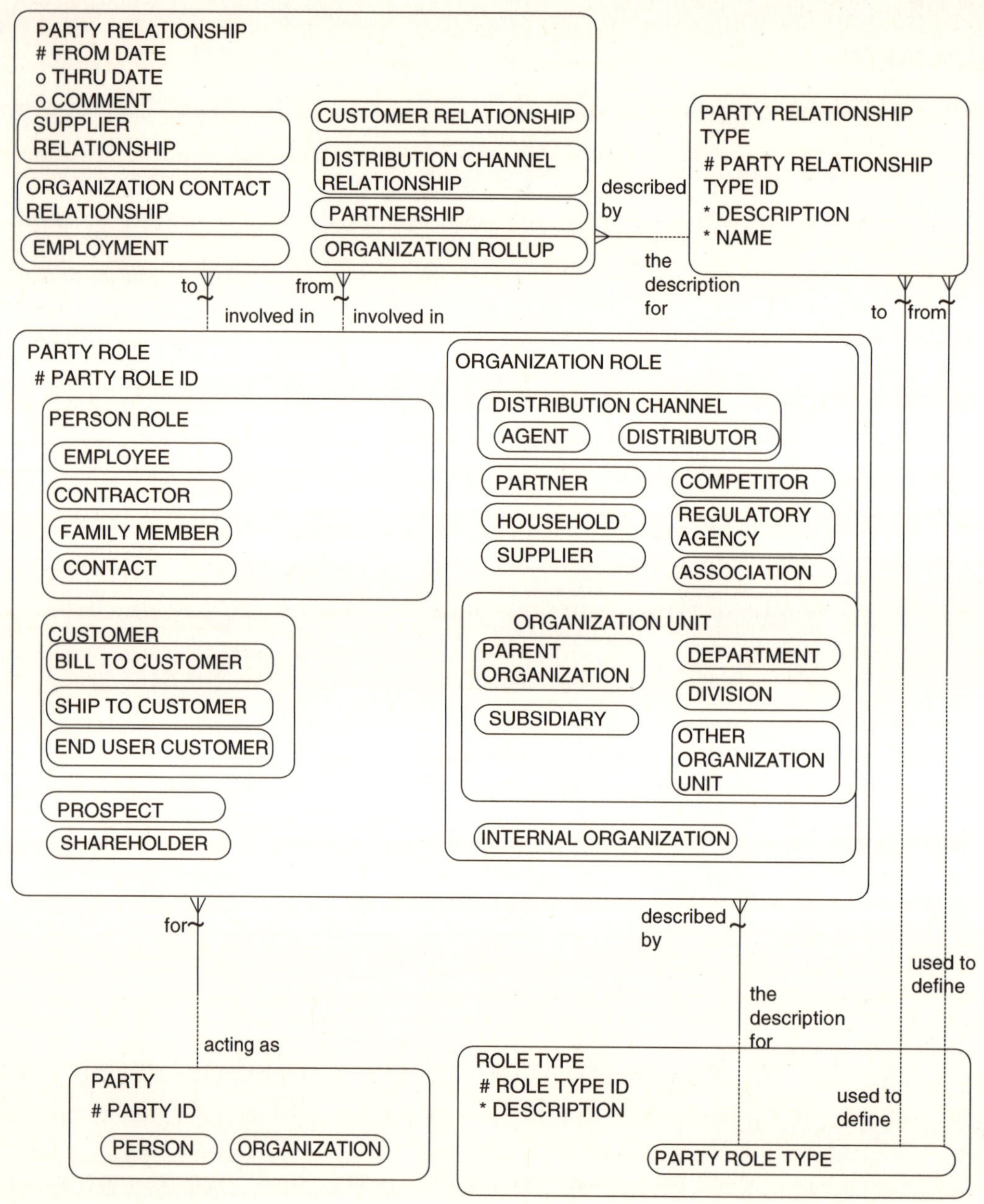

그림 2.6a 일반 관계자 관계

각 관계 유형은 특정 역할 쌍에 대해서만 유효하다. 예를 들어 "고객관계" 관계자 관계 유형은 "고객"과 "내부조직" 역할 쌍에 대해서만 유효하다. "고객관계" PARTY RELATIONSHIP TYPE(관계자관계유형)의 응용 프로그램은 "고객"과 "내부조직"의 역할을 하는 실제 관계자에 대한 PARTY ROLE(관계자역할) 인스턴스와 함께 PARTY RELATIONSHIP(관계자관계) 인스턴스를 생성할 것이다. PARTY RELATIONSHIP TYPE(관계자관계유형) 엔터티의 name(이름) 속성은 특정 관계의 성격을 나타낸다. 예를 들어 "고객관계"라는 이름은 이 관계자가 각 내부 조직에 대한 고객이라는 것을 식별하는, "고객" PARTY ROLE(관계자역할)과 "내부조직" PARTY ROLE(관계자역할) 사이의 관계로 정의될 수 있다.

PARTY ROLE TYPE(관계자역할유형) 엔터티는 PARTY RELATIONSHIP TYPE(관계자관계유형) 내에 있는 관계자에 의해서 수행될 수 있는 역할의 목록이다. PARTY ROLE TYPE(관계자역할유형)에서 PARTY RELATIONSHIP TYPE(관계자관계유형)로의 두 개의 관계선은 관계의 성격을 나타낸다. "customer relationship(고객관계)" PARTY RELATIONSHIP TYPE(관계자관계유형)을 만들기 위해서 PARTY ROLE(관계자역할) 엔터티와의 두 개의 관계선이 필요하다. 하나는 PARTY ROLE TYPE(관계자역할유형) 엔터티에 있는 "고객" 인스턴스와의 관계이고 다른 하나는 "내부조직" 관계자 역할 인스턴스와의 관계다.

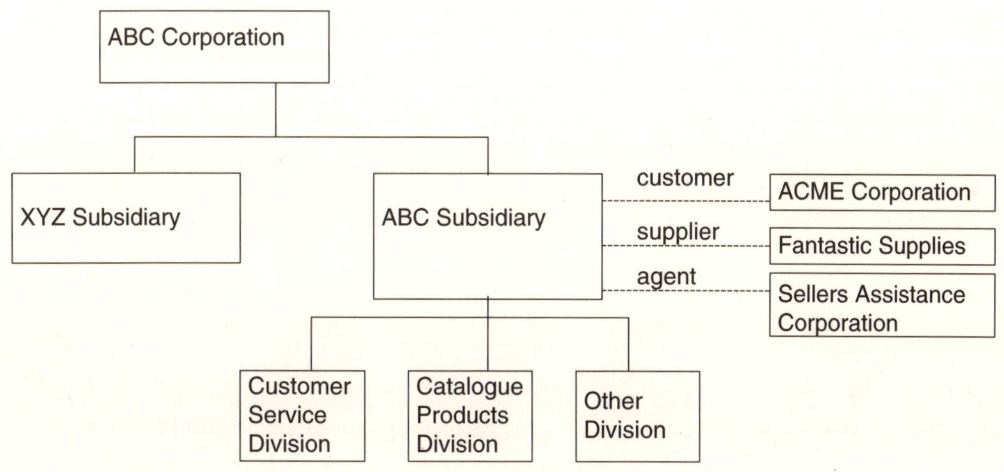

그림 2.6b 관계자 관계 계층 예제

Party relationship type id(관계자관계유형ID) 속성이 PARTY RELATIONSHIP(관계자관계) 엔터티의 키의 일부인가? 만약 역할의 각 쌍이 고유한 PARTY RELATIONSHIP(관계자관계) 인스턴스를 만드는 방식으로 역할이 정의된다면 키의 일부로서 party relationship id(관계자관계ID) 속성을 정의하는 것은 필요하지 않다. 이 모델에서 PARTY RELATIONSHIP TYPE(관계자관계유형) 엔터티는 키의 일부로서 두 개의 party role id(관계자역할ID)를 가진다. 따라서 외래 키 상속 기호가 PARTY RELATIONSHIP TYPE(관계자관계유형)과 PARTY ROLE TYPE(관계자역할유형) 사이의 관계에서 보인다.

　어떤 사람은 역할 유형의 다른 쌍이 동일한 관계와 연관된다고 주장할 수 있다. 예를 들어 "개인의뢰인" 역할과 "조직의뢰인" 역할이 있을 수 있고, 관계를 완전하게 정의하기 위해서 이 역할 중 하나를 "내부조직"에 연관시킨 "의뢰인관계" 관계자 관계에 사용될 수 있다. 이 역할을 정의하는 대신에 어떤 사람은 단지 "의뢰인역할"을 정의할 수 있고 PARTY(관계자) 엔터티는 그것이 사람인지 조직인지를 정의할 것이다. 그렇지 않으면 개인 의뢰인 관계와 조직 의뢰인 관계처럼 두 개의 관계자 관계를 정의할 수 있다. 만약 기업이 같은 관계자 관계에 대해서 다른 조합의 역할을 설계할 수 있는 유연함을 원한다면 PARTY RELATIONSHIP(관계자관계) 엔터티의 식별자의 일부로서 party relationship type id(관계자관계유형ID) 속성을 추가하고 PARTY ROLE TYPE(관계자역할유형)과 PARTY RELATIONSHIP TYPE(관계자관계유형) 사이에 다대다(M:M) 관계를 만들면 된다.

표 2.5 조직 간 관계자 관계

PARTY RELATIONSHIP TYPE NAME	FROM PARTY	FROM ROLE	TO PARTY	TO ROLE	FROM DATE	THRU DATE
Organization rollup	ABC Subsidiary	Subsidiary	ABC Corporation	Parent corporation	3/4/ 1998	
Organization rollup	XYZ Subsidiary	Subsidiary	ABC Corporation	Parent corporation	7/7/ 1999	
Organization rollup	Customer Service Division	Division	ABC Subsidiary	Subsidiary	1/2/ 2000	
Customer relationship	ACME Company	Customer	ABC Subsidiary	Internal organization	1/1/ 1999	
Agent relationship	Sellers Assistance Corporation	Sales agent	ABC Subsidiary	Internal organization	6/1/ 1999	12/31/ 2001
Supplier relationship	Fantastic Supplies	Supplier	ABC Subsidiary	Internal organization	4/5/ 2001	

관계자 관계 예제

표 2.5에 나타난 내부 조직은 ABC Corporation(ABC기업), ABC Subsidiary(ABC자회사), XYZ Subsidiary(XYZ자회사) 그리고 ABC의 Customer Service Division(고객서비스사업부)다. 처음 두 개의 인스턴스는 ABC Subsidiary(ABC자회사)와 XYZ subsidiary(XYZ자회사)가 모기업인 ABC Corporation(ABC기업)의 자회사(Subsidiary)임을 보여준다. 세 번째 인스턴스는 Customer Service Division(고객서비스사업부)가 ABC Subsidiary(ABC자회사)의 사업부(Division)라는 것을 보여준다. 네 번째 인스턴스는 ACME Company(ACME회사)가 ABC Subsidiary(ABC자회사)의 고객(Customer)이라는 것을 보여준다. 다섯 번째 인스턴스는 Sellers Assistance Corporation(판매지원협회)가 대리인으로서 ABC Subsidiary(ABC자회사)와 관계가 있다는 것을 보여주고, ABC Corporation(ABC기업)에게 상품을 팔 수 있다는 것을 보여준다. 여섯 번째 인스턴스는 Fantastic Supplies(Fantastic공급업체)가 ABC Subsidiary(ABC자회사)의 공급자(Supplier)라는 것을 나타낸다. 만약 Fantastic Supplies(Fantastic공급업체)가 ABC Corporation(ABC기업) 전체의 공급자라면 자회사와의 관계 대신에 모회사인 ABC Corporation(ABC기업)과 관계가 있을 것이다.

표 2.6 사람과 조직 관계자 관계

PARTY RELATIONSHIP TYPE NAME	FROM PARTY	FROM ROLE	TO PARTY	TO ROLE	FROM DATE	THRU DATE
Employment	John Smith	Employee	ABC Subsidiary	Employer	12/31/ 1989	12/01/ 1999
Employment	William Jones	Employee	ABC Subsidiary	Employer	5/07/ 1990	
Organization contact relationship (supplier contact)	Nancy Barry	Supplier representative	Fantastic Supplies	Supplier	2/28/ 1999	
Organization contact relationship (customer contact)	Marc Martinez	Customer representative	ACME Company	Customer	8/30/ 2001	
Contractor relationship	Barry Cunningham	Contractor	ABC Corporation	Internal organization	1/31/ 2001	12/31/ 2001

표 2.6은 각 조직 내에 있는 사람 관계에 대한 예제를 보여준다. 표 2.4에서 John Smith(존 스미스)와 William Jones(윌리엄 존스)가 사원이라는 것을 나타냈는데, 표 2.6에서는 그들이 ABC Subsidiary(ABC자회사)의 사원이라는 것을 나타낸다. Nancy Barry(낸시 배리)는 Fantastic Supplies(Fantastic공급업체)의 공급 담당자(Supplier representative)다. 따라서 Fantastic Supplies(Fantastic공급업체)에서 상품을 구매하기 위해서는 그녀에게 연락하면 된다. Marc Martine(마크 마르티네즈)는 ACME Company(ACME회사)의 고객 담당자(Customer representative)이고, 이 회사의 고객과 접촉하기 위해서 연락해야 할 사람이다.

표 2.7 사람 간 관계자 관계

PARTY RELATIONSHIP TYPE NAME	FROM PARTY	FROM ROLE	TO PARTY	TO ROLE	FROM DATE	THRU DATE
Supplier contact relationship	John Smith	Supplier coordinator	Nancy Barry	Supplier service contact	3/15/ 1999	
Customer contact relationship	William Jones	Account manager (for ABC Subsidiary)	Marc Martinez	Customer contact	5/10/ 1999	
Mentoring relationship	John Smith	Mentor	Barry Goldstein	Apprentice	9/2/ 2001	
Parent-child relationship	John Smith	Parent	Judy Smith	Child	4/5/ 1979	

표 2.7는 관계자 관계에 대한 마지막 예로 다른 사람과 관계가 있는 사람을 나타낸다. 사람 간의 관계에 대한 예제는 고객 담당자 관계, 공급자 담당자 관계, 사람들의 멘토, 사람들의 가족 구조를 포함한다. John Smith(존 스미스)는 ABC에 대한 공급자 코디네이터(Supplier coordinator)이고, 공급자 서비스 담당자(Supplier service contact)인 Nancy Barry(낸시 배리)와 관계가 있다. 이는 이전 표에서 보여준 대로 Fantastic Supplies(Fantastic공급업체)를 대표하는 공급자이다. William Jones(윌리엄 존스)는 회계 관리자(account manager)이고 ACME회사의 고객 담당자(Customer contact)인 Marc Martinez(마크 마르티네즈)와 관계가 있다. John Smith(존 스미스)는 Barry Goldstein(배리 골드스테인)의 멘토(Mentor)이고, 마지막 인스턴스는 Judy Smith(주디 스미스)가 John Smith(존 스미스)의 딸이라는 것을 보여준다.

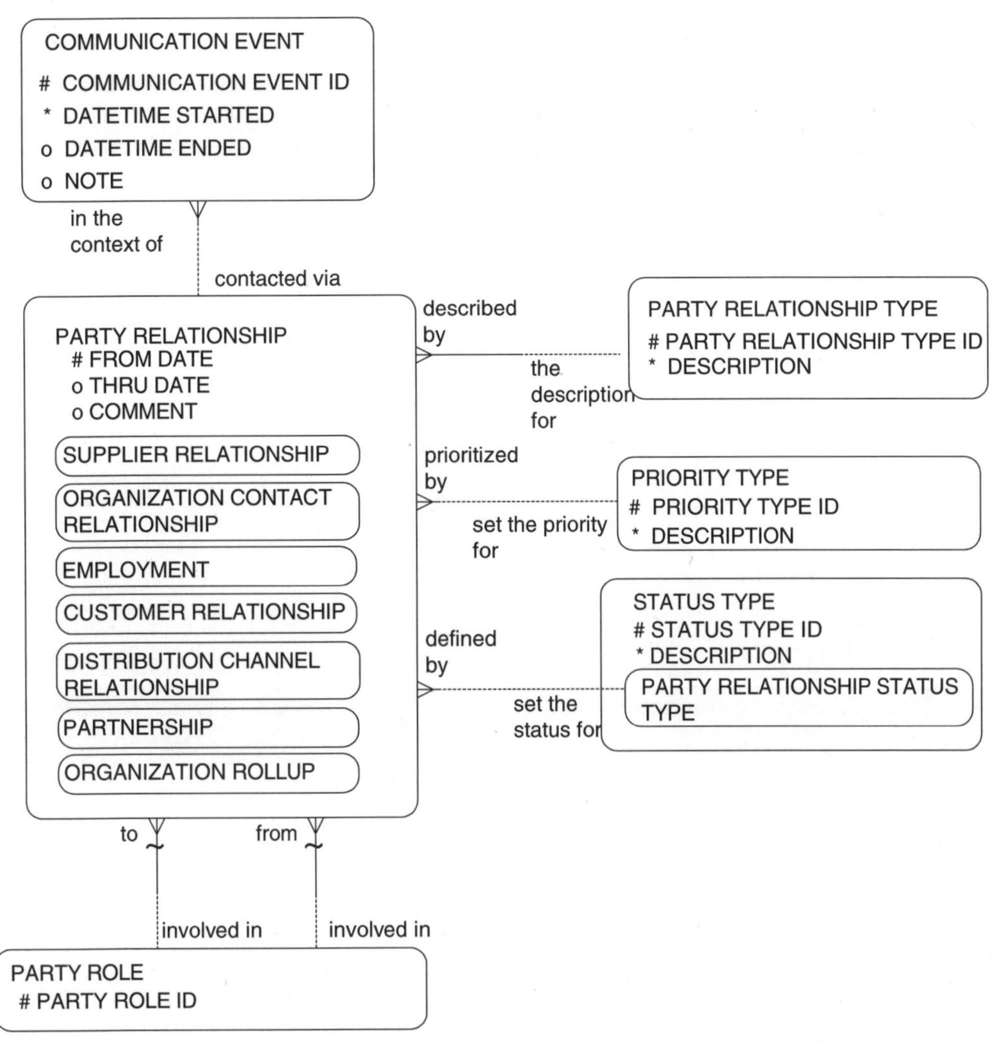

그림 2.7 관계자 관계 정보

관계자 관계 정보

그림 2.7 모델처럼 PARTY RELATIONSHIP(관계자관계) 엔터티는 연관된 다른 정보를 가지고 있다. 각 PARTY RELATIONSHIP(관계자관계)은 PRIORITY TYPE(우선순위유형), PARTY RELATIONSHIP STATUS TYPE(관계자관계상태유형) 그리고 연관된 COMMUNICATION EVENT(접촉내역)를 가질 수 있다. PRIORITY TYPE(우선순위유형) 엔터티는 기업과의 관계에 대한 상대적 중요도를 관리한다. "매우높음", "높음", "중간", "낮음" 등이 예이다. 또는 다양한 관계에 대한 중요도를 정하기 위해서 "첫째", "둘째", "셋째"처럼 사용할 수 있다. PARTY

RELATIONSHIP STATUS TYPE(관계자관계상태유형) 엔터티는 관계의 현재 상태를 나타낸다. "활성", "휴면", "모름"이 예이다. COMMUNICATION EVENT(접촉내역)는 관계 내에서의 관계자 사이의 연락 유형, 예를 들면 전화, 대면, 이메일 등을 저장한다. 이 엔터티는 이 장 뒷부분에서 더 자세하게 설명할 것이다. 표 2.8에 관계자 관계에 대해서 관리되는 정보의 예제가 있다. 표에서는 ACME와의 고객 관계(Customer relationship)는 중요도가 높고(High), 그 관계는 활성(Active) 상태라는 것을 나타낸다. Sellers Assistance Corporation(판매지원협회)와의 대리인 관계(Agent relationship)는 현재 휴면(Inactive) 상태다. Fantastic Supplies(Fantastic공급업체)와 공급자 관계(Supplier relationship)는 활성(Active) 상태이며, 우선 순위는 중간(Medium)으로 간주된다. John Smith(존 스미스)와 Nancy Barry(낸시 배리)의 공급 담당자 관계(Supplier coordinator relationship)는 활성(Active) 상태이고, William Jones(윌리엄 존스)와 Marc Martinez(마크 마르티네즈) 사이의 고객 담당자 관계(Customer contact relationship)도 활성(Active) 상태다.

표 2.8 관계자 관계 정보

PARTY RELATIONSHIP TYPE NAME	FROM PARTY	FROM ROLE	TO PARTY	TO ROLE	STATUS	PRIORITY
Customer relationship	ACME Company	Customer	ABC Subsidiary	Internal organization	Active	High
Agent relationship	Sellers Assistance Corporation	Sales agent	ABC Subsidiary	Internal organization	Inactive	
Supplier relationship	Fantastic Supplies	Supplier	ABC Subsidiary	Internal organization	Active	Medium
Supplier contact relationship	John Smith	Supplier coordinator	Nancy Barry	Supplier service contact	Active	
Customer contact relationship	William Jones	Account manager (for ABC Subsidiary)	Marc Martinez	Customer contact	Active	

상태 유형

ROLE TYPE(역할 유형)과 비슷하게 데이터 모델의 많은 엔터티는 여러 상태가 존재할 것이다. 예를 들어 ORDER STATUS(주문상태), SHIPMENT STATUS(배송상태), WORK EFFORT STATUS(작업활동상태) 등이다. PARTY RELATIONSHIP STATUS TYPE(관계자관계상태유형)

엔터티는 STATUS TYPE(상태유형) 엔터티의 서브타입이다. 이 책에 나오는 다른 상태 유형은 STATUS TYPE(상태유형) 엔터티의 서브타입이 될 것이다. 그러나 모델을 단순하게 표현하기 위해 그림 2.7과 같이 서브타입 관계를 분명하게 표현하지는 않을 것이다.

관계자 접촉 정보

사람과 조직은 여러 가지 방법으로 접촉될 수 있다. 예를 들면 우편이나 전화, 팩스, 이메일, 휴대전화 등이다. 이 장에서는 주소와 전화번호, 팩스번호, 그리고 다른 유형의 매체에 대한 정보를 저장할 수 있는 세 개의 유연한 데이터 모델을 설명한다.

대부분의 데이터 모델은 접촉 정보를 주소, 상세주소, 집전화번호, 사무실전화번호, 사무실팩스번호 등처럼 개별 속성으로 설계할 것이다. 모델을 이렇게 설계하면 두 가지의 문제가 있다. 우선 얼마나 많은 연락 번호가 필요하고, 어떤 유형의 매체가 필요한지를 알 수 없다는 것이다. 어떤 사람이 두 개나 세 개의 집 주소나 전화번호가 있다면 어떻게 할 것인가? 연락할 수 있는 새로운 매체가 생겨나면 어떻게 할 것인가? 실제로 데이터베이스가 모든 가능성을 반영하지 못하면 사용자는 검색하기 매우 어려운 "참조" 항목에 연락 정보를 추가할 것이다.

연락 정보를 개별 속성으로 모델링 하는 것의 또 다른 문제는 연락 주소, 번호, 문자가 각각 자신의 고유한 정보를 가지고 있을 수도 있다는 것이다. 예를 들어 주소는 길안내 정보를 가질 수 있고, 연락 번호는 전화를 원하지 않는다는 것과 같은 연관 정보나 전화 받기 원하는 시간 정보를 가질 수 있다. 이렇게 연락 매체별 자신의 고유한 정보가 설계되지 않는다면 많은 중복이 발생할 수 있다. 만약 대기업의 본사 주소가 속성으로 저장돼 있다면 길안내 정보는 데이터베이스 여러 군데 저장돼 있을 수 있다.

우편 주소 정보

개인이나 기업에 연락하는 하나의 방법은 그들의 주소를 방문하거나 우편을 보내는 것이다. 그림 2.8은 우편주소와 지리 정보를 관리하는 데이터 모델을 나타낸다. 중앙에 위치한 POSTAL ADDRESS(우편주소) 엔터티는 기업에 의해 사용된 모든 주소를 관리한다. PARTY POSTAL ADDRESS(관계자우편주소) 엔터티는 POSTAL ADDRESS(우편주소)가 어떤 관계자와 연관됐는지를 나타낸다. GEOGRAPHIC BOUNDARY(지리구역) 엔터티는 COUNTY(군), CITY(시), STATE(주), COUNTRY(국가), POSTAL CODE(우편번호), PROVINCE(도), TERRITORY(자치령)와 같은 지역의 종류를 관리한다. 그리고 GEOGRAPHIC BOUNDARY(지리구역)는 다른 구역과 재귀 관계가 있을 뿐만 아니라 POSTAL ADDRESS(우편주소)와도 연관된다.

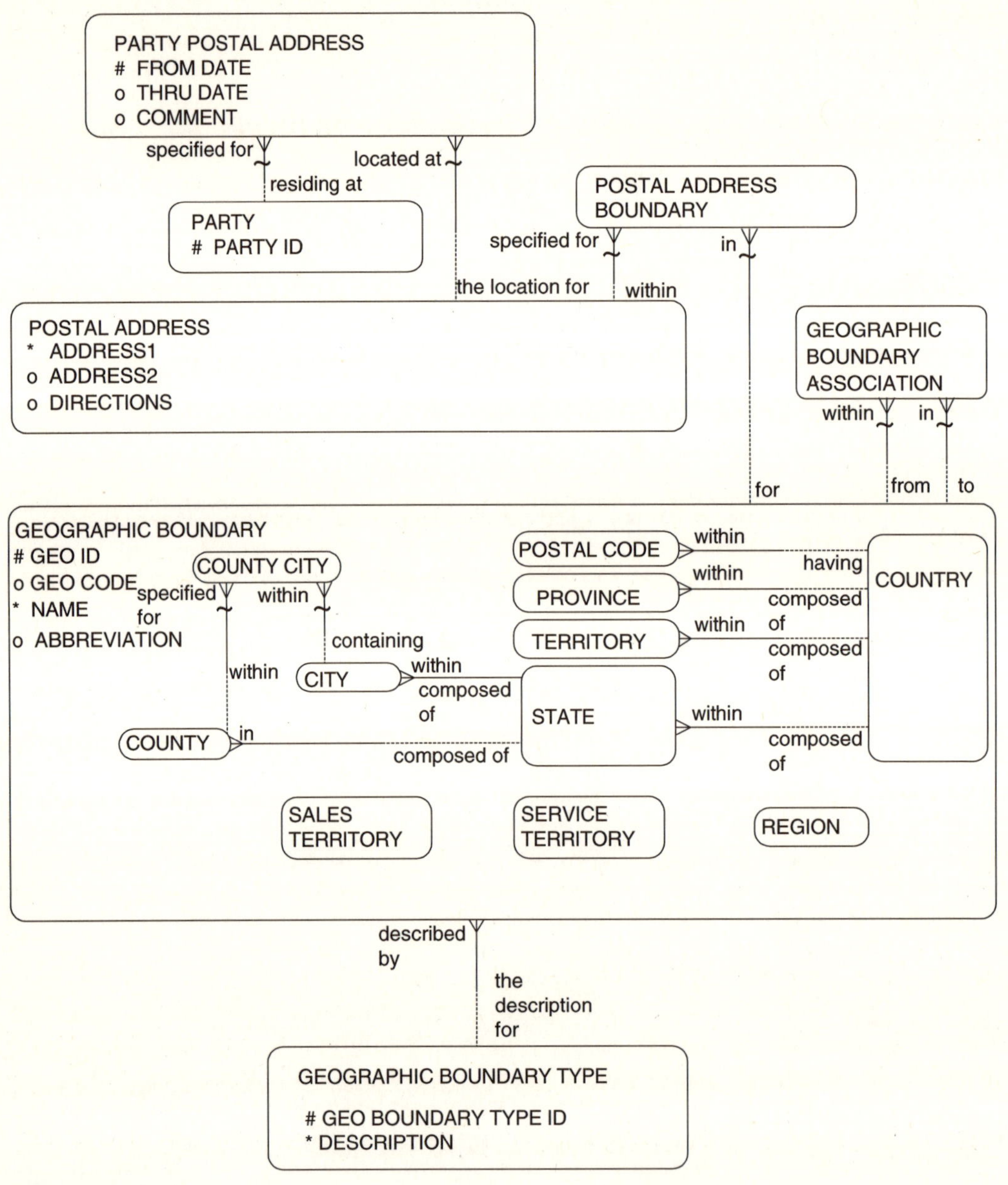

그림 2.8 우편주소 정보

데이터 모델 리소스 북

조직은 많은 주소와 장소를 가지고 있을 것이다. 예를 들어 한 소매업자는 주소가 다른 여러 개의 매장을 가질 수 있다. 이 소매업자 인스턴스에는 오직 하나의 조직만 있지만 장소나 주소는 여러 개다. 게다가 여러 조직이 같은 우편 주소를 사용할 수 있다. 예를 들면 한 회사의 여러 자회사가 같은 주소를 공유할 수 있다. 또한 사무실을 같이 사용한다면 다른 조직이 같은 주소를 공유할 수 있다.

PERSON(개인) 엔터티와 POSTAL ADDRESS(우편주소) 엔터티 간에도 다대다(M:M) 관계가 있다. 같은 건물에 여러 사원이 근무하는 것처럼 특정 주소에는 여러 사람이 거주할 수 있다. 그리고 사람은 일반적으로 집 주소, 회사 주소, 별장 주소 등 여러 주소를 가진다. 따라서 PERSON(개인) 엔터티와 POSTAL ADDRESS(우편주소) 엔터티 사이에는 다대다(M:M) 관계가 생긴다.

모델에서는 사람과 조직에 대해 두 개의 개별적인 관계를 설계하는 대신에 PERSON(개인) 엔터티와 POSTAL ADDRESS(우편주소) 엔터티 사이에 다대다(M:M) 관계를 설계한다. 이 다대다(M:M) 관계는 그림 2.8의 PARTY POSTAL ADDRESS(관계자우편주소) 엔터티와 같이 교차 엔터티로 생성된다. PARTY POSTAL ADDRESS(관계자우편주소) 엔터티가 관계자의 주소 내역을 추적할 수 있는 from date(시작일자) 속성과 thru date(종료일자) 속성을 가지고 있다는 것에 주목하라.

표 2.9와 표 2.10은 관계자 주소의 예제를 보여준다. 표 2.9는 개별 주소를 나타내고 표 2.10은 관계자와 연관된 주소를 나타낸다. 이 모델에서 주소는 단지 한 번만 저장되기 때문에 중복 데이터 문제가 없다. 그리고 주소는 많은 관계자와의 관계에서 여러 번 재사용될 수 있다. 예를 들어 표 2.9와 표 2.10에서 address ID(주소ID)가 "2300"인 같은 주소가 ABC Corporation(ABC기업)과 ABC Subsidiary(ABC자회사)에 사용된다. 게다가 표 2.10에 나타난 것처럼 ABC Subsidiary(ABC자회사)는 하나 이상의 주소를 가지고 있다.

POSTAL ADDRESS(우편주소) 엔터티는 관계자를 방문하거나 우편을 보내기 위한 특정 위치를 식별하는 속성을 저장한다. Address1(주소1), address2(주소2) 속성은 주소를 두 줄로 관리하도록 한다. 기업의 요건에 따라 주소를 관리하는 더 많은 속성이 필요할 수도 있다. Directions(길안내) 속성은 해당 주소를 찾으려면 어떤 길로 와야 하는지에 대한 설명을 제공한다. 이 안내 정보는 주소를 개별 엔터티로 관리하지 않는 데이터베이스에서는 종종 반복해서 관리된다.

표 2.9 우편주소 데이터

ADDRESS ID	ADDRESS1	ADDRESS2	CITY
2300	100 Main Street	Suite 101	New York
2400	255 Fetch Street		Portland
2500	234 Stretch Street		Minneapolis

표 2.10 관계자 우편주소 데이터

PARTY	ADDRESS ID
ABC Corporation	2300
ABC Subsidiary	2300
ABC Subsidiary	2400
ACME Company	2500

지리 구역

모든 주소는 여러 가지 지리 구역을 가질 수 있다. 예를 들어 각 POSTAL ADDRESS(우편주소)는 지구의 위치에 기반한 CITY(시), PROVINCE(도), TERRITORY(자치령), 이외의 다른 지리 구역을 가질 수 있다. POSTAL ADDRESSES(우편주소)는 또한 SALES TERRITORY(판매영역), SERVICE TERRITORY(서비스영역)이나 REGION(지역)과 같은 다른 구역으로 식별될 수 있으며, POSTAL CODE(우편번호)를 가질 수 있다. POSTAL CODE(우편번호)는 주소를 정렬하고 배송하기 위해 우편 서비스에 사용되는 주소 코드를 나타낸다. 미국에서 우편번호는 ZIP코드를 의미한다.

이 구조에 대한 대안 모델은 교차 엔터티인 POSTAL ADDRESS BOUNDARY(우편주소구역)를 사용하는 대신 POSTAL ADDRESS(우편주소)를 특정 GEOGRAPHIC BOUNDARY(지리구역)에 묶는 것이다. 예를 들어 POSTAL ADDRESS(우편주소)와 CITY(시)는 일대다(1:M) 관계일 수 있고 POSTAL ADDRESS(우편주소)는 POSTAL CODE(우편번호)와도 일대다(1:M) 관계일 수 있다. 범세계적으로 적용하는 요건이 있다면, 즉 나라에 따라 주소에 territories(주), provinces(도), prefectures(현)를 사용한다면 이런 요건이나 각 관계를 위한 슈퍼타입이 필요할 것이다. 만약 더욱 상세한 응용 프로그램이 필요하다면 독자는 더 특화된 관계를 가지도록 이 모델을 수정해야 한다.

GEOGRAPHIC BOUNDARY(지리구역)는 다른 GEOGRAPHIC BOUNDARY(지리구역)에 재귀 관계로 연관된다. 예를 들어 각 SALES TERRITORY(판매영역), SERVICE TERRITORY(서비스

영역), REGION(지역)은 많은 CITY(시), STATE(주), COUNTRY(나라)와 연관될 수 있다.

많은 데이터 모델에서 전화번호는 조직이나 개인의 속성으로 설계된다. 보통 팩스번호, 모뎀번호, 호출기번호, 핸드폰번호, 전자메일주소에 대한 속성도 있다. 이렇게 설계하는 것은 시스템 구축 시 종종 한계를 드러낸다. 예를 들어 어떤 사람이 두 개나 세 개의 업무 전화번호를 가지고 있고, 개인을 위한 전화번호 속성이 하나라면 다른 업무 전화번호는 어디에 저장할 수 있는가? 관계자에게 연락할 여러 방법이 있는 현재 실상을 반영하려면 더욱 유연한 데이터 모델 구조가 필요하다.

관계자연락매체-통신번호와 전자주소

그림 2.9의 CONTACT MECHANISM(연락매체) 엔터티는 관계자에게 접촉할 수 있는 수단을 저장한다. 각 연락 매체는 특정 관계자와 연락하는 방법이 될 수 있다. 교차 엔터티인 PARTY CONTACT MECHANISM(관계자연락매체) 엔터티는 어떤 연락 매체가 어떤 관계자와 연관되는지를 보여준다. CONTACT MECHANISM TYPE(연락매체유형) 엔터티는 여러 종류의 연락 매체에 대한 허용 가능한 값, 예를 들어 "전화", "휴대폰", "팩스", "이메일주소" 등을 저장한다.

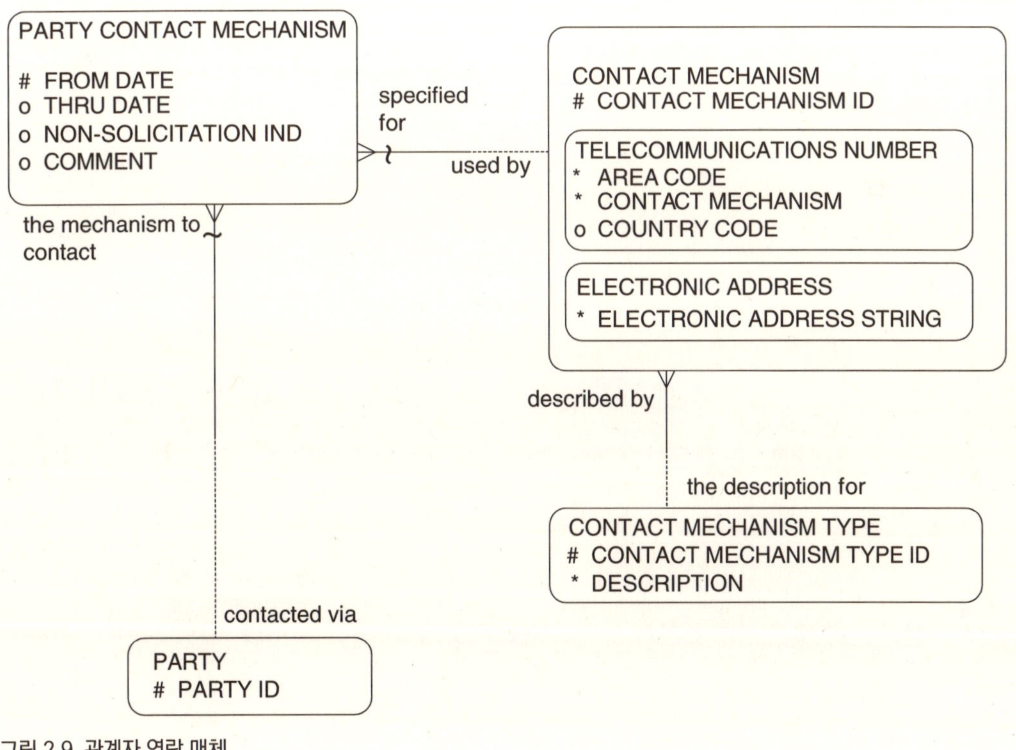

그림 2.9 관계자 연락 매체

CONTACT MECHANISM(연락매체)은 TELECOMMUNICATIONS NUMBER(통신번호)와 ELECTRONIC ADDRESS(전자주소)를 포함시키기 위해서 서브타입으로 표현됐다. TELECOMMUNICATIONS NUMBER(통신번호)는 전화, 팩스, 모델, 호출기, 휴대전화와 같이 통신선으로 연락하는 방법을 포함한다. ELECTRONIC ADDRESS(전자주소)는 인터넷이나 다른 전자 주소 서비스를 통해 연락하는 것을 포함한다.

CONTACT MECHANISM TYPE(연락매체유형) 엔터티는 연락 매체 종류에 대한 모든 가능한 값을 보여준다. 예로는 "전화", "팩스", "모델", "휴대전화", "인터넷주소", "웹URL" 등이 있다. 기술이 빨리 성장함에 따라 사람에게 연락할 수 있는 다른 방법이 생길 가능성이 크다. 그림 2.9의 데이터 구조는 단지 CONTACT MECHANISM TYPE(연락매체유형)를 추가함으로써 새로운 연락 매체를 쉽게 사용할 수 있는 방법을 제공한다.

PARTY CONTACT MECHANISM(관계자연락매체)에 있는 non-solicitation ind(불원IND) 속성은 광고 목적의 전화는 받지 않겠다는 것을 지정하는 속성이다. 어떤 사람이 광고 목적으로 전화받는 것을 바라지 않는다고 지정했다면, 법적인 관점에서뿐만 아니라 배려 차원에서 이를 관리하는 것은 중요할 것이다.

관계자 연락 매체(확대)

만약 CONTACT MECHANISM(연락매체)이 개인이나 조직에 대한 접촉 수단이라면 왜 CONTACT MECHANISM(연락매체)의 서브타입으로서 POSTAL ADDRESS(우편주소)를 포함하지 않는가? 연락 주소는 누군가와 접촉할 수 있는 또 다른 매체다. 관계자에게 연락하는 모든 방법을 스크롤하여 보여주는 접촉 관리 시스템을 상상하라. 이 시스템에서는 모든 전화번호, 팩스번호, 이메일, 우편주소를 보여주고 "집주소", "휴가지주소", "사무실주소", "팩스번호2", "청구주소", "본사전화번호", "비상연락번호" 등 그들의 목적에 따라 연락 매체를 분류한다. 이는 관계자에게 접촉할 방법을 용이하게 하고, 유연하고 쉽게 연락 정보에 접근하도록 할 것이다.

POSTAL ADDRESS(우편주소)를 CONTACT MECHANISM(연락매체)의 서브타입으로 포함시키는 또 다른 이점은 많은 사업 절차가 트랜잭션을 완료하기 위해서는 연락 매체를 필요로 한다는 것이다. 그 연락 매체는 우편주소, 통신전화번호, 전자주소일 것이다. 예를 들어 주문은 POSTAL ADDRESS(우편주소)나 이메일과 같은 ELECTRONIC ADDRESS(전자주소)로 확실해진다.

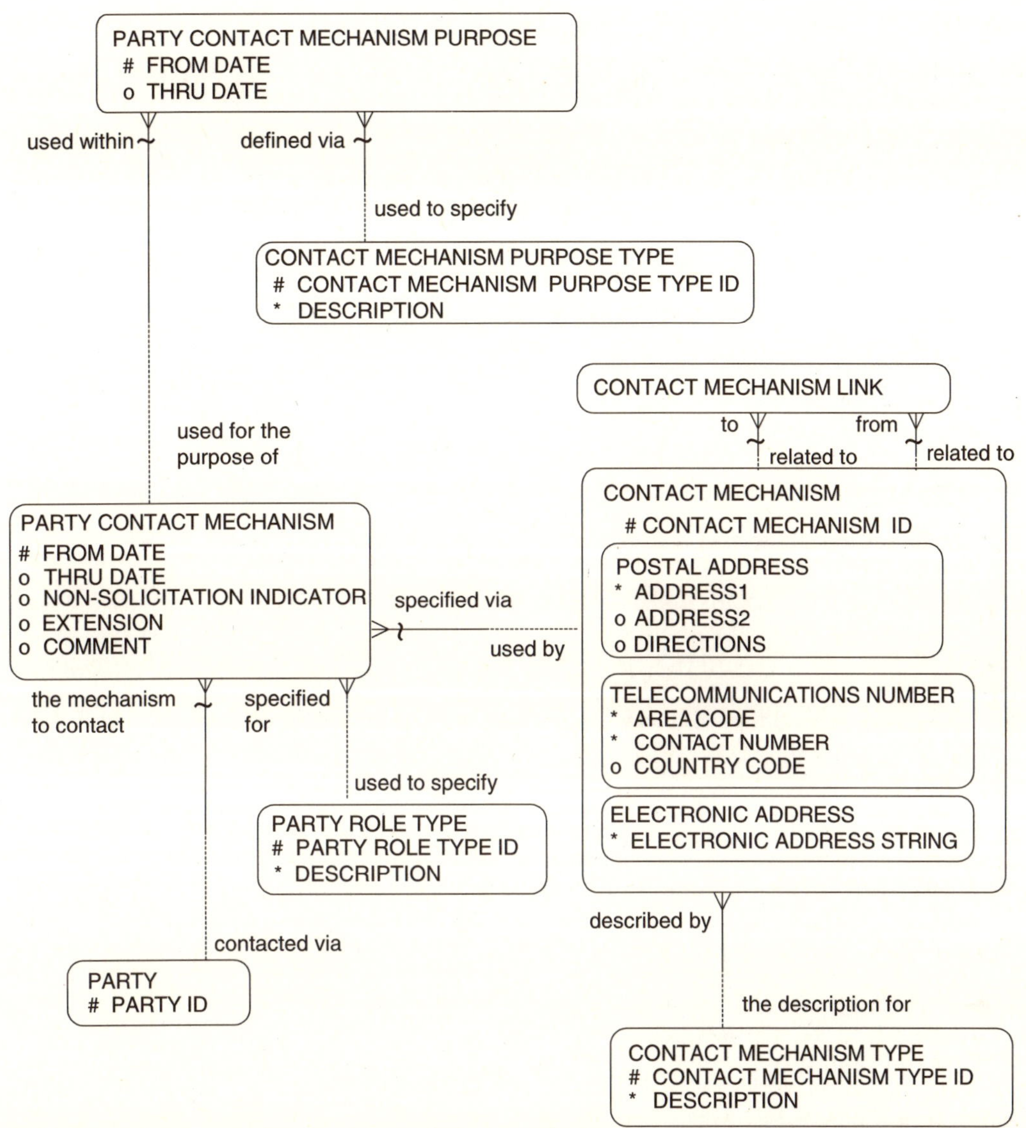

그림 2.10 관계자 연락 매체(확대)

그림 2.10은 유연한 구조의 표준 데이터 모델을 제공한다. CONTACT MECHANISM(연락매체) 엔터티는 POSTAL ADDRESS(우편주소), TELECOMMUNICATIONS NUMBER(통신번호), ELECTRONIC ADDRESS(전자주소) 서브타입을 포함한다. 이미 이 서브타입 각자와 PARTY(관계자) 엔터티 간에는 다대다(M:M) 관계가 성립되기 때문에 이 모델은 CONTACT MECHANISM(연락매체)과 PARTY(관계자) 사이에 다대다(M:M) 관계를 보여준다.

또한 각 관계자의 연락 매체는 특정 역할에만 성립될 수 있다는 것을 나타내기 위해서 PARTY

CONTACT MECHANISMS(관계자연락매체) 엔터티는 PARTY ROLE TYPE(관계자역할유형) 엔터티와 선택적으로 연관된다. 예를 들어 조직은 고객으로서의 역할에서만 주소 정보를 제공할 수 있다. 그리고 다른 역할에 대해서는 해당되지 않을 수 있다.

연락 매체는 서로 연관될 수 있어서 재귀 엔터티인 CONTACT MECHANISM LINK(연락매체연결) 엔터티가 있다. 예를 들면 어떤 전화번호는 바쁠 때 휴대전화번호로 자동 연결될 수 있다. 팩스번호는 자동적으로 이메일 주소로 연결될 수 있다. 이것은 관계자와 접촉할 때 알아야 하는 중요한 정보일 수 있다.

연락 매체 목적

각 관계자에 대한 연락 매체는 여러 가지 목적을 가질 수 있다. 예를 들어 주소는 우편물 발송 주소, 본사 주소, 서비스 주소 등으로 사용될 수 있다. 대부분의 시스템은 주소 정보가 완전히 같더라도 우편물 발송 주소, 본사 주소, 서비스 주소를 다른 인스턴스로 관리한다. 주소가 특정 목적으로 사용되는 것과 같이 다른 연락 매체도 그렇다. 하나의 연락 매체는 하나 이상의 목적을 가질 수 있다. 예를 들어 사업가는 가끔 하나의 번호로 전화나 팩스를 사용한다.

따라서 그림 2.10 데이터 모델은 각 PARTY CONTACT MECHANISM(관계자연락매체)이 하나 이상의 PARTY CONTACT MECHANISM PURPOSE(관계자연락매체목적)를 가져야 한다는 것을 나타낸다. 연락매체 목적 각각은 CONTACT MECHANISM PURPOSE TYPE(연락매체목적유형)에 의해서 묘사된다.

연락 매체의 목적이 계속 바뀌기 때문에 from date(시작일자) 속성과 thru date(종료일자) 속성이 언제 목적이 유효한지를 나타낸다. CONTACT MECHANISM PURPOSE TYPE(연락매체목적유형)는 적용 가능한 목적의 목록을 관리한다.

대안 모델은 CONTACT MECHANISM PURPOSE TYPE(연락매체목적유형)를 PARTY CONTACT MECHANISM(관계자연락매체)에 직접 연관되도록 하는 것이다. 그리고 PARTY CONTACT MECHANISM(관계자연락매체) 엔터티의 주 키의 일부로서 contact mechanism purpose type id(연락매체목적유형ID) 속성을 포함시키는 것이다. 이는 유사한 설계가 될 것이지만 많은 경우에 중복이 발생할 것이다. 예를 들어 만약 같은 관계자의 주소가 우편물 발송 주소, 본사 주소, 서비스 주소 등으로 사용된다면 PARTY CONTACT MECHANISM(관계자연락

매체) 엔터티에 세 개의 인스턴스로 저장될 것이다. 각 인스턴스는 같은 party id(관계자ID)와 contact mechanism id(연락매체ID)를 가질 것이다. 하지만 연락 목적은 다를 것이다. 따라서 non-solicitation ind(불원IND) 속성처럼 관계자와 연락 매체에 연관된 정보는 반복될 것이다. 다른 말로 하면 PARTY CONTACT MECHANISM(관계자연락매체) 엔터티는 자체로 의미가 있고 목적과 무관하게 고유한 속성이나 관계를 가질 수 있다. 이런 이유로 모델은 PARTY CONTACT MECHANISM(관계자연락매체)과 PARTY CONTACT MECHANISM PURPOSE(관계자연락매체목적)를 분리해서 나타낸다.

표 2.11 관계자 연락 매체

PARTY	CONTACT MECHANISM	CONTACT MECHANISM TYPE	CONTACT MECHANISM PURPOSE
ABC Corporation	(212) 234 0958	Phone	General phone number
ABC Corporation	(212) 334 5896	Fax	Main fax number
ABC Corporation	(212) 356 4898	Fax	Secondary fax number
ABC Corporation	100 Main Street	Postal address	Headquarters
ABC Corporation	100 Main Street	Postal address	Billing inquiries
ABC Corporation	500 Jerry Street	Postal address	Sales office
ABC Corporation	Abccorporation.com	Web address	Central Internet address
ABC Subsidiary	100 Main Street	Postal address	Service address
ABC Subsidiary	255 Fetch Street	Postal address	Sales office
John Smith	(212) 234 9856	Phone	Main office number
John Smith	(212) 748 5893	Phone	Main home number
John Smith	(212) 384 4387	Cellular	
John Smith	345 Hamlet Place	Postal address	Main home address
John Smith	245 Main Street	Postal address	Main work address
Barry Goldstein	(212) 234 0045	Phone	Main office number
Barry Goldstein	(212) 234 0046	Phone	Secondary office number
Barry Goldstein	Bgoldstein@abc.com	E-mail address	Work e-mail address
Barry Goldstein	Barry@barrypersonal.com	E-mail address	Personal e-mail address
Barry Goldstein	2985 Cordova Road	Postal address	Main home address

처음 일곱 개의 인스턴스는 ABC Corporation(ABC기업)에 많은 연락 매체가 있다는 것을 보여준다. 첫 번째 연락 매체는 전화번호이며, 조직에 대한 일반 전화번호(General phone number)로서 쓰인다. 주팩스번호(Main fax number)는 두 번째 인스턴스에 나타난다. ABC Corporation(ABC기업)은 "(212) 356-4898"라는 두 번째 팩스번호(Secondary fax number)를 가지고 있다. 다음 인스턴스는 "100 Main Street"가 하나 이상의 목적이 있음을 보여준다. 본사 (Headquarters)와 청구사무소(Billing inquiries) 두 가지가 있다. ABC Corporation(ABC기업)은 "500 Jerry Street"에 판매 사무소(Sales office)가 있으며, "abccorporation.com"이라는 웹 주소도 가지고 있다. ABC Corporation(ABC기업)의 일부인 ABC Subsidiary(ABC자회사)는 두 개의 주소를 가지고 있다. 하나는 서비스 사무실(Service address)인 "100 Main Street"에 있고 다른 하나는 판매 사무실(Sales address)로 "255 Fetch Street"에 있다. 다른 예로 John Smith(존 스미스)는 나열된 것과 같이 사무실 전화번호, 집 전화번호, 휴대 전화번호, 집 주소, 직장 주소를 가지고 있다. Barry Goldstein(배리 골드스테인)은 직장 이메일, 개인 이메일, 집 주소, 그리고 주 전화번호와 보조 전화번호인 두 개의 사무실 전화번호가 있다.

표 2.11은 통신 기술이 발전함에 따라 나타날 가능성이 있는 새로운 연락 매체뿐 아니라 현재 연락 매체의 모든 종류에 대한 정보를 수정할 수 있는 관리 편의성과 유연성을 보여준다.

시설 대 연락 매체

연락 매체는 개인의 휴대전화번호와 같이 특정 관계자와 연결될 수 있으며, 또는 제조 공장의 전화 번호나 타워 시설의 전화번호와 같이 물리적 위치와 연결될 수 있다. 이런 물리적 시설은 우편 주소나 관계자와 연관되긴 하지만 우편 주소나 관계자는 아니기 때문에 이를 설계하려면 다른 엔터 티가 필요하다. CONTACT MECHANISM(연락매체) 엔터티는 관계자에게 연락하는 데 필요한 식별 정보를 관리하며, FACILITY(시설)는 물리적 구조물과 연관된 속성이나 관계를 저장한다.

그림 2.11은 물리적 시설에 대한 정보를 저장하기 위한 구조를 나타낸다. FACILITY(시설) 서브 타입은 WAREHOUSE(창고), PLANT(공장), BUILDING(건물), ROOM(방), OFFICE(사무소)를 포함하는데 FACILITY TYPE(시설유형)에서는 시설 종류를 관리한다. 각 시설은 다른 시설들로 구성될 수도 있다. 예를 들어 BUILDING(건물)은 ROOM(방)으로 구성될 수 있다. 만약 층을 추적하기 위한 더욱 상세한 요건이 있다면 BUILDING(건물)은 ROOM(방)을 구성하고 있는 FLOOR(층)로 구성된다. 물리적 시설에 필요한 속성은 square footage(면적)이다.

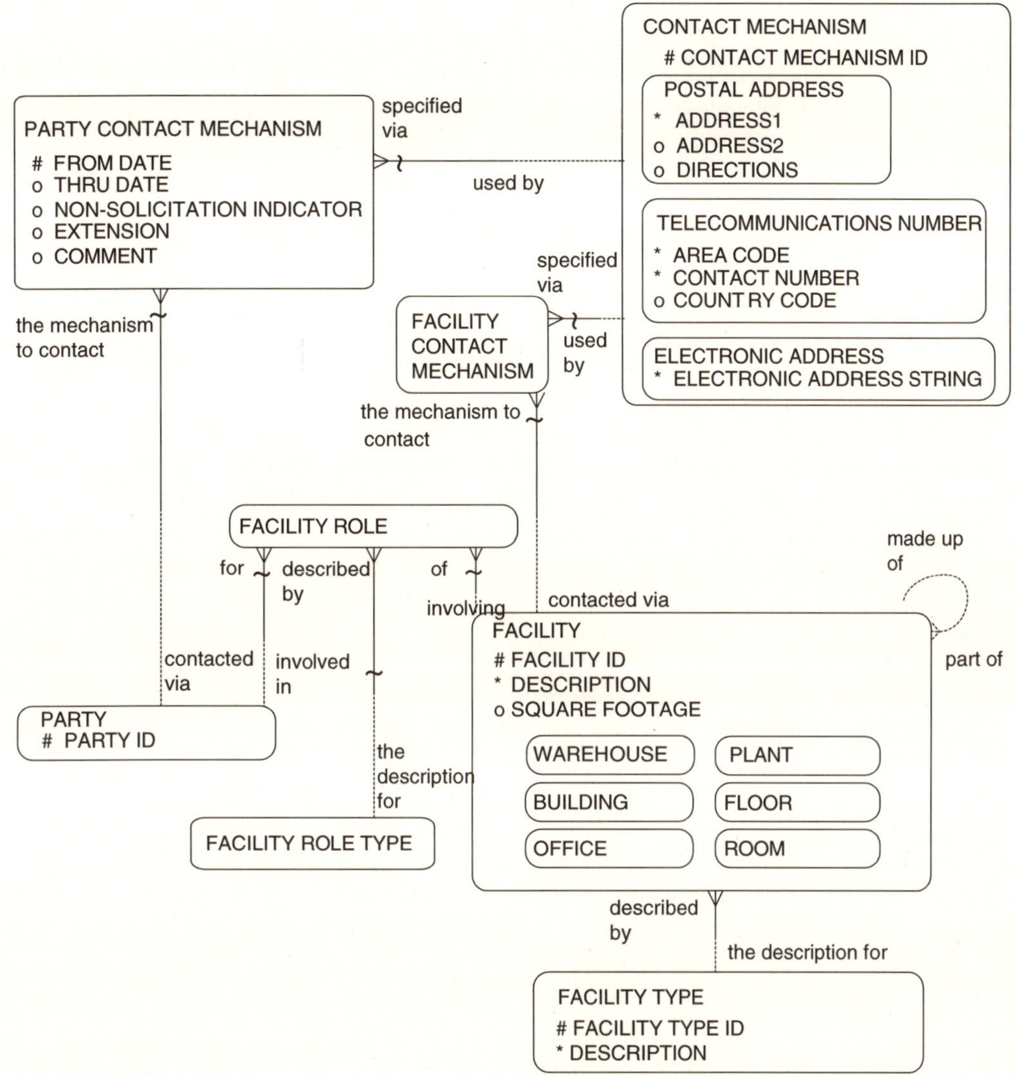

그림 2.11 시설 대 연락 매체

각 시설은 하나 이상의 관계자를 포함할 수 있다. 따라서 FACILITY ROLE(시설역할) 엔터티는 무슨 관계자가 무슨 시설에 대해서 무슨 역할 유형을 수행하는지를 관리한다. 예를 들어 어떤 관계자는 시설을 사용하고 임대하고 빌려주고 또한 소유할 것이다. 따라서 FACILITY ROLE TYPE(시설역할유형) 엔터티는 이런 값들을 저장한다. 또한 각 FACILITY(시설)는 하나 이상의 CONTACT MECHANISM(연락매체)에 의해서 연락될 수 있다. PLANT(공장) 시설은 이전에 언급된 전화, 팩스, 이메일, 우편 주소 등과 같은 몇몇 연락 매체를 사용해서 연락될 수 있다. FACILITY(시설)는 이렇게 하나 이상의 CONTACT MECHANISM(연락매체)을 가질 수 있다. 예를 들면 "100 Smith

Street"라는 거리 우편 주소와 "PO Box 1234"라는 다른 주소를 가질 수 있다.

환경에 따라서 하나의 CONTACT MECHANISM(연락매체)은 하나 이상의 FACILITY(시설)를 연락하기 위한 수단이 될 것이다. 예를 들어 같은 우편 주소는 주소 내에 모여 있는 하나 이상의 공장을 위한 연락 매체가 될 수 있다. 이것이 가능하기 때문에 FACILTIY CONTACT MECHANISM (시설연락매체) 교차 엔터티는 CONTACT MECHANISM(연락매체)과 FACILITY(시설) 사이의 다대다(M:M) 관계를 제공한다.

관계자 접촉내역

많은 응용 프로그램에서 관계자 간의 관계에서 누가 언제 연락하거나 의사소통 했는지에 관한 정보를 추적하는 것은 중요하다. 예를 들어 판매 담당자나 회계 담당자는 종종 고객에게 적절하게 대응하기 위해 누가 무슨 목적으로 언제 전화했는지를 알 필요가 있다. 연락이나 의사소통은 전화 통화나 개별 만남, 전화 회의, 편지, 기타 방법을 통해서 이루어질 수 있다.

그림 2.12의 COMMUNICATION EVENT(접촉내역) 엔터티는 관계자 사이에 취해졌거나 취해질 다양한 의사소통 내역을 제공한다. COMMUNICATION EVENT(접촉내역)는 통화, 미팅, 화상통화 등의 연락 유형을 통한 관계자 사이의 정보 교환으로 정의된다. COMMUNICATION EVENT(접촉내역)는 특정 PARTY RELATIONSHIP(관계자관계) 내에서 존재할 수 있거나 많은 관계자 사이에 존재할 수 있다. 따라서 관계자의 역할을 묘사하기 위해서 COMMUNICATION EVENT ROLE(접촉역할)을 사용한다. 회의나 세미나와 같이 둘 이상의 관계자가 포함된 접촉 내역은 COMMUNICATION EVENT ROLE(접촉역할)이 관계자와 수행한 역할을 정의할 수 있다.

의사소통은 보통 관계 내에서 의미가 있기 때문에 COMMUNICATION EVENT(접촉내역)는 일반적으로 PARTY RELATIONSHIP(관계자관계)의 문맥 내에서 존재할 것이고 COMMUNICATION EVENT ROLE(접촉역할)은 아닐 것이다.

두 관계자 사이에 여러 관계가 존재하는 것은 가능하다. 예를 들어 한 관계에서 마크 마르티네즈가 존 스미스에 대한 고객 담당자일 수 있다. 나중에 마크 마르티네즈는 존 스미스의 회사(ABC자회사)에서 일하고, 존 스미스에게 업무 보고를 하기로 결정할 수 있다. 이런 각각의 관계에 대한 접촉 내역을 추적하는 것은 적합할 것이다.

COMMUNICATION EVENT PURPOSE
o DESCRIPTION
SUPPORT CALL
CUSTOMER SERVICE CALL
MEETING
ACTIVITY REQUEST
INQUIRY
SALES FOLLOW UP
CONFERENCE
SEMINAR
described by
the description for
COMMUNICATION EVENT PURPOSE TYPE
COMM EVENT PURPOSE TYPE ID
* DESCRIPTION
COMMUNICATION EVENT ROLE
of
described by
for
involving
the category for
categorized by
COMMUNICATION EVENT
COMMUNICATION EVENT ID
* DATETIME STARTED
o DATETIME ENDED
o NOTE
PHONE COMMUNICATION
FACE–TO–FACE COMMUNICATION
EMAIL COMMUNICATION
FAX COMMUNICATION
LETTER CORRESPONDENCE
WEB SITE COMMUNICATION
monitored by
in the context of
used to monitor
occurs via
VALID CONTACT MECHANISM ROLE
for
described by
used for
COMMUNICATION EVENT STATUS TYPE
contacted via
the contact medium for
PARTY RELATIONSHIP
FROM DATE
o THRU DATE
o COMMENT
CONTACT MECHANISM TYPE
CONTACT MECHANISM TYPE ID
* DESCRIPTION
established to
established from
the description for
the description for
involved in
involved in
PARTY ROLE
#PARTY ROLE ID
COMMUNICATION EVENT ROLE TYPE
involved in
involved in
PARTY
PARTY ID

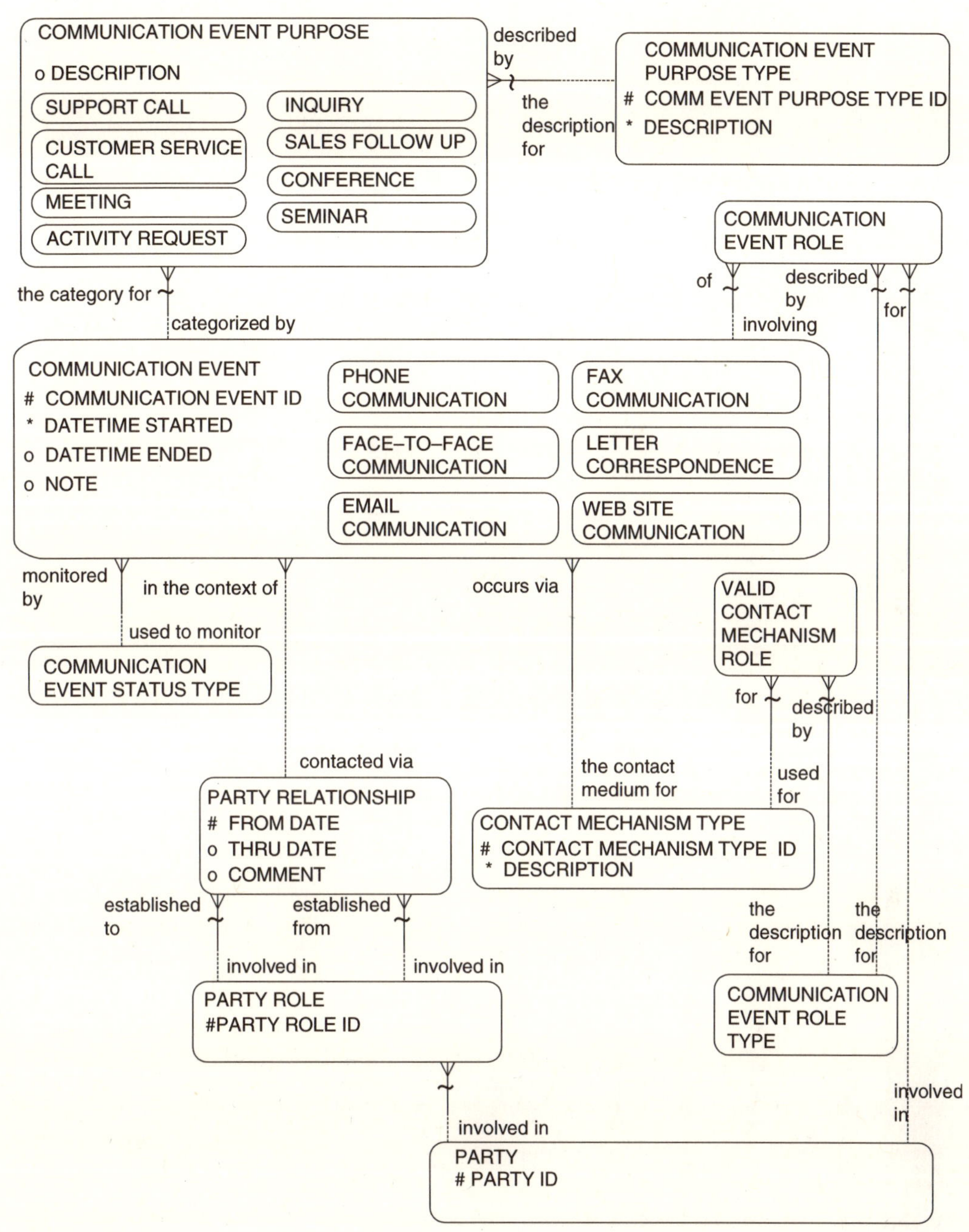

그림 2.12 접촉내역

표 2.12 접촉내역

COMMUNICATION EVENT ID	FROM PARTY	TO PARTY	START DATETIME	COMMUNICATION EVENT PURPOSE	CONTACT MECHANISM TYPE	COMMUNICATION EVENT STATUS TYPE
1010	William Jones	Marc Martinez	Jan 12, 2001, 3 PM	Initial sales call Initial product demonstration	Face to face	Completed
1300	William Jones	Marc Martinez	Jan 30, 2001, 2PM	Demo of product	Web-based interaction	Completed
1450	William Jones	Marc Martinez	Feb 12, 2002, 10AM	Sales close Gather order details	Face to face	Completed
1900	William Jones	Marc Martinez	June 1, 2002, 1PM	Customer service follow-up Customer satisfaction survey	Phone	Scheduled
3010	John Smith	Nancy Barry	Sept 12, 2001, 3PM	Purchasing follow-up (to find out status of pending purchase order)	E-mail	Completed
3011	Joe Schmoe	Jerry Red	Sept 19, 2001, 3PM	Technical support call Request for a software patch	Phone	Pending resolution

COMMUNICATION EVENT(접촉내역)는 두 개의 주요 방법으로 분류될 수 있다. 즉 접촉을 실행하기 위해 어떤 연락 매체가 사용됐는지(전화, 팩스, 이메일, 대면 등), 그리고 접촉의 목적이 무엇이었는지이다(지원전화, 판매조치, 고객서비스전화, 회의, 세미나). COMMUNICATION EVENT(접촉내역)는 오직 하나의 CONTACT MECHANISM TYPE(접촉매체유형)를 통해 발생한다. 그러나 여러 개의 COMMUNICATIONS EVENT PURPOSES(접촉목적)을 가질 것이다. 예를 들어 특정 모임은 추가 상품에 대한 배송 요청일 뿐만 아니라 고객 서비스 지원 통화일 수 있다. 그림 2.12는 추가적인 COMMUNICATION EVENT PURPOSE(접촉목적)가 있을 수 있다는 것을 나타내기 위해 COMMUNICATION EVENT PURPOSE TYPE(접촉목적유형)을 보여준다. 그리고 문의, 지원전화, 고객서비스전화, 미팅, 판매지원, 학회, 세미나, 요청 서브타입을 제공한다. 다른 가능한 목적은 "최초영업상담", "서비스수리전화", "설명", "접대약속", "전화광고"가 있다. Description(설명) 속성은 "이것은 응대해야 하는 중요한 영업 상담이다"와 같은 목적에 대한 추가 정보를 저장하는 것을 제공한다.

VALID CONTACT MECHANISM ROLE(유효연락매체역할)은 어떤 종류의 COMMUNICATION EVENT ROLES TYPE(접촉역할유형)이 어떤 유형의 CONTACT MECHANISM TYPE(연락매체유형)에 적절한지를 나타낸다. 예를 들어 "전화 건 사람"과 "전화 받은 사람"은 전화 연락 매체 유형에 유효할 수 있는 반면에 "협력자", "참가자", "필기자"는 대면 의사소통에 대한 역할로 유효할 수 있다. COMMUNICATION EVENT STATUS TYPE(접촉상태유형)은 접촉에 대한 상태를 나타낸다. 상태의 예는 "예정", "진행", "종료"이다.

COMMUNICATION EVENT(접촉내역)는 datetime started(시작일자), datetime ended(종료일자), 그리고 연락을 설명하는 note(비고내용) 속성을 관리한다. Note(비고내용) 속성의 예는 "초기 판매 통화는 좋았고 고객은 아무개 상품의 작동 시범에 깊은 관심을 보이는 것 같았다."일 수 있다. 표 2.12는 접촉 내역에 대한 예제를 보여준다. ABC기업의 회계 관리자인 William Jones(윌리엄 존스)는 ACME기업의 고객 담당자인 Marc Martinez(마크 마르티네즈)와 몇 차례 판매 접촉을 했다. 표 2.12의 첫 네 개의 인스턴스는 접촉 내역의 상태뿐만 아니라 날짜와 시간, 목적, 사용한 연락 매체 유형을 보여준다. 상태는 활동이 완료(Completed)됐는지 아니면 계획(Scheduled)된 건지를 나타낸다. William Jones(윌리엄 존스)는 1월 12일에 처음으로 만나서 판매 미팅을 가졌고, 회사의 웹 사이트를 사용해서 상품에 대해 더 상세하게 설명했다. 웹 사이트는 상품 시범을 보일 수 있는 기능과 채팅 기능을 포함하고 있다. 다섯 번째 인스턴스는 John Smith(존 스미스)가 공급 담당자인 Nancy Barry(낸시 배리)에게 보낸 이메일(Email) 접촉을 보여준다. 여섯 번째 인스턴스는 어떤 문제에 관해서 Joe Schmoe(조 쉬모우)가 Jerry Red(제리 레드)에게 한 통화를 보여주고, 접촉 내역에 대한 추적이 판매에서뿐만 아니라 구매와 같은 사업 분야에서도 중요하다는 것을 묘사한다. 이 데이터 구조는 모든 종류의 관계와 환경에 대한 접촉 내역을 추적하는 방법을 제공하는 매우 강력한 사업 도구다.

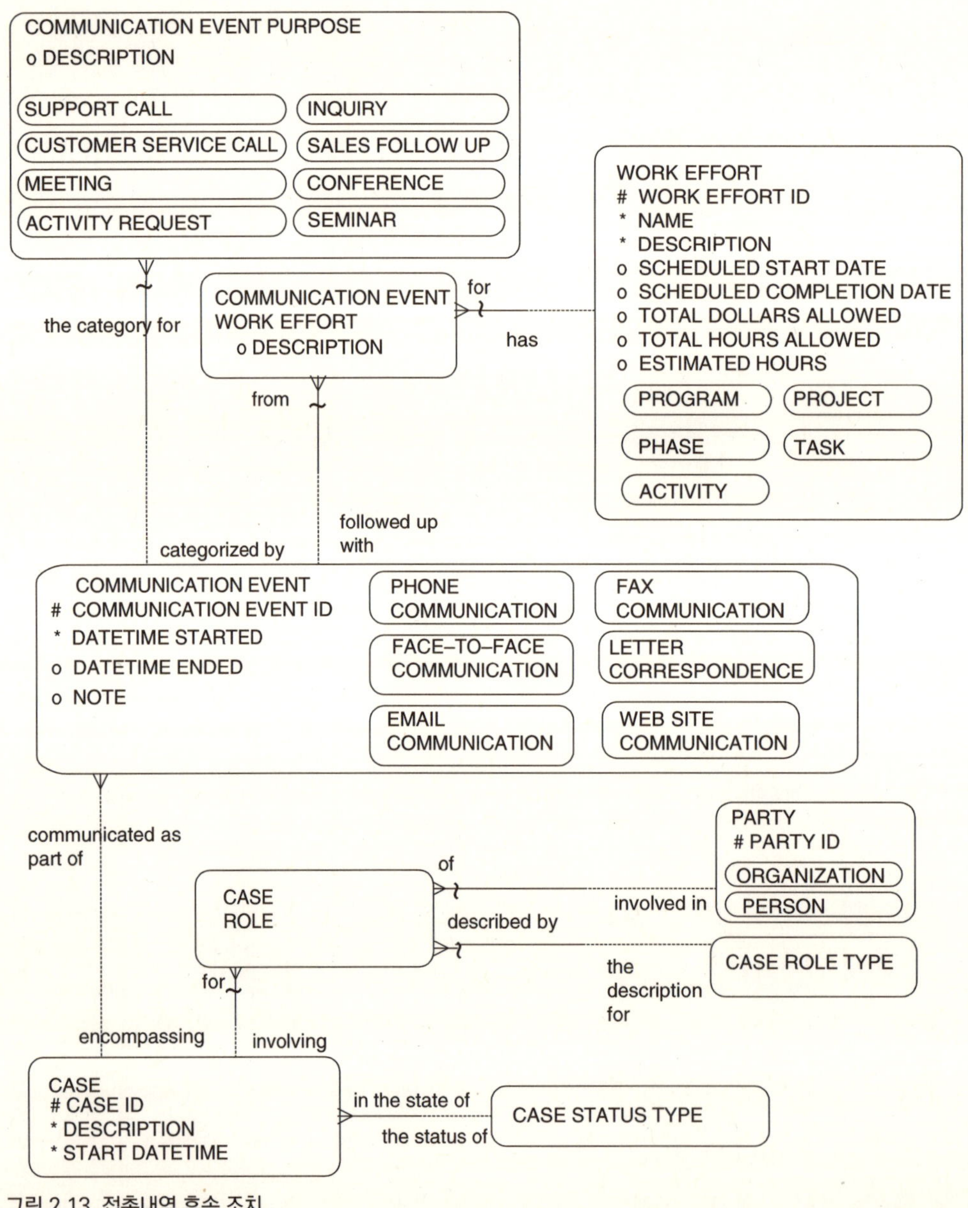

그림 2.13 접촉내역 후속 조치

표 2.13 접속내역 후속 조치

CASE	CASE DESCRIPTION	CASE ROLE	COMMUNI-CATION EVENT ID	START DATETIME	COMMUNICATION EVENT PURPOSE	CONTACT MECHANISM TYPE	COMMUNICATION EVENT WORK EFFORT	WORK EFFORT
105	Technical support issue with customer— software keeps crashing	Jerry Red— technical resolution lead Joe Schmoe— case customer Larry Assure— quality assurance manager	3010	Sept 19, 2001, 3PM	Technical support call Activity request	Phone	Request for a software patch	Work effort id 1029— Send software patch out to customer to correct problem
			3098	Sept 20, 2001, 2PM	Send software patch	E-mail		Work effort id 1029— Send software patch out to customer to correct problem
			3120	Sept 19, 2001, 3PM	Technical support follow-up Call. resolution	Phone		

접촉내역 후속 조치

매우 자주 접촉 내역은 서비스나 판매 보장 내용 또는 지원이 적절했는지를 확인하기 위해서 후속 조치와 관리가 필요하다. 같은 문제를 겪는 연관된 접촉 내역을 관리하기 위해서 많은 사례를 접수한다. 예를 들어 고객이 기술 지원을 요청하는 전화를 하면, 문제를 해결하기 위해서 최신 패치를 보내는 등의 조치가 취해져야 할 것이다.

그림 2.13은 접촉 내역을 사례로 분류하여 지원하고, 접촉 내역의 결과로서 요구되는 조치를 각 접촉에 연관시킨 데이터 모델을 보여준다. 사례는 특정 문제에 관해 연관된 일련의 COMMUNICATION EVENT(접촉내역)라고 말 할 수 있다. 각 사례는 누가 책임자인지, 누가 사례에서 서비스 품질을 확인하는지, 누가 해당 사례에 대한 고객인지 등을 식별하는 몇 개의 CASE ROLE(사례역할)을 가질 수 있다. 접촉 내에서 관계자 중 한 명은 하나 이상의 후속 조치에 관여할 수 있기 때문에 각 COMMUNICATION EVENT(접촉내역)는 하나 이상의 WORK EFFORT(작업활동)와 연관될 수 있다. WORK EFFORT(작업활동)는 6장에서 상세하게 설명할 것이다. 각 WORK EFFORTS(작업활동)는 또한 하나 이상의 COMMUNICATION EVENT(접촉내역)와 연관될 수 있다. 왜냐하면 전화하는 사람은 WORK EFFORT(작업활동)를 요구할 수 있고 WORK EFFORT(작업활동)의 과정 중에서 후속 조치를 취할 수 있으며, WORK EFFORT(작업활동)에 대한 다른 접촉이 있을 수 있기 때문이다. 표 2.13은 접촉에서 기인한 WORK EFFORT(작업활동)에 대한 예제 데이터를 제공한다. 나열된 모든 접촉 내역은 고객의 소프트웨어 고장과 첫 번째 접촉 내역을 성립시킨 기술 지원을 요청한 기술적 문제와 연관된다. Jerry Reed(제리 리드)는 전화 통화를 담당하는 사람으로 사례 "105"를 접수했다. Joe Schmoe(조 쉬모우)는 전화한 고객이고, Larry Assure(래리 어슈어)는 이 사례를 감시하는 그의 관리자다. 첫 번째 전화는 9월 19일 오후 3시에 접수됐다. Jerry(제리)는 소프트웨어 패치를 보낼 필요가 있다는 것을 알고, 작업공정(work effort) "1029"으로 진행했다. 9월 20일에 그는 미해결된 작업 공정에 조치를 취하고 다른 접촉 방법인 이메일(E-mail)을 통해 소프트웨어 패치를 보냈다. 예제는 문제를 해결하기 위해 소프트웨어 패치를 보내는 작업 활동이 두 개의 접촉 내역과 연관됨을 나타낸다. 그것은 소프트웨어 패치를 보낸 접촉 내역뿐만 아니라 소프트웨어를 보내라는 요청과도 연관된다. 또한 패치를 보내는 것에 대한 고객으로부터의 후속 통화와 연관될 수 있다. 세 번째 접촉 내역은 패치가 제대로 작동해서 사례가 종료됐다는 것을 확인하는 조치를 했음을 보여준다.

요약

대부분의 데이터 모델과 데이터베이스 디자인에는 사람과 조직에 대한 정보가 불필요하게 중복돼 있다. 그 결과 많은 조직은 정확한 정보를 관리하는 데 어려움을 겪는다. 이 장은 사람과 조직, 관계자 관계, 주소, 연락 매체, 관계자 간의 접촉에 대해 매우 유연하고 정규화된 데이터 모델을 어떻게 설계하는지를 설명했다. 그림 2.14는 이 장에서 언급된 주요 엔터티와 관계를 나타낸다.

엔터티와 속성의 목록은 부록A를 참조하라.

3

상품

지금까지 관계자와 관계자 역할 그리고 관계자 관계에 대해서 설명했고, 이 장에서는 관계자가 생산하고 사용하는 상품에 대해 설명할 것이다. 상품은 기업에 의해서 판매되는 제품이나 서비스로 정의된다. 제품은 만질 수 있는 상품이고, 일반적으로 판매 전에 만들어진다. 서비스는 관계자의 시간 사용을 포함하는 상품이고 본질적으로 만질 수 없다. 모든 조직은 정기적으로 다음과 같은 여러 가지 상품 정보를 알 필요가 있다.

- 기업의 서비스나 제품은 품질이나 가격 면에서 경쟁업체와 어떻게 비교되는가?
- 고객의 요구를 만족시키기 위해서는 어떤 곳에 어떤 재고가 필요한가?
- 제공되는 서비스나 제품에 대한 가격, 원가 및 수익성은 어떻게 되는가?
- 기업은 어디에서 최고의 서비스나 제품을 최상의 가격에 구매할 수 있는가?

관계자 모델이 그들의 역할과 무관한 관계자에 대한 공통 정보를 저장한 것과 같이 상품 모델은 그들이 누구의 상품인지와는 무관하게 공통 상품 정보를 저장한다. 상품이 기업의 상품인지 경쟁업체의 상품인지 또는 공급업체의 상품인지와는 무관하게 상품 정보가 단지 한 번만 모델링되기 때문에 상품 모델은 유연하고, 견고하며 이해하기 쉽다. 이 장에는 아래와 같은 상품 영역의 정보를 모델링한다.

- 상품 정의
- 상품 카테고리
- 상품 식별
- 상품 특성

- 상품의 공급업체와 제조업체

- 재고품 창고

- 상품 가격

- 상품 원가

- 상품과 부품(대안 모델 제공)

상품 정의

관계자가 내부 관계자와 외부 관계자로 이루어진 것처럼 상품 모델은 기업이 생산하는 상품, 공급업체에게 받은 상품, 경쟁업체가 제공하는 상품으로 이루어진다. 상품의 설명이나 카테고리, 특성과 같은 일부 정보는 공급업체와 무관할 수 있다. 상품의 가용성 및 가격과 같은 일부 상품 정보는 상품의 공급업체에 의해서 결정된다.

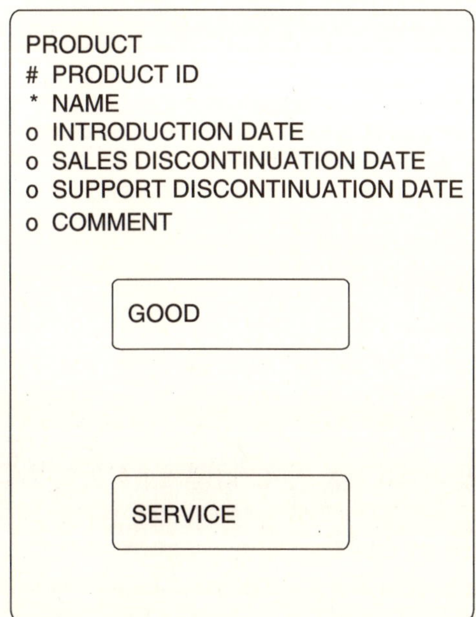

그림 3.1 상품 정의

그림 3.1은 기업이 판매하는 상품, 공급업자에게 받은 상품, 경쟁업체의 상품 등 모든 상품을 설계한 PRODUCT(상품) 엔터티를 보여준다. 이 엔터티의 키는 상품을 식별할 수 있는 product id(상품ID)라는 것을 나타낸다. PRODUCT(상품)의 속성으로는 상품 전체에서 유일하게 정해진

name(상품명), 판매하기 시작한 날짜를 나타내는 introduction date(출시일자), 제조업체에 의해서 상품이 더 이상 판매되지 않는 날짜를 나타내는 sales discontinuation date(판매종료일자), 제조업체의 지원이 종료된 날짜를 나타내는 support discontinuation date(지원종료일자), 특정 설명이나 상품에 대한 특이사항을 나타내는 comment(비고)가 있다.

상품은 GOOD(제품)라고 불리는 만질 수 있는 제품과 만질 수 없는 SERVICE(서비스)를 포함한다. 예를 들어 GOOD(제품)에는 특정 종류의 펜과 가구, 장비, 또는 창고에 쌓을 수 있는 물건이 포함될 수 있다[심지어 GOOD(제품)인 소프트웨어 프로그램도 창고에 쌓을 수 있다]. 다른 서브타입인 SERVICE(서비스)는 컨설팅 서비스, 법률 서비스, 또는 시간이나 경험을 제공하는 다른 서비스와 같이 사람의 시간과 경험을 파는 것을 포함한 상품이다(표 3.1 참고).

표 3.1 상품

PRODUCT ID	PRODUCT DESCRIPTION	PRODUCT SUBTYPE
PAP192	Johnson fine grade 8½ by 11 inch bond paper	Good
PEN202	Goldstein Elite pen	Good
DSK401	Jerry's box of 3½-inch diskettes	Good
FRMCHFA1500	Preprinted forms for insurance claims	Good
CNS109	Office supply inventory management consulting service	Service

상품 카테고리

상품 분류는 상품 정보를 관리하는 데 있어서 핵심 요소다. 상품은 생산 라인별이나 모델별, 상품 등급별, 산업 분야별 등 많은 다양한 방법으로 분류되곤 한다.

이런 분류는 데이터 모델에서 종종 개별 엔터티로 설계된다. 상품 카테고리를 개별적으로 설계하는 것의 문제는 다른 정보가 이런 카테고리 중의 어떤 카테고리를 기반으로 할 수 있고, 유연성을 높이기 위해서 PRODUCT CATEGORY(상품카테고리)의 서브타입과 연관돼야 한다는 것이다. 예를 들어, 상품에 대한 목표 시장 관심도는 여러 상품 카테고리를 기반으로 할 수 있다. 또 다른 예는 상품 가격이 여러 상품 카테고리를 바탕으로 할 수 있고 여러 상품 카테고리와 연관될 수 있다는 것이다.

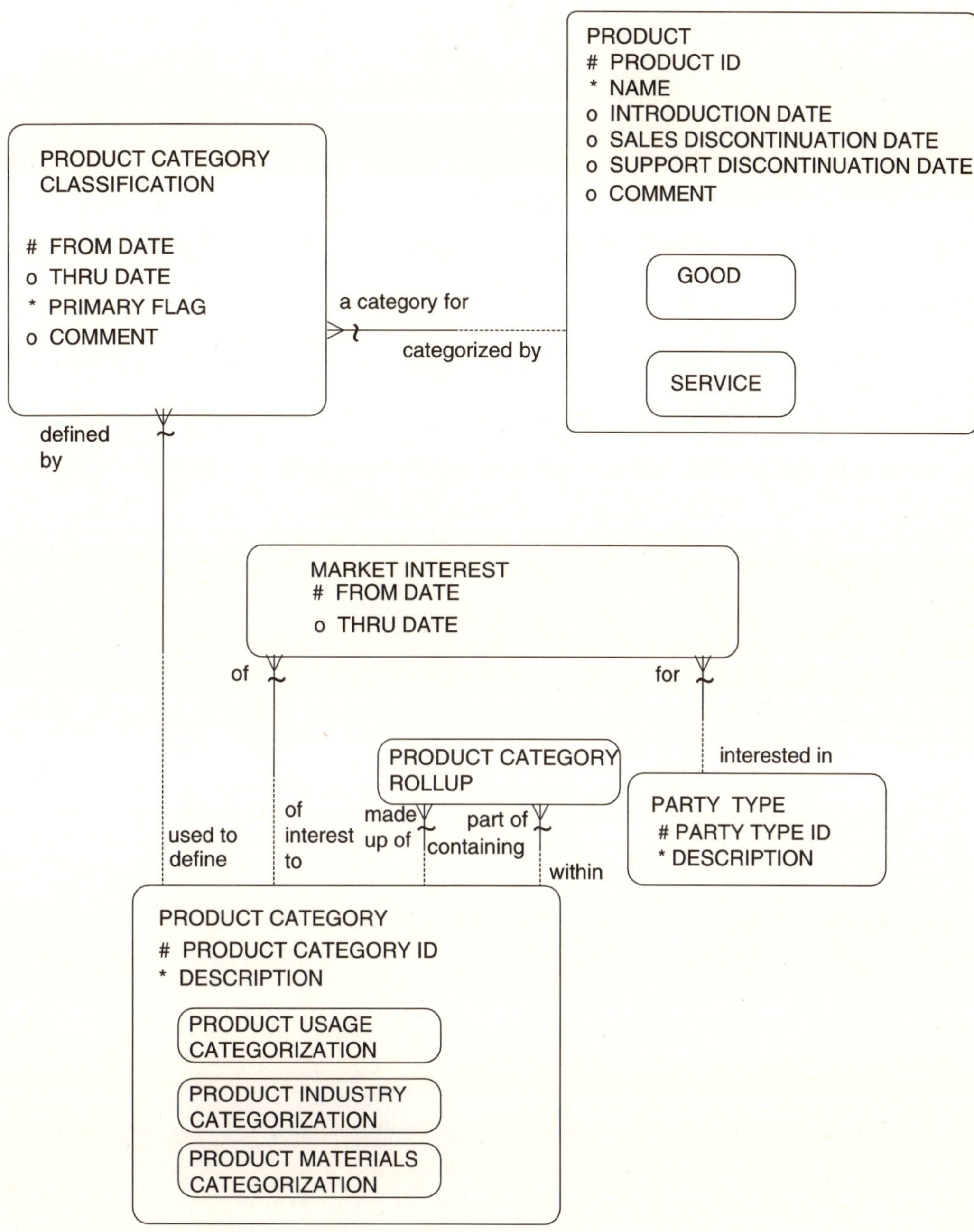

그림 3.2 상품 카테고리

그림 3.2는 한 PRODUCT(상품)가 하나 이상의 PRODUCT CATEGORY(상품카테고리)로 분류될 수 있다는 것을 나타내며, 카탈로그 구성, 판매 분석, 목록 또는 다른 유형의 상품 분석과 같은 몇 가지 목적에 유용하도록 상품을 그룹으로 묶을 수 있다는 것을 나타낸다. PRODUCT CATEGORY(상품카테고리)에는 하나 이상의 PRODUCT(상품)가 포함될 수 있다. 따라서 교차 엔

터티인 PRODUCT CATEGORY CLASSIFICATION(상품카테고리분류)은 어떤 상품이 어떤 카테고리에 속하는지를 나타낸다. 예를 들어 펜, 연필, 종이, 노트북, 문구용품, 디스켓은 사무용품 카테고리로 분류될 수 있다.

상품 카테고리는 추후에 바뀔 수 있다. 따라서 PRODUCT CATEGORY CLASSIFICATION(상품카테고리분류)에는 상품이 언제 분류됐는지를 나타내는 from date(시작일자) 속성과 thru date(종료일자) 속성이 존재한다.

상품 카테고리는 다른 상품 카테고리로 만들어질 수 있다. 따라서 재귀 관계 엔터티인 PRODUCT CATEGORY ROLLUP(상품카테고리구성)이 있어 하나의 하위 카테고리가 다른 상위 카테고리에 속할 수 있을 뿐만 아니라 각 카테고리가 여러 개의 다른 카테고리로 구성될 수 있다. 예를 들면 "Johnson fine grade 8 1/2 by 11 bond paper" 상품은 사무용품 카테고리의 하위 서브타입이며, 또한 컴퓨터용품 카테고리의 하위 서브타입일 수 있는 종이 상품으로 분류된다.

판매 예측이나 전망을 돕기 위해서 MARKET INTEREST(시장관심) 엔터티가 이 모델에 포함돼 있다. 이 엔터티는 특정 관계자가 관심을 보일 수도 있는 상품 카테고리를 기업이 저장할 수 있도록 PARTY TYPE(관계자유형)과 PRODUCT CATEGORY(상품카테고리)에 대한 정보를 연결하는 교차 엔터티다. PARTY TYPE(관계자유형)이 유형으로써 특정 산업이나 산업군을 포함하고 이들이 실제 관계자와 연관돼 있다면, 기업은 상품이나 서비스의 유형에 관심이 있을 수 있는 목표 산업 내의 조직을 쉽게 식별할 수 있다. 이런 조직은 그런 유형의 상품에 대한 새로운 판매 캠페인에 집중할 수 있다. 시간이 경과됨에 따라 관심 분야가 변할 수 있기 때문에 from date(시작일자) 속성과 thru date(종료일자) 속성이 필요하다.

표 3.2는 상품 카테고리의 예를 나타낸다. 디스켓(diskettes)은 사무용품(office supplies)과 컴퓨터용품(computer supplies)으로 분류될 수 있다는 것을 주목하라. 이런 분류법은 다양한 상품 카탈로그 하에서 다른 유형의 상품을 보여주는 데 유용할 수 있다. 기업은 하나의 상품을 여러 카테고리에 분류할 때 주의할 필요가 있다. 왜냐하면 특정 쿼리를 수행할 때 잘못된 결과가 나올 수 있기 때문이다. 예를 들어, 만약 상품이 여러 카테고리에 속해 있다면 카테고리별 판매 분석 보고서를 작성할 때 일부 상품은 각 카테고리에서 여러 번 집계될 것이기 때문에 전체 판매 총액은 초과돼서 보고될 것이다. 모델에는 이런 상황을 피하기 위해 상품에 대해 어떤 카테고리가 우선인지를 나타내는 primary flag(우선여부) 속성이 있다.

PRODUCT ID	PRODUCT DESCRIPTION	PRODUCT CATEGORY	PRIMARY FLAG	PARTY TYPE MARKET INTEREST
PAP192	Johnson fine grade 8½ by 11 bond paper	Office supplies	Yes	
		Paper	No	
PEN202	Goldstein Elite pen	Office supplies	Yes	
		Pens	Yes	
DSK401	Jerry's box of 3½ inch diskettes	Office supplies	No	
		Computer supplies	Yes	
CNS109	Office supply inventory management consulting service	Consulting services	Yes	
FRMCHFA1500	Preprinted forms for insurance claims	Forms	Yes	
		Insurance	No	Insurance companies Insurance brokers Health care provider organizations

표 3.2에서 디스켓은 두 개의 카테고리에 속해 있다. 그러나 판매를 분석할 때 중복 결과가 나오는 것을 피하기 위해 한 카테고리가 기본 카테고리로 지정된 것을 보여준다. 기업은 상품에 대해서 하나의 카테고리만 기본 카테고리가 되도록 업무 규칙을 강제할 필요가 있다. 마지막 인스턴스는 두 개의 상품 카테고리인 양식과 보험에 속한 상품을 보여준다. 보험(insurance) 카테고리에 관심을 가질 가능성이 있다고 여겨지는 관계자의 종류는 보험회사(insurance companies), 보험중개인(insurance brokers), 의사, 병원 등과 같은 의료인 조직(health care provider organizations)이다.

만약 기본 카테고리가 응용 프로그램에 따라 다양하다면 primary flag(우선여부) 속성 대신에 PRODUCT CATEGORY CLASSIFICATION(상품카테고리분류)과 관계가 있을 PRODUCT CLASSIFICATION TYPE(상품분류유형)와 같은 엔터티를 추가해서 유연성을 더욱 높일 수 있다. 이 엔터티에서 관리하는 인스턴스는 "카탈로그에 대한 기본 카테고리", "판매 분석에 대한 기본 카테고리" 등이 될 수 있다.

상품 식별 코드

제품은 제품을 식별하는 표준 방법으로 사용되는 다양한 Id를 가질 수 있다. 그림 3.3은 상품이 가질 수 있는 다양한 코드나 Id 값을 식별할 수 있는 데이터 모델을 나타낸다. 하나의 코드는 제품이나 서비스를 유일하게 식별될 수 있지만 일부 제품은 식별 값 이상을 가질 수 있다. GOOD IDENTIFICATION(제품식별) 엔터티에는 제품이 가질 수 있는 다양한 식별 코드를 저장하는 ID value(ID값) 속성이 있다. GOOD IDENTIFICATION(제품식별)의 서브타입은 제품에 부여된 ID 종류를 나타낸다. MANUFACTURER ID NO(제조업체ID)는 제조사에 의해서 부여된 제품 Id이다. SKU(stock-keeping unit)는 다양한 상품을 분명하게 식별하는 표준 상품 ID이다. 서브타입 UPCA(Universal Product Code-American)는 미국 내에서 상품을 식별하는 통합 상품 코드다. UPCE(Universal Product Code-European)는 유럽에서 상품을 식별하는 통합 상품 코드다.

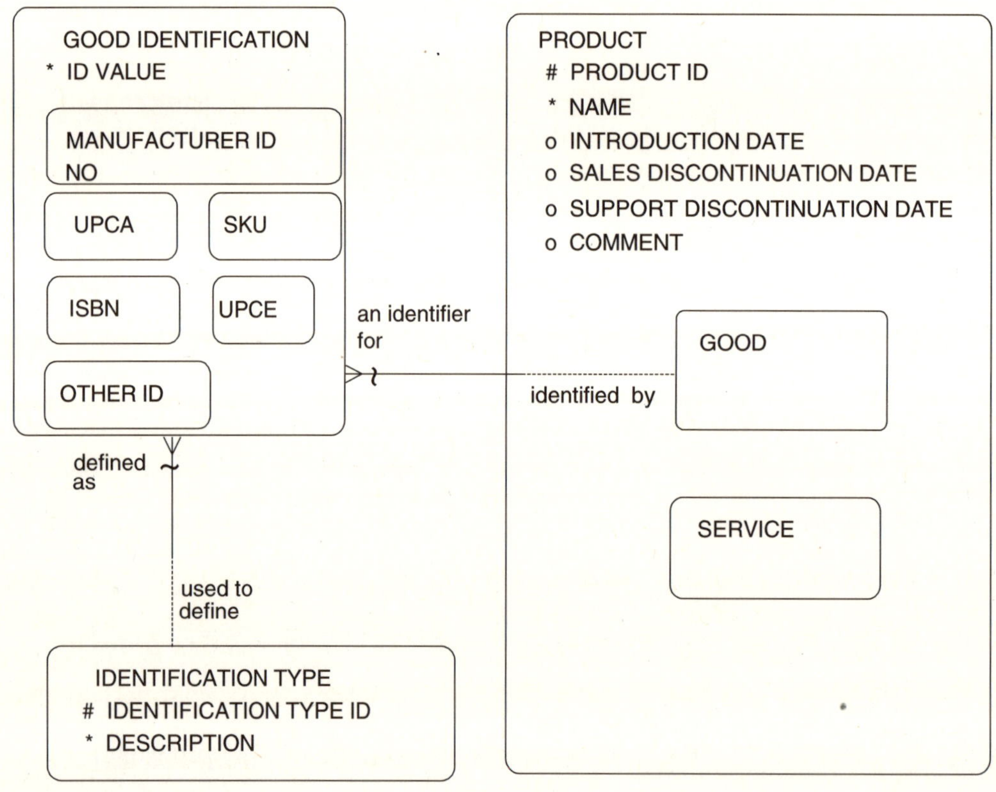

그림 3.3 상품 식별

ISBN(국제표준도서번호)은 전세계의 책을 식별하는 번호다. 하나의 제품은 하나 이상의 표준 Id를 가질 수 있다. 예를 들어, 어떤 사무용품은 제조업체에서 부여한 제조사 ID 번호를 가질 수 있고, 해당 업계에서 지정한 UPCA 번호를 가질 수 있다.

상품 특성

상품은 특징, 옵션, 다양성 등으로 불리는 특성을 가질 수 있는데, 특성은 상품을 사용자 정의하거나 상품의 특징을 설명한다. 사람들은 두 개의 엔터티가 필요하다고 생각할 수 있다. 하나는 상품 내에 포함된 특성을 설명하는 엔터티이고, 다른 하나는 사용 가능한 옵션을 저장하는 엔터티다. 두 개의 개별 엔터티를 설계할 때의 문제는 동일한 특성이 한 상품의 일부일 수 있고, 다른 상품의 옵션일 수 있다는 것이다. 예를 들어 "복사용지"는 백지를 사용해서 상품 정의의 일부로 정의할 수 있다. 반면에 다른 상품인 "색상 문구용품"은 옵션으로써 "흰색"을 가질 수 있다. 또한 동일한 상품의 변화는 상품의 일부일 수 있고, 나중에 선택적인 특성으로 간주될 수 있다.

따라서 데이터 모델은 상품의 일부로서 필요할 수 있고, 상품에 표준이 될 수 있고, 상품에 대한 옵션으로 선택될 수 있는 상품 특성을 관리할 것이다. 특성의 예로는 상품 품질, 상표 이름(제조업체와 다를 수 있음), 색상, 크기, 치수, 스타일, 하드웨어 특성, 소프트웨어 특성, 지불 옵션이 있다.

그림 3.4에서 PRODUCT FEATURE(상품특성) 엔터티는 상품이 수정되거나 조정될 수 있는 방법을 정의하기 위해서 사용된다. 하나의 PRODUCT FEATURE(상품특성)는 많은 상품에 사용될 수 있고, 각 상품은 많은 특성을 가질 수 있기 때문에 PRODUCT FEATURE APPLICABILITY(상품가용특성)은 어떤 상품 특성이 어떤 상품에 사용 가능한지를 관리한다. 서브타입인 STANDARD FEATURE(표준특성), REQUIRED FEATURE(필수특성), SELECTABLE FEATURE(선택특성), OPTIONAL FEATURE(옵션특성)를 사용하여 특성이 상품의 표준 구성요소의 일부인지, 상품의 일부로서 필수적인지, 색상처럼 선택할 필요가 있는지, 선택적 요소인지를 지정할 수 있다.

UNIT OF MEASURE(측정단위) 엔터티는 측정 유형 측면에서 상품을 정의하도록 돕는다. 이는 또한 PRODUCT FEATURE(상품특성)의 서브타입인 DIMENSION(치수)을 더욱 잘 정의할 수 있도록 한다. UNIT OF MEASURE CONVERSION(측정단위환산)은 상품 유형의 재고 수준을 평가하기 위해 다양한 측정 단위를 공통 단위로 변환할 수 있도록 한다.

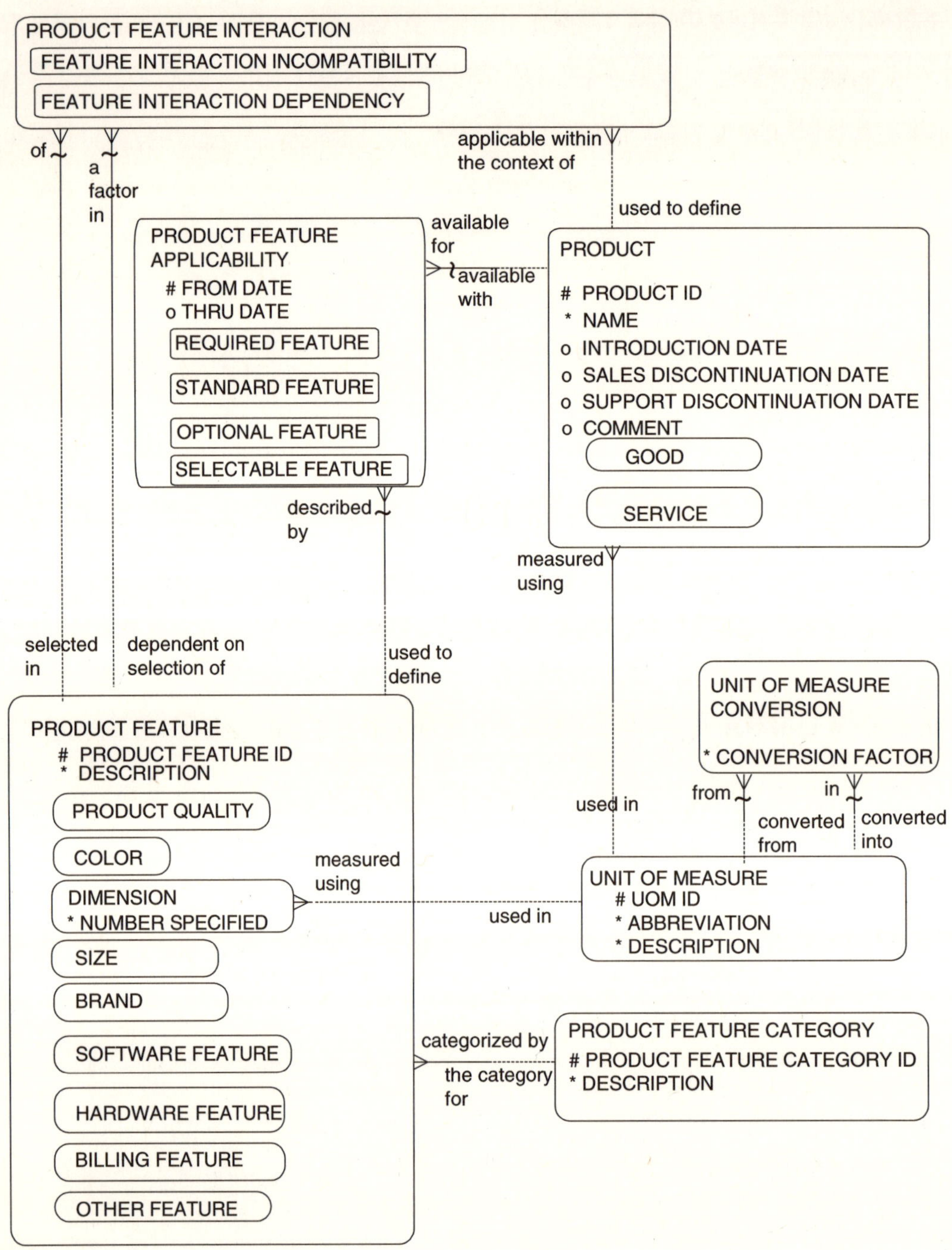

그림 3.4 상품 특성

상품 특성 연계

어떤 상품 특성은 다른 특성의 선택에 의해서 적용이 달라질 수 있다. 예를 들어 어떤 사람이 노트북 컴퓨터를 사는 경우 내장 CD-ROM을 선택하지 않은 경우에만 내장 DVD를 선택할 수 있다. PRODUCT FEATURE INTERACTION(상품특성연계) 엔터티는 어떤 특성이 다른 특성과 호환되지 않는지(서브타입은 SELECTION INTERACTION INCOMPATIBILITY(비호환연계)일 것임), 어떤 특성이 다른 특성의 선택에 의존적인지(서브타입은 SELECTION INTERACTION DEPENDENCY(의존연계)일 것임)를 저장하는 기능을 제공한다.

상품 특성 서브타입

PRODUCT FEATURE(상품특성) 엔터티에는 많은 서브타입이 있으며, 이 서브타입은 기업에 적용 가능한 특성 유형에 따라 수정될 것이다. PRODUCT FEATURE(상품특성)의 서브타입은 아래와 같다.

- PRODUCT QUALITY(상품품질)는 상품을 "A등급" 또는 "B등급"과 같은 값으로 분류한다. 컨설턴트와 같은 서비스 상품을 위해서는 "전문가" 또는 "초보"로 분류할 수 있다.

- COLOR(색상)는 상품의 색상을 나타낸다. 상품은 하나 이상의 COLOR(색상) 옵션을 가질 수 있지만, 다른 색상은 다른 제품이라는 것을 나타낼 수 있다.

- DIMENSION(규격)은 "8인치넓이", "11인치길이", "10파운드"와 같이 다양한 숫자로 제품을 묘사한다. DIMENSION(규격)은 UNIT OF MEASURE(측정단위)와 관계가 있으며, 이 엔터티에는 측정하는 방법을 정의한 description(설명) 속성이 있다. 측정 단위는 "박스"나 "개별"과 같이 상품의 재고 및 판매 방법을 결정할 수 있다. 서비스 상품에 대해서는 측정 단위 값이 "시간" 또는 "일"일 수 있다.

- SIZE(크기)는 "초대형", "대형", "중형", "소형"처럼 치수보다는 더 일반적인 용어로 상품의 크기를 명시한다. 이 특성은 의복 산업에서 유용할 수 있다.

- BRAND NAME(상표명)은 GM(General Motors)의 "Buick" 차량과 같이 상품과 연결된 마케팅 이름을 나타낸다. 상표 이름은 제조업체 이름과 다를 수 있다.

- SOFTWARE FEATURE(소프트웨어특성)는 상품에 첨가되는 소프트웨어나 특정 소프트웨어 설정을 나타낸다. 예를 들어, 계량기와 같이 사용량에 따라 달라지는 상품에 대하여 소프트웨어 한도를 설정할 수 있다. 또 다른 예는 소프트웨어 패키지나 하드웨어 구매에 대한 소프트웨어 기본 설정일 수 있다.

■ HARDWARE FEATURE(하드웨어특성)는 프린터의 덮개처럼 상품에 포함되거나 추가될 수 있는 특정 구성 요소의 사양을 나타낸다.

■ BILLING FEATURE(청구특성)는 인터넷 접속 서비스가 월별 또는 분기별로 청구될 수 있다는 것을 저장하는 것처럼 상품과 연관될 수 있는 기간의 표준 유형을 명시하는 상품 특성의 예제다.

상품 특성 예제

특성을 가진 상품의 예제는 "Johnson fine grade 8 1/2 by 11 gray bond paper"와 같다. 존슨(Johnson)은 상표 이름이고 8과 1/2 인치의 넓이와 11 인치의 길이가 규격이다. 색상은 회색이고 고급 등급(fine grade)은 품질이며 고급용지(bond paper)는 상품 유형이다.

이 상품은 적용 가능한 특정 색상을 지정함으로써 더 구체화시킬 수 있다. 이는 이 상품과 연관될 수 있는 가능한 특성을 연결시킴으로써 수행된다. 이 상품은 "파란색"과 "회색" 두 색상이 있으므로 선택될 수 있는 두 개의 선택적 상품 특성과 연관된다. 이런 선택적 특성은 가격이 기본 상품과 연관되도록 하고, 가격처럼 상품에 대한 다른 정보에 영향을 미칠 수도 있고 아닐 수도 있는 특정 상품에 선택적 특성을 명시하는 능력과 연관되도록 한다. 이 예에서 고객은 다른 색상의 상품을 주문할 수 있다. 그러나 이 상품에 대한 가격은 상품 단위로 한 번만 저장된다. 또는 가격 책정은 상품 특성을 기반으로 할 수도 있다(이 장의 뒷 부분에서 상품 가격에 대해 자세하게 설명할 것이다).

상품은 다양한 수준의 특수성으로 정의될 수 있다. 예를 들어, 기업은 "Johnson fine grade 8 1/2 by 11 gray bond paper"와 같은 더욱 구체적인 상품뿐만 아니라 "Johnson fine grade 8 1/2 by 11 bond paper"라는 상품을 정의하려 할 수 있다. 이 데이터 모델은 상품을 결정하는 데 도움이 되는 필수 특성을 정의하거나 상품에 사용할 수 있는 선택적 특성을 정의하도록 많은 유연성을 제공한다.

표 3.3은 상품과 다양한 유형의 특성에 대한 예를 보여준다. 상품 이름에는 상품의 많은 특성을 기술할 수 있어 상품 이름에 의해 주문될 수 있다. 반면에 특성은 상품이 정확하게 정의되고 분류되도록 하며, 각 상품의 변형에 대해서 상품으로 저장할 필요 없이 사용자 정의할 수 있다. 상품의 세부 사항은 PRODUCT FEATURE APPLICABILITY(상품특성적용) 엔터티에 저장되며, 표 3.3은 상품의 정의를 명확하게 하기 위해서 보여준다.

다른 가능한 유형의 상품 특성이 있으며, 그 중 많은 특성은 기업의 사업 유형에 따라 달라진다. 신발 제조업체는 스타일에 관심을 가질 수 있으며, 의류 조직은 라인별로 상품을 특성화하고 상품 구성은 다양성 등이 있다. 이 모델은 기준 모델로서 사용된다. 하지만 PRODUCT FEATURE(상품 특성)의 서브타입은 기업에 의해 수정될 필요가 있다.

표 3.3 상품 특성

PRODUCT ID	NAME	QUALITY	COLOR	DIMENSION AND UNIT OF MEASURE	BRAND NAME	UNIT OF MEASURE
PAP192	Johnson fine grade 8½ by 11 paper	Fine grade, Required feature Extra glossy finish, Optional feature	Blue Gray Cream White Selectable feature	8½″ width 11″ length Required feature	Johnson, Required feature	Ream
PEN202	Goldstein Elite pen	Fine point, Required feature	Black, Standard Feature Blue, Optional feature		Goldstein, Required feature	Each
DSK401	Jerry's box of 3½″ diskettes		Red, Required feature	3½″, Required feature	Jerry's, Required feature	Box
CNS109	Office supply inventory management consulting service	Expert, Required feature			ABC Corporation, Required feature	

측정 단위

측정 단위가 상품 특성의 또 다른 예인가? 동일한 상품이 다른 측정 단위로 판매될 수 있다면 아마 측정 단위는 상품의 또 다른 변경 요인이나 특성일 수 있다. 대부분의 조직은 동일한 유형의 상품 이 다른 측정 단위로 판매되는 경우 실제로는 다른 상품이라고 볼 것이다. 예를 들어 종이 1연(連) 은 종이 하나와는 상당히 달라서 별도의 상품으로 간주될 수 있다.

따라서 이 모델에서 UNIT OF MEASURE(측정단위) 엔터티는 PRODUCT FEATURE(상품특성) 의 서브타입이 아니다. 이 엔터티를 사용하면 상품 측정과 관련하여 상품을 더 자세히 정의할 수 있다. 기업이 측정 단위를 배제하고 동일한 상품에 대한 재고를 결정할 수 있는 것은 중요하다.

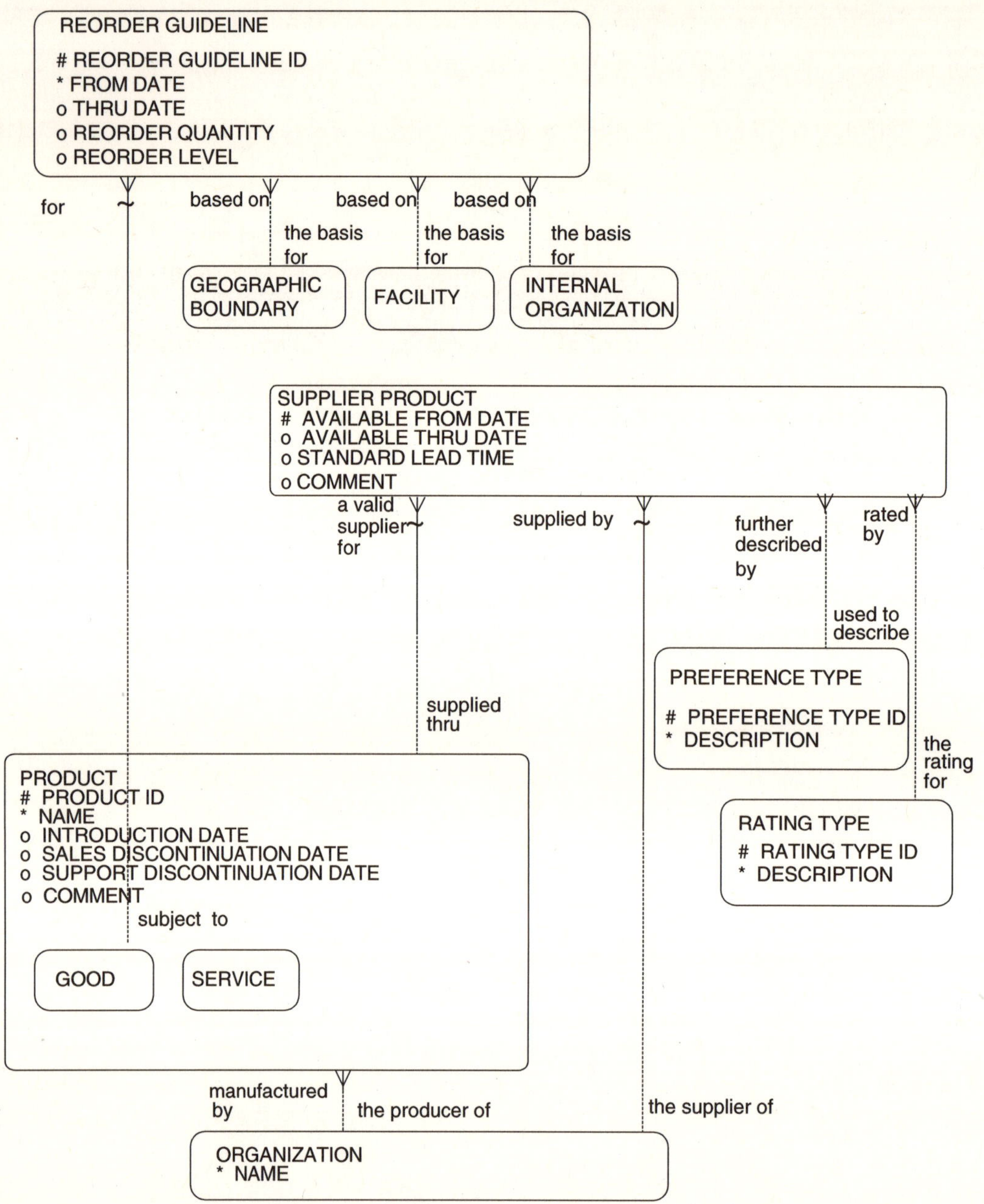

그림 3.5 상품 공급업체와 제조업체

    교차 엔터티인 UNIT OF MEASURE CONVERSION(측정단위환산) 엔터티는 공통 측정 단위를 사용해서 기업의 상품 재고를 계산하는 기능을 제공한다. UNIT OF MEASURE CONVERSION(측정단위환산) 엔터티의 conversion factor(환산계수) 속성은 이 목적을 위해 사용된다. 예를 들어, "개별", "작은 상자", "큰 상자"와 같이 다른 측정 단위를 가진 여러 개의 "Henry #2 pencils" 상품이 있을 수 있다. 많은 경우 조직은 측정 단위와 무관하게 모든 상품에 대한 총 재고, 비용, 판매액을 볼 필요가 있다. "개별"과 같은 공통 측정 단위를 정의하고 변환 계수(예. "작은 상자"는 12개, "큰 상자"는 24개)를 포함함으로써 "Henry #2" 연필의 총 재고와 총 판매량을 결정할 수 있다.

또 다른 예로는 리터, 갤런, 톤, 기타 미터법 전환 요소를 다루는 제조업체가 있다. 제조업체는 재고 수준을 결정하기 위해 공통 측정 단위가 필요할 수 있다. 만약 이런 유형의 측정 단위 변환이 필요하면, UNIT OF MEASURE CONVERSION(측정단위환산) 엔터티가 사용될 수 있다. 이는 서로 다른 측정 단위 사이에 다대다(M:M) 재귀 관계를 보여준다. UNIT OF MEASURE CONVERSION(측정단위환산) 엔터티에는 공통 측정 단위를 변환시키기 위해서 conversion factor(환산계수) 속성이 필요하다. 예를 들어, 쿼드와 갤런 사이의 환산 계수는 "4"일 것이다.

상품의 공급업체와 제조업체

그림 3.5는 각 상품과 관련된 공급업체 및 제조업체를 보여준다. 상품이 하나 이상의 조직에서 판매될 수 있고, 조직은 하나 이상의 상품을 판매할 수 있기 때문에 SUPPLIER PRODUCT(공급업체상품) 엔터티는 어떤 상품이 어떤 조직에 의해 제공되는지를 보여준다. 공급업체에게 상품을 언제 받았는지를 나타내기 위해 available from date(가능시작일자) 속성과 available thru date(가능종료일자) 속성이 있다. 이 정보는 특정 상품을 언제 어디에서 구매했고, 경쟁업체는 무슨 상품을 파는지, 기업은 어떤 상품을 파는지를 알 수 있는 기능을 제공하기 때문에 중요하다. 공급업체 상품에 대한 또 다른 중요한 고려 사항은 공급업체가 주문 시점에 고객에게 상품을 인도하는 데 걸리는 평균 시간을 나타내는 납품 소요시간이다. 실제 납품 소요시간은 주문과 배송(이후 장에서 다룰 예정)에 저장된 정보로부터 파생되는 반면에, 일부 공급업체가 각 상품 인도에 대한 표준 시간을 제시하기 때문에 standard lead time(표준납품소요시간)이 제공된다.

기업은 상품을 주문할 수 있는 많은 공급업체가 있을 수 있기 때문에 PREFERENCE TYPE(선호유형) 엔터티는 첫 번째, 두 번째, 세 번째 등으로 주문하는 업체의 우선 순위를 추적하기 위한 정보를 제공한다. 이 우선 순위는 description(설명) 속성에 저장될 정보이며 SUPPLIER PRODUCT(공급업체상품) 엔터티와 관계가 있다. 순위를 정하는 선호도 외에도 각 SUPPLIER PRODUCT(공급업체상품)에는 또한 각 상품에 대한 전반적인 품질을 평가하는 데 사용된 RATING

TYPE(등급유형)를 가지고 있다.

REORDER GUIDELINE(재주문지침) 엔터티는 상품을 다시 주문하는 최상의 방법에 대한 정보를 제공한다. 서비스는 일반적으로 이러한 유형의 지침에 기반해서 다시 주문되지 않기 때문에 상품에 대한 REORDER GUIDELINE(재주문지침)은 각 GOOD(제품)에 대해서 정의된다. Reorder level(재주문정도) 속성은 제품이 다시 주문되거나 다시 생산될 필요가 있는 양을 나타낸다. Reorder quantity(재주문수량) 속성은 주문할 제품의 권장 수량을 나타낸다. 이는 가장 효율적인 수량을 결정하기 위한 분석에 의해서 도출됐을 수 있다. 어떤 회사는 공급업체가 재고 수준을 모니터링해서 적절하게 주문할 수 있도록 하기 때문에 이런 재주문 수준과 수량은 기업이 구매하거나 판매하는 제품에 대한 것일 수 있다. 재주문 지침은 상품 요건이 특정 주와 같이 특정 GEOGRAPHIC BOUNDARY(지리구역)에 대한 것인지, 특정 공장과 같은 FACILITY(시설)에 대한 것인지, 사업부와 같은 특정 INTERNAL ORGANIZATION(내부조직)에 대한 것인지에 따라 다를 수 있다.

표 3.4는 "Johnson fine grade 8 1/2 by 11 bond paper" 상품을 제공하는 공급업체의 사례를 나타낸다. ABC Corporation(ABC기업)이 이 상품을 판매한다. 만약 기업이 이 상품을 재고로 가지고 있지 않다면, 이 상품을 확보하기 위한 두 가지 방법이 있다. 팔레트(pallets)는 기업이 자체적으로 사용하기 위해 구매할 필요가 있는 상품이다. 이 표는 SUPPLIER PRODUCT(공급업체상품)에 저장할 수 있는 대표적인 데이터를 보여준다.

표 3.4 공급업체

PRODUCT	SUPPLIER	PREFERENCE TYPE	RATING TYPE	STANDARD LEAD TIME
Johnson fine grade 8½ by 11 bond paper	ABC Corporation	First	Outstanding	2 days
Johnson fine grade 8½ by 11 bond paper	Joe's Stationery	Second	Outstanding	3 days
Johnson fine grade 8½ by 11 bond paper	Mike's Office Supply	Third	Good	4 days
6' by 6' warehouse pallets	Gregg's Pallet Shop	First	Outstanding	2 days
6' by 6' warehouse pallets	Pallets Incorporated	Second	Good	3 days
6' by 6' warehouse pallets	The Warehouse Company	Third	Fair	5 days

상품은 한 조직에서만 생산될 수 있다. 물론 조직이 상품을 생산하기 위해 다른 조직에 하청을 주는 것도 가능하다. 하청업체를 고용한 조직은 여전히 제조업체이다. 예를 들어 자동차 제조업체는 종종 자신의 자동차를 생산할 다른 조직을 고용한다. 원래의 자동차 제조업체는 상품에 대한 책임이 있기 때문에 제조업체로 간주된다.

재고품 보관

그림 3.6은 재고품이 어떻게 설계되는지 보여준다. GOOD(상품)이 목록화된 품목이나 구입될 수 있는 표준 상품을 나타내는 반면에 INVENTORY ITEM(재고품)은 한 위치의 물리적인 상품의 발생을 나타낸다. GOOD(상품)는 "Johnson fine grade, 11 by bond paper"일 수 있고, INVENTORY ITEM(재고품)은 중앙 창고에 놓여있는 이 상품의 100 연(連)이다.

INVENTORY ITEM(재고품)은 각 품목의 일련번호가 추적되는 것을 의미하는 SERIALIZED INVENTORY ITEM(일련번호재고품)일 수 있고, 품목 여러 개가 함께 추적되는 것을 의미하고 위치에 의해서 수량이 관리되는 NON-SERIALIZED INVENTORY ITEM(비식별번호재고품)일 수 있다. Quantity on hand(보유물량) 속성은 이 상품의 실시간 배송을 기반으로 해서 업데이트된다(배송은 5장에서 다룰 것이다). 이 모델에는 주문 정보에서 파생될 수 있는 예상 주문 수량이나 배송되는 수량에 대한 속성은 포함하지 않는다(주문은 4장에서 다룰 것이다).

일부 생산 기반 산업에서 발견되는 개념이 LOT라는 개념이다. Lot는 일반적으로 재고품을 추적하기 위해 사용된 동일한 유형의 품목에 대한 단순한 묶음이다. Lot는 생산 활동의 결과이기도 하다. Lot를 결정할 수 있는 또 다른 원천 정보는 공급업체로부터의 선적이다. 이 정보는 품목에 대한 회수가 필요할 때 매우 중요하다.

INVENTORY ITEM(재고품)은 하나의 lot만으로 구성될 수 있기 때문에 재고품은 lot별로 개별적으로 식별될 수 있다. 이것은 관련된 하나 이상의 lot가 있다면 같은 유형의 재고품이 특정 위치에 한 개 이상 존재할 수 있다는 것을 나타낸다. 만약 나중에 고객 불만이 발생한다면 lot 식별번호인 lot id(lotid)를 추적해서 해당 품목이 어디에서 왔는지를 알 수 있다.

재고품은 창고와 같은 시설 수준에서 추적될 수 있거나 컨테이너나 상자와 같은 시설 내에 존재하는 더 상세한 수준에서 추적될 수 있다. FACILITY(시설) 엔터티는 INVENTORY ITEM(재고품)

과 연관되며, 재고품이 위치한 물리적 구조, 빌딩, 창고, 공장, 또는 사무실을 관리한다. 더 자세한 위치는 시설 내에 위치한 CONTAINER(컨테이너)에서 관리된다. CONTAINER TYPE(컨테이너유형) 엔터티는 "선반", "파일서랍", "상자", "통", "회의실"처럼 컨테이너의 유형을 나타낸다.

INVENTORY ITEM STATUS TYPE(재고품상태유형)은 품목의 현재 상태를 관리한다. 예를 들면, "양호", "수리 중", "약간 손상", "결함", "폐기"와 같다. 만약 일련번호가 지정된 품목에 대한 재고품의 상태 변경 이력이 필요하면, 상태 날짜가 있는 교차 엔터티인 INVENTORY ITEM STATUS(재고품상태) 엔터티가 추가로 필요할 수 있다. 이 엔터티는 INVENTORY ITEM(재고품)과 INVENTORY ITEM STATUS TYPE(재고품상태유형) 사이에 존재할 것이다.

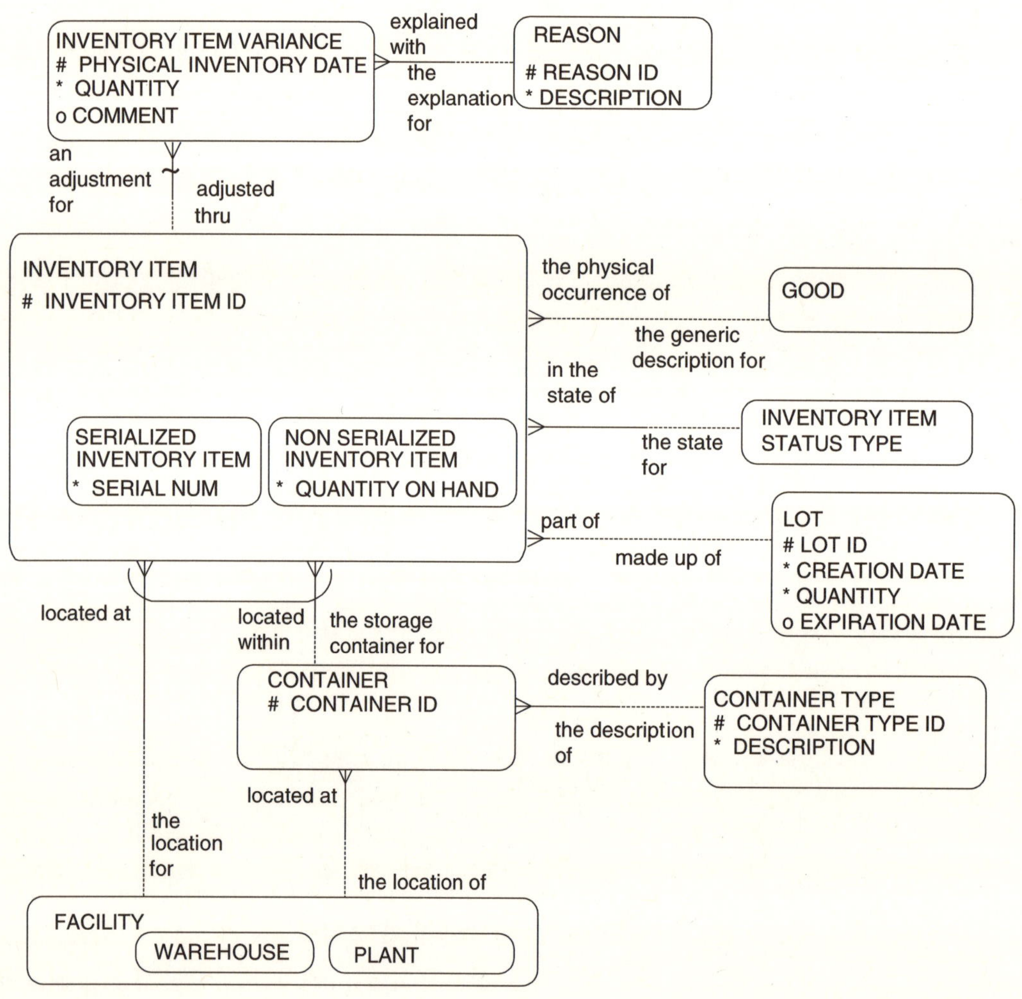

그림 3.6 재고품 보관

표 3.5는 INVENTORY ITEM(재고품)의 예를 나타낸다. ABC Corporation(ABC기업)은 대부분의 사무용품을 각 시설 내의 보관함에 저장한다. 처음 네 인스턴스는 일련번호가 지정되지 않은 다양한 제품의 재고가 다른 시설 내에 있는 보관함에 얼마나 많이 있는지를 보여준다. "Johnson fine grade 8 1/2 by 11 bond paper" 상품에 대한 두 개의 인스턴스가 있다. "100 Main Street" 거리에 있는 ABC Corporation(ABC기업)에 저장된 156연(連)의 재고와 "255 Fetch Street" 거리에 있는 ABC Subsidiary(ABC자회사)에 저장된 300연(連)의 재고가 있다. 마지막 인스턴스는 시설 내의 컨테이너 대신 시설 수준에서 저장될 수 있는 큰 품목인, 일련번호가 지정된 복사기(copier)를 나타낸다. 따라서 컨테이너 유형(container type)은 빈 칸으로 돼 있다.

표 3.5 재고품

GOOD	FACILITY	CONTAINER TYPE	INVENTORY ITEM ID	INVENTORY ITEM TYPE	QUANTITY ON HAND	SERIAL NUMBER
Johnson fine grade 8½ by 11 bond paper	Warehouse at ABC Corporation 100 Main Street	Bin 200	1	Non-serialized	156	
Johnson fine grade 8½ by 11 bond paper	Warehouse at ABC Subsidiary 255 Fetch Street	Bin 400	2	Non-serialized	300	
Goldstein Elite Pen	Warehouse at ABC Corporation 100 Main Street	Bin 125	1	Non-serialized	200	
Jerry's box of 3½ inch diskettes	Warehouse at ABC Corporation 100 Main Street	Bin 250	1	Non-serialized	500	
Action 250 Quality Copier	Warehouse at ABC Corporation 100 Main Street		1	Serialized	1	1094853

INVENTORY ITEM VARIANCE(재고품변동) 엔터티는 재고 상태 중이나 품목 검사 중에 발견된 재고품의 축소 또는 과다 기록을 관리한다. Physical inventory date(재고정리일자) 속성은 품목 차이가 발견된 날짜를 나타낸다. Quantity(수량) 속성은 INVENTORY ITEM(재고품) 내의 수량(일련번호로 지정돼 있으면 1이고 일련번호로 지정돼 있지 않으면 보유물량)과 physical inventory date(재고정리일자) 시점의 재고 차이를 나타낸다. INVENTORY ITEM VARIANCE(재고품변동) 내의 정보는 INVENTORY ITEM(재고품) 수량을 조정하는 데 사용될 수 있다. 이 조정이 이뤄질 때 만약 INVENTORY ITEM VARIANCE(재고품변동)의 quantity(수량)가 음수이면 INVENTORY ITEM(재고품)의 quantity on hand(보유물량)를 줄이고, 양수이면 물량을 늘려야 한다.

REASON(사유) 엔터티는 재고품의 보유 수량 차이에 대한 일반적인 설명을 제공한다. 가능한 값은 "도난", "감소", "알 수 없는 차", "망가진 물건"일 수 있다. INVENTORY ITEM VARIANCE(재고품변동) 엔터티의 comment(비고) 속성은 일반적이지 않은 추가 설명을 제공한다. 예를 들어 기업이 도난으로 인한 재고품의 손실을 발견했다면, 도난 당한 걸 안 날짜와 도난 당한 수량, 도난에 대한 구체적인 내용을 저장할 수 있다. 이 엔터티는 입출고 배송 이외의 다른 트랜잭션으로 인한 상품의 재고량 변경에 대해 설명하기 위한 감사 추적 역할을 한다.

상품 가격

모든 조직은 상품 가격을 책정하는 데 다른 메커니즘을 갖고 있는 것처럼 보인다. 그림 3.7 모델에는 가격 책정에 대한 몇 가지 공통 원칙을 나타낸다.

대부분의 조직에는 상품 가격을 책정하는 몇 가지 관점이 있다. 즉 조직이 팔기 원하는 기본 가격이 있고, 수량 구간처럼 기본 가격에 적용되는 다양한 할인이 있으며, 운임 및 취급수수료와 같은 추가 요금, 제조사 권장 가격이 있다. PRICE COMPONENT(가격구성)는 각 공급업체 상품 가격에 대한 다양한 관점을 저장한다.

PRICE COMPONENT(가격구성) 엔터티는 계약 금액과 같은 다른 상황에서 재사용될 수 있다. 이에 대해서는 4장에서 다룰 것이다.

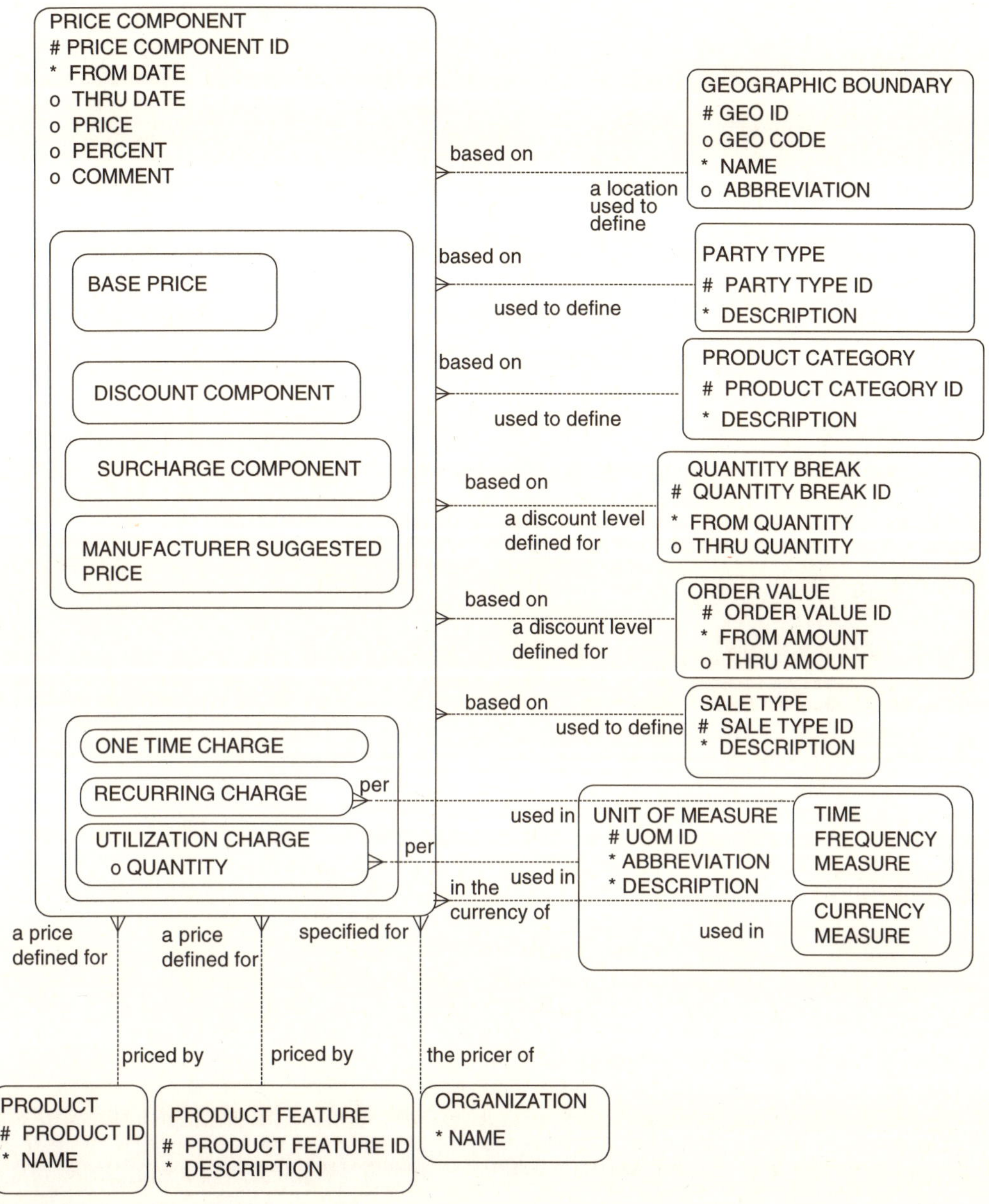

그림 3.7 표준 상품 가격

Price Component(가격구성요소)

이 엔터티는 상호 배타적이지 않은 두 개의 서브타입 집합으로 나뉜다(배타적이지 않은 서브타입에 대한 표기법을 설명한 1장을 참조하라). 한 서브타입 집합에는 상품의 출시 가격을 나타내는 BASE PRICE(기본가격), 기본 가격에 유효한 할인금액을 저장한 DISCOUNT COMPONENT(할인구성요소), 추가 가능한 요금을 저장한 SURCHARGE COMPONENT(추가요금구성요소), 그리고 MANUFACTURERS SUGGESTED PRICE(제조업체권장가격)가 있다. PRICE COMPONENT(가격구성요소)의 다른 서브타입 집합에는 상품 구매와 같은 ONE TIME CHARGE(1회요금), 표준 유형 서비스에 대한 월정액과 같이 반복되는 요금인 RECURRING CHARGE(정기요금), 상품의 사용량에 기반한 가격인 UTILIZATION CHARGE(사용료)가 있다. RECURRING CHARGE(정기요금)는 UNIT OF MEASURE(측정단위)의 유형인 TIME FREQUENCY MEASURE(측정기간)를 기반으로 한다. UTILIZATION CHARGE(사용료)는 웹 호스팅 서비스에 대한 요금을 나타내는 특정 수량인 "조회수"와 같은 UNIT OF MEASURE(측정단위)를 기반으로 한다.

가격 구성요소 속성 및 상품이나 상품 특성과의 관계

PRICE COMPONENT(가격구성요소)는 가격 구성요소가 유효한 시작일자와 종료일자를 나타내기 위해 from date(시작일자) 속성과 thru date(종료일자) 속성이 존재한다.

Price(가격) 속성은 달러 금액을 관리하고 percent(퍼센트) 속성은 할인이나 수량 구간을 관리하는 데 사용할 수 있다. 각 PRICE COMPONENT(가격구성요소)는 price(가격) 속성 또는 percent(퍼센트) 속성 중 하나에만 값을 저장하고 양쪽 모두에 값을 저장하지 않는다. Comment(주석) 속성은 각 가격 구성 요소에 대한 설명을 나타낸다. 예를 들면 "매출 증대를 위해 제공되는 특별 할인"과 같다.

PRICE COMPONENT(가격구성요소) 엔터티는 상품 특성이 개별적으로 가격이 책정되거나 가격과 함께 책정될 수 있기 때문에 PRODUCT(상품) 엔터티나 PRODUCT FEATURE(상품특성) 엔터티와 연관되거나 또는 둘 다와 연관된다. 예를 들어 파란 색상의 상품 특성은 "Goldstein elite pen" 상품의 가격을 정할 수 있다. PRICE COMPONENT(가격구성요소)는 여러 조직에서 동일한 상품을 제공할 수 있기 때문에 서로 다른 ORGANIZATIONS(조직)에 대해 지정될 수 있다. 예를 들어, "Johnson fine grade 8 1/2 by 11 bond paper" 상품에 대해서 가격과 함께 대체 공급업체의 다양한 가격을 관리하는 것이 중요할 수 있다.

가격 결정 요인

각 PRICE COMPONENT(가격구성요소)는 여러 변수나 변수의 조합을 기반으로 존재할 수 있다.

가격 변수에는 GEOGRAPHIC BOUNDARY(지리구역), PARTY TYPE(관계자유형), PRODUCT CATEGORY(상품카테고리), QUANTITY BREAK(수량구간), ORDER VALUE(주문량), 그리고 SALE TYPE(판매유형)이 포함된다. 이는 가격 책정을 위한 공통 변수를 나타낸다. 그러나 기업은 이러한 변수가 적용 가능한지 또는 기업에 대한 다른 가격 변수가 있는지를 결정할 필요가 있다. GEOGRAPHIC BOUNDARY(지리구역) 관계는 가격 책정이 국가, 주, 도시 또는 기타 구역과 같은 지리적 지역에 따르도록 한다. PARTY TYPE(관계자유형) 관계는 가격 결정이 소수 단체나 정부 조직을 위한 특별가처럼 상품을 구매하는 관계자의 유형에 따르도록 한다. PRODUCT CATEGORY(상품카테고리) 관계는 가격 책정을 상품군, 상품 모델, 상품 유형, 상품 기능 등과 같은 상품 분류와 연관되도록 한다. QUANTITY BREAK(수량구간) 관계는 다양한 구매 수량에 따라 특별 가격을 허용한다. ORDER VALUE(주문량)는 총 주문량에 따라 다른 가격 책정을 허용한다. SALE TYPE(판매유형)는 판매 방법에 따라 다른 가격을 허용한다. 예를 들어, 인터넷 기반 판매는 소매 기반 판매 또는 카탈로그 기반 판매와 가격이 다를 수 있다. 가격은 조직 내에서 시간이 지남에 따라 변하기 쉽기 때문에 매우 유연한 데이터 모델을 제공하는 것이 중요하다. 이러한 다양한 가격 결정 변수에 대한 선택적 관계는 매우 유연한 설계를 제공하므로 이런 요소의 조합을 사용하여 가격 구성 요소를 결정할 수 있다.

PRICE COMPONENT(가격구성요소)의 각 서브타입은 이런 가격 결정 요소를 기반으로 하는 값을 가질 수 있다. 예를 들어, BASE PRICE(기본가격)는 상품을 구매하는 기업 유형에 따라 달라질 수 있다. 이는 PARTY TYPE(관계자유형) 엔터티와 선택적 관계가 있는 이유다. 또 다른 예는 소수 집단이 소유한 기업을 위해서는 가격이 더 낮아질 수도 있다. 기본 가격은 배송 지역에 따라 달라질 수 있으므로 GEOGRAPHIC BOUNDARY(지리구역) 엔터티와 또한 선택적 관계가 있다. 예를 들어, 제품이 정상적인 영업 구역을 벗어난 지역으로 배달되는 경우에는 기본 상품 가격이 높아질 수 있다. 기본 상품 가격은 주문한 상품의 수량을 기준으로 할 수도 있다. QUANTITY BREAK(수량구간) 엔터티는 from quantity(시작수량) 속성과 thru quantity(종료수량) 속성에 다양한 범위의 수량 구간을 저장한다. 기업은 어떤 기본 가격 구성 요소가 다른 구성 요소보다 우선 순위가 높은지 결정하기 위해 업무 규칙을 적용할 필요가 있다. 예를 들어, 소수집단 소유 기업에 대한 기본 상품 가격과 동부 지역 고객에 대한 기본 상품 가격은 다를 수 있다. 만약 구매자가 두 기준을 모두 만족하면 기업은 우선 순위를 결정하는 업무 규칙을 정할 필요가 있다.

DISCOUNT COMPONENT(할인구성요소)는 PARTY TYPE(관계자유형), GEOGRAPHIC BOUNDARY(지리구역), QUANTITY BREAK(수량구간) 또는 특정 PRODUCT CATEGORY(제품카테고리)에 종속될 수 있다. 예를 들어, PARTY TYPE(관계자유형)이 "소수집단 소유 사업"인 모든 조직에 대해 2% 할인이 적용될 수 있다. 기업은 배달 비용이 적게 들기 때문에 같은 도시나 구역 내에 있는 고객에게 배송할 때 할인을 지정할 수 있다. 또 다른 할인은 구입한 상품의 수를 기반으로 할 수 있어 QUANTITY BREAK(수량구간)에 따라 할인이 다를 수 있다. 아마도 고객이 특정 유형의 용지를 100연(連) 이상 구매하는 경우 상품별 할인 수량이나 할인율이 있을 수 있다. 광고 캠페인의 일환으로 9월 한 달 동안 모든 종이 상품에 대해 5% 할인하는 식으로 PRODUCT CATEGORY(제품카테고리)를 기준으로 할인이 적용될 수도 있다. 이 할인은 PRODUCT(상품)나 PRODUCT FEATURE(상품특성)를 지정하지 않기 때문에 이 엔터티 둘 다 PRICE COMPONENT(가격구성요소)와 선택적 관계가 있다. 마지막으로, 특정 지역 내의 가구 상품에 대한 특별 할인과 같은 가격 할인의 조합이 있을 수 있다. 가격 조합의 또 다른 예는 수량 할인이 소수집단 소유 사업과 같은 특정 관계자 유형에만 적용되는 경우 발생한다.

SURCHARGE COMPONENT(추가요금구성요소)는 상품의 기본 가격에 추가되는 PRICE COMPONENT(가격구성요소)다. 추가 요금의 예로는 운임 및 추가 마일리지 금액이 있다. 상품 가격 추가요금은 일반적으로 기업의 가장 가까운 창고에서 고객까지의 거리에 따라 부가되는 추가 운임과 같이 GEOGRAPHIC BOUNDARY(지리구역)에 기반한다.

ONE TIME CHARGE(1회요금), RECURRING CHARGE(정기요금), UTILIZATION CHARGE(사용료)는 또한 다양한 가격 결정 요인의 다른 조합에 지정될 수 있다.

국제 가격

때때로 국제적으로 판매되는 상품에 대한 가격은 다양한 통화로 지정된다. PRICE COMPONENT(가격구성요소)와 관계가 있는 CURRENCY MEASURE(통화규격)는 "US dollars", "yen", "marks" 등과 같다. 이는 CURRENCY MEASURE(통화규격)의 description(설명) 속성에 저장되며, 각 PRODUCT COMPONENT(상품구성요소)의 price(가격) 속성을 정의하는 데 사용된다.

표 3.6 표준 상품 가격

PRODUCT DESCRIPTION	PRODUCT FEATURE	ORGANIZATION	PRICE COMPONENT TYPE	PRICE COMP ID	PARTY TYPE	GEOGRAPHIC BOUNDARY	QUANTITY BREAK	PRICE	PERCENTAGE
Johnson fine grade 8½ by 11 bond paper		ABC Corporation	Base	1		Eastern region	0–100	$9.75	
Johnson fine grade 8½ by 11 bond paper		ABC Corporation	Base	2		Eastern region	101–	$9.00	
Johnson fine grade 8½ by 11 bond paper		ABC Corporation	Base	3		Western region	0–100	$8.75	
Johnson fine grade 8½ by 11 bond paper		ABC Corporation	Base	4		Western region	101–	$8.50	
Johnson fine grade 8½ by 11 bond paper		ABC Corporation	Discount	5	Govt				2
Johnson fine grade 8½ by 11 bond paper		ABC Corporation	Discount	6	Paper products (special offer in Sept. 2001)				5
Johnson fine grade 8½ by 11 bond paper		ABC Corporation	Surcharge	7		Hawaii		$2.00	
Johnson fine grade 8½ by 11 bond paper		Joe's Stationery	Base	8				$11.00	
Johnson fine grade 8½ by 11 bond paper	Cream color	ABC Corporation	Base	9				$1.00	
	Extra glossy finish	ABC Corporation	Base	10				$2.00	

그림 3.4의 상품 특성 모델 UNIT OF MEASURE CONVERSION(측정단위변환) 엔터티에서 볼 수 있는 것과 같이 측정 단위는 다른 측정 단위와 연관된다. 이 경우 만약 기업이 이 정보를 수집할 의지와 방법이 있다면 이 통화에서 다른 통화로의 통화 전환을 저장할 수 있다.

상품 가격 책정의 예제

표 3.6은 "Johnson fine grade 8 1/2 by 11 bond paper" 상품에 대한 가격 구성요소의 예를 나타낸다. 이 예에서 ABC Corporation(ABC기업)은 특정 지역 및 주문 수량에 대해 표준 기본 가격을 설정했다. 처음 네 개의 인스턴스는 동부(eastern)와 서부(western)에 대해서 그리고 주문된 수량에 따른 표준 가격을 보여준다. 또한 ABC Corporation(ABC기업)은 구매 관계자가 정부 기관(Govt)인 경우 2%의 할인을 제공한다. 2001년 9월 적용 가능한 모든 종이 상품(예를 들면, 상품 카테고리가 "종이"인 상품)에 대해 5% 할인이 적용된다. 이 프로모션 날짜는 실제로 PRICE COMPONENT(가격구성요소)의 from date(시작일자) 속성과 thru date(종료일자) 속성에 입력된다. 하와이(Hawaii)로 배송되는 모든 상품은 2달러의 요금이 추가된다.

이 모델에서 상품은 각 조직마다 서로 다른 가격 구성 요소를 가질 수 있으므로 기업의 가격이 경쟁력을 가지고 있는지를 결정하기 위해 이 모델에 경쟁업체의 가격을 저장할 수 있다. 표 3.5의 마지막 세 번째 인스턴스는 경쟁업체인 Joe's Stationery(Joe문구점)에 대한 상품의 표준 가격을 보여준다. 이 모델은 공급업체로부터 구입한 모든 상품의 가격을 관리할 수 있다.

이 모델은 상품 특성에 대한 상품 가격을 저장할 수도 있다. 특성은 상품의 문맥 내에 포함된 가격을 가질 수 있고 단지 상품과는 별도로 가격을 가질 수도 있다. 마지막 두 번째 인스턴스는 "Johnson fine grade 8 1/2 by 11 bond paper" 상품의 "크림색(cream color)" 특성이 1달러 추가된 가격으로 책정됐다는 것을 나타낸다. 이것은 "크림색" 특성이 다른 상품에 적용될 경우 가격이 달라질 수 있다는 것을 의미한다. 마지막 인스턴스는 "특별 광택 마감(extra glossy finish)" 특성의 기본 가격이 2달러이며, 이 특성은 적용되는 상품과 무관하다는 것을 보여준다.

각 기업이 상품 가격을 책정하는 방식에는 여러 가지 변형이 있을 수 있다. 거래를 협상할 때, 창조적인 사람과 조직은 예상치 못한 것을 얻을 수 있다. 따라서 이 가격 모델은 매우 유연하며 다양한 가격 책정 시나리오를 처리할 수 있다. 혼동을 피하기 위해 기업이 업무 규칙을 정하는 게 중요하다. 예를 들어, 특정 할인이 다른 할인을 무시한다는 업무 규칙이 있을 수 있다. 기업은 만약 영업

데이터 모델 리소스 북

담당자가 여러 할인을 적용할 수 있을 경우 어떤 할인을 적용할지 선택할 수 있도록 하는 게 필요하다. 조직은 기본 가격의 일부로 수량 할인을 포함하는가? 아니면 수량 구간을 기본 가격에 대한 할인된 것으로 간주하는가? 이 모델을 효과적으로 사용하고 속성 내에 올바른 유형의 정보를 저장하려면 이러한 종류의 질문에 답해야 한다.

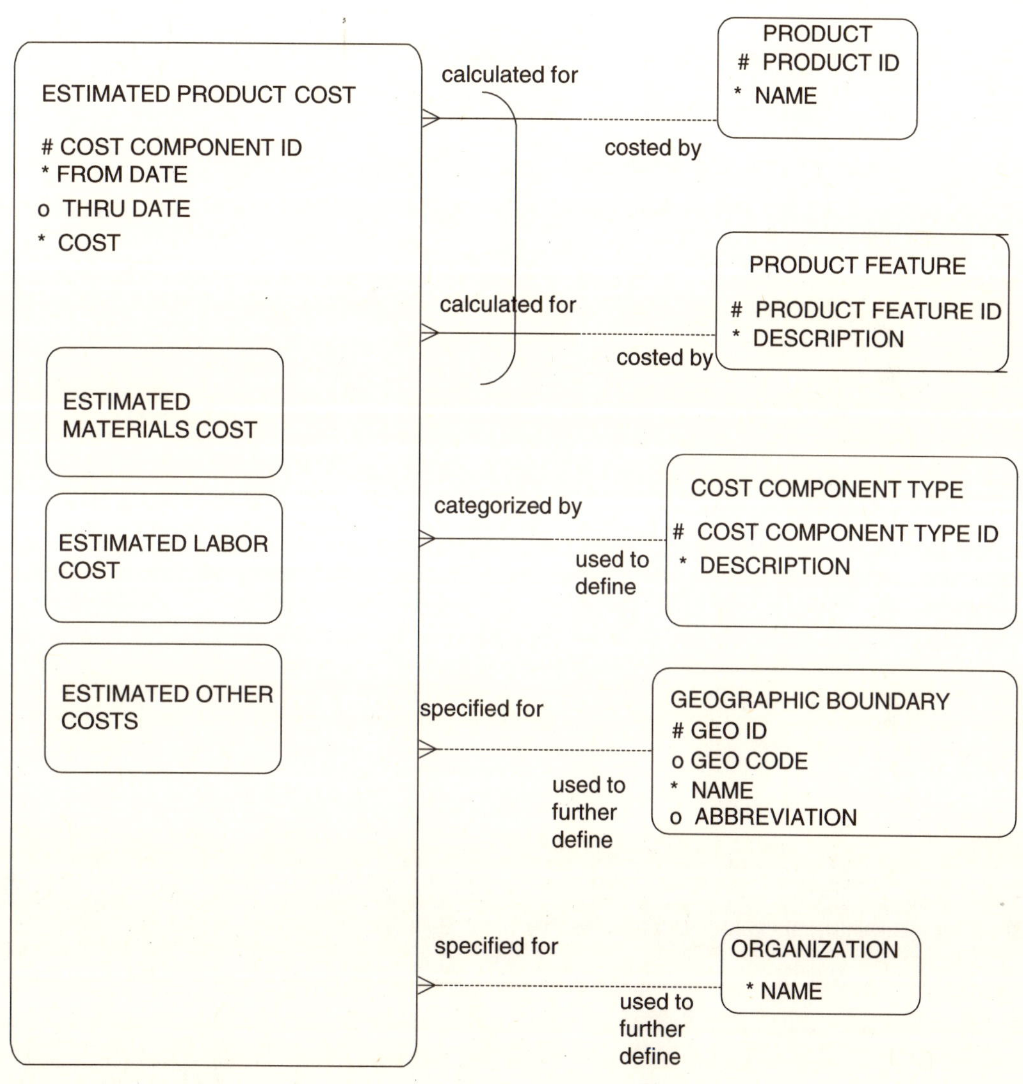

그림 3.8 **추정 상품 원가**

수익성이 좋아지도록 상품 가격을 책정하기 위해서 조직은 상품 원가에 대한 유용한 정보를 갖는 것이 중요하다. 수익성에 근거한 적절한 상품 원가 정보가 있다는 것은 적절한 커미션을 정하는 데 도움이 될 수도 있다.

일부 데이터 모델러는 실제 상품 원가가 데이터 모델의 여러 측면에 존재하고, 다양한 엔터티에 있는 데이터에서 파생된다는 것을 인지하는 직관을 가지고 있다. 예를 들어, 구매 주문에는 원자재 가격에 대한 정보가 있다. 고객에 대한 배송에는 운송료가 있을 것이며, 이는 상품 원가의 구성 요소이다. 근무시간 기록 및 급여 기록에는 상품 제조나 배송과 관련된 인건비에 대한 정보가 있다. 제조품의 경우, 생산 가동 중 장비 일정 계획의 원가는 장비 할당 기록에 저장된다. 임대료, 사무용품 및 기타 관리 용품과 같은 간접비가 상품 원가에 영향을 미칠 수도 있다.

다양한 상품 원가를 계산하기 위해 이 모델은 실제 상품 원가를 사용하는 대신 상품 분석가가 보통 각 상품에 대해 입력할 추정 원가를 사용한다. 추정 원가를 사용하는 이점은 상품 분석가가 단순히 과거 정보를 사용하는 대신 상품 원가가 얼마일지에 대한 추세를 예측할 수 있다는 것이다. 예를 들어, 목적지 A에서 목적지 B까지의 화물 운임은 통상적으로 1달러이었을 수 있다. 화물 운임에 관한 현재 데이터는 상품의 실제 원가를 계산할 때 더 적절할 수 있다. 기업은 상품 판매 원가의 가장 적절한 추정치일 것으로 판단되는 것을 입력하기 위해 시장 및 미래 동향에 대한 이해와 결부된 실제 상품 원가를 사용할 수 있다.

물론 추적할 가치가 있는 유일한 상품 원가는 대개 기업 자체 상품에 대한 것이다. 공급업체나 경쟁업체의 원가 정보는 일반적으로 제공되지 않는다. 일부 정부 조직에서는 이윤이 과도하게 발생하지 않도록 공급업체 상품의 원가를 추적해야 하는 예외 경우가 있다.

그림 3.8은 추정된 상품 원가를 저장하기 위한 데이터 모델이다. 많은 원가 구성 요소가 상품의 전체 원가를 계산한다. 따라서 상품 또는 상품 특성은 많은 추정 원가 구성요소에 의해서 원가를 계산할 수 있다. ESTIMATED PRODUCT COST(추정상품원가) 엔터티는 각 상품 및 다양한 원가에 대한 정보를 관리한다. COST COMPONENT TYPE(원가구성요소유형) 엔터티는 무슨 유형의 원가인지를 나타낸다. COST COMPONENT TYPE(원가구성요소유형)에는 ESTIMATED MATERIALS COST(추정자재원가), ESTIMATED LABOR COST(추정노동원가), 그리고 제조 원가

(예. 기계 및 장비 사용)와 같은 ESTIMATED OTHER COST(추정기타원가), 수축 비용(예. 도난 또는 부패로 인한 손실), 배송비, 판매 비용(예. 커미션 또는 중개 수수료), 사무실 운영 비용이 포함된다. 또한 제품 원가는 계절이나 시간에 따라 다를 수 있으므로 원가가 유효한 기간을 표시하기 위해 from date(시작일자) 속성과 thru dates(종료일자) 속성이 포함된다.

원가 구성 요소는 원가가 발생하는 장소에 따라 달라질 수 있기 때문에 GEOGRAPHIC BOUNDARY(지리구역)와 선택 관계가 있다. 예를 들어, 특정 국가에 위치한 공장의 제조 원가가 다른 국가에 비해 저렴할 수 있다. 해외보다는 가까운 지역에 있는 경우 배송비가 저렴할 수 있다. 도난으로 인한 수축 비용은 특정 도시에서 더 높을 수 있다.

경우에 따라 추정 원가는 조직별로 다를 수 있다. 조직이 여러 공급업체에 대한 원가를 추적하고 비교하는 경우 기업은 각 조직마다 별도의 원가를 저장할 수 있길 바랄 것이므로 ORGANIZATION(조직)과 선택 관계가 있다.

상품 원가 구성 요소는 사업 유형에 따라 다를 수 있다. 예를 들어, 유통업체는 상품 구입 비용, 운송 및 취급 비용, 판매 비용 및 관리 비용을 관찰할 수 있다. 제조업체는 사용된 재료의 비용, 제품 생산에 소비된 노동력, 제조 장비의 운영 비용, 판매 비용 및 관리 비용을 관찰할 수 있다. 서비스 조직의 원가에는 일반적으로 인건비, 판매 비용 및 관리 비용이 포함된다.

표 3.7 추정 상품 원가

PRODUCT	COST TYPE	GEOGRAPHIC BOUNDARY	COST	FROM DATE	THRU DATE
Johnson fine grade 8½ by 11 bond paper	Anticipated purchase cost	N.Y.	$2.00	Jan 9, 2001	
Johnson fine grade 8½ by 11 bond paper	Administrative overhead	N.Y.	$1.90	Jan 9, 2001	
Johnson fine grade 8½ by 11 bond paper	Freight	N.Y.	$1.50	Jan 9, 2001	
Johnson fine grade 8½ by 11 bond paper	Anticipated purchase cost	Idaho	$2.00	Jan 9, 2001	
Johnson fine grade 8½ by 11 bond paper	Administrative overhead	Idaho	$1.10	Jan 9, 2001	
Johnson fine grade 8½ by 11 bond paper	Freight	Idaho	$1.10	Jan 9, 2001	

표 3.7은 ESTIMATED PRODUCT COST(추정상품원가)에 저장될 상품 원가 정보의 예를 보여준다. 표는 "Johnson fine grade 8 1/2 by 11 bond paper" 상품에 대한 뉴욕(N.Y.)에서의 예상

구매 원가는 아이다호(Idaho)에서와 같은 반면에, 이 상품이 아이다호에서 판매될 경우 관리 비용 (administrative overhead)과 운송 요금(freight)은 더 저렴하다는 것을 나타낸다.

상품과 상품 연계

상품은 다른 상품과 여러 가지 종류의 관계가 있다. 이 절에서는 상품 구성 요소, 대용품, 상품 노후화, 상품 보완 및 상품 비 호환성을 처리하는 모델을 제공한다. 그림 3.9a는 상품에 대하여 이와 같은 공통 정보 요구사항을 제공하는 데이터 모델을 보여주며, 그림 3.9b는 이런 유형의 정보를 관리하는 대체 모델을 보여준다.

먼저 상품이 다른 상품이나 상품 구성 요소로 구성됐는지를 저장해야 할 필요성에 대해 다룬다. 대부분의 사람들은 제조 조직에 제한된 기능으로써 구성 요소를 판매 가능 상품에 결합시키는 것을 생각한다. 다른 유형의 조직에서는 상품을 제공하기 위해 구성 요소를 함께 묶는다. 일부 유통 회사는 개별 제품을 포함해서 판매할 수 있는 세트를 조립한다. 예를 들어, 미용 공급업체는 빗, 가위 및 화장품을 미용세트로 만들어서 고객에게 판매할 수 있다. 서비스 조직은 종종 개별 상품으로 판매되는 서비스를 묶어서 판매한다. 예를 들어, 문서와 CD-ROM에 저장된 소프트웨어, 입문 교육, 특정 시간의 초기 컨설팅으로 구성된 소프트웨어 응용 프로그램 패키지에 대한 단일 가격이 존재할 수 있다.

PRODUCT COMPONENT(상품구성) 엔터티는 특정 상품이 어떤 상품으로 구성되어 있는지를 보여준다. 상품은 둘 이상의 다른 상품으로 구성될 수 있다. 또는 한 상품이 여러 다른 상품에 사용될 수 있다. 예를 들어, 사무실 책상 세트는 펜, 연필, 달력, 시계 및 목재로 구성될 수 있다. 이 구성 요소 중 어떤 상품은 다른 상품의 집합에 사용될 수 있다. 서비스 조직은 또한 하나 이상의 서비스를 하나의 상품에 포함시킬 수 있고, 또는 여러 상품에 동일한 서비스를 사용할 수도 있다.

PRODUCT COMPONENT(상품구성)에는 특정 상품이 다른 상품으로 구성되는 기간을 관리하기 위해 from date(시작일자) 속성과 thru date(종료일자) 속성이 있다. 이는 상품의 구성이 변경될 수 있음을 의미한다. 사무실 책상 세트는 어느 시점에 특정 유형의 펜을 포함했다가 나중에 다른 유형의 펜을 포함할 수 있다.

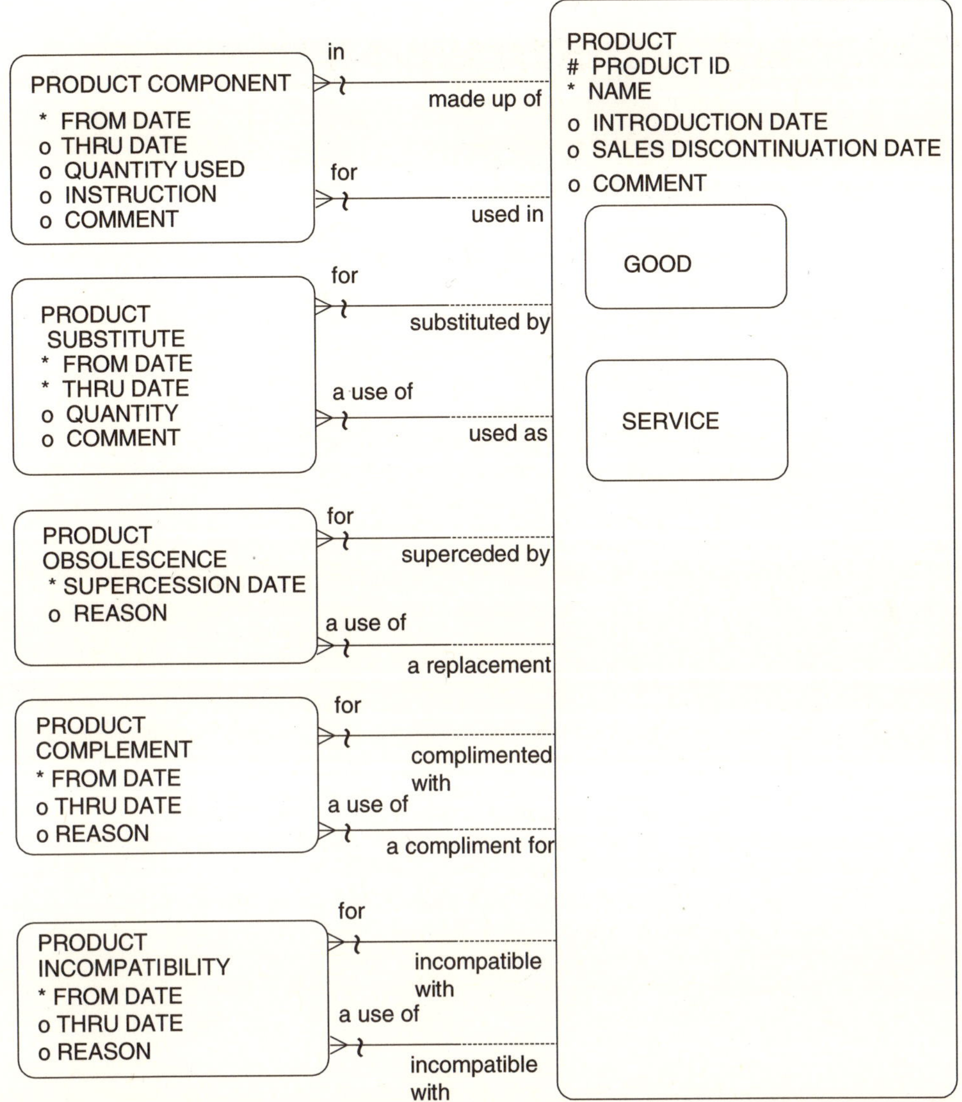

그림 3.9a 상품 간 연계

PRODUCT COMPONENT(상품구성)의 또 다른 속성은 quantity used(사용수량)이다. 이 속성은 다른 상품을 조립할 때 특정 상품이 얼마나 많이 사용됐는지를 나타낸다. 예를 들어, 어떤 사무실 책상 세트에는 두 개의 펜이 포함될 수 있다. Instruction(지시) 속성은 상품을 조립하는 방법을 설명한다. 포괄적인 지침이 필요한 경우 INSTRUCTION(지침)이라는 새로운 엔터티를 추가해서 PRODUCT COMPONENT(상품구성)와 연관되도록 한다. Comment(주석) 속성은 상품 조립에 대해서 다른 설명을 하는 데 사용된다. 표 3.8은 다른 상품으로 구성된 한 상품의 예를 보여준다.

표 3.8 상품 구성

PARENT PRODUCT TYPE	CHILD PRODUCT TYPE	QUANTITY
Office supply kit	Johnson fine grade 8½ by 11 bond paper	5
Office supply kit	Pennie's 8½ by 11 binders	5
Office supply kit	Shwinger black ball point pen	6

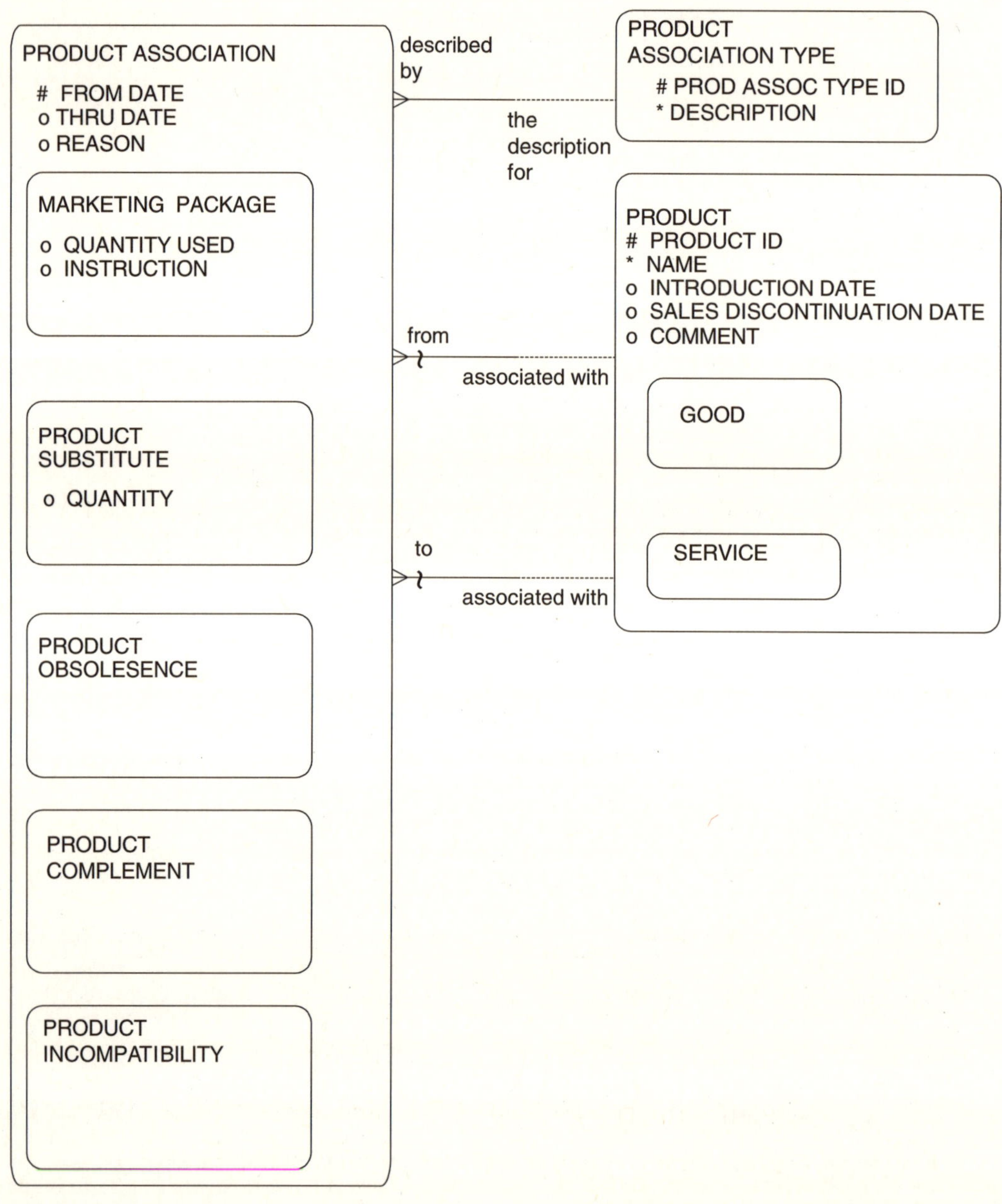

그림 3.9b 상품 간 연계 대안 모델

데이터 모델 리소스 북

일부 기업은 자신의 상품 구조를 알 필요가 있다. 예를 들어, 일부 실험실은 그들의 연구 장비가 조립된 방법을 알 필요가 있다. 판매한 장비를 수리하는 조직은 해당 상품을 제조하지 않았더라도 상품이 어떻게 조립되는지 알 필요가 있다.

PRODUCT SUBSTITUTE(대응상품) 엔터티는 다른 상품으로 대체될 수 있는 상품을 나타낸다. PRODUCT(상품)는 여러 개의 다른 PRODUCT(상품)로 대체될 수 있다. 예를 들어, 사무실 책상 세트 내의 특정 펜은 유사한 품질의 다른 펜으로 대체될 수 있다. 또는 하나의 PRODUCT(상품)가 다른 많은 PRODUCT(상품)의 대용품으로 사용될 수도 있다. 아마도 많은 경우에 특정 펜은 대용품으로 사용될 수 있다. From date(시작일자) 속성과 thru date(종료일자) 속성은 상품이 서로 대체될 수 있는 시간 구간을 나타낸다. Quantity(수량) 속성은 하나의 상품이 특정 수량의 다른 상품으로 대체되는 것을 나타낸다. 예를 들어, 표 3.9는 동일한 유형의 12개의 개별 연필로 대체되는 작은 연필 상자의 예를 보여준다. Comment(비고) 속성은 상품 대체에 관한 추가 정보를 제공한다. 예를 들면 "표준 상품보다 품질이 낮은 상품을 피해야 하는 경우 이 상품으로 대체하지 마시오."와 같다.

표 3.9 대응 상품

PRODUCT	SUBSTITUTE PRODUCT	QUANTITY
Small box of Henry #2 pencils	Individual Henry #2 pencil	12
Goldstein Elite pen	George's Elite pen	

PRODUCT OBSOLESCENCE(노후상품) 엔터티는 어떤 상품이 다른 상품으로 대체될 예정이거나 이미 대체됐다는 것을 나타낸다. 어떤 상품은 다양한 신상품으로 대체될 수 있고, 어떤 신상품은 오래된 여러 상품을 대체할 수 있음을 보이기 위해 PRODUCT(상품) 엔터티로부터의 다대다(M:M) 재귀 관계가 있다. 예를 들면, 소프트웨어 패키지의 다음 버전에는 여러 개의 개별 소프트웨어를 하나의 소프트웨어로 결합하거나 그 반대로 할 수 있다.

PRODUCT COMPLEMENT(보완상품) 엔터티는 다른 상품과 함께 사용하기에 적합한 상품을 보여줄 수 있는 기능을 제공한다.

예를 들어, "Jerry 's desk blotter refill paper" 상품은 "Jerry 's desk blotter"의 보완 상품일 수 있다. 왜냐하면 기록장을 구입할 때 적합한 액세서리 상품을 제안할 수 있기 때문이다.

PRODUCT INCOMPATIBILITY(비호환상품) 엔터티는 다른 상품과 함께 사용할 수 없는 상품을 관리할 수 있도록 한다. 예를 들어, "Barry 's pen refill" 상품은 "Goldstein Elite Pen" 상품과 호환되지 않을 수 있다. 이 PRODUCT INCOMPATIBLE(비호환상품) 정보를 관리하고 주문 시 이를 고객에게 알리는 것이 바람직할 것이다. 대다수의 상품이 호환되지 않는 상품이 있다면 모델은 대안으로 어떤 상품이 다른 상품과 호환되는지를 보여주기 위해 PRODUCT COMPATIBILITY(호환상품) 재귀 엔터티를 설계할 수 있다.

그림 3.9b는 이러한 상품 연관성을 관리하기 위한 대안 모델을 보여준다. 많은 공통 속성이 있고, 관계가 동일하기 때문에 이전 모델의 상품 연관성들은 이 모델에서 슈퍼타입인 PRODUCT ASSOCIATON(상품연관) 엔터티의 서브타입으로 표현된다. PRODUCT ASSOCIATION TYPE(상품연관유형) 엔터티는 필요에 따라 상품 연관성을 추가로 저장할 수 있는 엔터티이므로 유연한 데이터 구조를 제공한다.

상품과 부품

부품, 원자재, 소모품 및 상품 구성 요소에 대한 모델링을 어떻게 설계해야 하는가? 사무용품, 예비 부품 또는 상품의 일부인 조각도 상품으로 간주해야 되는가? 어떤 의미에서, 그것들은 어딘가에서 왔고 어떤 조직의 상품이다. 반면에 상품을 수리하거나 사무용품으로 구입될 수 있는 부품은 기업의 주요 제품인 주류 상품과 크게 다르다.

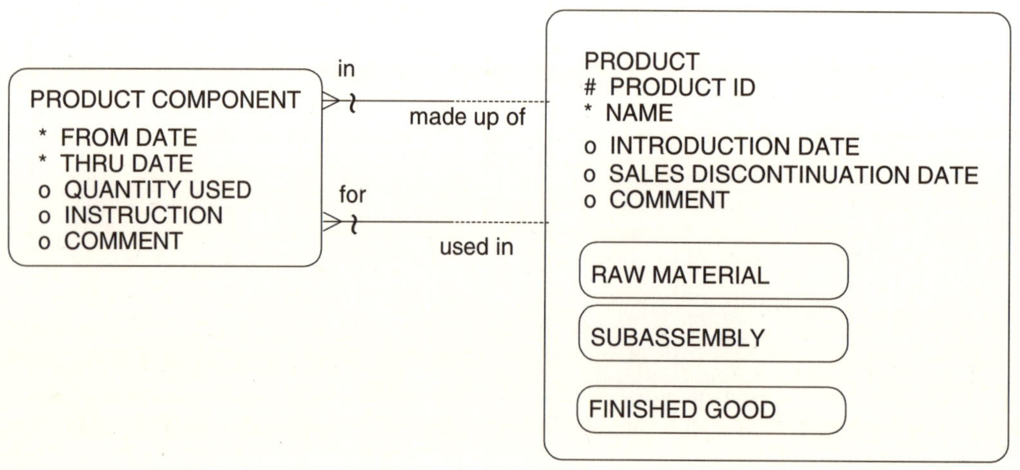

그림 3.10a 상품과 부품

이를 처리하는 한 가지 방법은 그림 3.10a와 같이 GOOD(상품) 엔터티에 단지 FINISHED GOOD(완제품), RAW MATERIAL(원자재) 및 SUBASSEMBLY(조립품) 서브타입을 지정하는 것이다. FINISHED GOOD(완제품)는 선적 준비가 된 상품이며, 상품을 현재 주로 가져오기 위해 일부 작업이 진행됐을 수 있다. RAW MATERIAL(원자재)은 상품을 만들 때 사용된 구성 요소로서 기업이 상품에 어떤 작업도 하지 않은, 상품을 구성하는 가장 낮은 수준의 구성 요소다. RAW MATERIAL(원자재)은 상품으로 판매될 수 있고 다른 상품에 사용될 수도 있다. SUBASSEMBLY(조립품) 상품은 부분적으로 완료된 상태며, 일반적으로 고객에게 판매되지 않거나 공급업체로부터 구매되지 않은 상품이다. 기업이 공급업체로부터 하위 부품을 구매한 경우, 기업이 상품에 대한 추가 작업을 수행하지 않았기 때문에 원자재로 간주된다.

이 구조를 모델링하는 또 다른 방법은 PART(부품)를 PRODUCT(상품)와 별개의 것으로 고려하는 것이다. 이는 기업의 요구뿐만 아니라 개인의 관점에 따라 달라진다. 기업이 상품을 조립할 때 사용하려고 나사를 구입한다면 다른 사람의 상품을 구매하는 것이다. 만약 좀더 구체적인 것을 원하고 상품을 만드는 개별 조각이나 부품에 대해 별도의 엔터티를 생성하려면 그림 3.10b의 모델이 더 적합할 수 있다. 기업의 특성상 조립 라인 제조 회사와 같이 부품을 매우 중요한 정보로 간주한다면 PART(부품) 엔터티를 별도로 모델링하는 것이 적절할 수 있다.

그림 3.10b에서 PART(부품) 엔터티는 판매되는 PRODUCT(상품)와는 대조적으로 실제 존재하는 물리적 품목을 나타낸다. PART(부품) 중에 특히 FISHISHED GOOD(완제품)은 하나 이상의 PRODUCT(상품)를 생산하는 데 사용될 수 있다. 어떻게 이렇게 될 수 있는가? 때로는 누구에게 판매되는지와 같은 판매 상황에 따라 동일한 물리 품목을 두 가지 다른 상품으로 판매할 수 있다. 통신 회사는 고객이 개인인지 사업자인지에 따라 주택선이나 사업선의 두 가지 상품으로써 전화선이라는 동일한 완성품을 판매할 수 있다. 따라서 PRODUCT(상품)는 PART(부품)인 실제 품목과 다를 수 있는 마케팅을 제공한다.

PART(부품)는 이전에 언급한 것과 같이 RAW MATERIAL(원자재), SUBASSEMBLY(조립품) 및 FINISHED GOOD(완성품) 서브타입으로 분류된다. 원자재 및 조립품이 어떻게 완성품에 결합되는지를 보이기 위해 PRODUCT COMPONENT(상품구성) 엔터티를 사용하는 대신 PART BOM(Bill of Material) 엔터티를 사용해서 다른 부품으로 구성된 부품을 관리한다. PRODUCT COMPONENT(상품구성) 엔터티는 상품 패키지를 함께 관리한다. 이 모델에서는 부품이 아닌 상품의 패키지를 나타내기 때문에 PRODUCT COMPONENT(상품구성)에 대한 대체 이름은 MARKETING PACKAGE(마케팅패키지)일 수 있다.

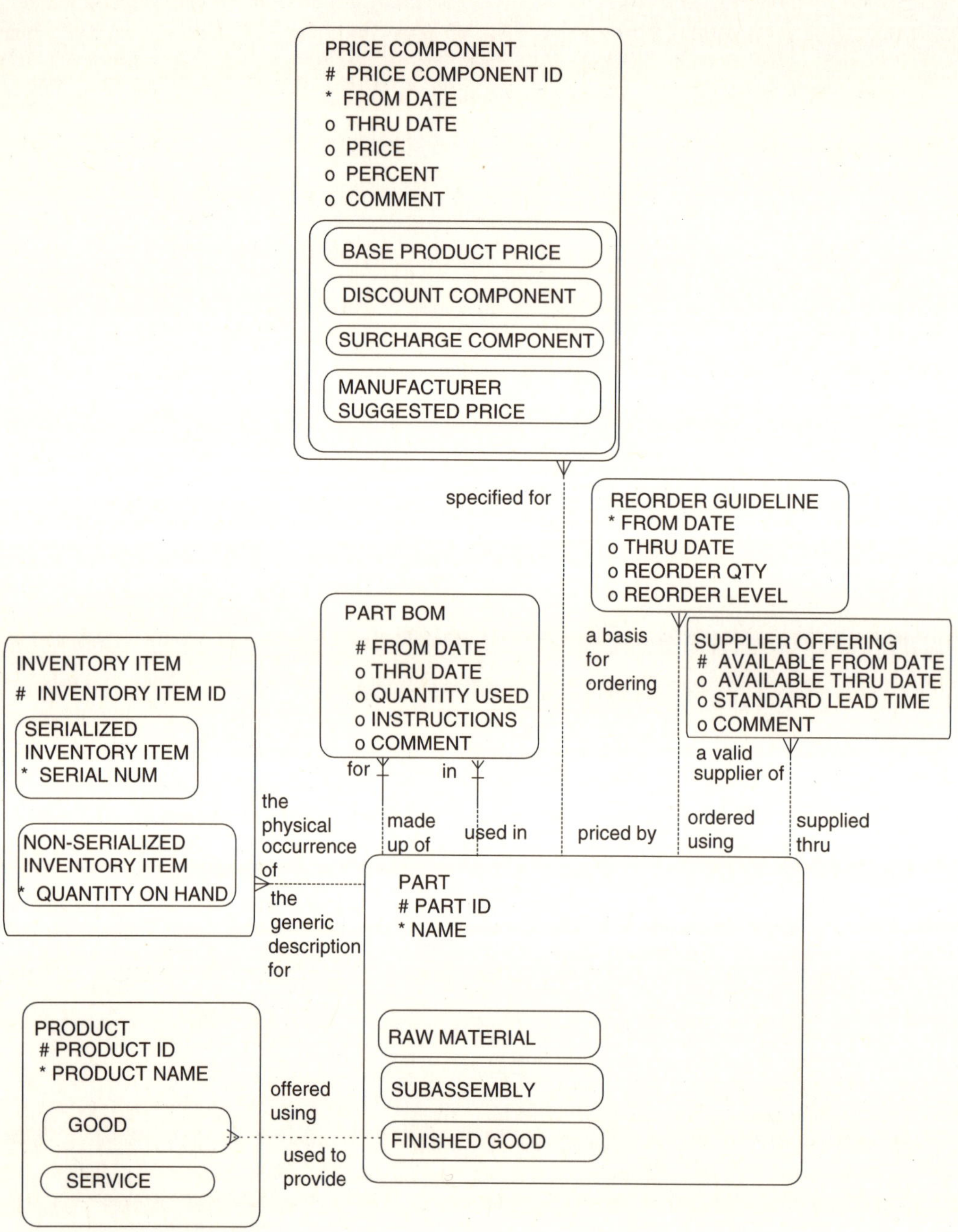

그림 3.10b 상품과 부품 대안 모델

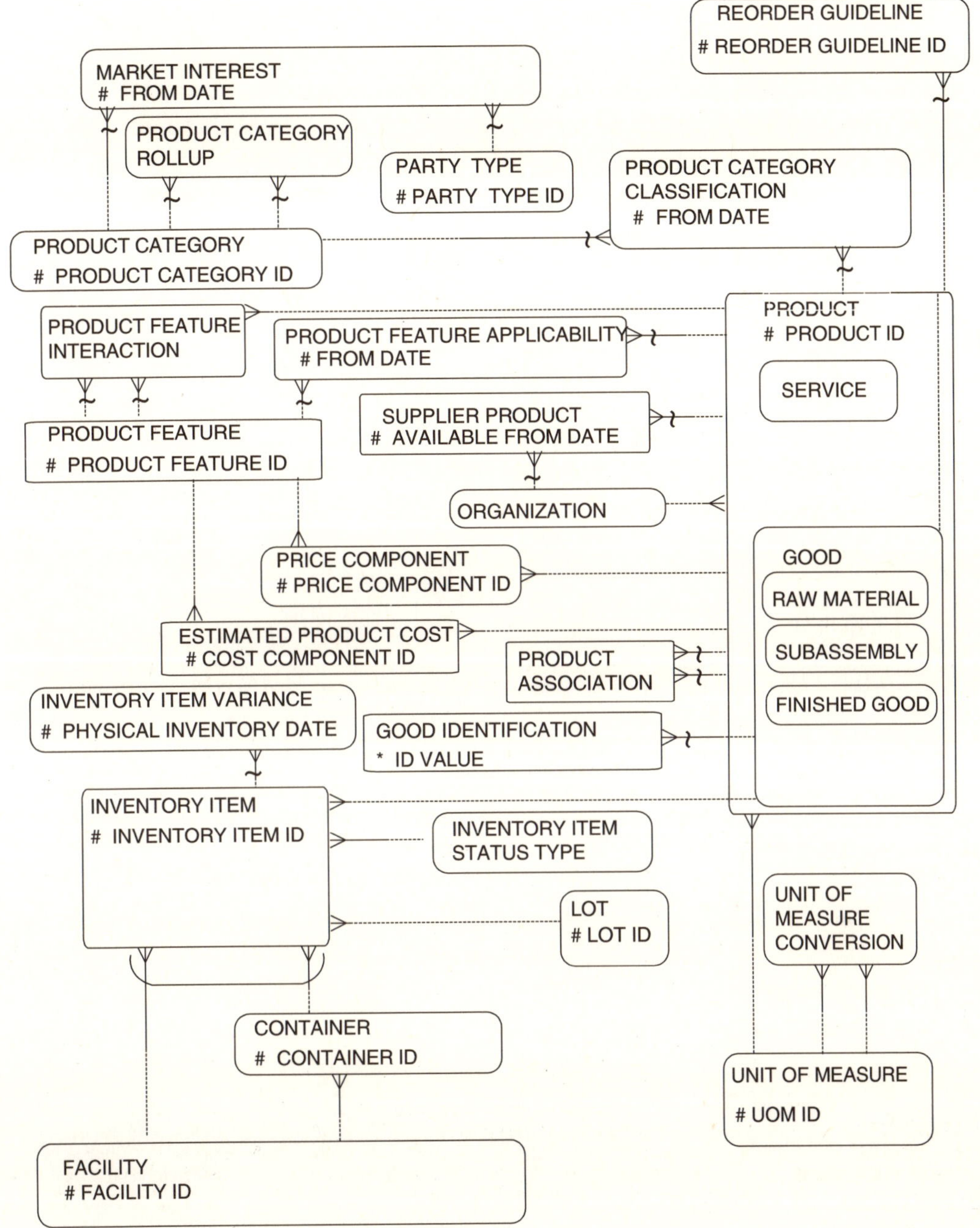

그림 3.11 상품 전체 모델

이 모델은 PART(부품)가 모델링된 경우 INVENTORY ITEM(재고품), PRICE COMPONENT (가격구성), REORDER GUIDELINE(재주문지침), 그리고 SUPPLIER PRODUCT(공급업체상품) 와 연관될 필요가 있다. 부품은 상품과 별도로 재고가 있어야 하며, 이 관계는 PART(부품) 또는 PRODUCT(상품)에 대한 상호 배타적인 관계로 보여질 수 있다. 부품은 PRICE COMPONENT(가격구성) 관계를 사용해서 가격이 책정될 수 있으며, 여기에는 기업이 판매하는 부품 또는 기업이 구매하는 부품이 포함될 수 있다. 부품은 어떤 관계자가 부품을 공급하는지에 대한 정보뿐만 아니라 재주문 정보가 필요할 수 있다. 따라서 REORDER GUIDELINE(재주문지침)이나 SUPPLIER OFFERING(공급업체제공품)과 관계가 필요할 수 있다. 기업이 상품과 별도로 부품을 관리하는 경우 SUPPLIER PRODUCT(공급업체상품) 엔터티는 SUPPLIER OFFERING(공급업체제공품)으로 변경돼야 한다. 왜냐하면 SUPPLIER PRODUCT(공급업체상품) 엔터티는 이제 부품 또는 상품을 제공하는 관계자를 나타내기 때문이다.

요약

이 장에서는 제품과 서비스를 모두 포함하는 상품의 데이터 모델에 중점을 두었다. 제품은 만질 수 있는 실제 상품인 반면, 서비스는 어떤 기능을 달성하기 위해 전문가가 시간을 판매하는 행위다. 이 장의 데이터 모델에서는 기업의 자체 상품, 공급업체의 상품 및 경쟁업체의 상품에 대한 정보 요구를 통합했다. 이 장에서 다룬 상품 정보에는 상품의 정의, 공급업체, 제조업체, 상품 재고, 상품 가격, 상품 원가 계산 및 상품과 상품 간 연관 정보가 포함된다. 그림 3.11은 이 장에서 다룬 상품 모델의 개요를 나타낸다.

엔터티와 속성의 목록은 부록A를 참조하라.

CHAPTER

4

상품 주문

이전 장에서는 사업을 수행하는 관계자 및 그들이 필요로 하는 상품에 대한 정보에 중점을 두었다. 이번 장에서는 관계자가 상품을 얻는 방법, 즉 상품 주문에 중점을 둔다.

비즈니스를 할 때 주문과 관련된 많은 질문에 대답하기 위해서는 정보가 필요하다. 그들은 각 주문과 관련된 조건을 알 필요가 있다. 예를 들면 다음과 같다.

- 예상 배송 시간은 언제이며, 배송이 지연되면 어떤 영향이 있는가?

- 주문 지불 책임자는 누구인가?

- 주문된 각 제품에 대한 협상 가격은 얼마인가?

- 어떤 사람과 조직이 주문과 관련되는가?

- 누가 주문했는가? 주문은 누구에게 발송되는가?

- 주문에 대한 승인된 요구사항이 있는가?

- 주문에 대한 이전 견적이 있는가?

- 여러 공급업체에 주문 입찰을 요청했는가?

- 특별 가격 책정과 같은 주문 조건을 좌우하는 일반적인 계약이 있는가?

이 장에서는 아래 모델에 대해 설명한다.

- 표준 주문 모델

- 주문 및 주문 품목

- 주문 관계자 및 연락 매체

- 주문 조정

■ 주문 상태 및 조건

■ 주문 품목 연계

■ 요구사항

■ 요청

■ 견적

■ 계약

■ 계약 품목

■ 계약 조건

■ 계약 가격

■ 주문 계약

표준 주문 모델

대부분의 조직은 여러 데이터 모델링 책에 나온 표준 데이터 모델을 사용하여 주문 모델을 설계한다. 그림 4.1은 이런 표준 데이터 모델을 나타낸다. SUPPLIER(공급업체)는 PRODUCT(상품)와 관련된 PURCHASE ORDER LINE ITEM(구매주문품목)을 가진 하나 이상의 PURCHASE ORDER(구매주문)와 연관된다. 이 모델은 판매 모델과 유사하다. CUSTOMER(고객)는 특정 PRODUCT(상품)와 관련된 SALES ORDER LINE ITEM(판매주문품목)을 가진 하나 이상의 SALES ORDER(판매주문)와 연관될 수 있다. 표 4.1은 전형적인 판매 주문의 예를 보여준다. 고객인 ACME회사는 PRODUCT(상품) 엔터티에 정의된 여러 품목에 대해 2001년 6월 8일에 판매 주문을 했다. 판매 주문에는 주문이 성립한 날짜, 고객이 주문한 날짜, 배송 지시 및 지불 조건 등의 정보가 저장된다.

표 4.1 표준 주문 데이터

ORDER ID	CUSTOMER	ORDER DATE	SHIPPING INSTRUCTIONS	PAYMENT TERMS
12560	ACME Company	June 8, 2001	Via truck	Net 30
23000	Jones Corporation	Sept 5, 2001	UPS	Net 30

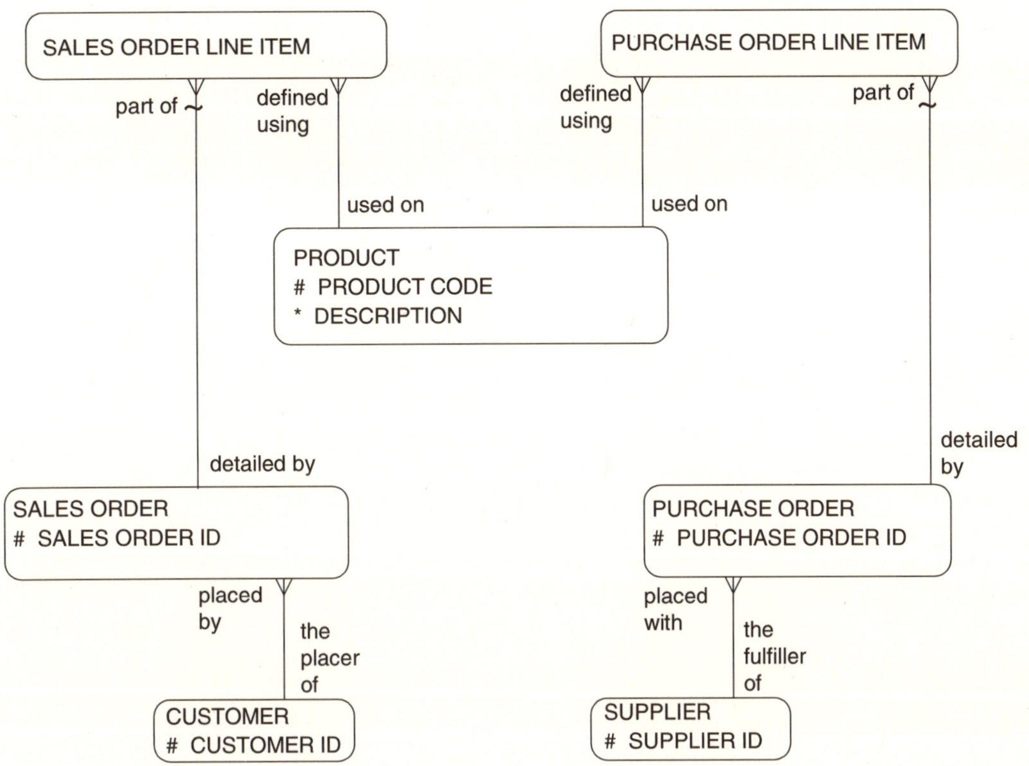

그림 4.1 표준 주문 모델

주문 품목에는 구입한 개별 상품 또는 서비스가 표시된다. 표 4.2는 ORDER LINE ITEM(주문품목)의 예를 보여준다. 이 예에서는 세 개의 품목이 나열된다. 종이(paper) 10연, 연필(pen) 4개, 디스켓(diskette) 6개다.

구매 주문이 공급업체에게 전달될 때, 동일한 종류의 관계가 존재한다. 공급업체에게는 많은 구매 주문이 전달되며, 각 주문에는 특정 상품 유형에 해당하는 품목이 존재한다.

판매 주문과 구매 주문의 속성은 동일하진 않지만 매우 비슷하다. 둘 다 주문이기 때문이다. 판매 주문과 구매 주문 간의 유일한 차이점은 관점의 문제다. 다시 말해, 판매자의 판매 주문에 대한 정보는 대부분 구매자의 구매 주문에 대한 정보와 일치해야 한다. 속성이 다를 수 있는 유일한 이유는 사람이 판매자인지 구매자인지에 따라 두 관계자가 서로 다른 정보를 요구할 수 있다는 것이다. 예를 들어, 판매 주문을 하는 기업은 주문에 포함된 판매원에 대한 수수료를 알 필요가 있을 수 있는 반면, 구매 주문서가 공급업체에 주어질 때 구매자는 일반적으로 영업 사원을 위한 수수료가 얼마인지를 알 수 있는 충분한 특권이 없다.

그림 4.1에서 볼 수 있듯이 판매 주문과 구매 주문 간의 관계와 데이터 구조는 매우 유사하다.

ORDER ID	ITEM ID	PRODUCT	QUANTITY	UNIT PRICE
12560	1	Johnson fine grade 8½ by 11 bond paper	10	$8.00
12560	2	Goldstein Elite pen	4	$12.00
12560	3	Jerry's box of 3½-inch diskettes	6	$7.00

이러한 두 가지 유형의 주문에 대해 두 가지 모델을 분리함으로써 모델은 판매 및 구매 주문의 유사한 속성을 인지하지 못하고, 개발자는 판매 및 구매를 처리하기 위해 공통 프로그램을 활용하지 못한다. 예를 들어, 구조가 같으면 개발자는 동일한 데이터 구조에 대해 공통 프로그램을 작성할 수 있다. 주문 조건을 조회하고, 예상 납품 일에 대한 주문 상태를 모니터링하거나, 품목 추가 가격을 계산하는 공통 프로그램이 있을 수 있다.

이 표준 주문 데이터 모델에는 또 다른 가정이 내포돼 있다. 고객 조직만이 판매 주문 모델에 관여하고, 공급업체 조직만이 구매 주문 모델에 관여한다. 대부분의 시스템은 정보를 "나"의 관점에서 설계한다. 이 관점은 모델이 판매 주문을 접수하거나 구매 주문을 하는 관계자를 나타내지 않아도 된다고 명시한다. 그것은 분명히 우리(시스템을 구축하는 기업)를 의미한다. 이 관점의 문제점은 기업 내에 판매 주문을 하거나 구매 주문을 할 수 있는 여러 내부 조직이 있을 수 있으며, 이 정보는 각 주문에 대해 저장할 필요가 있다는 것이다. 조직이 소기업인 경우에도 판매 주문을 하는 중개업자가 있거나, 나중에 조직이 자회사, 부서 또는 기타 관련 내부 조직을 포함하도록 성장할 수 있다.

실제로 주문에 참여할 수 있는 많은 관계자가 있고, 많은 역할에 참여될 수 있는 관계자가 있다. 주문 고객, 배송 고객, 청구지 고객, 설치 고객, 주문을 받는 사람, 주문을 예약하는 조직 및 구매 주문에 대한 유사한 역할이 있을 수 있다.

또한 판매 및 구매 주문과 관련된 많은 연락 매체가 있다. 주문은 어디에 청구해야 하는가? 주문은 어디에 배송해야 하는가? 어떤 연락 매체에서 주문이 생성됐는가? 예를 들어, 특정 전자 메일이나 전화번호로부터 생성됐는가? 주문을 받은 위치 또는 연락 매체는 무엇인가? 주문에 대한 이러한 다양한 연락 매체를 관리하는 모델이 필요하다.

다음 주문 모델은 이와 같은 문제를 해결하고, 구매 및 판매 주문 정보를 관리하는 보다 유연한 구조를 제공한다.

주문과 주문 품목

그림 4.2의 데이터 모델은 이전 절의 데이터 모델보다 더 유연하고, 모듈과 같으며, 유지 보수하기 쉽다. 이는 이 책의 나머지 부분을 통해서 구축될 모델이다. 이 모델은 이전 절의 모델보다 더 넓은 관점을 나타내며, 상황에 따라 주문이 여러 역할을 수행할 수 있는 관계자와 연관돼 있는 더 안정적이고 객체 지향적인 접근 방식을 사용한다. 이 모델은 또한 연락 매체 정보, 조정, 상태, 조건 및 주문 품목 연계를 관리하기 위한 유연한 주문 데이터 구조를 제공한다.

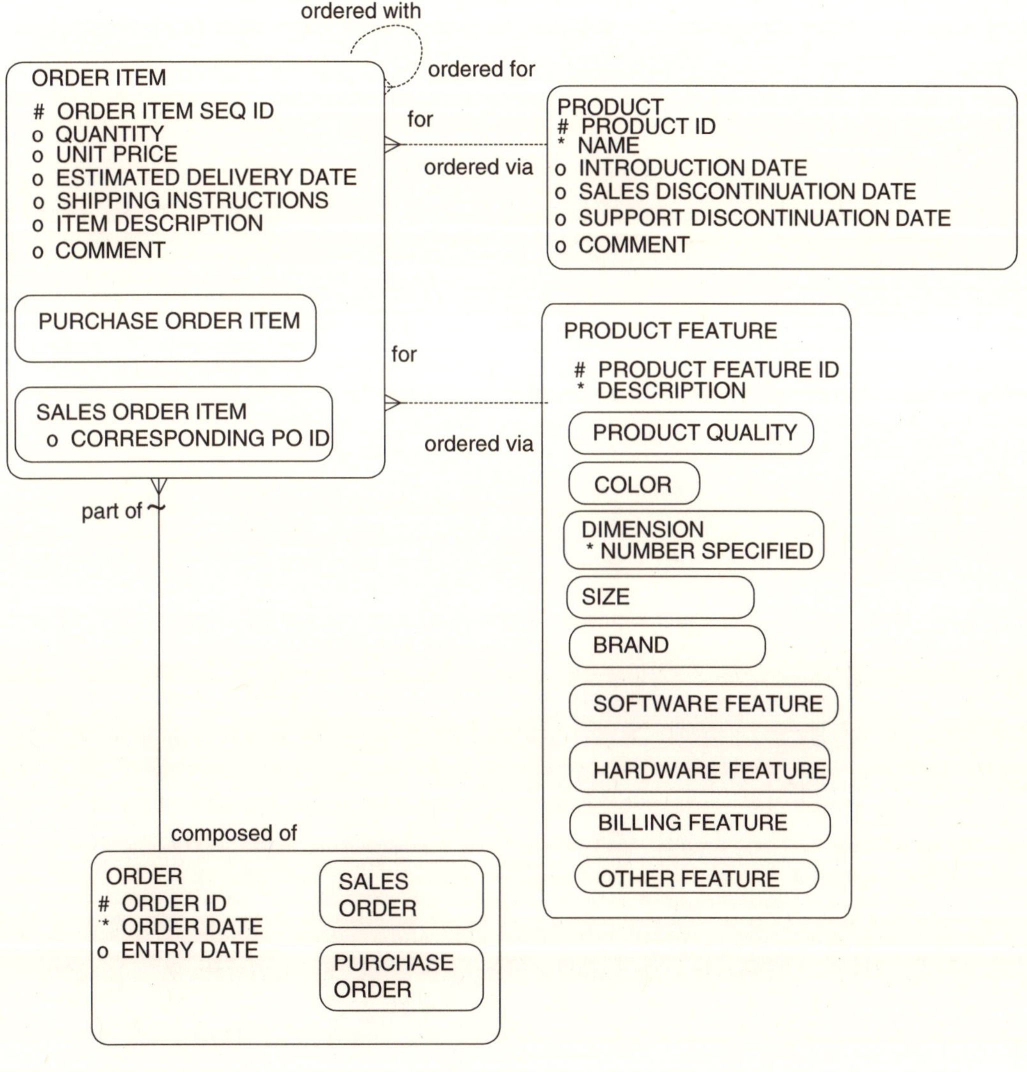

그림 4.2 주문과 주문 품목

그림 4.2는 ORDER(주문) 엔터티가 판매 주문과 구매 주문 모두를 다루기 위해 SALES ORDER(판매주문)와 PURCHASE ORDER(구매주문)로 세분화됐음을 보여준다. 주문은 주문할 상품을 지정하는 ORDER ITEM(주문품목)으로 구성돼 있으므로 PRODUCT(상품)와 관계가 있다. ORDER ITEM(주문품목)은 또한 구매 주문 품목 또는 판매 주문 품목에 대한 ORDER ITEM(주문품목) 정보를 수용하기 위해 PURCHASE ORDER ITEM(구매주문품목) 및 SALES ORDER ITEM(판매주문품목)으로 분류된다. 각 ORDER ITEM(주문품목)은 하나의 PRODUCT(상품)만을 위한 것이거나 하나의 PRODUCT FEATURE(상품특성)만을 위한 것일 수 있다. PRODUCT FEATURE(상품특성)는 주문에 포함될 수 있는 특정 색상, 크기, 소프트웨어 특성 또는 기타 제품 변형과 같으며, ORDER ITEM(주문품목)을 통해 주문될 수 있다. 이러한 특성은 상품을 위한 ORDER ITEM(주문품목)으로부터 상품 특성을 위한 ORDER ITEM(주문품목)으로의 재귀 관계를 통해 지정될 수 있다.

ORDER(주문)의 속성인 order date(주문일자)는 기업이 주문을 하거나 받은 날짜를 나타낸다. Entry date(입력일자) 속성은 주문이 기업 시스템에 입력된 날짜다. ORDER(주문) 엔터티는 판매 주문 또는 구매 주문과 연관된 특정 속성 또는 관계를 수용하기 위해 SALES ORDER(판매주문) 및 PURCHASE ORDER(구매주문) 엔터티로 세분화된다.

ORDER ITEM(주문품목)은 특정 제품이나 서비스의 주문을 나타낸다. 따라서 각 ORDER ITEM(주문품목)은 하나의 상품만으로 정의된다. ORDER ITEM(주문품목)에는 quantity(수량) 속성이 있다. 제품의 경우 주문한 제품 수를 나타낸다. 서비스의 경우 청구되는 시간, 일수 또는 다른 측정량을 나타낸다. 이 수량에 대한 측정 단위는 상품과 연관된 측정 단위에 의해 결정된다(3장 그림 3.4 참조). Unit price(단가) 속성은 품목에 대한 요금이나 서비스 요금을 저장한다. Estimated delivery date(배송예정일자) 속성은 제품이 고객에게 배송될 것으로 예상되는 날짜 또는 고객에게 시행할 것으로 예상되는 서비스 이행일을 나타낸다. Shipping instructions(운송지침) 속성은 "외부에 두지 마시오", "조심해서 다루어야 한다" 또는 "배달할 때 고객이 서명해야 한다"와 같이 상품을 목적지로 운송하기 위한 지침을 저장한다. Comment(주석) 속성은 주문 품목에 대한 추가 설명을 나타낸다. Item description(품목설명) 속성은 PRODUCT(상품) 또는 PRODUCT FEATURE(상품특성) 엔터티 내에 관리되지 않으며, 비표준 품목에 대한 설명을 저장하는 방법을 제공한다.

이 item description(품목설명) 속성은 공정을 수행하거나 전문가에게 서비스를 신청하는 것처럼 특정 상품이 아닌 주문에 대해서 설명할 수도 있다. 6장 그림 6.3에서 주문 품목은 하나 이상의 WORK EFFORT(작업활동)와 연관될 수 있다는 것을 보여준다.

3장의 데이터 모델은 각 상품의 가격은 PRICE COMPONENT(가격구성요소)에 저장될 수 있고, 특정 유형의 상품에 대한 지리적 위치, 수량 구간이나 관계자 유형, 중요한 판촉활동에 근거할 수 있다는 것을 보여준다. 왜 unit price(단가)는 파생 속성이 아닌가? Unit price(단가) 속성은 책정 가격을 주문의 협상 가격으로 사용자가 재정의할 수 있도록 하므로 중요하다. 기본 및 할인, 할증 상품 가격 구성 요소는 모두 특정 상품과 연관된 주문 품목으로 나타날 수 있다.

대부분의 모델이 "주문 품목"이 있는 주문을 보여준다. 그러나 이 모델이 "주문 품목"이라고 부르지 않는 이유는 이 용어가 주문 양식의 물리적인 줄을 내포하고 있기 때문이다. 주문 양식의 물리적인 줄은 종종 주문된 품목 말고도 다른 많은 것을 포함한다. 예를 들어, 주문에 대하여 기록 조정, 세금, 예상 운임, 설명, 기타 세부 설명이 있을 수 있다. 주문 양식에 있는 문서화된 각 줄을 정보화하는 것으로 엔터티를 묘사하는 대신, ORDER ITEM(주문품목) 엔터티는 주문에 대한 주요 정보 요구사항, 즉 주문된 품목이나 상품을 나타낸다.

표 4.3 판매 및 구매 주문

ORDER ID	ORDER SUBTYPE	ORDER DATE	ORDER ITEM SEQ ID	PRODUCT	QUANTITY	UNIT PRICE
12560	Sales order	June 8, 2001	1	Johnson fine grade 8½ by 11 bond paper	10	$8.00
			2	Goldstein Elite pen	4	$12.00
			3	Jerry's box of 3½-inch diskettes	6	$7.00
23000	Sales Order	Sept 5, 2001	1	George's Elite pen	10	$11.00
A2395	Purchase order	July 9, 2001	1	Hourly office cleaning service	12	$15.00
			2	Basic cleaning supplies kit	1	$10.00

표 4.3에서는 ORDER ITEM(주문품목) 엔터티를 보여준다. 표 4.2에 있는 표준 주문 품목과 이 엔터티의 주된 차이점은 판매와 구매 주문 품목 모두 이 엔터티에 포함된다는 점이다. 구매 주문에는 서비스["시간별 사무실 청소 서비스(hourly office cleaning service)"]와 제품["기본 청소 용품 세트(basic cleaning supplies kit)"]에 대한 것 두 개가 있다. 하나의 주문에 서비스와 제품이 모두 포함될 수 있다는 것이 주문이 서비스와 제품 주문으로 서브타입화 되지 않은 한 가지 이유다.

ORDER ITEM(주문품목)은 주문을 사용자가 정의할 수 있도록 특정 상품 특성으로 선택될 수 있다. 사업에서 맞춤형 상품의 필요성이 커짐에 따라 이것은 점점 더 보편화되고 있다. 표 4.4는 판매 주문 "12560" 또는 구매 주문 "A2395"에 해당되는 상품 특성의 예를 보여준다. 필수가 아닌 특성이나 선택할 수 있는 특성만 표준으로 보여주며, 필수 특성은 상품 모델을 통해 추출할 수 있다. 색상 특성에 대해 "회색(gray)"을 선택하는 기능은 해당 상품에서 선택할 수 있는 기능이며, "특수 광택 용지(extra glossy paper)"는 옵션이며 요금이 부과되는 상품 품질 특성이다. "Johnson fine grade 8 by by 11 bond paper" 품목처럼 하나 이상의 특성이 주문 품목에 저장될 수 있다. 이러한 각 특성은 주문의 첫 번째 품목인 Johnson 용지와 관련이 있다. 구매 주문에는 금액을 자동으로 신용 카드로 부과하는 청구 특성과 같은 선택된 특성을 저장할 수도 있다.

표 4.4 판매 및 판매 주문

ORDER ID	ORDER SUBTYPE	ORDER ITEM SEQ ID	PRODUCT	ORDER ITEM FEATURE SELECTED	FEATURE PRICE	ORDERED FOR (RECURSIVE RELATIONSHIP)
12560	Sales order	1	Johnson fine grade 8½ by 11 bond paper			
		2		Color—gray		Order 12560, Item Seq ID 1
		3		Product quality, Extra glossy finish	$2.00	Order 12560, Item Seq ID 1
		4	Goldstein Elite pen	Color—blue		
		5	Jerry's box of 3½-inch diskettes			
A2395	Purchase order	1	Hourly office cleaning service	Billing feature, automatically charged to credit card		
		2	Basic cleaning supplies kit			

데이터 모델 리소스 북

주문된 상품의 특성을 설계할 수 있는 방법은 두 가지가 있다. 주문된 특성은 특성과 관련된 ORDER ITEM(주문품목)으로부터 상품과 관련된 ORDER ITEM(주문품목)으로의 재귀 관계로 설계될 수 있다. 또는 동일한 주문 품목에 저장된 관련 상품과 함께 두 개의 주문된 특성에 대한 관계를 관리함으로써 설계될 수 있다. 후자의 접근 방식에 대한 하나의 문제는 동일한 상품이 두 개의 서로 다른 주문 품목에 대해 주문될 수 있으며, 각 상품에는 관련된 다른 특성 집합을 가질 수 있다는 것이다. 이러한 이유 때문에 특성을 지정한 주문 품목을 주문된 상품에 대한 다른 주문 품목에 연관시키는 재귀 관계가 사용된다.

주문 관계자 및 연락 매체

이전에 말했듯이, 여러 관계자가 주문과 연관된다. 이 장의 처음에 있는 표준 주문 모델은 판매 주문에 대해서는 고객이 있고, 구매 주문에 대해서는 공급업체가 있는 단순한 모델이다. 고객은 누구인가? 주문을 한 관계자인가? 관계자가 배송을 받는가? 관계자가 주문에 대해 지불하는가? 설치해야 하는 위치에 있는 관계자인가? 상품을 사용하는 관계자인가? 주문에 대한 역할이 다르게 명명될 수 있지만, 구매 주문과 관련하여 위와 동일한 질문이 발생한다.

이러한 각각의 사실이 중요할 수 있다. 따라서 주문과 관련된 이런 역할 각각을 저장하는 것은 필수적이다. 주문과 관련된 주요 관계자는 다음과 같다.

■ 주문한 관계자

■ 주문 받은 관계자

■ 상품을 받을 관계자

■ 주문에 대해 지불할 관계자

■ 상품을 설치하거나 설정해야 할 관계자

■ 주문을 받은 사람, 주문의 품질을 보증하는 사람, 주문을 관리하는 사람 등과 같은 주문과 관련된 여러 가지 역할을 수행한 사람들

그림 4.3은 이러한 주문 역할에 대한 데이터 모델과 판매 주문에 대한 연락 매체를 보여준다. 다음 절에서는 구매 주문(그림 4.4)에 대한 비슷한 데이터 모델을 다루고, 판매 주문 또는 구매 주문을 처리할 수 있는 모델을 제시한다(그림 4.5).

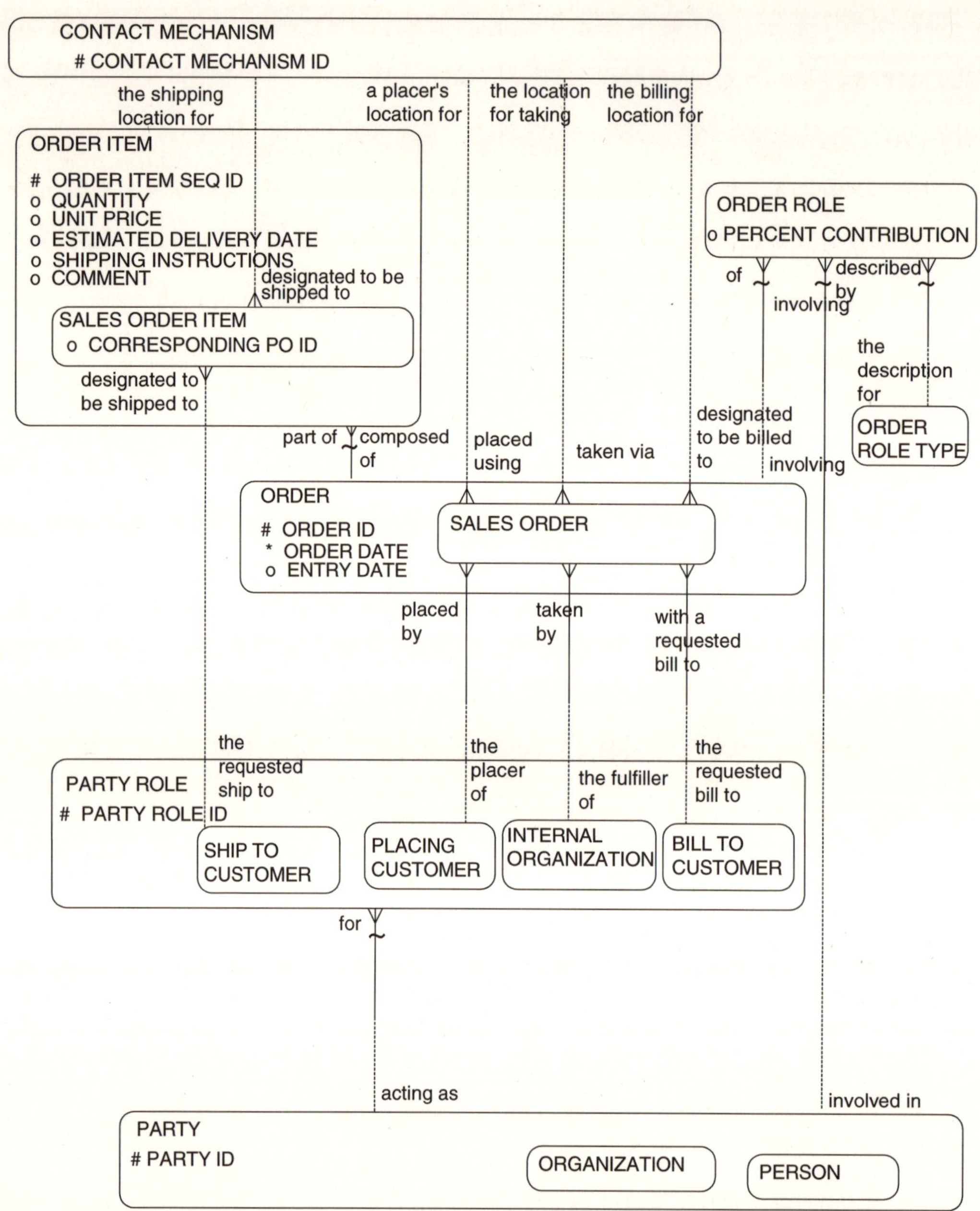

그림 4.3 판매 주문 관계자와 연락 매체

판매 주문 관계자 및 연락 매체

그림 4.3은 판매 주문과 관련된 역할 및 연락 매체를 보여주는 구체적인 데이터 모델을 나타낸다.

각 SALES ORDER(판매주문)와 SALES ORDER ITEM(판매주문품목)은 연관된 여러 CONTACT

MECHANISM(연락매체)뿐만 아니라 많은 PARTY ROLE(관계자역할) 서브타입을 가질 수 있다. SALES ORDER(판매주문)는 PLACING CUSTOMER(주문고객)에 의해서 주문될 수 있고, 내부 조직 담당자(INTERNAL ORGANIZATION CONTACT)에 의해서 연락될 수 있고, 청구 고객(BILL TO CUSTOMER)에게 청구될 수 있다. 이는 대부분의 표준 판매 주문의 업무 규칙을 명확하게 나타낸다.

SALES ORDER(판매주문)는 주소나 전화번호일 수 있는 연락 매체를 사용하여 주문되며, 이 번호는 주문 확인을 위해 사용될 수도 있다(또는 다른 확인 번호를 추가할 수 있음). ORDER(주문)는 상세 우편주소 또는 이메일 주소일 수 있는 특정 CONTACT MECHANISM(연락매체)에 청구를 지정할 수 있다. 주문은 또한 주문을 처리한 전화번호 또는 이메일 주소를 생성하는 데 도움이 되는 CONTACT MECHANISM(연락매체)을 통해 이루어진다.

ORDER ITEM(주문품목)은 SHIP TO CUSTOMER(배송고객)로 배송되도록 지정할 수 있으며, 우편주소 또는 이메일 주소인 특정 CONTACT MECHANISM(연락매체)으로 배송되도록 지정할 수 있다. TO CUSTOMER(배송고객)는 SALES ORDER(판매주문) 엔터티와 연관이 없지만, 다른 판매 주문 품목이 다른 관계자에게 지정될 수 있기 때문에 SALES ORDER ITEM(판매주문품목) 엔터티와는 연관이 있다. CONTACT MECHANISM(연락매체)으로 배송되도록 지정하는 것은 같은 ORDER(주문) 내에서도 ORDER ITEM(주문품목)별로 다를 수 있다. 예를 들어, 고객은 한 품목은 특정 주소로 배달하고 다른 품목은 다른 주소로 배달되도록 주문할 수 있다.

설치가 필요한 경우 설치 주소를 저장하기 위해 다른 관계를 추가하는 것을 고려할 수 있다. 설치 주소는 배송 주소와 다를 수 있다. 이 경우 모델러는 관계를 추가할 수 있다. SALES ORDER ITEM(판매주문품목)은 INSTALLATION CUSTOMER(설치고객)에게 설치되도록 지정할 수 있으며 우편주소인 CONTACT MECHANISM(연락매체)에 설치되도록 지정할 수 있다.

ORDER(주문)로부터 PARTY(관계자)나 CONTACT MECHANISM(연락매체)으로의 관계가 독립적인 관계인가? 아니면 ORDER(주문)가 이들 모두를 제공하는 PARTY CONTACT MECHANISM(관계자연락매체)과 연관돼야 하는가? 예를 들어, PARTY ROLE(관계자역할)에 의한 주문과 CONTACT MECHANISM(연락매체)을 사용한 주문을 보여주기 위해 별개의 두 관계를 가지는 대신, 그들의 연관된 연락 매체에 주문을 한 관계자를 저장하는 PARTY CONTACT MECHANISM(관계자연락매체)과 판매 주문을 연결해야 하는가? 후자처럼 하는 것에 대한 문제는 연관되지 않고 독립된 하나의 관계를 가질 수 있다는 것이다. 기업은 관계자가 누구인지는 알지만 연락 매체는 알지 못할 수도 있다. 인터넷 기반 주문과 같은 일부 경우에 기업은 연락 매체를 알고 해당 관계자가 누구인지 모를 수 있다. 따라서 이들은 주문의 독립적인 요소로 설계된다.

PARTY CONTACT MECHANISM(관계자연락매체)은 연락 목적으로 취하는 관계자와 연관된 주소, 전화번호, 팩스번호 및 다른 연락 매체를 나타낸다. 이 모델에서 CONTACT MECHANISM(연락매체)과의 관계는 주문에 사용되는 특정 연락처 정보를 나타내며, PARTY CONTACT MECHANISM(관계자연락매체)에 있는 주 연락처에 속하거나 속하지 않을 수도 있다. 예를 들어 고객은 해당 주문에만 사용되는 연락 매체를 명시하고 싶을 수 있다.

주문 관계자 및 관련 연락매체

시스템이 구축된 조직의 업무 요구사항에 따라 개인이나 조직이 주문할 수 있다. 우편 주문 카탈로그 업무에서 주문은 일반적으로 개인에 의해서 이루어진다. 제조 회사에서는 대개 조직에 의해서 주문이 이루어진다. 주문은 또한 대리인이나 관계자의 중개인이 할 수도 있다. PARTY RELATIONSHIP(관계자관계) 엔터티에서는 유효한 중개업자 관계가 존재하는지를 확인하는 것과 같이 특정 유형의 관계자가 기업에 주문하는 것이 허용되는지를 알 수 있다.

SALES ORDER(판매주문)는 주문 확인이나 후속 조치 정보를 관리하기 위해 연락매체와 연관돼 있다. 이 정보는 관계자의 모든 기본 연락 정보를 저장하는 PARTY CONTACT MECHANISM(관계자연락매체)에 저장된 관계자의 연락처 정보와 다를 수도 있고 같을 수도 있다. PARTY CONTACT MECHANISM(관계자연락매체) 정보는 새로운 연락 매체가 주문에 사용되는지를 알리는 기능을 할 수 있다. 관계자는 원치 않는 주문 확인 목적을 위해서 주문에 사용한 연락 매체를 그들의 연락 정보에 지정하도록 선택할 수 있다. 이 예는 오직 주문 목적만을 위한 일시적인 주소일 수 있어, 지속적인 연락 목적으로 사용되지 않는다.

주문 접수 관계자 및 관련된 연락 매체

판매 주문에 대해 기업이 접수를 받든 구매 주문에 대해 공급업체가 주문을 받든 주문은 항상 관계자에 의해서 접수된다. 그림 4.3은 ORDER(주문)가 PARTY ROLE(관계자역할) 또는 INTERNAL ORGANIZATION(내부조직)에 의해 취해지고, 특정 CONTACT MECHANISM(연락매체)을 통해 취해질 수 있음을 보여준다. 주문은 특정 자회사, 사업부 또는 부서에 의해 취해질 수 있다. 특정 상점에서 주문을 받거나 본사에서 주문할 수 있다. 주문은 인터넷(World Wide Web)을 통해 받을 수도 있다. 따라서 주문은 URL이라는 연락 매체와 연관되고, 주문을 받은 내부 조직도 저장된다.

배송 관계자 및 연락 매체

특정 상황에서 주문은 한 관계자에 의해 이루어지며, 다른 관계자에게 배송된다. 다른 사람에게 배송되도록 선물을 주문하는 것이 가능하다. 조직에서 권한이 있는 대행자가 고객 주소로 배달되도록 주문하는 것도 가능하다.

그림 4.3은 각 ORDER ITEM(주문품목)에 청구서를 보낼 BILL TO CUSTOMER(청구고객)이 지정되었으며, 발송할 수 있는 단 하나의 CONTACT MECHANISM(연락매체)이 지정되었음을 보여준다. 물리적 품목에는 항상 품목이 배송되어야 하는 목적지가 필요하다. 서비스 주문 또한 일반적으로 특정 위치로 전달된다. 하나의 주문에는 여러 목적지가 있을 수 있기 때문에 배송은 품목별로 지정된다. 예를 들어 대형 백화점 체인점은 5개의 지역 상점에 1,000개씩를 배달하라는 지시와 함께 5,000개의 콜라를 주문할 수 있다. 이 모델을 사용하면 1,000개의 5개 품목을 저장한 다음 각 품목마다 다른 배달 주소를 지정할 수 있다. 이 관계가 ORDER(주문) 엔터티에 대한 것이면, 5개의 다른 주문을 저장해야 하는데, 이는 중복 정보를 저장하는 결과를 가져올 수 있고 데이터 입력 중 오류를 허용할 여지가 있다.

예정 배송과 같이 배송 정보가 SHIPMENT(배송) 모델의 일부로 명시돼야 하는 것처럼 보이지만, 그렇지 않은 이유가 있다. 다음 장에서 볼 수 있듯이, SHIPMENT(배송)는 많은 주문의 주문 품목으로 구성될 수 있다. 즉, 여러 주문의 여러 품목을 동일한 위치로 보내야 하는 경우 이러한 주문을 하나의 배송으로 통합할 수 있다. 따라서 주문에 요청된 배송 정보를 저장하는 것이 중요하다. 이는 배송 방법에 영향을 줄 수 있다. 다시 말해, 관계자에게 배송되도록 지정된 정보는 어떤 주문이 함께 결합될지 아직 결정되지 않았기 때문에 SHIPMENT(배송)에 명시할 수 없다.

배송 위치가 중요하지 않은 경우가 있기 때문에 이 관계는 선택 관계다. 예를 들어, 기업을 위한 청소 서비스를 제공하기 위한 주문이 전체 기업에 제공될 수 있으므로 작업에 대한 단일 배송 주소가 없기 때문에 배송되기로 지정된 관계가 필요 없을 수 있다.

표 4.5 주문 역할

ORDER ID	PLACING CUSTOMER AND CONTACT MECHANISM	TAKEN BY INTERNAL ORGANIZATION AND CONTACT MECHANISM	BILL TO CUSTOMER AND CONTACT MECHANISM	ORDER ITEM SEQ	SHIP TO CUSTOMER AND CONTACT MECHANISM
12560	ACME Company 234 Stretch Street	ABC Subsidiary 100 Main Street	ACME Company 234 Stretch Street	1	ACME Company 2300 Drident Avenue
				2	ACME Company 2300 Drident Avenue
				3	ACME Company 234 Stretch Street
23000	Jones Corporation 900 Washington Blvd	ABC Subsidiary supplies@ABC.com	Smith Corporation 900 Washington Blvd	1	Jones Corporation 2300 Drident Avenue
24830	Bford@person.com	ABC Subsidiary supplies@ABC.com	Bob Ford 2930 Briarwood Avenue	1	Bob Ford 2930 Briarwood Avenue
A2395	ABC Subsidiary 100 Main Street	Ace Cleaning Service 3590 Cottage Avenue	ABC Corporation 100 Main Street	1	ABC Retail Store 2345 Johnson Blvd
				2	ABC Retail Store 2345 Johnson Blvd

배송은 주문이 생성된 후 SHIPMENT(배송)가 결정될 때 정해질 가능성이 높기 때문에 이 장에서 다루지 않는다. 이 관계는 배송을 다루는 5장 데이터 모델에 포함되어 있다.

청구 관계자 및 연락 매체

주문은 주문에 대한 결제 위치(일반적으로 송장이 발송되는 곳)로 사용되는 연락 매체뿐만 아니라 주문 지불에 대한 관계자의 책임을 명시할 필요가 있다. 청구서가 있는 SALES ORDER(판매주문)와 BILL TO CUSTOMER(청구고객)의 관계는 송장에 대한 지불 책임자를 나타낸다. 청구 대상으로 지정된 SALES ORDER(판매주문)와 CONTACT MECHANISM(연락매체)의 관계는 청구서를 보낼 곳과 지불을 위한 후속 조치를 하는 곳을 나타낸다.

표 4.5는 주문 및 연관 관계자 주소 또는 연락 매체의 예를 제공한다. Order id(주문번호)가 "12560"이고 order item seq id(주문품목SEQID)가 "3"인 주문은 다른 품목과 다른 배송 정보를 가지고 있으며, 배송은 주문 품목 수준으로 결정된다는 것을 나타낸다. Order id(주문번호) "23000"은 지불 고객과 배송 고객이 다르고 연락 정보가 다르다. 더욱이 이는 인터넷 기반 주문이었고, 웹 연락 매체인 URL을 통해 이루어졌다. Order id(주문번호) "24830"은 이메일 주소에 의해 주문됐다.

주문에 대한 개인 역할

이전에 언급된 주요 주문 관계에 더하여, 많은 다른 관계자가 주문 과정에 참여할 수 있다. 예를 들면 주문을 하는 사람, 주문을 처리하는 사람, 주문을 승인하는 사람, 설치를 담당할 관계자 및 주문을 이행할 책임이 있는 관계자가 포함된다. 따라서 주문할 때 여러 관계자가 여러 가지 역할을 수행할 수 있다. 그림 4.3은 주문 시 관계자가 수행하는 다른 역할을 관리하는 데이터 모델 구조를 나타낸다.

각 ORDER(주문)는 ORDER ROLE TYPE(주문역할유형)에 의해 묘사되는 하나 이상의 ORDER ROLE(주문역할)을 포함할 수 있다. 각 ORDER ROLE(주문역할)은 단 하나의 PARTY(관계자)만 포함해야 한다. 이러한 역할이 사람을 포함하는 경우가 많은 반면, 조직은 이러한 역할 중 일부, 예를 들면 주문 이행을 담당하는 서비스 팀으로서의 역할을 수행할 수 있다.

ORDER ID	PERSON	ROLE	PERCENT CONTRIBUTION
12560	John Jones	Salesperson	50
12560	Nancy Barker	Salesperson	50
12560	Frank Parks	Processor	
12560	Joe Williams	Reviewer	
12560	John Smith	Authorizer	

표 4.6은 관계자가 순서대로 수행할 수 있는 다양한 역할에 대한 예제를 제공한다. 주문 "23000"에서, 존 존스(John Jones)와 낸시 바커(Nancy Barker)는 판매에 종사하는 판매원 (salespeople)이다. 둘 모두 동등하게 참여하기 때문에 percent contribution(기여도) 속성은 판매에 대해 50%를 보장한다는 사실을 나타낸다. 이 정보는 커미션 시스템에서 사용될 수 있다. 프랭크 팍스(Frank Parks)는 주문 처리(processor), 즉 시스템에 데이터를 입력하는 일을 담당한다. 조 윌리엄스(Joe Williams)는 주문 정보를 검토(reviewer)할 책임이 있는 관계자이다. 주문은 존 스미스(John Smith)에 의해서 유효한 약정으로 승인(authorizer)될 필요가 있다. 역할이 이러한 기능을 수행할 책임자를 지정하므로 기능이 아직 수행되지 않은 경우에도 관계자는 여전히 역할을 수행할 수 있다.

설명된 역할은 가능한 역할의 예제일 뿐이며, 관계자는 주문 시 다른 많은 역할을 수행할 수 있다. 예를 들어, 상품이 설치되거나 설정돼야 하는 경우에는 설치 담당자가 필요하다. 이러한 관계는 장소뿐만 아니라 주문의 설정 및 설치를 조정하기 위해 고객에게 책임을 지는 담당자를 식별한다. 예를 들어, 고객이 개인용 컴퓨터를 주문한 경우 최종 사용자 또는 고객 PC 지원 담당자가 설치 담당자일 수 있으며, 그 사람의 주소 또는 전화번호를 제공할 수 있다. 이 모델은 필요하다면 많은 관계자와 연락 매체를 저장하기 위해 CONTACT MECHANISM(연락매체)뿐만 아니라 PARTY(관계자)의 다대다(M:M) 관계가 허용되도록 확장할 수 있다.

구매 주문 관계자 및 연락 매체

앞에서 설명한 것처럼 구매 주문에 포함된 데이터는 판매 주문의 데이터와 매우 비슷하다. 왜냐하면 두 가지 모두 관점만 다를 뿐 동일한 유형의 트랜잭션을 나타내기 때문이다.

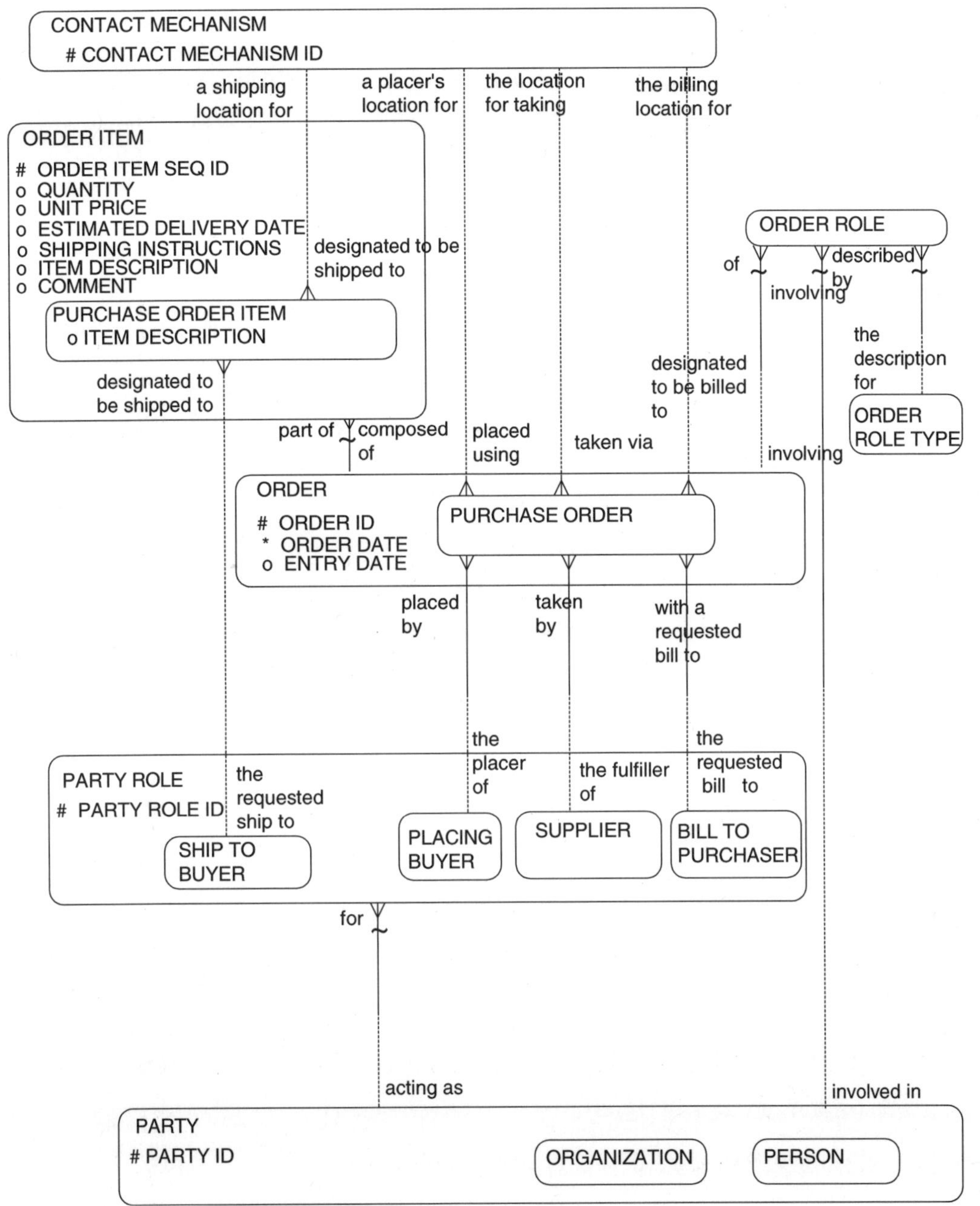

그림 4.4 구매 주문 관계자와 연락 매체

그림 4.4는 구매 주문 역할과 연락 매체가 있는 데이터 모델을 나타낸다. 당연히 데이터 구조는 이전 모델과 매우 유사하다. 관계자가 구매 또는 판매 측에 있는지와 무관하게 판매 주문이나 구매 주문은 관계자 사이의 약속을 나타내기 때문에 각 관계자는 주문의 세부 사항을 추적할 필요가 있다. 유일한 차이점은 관련된 역할의 이름이다. 예를 들어, 판매 주문을 받는 INTERNAL

ORGANIZATION(내부조직) 대신 SUPPLIER(공급업체)가 구매 주문을 받는 관계자다. 내부 조직이나 기업의 에이전트일 수 있는 주문 관계자를 설명하기 위해 PLACING CUSTOMER(주문고객) 대신 PLACING BUYER(주문구매자)가 보인다. BILL TO CUSTOMER(청구고객) 대신 BILL TO PURCHASER(청구구매자) 역할이 사용되고, SHIP TO CUSTOMER(배송고객) 대신 SHIP TO BUYER(배송구매자)가 주문이 배송되는 관계자를 관리한다.

표 4.7 구매 주문 역할

ORDER ID	PLACING PARTY AND CONTACT MECHANISM	SUPPLIER AND CONTACT MECHANISM	BILL TO PURCHASER AND CONTACT MECHANISM	ORDER ITEM SEQ	SHIP-TO BUYER AND CONTACT MECHANISM
A2395	ABC Subsidiary 100 Main Street	Ace Cleaning Service 3590 Cottage Avenue	ABC Corporation 100 Main Street	1	ABC Retail Store 2345 Johnson Blvd
				2	ABC Retail Store 2345 Johnson Blvd

표 4.7은 구매 주문 "A2395"와 관련된 역할의 예를 나타낸다. 이러한 역할 외에도 판매 주문 모델과 마찬가지로 구매 주문과 관련된 사람들을 위한 추가 ORDER ROLE(주문역할)이 있다.

일반 주문 역할과 연락 매체

시스템 설계를 단순화할 수 있는 유사한 데이터 구조를 이용하기 위해 판매 주문 모델과 구매 주문 모델이 결합돼야 하는가? 데이터 모델이 주문에서 특정 관계자 역할 엔터티(SHIP TO CUSTOMER, BILL TO CUSTOMER 등)로의 관계를 보여줘야 하거나, 모델을 탄력적으로 유지하고, 주문을 ORDER ROLE TYPE(주문역할유형)의 여러 ORDER ROLE(주문역할)과 연관시켜서 시간이 지남에 따라 데이터베이스를 쉽게 변경되도록 해야 하는가? 모델이 쉽게 변경될 수 있는 유연한 역할 유형뿐만 아니라 주문 역할 엔터티와의 특정 관계를 보여줘야 하는가?

이것은 주문에만 국한된 문제가 아니다. 모든 트랜잭션 유형 엔터티에는 연관된 많은 관계자가 있다. 이는 ROLE TYPE(역할유형)의 트랜잭션 역할(ORDER ROLE, SHIPMENT ROLE, INVOICE ROLE)과의 관계를 보여줌으로써 더 일반적으로 설계되고, PARTY(관계자)와 연관될 수 있다. 또는 특정 PARTY ROLE(관계자역할) 서브타입이 트랜잭션과 관련될 수 있다. 예를 들어, 주문은 BILL TO CUSTOMER(청구고객), SHIP TO CUSTOMER(배송고객) 등의 관계자 역할과 관련될 수 있다

청구 고객이나 배송 고객과 같은 관계자 역할과 특정 관계를 표현하는 것의 장점은 업무 규칙을 표현하고 적용할 수 있다는 것이다. 예를 들어, 주문과 연관된 청구 고객은 하나 밖에 없다는 업무 규칙이 있을 수 있다. 또는 기업에서 둘 이상의 청구 고객을 허용할 수 있고, 이걸 표현할 수도 있다. 요점은 기업의 업무 규칙이 데이터 모델에 명확하게 명시되어 있다는 것이다.

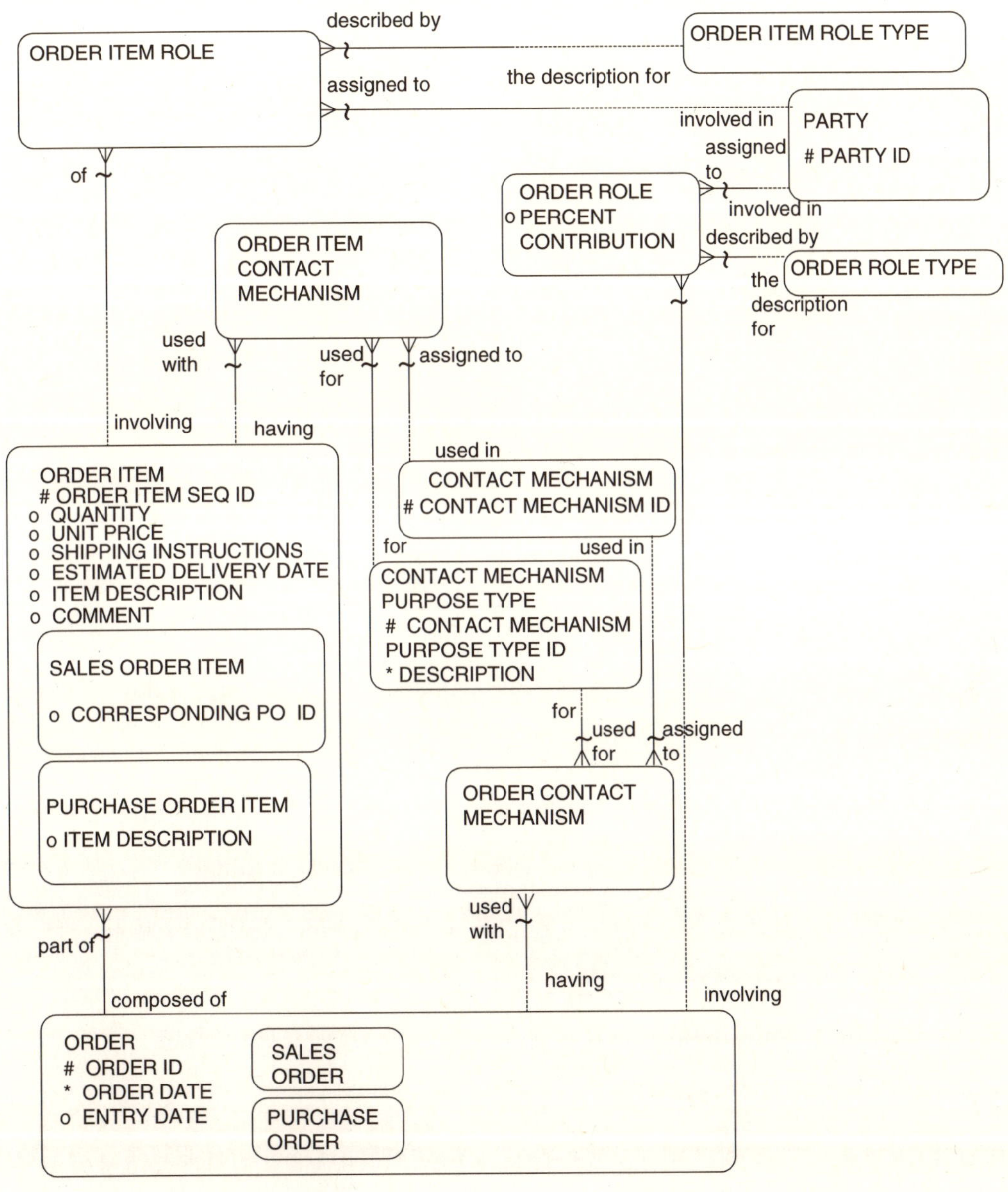

그림 4.5 일반 주문 역할과 연락 매체

특정 관계를 보여주는 또 다른 이점은 모델이 덜 추상적이고 읽기 쉽다는 것이다. 주문이 ROLE TYPE(역할유형)의 많은 ORDER ROLE(주문역할)과 관련이 있다는 것보다 BILL TO CUSTOMER(청구고객)와 관련이 있다는 것을 이해하는 게 더 쉽다. ROLE TYPE(역할유형)의 인스턴스 중 하나는 "bill-to customer(청구고객)"이다.

하나 이상의 ROLE(역할)과 연관된 트랜잭션(즉, ORDER, SHIPMENT, INVOICE)을 사용하여 데이터 모델을 개발하면 데이터 모델 및 데이터베이스 설계가 훨씬 유연하다는 장점이 있다. 업무 규칙은 시간이 지남에 따라 하나의 청구 고객에서 많은 청구 고객을 허용하는 것으로 바뀔 수 있다. 이 유연한 모델을 사용하면 기본 데이터 구조를 변경할 필요가 없다(일부 코드나 저장 프로시저의 변경은 필요할 수 있음). 이 구조는 기본 데이터 모델이나 데이터 구조를 변경하지 않고 역할을 추가할 수도 있다.

따라서 업무 규칙이 안정적이며, 시간이 지남에 따라 변경되지 않을 것으로 예상되면 보다 구체적인 데이터 모델링 방법을 사용하는 것이 좋다. 사람들은 흔히 데이터 구조가 변경될 필요가 없을 거라 생각하기 때문에 예외 없이 변한다는 것에 주의해야 한다.

그림 4.5는 각각의 ORDER(주문)가 하나 이상의 ORDER ROLE(주문역할)을 포함할 수 있음을 보여주며, ORDER ROLE(주문역할)은 PARTY(관계자)에 할당되고 ORDER ROLE TYPE(주문역할유형)에 의해 묘사된다. 이 구조는 ORDER ROLE TYPE(주문역할유형)에 가능한 역할을 저장한 다음 ORDER ROLE(주문역할)과 연결하여 판매 주문 또는 구매 주문에 대한 여러 가지 역할을 처리할 수 있다. 사용 가능한 ORDER ROLE TYPE(주문역할유형)에는 "가입관계자", "청구고객", "주문내부조직", "가입고객", "가입구매자", "공급업체", "청구구매자", "주문입력자" "주문영업사원" 및 "주문승인자"가 있다. 각 ORDER ITEM(주문품목)에는 ORDER ITEM ROLE TYPE(주문품목역할유형)의 ORDER ITEM ROLE(주문품목역할)을 가질 수 있는데, 여기에는 "배송구매자", "배송고객", "설치고객담당자" 및 "설치자"가 포함될 수 있다.

각 ORDER(주문)는 하나 이상의 ORDER CONTACT MECHANISM(주문연락매체)을 가질 수 있으며, 각 ORDER ITEM(주문품목)은 주소, 전화번호, 팩스, 이메일, 기타 연락 매체를 저장한 하나 이상의 ORDER ITEM CONTACT MECHANISM(주문품목연락매체)이 있어 주문에 대해 확인, 배송, 청구, 설치할 수 있다. CONTACT MECHANISM PURPOSE TYPE(연락매체목적유형)은 접촉 매체의 역할을 묘사하기 위해 "배송", "청구", "확인", "배치" 또는 "수령"과 같은 값을 관리한다.

CONTACT MECHANISM(연락매체) 엔터티는 주문과 함께 사용된 실제 주소, 전화번호, 팩스번호, 이메일 주소 또는 기타 연락 매체를 저장한다.

기업의 업무 규칙이 변경됨에 따라 조직은 추가 역할을 추적하길 원하거나 카디널러티 규칙에 대한 변화가 있을 수 있다. 이 일반 모델은 새로운 데이터 요구사항을 쉽게 처리할 수 있을 만큼 유연하다. 예를 들어, 새로운 주문 입력 프로세스는 주문을 확인하는 데 도움을 줄 수 있는 연락 매체를 최소한 두 개 가질 수 있다. 이 구조는 어떤 상황에서도 필요한 만큼 많은 연락 매체와 역할을 수용한다. 하나의 청구 고객만 허용하는 것과 같은 제한적인 업무 규칙은 데이터 구조 외부의 저장 프로시저나 공통 모듈에 수용될 수 있다. 예를 들어, 한 주문에 대해 하나 이상의 청구 관계자를 허용하도록 규칙이 바뀔 수 있으며, 이 모델은 이 요구사항을 쉽게 처리할 수 있다.

주문 조정

특정 상품이나 상품 특성의 주문을 반영하지 않는 주문의 다른 부분이 있다. 예를 들어, 할인, 할증료, 처리 수수료, 선적 및 취급 수수료가 포함된다. 이것들은 ORDER ITEM(주문품목)의 서브타입으로 간주되어야 하는가? 아니면 그들 자신의 엔터티로 간주돼서 ORDER ITEM(주문품목)과 연관돼야 하는가?

이러한 조정이 ORDER ITEM(주문품목)의 서브타입으로 그려지는 경우, 조정을 적절한 다른 ORDER ITEM(주문품목)과 연관시키기 위해 ORDER ITEM(주문품목) 사이에 재귀 관계가 존재해야 한다. 이 조정의 많은 부분이 ORDER(주문) 및 ORDER ITEM(주문품목)에 영향을 미칠 수 있기 때문에 이 데이터 모델은 다소 복잡하다. 조정은 정말 주문된 상품을 나타내는 ORDER ITEM(주문품목)과 비슷한 정도로 필요한 것인가? 이것을 살펴보는 또 다른 방법은 조정이 실제로 주문된 것을 나타내지 않기 때문에 주문된 품목이 ORDER ITEM(주문품목)이고 ORDER ADJUSTMENT(주문조정)는 별도의 엔터티라는 것이다.

이러한 이유로 ORDER ADJUSTMENT(주문조정)는 그림 4.6에서 별도의 엔터티로 표시된다. 서브타입은 DISCOUNT ADJUSTMENT(할인조정), SURCHARGE ADJUSTMENT(초과요금조정), SALES TAX(판매세), SHIPPING AND HANDLING CHARGES(운송처리비용), FEE(수수료), 그리고 MISCELLANEOUS CHARGE(기타요금)이다. DISCOUNT ADJUSTMENT(할인조정)와

SURCHARGE ADJUSTMENT(초과요금조정)는 전체 ORDER(주문)나 각 ORDER ITEM(주문품목) 하나에 대한 가격 조정을 저장하는 서브타입이다. 가격 조정은 금액 또는 비율 중 하나일 수 있다.

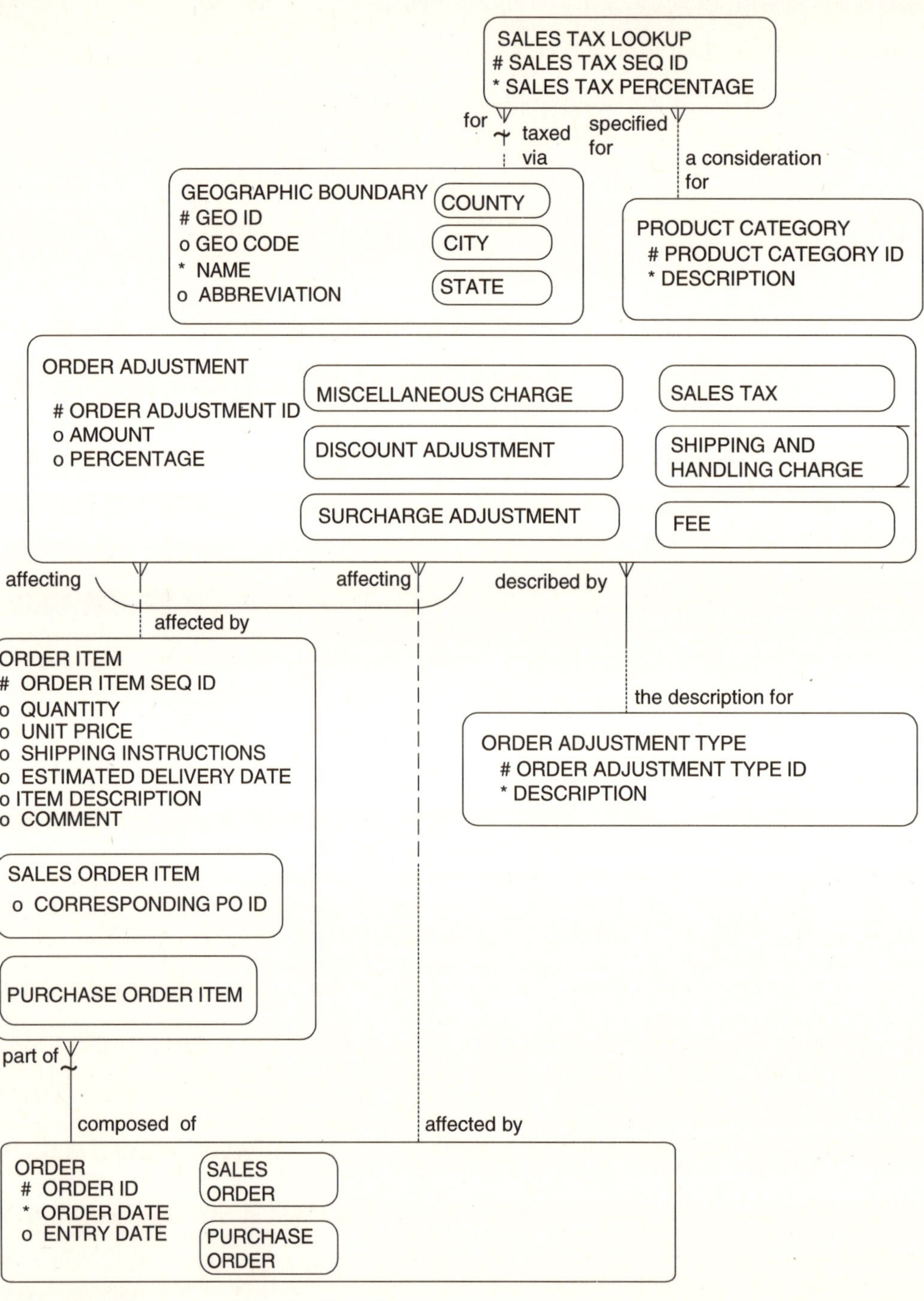

그림 4.6 주문 조정

표 4.8 주문과 주문품목 조정

ORDER ID	ORDER ITEM SEQ ID	PRODUCT	ADJUSTMENT TYPE	AMOUNT	PERCENTAGE
12560	3	Jerry's box of 3½-inch diskettes	Discount	$1.00	
12560			Discount		10
12560			Surcharge—Delivery outside normal geographic area	$10.00	
12560			Fee—order processing fee	$1.50	

표 4.8의 처음 세 인스턴스는 할인 및 추가 요금의 예이다. 첫 번째는 각 품목 단위에 1달러 할인이 있음을 보여준다(다음 절에서는 해당 품목과 어떻게 관계가 있는지를 설명할 것이다). 두 번째는 전체 주문에서 10% 할인된 가격이며, 세 번째는 정상 지역 이외의 지역으로 배달할 때 10달러의 추가 요금이 있음을 보여준다.

SALES TAX(판매세)는 전체 주문 또는 특정 주문 품목에 부과되는 판매세에 대한 정보를 제공한다. SHIPPING AND HANDLING CHARGE(배송처리비용)는 ORDER(주문) 또는 ORDER ITEM(주문품목)에 대한 주문 조정을 추가한다. FEE(수수료)는 "주문 처리 수수료", 주문의 배송을 준비하는 "수수료" 또는 "관리 수수료"와 같이 요금에 대한 조정을 저장할 수 있다.

MISCELLANEOUS CHARGE(기타요금) 서브타입은 주문에서 발생할 수 있는 다른 요금에 대한 정보를 저장하는 방법을 제공한다. 예를 들어 이전 주문을 수정하는 "정산오류"일 수 있다. ORDER ADJUSTMENT TYPE(주문조정유형) 엔터티는 다양한 유형의 조정을 세부 카테고리로 분류하는 기능을 제공한다. Description(설명) 속성은 조정과 관련 가능한 값을 정의한다.

그림 4.6에서 추가 데이터 구조를 제공하여, 판매세가 얼마인지에 대한 정보를 나타낸다. SALES TAX LOOKUP(판매세조회) 엔터티는 COUNTY(국가), CITY(시) 또는 STATE(주)와 같은 GEOGRAPHIC BOUNDARY(지리구역)에 따라 다를 수 있는 판매 세율을 저장하며, 이는 또한 PRODUCT CATEGORY(제품카테고리)에 따라 다를 수 있다. 예를 들어, 식품은 부패하지 않는 상품과는 다른 세금 체계를 가질 수 있다. 일부 유형의 상품은 면세 대상이 될 수 있으며, "면세" PRODUCT CATEGORY(상품카테고리)와 연관시킴으로써 분류될 수 있다.

표 4.8은 모델에 저장될 수 있는 조정의 예를 제공한다. 첫 번째 인스턴스는 3번 주문 품목인

"Jerry's box of 3 1/2-inch diskettes"에 1달러의 할인 주문 조정이 적용됐음을 보여준다. 다음 세 개의 인스턴스는 주문 품목이 표시되지 않았기 때문에 전체 주문에 적용된 조정이다. 전체 주문에서 10% 할인되었고, 배달 지역이 수용 가능한 지역 밖이기 때문에 10달러의 추가 요금이 부과되었고, 주문 처리 비용과 관련해서 1.5달러가 부과되었다.

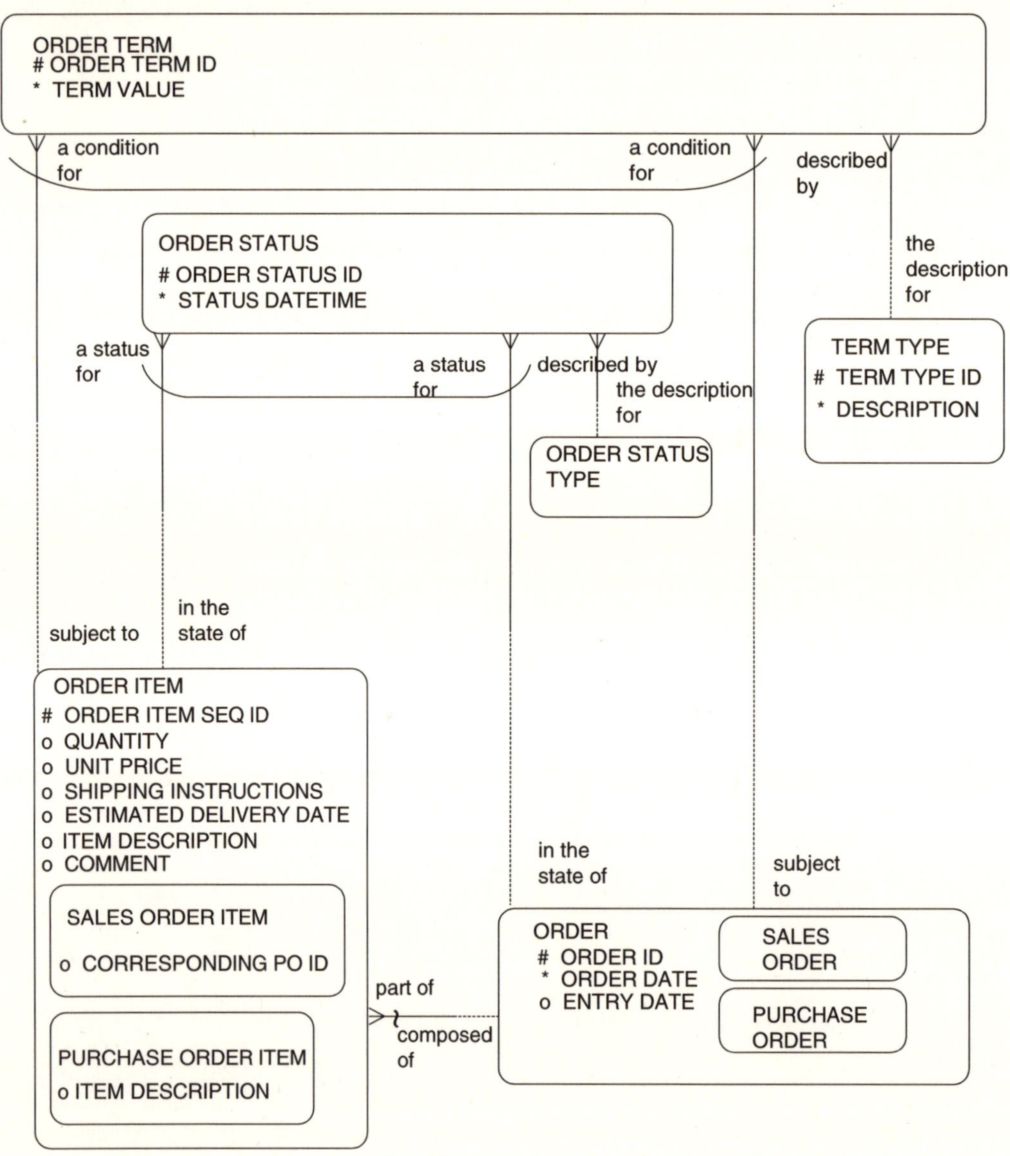

그림 4.7 주문 상태와 조건

주문 상태 및 조건

그림 4.7에서는 ORDER(주문) 및 ORDER ITEM(주문품목)의 상태 및 조건에 대한 정보 요건을 보여줌으로써 주문 모델을 확장한다. 이 모델에는 ORDER(주문) 또는 ORDER ITEM(주문품목)의 진행 상황을 추적할 뿐만 아니라 현재 상태를 알기 위한 ORDER STATUS(주문상태) 엔터티가 포함된다. ORDER STATUS TYPE(주문상태유형)은 가능한 주문 상태를 관리한다. ORDER TERM(주문조건) 엔터티는 ORDER(주문) 또는 ORDER ITEM(주문품목)과 연관된 업무 조건을 저장한다. TERM TYPE(조건유형) 엔터티는 사용 가능한 조건을 관리한다.

주문 상태

주문이 여러 시점에 다른 상태로 존재할 수 있기 때문에 그림 4.7 모델은 주문이 일정 기간 동안 하나 이상의 상태를 가질 수 있음을 보여준다. ORDER STATUS(주문상태)의 status datetime(상태발생일자) 속성은 주문의 각 상태가 언제 발생했는지를 저장한다. 예를 들어, 이 모델은 주문이 언제 접수됐고 언제 승인됐으며 언제 취소됐는지를 추적할 수 있게 한다. ORDER STATUS TYPE(주문상태유형) 엔터티의 description(설명) 속성은 "수신", "승인", "취소"와 같은 상태를 저장한다. 주문의 현재 상태만 알 필요가 있고 각 상태가 언제 발생했는지 알 필요가 없다면 ORDER STATUS TYPE(주문상태유형)에서 ORDER(주문)나 ORDER ITEM(주문품목)으로 단순 일대다(1:M) 관계가 생긴다.

주문 상태로 왜 "배송", "완료", "이월주문" 또는 "송장"을 가지지 않는가? 이후 장에서 설명하겠지만, 배송과 송장은 주문에 묶여 있기 때문에 발송 품목 및 송장 품목에 대한 관계를 통해 "발송", "완료" 및 "송장"을 알 수 있다. "이월"은 이 장의 뒷부분에서 설명하는 ORDER ITEM ASSOCIATION(주문품목연계) 엔터티를 통해 알 수 있다. 이러한 상태는 논리 모델에서 파생 가능한 값이지만, 물리적 데이터베이스 설계는 ORDER STATUS TYPE(주문상태유형) 테이블을 사용하여 이 상태를 쉽게 액세스 할 수 있다.

주문 조건

관계자는 여러 개의 약정이나 조건에 연관될 수 있다. 인도 조건, 교환 또는 환불 정책 및 성능 저하에 대한 불이익 등이 몇 가지 예이다. 각 ORDER(주문) 또는 ORDER ITEM(주문품목)에는 하나 이상의 ORDER TERM(주문조건)이 있을 수 있으며, 각 ORDER TERM(주문조건)은 TERM TYPE(조건유형)에 의해 분류된다. Term value(조건값) 속성은 일부 주문 조건에 대해서만 적용할 수 있고, 그 의미는 조건의 유형에 따라 달라진다.

표 4.9는 주문 조건의 예를 보여준다. 주문 "12560"에는 세 개의 조건이 정의되어 있다. 처음 두 조건은 구매자가 주문한 날로부터 10일 후에 취소할 경우 25%의 취소 수수료가 부과된다는 것을 나타낸다. 세 번째 조건은 해당 품목이 전달된 후에는 환불이나 교환이 안 된다는 것을 나타낸다.

해당 조건이 주문에만 관련되어 있다고 생각할 수도 있지만, 경우에 따라 개별 주문 품목에도 관련 조건이 있다. 표 4.9는 주문 품목과 관련된 조건의 몇 가지 예를 보여준다. "Goldstein Elite pen" 주문 품목에는 배달 후에는 교환이나 환불할 수 없다는 조건이 있다.

구매 주문 "A2395"에서 "시간별 사무실 청소 서비스" 품목의 경우 예상 배송일 보다 30일 이상 지연되면 5%의 위약금이 발생한다.

표 4.9 주문 품목

ORDER ID	ORDER ITEM SEQ ID	PRODUCT	VALUE	TERM TYPE
12560			25	Percentage cancellation charge
			10	Days within which one may cancel order without a penalty
	2	Goldstein Elite pen		No exchanges or refunds once delivered
A2395	1	Hourly office cleaning service	5	Percentage penalty paid by supplier for nonperformance
	1	Hourly office cleaning service	30	Number of days within which delivery must occur

주문 품목 연계

때로는 하나의 주문 품목과 다른 주문 품목 간에 관계가 발생한다. 그림 4.8의 ORDER ITEM ASSOCATION(주문품목연계) 엔터티는 판매 주문 품목을 구매 주문 품목과 연관시킨다.

이 연계의 예는 판매 주문 품목이 구매 주문 품목에 의존할 때 발생한다. 예를 들어, 유통회사는 판매 주문을 받을 수 있지만, 품목 중 하나에 대한 충분한 재고가 없을 수 있다. 유통회사는 부족한 품목을 받기 위해 공급업체 중 하나(또는 다수의 공급업체)에 구매 주문을 할 수 있다. 즉, 판매 주문

품목은 "이월주문"되어 구매 주문 품목에 포함된다.

구매 주문의 단일 품목은 판매 주문의 여러 품목을 수행하는 데 사용될 수 있다. 또는 추가 재고가 여러 공급업체로부터 주문될 수 있기 때문에 많은 구매 주문 품목에 의해 판매 주문 품목이 이행될 수 있다. ORDER ITEM ASSOCIATION(주문품목연계)은 다대다(M:M) 관계를 처리한다.

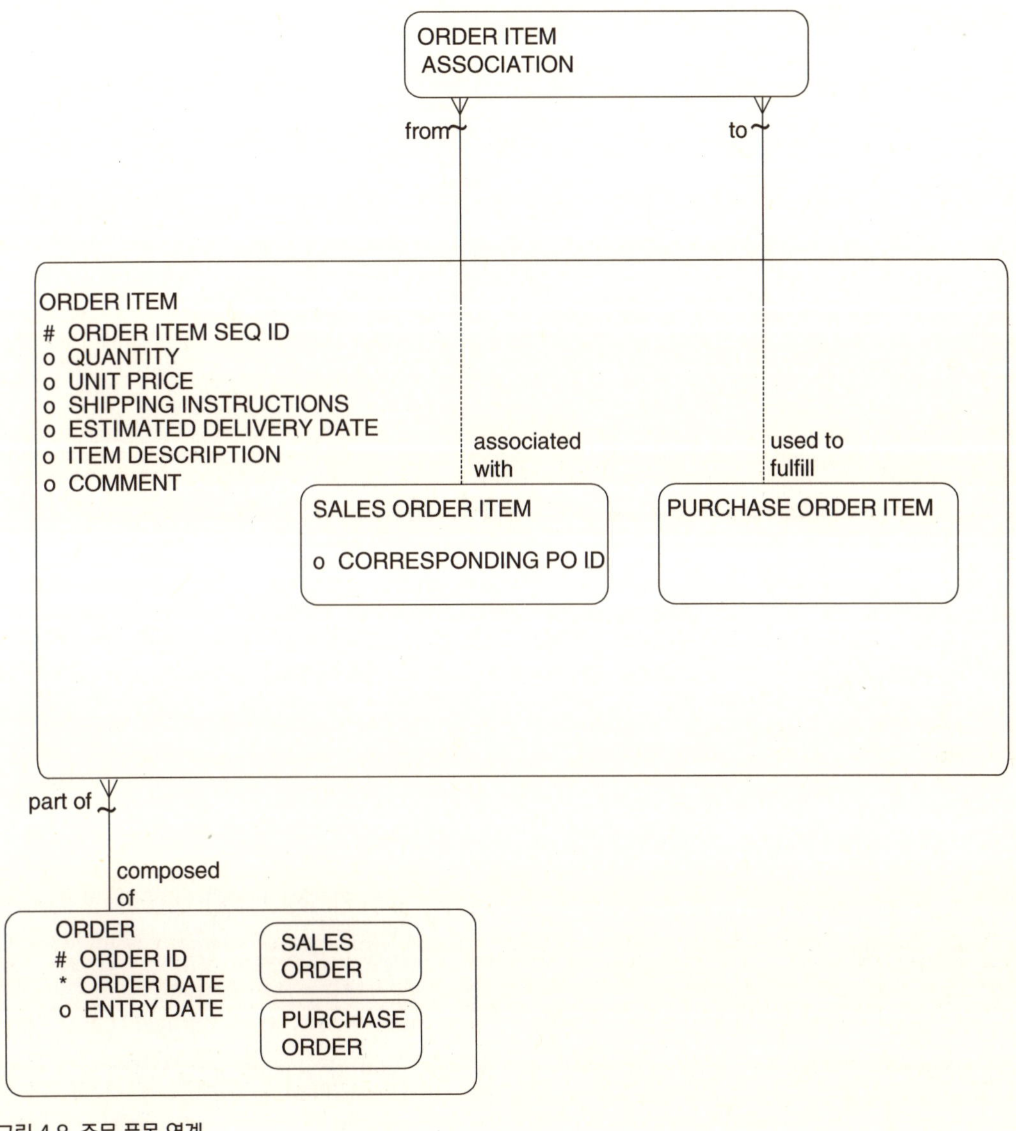

그림 4.8 주문 품목 연계

표 4.10의 예는 판매 주문 품목과 연결된 구매 주문 품목 데이터를 보여준다. 주문 "23490"은 판매 주문 "13480"의 품목1에 필요한 품목을 제공할 수 있는 구매 주문이다.

판매 및 구매 주문이 연계된 또 다른 상황은 판매 주문에 구매자의 해당 구매 주문 번호가 필요한 경우이다. 판매자가 구매자의 해당 구매 주문 ID를 추적하기를 원할 수 있기 때문에 corresponding PO ID(연관POID) 속성이 SALES ORDER ITEM(판매주문품목) 엔터티에 있다. 판매 주문의 각 품목이 다른 구매 주문과 연관될 수 있기 때문에 이 속성은 주문 단위가 아닌 주문 품목 단위에서 정의된다. ORDER ITEM ASSOCIATION(주문품목연계) 엔터티는 구매 주문을 판매 주문에 연관시키지 데 사용되지 않는다. 왜냐하면 판매자는 일반적으로 구매 주문 전체 내용을 저장하는 데 관심이 없기 때문이다. 판매자는 보통 구매 주문 번호만 필요하다.

후자의 경우 하나의 판매 주문 품목은 일반적으로 여러 개의 구매 주문과 연관되지 않는다. 하나의 판매 주문 품목이 두 개 이상의 구매 주문 품목에 연관되면, 각 구매 주문에 해당하는 품목의 정확한 금액을 추적할 수 있도록 여러 개의 판매 주문 품목으로 분할될 수 있다.

표 4.10 주문 품목 연계

ORDER ID	ORDER ITEM SEQ ID	ORDER ID	ORDER ITEM SEQ ID
13480	1	23490	1

추가적 주문 모델

지금까지 이 장에서 다룬 주문에 대한 데이터 모델 및 정보는 대부분의 기업에서 매우 일반적인 모델이다. 이 장의 나머지 부분에서는 각 기업의 정보 요구사항에 따라 적용되거나 적용되지 않을 수 있는 데이터 모델을 설명한다. 이미 제시된 데이터 모델은 일부 기업의 완전한 ORDER(주문) 데이터 모델을 나타낼 수 있다.

다음 절에서는 주문 데이터 주제 영역에 대해서 추가적으로 설명한다. 여기에는 다음이 포함된다. 판매 또는 구매 주문으로 이어질 수 있는 고객 또는 내부 요구사항을 식별하는 REQUIREMENT(요구사항), 공급업체의 권유 또는 주문 입찰에 대한 기업의 요청을 나타내는 REQUEST(요청), 입찰 요청에 대한 응답인 QUOTE(견적) 및 주문을 관리할 수 있는 계약 조건을 정의하는 AGREEMENT(계약)이다. 각 기업은 어떤 모델을 비즈니스에 적용할 수 있는지 평가해서 설계에 반영할 필요가 있다.

주문은 관계자가 무언가를 필요로 하기 때문에 발생한다. 일부 기업은 이러한 요구를 추적하고, 일부 기업은 그렇지 않을 수도 있다. 기업은 자신의 요구뿐만 아니라 고객의 요구사항을 추적할 수 있다. 고객 요구의 예로는 시스템을 구축하는 데 도움이 되는 고객의 요구사항을 포착하는 것이다. 내부 요구의 예는 특정 사무용품을 구입해야 한다는 요구사항이 있다.

조직은 기업 유형에 따라 고객 또는 내부 요구 또는 둘 다를 추적하는 데 관심이 있을 수 있다. 전문 서비스 조직과 같은 일부 기업에서는 고객의 요구를 파악하는 것이 매우 중요하다. 우편 주문 카탈로그 기업과 같은 조직에서 기업은 고객 요구를 추적하지 않고 내부 요구사항만 추적할 수 있다.

그림 4.9는 고객 및 내부 요구사항을 모두 반영할 수 있는 매우 유연한 데이터 모델을 제공한다.

REQUIREMENT(요구사항)는 조직이 무엇인가를 필요로 하는 것이다. REQUIREMENT(요구사항) 엔터티는 고객 요구사항 또는 내부 요구사항 중 하나일 수 있는 요구를 나타낸다. 마찬가지로 각 REQUIREMENT(요구사항)는 PRODUCT REQUIREMENT(상품요구사항)나 WORK REQUIREMENT(작업요구사항)일 수 있다. PRODUCT REQUIREMENT(상품요구사항)는 특정 PRODUCT(상품) 및 여러 가지 DESIRED FEATURE(희망특성)와 연관될 수 있다. 그 이유는 요구는 상품에 대한 요구나 특정 유형의 특성을 가진 어떤 것에 대한 요구로 표현될 수 있기 때문이다.

REQUIREMENT(요구사항)는 다른 EQUIREMENT(요구사항)로 구성될 수 있으므로 재귀 관계가 필요하다. 예를 들어 사무용품을 사기 위한 WORK REQUIREMENT(작업요구)가 있을 수 있다. 이 요구사항은 종이, 연필, 펜 및 CD-ROM을 구입하기 위한 보다 구체적인 요구사항으로 세분화될 수 있다. 마찬가지로 새로운 판매 분석 시스템을 개발하려는 WORK REQUIREMENT(작업요구사항)는 "요구분석 수행", "응용 프로그램패키지 선택", "하드웨어 및 소프트웨어 선택", "시스템 적용" 같은 보다 구체적인 요구사항으로 더 세분화될 수 있다. 이 재귀 구조를 사용하여 기업은 여러 단계의 요구사항을 정의할 수 있다.

많은 사람이 "소유자", "발신자", "관리자", "권한자" 또는 "구현자"와 같은 다양한 REQUIREMENT ROLE(요구사항역할)로서 REQUIREMENT(요구사항)와 연관될 수 있다. REQUIREMEN(요구사항)에는 "활성", "대기중" 또는 "비활성"과 같이 여러 REQUIREMENT STATUS(요구사항상태)가 있을 수 있다. 각 REQUIREMEN(요구사항)는 특정 공장, 창고, 사무실 또는 건물의 방과 같은 특정 FACILITY(시설)가 필요할 수 있다.

REQUIREMEN(요구사항)는 교차 엔터티인 ORDER REQUIREMENT COMMITMENT(주문요구사항실행)를 통해 하나 이상의 ORDER ITEM(주문품목)과 관련될 수 있다. 이 엔터티는 어떤 SALES ORDER ITEM(판매주문품목)이 CUSTOMER REQUIREMENT(고객요구사항)에서 나온 어떤 REQUIREMENT ITEM(요구사항항목)을 수행하는지를 관리한다. 또한 INTERNAL REQUIREMENT(내부요구사항)로부터 나온 REQUIREMENT ITEM(요구사항항목)에 의해서 어떤 PURCHASE ORDER ITEM(구매주문품목)이 수행됐는지를 관리할 수 있다.

REQUIREMENT(요구사항)는 요구사항의 필요성을 설명하는 description(설명) 속성을 가지고 있다. Requirement creation date(요구사항생성일자)는 요구사항이 처음 생성된 때를 나타내고, required by date(요구마감일자) 속성은 요구사항 항목이 필요한 날짜를 나타낸다. Estimated budget(예상예산) 속성은 이 요구사항을 충족시키기 위해 할당된 금액을 나타낸다. Description(설명)을 통해 요구사항에 대한 전체 설명과 비고 내용을 나타낸다. Quantity(수량) 속성은 요구사항에 필요한 항목 수를 나타내며, 필요한 여러 상품 또는 사물을 지정하도록 한다. 예를 들어, 세 명의 프로그래머를 고용해야 한다는 요구가 있을 수 있다. Reason(이유) 속성은 요구사항이 필요한 이유를 설명한다.

요구사항 역할

주문과 마찬가지로 요구사항에 많은 사람들이 관련될 수 있다. 예를 들어 한 사람이 요구사항을 작성하는 책임을 지고 다른 사람이 요구사항을 승인하는 책임을 질 수 있다. REQUIREMENT ROLE(요구사항역할) 엔터티는 요구사항에서 어떤 사람이 어떤 역할을 담당하는지를 관리한다. 따라서 PARTY(관계자)와의 관계는 역할을 담당하는 사람이나 조직을 나타낸다. REQUIREMENT ROLE(요구사항역할)의 from date(시작일자) 속성과 thru date(종료일자) 속성은 관계자가 역할을 수행하는 기간을 정의한다. REQUIREMENT ROLE TYPE(요구사항역할유형) 엔터티는 이러한 역할 유형에 사용할 수 있는 값을 관리한다.

관계자가 요구사항에서 수행할 수 있는 예제 역할은 "소유자", "제안자", "관리자", "권한자" 또는 "구현자"이다. 소유자는 요구사항이 필요한 관계자다. 제안자는 요구사항을 식별한 사람 또는 조직이다. 관리자는 요구사항을 모니터링하고 요구사항이 충족됐는지를 살피는 담당자다. 권한자는 요구사항을 승인하거나 거부하는 사람이다. 구현자는 권한이 부여된 후에 요구사항이 수행됐는지를 확인하는 관계자다.

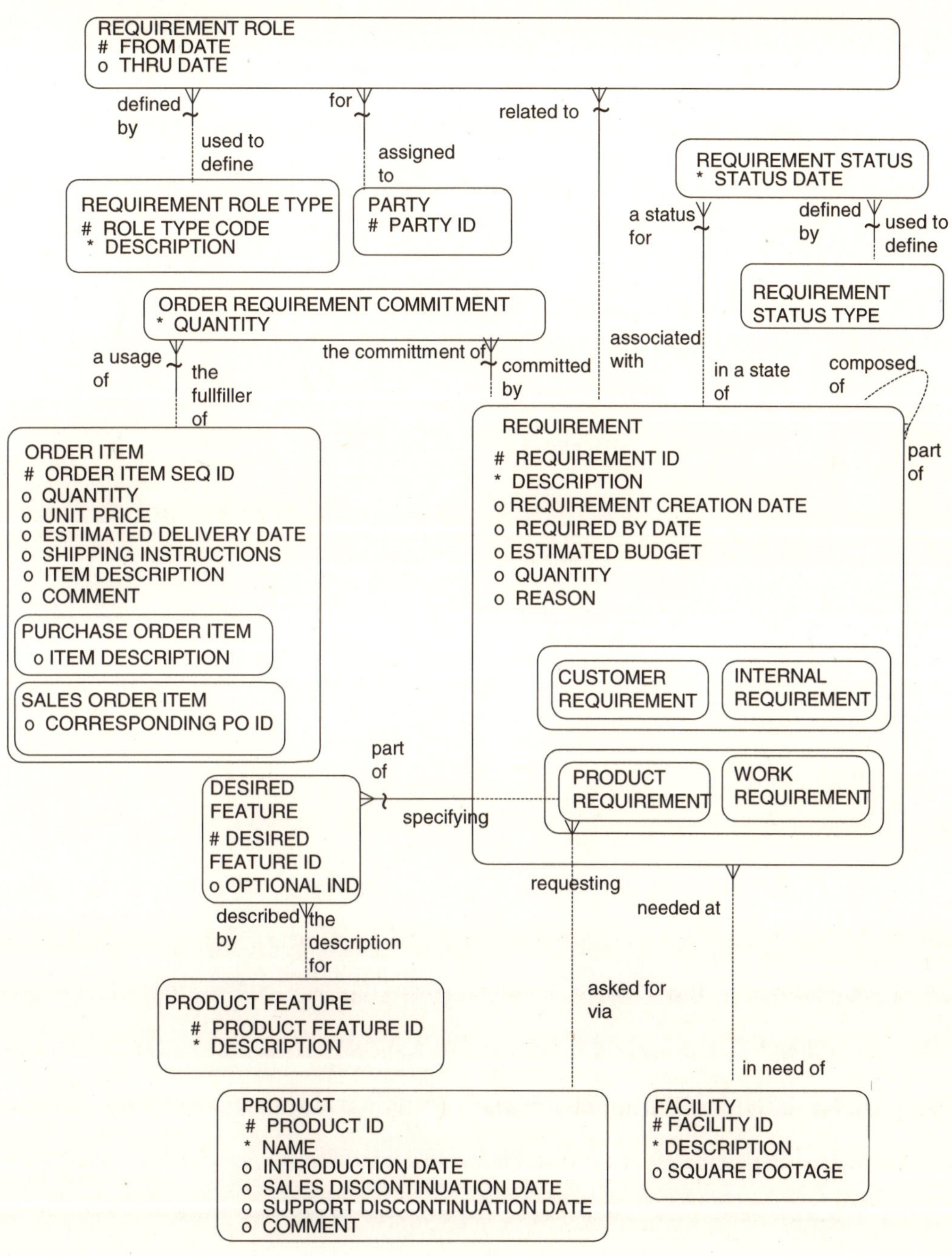

그림 4.9 요구사항

요구사항 상태

또한 요구사항에는 "활성", "보류중" 또는 "비활성"과 같은 상태가 있다. REQUIREMENT STATUS(요구사항상태) 엔터티는 요구사항의 다양한 상태 및 각 상태가 발생한 날짜의 이력을 저장한다. REQUIREMENT STATUS TYPE(요구사항상태유형) 엔터티는 발생할 수 있는 상태 유형을 관리한다. 요구사항 상태의 이력이 중요하지 않고 기업이 현재 상태에만 관심이 있는 경우 대체 데이터 모델은 REQUIREMENT STATUS TYPE(요구사항유형)과 REQUIREMENT(요구사항)의 일대다(1:M) 관계를 나타낸다.

상품 요구사항

PRODUCT(상품)와의 관계는 선택 관계며, PRODUCT REQUIREMENT(상품요구사항)에만 적용된다. 6장에서는 작업 요구사항과 작업활동 데이터 모델에 대해 자세히 설명한다.

PRODUCT REQUIREMENT(상품요구사항)는 DESIRED FEATURE(희망특성)와의 관계에서 나타난 것과 같이 특정 특성에 대한 요건을 지정한다. DESIRED FEATURE(희망특성)의 optional ind(선택IND) 속성은 특성이 필요하지만 값이 "예"일 때는 선택적이라는 것을 나타낸다. 예를 들어, "Goldstein Elite pen"은 "blue" 색의 DESIRED FEATURE(희망특성)로 지정할 수 있는데, optional ind(선택IND) 속성이 "예"인 특성은 좋지만 반드시 필요한 건 아니라는 걸 나타낸다.

주문 요구사항 실행

상품을 획득하기 위한 요구사항은 자연스럽게 주문으로 연결될 수 있다. 하나의 REQUIREMENT(요구사항)는 여러 ORDER ITEM(주문품목)으로 이어질 수 있다. 예를 들어 "1500 # 2 연필"에 대한 요건은 여러 구매 주문 품목에 의해 충족될 수 있다. "# 2 연필"에 대한 처리되지 않은 몇 가지 요구사항이 있을 수 있는데, 이들 모두 하나의 주문 품목으로 주문될 수 있다. 따라서 그림 4.9는 REQUIREMENT(요구사항)와 ORDER ITEM(주문품목) 간의 다대다(M:M) 관계를 보여준다.

ORDER REQUIREMENT COMMITMENT(주문요구사항실행)는 요구사항에 얼마나 많은 주문 품목이 실행되는지를 결정한다. 예를 들어 "1500 # 2 연필"에 대한 두 개의 요구사항이 있고(총 3,000개의 연필이 필요), 이 요구사항을 부분적으로 만족시키는, 2,000개를 주문하는 하나의 품목 주문이 있다고 가정한다. 이때 각 요구사항을 이행하는 데 사용된 주문 품목 수를 지정할 필요가 있다. ORDER REQUIREMENT COMMITMENT(주문요구사항할당)의 quantity(수량) 속성이 이 용도로 사용된다.

요구사항 예제

표 4.11은 요구사항의 몇 가지 예를 보여준다. 처음 두 가지 요구사항은 내부 요구사항으로, 모회사인 ABC기업과 자회사인 ABC자회사에 대한 요구사항이다. 요구사항 "24905"는 PC를 수리해야 하는 요구사항이다. 이 요구사항은 14대의 PC를 수리하라는 요청을 나타낸다. 이 작업 요구사항은 하나 이상의 주문 품목으로 충족될 수 있다.

요구사항 "43005"는 하위 요구사항과 연관된 요구사항을 나타낸다. 사무실을 정기적으로 청소해야 한다는 요구사항에는 청소 서비스를 고용하고, 청소용품을 조달하는 두 개의 하위 요구사항이 있다.

다음 요구사항인 "30003"은 자체 사무실을 운영하기 위해서 사무용품이 필요한 ACME기업의 고객 요구사항이다. 전체 요구사항은 재귀 관계를 통해 "고급용지 50연", "Goldstein Elite Pen 40 개", "복사용지 20연" 및 "디스켓200개"라는 몇 가지 하위 요구사항에 연결된다.

"고급용지 50연"은 REQUIRMENT(요구사항) 엔터티의 자유 형식 속성인 description(설명) 속성을 통해 지정되며, 규격이 "8 1/2 x 11인치"이고 품질이 "상등급"이라는 것은 DESIRED FEATURE(희망특성)와 연관함으로써 추가로 지정된다. 두 번째 하위 요구사항은 "Goldstein Elite pen"의 "파란색" 상품을 원한다는 것을 나타낸다. "복사용지" 및 "디스켓"에 대한 세 번째와 네 번째 하위 요구사항은 REQUIREMENT(요구사항) description(설명)과 DESIRED FEATURE(희망특성)의 조합으로 지정된다. 이 예는 각 REQUIREMENT(요구사항)를 특정 PRODUCT(상품)에 관련시키고, 설명과 함께 묘사하고 DESIRED FEATURE(희망특성)를 지정함으로써 상세화한다.

이 표의 마지막 요구사항은 ABC기업의 다른 부서에서 생성되었을 수 있는 PC를 수리하는 것과 유사한 요구사항을 나타낸다.

표 4.11 요구사항

REQUIREMENT ID	REQUIREMENT CREATION DATE	REQUIREMENT OWNER	DESCRIPTION	RELATED REQUIREMENT	QTY	PRODUCT	DESIRED FEATURE
24905	Apr. 13, 2001	ABC Corporation	Repair 14 PCs		14		
43005	May 16 2002	ABC Subsidiary	Requirement to have office cleaned on a regular basis				
43006	May 16 2002	ABC Subsidiary	Cleaning service	43005			
43007	May 16 2002	ABC Subsidiary	Cleaning supplies	43005			
30003	May 15, 2001	ACME Corporation	Requirement for office supplies				
30004	May 16 2002	ABC Subsidiary	Reams of bond paper	30003	50		8½ by 11-inch, Fine Grade
30005	May 16 2002	ABC Subsidiary	Goldstein Elite pen	30003	40		Blue
30006	May 16 2002	ABC Subsidiary	Reams of copier paper	30003	20		8½ by 11-inch, white
30007	May 16 2002	ABC Subsidiary	Diskettes	30003	200		3½", High density, Formatted
34988	Jun. 20, 2001	ABC Corporation	Repair 15 PCs	30003	15		

요청

요구사항에 따라 즉시 상품을 주문하는 대신, 때때로 견적을 요청하고 수신하는 프로세스가 사용된다. 요청은 판매업체에게 요구사항에 대한 입찰, 견적 또는 응답을 요구하는 방법이다. 요청은 기업으로 전송되거나, 응답을 요구하기 위해 기업에서 공급업체에 전송될 수 있다.

그림 4.10은 요청과 관련된 주요 엔터티를 보여준다. REQUEST(요청)는 많은 REQUEST ROLE(요청역할)을 가질 수 있으며, 각 REQUEST ROLE(요청역할)은 REQUEST ROLE TYPE(요청역할유형)로 묘사되고 PARTY(관계자)와 관련이 있다. 역할의 예로는 "발신자(요청을 한 관계자)", "제안자", "관리자" 및 "품질보증인"이 있다. RESPONDING PARTY(응답관계자)는 응답할 수 있는 관계자에 대한 정보를 관리한다. CONTACT MECHANISM(연락매체)은 해당 관계자에게 요청하기 위해 어떤 접촉 매체가 사용될 것이며 사용됐는지를 저장한다. 각 REQUEST(요청)는 하나 이상의 REQUEST ITEM(요청항목)으로 구성될 수 있다. 각 REQUEST ITEM(요청항목)은 요청에 결합될 수 있는 하나 이상의 요청 항목을 나타낸다. REQUIREMENT(요구사항)는 여러 REQUEST ITEM(요청항목)과 관련될 수 있으므로 교차 엔터티인 REQUIREMENT REQUEST(요구사항요청)는 다대다(M:M) 관계로 풀린다.

요청

몇 가지 유형의 요청이 있다. REQUEST(요청) 엔터티에는 가장 일반적인 요청 양식인 세 개의 서브타입이 있다. RFP(RFP) 서브타입은 "제안 요청"을 나타내며, 공급업체에게 상세 요구사항에 대한 솔루션을 제안하도록 요청한다. RFQ(RFQ) 서브타입은 "견적 요청"을 나타내며, 특정 상품에 대한 공급업체의 입찰을 요구한다. RFI(RFI) 서브타입은 "정보 요청"을 나타내며, 일반적으로 RFP 또는 RFQ 전에 발송돼서 공급업체의 자격에 관한 사전 정보를 결정한다. 이것은 종종 RFP 또는 RFQ에 응할 수 있는 공급업체를 찾는 방법으로 사용된다.

REQUEST(요청) 엔터티는 요청이 생성된 request date(요청날짜), 공급업체가 요청에 응해야 하는 마감시간인 respond required date(답변마감일자), 요청의 특성을 설명하는 description(설명) 속성을 관리한다.

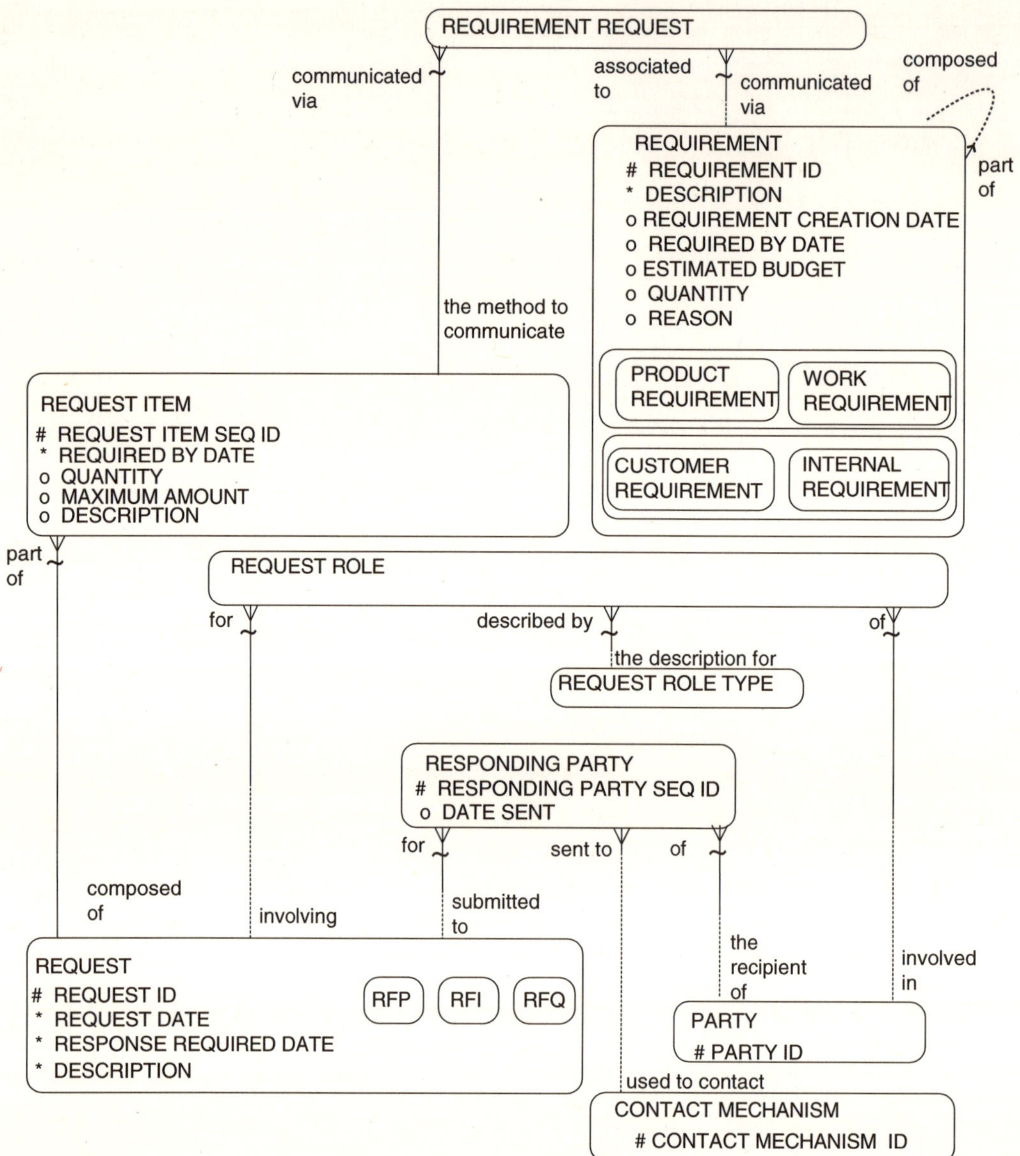

그림 4.10 요청

표 4.12는 REQUEST(요청)에 포함된 정보를 나타낸다. 첫 번째 인스턴스는 어떤 공급업체가 PC 수리에 입찰할 수 있는지를 결정하기 위한 정보 요청이다. 두 번째 인스턴스는 RFI를 따라서 공급업체에게 PC 수리 유지 보수 요건에 대한 솔루션에 입찰하도록 요청하는 제안 요청이다. 세 번째 인스턴스는 회사에 특정 사무용품에 대한 제안 가격을 요청하는 RFQ를 나타낸다.

요청은 특정 관계자에게서 다른 관계자로 전송된다. 요청을 보낸 관계자는 REQUEST ROLE(요청역할)에 "발신자"로 저장된다. 전송 받은 관계자는 RESPONDING PARTY(응답관계자) 엔터티에 저장된다. RESPONDING PARTY(응답관계자)는 요청에 대한 정보 또는 입찰, 견적, 제안에 응답하도록 요청 받은 사람이다. RESPONDING PARTY(응답관계자) 엔터티는 주로 나가는 요청에 대해 사용된다. 왜냐하면 들어오는 요청은 대개 응답하는 관계자가 하나뿐이어서 요청을 받은 기업의 부서가 응답할 것이기 때문이다. Date sent(발송일자) 속성은 기업이 해당 관계자에게 요청을 보낸 시점을 나타낸다.

표 4.12 요청

REQUEST ID	REQUEST ORIGINATOR	REQUEST TYPE	REQUEST DATE	RESPONSE REQUIRED DATE	DESCRIPTION
23498	ABC Corporation	RFI	Jan 12, 2001	Feb 10, 2002	To request information concerning PC repair vendors
38967	ABC Corporation	RFP	Mar 13, 2002	Apr 23, 2002	To request a quote from vendors on repairing PCs
38948	ACME Corporation	RFQ	Mar 13, 2002	Mar 21, 2002	To request a quote on office supplies

요청 항목

요청에는 요청에 필요한 다양한 것을 묘사하는 항목이 있다. REQUEST ITEM(요청항목)에는 필요한 항목의 수를 나타내는 quantity(수량) 속성이 있다. Required by date(요구마감일자)는 요청한 조직에 항목이 언제 전달돼야 하는지를 나타낸다. Maximum amount(최대금액) 속성은 항목의 상한 가격을 나타내며, 이 값을 초과하면 기업은 고려조차 하지 않을 것이다.

요청은 RFQ와 같이 특정 상품에 대한 요청일 수도 있고, 특정 문제에 대한 해결책을 제공하도록 공급업체에게 요청하는 것일 수 있다. 요청이 제품에 대한 것이면 PRODUCT(상품)와의 관계가 이러한 유형의 요청 항목을 담는다. 요청이 RFP와 같이 특정 문제에 대한 제안일 경우, description(설명) 속성은 문제에 대한 설명을 관리한다.

REQUIREMENT(요구사항)는 REQUEST ITEM(요청항목)과 관계가 있다. 하나의 REQUIREMENT(요구사항)는 둘 이상의 REQUEST ITEM(요청항목)과 관련될 수 있다. 예를 들어, 표 4.13의 처음 두 인스턴스는 요구사항 "24905"에 두 개의 요청이 연관되어 있음을 보여준다. 정보 요청(RFI)이 먼저 발송된 후 견적 요청(RFQ)이 이어졌다.

하나의 REQUEST ITEM(요청항목)은 하나 이상의 REQUIREMENT(요구사항)와 관련될 수 있다. 표 4.13은 정보 요청(RFI) "23498"이 요구사항 "24905" 및 "34988"의 항목에 대한 요건을 결합하는데, 한 요구사항에서는 14개의 PC를 수리하고 다른 요구사항에서는 15개의 PC를 수리해서 총 29개의 PC를 수정하도록 요청했다는 것은 나타낸다. 또한 동일한 요구사항에 대해 두 가지 이상의 요청이 발송되었다. 한 요청은 비공식인 RFI(정보 요청)고, 다른 요청은 보다 공식적인 RFQ(견적 요청)다. 이것은 그림 4.10과 같이 교차 엔터티인 REQUIREMENT REQUEST(요구사항요청)가 필요하다는 것을 나타낸다.

Request id(요청ID) "38948"은 각 REQUEST ITEM(요청항목)이 관련된 REQUIREMENT(요구사항)에 1:1 방식으로 직접 대응하는 예를 나타낸다. Request item seq ID(요청항목SEQID) "1"은 REQUIREMENT(요구사항) "30004"에 해당하고, Request item seq ID(요청항목SEQID) "2"는 REQUIREMENT(요구사항) "30005"에 해당한다. 그러나 다대다(M:M) 교차 엔터티인 REQUIREMENT REQUEST(요구사항요청)는 이 정보를 담는다.

표 4.13 요청 항목

REQUEST ID	REQUEST ORIGINATOR	REQUEST TYPE	DESCRIPTION	REQUEST ITEM SEQ ID	QUANTITY	REQUIREMENT ID, DESCRIPTION
23498	ABC Corporation	RFI	To request information concerning PC repair vendors	1	29	24905, Repair 14 PCs, 34988, Repair 15 PCs
38967	ABC Corporation	RFQ	To request a quote from vendors on repairing PCs	1	29	24905, Repair 14 PCs, 34988, Repair 15 PCs
38948	ACME Corporation	RFQ	To request a quote on office supplies	1	50	30004, Reams of bond paper
				2	40	30005, Goldstein Elite pen
				3	20	30006, Reams of copier paper
				4	200	30007, Diskettes

그림 4.10의 데이터 모델은 여러 REQUEST ITEM(요청항목)에서 동일한 REQUIREMENT(요구사항)를 여러 번 요청할 수 있는 유연성을 제공한다. 후자의 예는 동일한 요구사항에 대해 정보 요청을 한 후에 제안 요청을 할 수 있음을 보여준다.

많은 조직의 요건을 충족시킬 수 있는 보다 단순하고 대체 가능한 모델은 REQUEST(요청)를 REQUIREMENT(요구사항)에 직접 연관시키는 것이다. 이것은 동일한 REQUIREMENT(요구사항)에 대해 여러 개의 REQUEST ITEM(요청항목)이 존재하지 않을 것임을 기업이 알고 있고, REQUIREMENT(요구사항)가 단일 REQUEST ITEM(요청항목)에 결합되지 않을 수 있는 경우에만 의미가 있다.

견적 정의

견적은 요청에 대한 응답으로 입찰이나 제안과 유사한 용어다. 견적은 요청의 요건을 충족시키는 상품과 관련된 가격 책정 및 조건을 제공한다.

그림 4.11은 견적과 관련된 데이터 모델을 보여준다. 견적은 관계자가 발행하여 관계자에게 제공된다. 기업 또는 기업의 부서는 QUOTE(견적)의 수신자 또는 제공자일 수 있다. 다른 역할은 QUOTE ROLE(견적역할) 엔터티에 저장된 견적과 연관되며, 역할에 허용되는 값은 QUOTE ROLE TYPE(견적역할유형) 엔터티에서 관리된다. QUOTE(견적) 엔터티는 견적과 관련된 기본 정보를 저장하며, 견적되는 특정 PRODUCT(상품) 또는 WORK EFFORT(작업활동)를 묘사하는 QUOTE ITEM(견적항목)으로 구성된다. 견적 항목은 이러한 요청 항목에 대한 응답으로 정의되므로 QUOTE ITEM(견적항목)은 하나의 REQUEST ITEM(요청항목)과 관련되어야 한다. 견적된 항목은 여러 번 주문될 수 있으므로 각 QUOTE ITEM(견적항목)은 차례로 하나 이상의 ORDER ITEM(주문항목)으로 이어질 수 있다. 주문과 마찬가지로 각 QUOTE(견적) 또는 QUOTE ITEM(견적항목)은 QUOTE TERM(견적조건) 및 TERM TYPE(조건유형)와의 관계를 수반하는 견적 조건을 가질 수 있다.

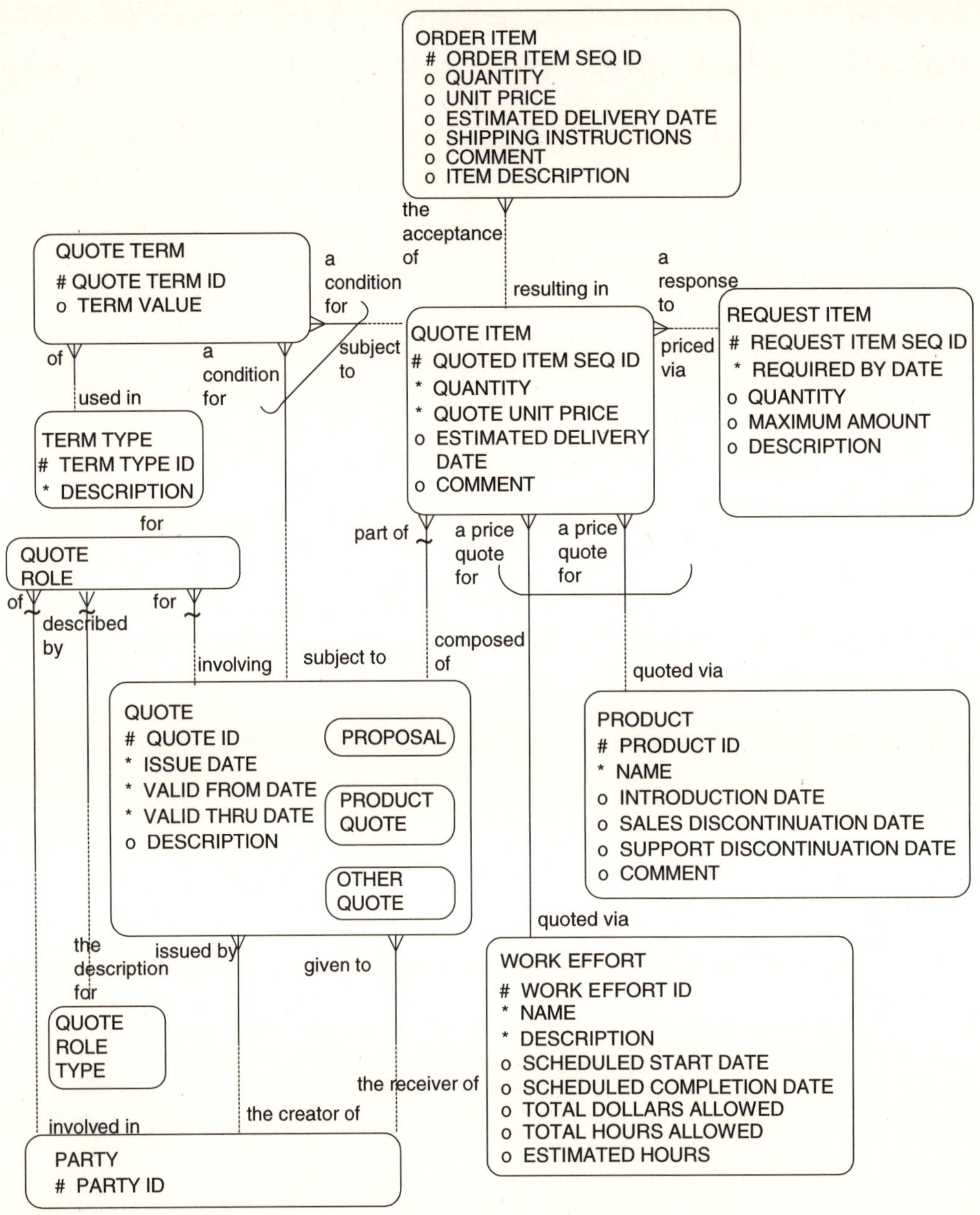

그림 4.11 견적

견적 역할

요청과 마찬가지로 매우 중요한 두 가지 관계, 즉 어떤 관계자가 견적을 발행했는지, 어떤 관계자에게 견적이 제공됐는지가 명확하게 나타낸다. 주문, 요구사항 및 요청에 다양한 역할이 있는 것처럼 견적에도 다양한 역할을 하는 사람들이 있다. 견적에 대한 역할의 예는 "견적한 사람", "검토한 사람" 및 "승인한 사람"일 수 있다.

견적

QUOTE(견적) 엔터티는 견적에 대한 주요 정보를 저장한다. 예를 들어, issue date(발급일자)는 견적이 원하는 관계자에게 전달된 날을 관리한다. Valid from date(유효시작일자) 및 valid thru date(유효종료일자)는 견적이 처음 접수된 날과 견적이 만료된 날을 관리한다. Description(설명) 속성은 견적의 성격을 설명한다.

QUOTE(견적)에는 PROPOSAL(제안)이라는 서브타입이 있는데, 일반적으로 더 상세하며, 요건 기술, 제안 설명, 이점, 비용 조정, 필요 자원 등과 같은 많은 부분을 포함한다. 또 다른 서브타입인 PRODUCT QUOT(상품견적)는 더 간단한데 견적이 필요한 상품의 조건과 가격만을 추적한다. 기업 및 조건에 따라 입찰 또는 제안과 같은 다른 종류의 견적이 있을 수 있다. 표 4.14에서는 견적의 몇 가지 예를 보여준다.

첫 번째 견적은 PC 수리 방법에 대한 설명이 있을 수 있기 때문에 제안(Proposal)이다. 두 번째 견적은 특정 펜과 연필 가격을 단순히 입찰하기 때문에 상품 견적(Product Quote)이다.

견적 품목

QUOTE ITEM(견적품목) 엔터티에는 특정 상품에 대한 정보가 들어 있으므로 PRODUCT(상품)와 관련된다. QUOTE ITEM(견적품목)은 또한 REQUEST ITEM(요청항목)과 관련이 있다. 이 모델을 보면 견적 품목이 참조하는 상품을 추출할 수 있기 때문에 PRODUCT(상품)와의 관계가 불필요하다는 결론을 내릴 수 있다. 이는 QUOTE ITEM(견적품목)에서 PRODUCT(상품)와 REQUEST ITEM(요청항목)까지 모델을 따라감으로써 알 수 있다. 그러나 견적 제품은 요청한 상품과 다를 수 있다. 예를 들어 요청한 제품이 "# 2 연필"일 수 있다. 반면에 견적된 제품은 "Johnson Red Striped # 2 pencil"과 같이 더 구체적일 수 있다.

QUOTE ITEM(견적품목)은 REQUEST ITEM(요청항목)으로부터 일대다(1:M) 관계가 존재한다. 요청이 발송되면 구두, 서면과 관계 없이 견적, 입찰, 제안이 특정 요청 하나에만 대응해야 한다. RFP와 같은 요청은 많은 공급업체가 응할 수 있기 때문에 관련된 많은 견적을 가질 수 있다.

표 4.14 견적

QUOTE ID	QUOTE TYPE	ISSUE DATE	DESCRIPTION	VALID FROM	VALID THRU
35678	Proposal	Feb 19, 2002	Proposal to support the repair of PCs	Feb 19, 2002	Mar 19, 2002
36908	Product Quote	Mar 12, 2001	Bid on pens and pencils	Mar 12, 2002	Mar 30, 2002

표 4.15 견적 품목

QUOTE ID	QUOTE ITEM SEQ ID	QUANTITY	PRODUCT	QUOTE UNIT PRICE	REQUEST ID	REQUEST ITEM SEQ ID
35678	1	70	PC Repair	$75	38967	1
36908	1	50	Johnson fine grade 8½ by 11 bond paper	$3.75	38948	1
	2	40	Johnson Black pens	$1.25	38948	2

표 4.15는 표 4.12의 요청에 해당하는 견적의 예를 보여준다. 각 견적 품목은 요청 품목에 해당된다. 원래 요청(38967)은 14대의 PC를 수리하기 위해 견적을 요구한다. 표 4.14의 첫 번째 인스턴스에 있는 해당 견적(35678)은 70시간의 서비스에 대한 것으로, 이는 PC 수리에 대한 예상치이다.

두 번째 및 세 번째 인스턴스에서 종이 및 펜에 대한 견적 품목은 표 4.12의 요청 ID "38948"의 해당 요청 항목에서 요청된 것보다 더 구체적인 상품을 나타낸다. 요청 ID "38948"에서 요청된 4가지 항목 중 2가지만 견적되었다.

견적이 수락되면 QUOTE ITEM(견적품목)은 ORDER(주문)와 연관될 수 있다. ORDER ITEM(주문품목)은 일반적으로 하나 이상의 QUOTE ITEM(견적품목)을 가지지 않을 것이다. 견적 품목은 여러 주문에 대한 가격 책정의 기초가 될 수 있다. 따라서 여러 ORDER ITEM(주문품목)이 하나의 QUOTE ITEM(견적품목)과 연관될 수 있다.

견적 조건

주문과 마찬가지로 견적과 견적 품목에는 조건이 연결될 수 있다. PC를 수리하기 위한 견적에는 수리가 필요한 조직 내의 누군가가 연락 창구로서 역할을 해야 한다는 것을 나타내는 조건이 있을 수 있다. 이 조건은 연락 창구가 존재하지 않으면 견적 가격이 올라간다고 규정할 수 있다. 가구 품목에 대한 특정 견적의 조건은 수취인이 실제 운임 비용을 지불할 필요가 있다는 것일 수 있다.

QUOTE(견적)에서 QUOTE TERM(견적조건)으로의 관계는 많은 조건이 견적과 연관될 수 있다는 것을 나타낸다. QUOTE ITEM(견적품목)은 QUOTE TERM(견적조건)과의 관계를 통해 관련된 많은 조건을 가질 수 있다. TERM TYPE(조건유형)은 적용될 수 있는 조건을 나타낸다. 이 엔터티는 주문과 같은 다른 유형의 트랜잭션에서도 사용된다.

계약 정의

계약은 두 관계자, 예를 들면 고객과 공급업체 간의 관계를 관리하는 일련의 조건이다. 주문과 계약의 주요 차이점은 주문은 상품 구매에 대한 일회성 약속이며, 계약은 양 관계자가 시간 경과에 따라 어떻게 비즈니스를 수행하는지를 지정하는 것이다.

그림 4.12는 계약과 관련된 데이터 모델을 나타낸다. 계약은 기업의 필요에 따라 PRODUCT AGREEMENT(상품계약), EMPLOYMENT AGREEMENT(고용계약), OTHER AGREEMENT(기타계약)와 같은 AGREEMENT TYPE(계약유형)으로 분류된다. AGREEMENT TYPE(계약유형)은 더 많은 특정 유형의 계약을 관리할 수 있도록 한다. AGREEMENT(계약)에는 "판매자", "구매자", "면허소지자", "면허인가자", "계약회사" 및 "고용주"와 같은 관계자의 여러 AGREEMENT ROLE(계약역할)이 포함될 수 있으며, 역할은 포함된 계약의 유형에 따른다. AGREEMENT(계약)는 고객 관계와 관련된 판매 계약과 같이 특정 PARTY RELATIONSHIP(관계자관계)과 관련될 수 있다.

각 AGREEMENT(계약)는 하나 이상의 AGREEMENT ITEM(계약품목)으로 구성될 수 있으며, 해당 품목은 특정 PRODUCT(상품)와 관련될 수 있다. AGREEMENT(계약) 및 AGREEMENT ITEM(계약품목) 모두에는 이와 관련된 조건이 있을 수 있으며, 따라서 하나 이상의 AGREEMENT TERM(계약조건) 또는 AGREEMENT ITEM TERM(계약품목조건)에 의해서 더 정의된다.

계약 역할은 PARTY RELATIONSHIP(관계자관계)이나 AGREEMENT ROLE(계약역할)과의 관계를 사용하여 정의될 수 있다. 예를 들어, 공식화될 때 계약을 통해 행해지는 고객 관계가 있을 수 있다. 각 PARTY RELATIONSHIP(관계자관계)은 하나 이상의 AGREEMENT(계약)에 관여할 수 있다. 또한 3자간 협력계약과 같이 계약에 2명 이상의 관계자가 참여할 수도 있다. AGREEMENT ROLE(계약역할) 엔터티는 이런 상황에서 계약과 관련된 역할을 저장하는 데 사용된다. AGREEMENT ROLE(계약역할)에는 계약 관계자와 관련된 "법적협의회", "승인자", "보증인", "입법자" 및 다른 많은 역할을 저장할 수 있다.

다양한 종류의 계약이 있는데, 이는 조직 성격에 따라 크게 달라질 것이다. 종종 기업에 많은 종류의 계약이 포함되는데, 다른 산업에서 사용되는 다양한 표준 유형의 계약을 2권에서 설명한다.

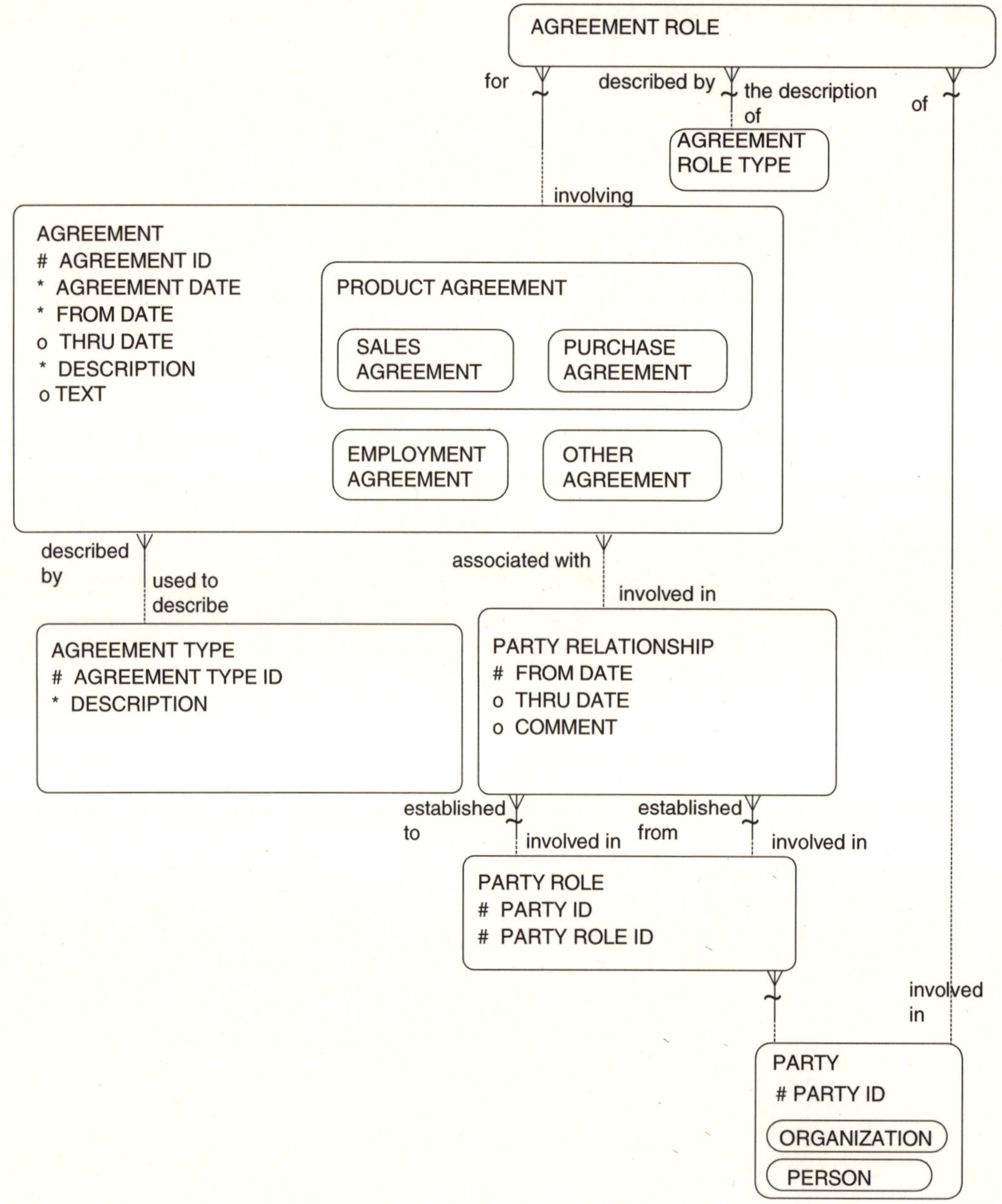

그림 4.12 계약 정의

그림 4.12는 몇 가지 표준 유형의 계약을 제공하고, 표 4.16은 이런 계약의 일부를 예제 데이터로 제공한다. PRODUCT AGREEMENT(상품계약)는 상품 구매 및 판매에 대한 조건을 정의

한다. PRODUCT AGREEMENT(상품계약)의 서브타입은 SALES AGREEMENT(판매계약) 또는 PURCHASE AGREEMENT(구매계약)이다. 표 4.16의 계약 "10002"는 SALES AGREEMENT(판매계약)이다. ABC기업은 "공급업체" 계약 역할을 하고 ACME회사는 "고객" 계약 역할을 수행한다. 계약은 계약상의 약속을 나타내며, 비공식적인 관계인 고객 관계의 관계자 관계와 관련된다.

EMPLOYMENT AGREEMENT(고용계약) 서브타입은 종업원과 고용주 간의 계약을 정의한다. 표 4.16의 계약 "86749"는 고용 계약이다. 시간이 지남에 따라 여러 가지 고용 계약이 있을 수 있다. 이는 단지 그들 중 하나를 나타낸다.

표 4.16 계약

AGREEMENT ID	AGREEMENT TYPE	DESCRIPTION	AGREEMENT ROLES	ASSOCIATED PARTY RELATIONSHIP	STARTING DATE	ENDING DATE
10002	Sales agreement (associated with customer relationship)	Agreement regarding the pricing and terms of buying inventory items	ABC Corporation (supplier) ACME Company (customer)	Customer relationship	Jan 1, 2002	Dec 30, 2002
86749	Employment agreement	Hired William as an entry-level information systems programmer	William Jones (employee) ABC Corporation (employer)	Employment relationship	May 7, 1990	
489589	Partnership agreement	Agreement to form an informal partnership with terms designer to compensate partners	ABC Corporation (partner), Sellers Assistance Corporation (partner) XYZ Corporation (partner)		June 1, 2000	June 1, 2001

세 번째 계약은 PARTNERSHIP AGREEMENT(파트너십계약)이며 "파트너"로서 같은 역할을 수행하는 세 관계자 사이의 계약이다. 데이터 모델은 어떤 계약에 필요한 많은 역할을 지원하며 새로운 역할 유형을 추가할 수 있으므로 매우 유연한 모델이다.

기업 유형에 따라 다른 종류의 계약이 존재할 수 있다. 예를 들어, 소유권 계약, 부동산 계약, 프랜차이즈 계약, 라이센스 계약 등이 있을 수 있다. AGREEMENT TYPE(계약유형)은 기업에 유효한 다양한 종류의 계약을 관리한다.

역할은 AGREEMENT(계약)뿐만 아니라 PARTY RELATIONSHIP(관계자관계)에도 저장되기 때문에 중복 데이터가 저장된다고 주장할 수 있다. 예를 들어, PARTY RELATIONSHIP(관계자관계) 서브타입인 CUSTOMER RELATIONSHIP(고객관계)에서 ABC기업은 내부 조직의 역할을 하고, ACME기업은 고객 역할을 할 수 있다. 관계자 간에 정식 계약이 성립되고 본 계약의 특정 조건이 명시된 계약이 체결되면 AGREEMENT(계약) 엔터티에 인스턴스가 생성되고, AGREEMENT ROLE(계약역할) 엔터티는 ABC기업을 공급업체로, ACME기업을 고객으로 저장한다.

모델에 이미 ACME기업이 고객으로 있지 않는가? 이에 대한 한 가지 대답은 비공식적인 관계와 정식 계약에서 관계자의 역할 간에 차이가 있다는 것이다. 비공식적인 관계가 존재할 수도 있고, 계약이 존재할 수도 있고, 둘 다 존재할 수도 있다. 따라서 이 모델은 이런 경우에 관련된 역할을 저장하는 방법을 제공한다.

또한 AGREEMENT(계약)는 관련 PARTY RELATIONSHIP(관계자관계)에서 역할을 상속받을 수 있다고 주장할 수 있다. 이는 많은 경우에 사용할 수 있으며, 아마도 유효한 대안일 수 있다. 계약에는 두 개 이상의 관계자가 참여할 수 있지만, 계약에 대한 모든 역할을 동일한 장소, 즉 AGREEMENT ROLE(계약역할) 엔터티에 저장하는 것이 더 깔끔하다.

계약 품목

계약은 두 명 이상의 관계자 간의 정식 계약을 정의하여 특정 기간에 대한 계약 조건을 정한다. 각 AGREEMENT(계약)는 계약 품목 중 일부 또는 부분을 허용하는 AGREEMENT ITEM(계약품목)을 가질 수 있다. 이러한 부분은 특정 부문 또는 조항일 수 있으며, 계약을 세분화하여 부문에 의해서 언급될 수 있다. 또는 계약에는 특정 지리적 영역, 특정 유형의 상품 또는 계약과 연관된 조직의 특정 부서에 적용되는 부분이 있을 수 있다.

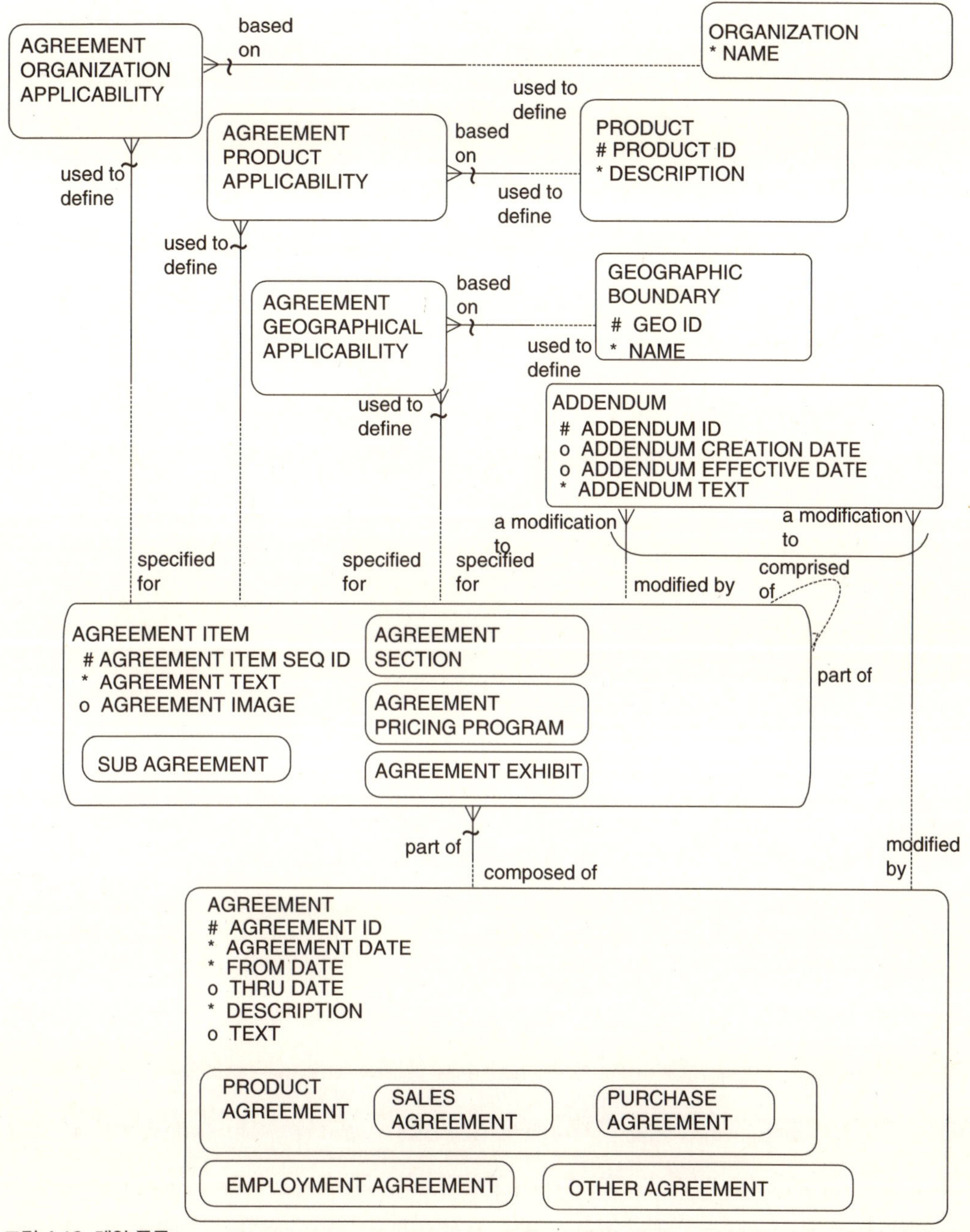

그림 4.13 계약 품목

　　그림 4.13은 AGREEMENT ITEM(계약품목)에 필요한 정보 요구사항을 보여주는 데이터 모델을 나타낸다. 각 AGREEMENT ITEM(계약품목)은 계약의 구성요소를 나타내며, 계약 내용과 그래픽 구성요소를 나타낼 수 있는 계약 이미지를 선택적으로 가지고 있다. 관계자 간의 한 페이지 계약과 같은 간단한 계약의 경우 계약 내용이 AGREEMENT(계약) 엔터티의 text(설명) 속성에 저장될 수

있기 때문에 AGREEMENT ITEM(계약품목)을 저장할 필요가 없을 수 있다. 표준 조건은 다음 그림에서 보여질 계약에 첨부될 수 있는데, 여기에 계약의 설명과 조건을 저장한다. 보다 복잡한 계약의 경우 계약의 일부를 나타내는 많은 AGREEMENT ITEM(계약품목)이 있을 수 있다.

AGREEMENT ITEM(계약품목)의 서브타입에는 SUB AGREEMENT(하위계약), AGREEMENT SECTION(계약부문), AGREEMENT PRICING PROGRAM(계약가격프로그램), AGREEMENT EXHIBIT(계약서)이 있다. SUB AGREEMENT(하위계약)는 종합 전문 서비스 계약의 일부이거나 조직의 여러 부분에 대한 몇 가지 하위 계약의 일부인 기밀 유지 계약과 같은 계약 내의 계약을 나타낸다. AGREEMENT SECTION(계약부문)은 AGREEMENT ITEM(계약품목)으로 분리된 계약의 일부를 나타내며, 필요한 경우 특정 조직, 상품 또는 지역과 관련될 수 있다. AGREEMENT PRICING PROGRAM(계약가격프로그램)은 다른 기준에 근거한 상품 또는 특성에 대한 합의 가격 정보를 나타낸다. AGREEMENT EXHIBIT(계약서)은 계약에 첨부되어 있으며, 계약 전반에 걸쳐 언급되는 계약의 일부이다.

각 AGREEMENT ITEM(계약품목)은 AGREEMENT ITEM(계약품목)에 대해 재귀 관계로 표시된 것처럼 다른 AGREEMENT ITEM(계약품목)으로 구성될 수 있다. 하위 계약은 계약 부문으로 세분화될 수 있으며, 계약 조항으로 더 세분화될 수 있다. 재귀 관계를 통해 계약 품목을 필요한 만큼 많은 세부 단위로 구성할 수 있다.

ADDENDUM(부록) 엔터티에 있는 addendum text(부록설명) 속성에 의해서 AGREEMENT(계약) 또는 AGREEMENT ITEM(계약품목)의 설명이 수정될 수 있다. ADDENDUM(부록) 엔터티는 부록이 작성된 addendum creation date(부록생성일자) 속성과 부록이 효력을 발휘하는 addendum effective date(부록유효일자)를 관리한다. Addendum text(부록설명) 속성은 부록에 대한 설명을 관리한다. 부록의 예는 고객과 공급업체 계약의 종료일까지의 시간 연장이다. 이 경우 thru date(종료일자)는 AGREEMENT(계약) 엔터티에 업데이트되고, ADDENDUM(부록)이 해당 계약 품목에 대한 변경 이력을 보여주기 위해 추가된다. 각 AGREEMENT(계약)는 하나 이상의 ADDENDUM(부록)에 의해 수정될 수 있다.

각 AGREEMENT ITEM(계약품목)은 특정 지리 구역, 상품 또는 조직에 대해 지정될 수 있다. AGREEMENT GEOGRAPHICAL APPLICABILITY(계약지리적용), AGREEMENT PRODUCT APPLICABILITY(계약상품적용), AGREEMENT ORGANIZATION APPLICABILITY(계약조직

적용)를 통해 AGREEMENT ITEM(계약품목)을 특정 지리 구역, 상품 또는 조직에 맞게 사용자 정의할 수 있다. 예를 들어, 기업 내의 여러 자회사는 각 자회사에 적용되는 계약의 특정 부분이 있을 수 있다. 이 구조는 각 자회사에 적용할 수 있는 별도 부분을 허용한다. 마찬가지로 계약의 특정 부분은 특정 상품이나 지역에만 적용될 수 있다. 특정 유형의 상품에 대한 적용 가능성과 같은 AGREEMENT ITEM(계약품목)을 정의하는 다른 요인이 있을 수 있으며, 따라서 이 경우에는 AGREEMENT PRODUCT CATEGORY APPLICABILITY(계약상품카테고리적용)와 같은 다른 "적용" 엔터티를 추가할 수 있다.

표 4.17 계약 품목

AGREEMENT ID	AGREEMENT ITEM SEQ ID	PRODUCT
10002	1	Johnson fine grade 8½ by 11 blue bond paper
	2	Jerry's box of 3½ inch diskettes

계약 조건

계약 및 해당 품목에는 각각 관련 조건이 있을 수 있다. AGREEMENT TERM(계약조건) 엔터티는 조건의 유효 일자뿐만 아니라 계약의 유효 조건을 저장한다. TERM TYPE(조건유형) 엔터티에서 다른 유형의 조건을 참조할 수 있다. AGREEMENT TERM(계약조건) 엔터티는 AGREEMENT(품목이 없는 간단한 계약) 또는 AGREEMENT ITEM(계약품목)에 적용될 수 있는 다양한 유형의 조건을 관리하기 위한 구조를 제공한다. 계약 조건에는 법적 조건, 재정 조건, 인센티브, 기준액, 갱신 조항, 계약 종료, 면책, 비경쟁 계약 및 배타적 관계 조항이 포함될 수 있다.

예를 들어, 공급업체와 고객 사이의 상품 계약은 공급업체가 고객의 경쟁업체에게 상품을 판매하지 못하게 하는 독점적인 약정을 요구할 수 있다. 이 독점 계약의 예는 컨설팅 회사가 경쟁업체로부터 보호되어야 하는 민감한 독점 정보를 포함하는 서비스를 고객에게 제공할 때 생긴다. 따라서 고객은 기밀 유지를 위해 공급업체가 고객의 경쟁업체와 일정 시간 거래를 하지 않도록 요청할 수 있다. 표 4.18에서 첫 번째 인스턴스는 계약 "23884"와 관련된 AGREEMENT TERM(계약조건)의 예를 나타낸다. 공급업체는 계약이 종료된 후 60일 동안 고객의 경쟁업체에게 유사한 서비스를 제공하지 못하도록 배타적인 약정을 요구하고 있다.

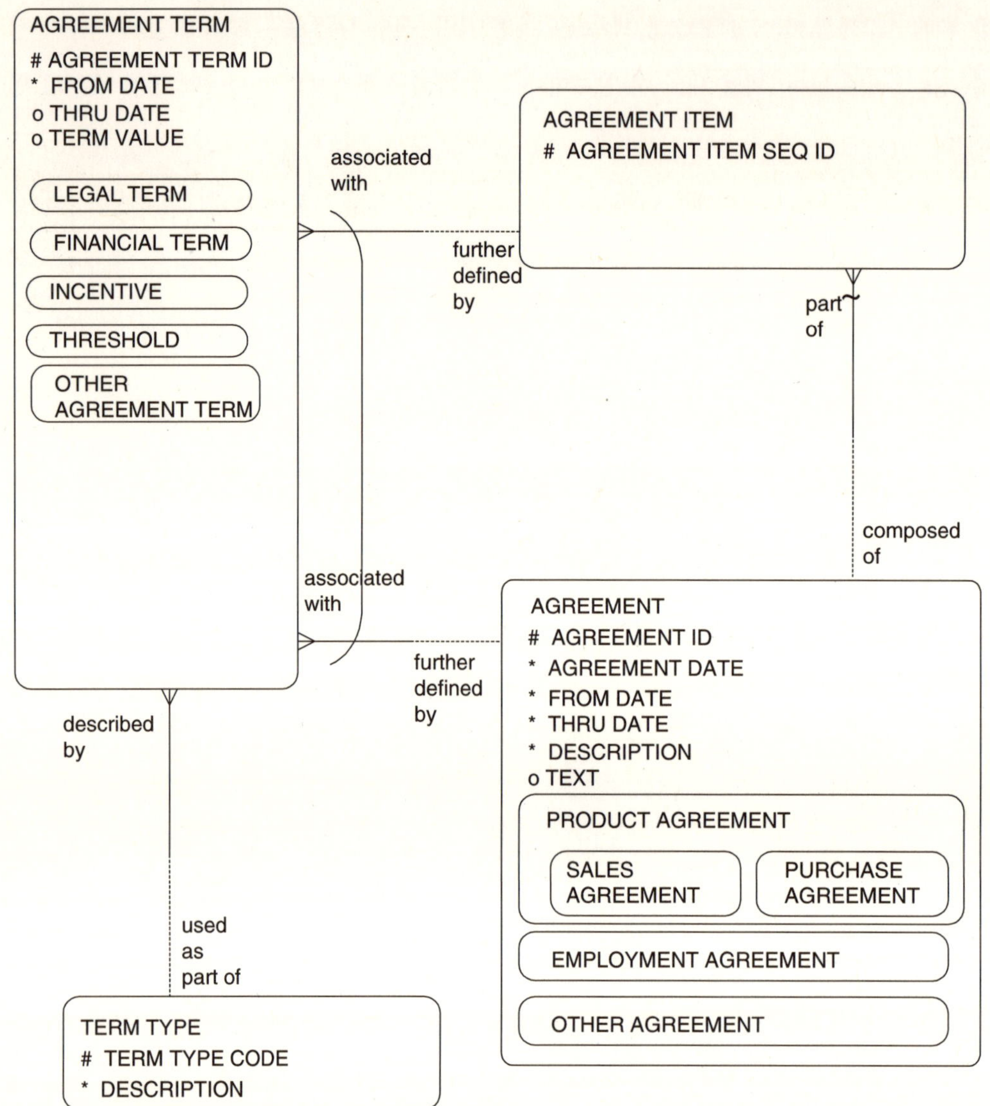

그림 4.14 계약 조건

　　각 계약 품목에는 관련된 조건이 있을 수 있다. AGREEMENT TERM(계약조건) 엔터티는 또한 계약 품목의 유효한 조건을 관리할 수 있다. 표 4.18의 두 번째, 세 번째, 네 번째 인스턴스는 계약 품목과 관련 품목을 나타낸다. 두 번째 및 세 번째 인스턴스(계약ID #10002, 품목 #1)는 "Johnson fine grade 8 1/2 by 11 blue bond paper" 상품에 대한 동일한 AGREEMENT ITEM(계약품목)을 나타낸다. 이 계약 품목과 관련된 조건이 하나 이상 있다. 이 두 조건은 계약 품목이 2002년 1월 1일부터 2002년 12월 31일까지 최대 1,000개 품목에 대해서만 유효함을 나타낸다. 계약은 또한 2002년 1월 1일부터 2002년 6월 30일까지 10,000달러를 초과할 수 없다는 조건을 가지고 있다. 네 번째 인스턴스(계약ID #10002, 품목 #2)는 고객이 이러한 유형의 상품을 공급업체와 독점적으로 구매하는 것에 동의하고 있음을 나타낸다.

표 4.18 계약 조건

AGREEMENT ID	AGREEMENT ITEM SEQ ID	PRODUCT	TERM TYPE	TERM VALUE	FROM DATE	THRU DATE
23884			Exclusive arrangement prohibiting supplier from supplying similar services to customer's competitors for specified number of days after contract ends	60		
10002	1	Johnson fine grade 8½ by 11 blue bond paper	Quantity not to exceed	1000	Jan 1, 2002	Dec 31, 2002
		Johnson fine grade 8½ by 11 blue bond paper	Dollars not to exceed	$10,000	Jan 1, 2002	June 30, 2002
	2	Jerry's box of 3½ inch diskettes	Customer will exclusively buy from supplier		Jan 1, 2002	Dec 30, 2002

계약 가격

AGREEMENT ITEM(계약품목) 엔터티는 관계자간에 합의된 상품 가격을 관리하는 엔터티와 연관된다. 가격은 기간, 수량, 관계자 주소 및 지역에 따라 다를 수 있다.

그림 4.15는 계약을 위해서 3장에서 논의된 가격 모델(그림 3.7 참조)의 사용을 보여준다. 계약 가격의 요건을 처리하기 위해 PRICE COMPONENT(가격구성요소)는 AGREEMENT ITEM(계약품목)의 서브타입인 AGREEMENT PRICING PROGRAM(계약가격프로그램)과 추가적으로 연관된다. 각 AGREEMENT PRICING PROGRAM(계약가격프로그램)에는 많은 PRICE COMPONENT(가격구성요소)가 있을 수 있다.

이 PRICE COMPONENT(가격구성요소)는 BASE PRICE(기본가격), DISCOUNT COMPONENT(할인구성요소), SURCHARGE COMPONENT(할증료구성요소) 또는 MANUFACTURER SUGGESTED PRICE(제조업체제안가격)가 될 수 있다. Price(가격) 속성은 기본 가격, 일회성 할

인 또는 정액 부가금을 저장하는 데 사용된다. Percent(백분율) 속성는 특정 계약 품목에 대한 할인 또는 할증료에 대한 백분율을 저장하는 데 사용된다. GEOGRAPHIC BOUNDARY(지리구역), PRODUCT CATEGORY(상품카테고리), QUANTITY BREAK(수량구간), ORDER VALUE(주문금액), SALE TYPE(판매유형)과의 관계는 이러한 요인들의 다양한 조합에 따라 가격이 달라진다는 것을 의미한다.

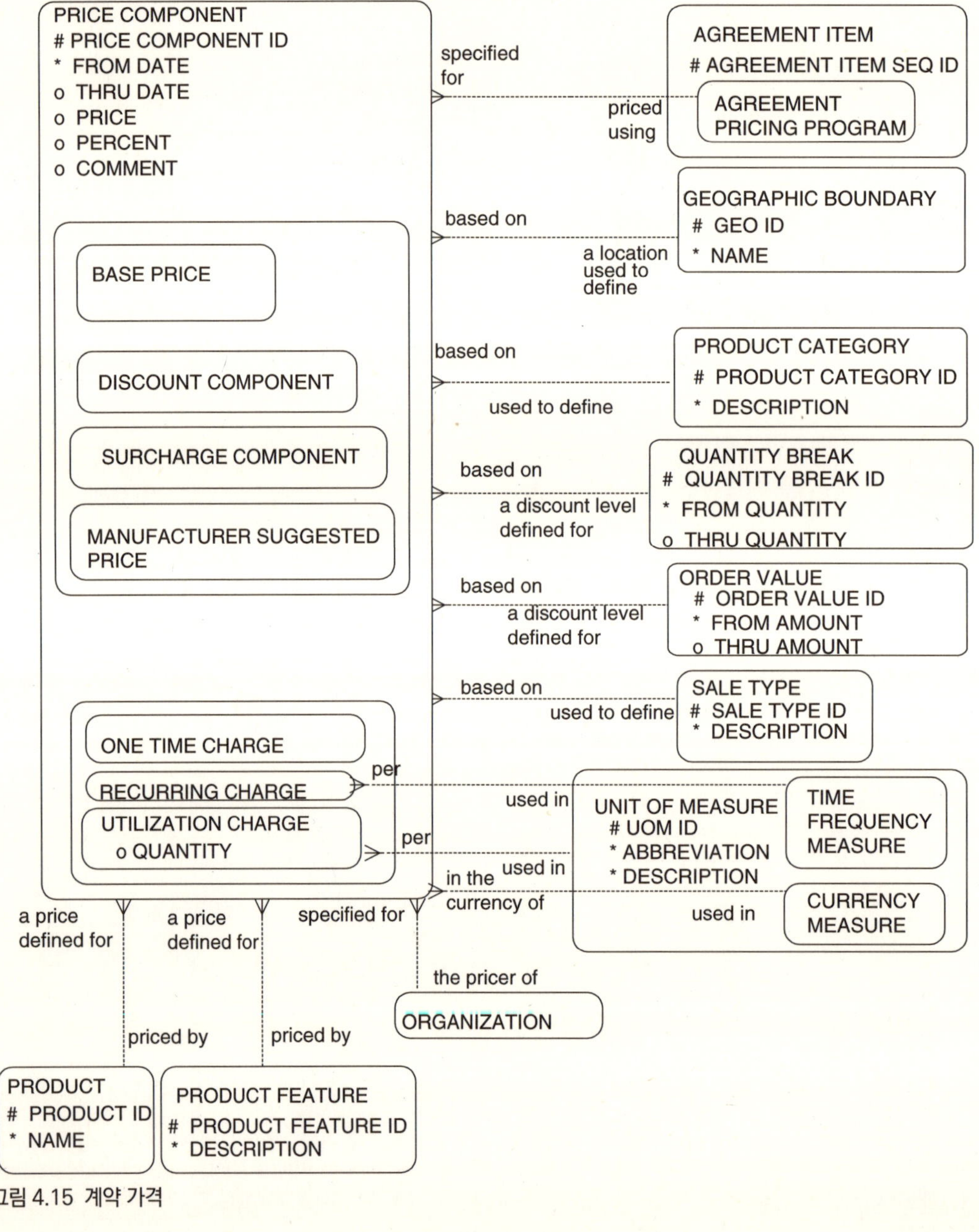

그림 4.15 계약 가격

대체 데이터 모델은 PRODUCT PRICE COMPONENT(상품가격구성요소) 엔터티와 별도의 AGREEMENT PRICE COMPONENT(계약가격구성요소) 엔터티를 갖는 것이다. 이 대체 모델의 단점은 비슷한 속성을 가진 매우 유사한 엔터티가 반복된다는 것이다. 장점은 상품 및 계약에 대한 가격을 책정하는 데이터 구조가 약간 다르며, 이러한 데이터 구조의 정보가 매우 다른 환경에서 사용될 수 있다는 것이다. 이런 구조의 한 가지 작은 차이는 상품 가격이 PARTY TYPE(관계자유형) 엔터티를 기반으로 할 수 있다는 것이다(이 관계는 그림 3.7에서 보임). 가격은 특정 관계자를 위한 것이며, 따라서 관계자의 유형에 따라 달라지지 않기 때문에 계약 가격에는 필요하지 않다.

표 4.19에서는 계약 내에서 사용된 가격 구성요소의 몇 가지 예를 보여준다. 세 개의 인스턴스는 상품 "Johnson fine grade 8 1/2 by 11 blue bond paper"를 나타내는 계약 "10002"의 품목 "1" 가격을 나열한다. 계약에 따르면 이 상품의 동부지역 가격은 7달러며, 서부지역 가격은 7.5달러다. 1,000개 이상을 한번에 주문하면 2% 할인이 적용된다.

이 가격 모델 응용 프로그램을 추가하여, 가격은 세 개의 다른 방법에 의해 결정될 수 있다. 즉 상품과 연관된 표준 가격, 미리 계약된 계약, 또는 주문에 대한 구체적인 협상을 통해서 결정되는 가격이다. 언제 어떤 가격을 사용할지를 결정하는 업무 규칙을 지정하는 것이 중요하다. 대부분의 기업은 합의가 표준 상품 가격을 대체하고, 주문에 대한 특정 협상이 표준 상품 가격 또는 계약을 무효화할 것이라는 업무 규칙을 가지고 있다.

표 4.19 계약 품목 가격

AGREEMENT ID	AGREEMENT ITEM SEQ	PRODUCT	PRICE COMPONEN SUBTYPE	GEOGRAPHIC BOUNDARY	QTY BREAK FROM	QTY BREAK THRU	PRICE	PERCENT
10002	1	Johnson fine grade 8½ × 11 blue bond paper	Base	Eastern region			$7.00	
			Base	Western region			$7.50	
			Discount		1000			2

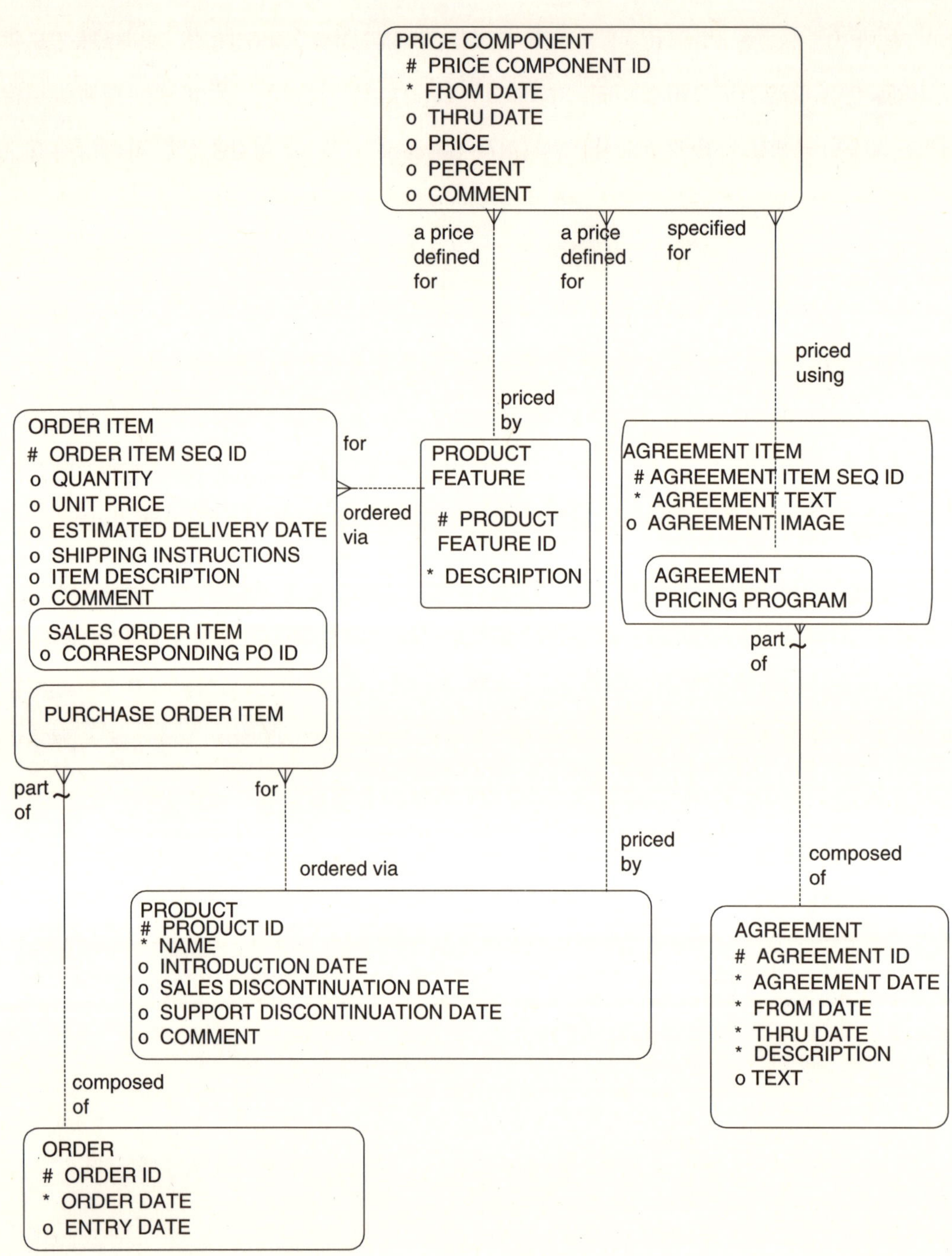

그림 4.16 계약과 주문 관계

주문 계약

계약의 조건 및 가격은 주문 처리를 규정한 업무 규칙을 따를 것이기 때문에 대부분의 경우 ORDER(주문)와 계약(AGREEMENT) 간에는 직접적인 관계가 없다.

그림 4.16의 데이터 모델은 가격에 관한 ORDER(주문) 및 AGREEMENT(계약) 데이터 구조를 보여준다. 이러한 데이터 구조는 이미 별도의 다이어그램으로 표시되어 있으며, 그림 4.16에서는 ORDER(주문)와 AGREEMENT(계약)의 관계에 대한 통찰력을 제공하기 위해서 다른 관점을 제공한다.

그림 4.16에서 볼 수 있듯이, 각 ORDER(주문)는 PRODUCT(상품)와는 관계가 있고 PRODUCT FEATURE(상품특성)와는 선택적인 관계가 있는 ORDER ITEM(주문품목)을 가지고 있다. AGREEMENT(계약)는 AGREEMENT ITEM(계약품목)을 가지고 있다. AGREEMENT ITEM(계약품목)은 PRODUCT(상품)나 PRODUCT FEATURE(상품특성)의 가격을 결정하는 PRICE COMPONENT(가격구성요소)를 가진 AGREEMENT PRICING PROGRAM(계약가격프로그램)이 존재할 수 있다. 주문 처리 방법은 주문 날짜와 계약의 유효 기간을 비교하여 하나 이상의 계약이 유효한지를 확인하고, 상품을 주문한 관계자가 이 계약을 맺은 관계자와 동일한지를 확인하는 것이다. ORDER ROLE(주문역할) 및 AGREEMENT ROLE(계약역할)은 이를 수행하기 위해 비교될 필요가 있다. AGREEMENT(계약) 또는 AGREEMENT ITEM(계약품목)에는 주문 처리시 점검할 수 있는 조건이 있을 수 있다.

주문이 계약에 의해 규정된다는 사실은 주문이 계약의 가격 및 조건의 적용을 받는다는 것을 의미한다. 물론, 어떤 상황에서는 계약의 가격 및 조건을 무시할 수 있다. 예를 들어, 고객과 공급업체 간에 특정 유형의 펜이 2달러라고 합의했을 수 있다. 모든 주문은 일반적으로 계약 조건을 따른다. 그러나 공급업체는 이전 주문의 늦은 배달에 대한 불만으로 인해 특정 주문에 대해 펜 가격을 예외적으로 50센트 할인할 수 있다. 이는 할인한다는 조건이 없더라도 공급업체 측의 표현일 수 있다.

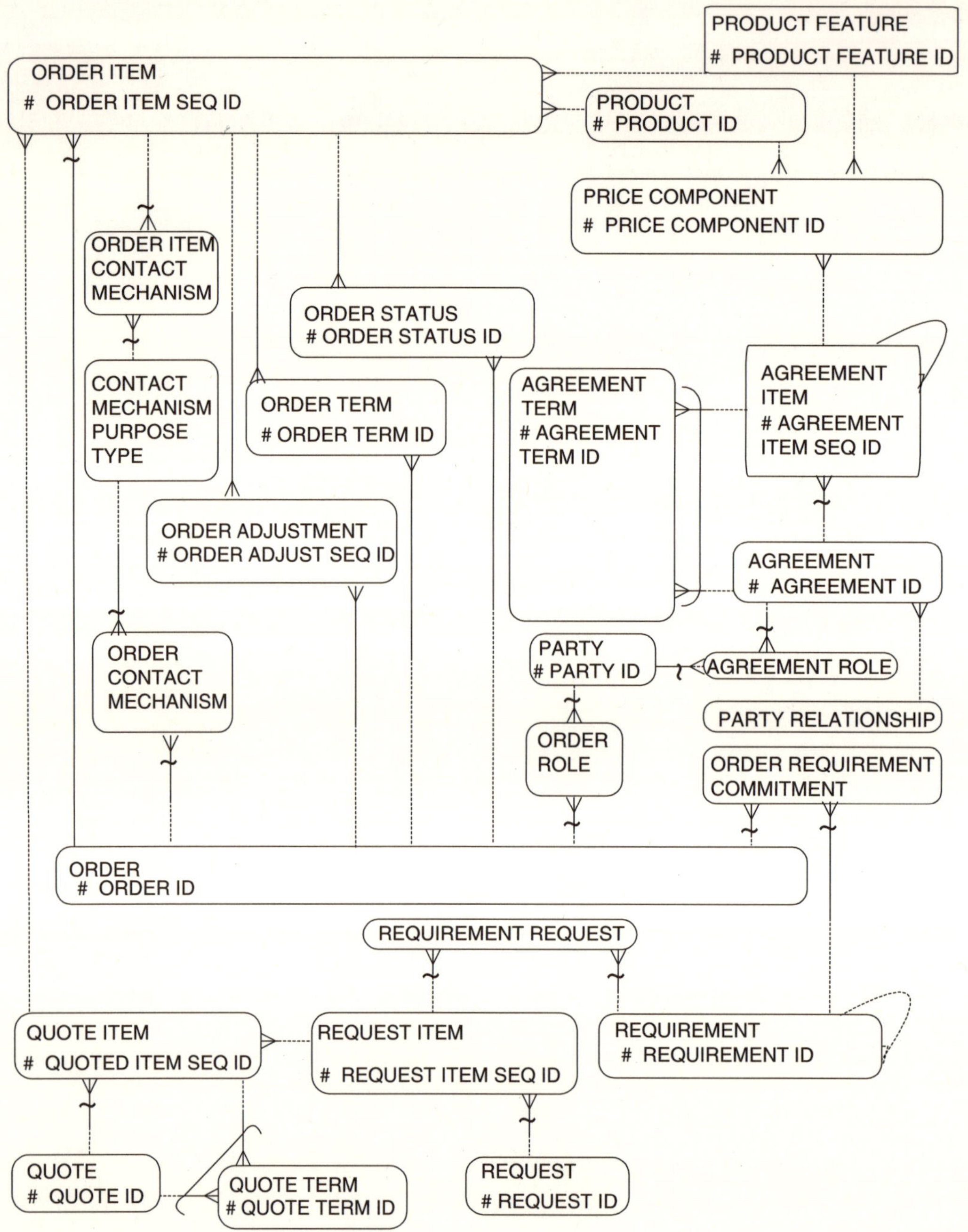

그림 4.17 주문 전체 모델

요약

이 장의 데이터 모델은 주문, 요구사항, 요청, 견적 및 계약에 대한 정보를 관리하는 방법을 제공한다(그림 4.17 참조). 이 모델은 판매 및 구매 주문 관점을 포함하고 서비스뿐만 아니라 상품을 포함한다.

주문은 상품에 대한 요구사항 또는 요건으로 시작하여 프로세스를 진행한다. 요구사항은 주문에 의해 직접 수행될 수도 있고 공급업체, 견적, 주문에 대한 요청으로 이어질 수도 있다. 관계자 간의 관계와 트랜잭션을 통제하고 조건과 가격에 영향을 미치는 계약이 사전에 수립될 수 있다. 이 장에서는 많은 기업들이 관계자 간의 약속을 수립하는 데 필요한 대부분의 정보를 설계한다.

이러한 약속을 이행하는 모델은 5장과 6장에서 다룬다. 제품의 배송에 대한 약속은 5장에서 다룬 배송을 통해 이루어진다. 서비스 제공은 대개 6장에서 다루는 작업활동을 통해 수행된다.

엔터티와 속성의 목록은 부록A를 참조하라.

CHAPTER

5

배송

주문이 어떻게 목적지에 도착하고, 어떻게 지불이 되는가? 답해야 할 질문들은 다음과 같다.

- 무엇이 배송되고 있는가?

- 언제 배송되는가?

- 어디에서 어디로 배송되는가?

- 배송의 현재 상태는 무엇인가?

- 언제 어떤 장소에서 재고를 수령하고 배급하는가?

- 입출고 재고의 출하량과 특성은 무엇인가?

- 전체 주문이 배송되었나 일부만 배송되었나?

- 어떤 선적 서류가 작성되고 관리되는가?

- 어떤 운송회사가 배송하며, 어떤 경로로 배송되는가?

이 장에서는 예정되거나 배달된 품목의 배송에 대해 다룰 것이다. 언뜻 보기에 이 기능을 지원하는 정보는 전혀 복잡하게 보이지 않는다. 그러나 실제 환경에서의 데이터 상호 관계는 복잡할 수 있다. 이 장에서 설명하는 모델은 다음과 같다.

- 배송

- 배송 세부 정보

- 배송과 주문 관계

- 입고 배송에 대한 수령

- 출고 배송에 대한 품목 배급

■ 배송 서류

■ 배송 방법

배송

배송에 대한 기본 데이터 모델은 그림 5.1에 나와 있다. 여러 유형을 가질 수 있는 SHIPMENT(배송) 엔터티가 있다. SHIPMENT(배송)와 PARTY(관계자)의 관계는 물건을 보낸 관계자와 받는 관계자를 저장하는 것이다. SHIPMENT(배송)와 POSTAL ADDRESS(우편주소)의 관계는 배송이 시작된 곳과 배송된 곳을 추적하는 것이다. 이 모델은 운송회사가 우편주소를 쉽게 찾을 수 없는 경우를 대비하여 수령인의 연락 번호뿐만 아니라 배송에 대해 문의할 수 있는 곳을 저장하기 위해 추가 CONTACT MECHANISM(연락매체)이 관리될 수 있음을 보여준다.

기업은 배송에 대해 많은 것을 알아야 할 수도 있다. 일부는 중요하고 일부는 그렇게 중요하지 않다. SHIPMENT(배송) 엔터티에 기록하는 첫 번째 것은 estimated ship date(예정배송일자)이며, 이는 고객에게 배송을 시작하는 예상 날짜를 나타낸다. 이는 화난 고객이 자신의 주문에 대해 일어난 일을 알고 싶어하는 상황에서 고객 서비스 직원에게 중요할 것이다. Estimated ready date(예정준비일자)는 품목이 배송되도록 준비된 날짜를 기록한다(포장이나 다른 준비). 알아야 할 다른 정보에는 estimated arrival date(예정도착일자), estimated ship cost(예정배송비용), actual ship cost(실제배송비용)(청구 시 중요할 수 있음) 및 special handling instructions(특별취급지침)(예를 들면, "깨지기 쉬움", "배달 시 서명 필요" 등)이 포함된다. 취소의 경우, 선적이 취소될 수 있는 최종 일자를 알 필요가 있다. Last updated(최종수정일자) 속성은 예정 일자가 자주 변경될 수 있기 때문에 이 정보가 마지막으로 변경된 때를 알 수 있도록 한다. 이런 모든 이벤트의 실제 날짜는 SHIPMENT STATUS(배송상태)에 저장된다. SHIPMENT STATUS(배송상태)는 이후 절에서 설명할 것이다.

배송 유형

그림 5.1에서 볼 수 있듯이 기본 유형의 배송을 구분하기 위해 SHIPMENT(배송) 엔터티의 여러 서브타입이 모델에 포함돼 있다. 이러한 유형은 배송에 속한 조직을 근거로 유추될 수 있

지만 명확성을 위해 포함되었다. 배송이 내부 조직에서 외부 조직으로 발송되는 경우, 이는 OUTGOING SHIPMENT(출고배송)며, CUSTOMER SHIPMENT(고객배송) 또는 PURCHASE RETURN(구매반품)일 수 있다. CUSTOMER SHIPMENT(고객배송)는 고객에게 발송된 배송을 나타낸다. PURCHASE RETURN(구매반품)은 공급업체에게 반환되는 배송을 나타낸다. 외부 조직이 내부 조직에 배송하는 경우 INCOMING SHIPMENT(입고배송)로 불리며, 이는 PURCHASE SHIPMENT(구매배송) 또는 CUSTOMER RETURN(고객반환)일 수 있다. PURCHASE SHIPMENT(구매배송)는 공급업체로부터 구매한 품목을 입고하는 것이다. CUSTOMER RETURN(고객반환)은 기업에서 구입한 상품을 반품하는, 고객으로부터 발송된 배송이다. 내부 조직에서 다른 내부 조직으로의 배송(예를 들면, A부서에서 B부서로)은 TRANSFER(이동)라고 한다. 배송이 외부 조직에서 다른 외부 조직으로 이뤄지면 DROP SHIPMENT(직송)다. 일반적으로 DROP SHIPMENT(직송)는 유통업체가 공급업체에서 고객에게 상품을 직접 배송하는 방식이다.

배송 관계자 및 연락매체

기업이 무엇을 어딘가로 보내지 않았다면 배송이 아닐 것인데, 그럼 어디로 보냈는가? 배송은 한 장소에서 다른 장소로 배달돼야 한다. 따라서 POSTAL ADDRESS(우편주소)에는 두 가지 관계가 있다. 하나는 배송의 최종 목적지를 보여준다. 다른 하나는 배송의 출발지 또는 출발점을 보여준다. 한 번 예정된 배송은 실제 배송 전에도 어디에서 어디로 배송되는지를 보여줄 필요가 있을 것이다.

배송은 연락매체 외에도 관계자와 연관이 있다. 관계자로부터 배송 받는 것뿐만 아니라 관계자에게 배송하는 것도 필요하다. 관계자에게 배송하는 것은 ORDER(주문)의 PARTY(관계자)에게 배송되도록 지정하는 것과 거의 같을 수 있으며, 유사하게 CONTACT MECHANISM(연락매체) 관계에 배송하는 것은 ORDER(주문)에서 CONTACT MECHANISM(연락매체) 관계에 배송되도록 지정하는 것이 될 것이다. 따라서 이 정보를 기본값으로 사용해서 관계자에게 배송하는 것을 결정하고 연락매체로 배송할 수 있다.

배송 및 주문 모두에 연결된 PARTY(관계자) 및 CONTACT MECHANISM(연락매체) 정보는 데이터의 중복으로 보일 수 있지만, 배송 기록이 주문보다 훨씬 늦게까지 생성되지 않을 수 있기 때문에 두 곳 모두에 정보가 보일 필요가 있다. 배송 기록이 주문 입력 중에 생성된 경우 정보는 배송 기록에만 저장될 수 있다. 이것은 물론 업무 규칙 및 프로세스를 통해 제어될 수도 있다. 또한 배송 정보가 변경되어 배송 중에 중단될 수 있다.

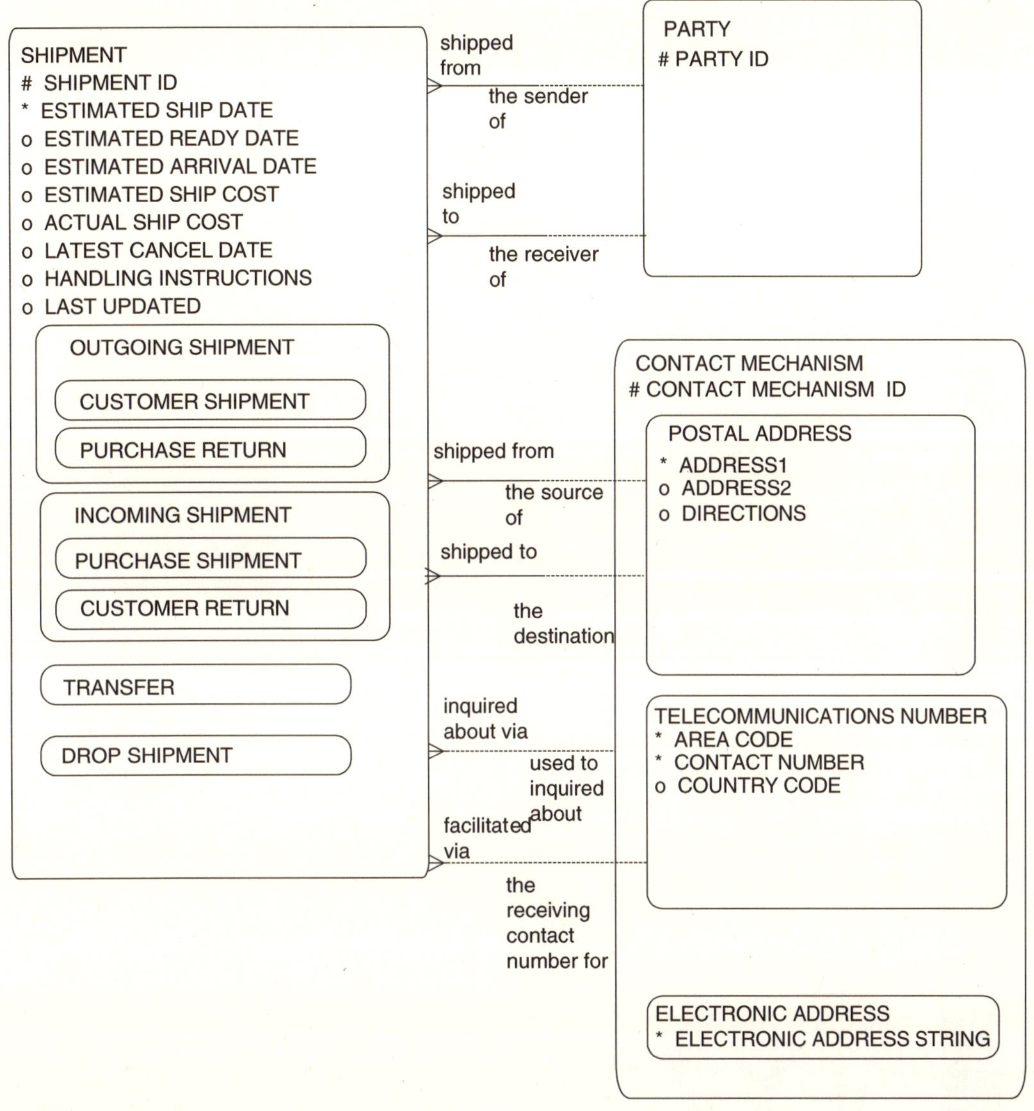

그림 5.1 배송 정의

모델은 배송을 추적하는 방법에 대한 정보를 제공하기 위해 SHIPMENT(배송)에서 CONTACT MECHANISM(연락매체)에 대한 추가 관계를 보여준다. 이는 SHIPMENT(배송) 수령인에 대한 수령 연락 번호일 수 있다. 이 번호는 전화번호와 같은 TELECOMMUNICATIONS NUMBER(통신 번호)일 것이다. 이것은 배송 우편 주소가 문제될 경우 수령인에게 연락하는 데 사용될 수 있다. CONTACT MECHANISM(연락매체)과 SHIPMENT(배송)의 관계는 모든 관계자가 배송에 대해 문

표 5.1 배송 데이터와 연락 매체

SHIPMENT ID	SHIPMENT TYPE	ESTIMATED SHIP DATE	ESTIMATED ARRIVAL DATE	SHIPPED-TO PARTY AND POSTAL ADDRESS	SHIPPED-FROM PARTY AND POSTAL ADDRESS
9000	Customer shipment	Mar 6, 2001	Mar 8, 2001	ACME Corporation 234 Stretch Street	ABC Subsidiary 300 Main Street
9200	Customer shipment	Mar 12, 2001	Mar 14, 2001	ACME Corporation 234 Stretch Street	ABC Subsidiary 300 Main Street
9400	Customer shipment	Mar 22, 2001	Mar 25, 2001	ACME Corporation 234 Stretch Street	ABC Subsidiary 300 Main Street
1146	Purchase shipment	Mar. 19, 2001	Mar. 20, 2001	ABC Corporation 100 Main Street	General Goods Corporation 300 Jennifer Street
1149	Purchase shipment	Mar. 25, 2001	Mar. 31, 2001	ABC Corporation 100 Main Street	General Goods Corporation 300 Jennifer Street
1578	Purchase return	Apr 9, 2001	Apr 12, 2001	General Goods Corporation 300 Jennifer Street	ABC Corporation 100 Main Street
3485	Transfer	Jun 23, 2001	Jun 25, 2001	ABC Subsidiary 300 Main Street	ABC Corporation 100 Main Street
4800	Drop shipment	July 12, 2001	July 13, 2001	Sellers Assistance Corporation 400 Benny Street	ACME Company 234 Stretch Street

의할 수 있는 방법을 제공한다.

표 5.1은 SHIPMENT(배송) 및 관련 CONTACT MECHANISM(연락매체) 정보에 관한 몇 가지 예제 데이터를 보여준다. 처음 세 행은 내부 조직인 ABC자회사(ABC Subsidiary)에서 고객인 ACME기업(ACME Corporation)으로 발송된 고객 배송(customer shipment)을 보여준다. 배송 1146번 및 1149번은 들어오는 배송, 특히 공급업체인 "General Goods Corporation"으로부터의 구매 배송(purchase shipment)을 나타낸다. 배송 1578번은 구매 반환(purchase return), 구체적으로 제품 공급업체인 "General Goods Corporation"으로의 반품을 나타낸다. 배송 3485번은 ABC자회사(ABC Subsidiary)에서 ABC기업(ABC Corporation)으로 상품을 이전(transfer)한 것을 나타낸다. 마지막으로, 배송 4800번은 ABC의 판매 대리점인 "Sellers Assistant Corporation"으로부터 고객인 ACME기업(ACME Corporation)으로의 직송(drop shipment)을 나타낸다.

배송 세부 정보

어떤 품목이 배송되고 있으며, 배송 상태는 어떤가? 이것이 그림 5.2 데이터 모델에 반영된 것이다. 각 SHIPMENT(배송)는 많은 SHIPMENT ITEM(배송품목)에 의해 상세화될 수 있다. 이것은 발송되고 수신된 게 무엇인지와 quantity(수량) 속성을 통해 배송된 각 품목의 수를 추적하는 방법을 제공한다.

이제 사람들은 배송이 어디로 가고 있으며 어디에서 오고 있는지를 말할 수 있고, 배송이 될 때 무엇이 배송되고 얼마나 많은 품목이 배송되고 있는지를 알 수 있다. SHIPMENT ITEM(배송품목) 엔터티는 얼마나 많은 품목이 선적되거나 선적될 예정인지에 대한 정보를 제공한다. 선적된 품목에 대한 세부 사항은 만약 품목이 표준 상품이라면 GOOD(제품) 엔터티에서 찾을 수 있고, 품목이 파일에 보관되는 표준 상품이 아니라면 shipment contents description(배송내용설명) 속성에서 찾을 수 있다. 예를 들어, 표준 제품이 아니기 때문에 GOOD(제품) 엔터티에서 관리하지 않고 공급업체로부터 일회성으로 들어오는 배송이 있을 수 있다. 배송은 라이프 사이클을 통해 상태가 변경될 수 있으므로(예를 들면, "운송중"에서 "인도"), 여러 시점에서 배송 상태를 설명하려면 SHIPMENT STATUS(배송상태) 엔터티가 필요하다. SHIPMENT ITEM(배송품목)의 재귀 관계는 배송 품목이 다른 품목에 대한 응답일 수 있다는 사실을 나타낸다. 예를 들어, 조직이 품목을 수령하고 품목에 결함이 있는 것으로 판단한 후 이를 반송할 때이다(이는 원래 배송 품목과 연관된 다른 배송 품목임).

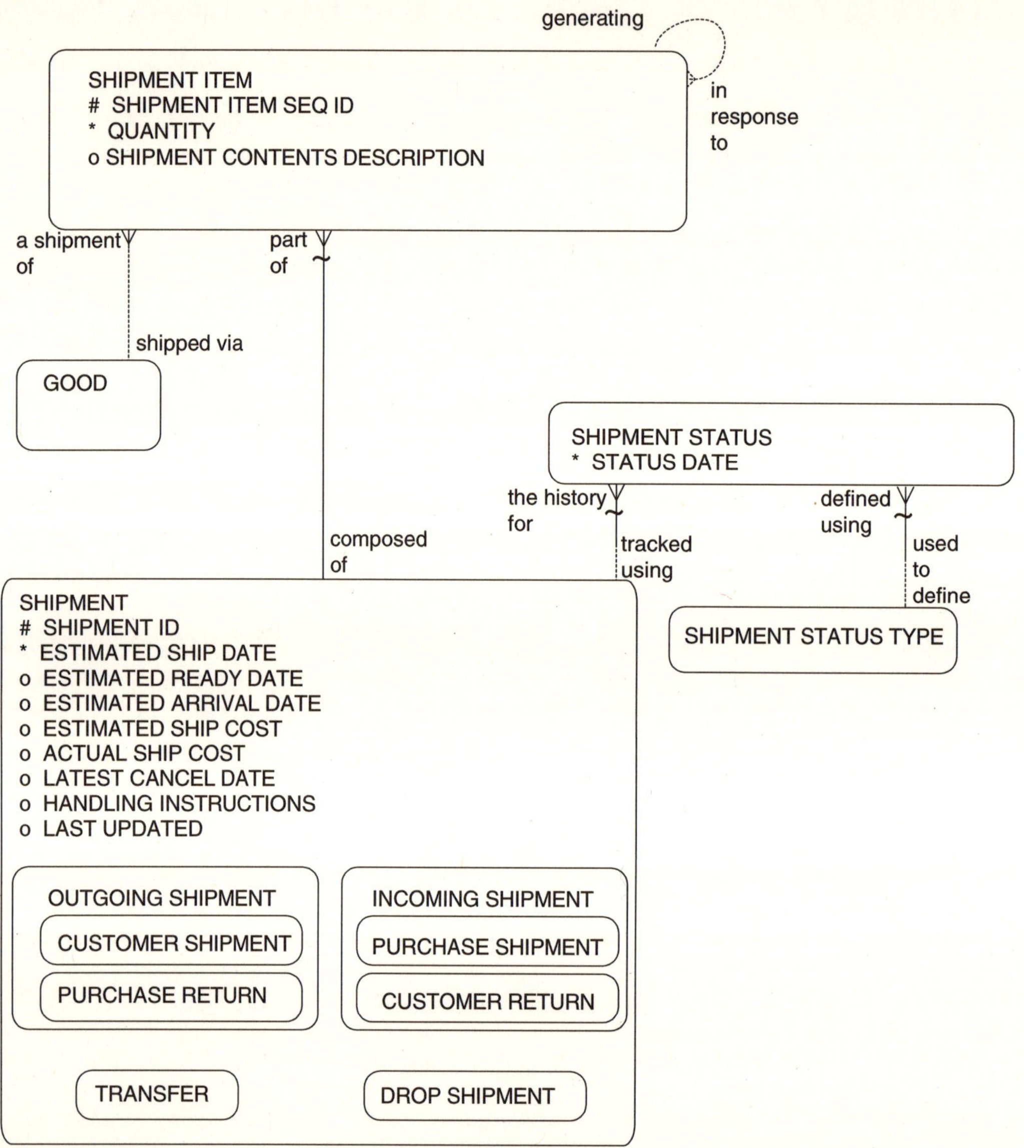

그림 5.2 배송 상세

SHIPMENT ITEM(배송품목)이 INVENTORY ITEM(재고품)과 연관되지 않고 GOOD(제품)과 연관된 이유가 무엇인가? 결국, 배송 물품은 재고에서 물건을 꺼내거나 재고로 가져오는 과정에 관여한다. 배송 일정을 정할 때 특정 재고품이 알려져 있지 않을 수 있다는 것이 한 가지 이유다. 또 다른 이유는 재고품이 이 장의 뒷부분에 나오는 재고품의 SHIPMENT RECEIPT(배송수령)나

ITEM ISSUANCE(품목배급)와 같은 다른 엔터티를 통해 SHIPMENT ITEM(배송품목)과 직접 연관되기 때문이다.

표 5.2는 SHIPMENT ITEM(배송품목)에 대한 사용 가능한 데이터를 나타낸다. 배송 9000번은 이전에 설명한 ACME기업의 고객 배송에 대해 자세히 설명하고, 세 가지 품목이 배송되는 것을 보여준다.

표 5.2 배송 품목

SHIPMENT ID	ITEM SEQ	QUANTITY	INVENTORY ITEM
9000	1	1000	Jones #2 pencils
	2	1000	Goldstein Elite pens
	3	100	Boxes of HD diskettes

배송 상태

그림 5.2의 SHIPMENT STATUS(배송상태) 엔터티를 통해 배송 상태를 정확하게 추적할 수 있다. SHIPMENT STATUS TYPE(배송상태유형)의 상태는 특정 시점의 배송 상태를 나타낸다. 가능한 상태는 "예정", "배송", "배송중", "배송완료", "취소"이다. 이 모델을 사용하면 기업이 관심을 가질 모든 상태를 저장할 수 있다.

표 5.3은 이 엔터티에 저장될 수 있는 예제 데이터를 보여준다. SHIPMENT(배송) 엔터티의 속성으로 estimated ship date(예상발송일자)와 estimated arrival date(예상도착일자)가 있는 반면, SHIPMENT STATUS(배송상태) 엔터티에는 실제로 트랜잭션이 발생한 일자(필요하다면 시간까지)를 저장한다. 고객 배송 9000번은 3월 4일 배송 예정이었고(배송이 처음으로 저장됐음을 의미) 실제로 3월 7일에 발송돼서 3월 7일에 수령됐다. 직송인 4800번은 7월 9일 배송 예정이었는데 7월 10일에 취소됐다.

표 5.3 배송 상태 데이터

SHIPMENT ID	SHIPMENT STATUS	STATUS DATE
9000	Scheduled	Mar 4, 2001
	Shipped	Mar 7, 2001
	Received	Mar 7, 2001
4800	Scheduled	July 9, 2002
	Canceled	July 10, 2002

데이터 모델이 진정으로 통합되고 실용적이기 위해서는 주문을 배송에 연결할 필요가 있다. 이것은 그림 5.3의 ORDER SHIPMENT(주문배송) 엔터티를 통해 처리된다. 이 엔터티는 SHIPMENT ITEM(배송품목)과 ORDER ITEM(주문품목) 간의 다대다(M:M) 관계를 해소한 엔터티다. 다대다(M:M) 관계는 부분 배송과 결합 배송을 처리하기 위해 필요하다.

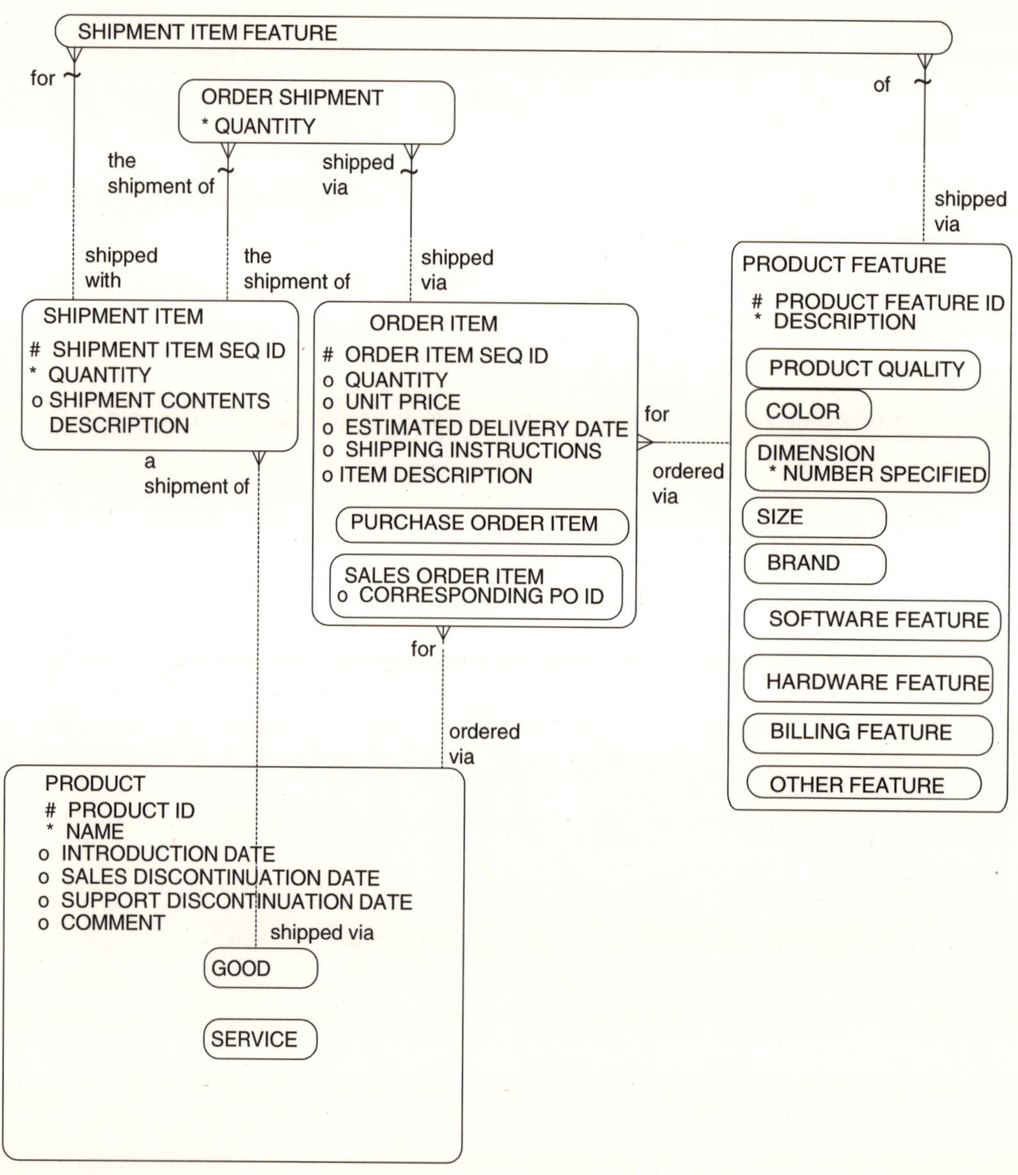

그림 5.3 배송 주문 관계

각 SHIPMENT ITEM(배송품목)은 오직 하나의 GOOD(제품)에 대한 배송일 수 있고, 하나 이상의 SHIPMENT ITEM FEATURE(배송품목특성)에 대한 배송일 수 있다. 또는 비표준 품목일 경우 배송내용설명(shipment contents description) 속성을 통해서만 묘사될 수도 있다. 배송에 대한 제품 및 상품 특성이 이미 주문에 포함돼 있다면 제품 및 상품 특성을 저장해야 하는 이유는 무엇인가? 우선, 배송 및 배송 품목은 주문과 독립적으로 존재할 수 있다. 예를 들면 재고의 이동과 같다. 둘째, 배송된 제품이 주문한 제품과 다를 가능성이 있다. 예를 들어, 제품 대체가 발생했을 수 있다.

표 5.4 주문 품목 데이터

ORDER ID	ORDER ITEM SEQ ID	QUANTITY	PRODUCT
100	1	1500	Jones #2 pencils
	2	2500	Goldstein Elite pens
	3	350	Standard erasers
200	1	300	Goldstein Elite pens
	2	200	Boxes of HD diskettes

표 5.5 배송 품목 데이터

SHIPMENT ID	SHIPMENT ITEM SEQ ID	QUANTITY	PRODUCT
9000	1	1000	Jones #2 pencils
	2	1000	Goldstein Elite pens
	3	100	Boxes of HD diskettes
9200	1	350	Standard erasers
	2	100	Boxes of HD diskettes
	3	1500	Jones #2 pencils
9400	1	500	Jones #2 pencils

표 5.4와 표 5.5, 표 5.6은 ORDER ITEM(주문품목)에서 SHIPMENT ITEM(발송품목)으로의 다대다(M:M) 관계를 보여주기 위한 몇 가지 예제 데이터를 제공한다. 단순화하기 위해 order id(주문 ID) 100번, 200번 데이터와 shipment id(배송ID) 9000번, 9200번, 9400번 데이터를 보여준다. 이 테이블의 데이터는 복잡해 보일 수 있지만, 여기에는 타당한 이유가 있다. 즉 현실 세계에서 주문과 배송 간의 관계는 복잡하다는 것이다.

ORDER ID	ORDER ITEM SEQ ID	SHIPMENT ID	SHIPMENT ITEM SEQ ID	QUANTITY (SHIPPED)
100	1	9000	1	1000
	1	9400	1	500
	2	9000	2	700
	3	9200	1	350
200	1	9000	2	300
	2	9000	3	100
	2	9200	2	100

표 5.4는 order id(주문ID) 100번, 200번의 두 가지 주문을 보여준다. 표 5.5는 shipment id(배송ID) 9000번, 9200번, 9400번의 세 가지 배송을 보여준다. 표 5.6은 하나의 주문 품목이 여러 배송에 걸쳐 분배될 수 있음을 보여준다. 표 5.6의 처음 두 행은 하나의 주문 품목과 두 개의 배송 품목의 관계를 보여준다. Order id(주문ID) 100번, order item seq id(주문품목SEQID) 1번(표 5.4)은 shipment id(배송ID) 9000번, shipment item seq id(배송품목SEQID) 1번에 의해 1,000개가 부분적으로 배송된 후, 나중에 shipment id(배송ID) 9400번, shipment item seq id(배송품목SEQID) 1번에서 500개를 배송해서 완료되었다. 이렇게 해서 1,500개의 "Jones # 2" 연필 전체가 배송되었다.

반대로 하나의 배송 품목에 대한 배송이 둘 이상의 주문으로부터 발생한 것일 수 있다. 표 5.6의 세 번째와 다섯 번째 행은 이를 보여준다. 표 5.5의 shipment id(배송ID) 9000번, shipment item seq id(배송품목SEQID) 2번은 1,000개의 "Goldstein Elite" 연필을 배달하는 배송이다. 이는 order id(주문ID) 100번, order item seq id(주문품목SEQID) 2번과 order id(주문ID) 200번, order item seq id(주문품목SEQID) 1번 주문을 결합한 배송이다. 부분적인 배송은 배송 당시의 재고 부족 때문일 수 있다. 이 시나리오에서는 두 주문(즉, 100번 및 200번)이 동일한 장소로 가고, 동일한 상품이라는 것을 보장하는 업무 규칙 및 프로세스가 마련되어 있다고 가정한다.

주문되고 배송중인 실제 품목을 추적해야 하기 때문에 ORDER(상품)와 SHIPMENT(배송) 사이에는 관계가 없다는 점에 유의하라.

주문된 것과 다른 특성을 가진 품목을 배송할 수 있는가? 실수로 이 작업은 수행될 수 있다. 또 다른 가능성은 고객이 주문한 것과 다른 특성을 받기를 동의했을 때이다. 이 경우 주문이 변경될 수 있거나 기업은 고객이 특정 특성의 품목을 주문했음을 반영하길 원할 수 있다. 하지만 고객은 다른 것을 받기로 동의한 것이다.

이러한 경우를 처리하기 위해 배송이 어떤 특성을 포함하거나 포함할 예정인지를 보여주는 교차 엔터티인 SHIPMENT ITEM FEATURE(배송품목특성)를 사용하여 PRODUCT FEATURE(상품특성)와 SHIPMENT ITEM(배송품목)을 연관시킬 수 있다. 그림 5.3에서 교차 엔터티인 SHIPMENT ITEM FEATURE(배송품목특성)를 통한 SHIPMENT ITEM(배송품목)에서 PRODUCT FEATURE(상품특성)로의 관계는 기업이 배송될 PRODUCT FEATURE(상품특성)뿐만 아니라 SHIPMENT ITEM(배송품목)을 관리하도록 할 수 있다.

이 모델의 대안 모델은 주문 품목과 배송 품목 사이의 교차 엔터티인 ORDER SHIPMENT(주문배송)에서 주문된 어떤 특성이 배송되는지를 저장하는 것이다. 배송되는 품목과 주문된 품목의 차이가 발생할 때, 각 SHIPMENT ITEM(배송품목)이 궁극적으로는 INVENTORY ITEM(재고품)에 묶여 있기 때문에 이 차이는 알 수 있다. 재고품은 제품의 실례이고, 그것에 속한 특성을 포함하는 구성을 가지고 있다. 이 대안 모델의 문제점은 배송 특성이 주문된 특성과 다를 때 예정된 배송(특정 재고가 아직 묶이지 않음)에 대한 특성을 저장하는 방법이 여전히 없다는 것이다.

표 5.7은 파란색 연필이 주문된 다음, 이 주문에 대해서 검정 연필이 배달된 예제를 보여준다. 배송은 앞의 예제와 같이 한 주문의 연필 700개와 다른 주문의 연필 300개를 결합한다. 이 표는 주문 품목 특성이 파란색임을 보여준다. 그러나 배송 품목 특성은 검은색이다. 이는 파란색 연필의 재고가 없기 때문에 실수나 고의로 다른 특성을 배달한 것을 의미할 수 있으며, 아마도 재고에 파란색이 없기 때문에 고객이 대용품으로 검은색 연필을 받아들인 것임을 나타낸다.

이 예제는 데이터 모델 설명을 단순화하기 위해 고객 배송만을 포함한다. 이러한 데이터 모델의 데이터 구조는 구매 배송, 직송, 이동을 포함한 모든 유형의 배송과 관련해서 발생하는 다대다(M:M) 관계를 지원할 것이다. 모든 유형의 배송은 품목을 이동하고 부분 배송을 포함하는 요건을 결합시킬 수 있다. 이는 왜 다대다(M:M) 관계가 모든 유형의 배송에 필요한지를 나타낸다.

표 5.7 상품 특성의 주문 배송 참조 데이터

ORDER ID	ORDER ITEM SEQ ID	ORDER ITEM FEATURE	QUANTITY	SHIPMENT ID	SHIPMENT ITEM SEQ ID	QUANTITY (SHIPPED)	SHIPMENT ITEM FEATURE
100	2	Color blue	2500	9000	2	1000	Color black
200	1	Color blue	300				

입고는 부두를 통해 공식적으로 받지만 책상에서 비공식적으로 받을 수도 있다. 어느 쪽이든 품목의 수령에 대한 정보를 저장해야 한다. 수락되거나 거절된 유형의 품목 수에 대한 정보가 필요하다. 이 정보에는 패키지의 내용, 수령과 관련된 역할, 수령 날짜 및 시간, 재고로 저장된 위치 등이 포함된다.

그림 5.4는 배송 수령을 위한 데이터 모델을 나타낸다. 각 SHIPMENT ITEM(배송품목)은 하나 이상의 SHIPMENT PACKAGE(배송패키지) 내에 포장될 수 있으며, 그 반대의 경우도 있으므로 교차 엔터티인 PACKAGING CONTENT(포장내용)가 필요하며, quantity(수량) 속성에 포함된 품목 수를 관리할 수 있다. Shipment package id(배송패키지ID)는 바코드 번호가 될 수 있으므로 배송 패키지를 쉽게 추적할 수 있다. 각 SHIPMENT PACKAGE(배송패키지)는 수령의 세부 사항을 저장하는 하나 이상의 SHIPMENT RECEIPT(배송수령)을 통해 전달된다. 수령에 서명하는 사람, 제품 검사관, 재고에 쌓는 사람, 수령 관리자 및 품목을 받는 조직과 같이 각 수령과 관련된 많은 SHIPMENT RECEIPT ROLE(배송수령역할)이 있을 수 있다. 각 SHIPMENT RECEIPT(배송수령)은 수령이 예상한 것이었는지를 기록하기 위해 ORDER ITEM(주문품목)을 확인하고 적용할 수 있다. 각 SHIPMENT RECEIPT(배송수령)은 INVENTORY ITEM(재고품)에 저장되어 수령된 제품의 물리적 저장 장소를 기록할 수 있다.

SHIPMENT RECEIPT(배송수령)은 각 품목의 기록을 관리하고, 얼마나 많은 품목이 실제로 수령한 패키지 내에 있는지를 관리한다. SHIPMENT RECEIPT(배송수령)은 datetime received(수령일시) 속성을 관리하여 언제 수령했는지를 정확하게 나타낸다. Item description(품목설명)은 데이터 모델 내에서 제품으로 관리되지 않는 비표준 품목, 예를 들어 일회성 주문에 대해 수령된 것을 관리한다. GOOD(제품)과의 관계는 어떤 표준 제품을 수령했는지를 나타낸다. Quantity accepted(허용수량)는 조직이 수령할 필요가 있다고 결정한 품목의 수량을 나타낸다. Quantity rejected(거부수량)는 조직이 받아들일 수 없는 것으로 결정한 품목의 수량을 나타낸다. REJECTION REASON(거부사유)은 특정 품목을 허용하지 않는 이유를 저장한다. SHIPMENT ITEM(배송품목)의 재귀 관계는 반송된 배송을 기업이 추적할 수 있도록 연관된 배송 품목을 다룬다.

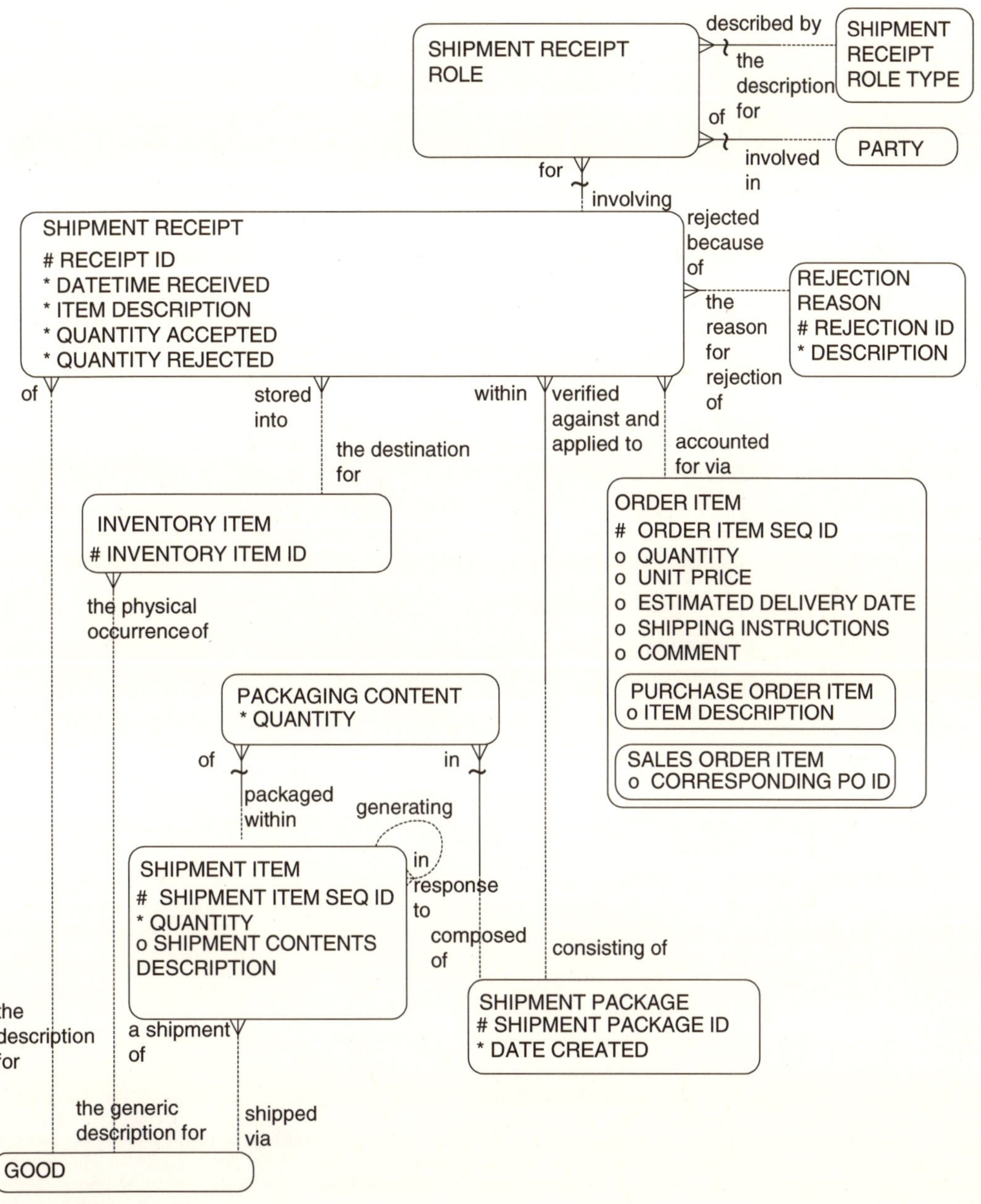

그림 5.4 배송 수령

    이 모델에서는 모든 SHIPMENT ITEM(배송품목)이 한 가지 형태나 다른 형태로 포장되어 있다고 가정한다. 따라서 SHIPMENT PACKAGE(배송패키지)에 있는 단일 SHIPMENT ITEM(배송품목)이 있더라도, SHIPMENT RECEIPT(배송수령)은 항상 SHIPMENT PACKAGE(배송패키지) 내에 있다. 일반적으로 상자, 통, 컨테이너와 같은 특정 종류의 포장을 하지만 배송을 위해 품목이 반드시 포장돼야 할 필요는 없다. 배송 수령이 SHIPMENT PACKAGE(배송패키지)나 SHIPMENT

ITEM(배송품목)과 연관돼야 하는가? 다시 말해, 배송 품목에 대한 수령인가? 아니면 포장에 대한 수령인가? 다른 배송 품목이 많이 들어있는 포장을 받았고 배송 상자가 모든 수량을 담기에 충분히 크지 않아서 일부 배송 품목은 부분 수량을 나타냈다고 가정하자. 이 모델은 수령을 포장에 연관시킨다. 왜냐하면 포장은 물리적으로 받은 것이기 때문이다. SHIPMENT RECEIPT(배송수령)에서 SHIPMENT ITEM(배송품목)으로의 조정이 필요하며, 이는 입고된 품목과 예상했던 것을 비교하기 위해 PACKAGING CONTENT(포장내용)와 SHIPMENT ITEM(배송품목), SHIPMENT PACKAGE(배송포장)를 통해 데이터 모델을 탐색함으로써 수행될 수 있다.

표 5.8 배송 수령

SHIPMENT ID	SHIPMENT ITEM SEQ ID	QUANTITY	PRODUCT	PACKAGING CONTENT QUANTITY	SHIPMENT PACKAGE ID	RECEIPT ID	QUANTITY ACCEPTED
1146 (incoming shipment from a supplier)	1	2000	Jones #2 pencils	1000	52000	12900	1000
				1000	52001	12901	1000
	2	1000	Goldstein Elite pens	1000	52002	12901	1000
	3	1000	Boxes of HD diskettes	100	52003	13902	100
1149 (incoming shipment from a supplier)	1	200	Standard erasers	200	53100	13903	200
	2	200	Boxes of HD diskettes	200	53100	13904	200
	3	100	Jones #2 pencils	100	53100	13905	100
4800 (transfer)	1	500	Jones #2 pencils	500	52004	13804	300

표 5.8은 배송에 대한 수령의 예이다. 이는 ABC기업이 고객에게 판매할 수 있도록 공급업체로부터 재고품을 확보하는 것을 나타낸다. 구매 배송 1146번은 단일 배송 품목이 여러 개의 패키지를 가질 수 있음을 보여준다. 처음 두 행은 "Jones # 2" 연필의 첫 번째 품목이 두 개의 패키지를 사용하여 선적되었음을 보여준다. 패키지 52000번은 1,000개의 연필을 패키지에 저장하고 52001

번은 다른 1,000개의 연필을 저장한다. 상자가 분리됐을 수 있기 때문에 동시에 수령되거나 다른 시간에 수령됐을 수 있다. Shipment items seq id(배송품목SEQID) 2와 3은 각자의 패키지에 정확하게 맞는다.

여러 배송 품목이 동일한 패키지로 배송될 수도 있다. 배송 1149번의 세 가지 배송 품목은 모두 같은 배송 패키지인 53100번으로 배달되었다. 모든 품목이 수령되었다. 이는 단일 SHIPMENT PACKAGE(배송패키지)에 여러 SHIPMENT ITEM(배송품목)이 포함될 수 있음을 나타낸다.

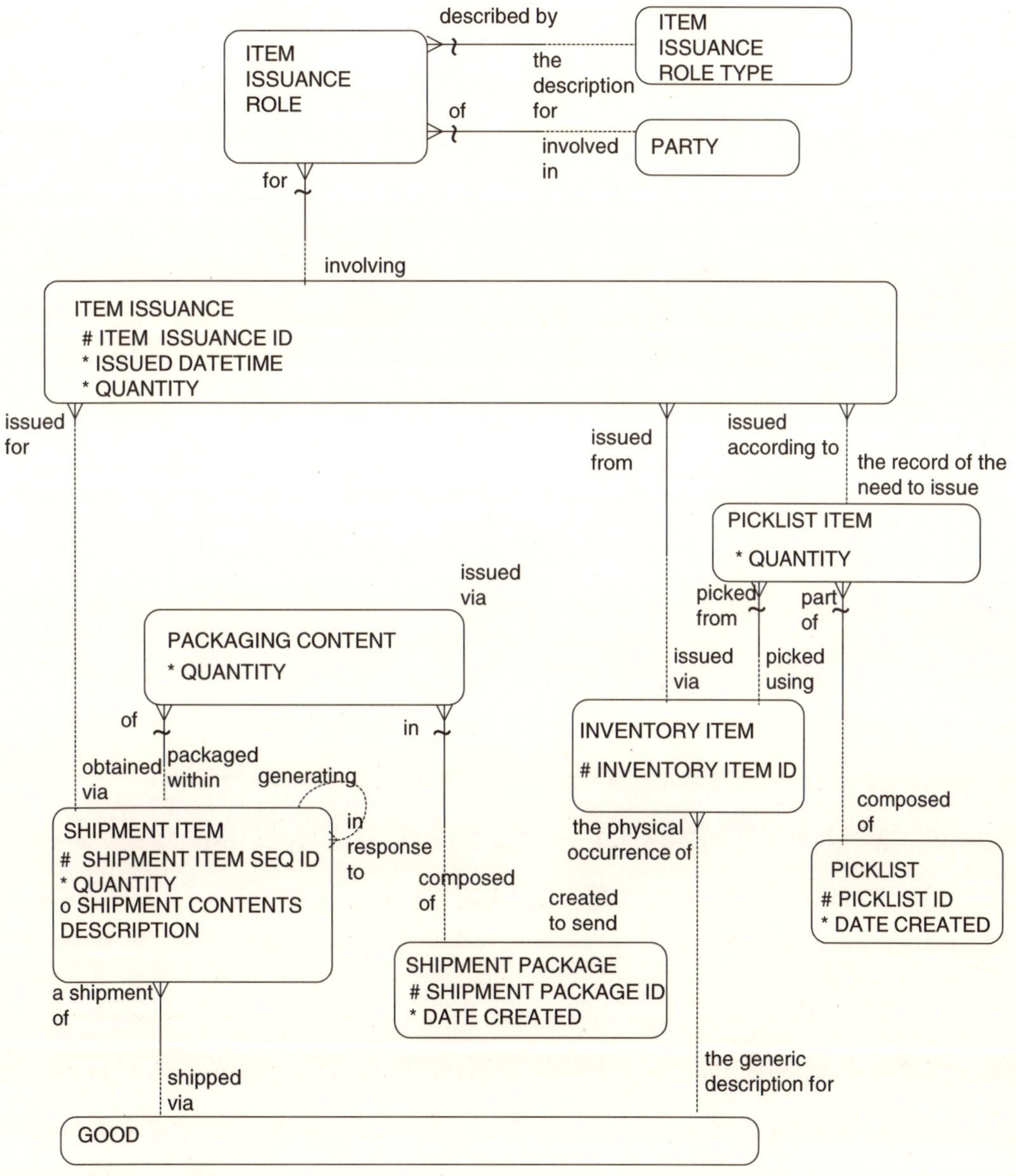

그림 5.5 출하에 대한 품목 배급

이동(transfer) 배송인 4800번은 하나의 패키지에 하나의 품목을 선적했다. 그러나 500개의 품목 중 300개의 품목만 승인됐다. "손상된 제품", "잘못된 금액" 등과 같은 거절 이유가 200개 품목에 대한 거절 이유로 저장될 수 있다.

출하 품목에 대한 품목 배급

배송되는 출고 품목은 재고품에서 추출하거나 배급할 필요가 있다. 최근의 배송 요구에 따라 재고로부터 추출해야 하는 품목을 결정하기 위해 선택 목록을 생성하는 과정이 진행될 수 있다. 다양한 사람이 품목을 선택하는 재고 배급과 품질 보증 프로세스에 다양한 역할로 종사한다.

그림 5.5는 품목 배급 프로세스의 정보 요구사항을 다루는 데이터 모델을 나타낸다. 미해결된 SHIPMENT(배송) 및 SHIPMENT ITEM(배송품목)을 검토하여 얻을 수 있는 배송 요건을 기반으로 재고에서 선택하기 위한 계획을 식별하는 PICKLIST(선택리스트)가 생성된다. 각 PICKLIST(선택리스트)는 필요한 제품의 수량을 저장하는 PICKLIST ITEM(선택리스트품목)을 가질 것이며, 배송 요건을 충족시키기 위해 각 INVENTORY ITEM(재고품)으로부터 선택돼야 한다. 다양한 알고리즘이 이 선택 목록을 생성하는 데 사용될 수 있으며, 일단 생성되면 그것은 재고에서 품목을 배급하는 행동 계획을 나타내므로 저장하는 것이 중요하다. 각 SHIPMENT ITEM(배송품목)은 하나 이상의 ITEM ISSUANCE(품목배급)를 통해 얻을 수 있으며, 이는 각 INVENTORY ITEM(재고품)에서 배급된다. 각각의 ITEM ISSUANCE(품목배급)는 이 과정에 참여하는 많은 사람들을 가질 수 있으며, 따라서 관련된 각 PARTY(관계자)에 대해 많은 ITEM ISSUANCE ROLE(품목배급역할)을 가질 수 있다. 각 역할은 ITEM ISSUANCE ROLE TYPE(품목배급역할유형)으로 설명된다.

품목이 배송 이외의 다른 이유로 재고에서 배급될 수 있으므로 ITEM ISSUANCE(품목배급)와 SHIPMENT ITEM(배송품목) 사이의 관계는 선택이다. 예를 들어, 품목은 재고가 저장된 동일한 위치에 있는 기업 내에서 사용하기 위해 배급될 수 있다.

표 5.9는 품목 배급의 예를 나타낸다. Shipment ID(배송ID) 9000번은 세 가지 품목의 고객 배송을 나타낸다. 1,000개의 "Jones # 2 연필"이 필요하며, 품목 배급 12900번은 이 1,000개의 품목을 재고에서 배급한다. 두 번째 품목인 1,000개의 "Goldstein Elite Pens"의 경우 재고에서 800개만 사용할 수 있다. 곧 보충될 것으로 예상되었으므로, 잠시 후 다른 200개가 배송 품목을 수용

하기 위해 바로 배급되었다. 이것은 여러 ITEM ISSUANCE(품목배급)가 배송 품목과 연관될 수 있음을 보여준다. 표의 마지막 두 행은 동일한 배송 품목에 대해 두 건의 품목이 배급되는 것과 비슷한 상황을 보여 주는데, 이 경우에만 품목이 별도의 패키지로 포장된다.

표 5.9 품목 배급

SHIPMENT ID	SHIPMENT ITEM SEQ ID	QUANTITY	PRODUCT	PACKAGING CONTENT QUANTITY	SHIPMENT PACKAGE ID	ITEM ISSUANCE ID	QUANTITY ISSUED
9000 (outgoing shipment to a customer)	1	1000	Jones #2 pencils	1000	62000	12900	1000
	2	1000	Goldstein Elite pens	1000	62000	12901	800
						13100	200
	3	100	Boxes of HD diskettes	100	62000	12902	100
9200 (outgoing shipment to a customer)	1	350	Standard erasers	350	62001	13800	350
	2	100	Boxes of HD diskettes	100	62002	13801	100
	3	1500	Jones #2 pencils	1500	62002	13802	1000
				500	62003	13803	500

배송 문서

배송은 종종 다양한 이유로 인해 배송 문서를 필요로 한다. 패키지 내용을 쉽게 식별하기 위한 선적 명세서나 배송 내용을 식별하기 위한 선하 증권처럼 몇몇 이유는 현실적으로 실질적이다. 몇몇 이유는 세금, 관세 또는 수출 서류와 같이 규정돼 있다.

어떤 배송 엔터티가 배송 문서와 연관돼 있는가? SHIPMENT ITEM(배송품목)인가? SHIPMENT PACKAGE(배송패키지)인가? 배송 문서에 따라 문서는 전체 배송 또는 패키지 설명서에 연관될 수 있다.

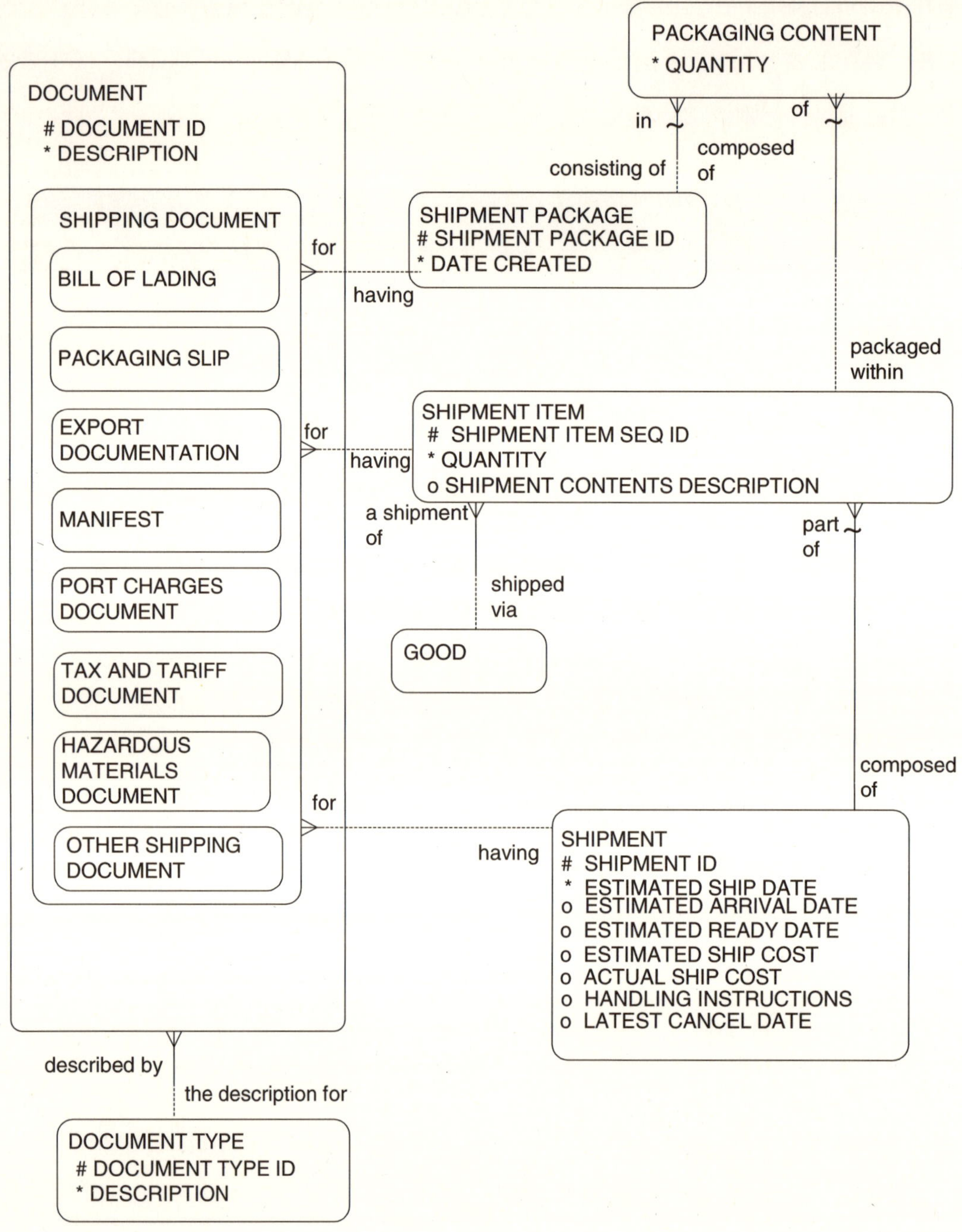

그림 5.6 배송 문서

그림 5.6은 문서의 정보 요구사항에 대한 데이터 모델을 제공한다. SHIPMENT DOCUMENT(배송문서)는 DOCUMENT(문서)의 서브타입이며, 기업에서 관리하는 많은 다른 문서가 존재할 수 있다. 각 SHIPMENT DOCUMENT(배송문서)는 문서의 유형 및 특성에 따라

SHIPMENT ITEM(배송품목), SHIPMENT PACKAGE(배송패키지) 및 SHIPMENT(배송)를 위한 것일 수 있다. 예를 들어, PACKAGING SLIP(포장전표)은 일반적으로 패키지의 내용을 설명하지만, MANIFEST(화물목록)는 SHIPMENT(배송)의 내용을 설명한다. HAZARDOUS MATERIALS DOCUMENT(위험물문서)는 SHIPMENT ITEM(배송품목)의 내용이나 전체 SHIPMENT(배송) 내용을 기술할 수 있다.

사용되는 배송 문서는 비즈니스 유형에 따라 다를 수 있다. 그러나 이 모델에는 일부 표준 서브타입이 제공된다. SHIPMENT DOCUMENT(배송문서)는 BILL OF LADING(선하증권), PACKAGING SLIP(포장전표), EXPORT DOCUMENT(수출문서), MANIFEST(화물목록), PORT CHARGES DOCUMENT(항구요금문서), TAX AND TARIFF DOCUMENT(세금관세문서), HAZARDOUS MATERIALS DOCUMENT(위험물문서) 또는 OTHER SHIPPING DOCUMENT(기타배송문서) 서브타입으로 분류된다. DOCUMENT TYPE(문서유형) 엔터티는 기업이 관리하려고 하는 다른 유형의 문서를 제공한다.

배송 경로

품목이 요건과 예상에 부합해서 배송되는 것을 확인하기 위해 배송과 품목과 패키지가 이동하는 경로를 추적할 필요가 종종 있다. 기업은 배송의 상태를 결정하고 신속하게 처리하기 위해 다양한 배송 경로에 대한 정보를 필요로 한다. 일부 패키지에는 추적되는 경로가 하나만 있을 수 있다. 예를 들면 창고에서 고객 주소로 배송하는 것이 그렇다. 일부 패키지에는 창고에서 물류 센터로, 항공 노선으로, 지역 경로로, 마지막으로 고객 수신 부두로 배송하는 것과 같은 여러 배송 경로가 있을 수 있다. 기업의 성격에 따라 배송 경로를 따라 이동하는 것과 같이 배송 패키지의 진행 상태를 추적하는 것이 중요할 수 있다. 출고 배송 패키지뿐만 아니라 입고 배송 또한 추적할 필요가 있다.

그림 5.7은 원하는 목적지로 배송하기 위해서 그들의 경로를 따라 패키지를 추적하는 데이터 모델을 나타낸다. 각 SHIPMENT ROUTE SEGMENT(배송경로구간)는 배송을 위한 여정의 각 구간에 대한 정보를 관리한다. 즉, 배송이 이동하고 있는 여행의 특정 구간을 나타낸다. SHIPMENT ROUTE SEGMENT(배송경로구간)는 지상, 화물선 또는 항공과 같은 특정 SHIPMENT METHOD TYPE(선적방법유형)을 통해 배송되어야 한다. 운송회사가 기업의 일부인 경우에도 특정

CARRIER(운송회사)에 의해 배송되어야 한다. 선택적으로, 기업은 배송 경로 구간이 이동하는 각 위치를 관리하는 FACILITY(시설)뿐만 아니라 구간에 사용된 특정 VEHICLE(차량)을 추적하고자 할 수도 있다.

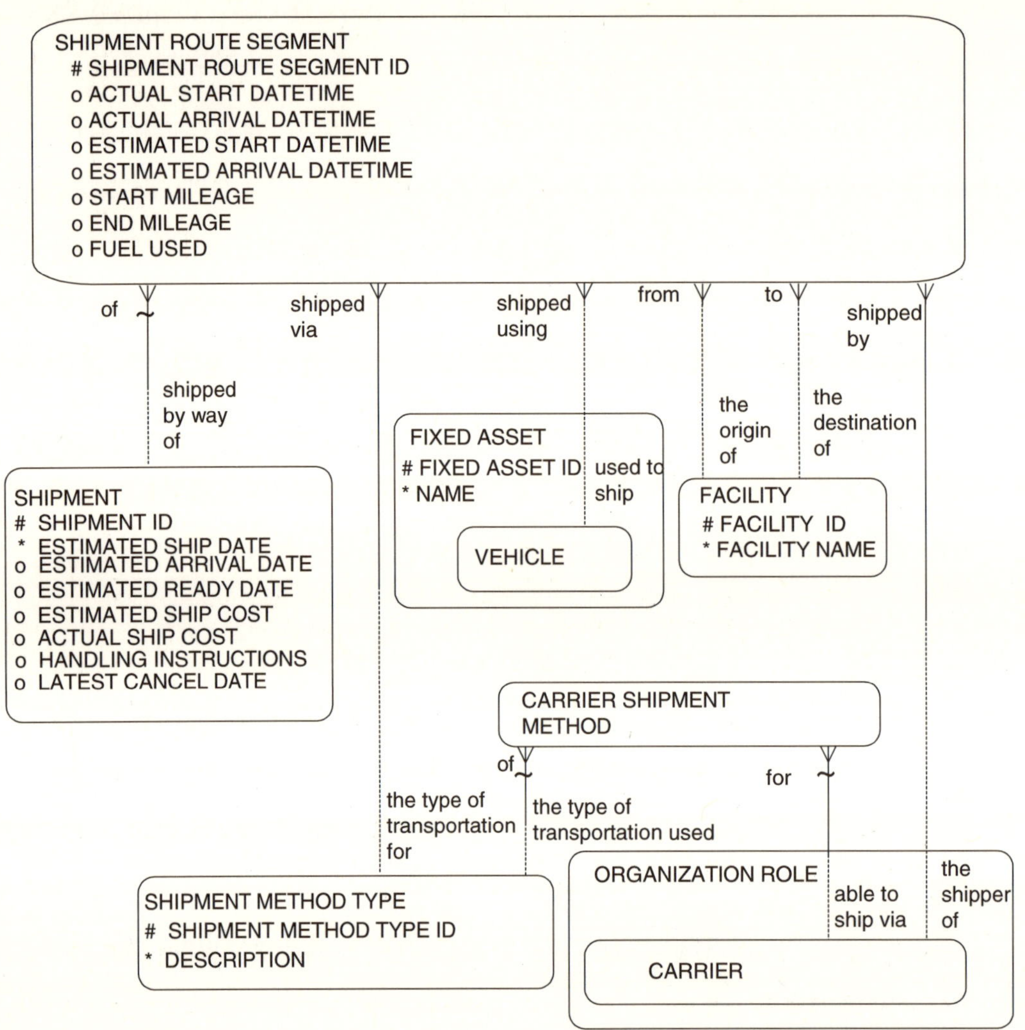

그림 5.7 배송 경로 구간

　　VEHICLE(차량)과의 관계는 일반적으로 기업이 자체 차량을 관리하는 상황에서 추적된다. 기업이 외부 운송회사를 사용한다면 기업은 데이터 모델 내에서 이러한 관계를 필요로 하지 않을 것이다. 특정 SHIPMENT ROUTE SEGMENT(배송경로구간)에서 두 대 이상의 차량을 사용할 수 있는가? 예를 들어, 트럭 100번을 사용하고 트럭 120번이 경로 중간에 이어서 배송할 수 있는가? 이 데이터 모델은 이 상황을 두 개의 배송 경로 구간으로 정의한다. 따라서 각 경로에는 차량이 하나뿐이다.

FACILITY(시설)와의 관계는 선택이다. 왜냐하면 기업은 배송이 이동하는 각 물리적 위치를 추적할 의지와 수단을 갖고 있지 않기 때문이다. 이러한 관계는 항상 외부 운송업체를 통해 자신의 상품을 배송하는 기업에게는 필요하지 않다.

떠오른 한 가지 질문은 SHIPMENT ROUTE SEGMENT(배송경로구간)가 SHIPMENT(배송), SHIPMENT ITEM(배송품목) 및 SHIPMENT PACKAGE(배송패키지)와 관련이 있는지이다. 조직은 전체 배송, 배송 내의 개별 품목 또는 배송 내의 각 패키지 경로를 추적할 필요가 있는가? 각 배송 품목의 경로는 배송의 일부로 저장되기 때문에 아마도 개별적으로 추적할 필요는 없다. 패키지 또한 SHIPMENT ITEM(배송품목)과의 관계를 통해서 배송의 일부로 관리된다. 제품의 최적 경로를 제공하기 위해서 배송 내의 패키지가 결합되고 다른 배송의 패키지와 혼합될 수 있는가? 또 다른 질문은 동일한 배송 내의 다른 패키지가 두 개의 다른 경로를 취할 수 있는지이다. 그리고 이것이 실제로 동일한 배송을 구성하는가? 예를 들어, 사무실 책상과 별도로 포장된 소모품은 두 가지 다른 배송 방법을 통해 배송될 수 있지만 여전히 동일한 배송으로 간주될 수 있는가? 제시된 데이터 모델의 목적에 부합되도록 이것은 두 개의 다른 배송으로 간주되므로 동일한 주문으로 적용할 수 있더라도 이를 두 개의 개별 배송 트랜잭션으로 추적하고 관리하는 것이 좋다.

또 다른 시나리오는 배송 패키지 중 하나가 길을 잃어서 배송 패키지의 경로를 따로 추적할 필요가 있다는 것이다. 기업이 각 패키지의 경로를 추적할 의지와 수단을 갖고 있다면 SHIPMENT ROUTE SEGMENT(배송경로구간)에서 SHIPMENT(배송)까지의 관계대신 SHIPMENT ROUTE SEGMENT(배송경로구간)에서 SHIPMENT PACKAGE(배송패키지)로 설정된 다대다(M:M) 관계의 교차 엔터티가 있을 수 있다.

SHIPMENT METHOD TYPE(배송방법유형) 엔터티는 품목이 운송되는 방법에 대한 정보를 포함한다. SHIPMENT METHOD TYPE(배송방법유형)에 설명된 다양한 유형의 운송 방법에는 "육상", "철도", "일급항공" 또는 "화물선"과 같은 기록이 포함될 수 있다. 이 값은 기업의 요건에 따라 다를 수 있다. 각 SHIPMENT(배송)는 하나 이상의 SHIPMENT METHOD(배송방법)를 통해 배송될 수 있다. 예를 들어, 하나의 배송은 기차로, 그 다음엔 트럭으로 운송해야 할 수 있다.

표 5.10은 SHIPMENT ROUTE SEGMENT(배송경로구간) 엔터티에 저장된 것의 예를 포함하고 있다. 배송 9000번은 ABC자회사가 모두 관리하는 두 개의 배송 경로 구간으로 배송된다. 첫 번째 구간은 트럭 하나에 의해 이루어지며, 최종 목적지까지의 배송은 두 번째 트럭에 의해 완료된다.

다른 배송은 보다 직관적이며 하나의 배송 경로 구간만 포함한다. 배송 9200번은 조직인 "Very Reliable Parcel Service"에 아웃소싱되며, 배송을 고객에게 직접 전달하기 때문에 하나의 배송 경로 구간만 추적된다. 배송 1146번은 제품을 언제 받을 수 있는지를 알기 위해 추적될 필요가 있는 입고 배송을 나타낸다.

표 5.10 배송 경로 구간

SHIPMENT ID	SHIPMENT TYPE	SHIPMENT ROUTE SEGMENT ID	SHIPMENT METHOD TYPE	CARRIER	ESTIMATED START DATETIME	ESTIMATED ARRIVAL DATETIME
9000	Customer shipment	1	Truck	ABC Subsidiary	Mar 7 2001 10AM	Mar 7 2001 1PM
		2	Truck	ABC Subsidiary	Mar 7 2001 2PM	Mar 7 2001 4 PM
9200	Customer shipment	1	Ground	Very Reliable Parcel Service	Mar 12 2001 1PM	Mar 14 2001 1PM
1146	Purchase shipment	1	Air	Air Goods Delivery Express	Mar 19 2001 4PM	Mar 20 2001 12 noon

배송 차량

기업이 자체 배송을 수행하고 배송 방법을 소유한 경우 실제로 사용된 차량을 추적할 필요가 있다. 따라서 VEHICLE(차량) 엔터티가 이 정보를 저장해야 한다. VEHICLE(차량) 엔터티는 FIXED ASSET(고정자산)의 서브타입이다(8장 그림 8.5에서 더 자세히 설명함). 하나의 트럭이 많은 배송에 사용될 수 있기 때문에 VEHICLE(차량)에서 SHIPMENT ROUTE SEGMENT(배송경로구간)로의 일대다(1:M) 관계가 존재한다. 표 5.10에서 9000번 배송 내에 두 개의 구간이 실제 트럭을 사용하는 것으로 분류된다.

기업이 VEHICLE(차량)에 대해 관리하고자 하는 정보는 차량의 사용에 대한 집계로서 시작 주행 거리 및 최종 주행 거리(해당되는 경우), 사용된 연료량과 같은 정보일 수 있다. 상세히 추적하기 위해 특정 차량이 배송을 시작한 날짜와 시간 및 배송을 끝낸 날짜를 추적할 수 있다. 이 정보를 사용하면 하나의 배송을 위해 사용된 여러 차량의 순서와 이동을 포함하여 소요된 시간을 쉽게 알 수 있다. 표 5.11에 예제가 있다.

이 예에서 두 대의 차량(트럭 1번 및 트럭 25번)을 사용하여 한 개의 배송(9000번)이 배달된다. 적절한 시작 및 종료 시간을 살펴보면, 첫 번째 차량에서 두 번째 차량으로 전달되는 동안 9000번 배송에 30분 지연이 있었음을 확인할 수 있다. 또한 데이터에서 "트럭 #1"이 두 번째 배송(9002번)을 하는 데 사용되었다는 사실을 알 수 있다. 시작 시간이 이전 배송의 것과 동일한 이유는 트럭에 동시에 실을 두 개의 배송이 포함되었기 때문이다.

표시된 데이터는 실제 배송 비용을 계산하기 위한 정보도 제공한다. 그것은 주행거리와 사용된 연료의 양을 보여준다. 연료비를 알면 각 배송에 대한 배송 비용을 밝힐 수 있다. 또한 주행거리는 사용된 차량의 마모를 밝히는 데 사용될 수 있다.

기업은 또한 배송이 예정보다 늦게 진행되고 있는지를 밝히기 위해 각 배송 경로 구간이나 각 차량에 대해 예상된 일시와 실제 일시를 추적할 필요가 있다. SHIPMENT ROUTE SEGMENT(배송 경로구간)의 actual start datetime(실제출발일시) 및 actual arrival datetime(실제도착일시) 속성 뿐만 아니라 estimated start datetime(예상출발일시) 및 estimated arrival datetime(예상도착일시) 속성은 필요할 경우 추가 기능을 제공한다.

표 5.11 배송 차량 데이터

SHIPMENT ID	SHIPMENT METHOD	VEHICLE NAME	ACTUAL START DATETIME	ACTUAL END DATETIME	START MILEAGE	END MILEAGE	FUEL USED
9000	Truck	Truck #1	Mar 7, 2001 10:00 A.M.	Mar 7, 2001 11:35 A.M.	52,000	52,061	2 gallons
		Truck #25	Mar 7, 2001 12:05 P.M.	Mar 7, 2001 8:16 P.M.	73,525	74,006	25 gallons
9002	Truck	Truck #1	Mar 7, 2001 10:00 A.M.	Mar 7, 2001 11:35 A.M.	52,000	52,061	2 gallons

요약

이 장에서는 배송의 세부 사항과 주문이나 다른 것과의 관계에 대해 논의했다. 이 장에서는 배송, 배송 품목, 배송 품목과 주문 품목의 관계, 배송 수령, 품목 배급, 배송 문서 및 배송 경로 구간에 대한 모델을 제공했다. 그림 5.8 전체 모델은 주요 엔터티와 관계를 나타낸다. 이러한 데이터 구조는 모델의 다른 측면과의 상호 관계와 결합되어 견고하고 통합된 시스템을 개발할 수 있게 한다. 이러한 모델은 일단 구현되면 중복 데이터 발생을 최소화하고 참조 무결성을 보다 쉽게 관리하게 한다.

엔터티와 속성의 목록은 부록A를 참조하라. 서비스가 제공되는 방식과 품목이 제공되는 방식에는 몇 가지 차이점이 있다. 재고품은 선적될 수 있는 것이다. 서비스는 전통적인 의미에서는 실제로 배송할 수 없다. 대신에 다음 장에서 설명할 WORK EFFORT(작업활동)라는 엔터티를 통해 고객에게 전달된다.

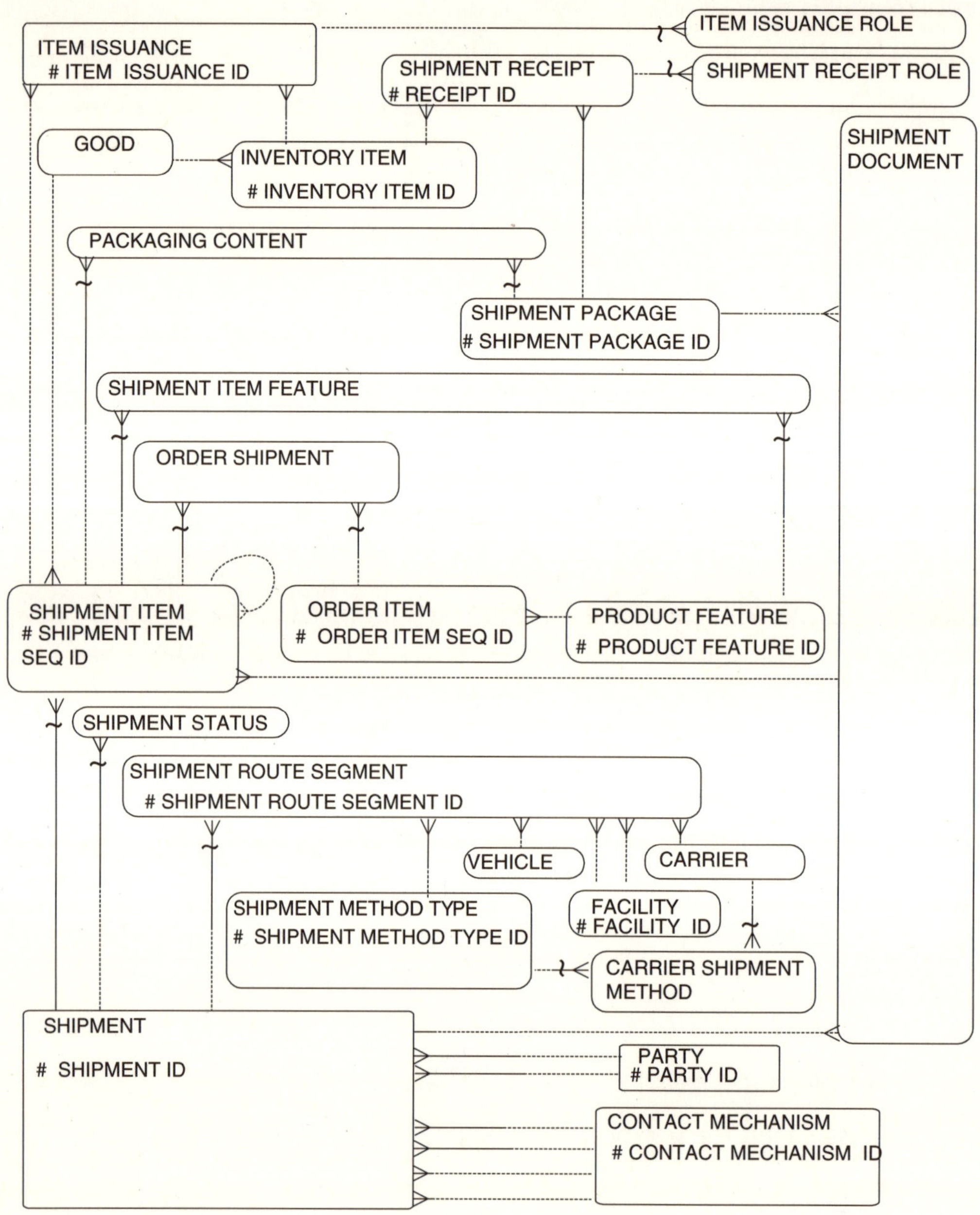

그림 5.8 배송 전체 모델

 데이터 모델 리소스 북

CHAPTER

6

작업 활동

사업 수행의 핵심 구성 요소는 다양한 관계자에게 다양한 유형의 서비스를 제공하는 행위다. 앞에서 언급했듯이 사업은 일반적으로 두 가지 유형의 상품을 제공한다. 그들은 제품이나 서비스를 판매한다. 기업이 서비스를 판매할 때 그들은 해당 서비스를 수행할 책임이 있으며, 그런 다음 해당 서비스에 대해 청구할 필요가 있다. 이는 종종 어떤 종류의 작업 활동의 완료를 수반한다. 또한 기업은 내부 조직 내에서 프로젝트 완료나 판매를 위한 재고 생성 또는 일부 회사 자산 유지와 같은 임무를 성취하기 위한 작업 활동을 수행한다.

사업 수행 과정에서 기업이 답해야 하는 몇 가지 질문은 다음과 같다.

■ 어떤 유형의 작업 활동이 필요한가?

■ 어떤 상품을 생산해야 하고, 어떤 서비스를 제공해야 하는가?

■ 누가 참여하고 그들의 역할은 무엇인가?

■ 작업은 어디에서 진행되는가?

■ 얼마나 걸리는가?

■ 작업의 현재 상태는 무엇인가?

■ 적절한 자원(사람, 재고, 장비)을 사용할 수 있는가? 그렇지 않다면 언제 사용할 수 있는가?

■ 작업 활동 효과를 측정하기 위한 표준과 기준이 있는가?

■ 작업 활동이 생산한 결과는 무엇이며 얼마나 효과적인가?

이 장에서는 이러한 질문에 답하는 데 도움이 되는 다음 모델을 설명한다.

■ 작업 요구사항

- 작업 요구사항 역할
- 작업 활동 생산(대체 모델도 제공)
- 작업 활동 연계
- 작업 활동 관계자 할당
- 작업 활동 시간 추적
- 작업 활동 비율
- 재고품 할당
- 고정자산 할당
- 관계자 고정자산 할당
- 작업 활동 유형 표준
- 작업 활동 결과

작업 요구사항 및 작업 활동

WORK REQUIREMENT(직업요구사항)와 WORK EFFORT(작업활동) 엔터티는 다르지만 관련된 엔터티다. 작업 요구사항은 어떤 유형의 작업을 수행하기 위한 요건을 나타낸다. 이는 재고품을 제조하고, 서비스를 제공하고, 프로젝트를 수행하고, 장비나 소프트웨어와 같은 기업의 자산을 수리하는 것에 대한 결정에서 생기는 요구사항일 수 있다.

작업 활동은 작업 요구사항을 처리하는 것이다. 여기에는 수행 중인 임무 그리고 활동과 관련된 상태 및 정보에 대한 기록뿐만 아니라 수행될 실제 작업에 대한 설정 및 계획이 포함된다.

작업 요구사항 정의

작업 요구사항은 어디에서 비롯되는가? 작업 요구사항은 기업 또는 외부 조직, 대개는 고객을 위해 기업이 어떤 유형의 작업을 수행할 필요가 있을 때 생성된다. 작업 요구사항의 예는 다음과 같다.

- 시장 조사에서 해당 품목에 대한 수요가 이전 예측을 초과하여 증가했기 때문에 특정 품목을 만들어야 할 필요성

■ 기업 내 장비 수리에 대한 필요성

■ 기존 운영 분석, 계획 개발, 신제품 또는 서비스 창출과 같은 내부 프로젝트의 필요성

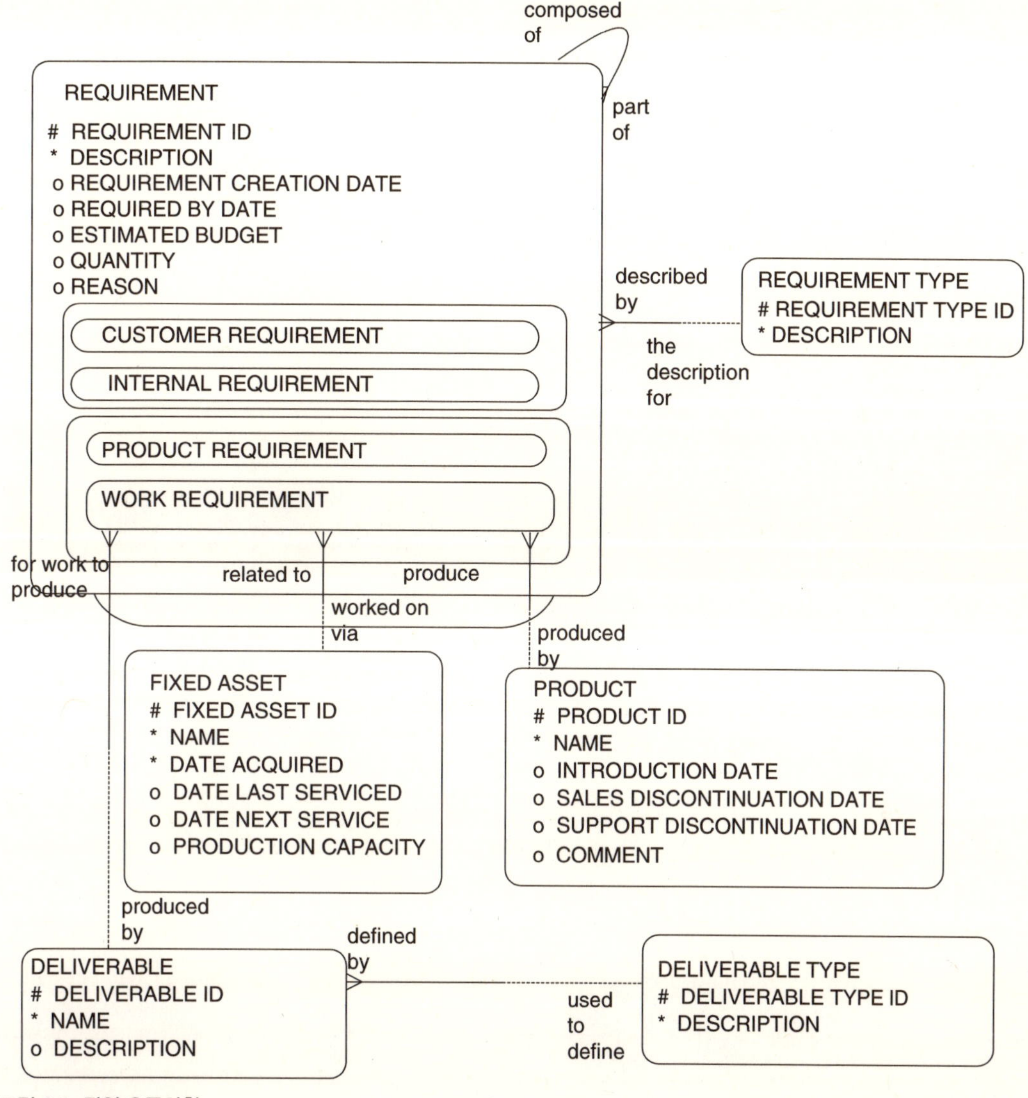

그림 6.1 작업 요구사항

그림 6.1은 작업 요구사항을 정의하는 데 사용되는 핵심 엔터티를 나타낸다. 첫째, WORK REQUIREMENT(작업요구사항)는 이전에 설계된 REQUIREMENT(요구사항) 엔터티의 서브타입이다. REQUIREMENT TYPE(요구사항유형)은 요구사항에 대한 가능한 범주를 정의하며, 당연히 WORK REQUIREMENT(작업요구사항)의 범주도 포함된다. REQUIREMENT TYPE(요구사항유형)에 가능한 값은 "프로젝트", "유지보수" 및 "생산가동"이다. WORK REQUIREMENT(작업요구

사항)는 DELIVERABLE(산출물), FIXED ASSET(고정자산), 또는 PRODUCT(상품)를 생산하는 작업을 위해 존재할 수 있다.

WORK REQUIREMENT(작업요구사항) 엔터티에 여러 주요 정보를 보관해야 한다. Description(설명) 속성은 요구사항의 요건을 정의한다. Requirement creation date(요구사항생성일자)는 작업이 요청된 날짜다. REQUIREMENT(요구사항) 엔터티 내의 required by date(필요일자)는 요구사항이 언제까지 필요한지를 지정한다. Estimated budget(예상예산) 속성은 이 요구사항을 충족시키기 위해 할당된 금액을 나타낸다. Quantity(수량) 속성은 요구사항에 필요한 품목 수를 나타낸다. Reason(이유) 속성은 요구사항이 필요한 이유를 나타낸다.

표 6.1은 WORK REQUIREMENT(작업요구사항) 엔터티에 나타날 수 있는 일부 데이터를 보여준다.

표 6.1 작업 요구사항 데이터

WORK REQUIREMENT ID	REQUIREMENT TYPE	REQUIREMENT CREATION DATE	REQUIRED BY DATE	DESCRIPTION
50985	Production run	Jul 5, 2000	Aug 5, 2000	Anticipated demand of 2,000 custom engraved black pens with gold trim
60102	Internal project	Oct 15, 2000	Dec 15, 2000	Develop sales and marketing plan for 2002
70485	Maintenance	June 16, 2000	June 18, 2000	Fix engraving machine

Requirement Types(요구사항 유형)

또한, REQUIREMENT TYPE(요구사항유형)에 따라 다른 정보가 필요하다. 유형이 "생산가동"이라면 무엇이 생산되며 얼마나 많이 생산되는지에 대한 정보가 매우 중요하다. 이것이 quantity(수량) 속성과 PRODUCT(상품)와의 관계가 모델에 포함된 이유다.

유형이 "유지보수" 또는 "수리"인 경우 장비의 어떤 부분을 작업해야 하는지 확실히 알 필요가 있다. 이 요건을 충족시키기 위해 모델에 FLXED ASSET(고정자산)과의 선택적 관계가 포함된다.

마지막으로 유형이 "내부프로젝트"인 경우 WORK REQUIREMENT(작업요구사항)가 DELIVERABLE(산출물)과 연관될 수 있다. 여기에는 관리 보고서, 분석 문서, 특정 비즈니스 방법 또는 도구의 생성 같은 것들이 포함될 것이다. DELIVERABLE TYPE(산출물유형) 엔터티는 "관리

보고서", "프로젝트계획", "프레젠테이션" 또는 "시장분석"과 같이 기업이 자체적으로 생성할 수 있는 가능한 유형의 산출물 목록을 포함한다.

하나의 WORK REQUIREMENT(작업요구사항)는 하나의 PRODUCT(상품), 하나의 DELIVERABLE(산출물), 또는 하나의 FIXED ASSET(고정자산)과 관련될 수 있지만 세 개와 관련될 수 없기 때문에 DELIVERABLE(산출물), FIXED ASSET(고정자산), PRODUCT(상품)를 통하는 배타 관계가 있다. 표 6.2는 다양한 유형의 작업 요구사항의 예를 보여준다.

데이터는 50985번 작업 요구사항이 "생산가동(production run)"임을 나타낸다. 이로 인해 "engraved black pen with gold trim" 상품이 생산되고, 이 품목을 2,000개 생산할 필요가 있다는 수량도 포함되어 있다. 요구사항 51245번 및 51285번은 일정량의 동일한 펜을 생산하기 위한 요구사항이다. 요구사항 60102번은 "2001 판매/마케팅 계획" 산출물과 관련된 "내부프로젝트(internal project)"다. 70485번 작업 요구사항은 특정 장비를 수리해야 하는 "유지보수(maintenance)" 작업이므로 이 시스템의 자산 ID(asset ID)도 포함된다. 이전 예제에서 설명한 것처럼 특정 유형의 작업 요구사항이 무엇을 생산하는지를 설명하는 엔터티와 적절하게 연관되도록 적절한 업무 규칙을 마련해야 한다.

표 6.2 작업 요구사항 유형

WORK REQUIREMENT ID	WORK REQUIREMENT TYPE	DESCRIPTION	PRODUCT	QUANTITY REQUIRED	DELIVERABLE	FIXED ASSET ID
50985	Production run	Anticipated demand of 2,000 custom-engraved black pens with gold trim	Engraved black pen with gold trim	2,000		
51245	Production run	Anticipated demand of 1,500 custom-engraved black pens with gold trim	Engraved black pen with gold trim	1,500		
51285	Production run	Anticipated demand of 3,000 custom-engraved black pens with gold trim	Engraved black pen with gold trim	3,000		
60102	Internal project	Develop sales and marketing plan for 2001			2001 Sales/ Marketing Plan	
70485	Maintenance	Fix engraving machine				5025

이 데이터 모델은 작업 요구사항을 처리하기 위한 WORK EFFORT(작업활동)에서 SHIPMENT(배송)로의 관계나 재고품의 배송을 관리하는 연관된 작업 활동을 포함하지 않는다. 일반적으로 4장과 5장에서 다룬 판매 주문과 배송 엔터티들은 기업이 배송 품목을 관리하는 데 도움이 되도록 충분한 정보를 제공한다. 기업은 작업 활동이 매우 간단하고 품목의 적재, 선적 및 하역으로 구성됐기 때문에 일반적으로 상품 배송과 관련된 작업 활동을 추적할 필요가 없다. 그러나 이 모델은 작업 요구사항을 추적하고 WORK EFFORT(작업활동)에서 SHIPMENT ITEM(배송품목)으로의 관계를 생성함으로써 품목의 배송과 연관된 작업 활동을 추적하는 것을 지원하도록 쉽게 수정될 수 있다(작업 활동은 이 장의 뒷부분에서 설명할 것임).

기대 수요

기대 수요는 WORK REQUIREMENT(작업요구사항)가 필요할 수 있는 상황이며, 특별한 고려를 필요로 한다. 특정 고객 또는 내부 요구사항이 생산을 계획하는 요건을 만들어 낼 뿐 아니라 기대 수요 또는 예측 수요도 만들어 낼 수 있다(표 6.1 및 6.2 참조). 기업 예측가의 기대 수요는 특정 재고품을 생산하기 위한 내부 작업 요구사항을 야기할 수 있다. 예를 들어 영업 데이터 웨어하우스의 추세 분석을 기반으로 한 예측은 특정 품목의 향후 판매가 급등한다는 것을 보여줄 수 있다. 실제 판매 주문이 들어오기를 기다리는 대신 예상되는 증가를 산출하기 위한 작업 요구사항을 입력하여 주문이 들어올 때 기업은 수요를 충족할 수 있는 충분한 공급량을 얻을 수 있도록 한다.

실제로 서비스를 미리 제작할 수 없기 때문에 기대 수요는 서비스가 아닌 재고품에만 적용된다. 계약이나 주문이 이루어지기 전에 무언가를 고치거나 고객에게 회계, 법률, 전문 서비스를 제공하는 것은 불가능하다. 그러나 내부 프로젝트로 취급될 표준 작업 상품이 템플릿으로 사용되도록 준비함으로써 예상되는 서비스 주문을 준비하는 것은 가능하다. 예를 들어, 기업은 회계 감사 검토 또는 기타 컨설팅적 참여를 예상하여 개요 프로젝트 계획을 준비하기 위해 공공시설 프로젝트에 대한 작업 요구사항을 시작할 수 있다.

주문과 비교한 작업 요구사항

작업 요구사항이 어떤 유형의 작업을 완료하기 위한 요구사항을 묘사하므로 작업 요구사항은 특별한 유형의 ORDER(주문)인가? 4장의 그림 4.9에서 볼 수 있듯이, REQUIREMENT(요구사항)는

ORDER ITEM(주문품목)과 다대다(M:M) 관계다. 하지만 REQUIREMENT(요구사항)가 요건을 나타내고, ORDER(주문)가 요건을 충족시키겠다는 약속을 나타내기 때문에 그들은 서로 다른 엔터티다.

또한 REQUIREMENT(요구사항)는 구조 및 속성에서 표준 주문 품목과 큰 차이가 있다. 예를 들어, 내부 작업 요구사항의 경우 일반적으로 작업 주문의 조건을 추적하고, 계약을 연결하거나, 가격 구조를 포함시킬 필요가 없다. 그러나 회사의 여러 부서에서 작업 활동 기능을 수행할 수 있기 때문에 회사간 내부 거래를 관찰하기 위해 이 정보가 필요할 수 있다.

WORK REQUIREMENT(작업요구사항)가 ORDER ITEM(주문품목)의 서브타입인 WORK ORDER ITEM(작업주문품목)과 관련이 있는가? 이것은 유효한 생각이며, 주문 품목이 작업 완료를 위한 품목을 포함하여 약정을 나타내기 때문에 이 모델 내에 채택된 것이다. 판매 및 구매 주문 품목은 작업 주문과 관련될 수 있으므로 데이터 모델에는 PRODUCT ORDER ITEM(상품주문품목) 및 WORK ORDER ITEM(작업주문품목)에 대한 다른 유형의 분류가 필요하다. 예를 들어, 전문 서비스 회사는 계약(일종의 주문)으로 이어지는 고객을 위한 몇 가지 요구사항을 저장한 다음 여러 작업 활동(프로젝트)과 연관시킨다. 작업 활동을 설명하는 절에서는 이를 설계하는 방법을 보여줄 것이다.

또 다른 질문은 요청서가 모델 어디에 있느냐는 것이다. 요청에 대한 정의에 따라 요청은 요구사항이나 주문에 대한 동의어다. 요청서에 무언가를 완료하거나 무언가를 주문하기 위한 요청이 기술되어 있다면 요청서는 실제로 요구사항이다. 요청서에서 작업 완료 또는 주문한 사항에 대한 약속을 설명하는 경우 요청서는 주문 품목과 동의어다.

작업 요구사항 역할

관계자가 구매나 판매 주문(4장 참조)에서 수행하는 많은 역할이 있듯이 조직과 사람이 작업 요구사항에서 수행하는 많은 역할이 있다. 이러한 역할 중 몇 가지는 기업에 중요한 요소가 될 수 있다. 작업 요구사항이 작성된 내부 조직, 작업을 요청한 사람, 작업 요구사항 승인에 관련된 사람 및 작업 요구사항이 완료됐음을 보장하는 책임자가 포함된다. 그림 6.2는 이 정보를 관리하는 데 필요한 엔터티를 보여준다.

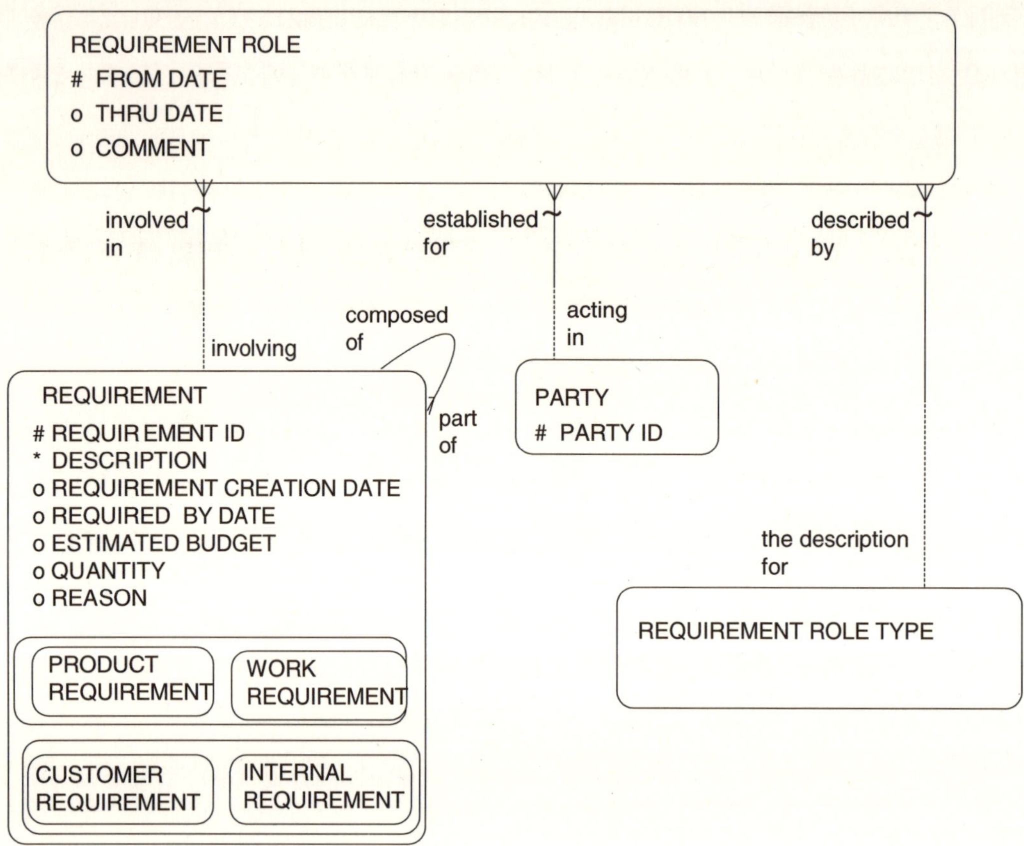

그림 6.3 작업 요구사항 역할

WORK REQUIREMENT ROLE TYPE(작업요구사항역할유형) 엔터티는 WORK REQUIRE MENT(작업요구사항)와 관련될 수 있는 기업이 정의한 모든 유효한 역할을 저장하는 데 사용된다. PARTY WORK REQUIREMENT ROLE(관계자작업요구사항역할) 엔터티는 PARTY(관계자), WORK REQUIREMENT(작업요구사항) 및 WORK REQUIREMENT ROLE TYPE(작업요구사항역할유형)의 교차 엔터티다. 이 경우 기본 키는 work requirement ID(작업요구사항ID), party ID(관계자ID), role type id(역할유형ID)의 조합이 된다. 그러나 관계자는 하나의 작업 요구사항에 대해 다른 시기에 같은 역할에 할당되는 게 가능하기 때문에 이 키는 충분하지 않다. 이 때문에 모델에는 고유성을 보장하기 위해 기본 키의 일부로 날짜가 포함된다. 표 6.3은 이러한 가능성을 보여주기 위한 예제 데이터를 포함하고 있다.

예제의 work requirement ID(작업요구사항ID) 50985번은 존 스미스가 수행하는 두 가지 역할을 보여준다. 그는 작업 요구사항을 생성했고, 처음부터 완료될 때까지 작업 요구사항을 추적할 책임이 있다. 어느 시점에서 그는 딕 존스로 대체되었고, 후에 원래 역할로 다시 지정되었다. 딕 존스는 겹치는 기간 동안 두 가지 작업 요구사항에 대해 책임이 있다는 사실을 주목하라. 주문의 역할 모델과 마찬가지로 이 모델은 다양한 옵션을 허용할 만큼 충분히 유연하다.

표 6.3 관계자 작업 요구사항 역할 데이터

WORK REQUIREMENT ID	PARTY	WORK REQUIREMENT ROLE TYPE	FROM DATE	THRU DATE
50985	ABC Manufacturing, Inc.	Created for	Jul 5, 2000	
	John Smith	Created by	Jul 5, 2000	
	John Smith	Responsible for	Jul 5, 2000	Dec 15, 2000
	Sam Bossman	Authorized by	Jul 8, 2000	
	Dick Jones	Responsible for	Dec 16, 2001	Feb 20, 2001
	John Smith	Responsible for	Feb 21, 2000	
60102	Sam Bossman	Created for	Jun 10, 2000	
	Dick Jones	Responsible for	Jun 15, 2000	Jan 1, 2001

작업 활동 생성

기업은 업무 수행을 위한 요구사항과 업무 수행에 대한 약속, 그리고 수행 중인 실제 업무를 추적할 필요가 있다. 요구사항은 지난 절에서 다루었으며, 업무를 수행하겠다는 약속이 일종의 주문 품목이라는 것이 입증되었다. 이 장의 나머지 부분에서는 수행되는 작업을 추적하는 작업 활동 관리에 중점을 둔다.

그림 6.3a는 REQUIREMENT(요구사항)로부터 하나 이상의 WORK ORDER ITEM(작업주문품목)과 하나 이상의 WORK EFFORT(작업활동) 수행을 추적하는 데이터 모델을 보여준다. WORK REQUIREMENT(작업요구사항)는 무언가를 할 필요가 있음을 나타내고, WORK ORDER ITEM(작업주문품목)은 일부 작업을 완료하겠다는 약속을 나타내며, WORK EFFORT(작업활동) 엔터티는 WORK ORDER ITEM(작업주문품목)으로부터 생긴 작업의 성취와 수행을 추적한다. 여기에는 다대다(M:M) 관계가 존재해서 요구사항이 이행에 더 유연하게 결합되고 이행이 관리 가능한 작업 활동으로 그룹화될 수 있도록 한다. ORDER REQUIREMENT COMMITMENT(주문요구사항실행)

교차 엔터티는 4장에서 설명되었으며, WORK ORDER ITEM FULFILLMENT(작업주문품목수행) 교차 엔터티는 이 장에서 소개된다.

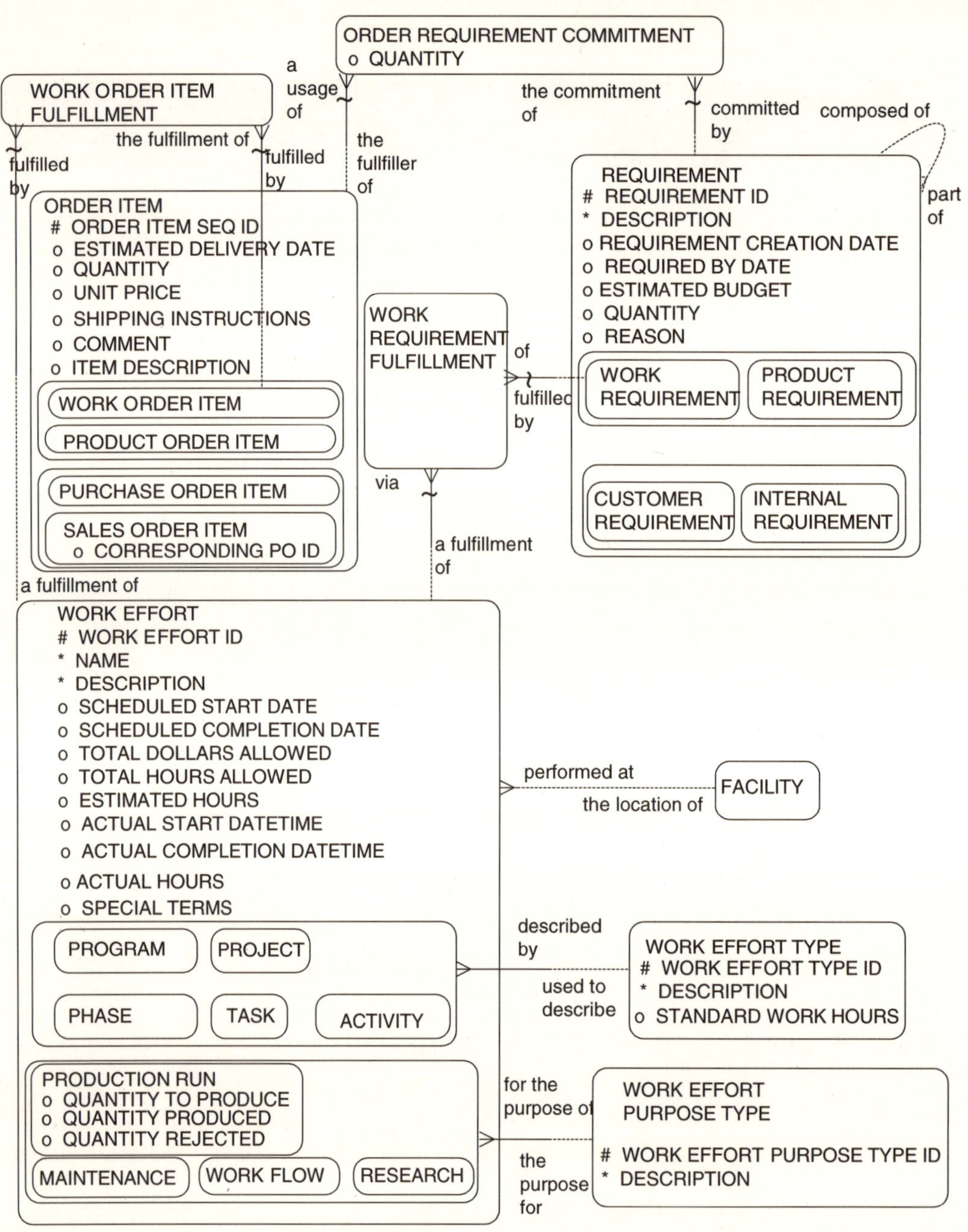

그림 6.3a 작업 활동 생성

WORK ORDER ITEM(작업주문품목)은 일반적으로 WORK REQUIREMENT(작업요구사항)로부터 나온다. 그러나 제조해야 하는 상품과 같은 특정 PRODUCT REQUIREMENT(상품요구사항)로 인해 발생할 수 있다. 작업 활동은 업무를 하기 위해 내부 약속을 이행하거나, SALES ORDER ITEM(판매주문품목)과 같은 외부 요구사항을 이행할 수 있다. 작업 활동은 다음과 같은 시나리오에서 발생할 수 있다.

■ 작업 요구사항(이전 절에서 정의된 것과 같음).

■ 제조될 필요가 있는 품목을 고객이 주문한다.

■ 판매된 서비스를 수행할 필요가 있다.

■ 고객이 이전에 구매한 품목을 수리하거나 서비스하라는 주문을 내린다.

WORK EFFORT(작업활동)에 대한 기본 정보를 정의하는 것 외에도, 모델은 WORK EFFORT TYPE(작업활동유형), WORK EFFORT PURPOSE TYPE(작업활동목적유형) 및 작업이 수행되는 FACILITY(시설)를 추적한다.

작업 활동 유형 및 작업 활동 목적 유형

작업 요구사항 또는 작업 주문 품목의 요구사항을 충족시키기 위해 WORK EFFORT(작업활동) 엔터티가 사용된다. WORK EFFORT(작업활동)는 세부 수준에 따라 서브타입이 존재한다. 가능한 서브타입은 PROGRAM(프로그램), PROJECT(프로젝트), PHASE(단계), ACTIVITY(활동) 및 TASK(임무)가 있다. WORK EFFORT TYPE(작업활동유형) 엔터티는 필요한 경우 더 많은 유형을 포함시킬 수 있다. WORK EFFORT TYPE(작업활동유형)의 standard work hours(표준작업시간) 속성은 이 활동을 완료하는 데 일반적으로 소요되는 예상 시간을 저장한다.

WORK EFFORT(작업활동)는 고치거나 제조를 위해 무엇인가를 생산하는 작업을 추적하며, 인력(노동), 부품(재고) 및 고정 자산(장비)의 자원 배분을 포함한다. 그러므로 각 WORK EFFORT(작업활동)는 WORK EFFORT PURPOSE TYPE(작업활동목적유형)의 목적을 위한 것일 수 있다. WORK EFFORT PURPOSE TYPE(작업활동목적유형)의 서브타입에는 MAINTENANCE(유지보수), PRODUCTION RUN(생산가동), WORK FLOW(작업흐름) 및 RESEARCH(연구)가 포함된다. 작업 활동은 장비의 다양한 부분에 대한 예방 유지보수 행위와 같은 MAINTENANCE(유지보

수)일 수 있다. 즉각적인 또는 예상되는 요청을 이행하는 것은 PRODUCTION RUN(생산가동)일 수 있다. Quantity to produce(예상생산량)는 생산 가동에 대한 예상 수량을 관리하고, quantity produced(생산량)는 생산 가동에서 생산된 실제 수량을 저장한다. 작업 활동을 위한 또 다른 목적은 작업 흐름 시스템에 의해 비즈니스 수행 과정에 할당된 임무 또는 활동이 있음을 나타내는 WORK FLOW(작업흐름)이다. RESEARCH(연구)는 어떤 유형의 질문, 예를 들면 고객이 특정 신용 상태를 갖는 이유에 대한 연구를 추적하기 위해 작업 활동이 필요하다는 것을 나타낸다.

작업 활동 속성

기업이 WORK EFFORT(작업활동)에 대해 기록하기를 원하는 기타 정보에는 프로젝트 이름과 같은 전반적인 활동과 자세한 설명이 포함될 수 있다. 프로젝트 추적을 용이하게 하기 위해 활동에 대한 scheduled start date(예정시작일자), scheduled completion date(예정완료일자) 및 estimated hours(예상소요시간)를 관리할 수도 있다. Actual start datetime(실제시작일시), actual completion datetime(실제종료일시), actual hours(실제소요시간)는 활동의 효율성을 추적하기 위해 저장된다. 누구나 알아야 할 special term(특별조건)이 필요하다면 저장될 수 있다.

일부 기관은 다른 고려 사항이 필요할 수 있다. 다양한 기관에 의해 특정 상황에서 자금 또는 시간 제한이 부과될 수 있으므로 total dollars allowed(총허용금액)와 total hours allowed(총허용시간)를 저장하는 속성이 모델에 포함된다. 예를 들면 직원으로 간주되지 않는 계약자가 기업을 위해 일할 수 있는 시간을 제한하는 IRS 규정이 있다. 또한 많은 정부 기금 조직은 예산 책정이 있으며, 심지어 법에 의해 설정된 지출 한도도 있다.

작업 요구사항 수행

작업을 하기 위한 각 요구사항은 작업 활동을 통해 수행될 수 있다. 작업 요구사항의 성격과 기업이 얼마나 많은 데이터를 담을 의지와 방법이 있는지에 따라 작업 요구사항은 작업 활동과 직접 관련되거나 작업 활동과 관련된 주문 품목과 관련될 수 있다.

예를 들어, 고객이 특정 작업을 수행해야 한다는 요구사항이 있는 경우(고객이 특정 응용 프로그램 시스템을 구축할 요건을 가질 경우) 기업은 REQUIREMENT(요구사항)에 저장하길 원할 것이고, 획득하길 바라는 것을 ORDER ITEM(주문품목)에 연관시키고 해당 작업 활동을 추적할 것이다. REQUIREMENT(요구사항)와 ORDER ITEM(주문품목) 그리고 ORDER ITEM(주문품목)과 WORK EFFORT(작업활동)의 다대다(M:M) 관계는 요구사항을 이행(주문)하고 해당 프로젝트(작업활동)에 연결시키는데 매우 유연한 구조를 제공한다.

표 6.4 작업 요구사항으로의 작업 활동

WORK EFFORT ID	NAME	DESCRIPTION	SCHEDULED START DATE	WORK REQUIREMENT
28045	Production run	Production run of 3,500 pencils	June 1, 2000	Work Requirement Item #50985 Anticipated demand of 2,000 custom-engraved black pens with gold trim
				Work Requirement Item #51245 Anticipated demand of 1,500 custom-engraved black pens with gold trim
51285	Production run	Production run of 1,500 pencils	Dec 5, 2000	Work Requirement Item #51285 Anticipated demand of 3,000 custom-engraved black pens with gold trim
51298	Production run	Production run of 1,500 pencils	Dec 6, 2000	
32898	Fix engraving machine	Repair engraving machine #12 because it may not be powered up	Dec 12, 2000	Repair of engraving machine
39409	Sales and marketing plan development	Develop a sales and marketing plan for 2002 including sales projections, channel distribution strategy, and competitive analysis	Dec 15, 2000	Work Requirement #60102 Develop sales and marketing plan for 2002

예를 들어 기계류에 대한 수리와 같은 작업을 완료하기 위한 내부 요건이 있을 경우 기업은 WORK REQUIREMENT(작업요구사항)와 해당 WORK EFFORT(작업활동)만을 저장하길 원할 수 있다. WORK REQUIRMENT(작업요구사항)와 WORK EFFORT(작업활동) 사이의 교차 엔터티인 WORK REQUIREMENT FULFILLMENT(작업요구사항수행)는 작업 요구사항을 하나의 활동으로 결합하거나 하나의 요구사항을 여러 작업 활동으로 관리하도록 한다.

표 6.4의 데이터가 나타내듯이 하나의 작업 활동이 하나 이상의 작업 요구사항에서 비롯되었거나, 해당 작업 활동이 하나의 ORDER ITEM(주문품목) 또는 하나의 WORK REQUIREMENT(작업요구사항)에서 비롯된 것일 수 있다. 판매 주문, 특히 서비스의 경우 일반적으로 작업 활동을 추적하기 위해 요건을 만들기 때문에 ORDER ITEM(주문품목)은 일반적으로 판매 주문에서 나온 것이지 구매 주문에서 나온 게 아니다. 기업은 일반적으로 구매한 품목에 대한 작업 활동을 추적하지 않는다. 하지만 작업 활동이 충분히 크고 구매자가 배송 진행 상황을 추적하는 것이 중요하면 생길 수도 있다.

이 모델은 REQUIREMENT(요구사항)에서 ORDER ITEM(주문품목)까지 다대다(M:M) 관계를 보여준다. 1,000개의 품목이 있는 판매 주문이 있을 수 있다. 경영진은 이것을 세 개의 개별 작업 활동으로 관리하려 할 수 있고, 하나의 주문을 수행하는 데 필요한 재고를 생성하기 위해 세 개의 개별 공장에서 세 번의 생산가동을 생성할 수 있다. 마찬가지로 기업의 컴퓨터 시스템을 개선하기 위한 내부 작업 요구사항은 개발 활동을 단계적으로 하기 위해 여러 프로젝트로 나뉠 수 있다.

표 6.4는 작업 활동이 어떻게 유래되는지에 대한 몇 가지 예제 시나리오 데이터를 나타낸다. 표 6.4의 처음 두 행에 표시된 것처럼 여러 가지 요구사항을 단일 작업으로 결합할 수 있다. 서로 다른 관리자에게서 나온 요구사항 50985번 및 51245번은 단일 생산 가동으로 결합된다. 반대로 51285번과 같은 단일 요구사항은 이러한 각 생산 가동을 보다 잘 관리하기 위해 두 가지 작업 활동으로 수행될 수 있다. 이 시나리오는 단일 요구사항에서 비롯된 단일 작업 활동 또는 다중 작업 활동에 의해 수행될 다른 유형의 요구사항과 함께 발생할 수 있다. 따라서 교차 엔터티인 WORK REQUIREMENT FULFILLMENT(작업요구사항수행)는 이런 다대다(M:M) 관계를 다룬다. 마지막 두 번째 행은 조각기를 고치고 판매하고 마케팅 계획을 수립하기 위한 요구사항 및 해당 작업 활동을 보여준다.

표 6.5는 REQUIREMENT(요구사항)가 ORDER ITEM(주문품목)으로 연결된 후 WORK EFFORT(작업활동)로 수행된 경우의 데이터 예제를 나타낸다. 요구사항은 맞춤형 펜을 필요로 하는 고객으로부터 이루어졌다. 이 요건은 2,500개의 맞춤형 펜을 생산하기 위해 판매 주문 품목으로 변환되었다. 주문 품목은 생산 가동 1번과 2번의 두 가지 작업 활동을 사용해서 수행된다.

WORK EFFORT ID	NAME	DESCRIPTION	SCHEDULED START DATE	ORDER ITEM	REQUIREMENT ITEM
29534	Production run #1 of pens	Production of 1,500 customized engraved pens with gold lettering	Feb 23, 2001	Sales Order Item to produce 2,500 customized engraved pens	Need for customized pens
29874	Production run #2 of pens	Production of 1,000 customized engraved pens with gold lettering	Mar 23, 2001	Sales Order Item to produce 2,500 customized engraved pens	Need for customized pens

업무 활동 및 시설

마지막 질문은 다음과 같다. 작업 활동은 어디에서 발생할 것인가? 그림 6.3a에서 보듯이, WORK EFFORT(작업활동)는 하나의 FACILITY(시설)에서만 수행되거나 연관될 수 있다.

WORK EFFORT(작업활동)에 대한 논의에서 언급했듯이, 작업 활동의 일부는 주된 장소에서 일어나지 않을 수도 있다. 예를 들어 기업을 위한 영업 및 마케팅 계획을 수립하는 프로젝트를 예로 들어 보자. 이 활동은 본사가 위치한 사무실과 관련이 있다. 인터뷰와 같은 활동과 관련된 다양한 임무는 지사에서 수행할 수 있으며, 보고서 작성과 같은 다른 임무는 본사에서 수행할 수 있다. 본사에서 발생하지 않는 임무의 경우 보조 위치를 저장하려 할 수 있다. WORK EFFORT(작업활동)에서 FACILITY(시설)로의 선택적 관계는 WORK EFFORT(작업활동)에 있는 어떤 단계에서 발생할 수 있다(작업 활동이 재귀 관계를 나타내기 때문). 시설과 연계되지 않은 활동의 경우 상위 WORK EFFORT(작업활동)와 관련된 주요 시설에서 발생한다고 가정한다(또는 이 경우 위치는 중요하지 않음).

이러한 작업 활동은 특정 건물, 방 또는 층과 같은 실제 물리적 구조에서 발생할 수 있기 때문에 FACILITY(시설)가 사용된다. 기업은 시설이 저장되어 있지 않고 단순히 알려진 주소가 있는 경우 WORK EFFORT(작업활동)에서 POSTAL ADDRESS(우편주소)로의 다른 관계(여기서는 표시되지 않음)가 필요할 수 있다.

작업 활동 생성 - 대체 모델

일부 조직에서는 어떤 요구사항이 어떤 주문 품목에 의해서 수행되는지를 관리할 필요가 없다. 그러나 이들은 작업 요구사항을 수행하는 내부 요구사항 및 관련 작업 활동을 가질 수 있다. 그림 6.3b는 이런 유형의 상황을 다루기 위한 작업 활동 생성에 대한 대체 모델을 제공한다.

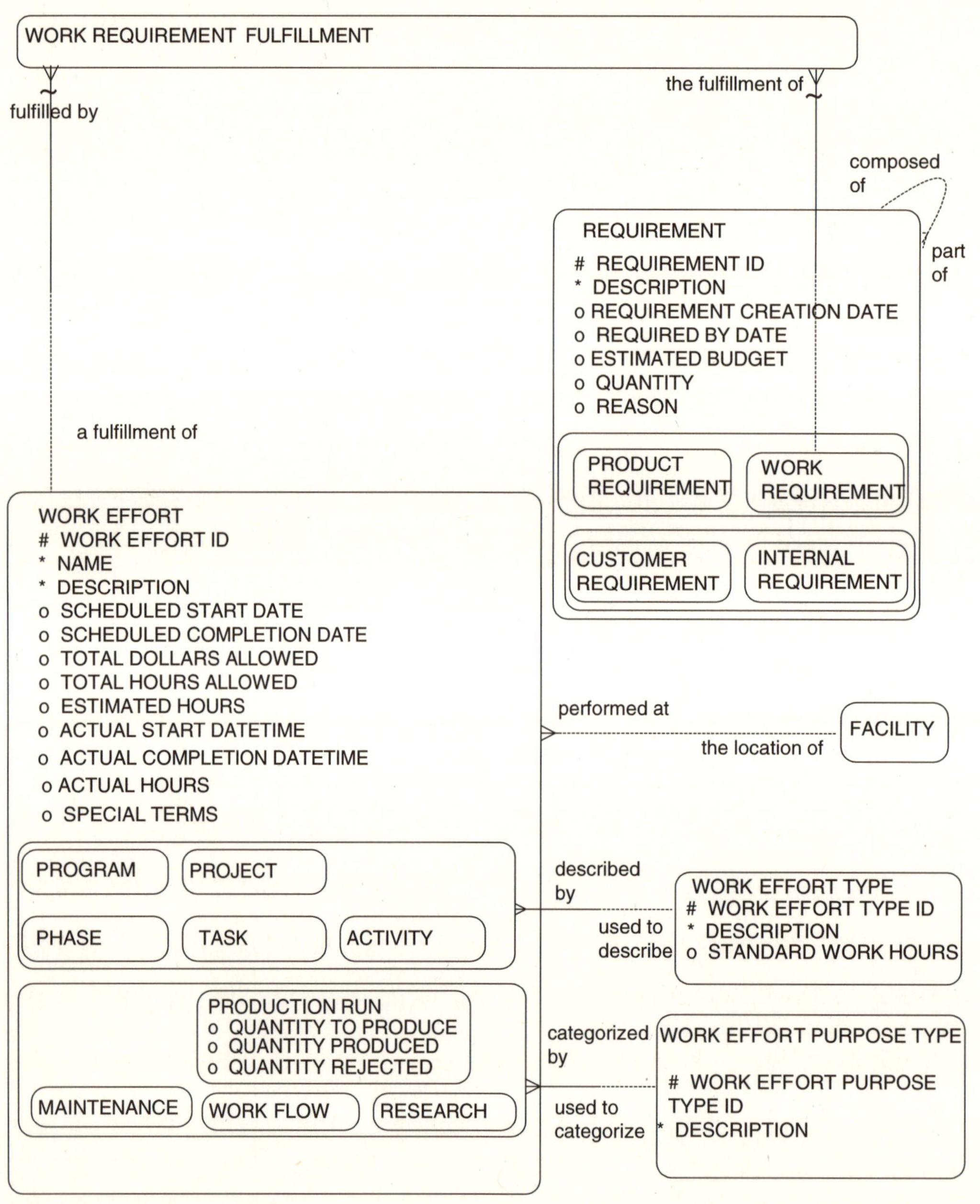

그림 6.3b 작업 활동 생성 대체 모델

작업 활동은 다양한 상세 수준으로 정의되고 여러 가지 방법으로 세분화될 수 있다. WORK EFFORT(작업활동)의 서브타입은 상황에 따라 다른 서브타입과 관련될 수 있다. 예를 들어, 기업 내부의 프로그램 및 연관된 내부 프로젝트를 관리하기 위해 PROGRAM(프로그램)은 PROJECT(프로젝트)로 분류될 수 있다. PROJECT(프로젝트)는 ACTIVITY(활동)로 분류될 수 있으며, ACTIVITY(활동)는 TASK(임무)로 분류될 수 있다. 생산 가동의 경우, JOB(업무)이 ACTIVITY(활동)로 분류될 수 있다. 임무는 작업 활동을 수행하기 위해 생길 필요가 있는 활동 또는 단계다. 어떤 WORK EFFORT(작업활동)에 대해서도 많은 수의 다른 WORK EFFORT(작업활동)로 나눌 수 있는 WORK EFFORT(작업활동) 수는 얼마든지 있을 수 있다. 또한 일부 임무의 경우 하나의 활동이 다른 임무 전에 처리될 필요가 있다는 것을 의미하는 WORK EFFORT DEPENDENCY(작업활동종속)가 있을 수 있는데, 다른 임무는 WORK EFFORT DEPENDENCY(작업활동종속)에서 관리된다. 종속성의 또 다른 유형은 하나의 활동이 WORK EFFORT DEPENDENCY(작업활동종속)에서 관리되는 다른 활동과 동시에 수행될 필요할 수 있다는 것이다. WORK EFFORT(작업활동)의 일대다(1:M) 재귀 관계는 다른 작업 활동에 의해 다시 작업되고, 이 관계를 포착하는 작업 활동을 나타낸다(그림 6.4 참조).

작업 활동 연계 정의

표 6.6은 특정 생산 가동에서 연필을 생산하는 작업에 대한 작업 활동을 보여준다. 데이터에는 scheduled start date(예정시작일자), scheduled completion date(예정완료일자), estimated hours(예상소요시간)에 대한 속성이 포함된다. 이러한 작업은 직원 및 장비 할당 계획에 유용하다(이후 절에서 설명). 계획된 작업 활동과 각 작업 활동을 구성하는 하위 활동이 포함된다. 펜의 생산 가동인 작업 28045번에는 이와 관련된 네 가지 활동이 있다. 생산 라인을 설정하는 첫 번째 활동은 이 생산 가동뿐만 아니라 다음 생산 가동의 활동이다. 따라서 각 작업 활동은 다른 많은 작업 활동으로 구성될 수 있으며, 반대로 각 작업 활동은 하나 이상의 다른 작업 활동 내에서 사용될 수 있다. 이 다대다(M:M) 재귀 관계는 모델의 WORK EFFORT ASSOCIATION(작업활동연계) 엔터티에서 처리하고, 표 6.6은 작업 활동이 다른 작업 활동과 연관되는 방법을 보여준다. 기업에서 수행되

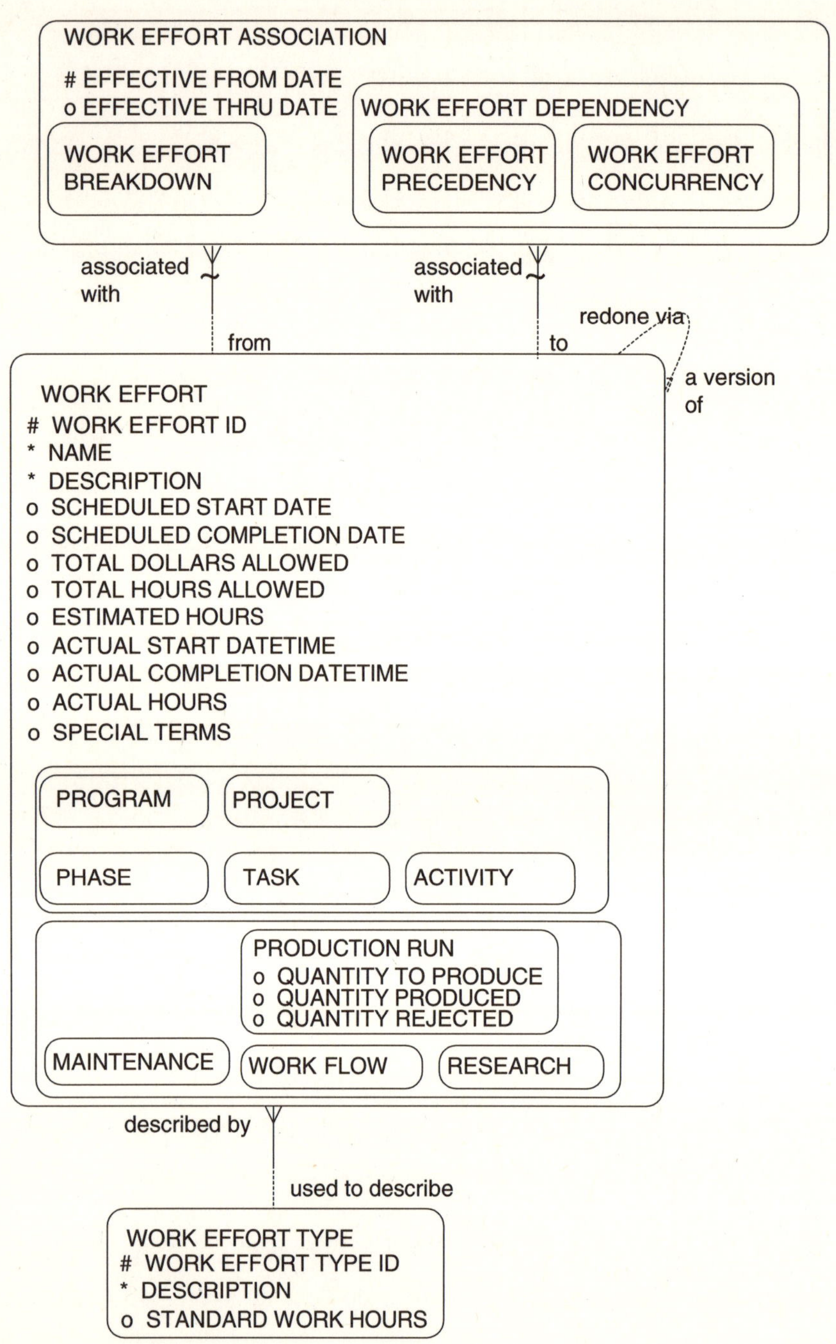

그림 6.4 작업 활동 세분화

는 WORK EFFORT TYPE(작업활동유형)은 보통 이러한 유형의 작업에 소요되는 standard work hours(표준작업시간)를 추적할 수 있다. WORK EFFORT(작업활동)의 estimated hours(예상시간)는 특정 상황이 임무 실행에 포함되므로 standard work hours(표준작업시간)와 다를 수 있다(프로젝트 관리자는 매우 효율적인 작업자가 배정되어 예상치를 낮출 것을 알고 있음).

작업 활동 종속

WORK EEPORT DEPENDENCY(작업활동종속) 엔터티는 일부 활동이 다른 활동의 실패는 아니지만 실제로는 다른 활동에 의존할 수 있다는 사실을 기업이 추적할 수 있게 한다. 예를 들어, "생산 라인 설정" 임무가 완료될 때까지 "기계 작동" 임무를 실행할 수 없다. WORK EFFORT DEPENDENCY(작업활동종속) 엔터티는 작업 활동과 다른 작업 활동을 연관시키는 방법을 제공한다. 작업 활동은 서로 다른 방식으로 의존할 수 있다. "기계 작동" 및 "생산 라인 설정"에 관한 예에서, 두 번째 활동은 첫 번째 활동이 완료돼야 시작할 수 있으며, WORK EFFORT PRECEDENCY(작업활동우선순위) 서브타입이 사용된다. 두 가지 임무를 병렬로 실행해야 하는 상황이 발생할 수 있다. 이 경우는 WORK EFFORT CONCURRENCY(작업활동동시발생) 서브타입이 사용된다.

작업 활동 및 작업 임무

WORK EFFORT ASSOCIATION(작업활동연계)을 사용하는 대안은 개별 단계, 활동, 임무 등과 전체 프로젝트를 구별하기 위해 별도의 엔터티인 WORK TASK(작업임무)와의 일대다(1:M) 관계로 WORK EFFORT(작업활동)를 표시하는 것일 수 있다. 이 모델의 문제점은 일반적으로 전체 작업 활동과 그 부분 사이에 많은 공통점이 있다는 것이다. 예를 들어, 관계자, 재고 및 고정 자산은 전체 프로젝트(작업 활동) 또는 개별 임무에 할당될 수 있다. 다른 WORK EFFORT(작업활동)와 재귀적으로 관련된 WORK EFFORT(작업활동)를 가지는 이점은 필요에 따라 작업 활동이 다른 작업 활동과 동적으로 연결될 수 있다는 것이다.

작업 활동 관계자 할당

WORK EFFORT(작업활동)가 완료되려면 특정 자원을 사용할 수 있어야 한다. 관계자, 재고품 및 장비는 다른 단계의 세부 WORK EFFORT(작업활동)에 배정되어야 할 수 있다. 예를 들어, 사람들은 프로그램이나 프로젝트와 같은 상위 수준에서 역할을 할당 받아야 할 수도 있으며, 보다 상세한

표 6.6 작업 활동 세분화 데이터

WORK EFFORT ID (JOB)	WORK EFFORT SUB-TYPE	WORK EFFORT DESCRIPTION	ASSOCIATED WORK EFFORT(S) ID AND DESCRIPTION	STANDARD WORK HOURS	SCHEDULED START DATE	SCHEDULED COMPLETION DATE	ESTIMATED HOURS
28045	Job	Production run #1			Jun 1, 2000	Jun 4, 2000	
120001	Activity	Set up production line	28045 Production run #1 51245 Production run #2	20	Jun 1, 2000	Jun 2, 2000	20
120002	Activity	Operate machinery	28045 Production run #1	10	Jun 3, 2000	Jun 3, 2000	10
120003	Activity	Clean up machinery	28045 Production run #1	5	Jun 4, 2000	Jun 4, 2000	5
120004	Activity	Quality assure goods produced	28045 Production run #1	10	Jun 3, 2000	Jun 4, 2000	10
3454587	Task	Move pen manufacturing machinery in place	1200 Set up production line	5	Jun 1, 2000	Jun 1, 2000	4
3454588	Task	Move raw materials in place for production run	1200 Set up production line	8	Jun 1, 2000	Jun 1, 2000	7
3454589	Task	Set up assembly line rollers	1200 Set up production line	7	Jun 1, 2000	Jun 1, 2000	6

활동 수준에서 역할을 할당 받을 수도 있다. 이 절에서는 WORK EFFORT(작업활동)에 대한 관계자의 할당을 설명한다. 여기에는 WORK EFFORT PARTY ASSIGNMENT(작업활동관계자할당), WORK EFFORT ROLE TYPE(작업활동역할유형), PARTY SKILL(관계자기술), SKILL TYPE(기술유형), WORK EFFORT STATUS(작업활동상태), WORK EFFORT STATUS TYPE(작업활동상태유형) 엔터티가 포함된다(그림 6.5 참조).

작업 활동 관계자 할당

계획 및 스케줄링 목적을 위해 모델에는 사람 또는 사람들의 그룹을 WORK EFFORT(작업활동)에 할당하거나 배정할 수 있는 방법이 포함된다. 이는 WORK EFFORT PARTY ASSIGNMENT(작업활동관계자할당) 엔터티를 통해 수행된다(그림 6.5 참조). 이 엔터티로 다양한 수준의 작업 활동뿐만 아니라 다양한 역할을 통해 작업 활동에 관계자를 할당할 수 있다. 표 6.7은 관계가 해소됐을 때 사용할 수 있는 데이터의 예를 나타낸다.

딕 존스는 프로젝트 관리자(project administrator)인 밥 젠킨스와 함께 판매 및 마케팅 계획 개발 작업 활동(develop sales and marketing plan)에 대한 프로젝트 관리자(project manager)로 지정되었다. 존 스미스는 2001년 3월 5일부터 2001년 8월 6일까지 이 프로젝트에 배정된 후, 휴가로 인해 8월의 적정 시기에 배정되지 않고 2001년 9월 1일부터 2001년 12월 2일까지 다시 할당되었다. 프로젝트 관리자인 딕은 존 스미스가 이 활동에 배정되지 않고 이 작업 활동에 관심이 많은 직원인 제인 스미스가 이 기간 동안 활동을 계획하도록 배정된 3주(8월 6일과 9월 1일 사이)의 기간이 있을 것임을 알 수 있다. 이 정보를 통해 관리자는 8월에 완료되어야 하는 중요한 임무에 존을 할당하지 않는다는 것을 알게 된다.

또한 데이터는 39409번 작업 활동의 경우 전체 작업 활동에 추가 작업 활동이 있음을 나타낸다. 한 작업 활동은 두 관계자가 할당된 프로젝트 계획을 개발하는 것이다. 프로젝트 관리자인 딕 존스는 계획 개발(creator)을 담당하고 그의 조수인 밥 젠킨스는 프로젝트 관리 시스템에 데이터를 입력(data entry in system)하는 것을 담당한다. 존 스미스는 초기 면접(conduct initial interviews)을 실시하기 위한 활동을 배정받았다. 외부 계약 회사는 프로젝트에 4개월 동안 배정된다. 그 회사의 역할은 시장 조사(conduct market research)를 하는 것이다. 따라서 데이터 구조는 활동이 실제로 내부 직원 작업에 배정되지 않고 특정 조직에만 완전히 아웃소싱되도록 한다. 이 경우 내부 관리자는 누가 이 작업을 하는지에 관심이 없으며, 외부 회사가 잘 관리되고 추적되는지에 관심이 있다. 이것은 사람이 아닌 관계자가 작업 활동에 배정된 이유를 설명한다.

관계자 기술과 기술 유형

할당을 계획할 때 관리자는 예상 관계자의 자격을 알아야 한다. 이는 PARTY SKILL(관계자기술) 및 SKILL TYPE(기술유형) 엔터티를 사용하여 처리할 수 있다. PARTY SKILL(관계자기술)은 관계자 목록, 기술 유형, 경험 연수 및 스킬 등급을 포함한다. 표 6.8은 예제 데이터를 나타낸다.

데이터에서 알 수 있듯이 기술은 사람뿐 아니라 회사와도 관련이 있다[이것이 엔터티가 PERSON SKILL(사람기술)이 아니고 PARTY SKILL(관계자기술)인 이유다].

이 정보는 새로운 활동에 채용된 프로젝트 관리자에게 중요할 수 있다. 기업 내에서 사용 가능한 사람이 아무도 없는 경우 관리자는 논의되고 있는 활동을 지원할 수 있는 능력에 대해 외부 대행사를 평가할 수 있다. 또한 아직 할당되지 않은 사람들을 위해 이 정보를 사용하여 적절한 작업 활동 할당을 결정할 수 있다. Years experience(경험년수)는 사람이나 조직이 이 기술에 관여한 지 몇 년이 되었는지를 알려준다. 이것이 기술을 사용하기 시작한 시작일자에서 파생 가능한 데이터인 것처럼 보일 수 있다. 그러나 기술은 종종 기간 내에서 불규칙하게 사용되고, 이 속성의 데이터는 주관적이다. Rating(등급)은 해당 관계자가 기술에 얼마나 능숙한지를 나타내는데, 주관적일 수도 있다.

작업 활동 상태

또 다른 필수 정보는 작업 활동의 상태다. 이는 WORK EFFORT(작업활동)의 상태가 관리되는 WORK EFFORT STATUS(작업활동상태)와의 연계를 통한다. 작업 활동의 상태는 REQUIREMENT STATUS(요구사항상태)에 영향을 미칠 수 있다(그림 4.9 참조). 그러나 서로는 또한 독립적일 수 있다. 예를 들어, 요구사항을 구현하는 데 필요한 작업 활동에서 "완료" 상태는 요구사항이 "충족"의 상태로 이어질 수 있다. 그러나 "승인" 상태인 요구사항과 "진행중" 상태인 작업 활동과 같은 서로 관련이 없는 상태가 있을 수 있다.

작업 활동 상태에 대한 몇 가지 예제 데이터가 표 6.9에 나타난다. 이 데이터를 바탕으로 작업 활동의 모든 단계에 대한 상태를 사용할 수 있다. 관리자는 작업 활동이 아직 진행 중이며 4가지 활동 중 3가지 활동이 완료되었으며, 제품을 보증하는 마지막 품질 활동이 아직 완료되지 않았음을 알 수 있다. 어떤 작업 활동에 대해서도 많은 상태가 있기 때문에 언제 작업 활동이 시작되었고 완료되었으며, 어떤 시점에 다른 상태가 됐는지를 보여줄 수 있다.

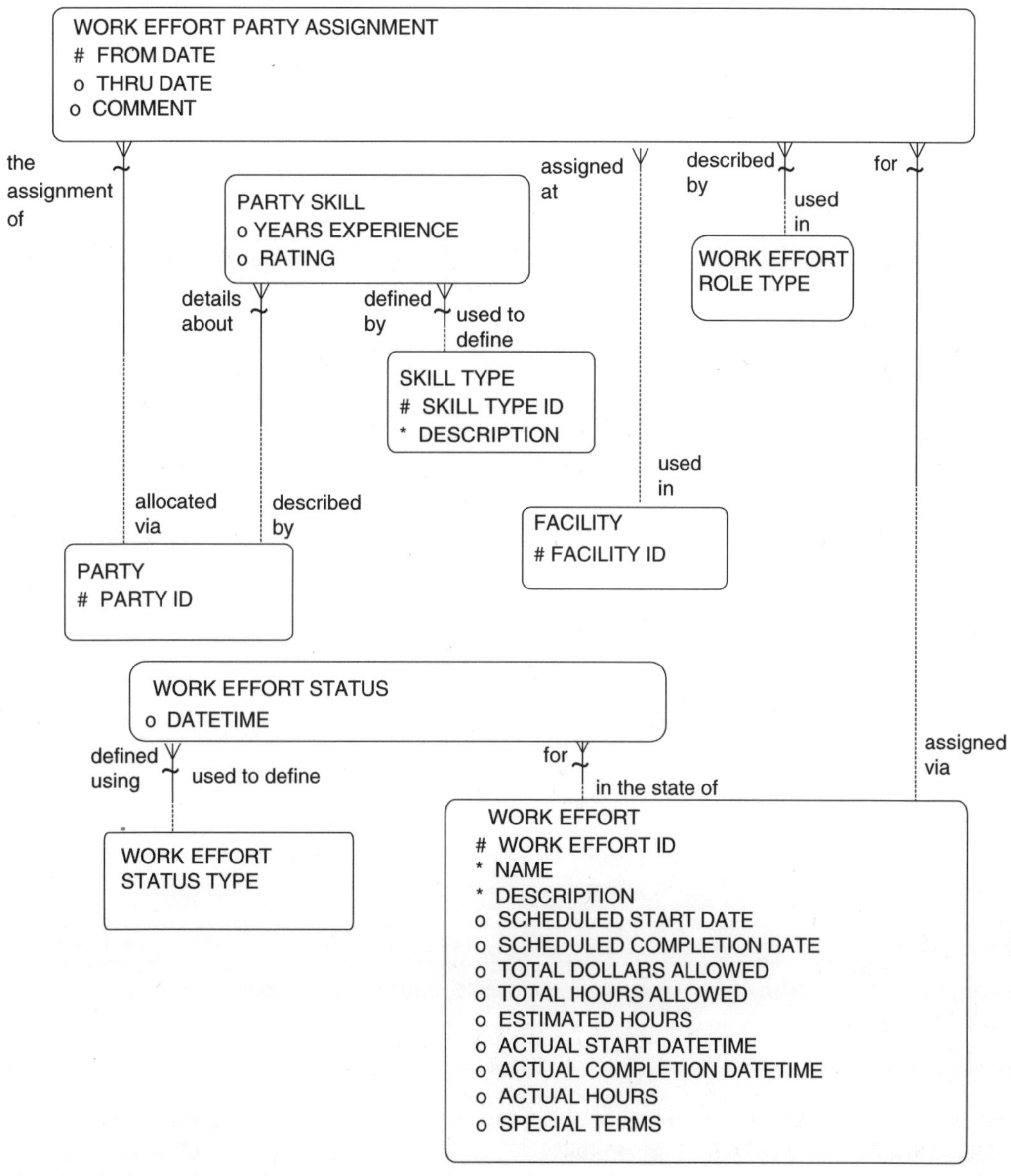

그림 6.5 작업 활동 관계자 할당

작업 활동 관계자 할당

이 엔터티는 서로 다른 역할을 허용하거나 활동을 더 빨리 수행하기 위해 많은 사람들을 할당할 수 있도록 하기 위해 WORK EFFORT(작업활동)가 하나 이상의 PARTY(관계자)에 할당되도록 한다. 원할 경우 기업은 낮은 단계의 책임을 할당하기 위해 활동의 최상위 단계(예를 들어 전체 프로젝트)에서 책임자를 지정해야 하는 업무 규칙을 적용할 수 있다. 이러한 이유로 scheduled start date(예정시작일자)와 scheduled completion date(예정완료일자)가 관계자를 예약하거나 할당에 관해서 실제로 발생한 것을 저장하기 위해 작업 활동의 속성으로 포함된다.

표 6.7 작업 활동 관계자 할당 데이터

WORK EFFORT ID AND DESCRIPTION	PARTY	WORK EFFORT ROLE TYPE	FROM DATE	THRU DATE	COMMENT
39409 Develop a sales and marketing plan	Dick Jones	Project manager	Jan 2, 2001	Sept 15, 2001	
	Bob Jenkins	Project administrator			
	John Smith	Team member	Mar 5, 2001	Aug 6, 2001	Leaving for three-week vacation on Aug 7, 2001
	John Smith	Team member	Sept 1, 2001	Dec 2, 2001	
	Jane Smith	Team member	Aug 6, 2000	Sept 15, 2001	Very excited about assignment
29000 Develop project plan (part of effort 39409)	Dick Jones	Creator	Jan 2, 2001	Jan 4, 2001	
29000 Develop project plan (part of effort 39409)	Bob Jenkins	Data entry in system	Jan 4, 2001	Jan 4, 2001	
29003 Conduct initial interviews (part of effort 39409)	John Smith	Performer	Jan 5, 2001	Feb 5, 2001	
29005 Conduct market research (part of effort 39409)	USA Consulting	Outsourcing responsibility	Mar 1, 2001	Jul 1, 2001	Contracted outside

PARTY	SKILL TYPE	YEARS OF EXPERIENCE	RATING
John Smith	Project management	20	10
	Marketing	5	6
Dick Jones	Project management	12	8
USA Consulting	Market research	25	10
	Sales analysis	15	7
	Data warehousing	5	5

예를 들어, 한 사람이 작업 활동에 배정될 수 있으며, 그 사람이 실제로 활동을 할 때까지 예정된 배정 일자가 변경될 수 있다. Scheduled completion date(예정완료일자)는 진행 중인 서비스 계약 또는 통보될 때까지 활동에 무기한으로 할당된 사람 등을 처리하기 위한 선택 속성이다. 기업은 할당 연장과 같은 것을 추적하기를 원할 수 있기 때문에, 같은 PARTY(관계자)나 WORK EFFORT(작업활동)에 하나 이상 할당되도록 from date(시작일자)가 WORK EFFORT PARTY ASSIGNMENT(작업활동관계자할당)의 주 키에 포함된다.

작업 활동 역할 유형

많은 관계자가 하나의 활동에 배정될 수 있기 때문에 추적해야 할 중요한 정보는 특정 관계자가 업무 활동에서 수행하는 역할이다. 이것은 WORK EFFORT ROLE TYPE(작업활동역할유형) 엔터티에서 적절한 WORK EFFORT ROLE(작업활동역할)을 선택하고 이 역할을 특정 PARTY(관계자)에 할당함으로써 추적된다. 이 정보는 한 관계자가 여러 역할을 하거나 종종 그렇듯이 팀원이 필요한 임무에 대해서 누가 무엇을 하는지를 식별할 때 특히 유용하다. 가능한 역할은 "관리자", "분석가", "노동자", "품질보증인" 또는 "계약자"가 될 수 있다.

작업 활동 할당 시설

작업 활동 및 하위 작업 활동이 시설과 연관돼 있더라도 WORK EFFORT PARTY ASSIGNMENT(작업활동관계자할당)에서 FACILITY(시설)로의 관계가 생긴다. 왜 그런가? 이 선택적인 관계는 이동이 자유로운 현재 사회에서 완료되어야 하는 활동을 처리하기 위한 것이다. 재택 근무가 늘어남에 따라 특정 작업 활동이나 작업 활동의 일부가 항상 특정 위치에 있어야 한다는 보장이나 요구사항이 더 이상 존재하지 않는다. 대기업을 위한 복잡한 데이터 웨어하우스 모델을 작성하는 임무를 예로 들 수 있다. 이 임무에는 비즈니스 분석가뿐만 아니라 많은 데이터 모델러가 관련될 수 있다. 팩스, 전자 메일 및 음성 메일을 통해 고객과 서로 통신하며 집에서 원격으로 일할 수 있다는 것은 쉽게 상상할 수 있다. 이 경우, 각 개인이 사용하는 시설은 작업 활동에 할당된 개인과 관련된다.

FACILITY(시설)와의 관계 대신, 관계자의 CONTACT MECHANISM(연락매체)이 WORK EFFORT PARTY ASSIGNMENT(작업활동관계자할당)에 대한 장소로서 사용돼야 하는가? 해당 관계자에 대한 우편 주소 또는 전자 메일 주소만 알고 있는 것이 좋을 수 있다. FACILITY(시설) 의 할당이 때때로 알려지지 않은 경우, CONTACT MECHANISM(연락매체)은 WORK EFFORT PARTY ASSIGNMENT(작업활동관계자할당)에 대한 또 다른 관계로 추가될 수 있다.

위치가 기록되지 않은 WORK EFFORT(작업활동)의 경우, 해당 작업이 상위 WORK EFFORT(작업활동)와 관련된 시설에서 발생하거나 위치가 중요하지 않은 것으로 가정한다.

표 6.9 작업 활동 상태

WORK EFFORT ID	WORK EFFORT SUBTYPE	WORK EFFORT DESCRIPTION	ASSOCIATED WORK EFFORT(S) ID AND DESCRIPTION	SCHEDULED START DATE	SCHEDULED END DATE	WORK EFFORT STATUS
28045	Job	Production run #1		Jun 1, 2000	Jun 4, 2000	In progress
120001	Activity	Set up production line	28045 Production run #1 51245 Production run #2	Jun 1, 2000	Jun 2, 2000	Started Jun 2 2000, 1PM Completed June 2, 2000 2PM
120002	Activity	Operate machinery	28045 Production run #1	Jun 3, 2000	Jun 3, 2000	Started Jun 3 2000 1 PM Completed Jun 3 2000 4PM
120003	Activity	Clean up machinery	28045 Production Run #1	Jun 4, 2000	Jun 4, 2000	Started Jun 4, 9AM Completed June 4 10AM
120004	Activity	Quality assure goods produced	28045 Production run #1	Jun 3, 2000	Jun 4, 2000	Pending

작업 활동 시간 추적

많은 조직에서 시간을 추적하는 것은 중요하며, 이에 대한 모델이 그림 6.6에 보여진다. TIME ENTRY(시간항목) 엔터티는 물론 급여에 매우 중요하지만 임무 추적, 비용 결정 및 고객 청구에도 중요하다. 이 엔터티는 특정 기간 동안 다양한 WORK EFFORT(작업활동)에 소요된 시간에 대한 정보를 가지고 있다. 이 정보에는 시간 구간과 작업한 총 시간을 알아내기 위한 from datetime(시작일시), thru datetime(종료일시), hours(소요시간)가 포함된다. 각 TIME ENTRY(시간항목)는 많은 시간 구간을 저장할 수 있는 TIMESHEET(시간기록표)의 일부일 수 있다. 각 TIME ENTRY(시간항목)는 PARTY ROLE(관계자역할)인 특정 WORKER(작업자), 즉 작업을 수행하는 사람, EMPLOYEE(피고용자) 또는 CONTRACTOR(계약자)를 위해 존재할 수 있다. TIMESHEET(시간기록표)는 "승인자", "관리자", "입력자"와 같은 TIMESHEET ROLE TYPE(시간기록표역할유형)으로 분류된 다양한 TIMESHEET ROLE(시간기록표역할)에 여러 PARTY(관계자)를 가질 수 있다.

이 모델은 각 WORKER(근로자)가 시간 경과에 따라 많은 TIMESHEET(시간기록표)를 제출할 수 있음을 보여준다. 이는 특정 기간 동안의 TIME ENTRY(시간항목)로 구성된다. 각 TIME ENTRY(시간항목)는 TIMESHEET(시간기록표) 내에 있으며, 시간이 소요된 활동을 나타내는 WORK EFFORT(작업활동)와 다시 연결된다.

시간 입력은 WORK EFFORT(작업활동)에 배정된 PARTY(관계자)가 하는데 TIME ENTRY(시간항목)가 왜 WORK EFFORT PARTY ASSIGNMENT(작업활동관계자할당)에 연관되지 않는가? TIME ENTRY(시간항목)가 WORK EFFORT PARTY ASSIGNMENT(작업활동관계자할당)와 직접적으로 관련이 없는 이유는 이것이 시간 입력의 PARTY(관계자)를 중복 저장하게 될 것이기 때문이다. 시간 입력의 PARTY(관계자)는 PARTY(관계자)와 관계가 존재하는 WORKER(근로자)와의 관계인 TIMEESET(시간기록표) 내에 TIME ENTRY(시간항목)가 있기 때문에 이미 식별된다.

일수와 같은 Hours(소요시간) 이외의 다른 측정 단위가 필요한 경우, Hours(소요시간) 속성 대신 UNIT OF MEASURE(측정단위)와 관계가 있는 quantity(수량) 속성이 있어야 한다.

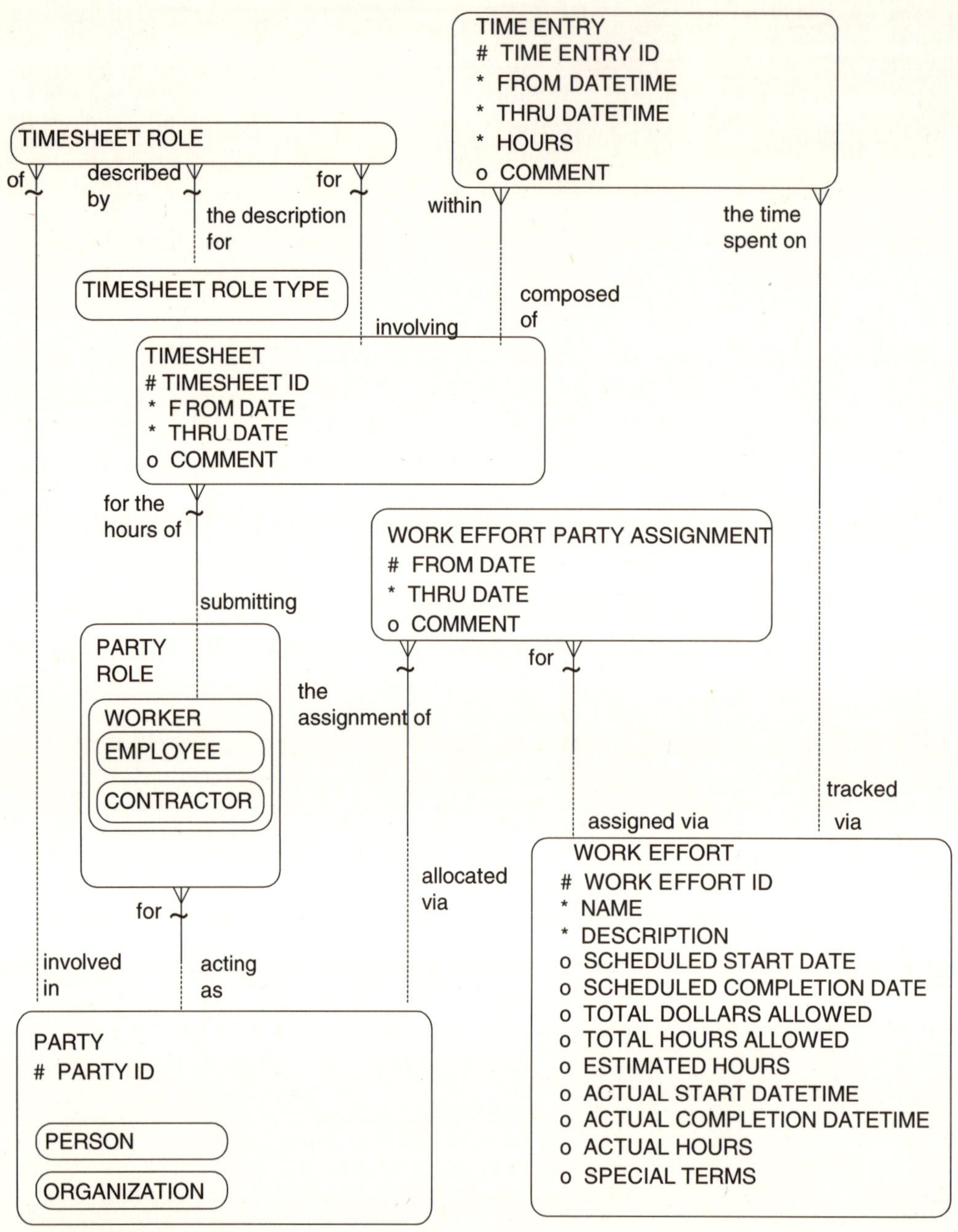

그림 6.6 작업 활동 시간 추적

표 6.10은 시간 입력 데이터의 예제를 나타낸다. 딕 존스는 2001년 1월 1일부터 2001년 1월 15일까지의 시간표를 제출했다. 그는 계획을 세우고 잠재적인 팀 구성원을 식별하기 위해 두 가지 시간 항목을 가졌다. 첫 번째 임무는 1월 2일부터 1월 4일까지 13시간을 근무했다. 두 번째는 1월 5일부터 1월 6일까지 7시간을 사용했다. 존 스미스는 2월 1일부터 2월 6일 기간에 대한 하나의 시

표 6.10 작업표와 시간 입력 데이터

TIMESHEET ID	TIME SHEET FROM DATE	TIME SHEET THRU DATE	PARTY	WORK EFFORT ID	TIME ENTRY FROM DATETIME	TIME ENTRY THRU DATETIME	HOURS
1390	Jan 1, 2001	Jan 15, 2001	Dick Jones	29000 Develop project plan (part of effort 39409)	Jan 2, 2001	Jan 4, 2001	13
				29005 Identify potential team members for project	Jan 5, 2001	Jan 6, 2001	7
1200	Feb 1, 2001	Feb 15, 2001	John Smith	29003 Conduct initial interviews	Feb 1, 2001	Feb 5, 2001	30
				294395 Facilitate monthly goals Session	Feb 6, 2001	Feb 6, 2001	6
1450	Feb 16, 2001	Mar 1, 2001	John Smith	29003 Conduct initial interviews	Feb 16, 2001	Mar 1, 2001	45

간 기록표에 두 개의 시간 항목으로 구성된 총 36시간인 기록표와 동일한 작업 중 하나인 "초기 면접 실시"에 대한 45시간의 다음 시간 기록표를 가졌다. 세분화된 시간 항목이 얼마나 많은지에 따라 동일한 작업 활동과 심지어 같은 기간 내에도 여러 시간 항목이 있을 수 있다. 예를 들어, 시간 항목이 매일 저장된 경우 존 스미스의 "초기 인터뷰 수행"에 대한 시간 항목이 여러 번 있었을 수 있다.

작업 활동 요금

시간을 추적하는 것 외에도 많은 응용 프로그램은 작업 활동의 요금 및 비용을 추적해야 한다. 비용이 청구될 작업 활동이 전문적인 서비스일 경우, 활동에 대해 부과될 요금을 추적하는 것은 매우 중요하다. 또는 예를 들면 다양한 사업 운영을 수행하는 비용을 설정하는 작업에 대한 비용이 있을 수 있다.

그림 6.7은 작업 활동과 관련된 요금 및 비용을 포착하는 모델을 보여준다. 요금 및 비용은 세 가지 요소에 기반할 수 있다. 즉 특정 관계자에게 설정된 비용, 특정 유형의 직위(조립 라인 근로자는 표준 비용을 가질 수 있음)에 설정된 비용, 작업 활동 할당에 설정된 비용이 있다.

비용은 시간이 지남에 따라 변경될 수 있기 때문에 이러한 요소 각각에 대해 하나 이상의 비용이 있을 수 있다. 그러므로, 각 WORK EFFORT PARTY ASSIGNMENT(작업활동관계자할당)는 시간이 지남에 따라 많은 WORK EFFORT ASSIGNMENT RATE(작업활동할당요금)를 가질 수 있다. 또한 때로는 요금이 활동하는 사람이나 조직에 의해 설정되기 때문에(John Smith의 요금은 시간당 180달러) 각 PARTY(관계자)는 시간 경과에 따라 많은 PARTY RATE(관계자요금)를 가질 수 있다. 그리고 직위에 따라 요금이 여러 번 결정되기 때문에(고급 컨설턴트의 요금은 시간당 250달러) 시간이 지남에 따라 각 POSITION(직위)은 몇 가지 요금을 가질 수 있다.

RATE TYPE(요금유형) 엔터티는 청구 요금, 급여 요금(근로자에게 지불해야 하는 금액), 비용, 초과 근무 요금 등과 같은 다양한 유형의 요금으로 분류할 수 있도록 한다.

각 RATE(요금) 엔터티는 조직의 필요에 따라 요금, 초과 근무 요금, 비용 또는 기타 유형의 요금을 저장할 수 있다. RATE TYPE(요금유형)은 어떤 요금이 지정되는지를 나타낸다. "청구 요금"에 대한 RATE TYPE(요금유형)의 description(설명)은 청구되는 금액과 외부 또는 내부 조직에 청구되는지를 밝힌다. "비용"에 대한 RATE TYPE(요금유형)의 description(설명)은 작업 비용이 얼마
인지를 계산하는 비용 기준으로 사용될 금액을 결정한다.

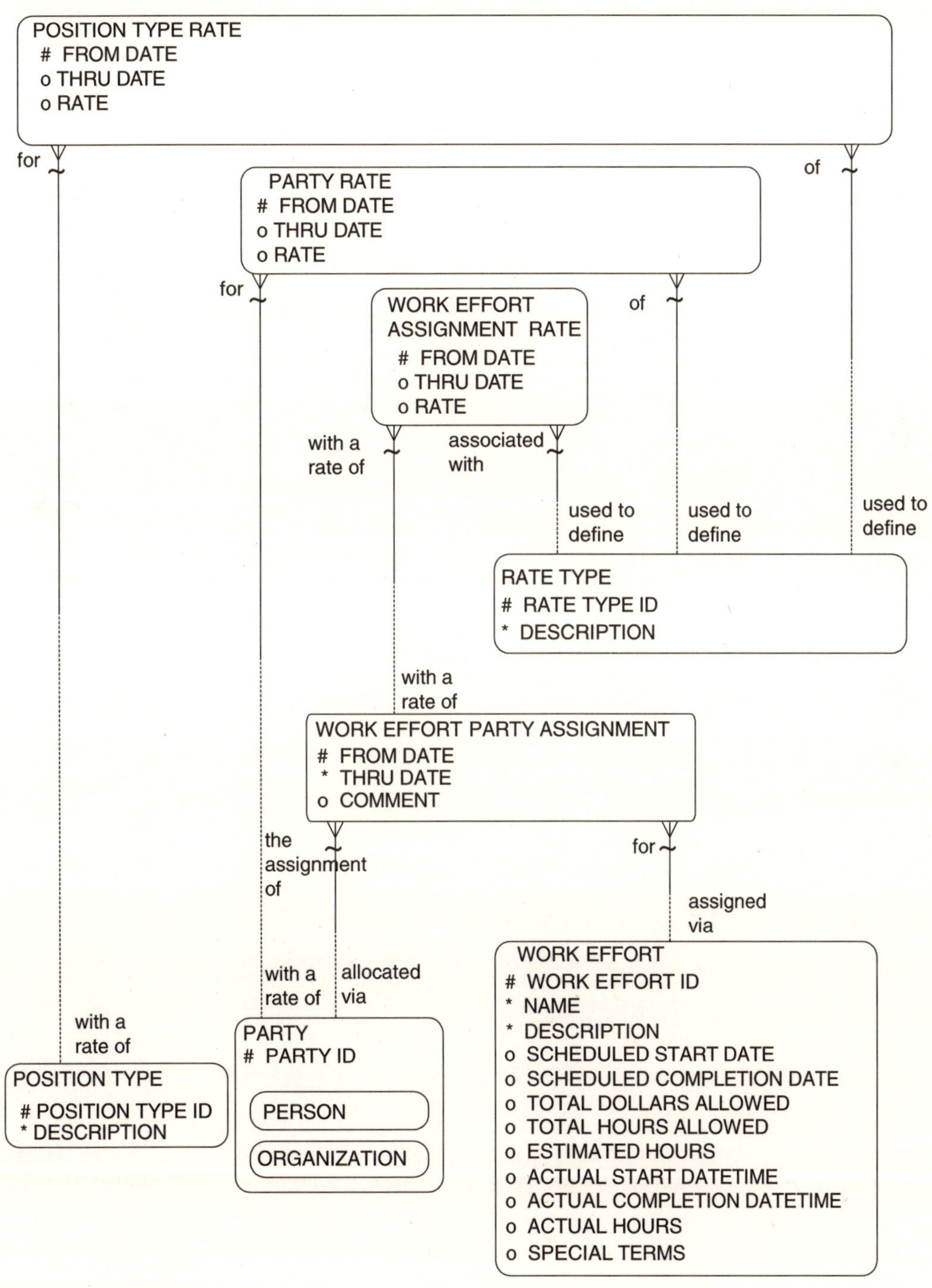

그림 6.7 작업 활동 요금

응용 프로그램에 따라 이들 중 하나 또는 모두가 필요하다. 예를 들어, 전문 서비스 응용 프로그램은 고객에게 부과할 요금뿐만 아니라 전문가에 대한 비용을 알아야 하기 때문에 둘 다 저장할 수 있다. 제조 회사는 상품을 조립하는 사람들의 비용을 저장할 필요가 있으며, rate(요금) 속성이 필요할 수도 있고 그렇지 않을 수도 있다. 예를 들어, 조직의 다른 부서에 청구할 금액을 정하기 위해 요금을 추적하길 원할 수 있다(회계 목적의 내부 거래일 수 있음).

작업 활동 할당 요금

WORK EFFORT ASSIGNMENT RATE(작업활동할당요금)는 작업 활동에 종사하는 특정 관계자에게 부과되는 요금 및 비용을 저장하는 데 사용된다. 요금 또는 비용은 관계자 또는 직위에 지정된 요금에서 나올 수 있고, 기업의 업무 규칙에 따라 특정 작업 활동에 대해 관리될 수 있다. 엔터티는 시간 경과에 따라 여러 요금을 지정할 수 있도록 from date(시작일자)와 thru date(종료일자)가 있다. RATE TYPE(요금유형)과의 관계는 청구 요금, 비용, 정규 시간, 초과 근무, 2교대, 3교대 등과 같은 지정에 대한 다양한 종류의 요금을 저장하는 기능을 제공한다.

표 6.11은 요금 데이터의 예를 보여준다. 예에서 알 수 있듯이 스미스 씨에 대해서는 다음과 같은 네 가지 요금 유형이 있다. "일반 청구(regular billing)" 요금, "초과 청구(overtime billing)" 요금, "일반 지불(regular pay)" 요금 및 "초과 근무 수당(overtime pay)" 요금이 포함된다. "일반 청구(regular billing)" 및 "초과 근무 수당(overtime pay)" 요금 유형에 따라 게리 스미스의 시간에 대해 고객에게 청구할 금액이 결정된다. "일반 지불(regular pay)"과 "초과 근무 수당(overtime pay)"은 게리 스미스에게 지불할 금액을 결정한다.

이 요금은 해당 업무 활동에 대해 결정되었을 수 있으며, 게리 스미스의 정상 요금에서 파생되었을 수 있다. 조직 내의 게리 스미스의 직위에서 파생되었거나 이러한 요인의 조합에서 파생되었을 수 있다. 청구 요금에 대한 정보를 사용하면 게리 스미스의 시간에 대한 고객의 청구 금액을 계산하거나 TIME ENTRY(시간항목)에서 나온 시간과 적절한 요금을 곱함으로써 지불 금액을 계산하는 게 쉬울 수 있다.

사용된 요금이 청구되는 시간과 동일한 기간 동안이라는 것을 보장하는 업무 규칙이 마련돼야 한다. 하나 이상의 비용이 적용되는 경우 어떤 비용이 사용돼야 하는지를 결정하는 데 필요한 업무 규칙도 있다. 예를 들면 게리 스미스는 직위에 대한 비용이 있고, 작업 활동 관계자 할당에 대한 비용이 있을 수 있다. 또한 초과 근무를 구성하는 요소를 결정하기 위해 업무 규칙을 적용할 필요가 있다.

표에는 스미스 씨가 5월 15일에 임금이 상승됐다는 것을 나타낸다. Thru date(종료일자)가 없는데, 이는 지정이 끝날 때까지 임금이 유효하다는 것을 나타낸다. 또한 "초과 근무 수당"은 증가돼서 "일반 급여"와 동일하다. 이는 기업이 초과 근무 수당을 지불할 때 자동화된 규칙을 적용할 수 있다는 것을 나타내지만, 이 경우 스미스 씨는 더 이상 높은 요금을 받지 않는다. 두 번째 요금을 저장함으로써 수표를 계산하는 급여 프로세스는 변경될 필요가 없다. 초과 근무 수당을 언제나처럼 계산할 것이다. 하지만 실제로는 동일한 요금이다.

표 6.11 작업 활동 요금 데이터

WORK TASK	PARTY	RATE TYPE	FROM DATE	THRU DATE	RATE
Develop accounting program	Gary Smith	Regular billing	May 15, 2000	May 14, 2001	$65.00
		Overtime billing	May 15, 2000	May 14, 2001	$70.00
		Regular pay	May 15, 2000	May 14, 2001	$40.00
		Overtime pay	May 15, 2000	May 14, 2001	$43.00
		Regular pay	May 15, 2001		$45.00
		Overtime pay	May 15, 2001		$45.00

재고 배정

특정 작업 활동을 완료하기 위해 원자재 또는 기타 품목이 필요할 수 있다. 그림 6.8은 WORK EFFORT(작업활동)와 INVENTORY ITEM(재고품)의 교차 엔터티인 WORK EFFORT INVENTORY ASSIGNMENT(작업활동재고배정)를 보여준다. 이것은 작업 활동을 실행하는 동안 실제 사용된 재고를 추적한다. 표 6.12는 연필 구성요소 조립과 관련이 있을 수 있는 데이터를 보여준다. 이 데이터는 100개의 연필을 생산하기 위한 더 큰 작업 활동 내에 있는 임무(작업 활동의 종류)다. 데이터에 표시된 대로 이 하나의 임무(연필 구성 요소 조립)는 세 가지 재고품을 사용해서 완료했다. 각 품목에 대해 100개의 수량이 사용되었다. 이 작업 활동이 재고를 사용할 때, 비즈니스 프로세스는 재고의 감소를 반영하는 갱신을 확실히 준비할 필요가 있다.

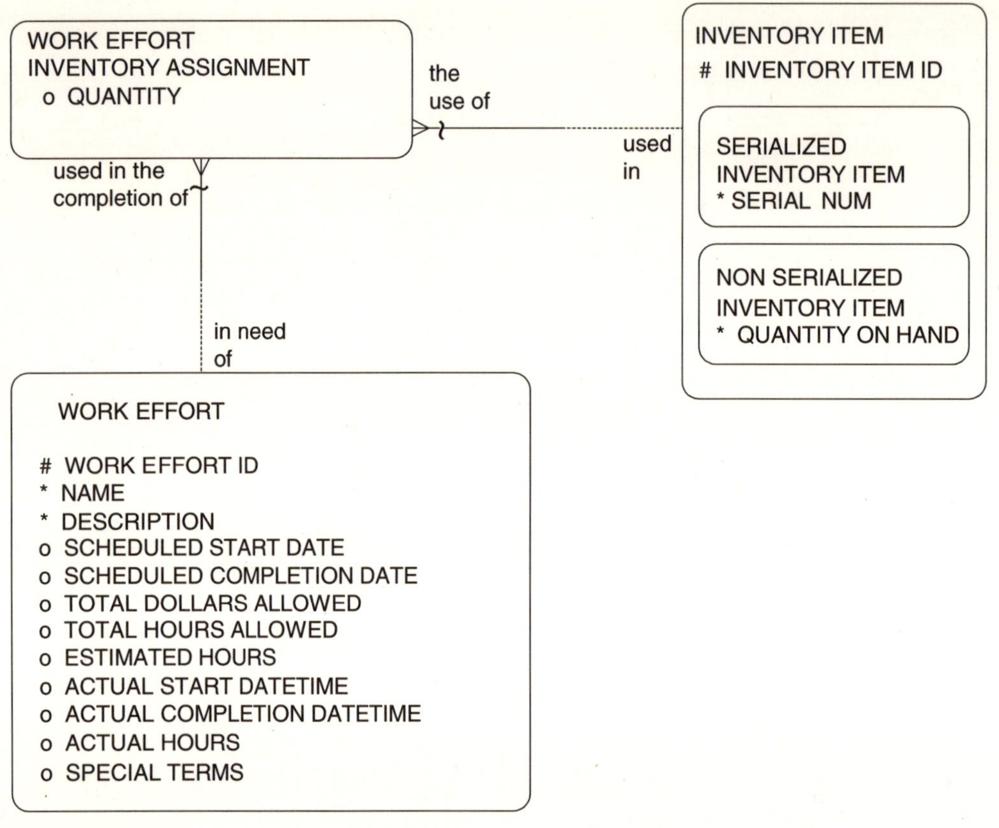

그림 6.8 재고 배정

고정 자산 배정

재고와 마찬가지로 일부 작업 활동을 수행하려면 다양한 장비, 기계, 차량 또는 자산이 필요하다. 이것을 이 모델에서 FIXED ASSET(고정자산)이라고 한다(그림 6.9 참조). 이 엔터티는 PROPERTY(자산), VEHICLE(차량), EQUIPMENT(장비) 및 OTHER FIXED ASSET(기타고정자산)과 같은 몇 가지 서브타입을 가진다. 또한, 기타 자산 유형은 FIXED ASSET TYPE(고정자산유형) 엔터티 내에서 식별될 수 있다. 어떤 자산이 언제 사용되고 있는지를 추적하기 위해 모델에는 WORK EFFORT FIXED ASSET ASSIGNMENT(작업활동고정자산할당) 엔터티가 포함된다. 할당의 상태를 더 밝히기 위해서는 WORK EFF ASSET ASSIGN STATUS TYPE(작업활동고장자산할당상태유형)을 참조한다.

WORK EFFORT	INVENTORY ITEM	QUANTITY
Assemble pencil components	Pencil cartridges	100
Assemble pencil components	Erasers	100
Assemble pencil components	Labels	100

고정 자산

기업이 관심을 가질 수 있는 FIXED ASSET(고정자산)에 저장된 기타 정보에는 asset ID(자산ID), 식별하기 위한 name(이름), 자산 취득 시점에 생긴 date acquired(취득일자)(감가삼각에 중요, 8장 그림 8.5에서 논의), 유지보수 기록(작업 활동)에서 추출할 수 있다면 필요하지 않을 수 있는 date last serviced(서비스완료일자), 다음 서비스 예정일인 date next service(서비스예정일자)가 있다. Production capacity(생산능력)는 자산의 생산 능력 가치와 UNIT OF MEASURE(측정단위)와의 관계를 관리하여 이 능력이 하루에 생산될 수 있는 단위의 수와 같은 다양한 측정에서 관리할 수 있다. FIXED ASSET(고정자산)에서 발견할 수 있는 예제 데이터가 표 6.13에 나타난다.

고정 자산 유형

물론 많은 종류의 자산이 여러 가지 이유로 기업에서 중요할 수 있다. 이것은 FIXED ASSET TYPE(고정자산유형) 엔터티를 사용하여 나열될 수 있다. 이 엔터티에 재귀 관계가 있음을 주목하라. 이 관계는 다양한 자산 유형의 상세한 분류를 허용한다. "장비" 고정 자산 유형을 예로 들 수 있다. 주어진 자산이 장비 종류라는 정보는 어떤 경우에 충분하지 않을 수 있다. 어떤 종류의 장비인지를 아는 것이 좋을 것이다. 그것이 작업 활동을 위해 필요한 것이어야 한다. 같은 방식으로 "차량"은 "소형밴"이고 "소형밴"은 실제로 "Ford Aerostar"라는 것을 아는 것이 좋다. 표 6.14는 이 엔터티에 대한 예제 데이터를 보여준다.

예에서는 "연필 만드는 기계", "펜 만드는 기계", "종이 만드는 기계"의 세 가지 유형이 있으며 "장비" 유형으로 분류된다. 또한 "트럭", "지게차", "전용비행기" 및 "자동차"와 같은 몇 가지 유형의 "차량"이 있다. "트럭" 종류인 "Mac Truck-18 wheels"가 있고, 이 트럭은 "차량" 유형이다. 이 모든 것은 자산 유형이다. 이 모델은 필요한 만큼 상세하게 관리할 수 있도록 충분히 유연하다.

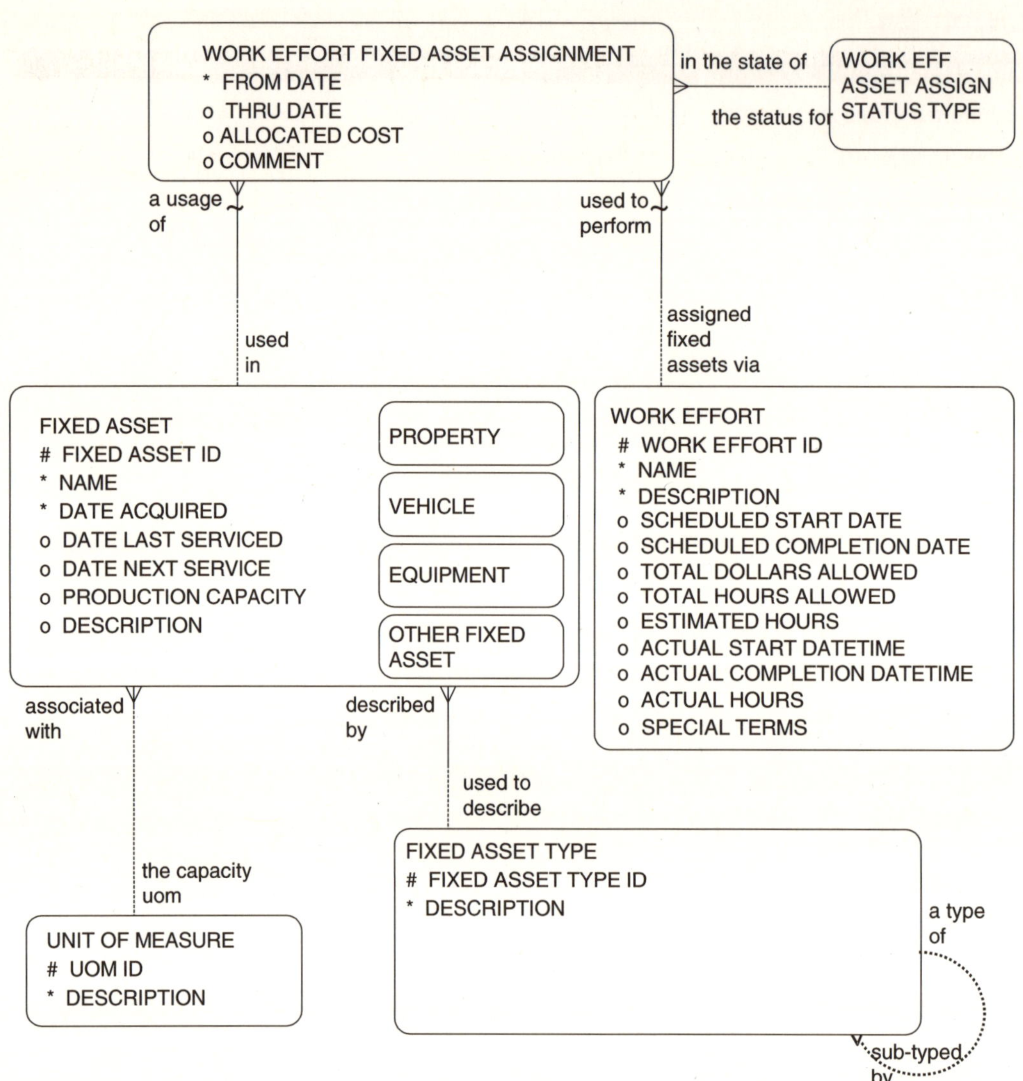

그림 6.9 고정 자산 할당

표 6.13 고정 자산 데이터

FIXED ASSET ID	ASSET TYPE	NAME	DATE ACQUIRED	DATE LAST SERVICED	DATE NEXT SERVICE	PRODUCTION CAPACITY	UOM
1000	Pencil-making machine	Pencil labeler #1	Jun 12, 2000	Jun 12, 2000	Jun 12, 2001	1,000,000	Pens/day
2266	Fork lift	Fork lift #25	Mar 1, 1999	Mar 15, 2001	Aug 1, 2001	5	People

FIXED ASSET TYPE ID	DESCRIPTION	PARENT ASSET TYPE
1000	Equipment	
1390	Pencil-making machine	Equipment
1458	Pen-making machine	Equipment
1532	Paper-making machine	Equipment
2000	Vehicle	
2019	Truck	Vehicle
2188	Mac truck-18 wheels	Truck
2266	Fork lift	Vehicle
2356	Jet airplane	Vehicle
2567	Car	Vehicle

고정 자산 배정 및 상태

기계나 장비의 일종은 대개 한 번에 한 활동에만 사용될 수 있으므로 사용 중인 것과 사용 중인 시간을 알려줄 필요가 있다. 그림 6.9는 이 정보를 추적하는 모델을 나타낸다. WORK EFFORT FIXED ASSET ASSIGNMENT(작업활동고정자산배정) 엔터티가 있으며, 이는 WORK EFFORT(작업활동)와 FIXED ASSET(고정자산)의 교차 엔터티다. 이 엔터티에는 배정의 시작 날짜와 끝 날짜를 저장하는 속성이 있다. 이 날짜는 from date(시작일자)와 thru date(종료일자)다. 이들은 작업 계획 목적에 매우 중요하다. 또한, WORK EFF ASSET ASSIGN STATUS TYPE(작업활동고정자산배정상태유형)과의 관계가 있다. 상태 유형은 배정이 "요청" 또는 "배정"인지를 나타낸다. Allocated cost(배정비용) 속성은 고정 자산을 사용하기 위해 얼마나 많은 비용이 작업 활동에 저장되었는지를 나타낸다. 이 정보는 작업 활동 중에 발생한 고정 자산 사용 비용을 알아내는 데 중요할 수 있다.

배정에 대한 시작일과 종료일은 WORK EFFORT(작업활동)의 scheduled start date(예정시작일자) 및 scheduled completion date(예정완료일자)와 다를 수 있다. 작업 활동의 라이프 사이클 중 일부분에서만 특정 기계가 필요할 수 있다. 장비 배정이 연관된 활동에 대해서 최소한 계획된 범위 내에 있는지 확실히 하기 위해 업무 규칙(또는 데이터베이스 제약)이 필요하다.

WORK EFFORT	FIXED ASSET	FROM DATE	THRU DATE	COMMENT
Label pencils	Pencil labeler #1	Jun 12, 2000	Jun 15, 2000	
Move raw materials in place for production run	Fork lift #25	Apr 15, 2000	May 15, 2000	May need for longer time
Test database tool	Office laptop #2	Jul 1, 2000		Ongoing effort

관계자 고정 자산 할당

작업 활동에 배정되는 것 외에도 자산은 PARTY(관계자)에 할당되거나 제외될 수 있다. 이 기간 동안, 문제의 자산에 대한 보관이나 사용에 대해 책임을 지는 관계자가 있는 것은 드문 일이 아니다. 이 연관성은 그림 6.10에 묘사돼 있다. PARTY FIXED ASSET ASSIGNMENT(관계자고정자산할당)라고 하는 교차 엔터티는 PARTY(관계자)와 FIXED ASSET(고정자산)의 정보를 조인한다(그림 6.10 참조). 또한 이 엔터티와 관련된 것은 할당에 대한 추가 정보를 제공하는 PARTY ASSET ASSIGN STATUS TYPE(관계자자산할당상태유형)이다. 예제 데이터는 표 6.16에 나타난다.

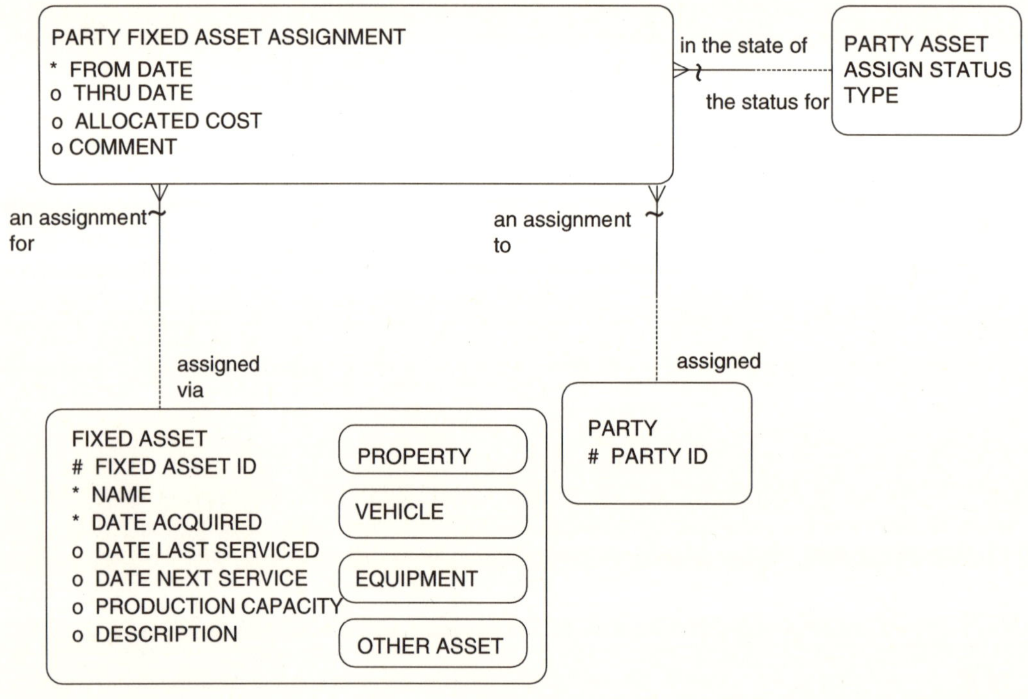

그림 6.10 관계자 고정 자산 할당

PARTY	FIXED ASSET	START DATE	END DATE	STATUS
John Smith	Car#25	Jan 1, 2000	Jan 1, 2001	Active
Dick Jones	Tool set #5	Mar 15, 2000	Mar 15, 2000	Lost

이와 같은 할당 데이터는 기업에게 자산의 상태와 위치를 추적하는 데 중요한 정보를 제공한다. 이 경우, 기업은 존 스미스가 2001년 1월 1일까지 "트럭 # 25"라는 트럭을 보유하고 있다는 것을 알고 있으므로 다른 사람에게 차를 줄 필요가 있을 때 이 차를 사용할 수 없다는 것을 알고 있다. 데이터는 또한 딕 존스가 특정 도구 세트(tool set)를 할당 받아서 잃어버린(lost) 것을 보여준다.

작업 활동 유형 표준

계획을 용이하게 하기 위해 이 모델에는 다른 유형의 작업 활동에 관한 다양한 표준을 저장하기 위한 추가 엔터티를 포함시킨다(그림 6.11 참조). 이 데이터 모델은 다양한 유형의 작업 활동에 필요한 기술 유형, 상품 및 고정 자산 유형이 무엇인지에 대한 정보를 제공한다. 이러한 기준은 조직이 제대로 준비할 수 있도록 예정된 작업 활동에 필요한 자원을 예측하는 데 사용될 수 있다.

그림 6.11은 각 WORK EFFORT TYPE(작업활동유형)에 적용되는 표준을 보여준다. 각 WORK EFFORT TYPE(작업활동유형)에는 일반적으로 활동을 수행하는 데 필요한 기술 유형[WORK EFFORT SKILL STANDARD(작업활동기술표준)], 작업 활동 내에 필요한 제품 또는 부품 유형[WORK EFFORT GOOD STANDARD(작업활동제품표준)] 및 작업 활동을 성취하는 데 필요한 고정 자산 유형[WORK EFFORT FIXED ASSET STANDARD(작업활동고정자산표준)]에 관한 표준을 가질 수 있다. 이러한 표준은 기업에 의해 결정되고 이러한 구조를 사용하여 입력돼야 한다. 이 정보는 각 작업 활동에 대한 자원과 예측 시간, 비용을 계획하는 데 사용될 수 있다. 또한 실제 기술, 제품 및 고정 자산 사용량과 표준을 비교하는 데 사용될 수 있다.

이러한 표준 엔터티 각각에는 작업 활동의 유형에 대한 예상된 요건을 정의하는 속성이 있다. WORK EFFORT SKILL STANDARD(작업활동기술표준)는 estimated num people(추정인력수)을 관리하며, 해당 기술 유형의 인원수가 일반적으로 업무 활동 유형에 필요하다는 것을 저장한다. Estimated duration(예상기간)은 기술이 작업 활동 유형에 얼마 동안 필요한지를 저장한다.

Estimated cost(예상비용)는 이 유형의 기술이 관련 작업 활동 유형에 대해 얼마나 많은 비용을 지불할 것인지를 추정한 것이다.

WORK EFFORT GOOD STANDARD(작업활동제품표준)는 일반적으로 얼마나 많은 GOOD(제품)이 필요한지를 나타내는 estimated quantity(예상수량) 속성을 관리하고, estimated cost(예상비용) 속성은 해당 작업 활동에 예상되는 비용을 관리한다.

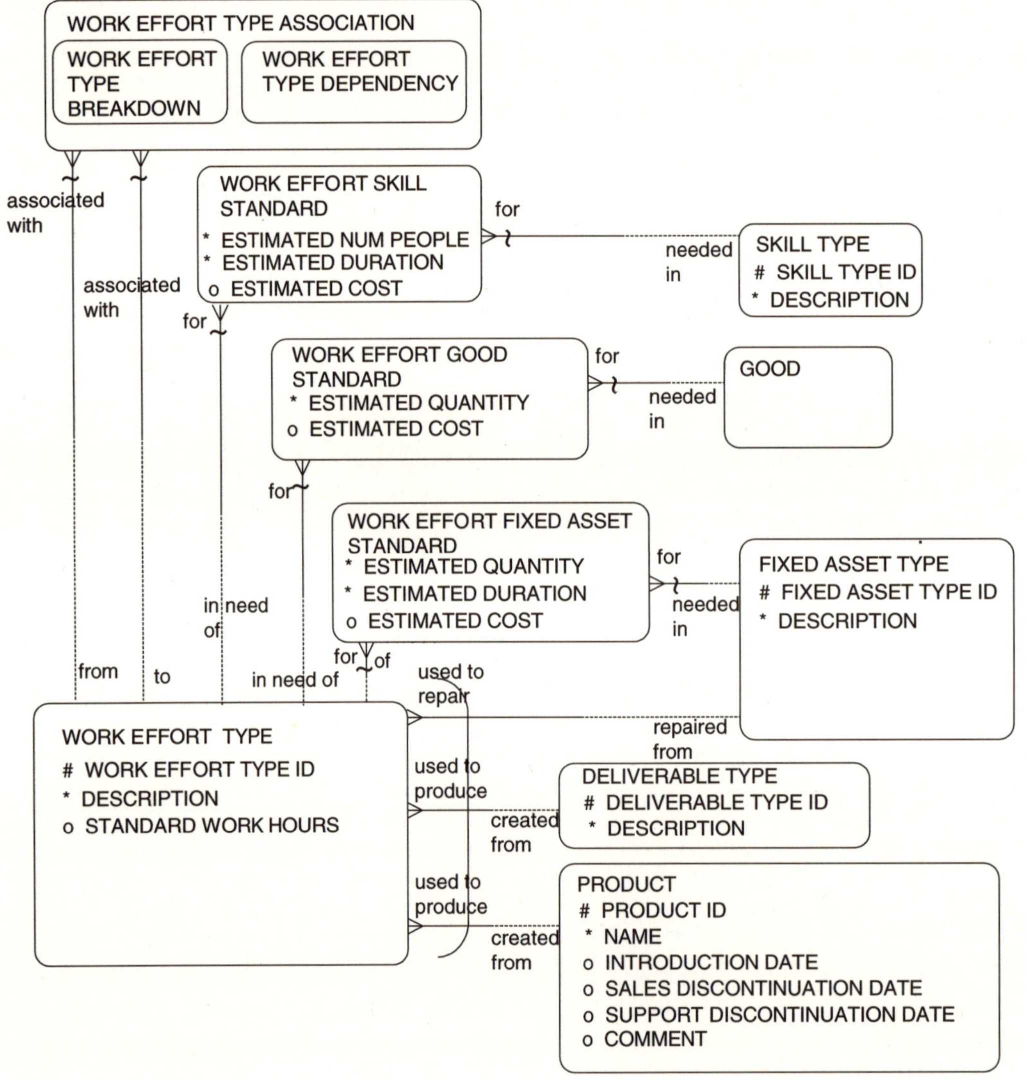

그림 6.11 작업 활동 유형 표준

WORK EFFORT FIXED ASSET STANDARD(작업활동고정자산표준)는 작업 활동 유형에 필요한 고정 자산의 수를 결정하기 위해 estimated quantity(예상수량) 속성을 관리한다. Estimated

　　　데이터 모델 리소스 북

duration(예상기간)은 고정 자산이 일반적으로 작업 활동 유형에 필요한 기간을 관리한다. Estimated cost(예상비용)는 해당 작업 활동 유형에 대한 예상 비용을 관리한다.

WORK EFFORT(작업활동)와 유사하게, 각 WORK EFFORT TYPE(작업활동유형)은 표준 WORK EFFORT TYPE BREAKDOWN(작업활동유형분해) 및 WORK EFFORT TYPE DEPENDENCY(작업활동유형종속)를 나타내는 WORK EFFORT TYPE(작업활동유형)과 연관이 있다. 이는 발생한 표준 종속성뿐만 아니라 일반적으로 더 큰 유형의 작업 활동을 만드는 표준 유형의 활동을 나타낸다.

그림 6.10은 또한 각 WORK EFFORT TYPE(작업활동유형)이 FIXED ASSET TYPE(고정자산유형)을 수리하거나 특정 DELIVERABLE(산출물)이나 특정 PRODUCT(상품)를 생산하는 데 사용된다는 사실에 의해 묘사될 수 있음을 보여준다.

작업 활동 기술 표준

WORK EFFORT SKILL STANDARD(작업활동기술표준) 엔터티는 어떤 기술을 가진 얼마나 많은 사람들이 필요한지, 얼마 동안 필요한지, 예상 비용은 얼마인지에 대한 정보를 기업에 제공한다. "large production run of pencils"의 경우 200달러의 비용으로 세 시간 동안 "조립 라인 작업자" 세 명의 기술뿐만 아니라 100달러의 비용으로 세 시간 동안 "감독"의 기술이 필요할 수 있다.

작업 활동 제품 표준

WORK EFFORT GOOD STANDARD(작업활동제품표준) 엔터티는 WORK EFFORT TYPE(작업활동유형)을 일반적으로 작업 활동에 필요한 GOOD(제품)에 연관시킨다. PART(부품) 모델이 사용되면(그림 2.10b) 엔터티 PART(부품)가 GOOD(제품)으로 대체된다. 엔터티에는 필요한 estimated quantity(예상수량)에 대한 속성과 estimated cost(예상비용)에 대한 속성이 포함된다. 이 정보는 특정 작업 활동을 수행하기 위해 재고가 충분히 있는지를 확인하는 데 사용할 수 있다. 표 6.17은 이 엔터티에 대한 예제 데이터를 나타낸다.

관계가 INVENTORY ITEM(재고품)이 아닌 GOOD(제품)에 있음을 유의하라. 이 정보는 계획을 세우기 위한 것이므로 필요한 GOOD(제품) 유형만 알면 된다. 실제 재고품의 위치를 찾을 필요가 없다. 이 정보를 검토할 때 계획된 WORK EFFORT(작업활동)에 대해 WORK EFFORT TYPE(작업활동유형)이 현재 재고보다 많은 GOOD(제품)을 요구할 것이고, 기업은 계획된 활동을 완료하기 위해 해당 제품을 재주문할 필요가 있다는 것을 알게 될 것이다.

표 6.17 작업 활동 제품 표준

WORK EFFORT TYPE	ITEM	ESTIMATED QUANTITY	ESTIMATED COST
Large production run of pencils	Erasers	1,000	$2,500
	Labels	1,000	$2,000
Large production run of pens	Ink cartridges	2,000	$3,000

주목해야 할 또 다른 핵심은 모든 WORK EFFORT TYPE(작업활동유형)이 재고 요구사항을 갖는 것은 아니라는 것이다. 예를 들어, 제품을 만드는 것과 대조적으로 서비스를 제공하는 것과 연관된 작업 활동인 "프로젝트 계획 준비"의 작업 활동 유형은 어떤 재고 요구사항도 갖지 않는다.

BOM을 많이 다루는 제조 회사와 다른 회사를 위한 이 모델의 대안 모델은 GOOD(제품)대신 PART(부품)와의 관계로 변경하고, GOOD(제품)으로부터 PART(부품)를 구분하는 것이다. 이것은 데이터 모델의 많은 부분에서 선택적인데, 2권 2장에서 더 자세히 논의된다.

작업 활동 고정 자산 표준

유사한 방식으로, WORK EFFORT FIXED ASSET REQUIREMENT(작업활동고정자산요구사항)는 고정 자산 유형의 계획 및 할당에 대한 정보를 제공한다. 이 엔터티가 전달하는 기타 정보에는 필요한 고정 자산 유형의 estimated quantity(예상수량), 고정 자산이 WORK EFFORT TYPE(작업활동유형)의 실행에 사용되는 시간인 estimated duration(예상소요기간) 및 estimated cost(예상비용)가 포함된다. 이 데이터의 예제가 표 6.18에 나와 있다.

표 6.18 작업 활동 고정 자산 요구사항 데이터

WORK EFFORT TYPE	FIXED ASSET TYPE	ESTIMATED QUANTITY	ESTIMATED DURATION
Large production run of pencils	Pencil labeler	1	10 days
	Fork lift	2	5 days

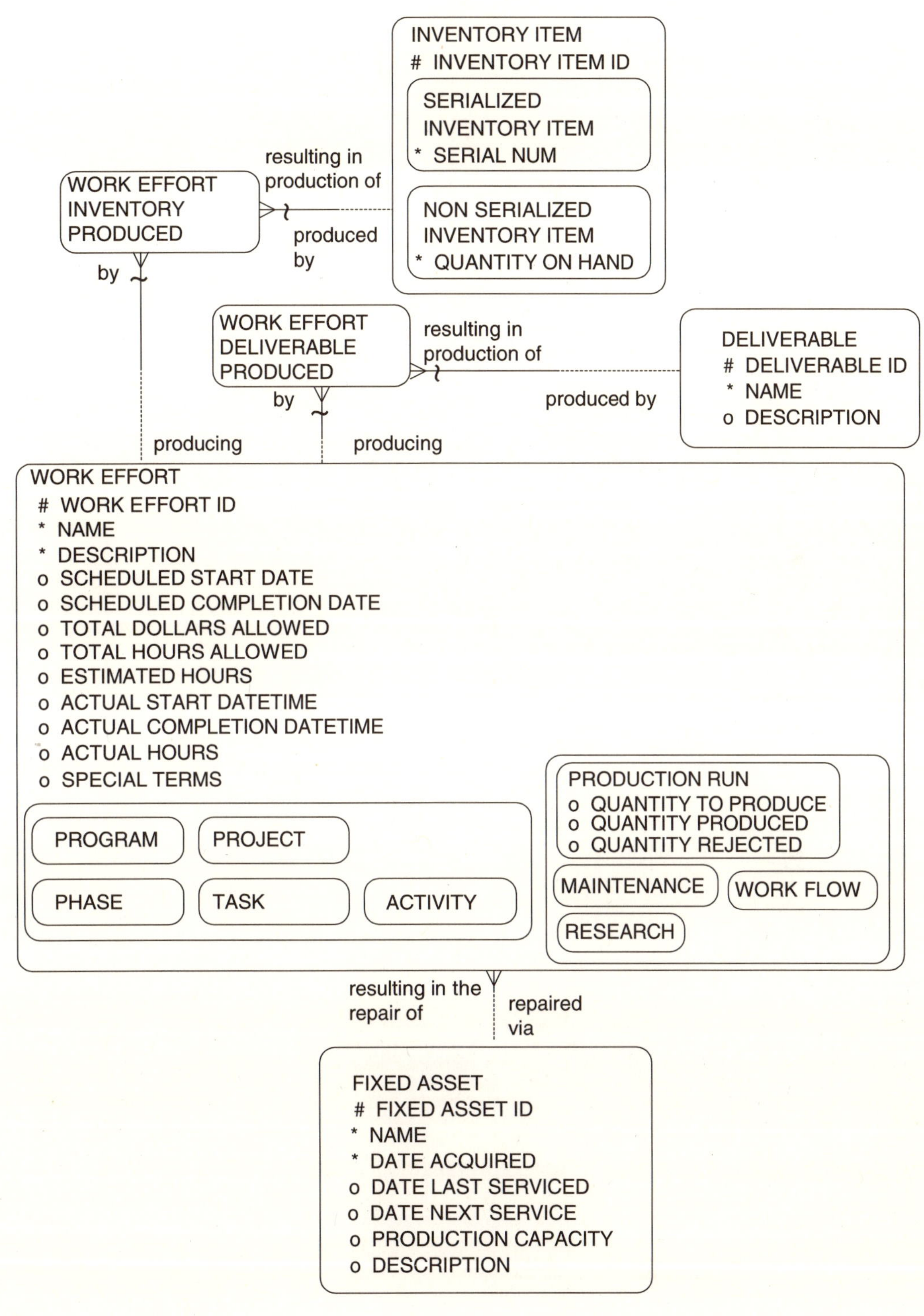

그림 6.12 작업 활동 결과

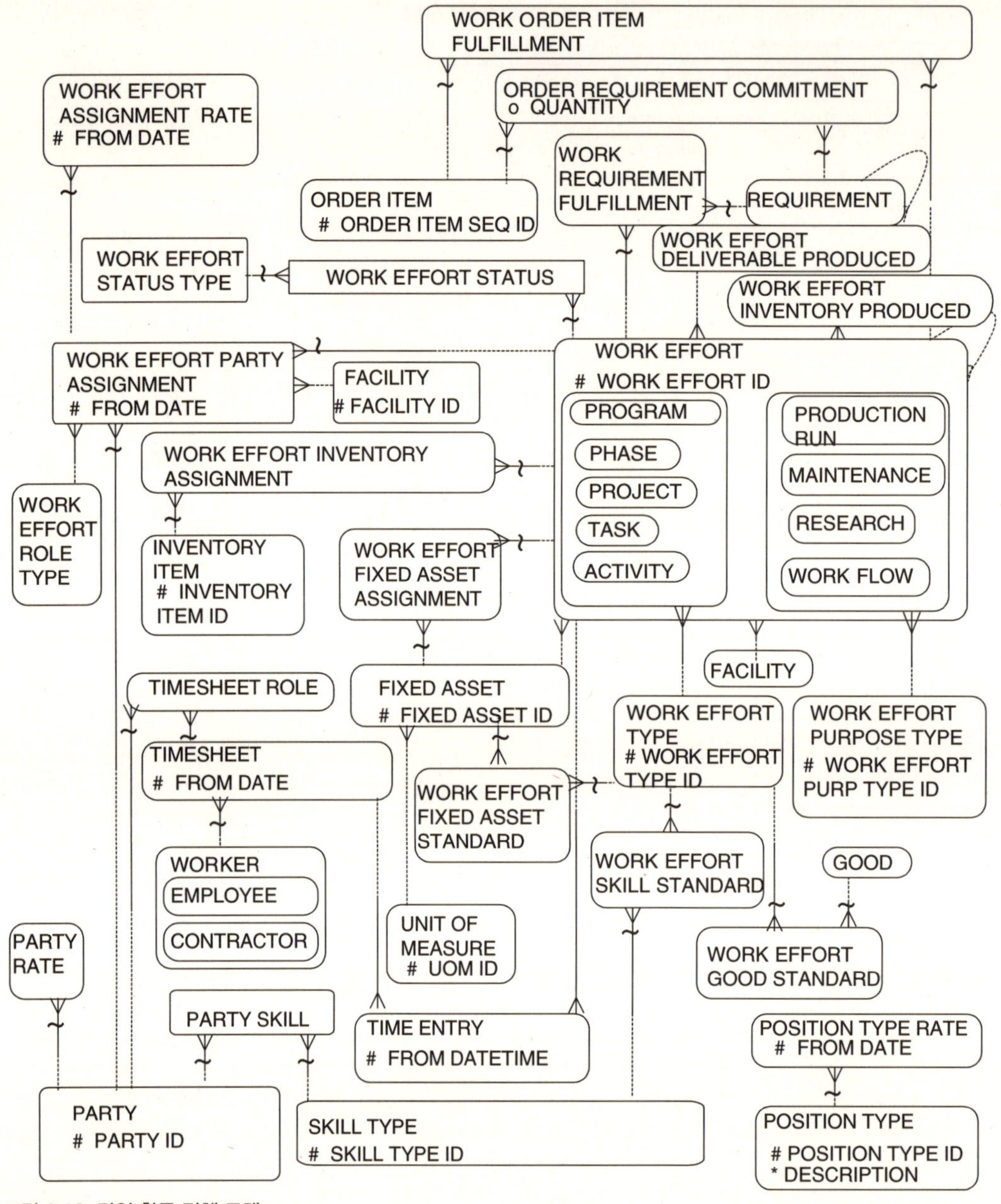

그림 6.13 작업 활동 전체 모델

작업 활동 결과

마지막으로, 작업 활동의 결과를 문서화하는 것이 중요하다. 그림 6.12의 데이터 모델은 이 정보를 관리하는 데 필요한 엔터티와 관계를 보여준다. WORK EFFORT TYPE(작업활동유형)이 어

     데이터 모델 리소스 북

면 WORK EFFORT(작업활동)가 무엇을 생산했어야 하는지 표준을 보여주는 반면에 WORK EFFORT(작업활동)의 결과로서 실제로 생성된 것을 알아내는 것이 중요하다.

그림 6.12의 모델은 WORK EFFORT DELIVERABLE PRODUCED(작업활동산출물생산)를 통해 하나 이상의 DELIVERABLE(산출물)을 생산하는 결과를 가져올 수 있다는 것은 보여준다. FIXED ASSET(고정자산)의 수리라는 결과를 가져올 수 있다. 또는 WORK EFFORT INVENTORY PRODUCED(작업활동재고생산) 엔터티를 통한 하나 이상의 INVENTORY ITEM(재고품)을 생산하는 결과를 가져올 수 있다.

이 엔터티들과의 관계는 WORK EFFORT(작업활동) 인스턴스의 하위 수준에서 관리돼야 함을 명심하라. 이를 통해 산출물, 생산된 재고품 및 수리된 고정 자산을 포괄하여 전체 프로젝트와 같은 전체 작업 활동에 대한 종합 결과를 볼 수 있다:

요약

이 장의 데이터 모델의 세부 사항은 작업 활동에 대한 요구사항, 작업 활동의 생성, 자원의 계획 및 작업 활동의 완료를 포함한다(그림 6.13 참조). 여기에는 다른 작업 활동에 대한 완전한 분류 및 임무의 완료에 필요한 인력, 고정 자산 및 재고 할당의 추적이 포함된다. 모델에 통합된 것은 작업 활동의 실제 결과뿐만 아니라 작업 활동의 유형과 연관된 표준을 저장하는 데 필요한 엔터티다.

이 데이터 모델을 통해 기업은 지속적인 활동 목록과 이러한 활동을 완료하기 위해 사용 가능하거나 이미 할당된 다양한 자원을 효과적으로 관리할 수 있어야 한다. 이 정보를 사용하는 것은 기업의 지속적인 성공과 발전에 중요할 수 있다. 따라서 전체 기업 모델에 포함되어야 할 중요성과 필요성이 있다.

엔터티와 속성의 목록은 부록A를 참조하라.

청구

지불이 이루어지도록 보장하는 것은 조직에게 중요하다. 품목이 어떤 식으로든 주문되고, 배송되고, 배달되면 기업이 지불을 요청하는 것이 중요하다. 이것은 송장을 통해 이루어진다. 적절한 주문, 배송 또는 작업 활동에 해당하는 정확한 송장을 발송하는 것이 중요하다. 기업은 입금 받기 용이하도록 시스템을 마련할 필요가 있으며, 이에는 적절한 결제 계정 설정, 주문에 대한 청구서 대조, 배송 청구, 작업 활동에 대한 청구서 발송, 송장 발송. 송장에 대한 지불 추적, 예금 기록 및 발행 명세서가 포함된다.

송장에 대해 기업에서 알아야 할 질문은 다음과 같다.

■ 각 청구서는 주문, 배송, 작업 활동과 어떤 관련이 있는가?

■ 지불해야 할 상품, 특성 및 기타 비용은 얼마인가?

■ 누구에게 얼마나 많은 돈을 갚아야 하나?

■ 각 송장의 상태는 어떤가?

■ 각 관계자의 지불 내역은 무엇인가?

이 장에서 설명하는 모델은 다음과 같다.

■ 송장 및 송장 품목(대체 모델도 제공)

■ 송장 역할

■ 송장 결제 계정

■ 송장 특정 역할

■ 송장 상태 및 조건

■ 배송 품목에 대한 대금 청구

■ 작업 활동 및 시간 항목 송장 발행

■ 주문 품목에 대한 대금 청구

■ 송장 결제(대안 모델도 제공)

■ 재무 회계, 인출 및 예금

송장과 송장 품목

배송 및 주문처럼 송장에는 관계자에게 부과되는 제품과 서비스에 대한 세부 정보가 표시된 많은 항목이 있을 수 있다. 송장의 품목은 상품, 특성, 작업 활동, 시간 항목 또는 판매세, 배송 및 취급 비용, 수수료 등과 같은 조정 항목일 수 있다.

그림 7.1a는 송장과 관련된 일부 핵심 엔터티가 포함된 데이터 모델을 나타낸다. 각 INVOICE(송장)는 청구되는 품목을 나타내는 INVOICE ITEM(송장품목)으로 구성된다. INVOICE(송장)는 거래에 대한 머리글 정보를 관리하고 INVOICE ITEM(송장품목)은 청구되는 각 품목의 세부 정보를 관리한다. 각 INVOICE ITEM(송장품목)은 PRODUCT(상품) 또는 PRODUCT FEATURE(상품특성)와의 일대다(1:M) 관계를 가질 수 있다. INVOICE ITEM(송장품목)은 일련번호로 구입한 상품의 실제 인스턴스를 관리하는 것이 유용할 수 있기 때문에 SERIALIZED INVENTORY ITEM(일련번호재고품)과 연관될 수 있다. 예를 들어, 컴퓨터 제조업체는 구매되고 송장이 발송된 컴퓨터의 일련번호를 종종 저장한다.

INVOICE ITEM(송장품목)은 상품에만 관련되지 않으므로(즉, 작업 활동, 시간 항목과 관련이 있음) 다른 엔터티와의 관계에 대해서는 이 장의 뒷부분에서 다룬다. 품목이 목록에 없는 일회성 청구 품목을 나타내는 경우 INVOICE(송장) 엔터티의 item description(품목설명) 속성은 청구된 것을 저장하는 데 사용될 수 있다. 각 INVOICE ITEM(송장품목)은 "송장 조정", "송장 품목 조정", "송장 상품 품목", "송장 상품 특성 품목", "송장 작업 활동", "송장 시간 입력 품목"과 같은 값을 포함하는 INVOICE ITEM TYPE(송장품목유형)에 의해서 분류될 수 있다. 각각의 INVOICE ITEM(송장품목)은 하나 이상의 다른 INVOICE ITEM(송장품목)에 의해 조정될 수 있는 재귀 관계를 가지고 있는데, 이는 "송장 품목 조정" INVOICE ITEM TYPE(송장품목유형)이 될 것이다. 각 INVOICE

ITEM(송장품목)은 "송장 상품 특성 품목" 유형의 다른 INVOICE ITEM(송장품목)과 함께 판매될 수도 있다.

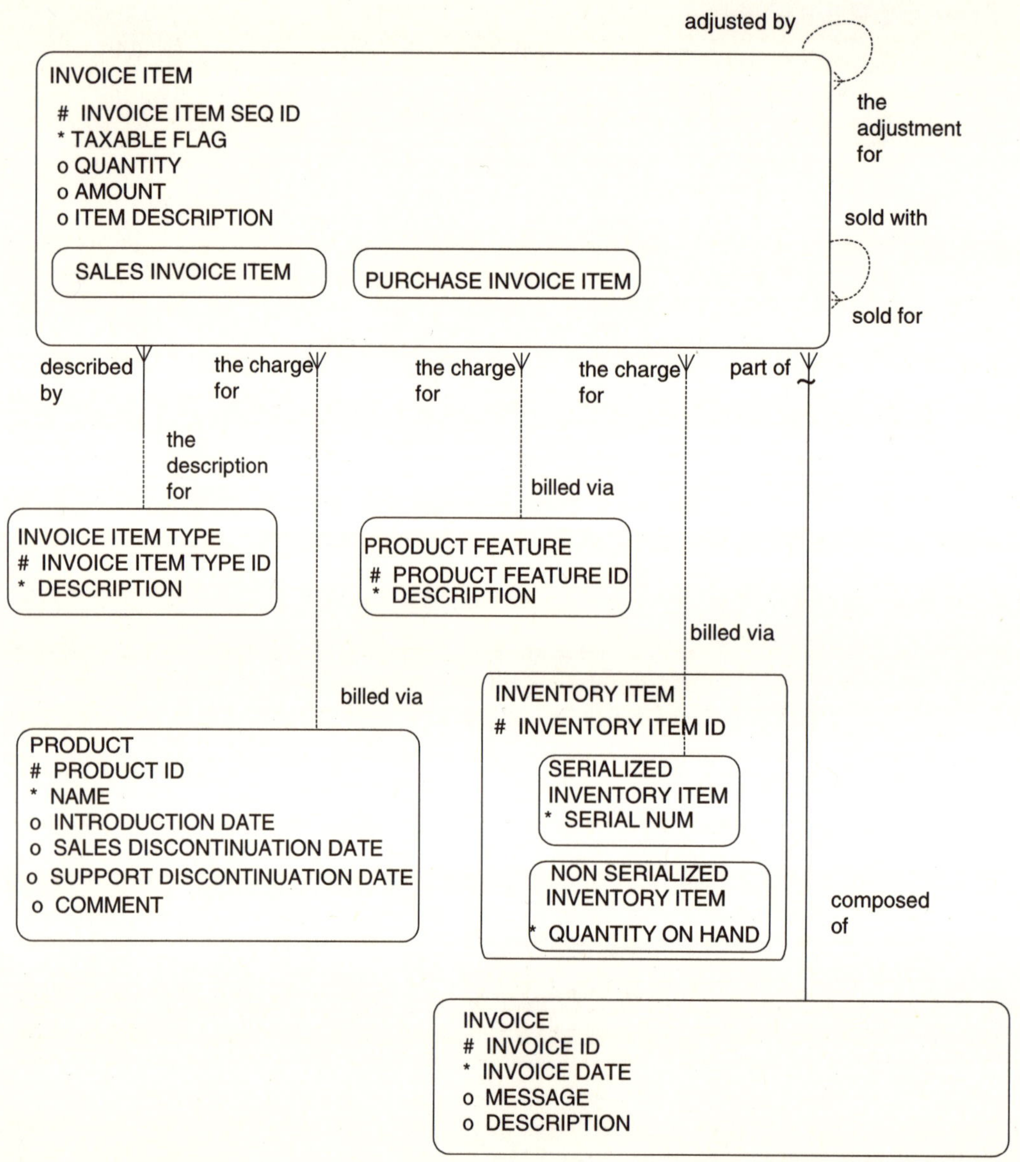

그림 7.1a 송장과 송장 품목

배송과 마찬가지로 고객에게 정확한 청구서를 보내려면 많은 사항이 필요하다. 고유 식별자 외에 송장에 대해 첫 번째로 저장해야 하는 것은 송장 생성 일자 또는 송장 일자다. 이는 고객이 청구서를 논의하기 위해 전화를 걸 때 송장 진행 상황을 추적하는 데 사용되는 중요한 정보가 될 것이다. 일부 시스템에서는 송장 고객에게 특정 메모 또는 메시지를 포함하려 할 수 있고, 모델에

message(메시지) 속성이 포함될 수 있다. Description(설명) 속성은 송장의 성격을 설명한다. 표 7.1은 송장 엔터티의 예제 데이터를 보여준다.

표 7.1 송장 데이터

INVOICE ID	INVOICE DATE	MESSAGE	DESCRIPTION
30002	May 25, 2001		Fulfillment of office supply order
30005	June 5, 2001	Thanks for the business!	

각 INVOICE ITEM(송장품목)은 상품, 상품 특성, 작업 활동 또는 시간 입력을 위한 것이거나, 비표준 품목에 대한 item description(품목설명)을 통해 설명될 수 있기 때문에 PRODUCT(상품)와 PRODUCT FEATURE(상품특성)에 대한 관계는 모두 선택 관계다. 특성이 송장 품목에 표시될 때 재귀 관계(sold with)는 특성이 상품에 대한 특정 송장 품목이 청구되었음을 나타내기 위해서 저장될 것이다. 특성과 같은 품목에 대해서는 amount(금액)만 있고 quantity(수량)가 없을 수 있으며, 수량이 필요하지 않고 적용할 수 없을 수 있기 때문에 quantity(수량) 속성은 선택이다.

상품에 대한 특성을 저장하기 위해 INVOICE ITEM(송장품목)을 다른 INVOICE ITEM(송장품목)에 재귀 관계로 관리하는 대신 상품 및 특성을 송장 품목에 모두 저장하지 않는 이유는 무엇인가? 이는 두 개의 서로 다른 송장 품목에 동일한 제품이 포함된 송장을 설명하지 않는다. 예를 들어 조직에서 서로 다른 특성을 가진 두 대의 컴퓨터 서버를 구입한 경우 어떤 특성의 조합이 어떤 특정 상품과 연관되는지를 기록하는 것이 중요하다. 고객이 이미 가지고 있는 기존 상품에 나중에 특성이 추가되면 어떻게 되는가? 송장 품목은 상품 청구액이 있는 초기 송장 품목과 연관될 수 있다.

표 7.2 송장 품목 데이터

INVOICE ID	INVOICE ITEM SEQ ID	PRODUCT	PRODUCT FEATURE	SOLD WITH	QUANTITY	AMOUNT	TAXABLE FLAG?
30002	1	Johnson fine grade 8½ by 11 bond paper			10	$8.00	Y
	2		Product quality, Extra glossy finish	Invoice 30002, Seq ID 1		$2.00	Y
	3	Goldstein Elite pens			4	$12.00	Y
	4	HD 3½-inch diskettes			6	$7.00	Y

표 7.2는 네 개의 품목이 청구되는 예제 송장을 제공하며, 세 개는 상품이며 하나는 "Johnson fine grade 8L/2 by 11 bond paper"에 대한 특수 광택 용지라는 특성이다. "Johnson fine grade 8L/2 by 11 bond paper"에 대해 광택 처리를 추가로 수행하는 두 번째 품목에는 해당 품목이 상품 문맥 내에서 특성에 대한 것임을 보여주기 위해 상품의 송장 품목에 대한 재귀 관계가 포함된다.

송장 ID 및 상품 또는 특성 외에도 세부 정보에는 청구 대상 항목의 quantity(수량), amount(금액) 및 taxable flag(과세여부) 속성을 통해 과세 대상인지 여부가 포함된다. 수량에 대한 측정 단위와 같은 상품 고유 정보는 PRODUCT(상품)에서 UNIT OF MEASURE(측정단위)까지의 관계를 통해 얻을 수 있다(상품 정의에 대한 자세한 내용은 3장 참조). 또한 품목의 총금액은 파생 정보이기 때문에 속성이 아니다.

Taxable flag(과세여부)는 송장 품목에 저장되어 품목에 세금이 부과될지 여부를 나타낸다. 품목의 과세 여부는 배송 위치나 구매 조직의 과세 상태와 같은 여러 상황에 따라 달라질 수 있기 때문에 항상 청구된 품목에 의해서 결정되는 것은 아니다. 세금 계산에 필요한 정보는 각 지리 구역의 규칙과 규정에 크게 의존하기 때문에 이 모델에는 포함되지 않는다.

송장에 대해 기업이 알고 싶어하는 기타 정보에는 총 세금(계산된 후), 운임 및 취급 수수료와 같은 조정 금액이 포함된다. 각 조정 금액은 청구 품목이기도 하므로 INVOICE ITEM(송장품목)의 인스턴스로 저장된다. ORDER ADJUSTMENT(주문조정)는 주문 장에서 별도의 엔터티였는데 조정이 INVOICE ITEM(송장품목)의 인스턴스로 송장에 포함된 이유가 무엇인가? 그 이유는 관계자가 무언가를 주문할 때 판매세, 수수료, 취급 수수료 등과 같은 조정을 요구하지 않기 때문이다. 이러한 조정은 잠재적인 예상 비용을 관리하기 위해 ORDER ADJUSTMENT(주문조정)에 저장된다. 그러나 그들은 여전히 "주문한 품목"이 아니다. INVOICE ITEM(송장품목)은 발생된 비용을 나타내며, 이러한 조정은 이 정의에 포함된다.

표 7.3 송장 품목 조정 데이터

INVOICE ID	INVOICE ITEM SEQ ID	INVOICE ITEM TYPE	AMOUNT	TAXABLE?
30002	5	Shipping and handling	$16.00	N
	6	Fee (order processing fee)	$5.00	N
	7	Tax	$25.65	N

INVOICE ITEM TYPE(송장품목유형)에는 "기타 요금", "판매세", "할인 조정", "운송 및 처리 비용", "할증료 조정" 및 "수수료"와 같은 다른 유형의 조정이 포함될 수 있다. 필요한 경우 INVOICE ITEM(송장품목)에 percentage(비율) 속성을 추가하여 판매세에 0.07과 같은 조정 비율을 저장할 수 있다.

표 7.3에는 송장에 대한 조정 데이터의 예가 나와 있다. 이 구조를 사용하여 기업은 많은 다른 유형의 송장에 어떠한 조정도 포함할 수 있다. 이는 INVOICE(송장) 엔터티에 tax amount(세액)나 freight charge(화물운송비)와 같은 속성을 포함하는 것보다 훨씬 유연하다. 기업에서 다른 조정을 추적해야 한다는 것을 발견하면 엔터티에 새로운 속성을 추가해야 하기 때문이다. 이 모델을 사용하면 기업은 다른 INVOICE ITEM TYPE(송장품목유형)을 가질 수 있는 새로운 송장 품목을 정의하고 추가 인스턴스를 재귀 관계를 통해서 INVOICE(송장)나 INVOICE ITEM(송장품목)에 연결시킨다.

송장 품목은 다른 방법으로 다른 송장 품목에 의해 조정될 수 있다. 예를 들어, 청구 품목 수를 8개 대신 10개로 잘못 정한 경우가 있다고 가정하자. 두 개 품목의 신용을 보여주는 미래 송장 품목이 송장을 수정하는 데 사용될 수 있다. 이 수정은 수량이 10인 원래 INVOICE ITEM(송장품목)과 연관된 -2의 수량을 갖는 INVOICE ITEM(송장품목)을 사용하여 구현될 수 있다. 많은 기업들은 송장을 수정하는 것과 대조적으로 이런 접근법을 사용한 수정을 보여주는데 이는 규제와 감시 문제로 이어질 수 있다. INVOICE ITEM(송장품목)의 재귀 관계는 송장 품목을 서로 관련시키는 데 필요한 정보를 제공한다.

그림 7.1b는 INVOICE ITEM(송장품목)의 서브타입을 보다 구체적으로 설명하는 대체 모델을 제공한다. INVOICE ADJUSTMENT(송장조정)는 다양한 조정 서브타입을 표시하고 INVOICE ACQUIRING ITEM(송장획득품목)은 상품, 특성, 작업 활동 또는 시간 등 관계자가 실제로 얻은 품목을 나타낸다. 상품으로 판매된 특성이나 송장 품목에 대한 조정을 처리하기 위해 INVOICE ITEM(송장품목)의 재귀 관계를 보여주는 대신 이 모델은 INVOICE ACQUIRING ITEM(송장획득품목)에서 INVOICE ADJUSTMENT(송장조정)로의 관계뿐만 아니라 INVOICE PRODUCT ITEM(송장상품품목)에서 INVOICE PRODUCT FEATURE ITEM(송장상품특성품목)으로의 관계를 가지고 있어 더욱 구체적인 업무 규칙을 강화한다.

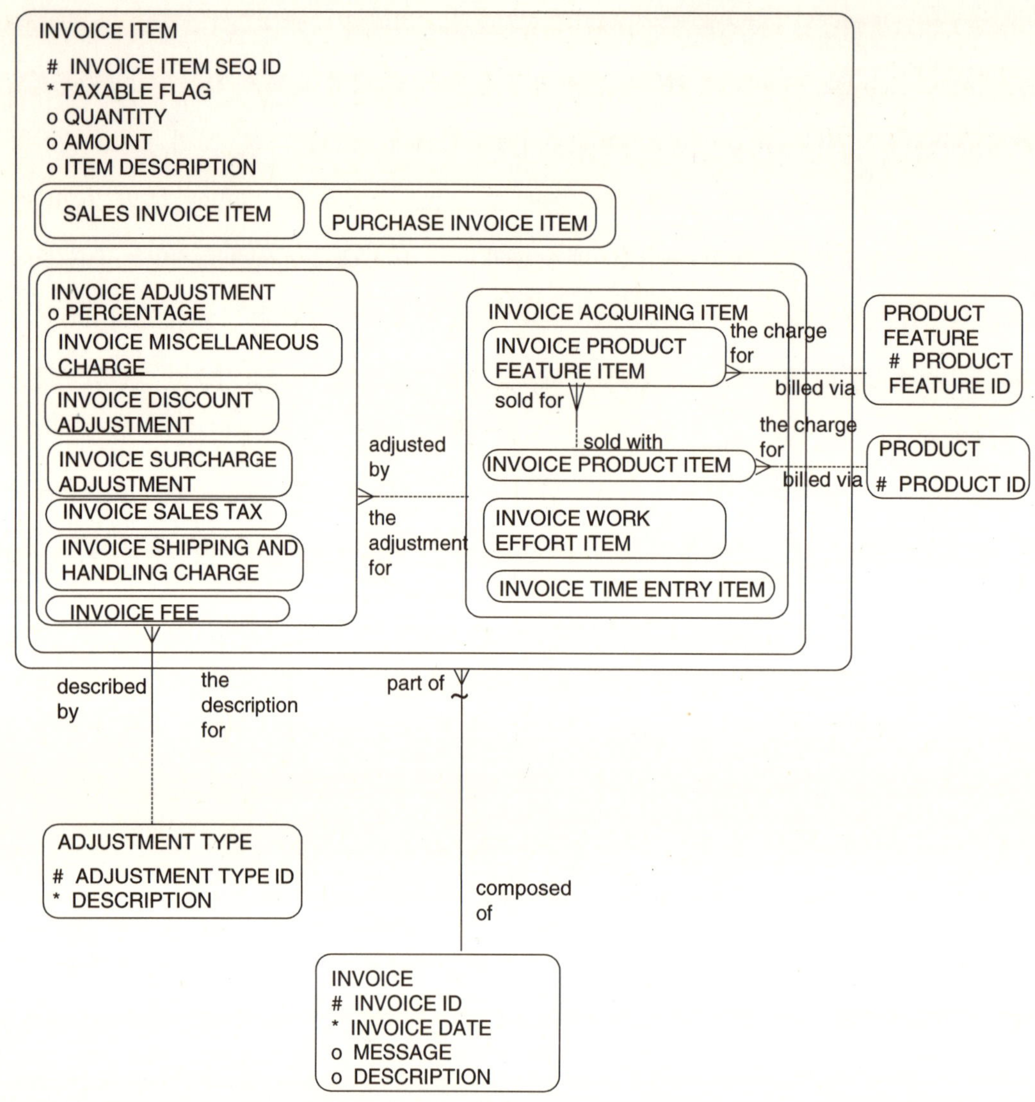

그림 7.1b 송장과 송장 품목 대안 모델

송장 역할

물론 기업은 송장을 어디로 보내고, 송장이 어디에서 왔는지를 알아야 한다. 표준 모델은 종종 고객 주소만 저장하고 공급업체 주소는 청구를 수행하는 기업이 될 것이라고 간주한다. 이 모델은 다중 위치 또는 다중 회사 조직에 대한 판매 및 구매 송장에 대해 보다 유연한 구조를 수용한다.

그림 7.2는 송장에 관련된 관계자들의 기본 데이터 모델을 나타낸다. 각 INVOICE(송장)는 모든

PARTY(관계자)에게 청구되거나 청구할 수 있으므로 입고 송장(PURCHASE INVOICE)이나 출고 송장(SALES INVOICES) 모두 수용할 수 있다. 청구서 발송자와 수신자는 두 가지 주요 역할을 담당하며 돈을 지불한 관계자와 지불을 요청한 관계자를 나타낸다.

이 두 가지 핵심 역할 외에도 추가 역할이 송장에 포함될 수 있다. 추가 역할은 INVOICE(송장)의 각 INVOICE ROLE TYPE(송장역할유형)에 관련된 각 PARTY(관계자)를 저장하는 INVOICE ROLE(송장역할)에 의해 관리된다. 예를 들어, 송장 역할 유형에는 "입력자", "승인자", "송신자" 및 "수신자"가 포함될 수 있다. Datetime(시각) 속성은 사람이나 조직이 역할을 수행한 날짜와 시간을 나타낸다.

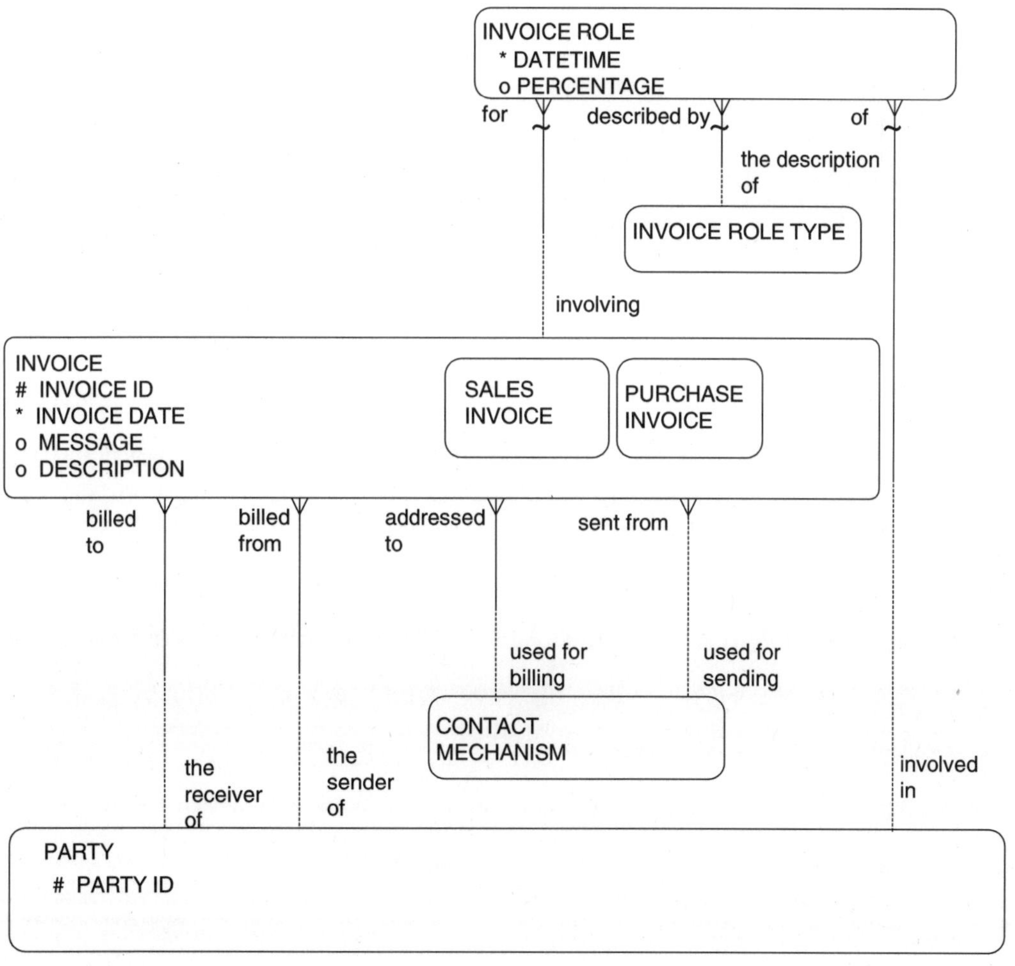

그림 7.2 송장 관계자

송장을 보내는 다양한 방법이 있기 때문에 송장을 보낸 위치와 받은 위치를 기록하기 위해 송장을 송수신하는 유연한 수단이 필요하다. 따라서 그림 7.2는 각 INVOICE(송장)가 송장이 전송되고 보내진 CONTACT MECHANISM(연락매체)을 관리할 필요가 있음을 보여준다. 이는 INVOICE(송장)가 POSTAL ADDRESS(우편주소), ELECTRONIC ADDRESS(전자주소), TELECOMMUNICATIONS NUMBER(통신번호)를 포함한 다양한 유형의 CONTACT MECHANISM(연락매체)을 통해서 송수신될 수 있기 때문에 CONTACT MECHANISM(연락매체) 서브타입과 연관된다. 요즘 전자 상거래에서는 ELECTRONIC ADDRESS(전자주소) 형식인 전자 주소를 통해 송장을 보내는 것이 점점 더 보편화 되고 있다. 송장은 일종의 TELECOMMUNICATIONS NUMBER(통신번호)인 팩스로 전송될 수 있다. 마지막으로 송장은 POSTAL ADDRESS(우편주소)를 통해 지정하는 옛날 방식으로 전송될 수 있다.

표 7.4는 송장 관계자에 대해 관리되는 정보의 예제 데이터를 보여준다.

송장 30002번에는 보내고 받을 표준 주소가 있지만, 30005번은 인터넷 전자 메일 주소로 지정되어 있다. 이 경우 송장은 전자 메일을 통해 전송된다(그러나 데이터에는 보낸 사람의 실제 주소만 표시됨). 송장 30010번의 경우 데이터는 송장이 한 전자 메일 주소에서 다른 전자 메일로 전송되고 있음을 나타낸다.

점점 더 많은 기업과 사람들이 온라인에 접속함에 따라 이러한 유형의 트랜잭션이 보편화될 것이다. 따라서 보다 유연한 데이터 모델이 필요하다는 것은 분명해질 것이다. 송장을 우편으로 보내기 위해 실제 주소가 필요한 현재 송장 발행 시스템은 앞으로는 사용할 수 없게 될 수도 있다.

저장된 송장 연락 매체가 청구 목적에 유효한지를 확인하기 위해 기업이 추가 업무 규칙을 구현하려 할 경우 PARTY CONTACT MECHANISM PURPOSE(관계자연락매체목적) 엔터티(2장, 그림 2.10 참조)가 추가 검증에 사용될 수 있다. 가능한 예는 송장이 "송장 수신 위치" 역할을 수행하는 PARTY CONTACT MECHANISM(관계자연락매체)과만 연관될 수 있다는 것을 나타내는 규칙일 수 있다.

 데이터 모델 리소스 북

INVOICE ID	INVOICE DATE	BILLED TO PARTY	ADDRESSED TO CONTACT MECHANISM	SENDER OF PARTY	SENT FROM CONTACT MECHANISM
30002	May 25, 2001	ACME Corporation	123 Main Street	ABC Subsidiary	100 Bridge Street
30005	June 5, 2001	John Smith	jsmith@us.com	ABC Subsidiary	100 Bridge Street
30010	June 5, 2001	Tom Jones	1235,678@cis.com	ACME Corporation	acorp@ acme.com

결제 계정

그림 7.3a에서 볼 수 있듯이, 청구서를 PARTY(관계자)에 전송하는 것 외에도 고객에게 청구할 수 있는 또 다른 방법, 즉 BILLING ACCOUNT(결제계정)의 사용을 통하는 방법이 있다. 이 결제 방법은 특정 유형의 비즈니스의 특정 상황에서만 사용된다. 따라서 그림 7.3a의 BILLING ACCOUNT(결제계정), BILLING ACCOUNT ROLE(결제계정역할), PARTY(관계자) 엔터티와 그들의 연관 관계는 선택 사항이며, 기업이 결제 계정을 관리할 필요가 있을 경우에만 포함된다.

BILLING ACCOUNT(결제계정)는 다른 송장에 다른 유형의 품목을 묶는 방법을 제공한다. 고객은 사무용품에 대해 하나의 계정을, 가구 구입에 다른 계정을 원할 수 있다. 결제 계정은 고객이 별도의 송장을 받아 다른 유형의 품목을 개별적으로 추적할 수 있도록 한다. 은행과 신용 카드 회사는 고객을 위해 다양한 요금을 분리할 수 있도록 이 개념을 자주 사용한다. 통신 회사는 다른 통신 회선에 대해 별도의 결제 계정을 설정할 수 있다. 아마도 하나의 계정은 표준 전화 서비스를 위한 것이고, 다른 계정은 기업의 전용 회선에 대한 것이다.

그림 7.3a는 그림 7.2에 나와 있는 이전 모델에 더해서 PARTY(관계자)에 직접 보내는 대안으로서 BILLING ACCOUNT(결제계정)에 보낼 수 있는 송장을 제공한다. 일부 기업에서는 BILLING ACCOUNT(결제계정)에 보내진 송장을 지불하는 책임이 있는 하나 이상의 관계자를 추적할 필요가 있을 수 있다. 따라서 그림 7.3a의 모델에는 PARTY(관계자)와 BILLING ACCOUNT(결제계정) 사이에 BILLING ACCOUNT ROLE(결제계정역할)이라는 교차 엔터티가 있어 계정과 관련된 다양한 관계자를 관리할 수 있도록 한다. BILLING ACCOUNT ROLE(결제계정역할)을 통해 각 관계자는 계정에 BILLING ACCOUNT ROLE TYPE(결제계정역할유형)을 수행할 수 있다. 역할에는 지불

해야 하는 주요 관계자를 나타내는 "1차 지불자" 또는 지정된 경우에 지불할 수 있는 다른 관계자를 나타내는 "2차 지불자"가 포함될 수 있다. 계정과 관련될 수 있는 "고객 서비스 담당자", "관리자" 및 "영업 담당자"와 같은 다른 역할도 있을 수 있다. BILLING ACCOUNT ROLE(결제계정역할)에 필요한 다른 속성에는 관계자가 계정에서 활성화된 from date(시작일자)와 역할이 언제까지 포함됐는지를 나타내는 thru date(종료일자)가 포함된다.

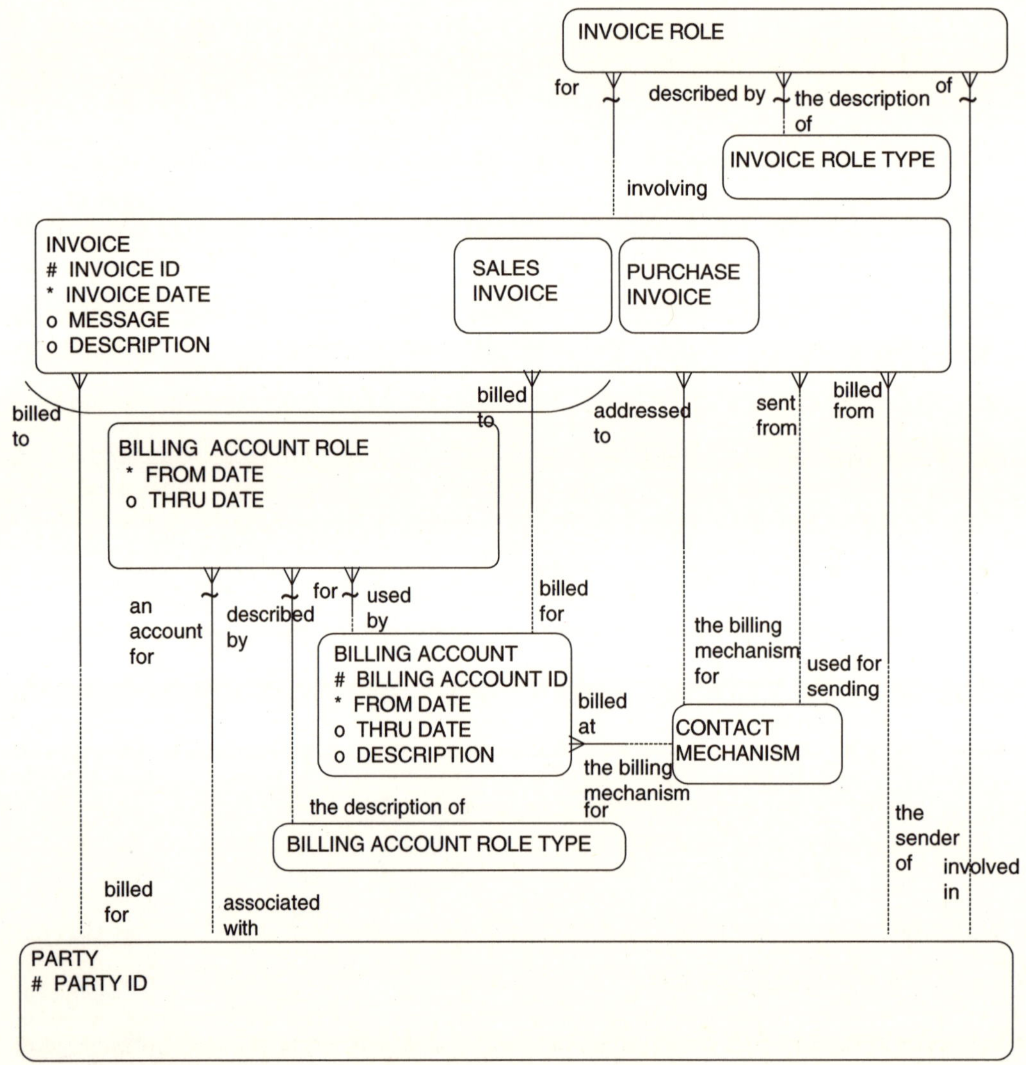

그림 7.3a 결제 계정

그런 다음 각 송장은 BILLING ACCOUNT(결제계정)나 직접 PARTY(관계자)에 청구될 수 있다. BILLING ACCOUNT(결제계정)에는 활성화된 from date(시작일자), thru date(종료일자) 및 결

   데이터 모델 리소스 북

제 계정의 성격을 나타내는 description(설명)이 있다. 송장을 보낼 위치를 결정하려면 문제의 계정이 CONTACT MECHANISM(연락매체)과 차례로 연관돼야 한다. 결국 모든 송장은 일종의 위치에 처해야 한다. 또한 기업이 결제 계정을 사용하는 경우, 4장(그림 4.3 및 4.4)의 주문 모델에는 BILLING ACCOUNT(결제계정) 엔터티와의 관계(with a requested bill to)가 포함되어야 한다. 송장 모델에 있는 배타 관계와 유사한 상호 배타 관계가 있다.

표 7.5 결제 계정 데이터

BILLING ACCOUNT ID	FROM DATE	THRU DATE	PARTY	BILLING ACCOUNT ROLE	CONTACT MECHANISM	DESCRIPTION
1295	Apr 15, 2000		ACME Corporation	Primary payer	123 Main Street	All charges for office supplies
1296	Apr 15, 2000		ACME Corporation	Primary payer	123 Main Street	All charges for consulting services

표 7.5는 사무용품에 대한 계정과 컨설팅 서비스 사용에 대한 별도 계정을 설정하는 ACME기업의 예제를 나타낸다.

표 7.6은 하나 이상의 관계자가 할당된 계정의 예제 데이터를 나타낸다. 예제 데이터는 신용 카드 계정, 은행 계정, 통신 계정 또는 여러 개인과 연관된 다목적 계정에서 발생할 수 있는 일반적인 상황을 보여준다. 처음 2000년 4월 15일에 제인과 존 스미스가 할당된 계정이 열렸다. 제인은 그 계정의 지불에 대한 일차적인 책임(Primary payer)이 있었고, 어떤 이유에서 그녀가 지불하지 않는 경우 존이 보조 지불자(Secondary payer)로서의 역할에 책임을 질 것이다. 그런 다음 2001년 6월 16일 조 스미스가 계정에 추가되었고, 조 스미스가 그 계정의 보조 지불자(Secondary payer)로 대체되었다. Thru date(종료일자)가 비어 있기 때문에 제인과 조가 계정에서 계속 활성 상태임을 유추할 수 있다.

표 7.6 하나 이상의 관계자에 할당된 결제 계정

BILLING ACCOUNT ID	BILLING ACCOUNT ROLE FROM DATE	BILLING ACCOUNT ROLE THRU DATE	PARTY	BILLING ACCOUNT ROLE TYPE
1459	Apr 15, 2000		Jane Smith	Primary payer
1459	Apr 15, 2000	June 15, 2001	John Smith	Secondary payer
1459	June 16, 2001		Joe Smith	Secondary payer

은행 카드 또는 신용 카드와 같은 계정에 대해 카드를 발급 받을 수 있다. 이것이 필요한 경우 은행 카드 또는 신용 카드 정보를 관리하는 CARD(카드) 또는 MEDIA(매체) 엔터티를 추가할 수 있으며 PARTY(관계자)뿐만 아니라 BILLING ACCOUNT(결제계정)와 연관될 수 있다. 기업의 업무 규칙에 따라 CARD(카드) 엔터티로부터의 관계는 BILLING ACCOUNT(결제계정)나 PARTY(관계자)와 일대다(1:M) 또는 다대다(M:M) 관계일 수 있다.

결제 계정 사용의 또 다른 일반적인 예는 통신 업계에서 볼 수 있다. 경우에 따라 여러 전화 번호의 모든 전화 서비스가 하나의 결제 계정에 나타날 수 있지만, 같은 위치의 다른 전화 번호에 대한 모든 요금은 다른 계정에 나타날 수 있다. 이는 표준 전화 서비스에 대한 요금이 하나의 계정에 포함되고, 전용 회선 및 네트워크 서비스와 같은 다른 서비스는 다른 계정에 나타나게 할 수 있다. 다시 계정에 대한 통화를 청구하기 위해 고객에게 알맞은 번호를 주려고 전화카드가 발급될 수 있다.

송장 특정 역할

그림 7.2 또는 그림 7.3a의 데이터 모델에 대한 대체 모델은 송장을 송장에 대한 역할을 나타내는 특정 엔터티에 연결하는 것이다. 그림 7.3b는 BILL TO CUSTOMER(지불고객), INTERNAL ORGANIZATION(내부조직) 및 SUPPLIER(공급업체)의 주요 역할을 나타내는 추가 관계를 나타낸다. 이 역할은 PARTY ROLE(관계자역할)의 서브타입이고 여전히 PARTY(관계자)와 연결되어 있다.

이 모델은 SALES INVOICE(판매송장)와 PURCHASE INVOICE(구매송장)가 작동하는 방식에 대한 보다 구체적인 규칙을 정의한다. SALES INVOICE(판매송장)는 BILLING ACCOUNT(결제계정)에 청구되거나 직접 BILL TO CUSTOMER(청구고객)에게 청구돼야 한다. 기업에서 결제 계정이 사용되지 않으면, 이 엔터티에서 BILLING ACCOUNT(결제계정) 엔터티 관계를 제거하면 된다. SALES INVOICE(판매송장)는 INTERNAL ORGANIZATION(내부조직)으로부터 청구돼야 한다. PURCHASE INVOICE(구매송장)는 BILLING ACCOUNT(결제계좌) 또는 INTERNAL ORGANIZATION(내부조직)에 청구돼야 한다. PURCHASE INVOICE(구매송장)는 하나의 SUPPLIER(공급업체)로부터 청구돼야 한다.

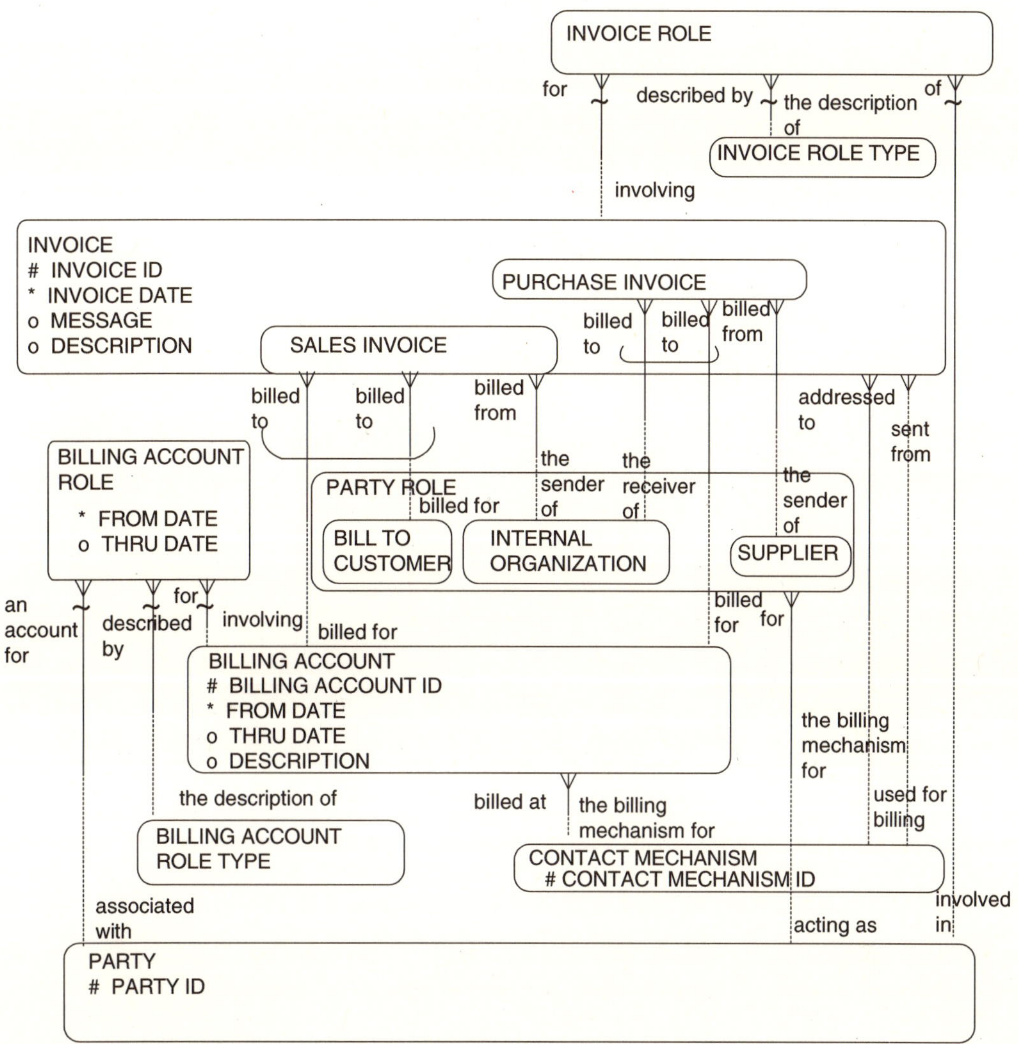

그림 7.3b 송장 특정 관계자 역할

BILL TO CUSTOMER(지불고객), INTERNAL ORGANIZATION(내부조직), SUPPLIER(공급업체) 역할 각각은 PARTY(관계자)와 각자 연관된 PARTY ROLE(관계자역할)의 서브타입이다. 동일한 PARTY(관계자)가 여러 PARTY ROLE(관계자역할)에서 활동할 수 있으며, 각 PARTY ROLE(관계자역할)은 다른 방식에서 다른 송장과 연관될 수 있다. 따라서 이 데이터 구조는 PARTY(관계자)가 수행할 수 있는 다양한 역할과 연관된 정보와 관계없이 여전히 한 번 저장될 수 있는 같은 정보를 가질 수 있다는 생각을 여전히 유지한다.

그림 7.2나 그림 7.3a의 보다 일반적인 모델에 비해 이러한 대체 데이터 모델의 장점은 관계자가 판매 및 구매 송장 발행 시 수행해야 하는 특정 역할을 보여주는 보다 구체적인 업무 규칙을 전달한

다는 점이다. 예를 들어, INTERNAL ORGANIZATION(내부조직)은 PURCHASE INVOICE(구매송장)를 받는 관계자 역할과 각 SALES INVOICE(판매송장)의 발신인 역할을 나타낸다.

이 대체 모델의 단점은 그림 7.2와 그림 7.3a보다 유연성이 떨어진다는 점이다. 시간이 지남에 따라 달라질 수 있는 특정 업무 규칙을 전달하기 때문이다. 예를 들어, 기업의 AGENT(에이전트)가 INVOICE(송장)의 발신자일 수 있는 관계자인 경우 어떻게 해야 하는가? 다른 역할이 INVOICE(송장)가 처리되는 방식의 성격을 변경한다면 어떻게 해야 하나?

일반적으로 기업 간의 관계가 매우 안정적이고 시간이 지남에 따라 변화하지 않을 경우 그림 7.3b와 같은 보다 구체적인 모델을 사용해야 한다. 항상 PURCHASE INVOICE(판매송장)의 발신자가 될 유일한 SUPPLIER(공급업체)가 있다는 사실을 알고 있다면 이런 관계를 설계하는 것이 안전하다.

송장 조건 및 상태

주문, 배송 및 기타 많은 트랜잭션과 마찬가지로 송장에도 상태 및 조건이 있다. 그림 7.4는 INVOICE(송장) 엔터티가 여러 개의 INVOICE STATUS(송장상태)를 가질 수 있고, INVOICE(송장) 또는 INVOICE ITEM(송장품목) 엔터티가 여러 개의 INVOICE TERM(송장조건)을 가질 수 있음을 보여준다.

송장 상태

주문과 마찬가지로 송장의 상태는 시간이 지남에 따라 변경된다. 이를 추적하기 위해 INVOICE STATUS(송장상태) 엔터티가 사용된다. 이는 INVOICE(송장)와 STATUS TYPE(상태유형)의 또 다른 서브타입인 INVOICE STATUS TYPE(송장상태유형) 간의 교차 엔터티다. 상태의 예는 다음과 같다. "발송", "무효", "승인"이다. "유료"는 결제 트랜잭션을 통해 확인될 수 있으므로 유효한 상태가 아니다. 이는 이 장의 뒷부분에서 설명할 것이다. 또한 이 상태가 언제 적용되는지에 대한 요건은 status date(상태일자) 속성에 의해 제공된다. 표 7.7은 이 데이터의 모습을 나타낸다.

현재 상태를 찾으려면 최신 날짜를 찾으면 된다. 상태 수가 다소 제한적이라면 이 항목은 물리 모델에서 비정규화를 위한 좋은 후보가 될 수 있다. 모델이 비정규화 된 경우, INVOICE STATUS(송장상태) 엔터티 내의 인스턴스로서가 아닌 INVOICE(송장) 엔터티의 속성으로 approved date(승인일자), sent date(발송일자), void date(무효일자)가 있을 수 있다.

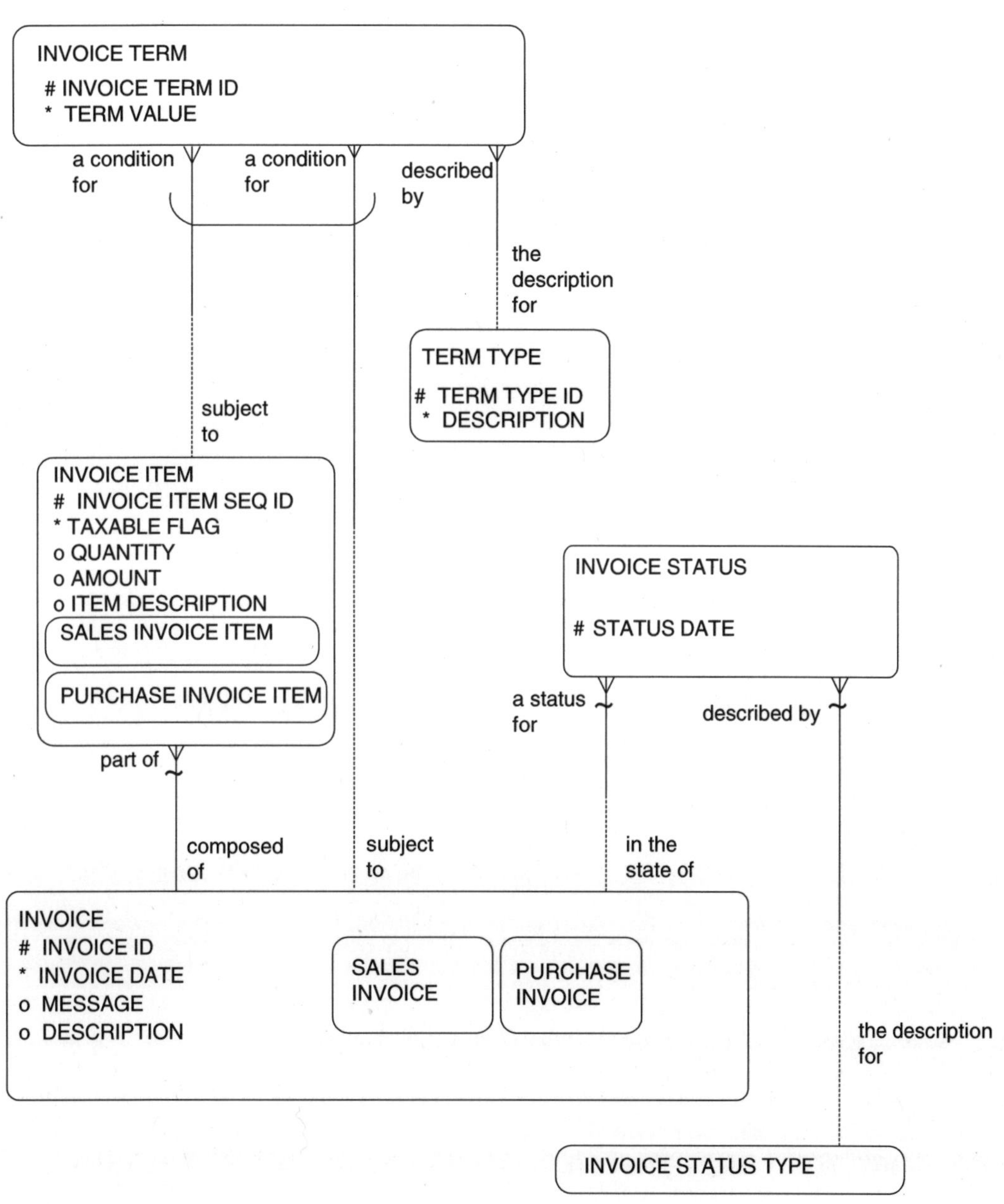

그림 7.4 송장 조건과 상태

표 7.7 송장 상태 데이터

INVOICE ID	STATUS TYPE	STATUS DATE
30002	Approved	May 25, 2001
	Sent	May 30, 2001
30005	Sent	June 5, 2001
	Void	June 6, 2001

표 7.8 송장 조건 데이터

INVOICE ID	INVOICE ITEM SEQ ID	TERM TYPE DESCRIPTION	TERM VALUE
30002		Payment—net days	30
30002		Late fee—percent	2
30002		Penalty for collection agency—percent	5
30002	2	Non-returnable sales item	

송장 조건

일부 시스템 또는 기업에서는 지불 조건과 같이 다양한 조건을 송장에 저장해야 할 수 있다. 조건은 품목 수준에서 적용될 수 있다. 이 모델은 INVOICE TERM(송장조건) 엔터티를 사용해서 이를 처리하는데, 이 엔터티는 INVOICE(송장) 또는 INVOICE ITEM(송장품목) 엔터티와 연관돼야 한다.

표 7.8은 송장에 적용된 세 개의 조건과 해당 송장 품목 중 하나에만 적용되는 조건을 나타낸다. 처음 세 행은 INVOICE(송장)에 적용되는 지불 조건, 연체료 및 벌금을 나타낸다. 이 데이터는 송장 30002번의 경우 30일 이내에 지불해야 한다는 것을 나타낸다. 늦은 경우 추가 수수료 2%가 부과된다. 송장이 수금 대행사에 보내지면 지불해야 할 금액에 5%가 추가로 부과된다. 마지막 행은 INVOICE ITEM(송장품목)에 적용되는 조건의 예제이다. 즉, 송장 30002번의 두 번째 품목은 환불되지 않는다.

송장 및 연관 거래

송장은 일반적으로 배송, 작업 활동 및 시간 항목이 포함될 수 있는 연관 거래 또는 주문에서 직접 발생한다. 송장은 지불 요청을 나타내며 각 송장 품목은 청구 가능한 품목과 관련된 요청의 각 부분을 나타낸다. 각 송장 품목에는 배송 품목, 작업 활동, 시간 항목 또는 주문 품목으로 인해 빌린 돈이 포함될 수 있다. 이러한 각각의 경우 청구 품목은 청구가 발생한 품목을 그룹화할 수 있다. 송장 품목에 대해 많은 발송 품목, 작업 활동, 시간 항목 또는 주문 품목이 있을 수 있다.

또한 두 가지 요소로 인해 각 주문 품목, 배송 품목 또는 작업 활동에 대해 여러 송장 품목이 있을 수 있다. 첫 번째 요소는 송장 품목이 만기 금액에 대해 부분적으로만 청구하고 나중에 나머지 금액을 청구할 수 있다는 것이다. 두 번째 요소는 초기 배송 품목, 작업 활동, 시간 입력 또는 주문 품목을 수정하기 위해 추가 송장 품목을 추가할 수 있다는 것이다.

다음의 세 가지 데이터 모델과 해당 절에서는 배송 품목이 배송 품목, 작업 활동 및 주문 품목과 각각 어떻게 관련되어 있는지 설명한다.

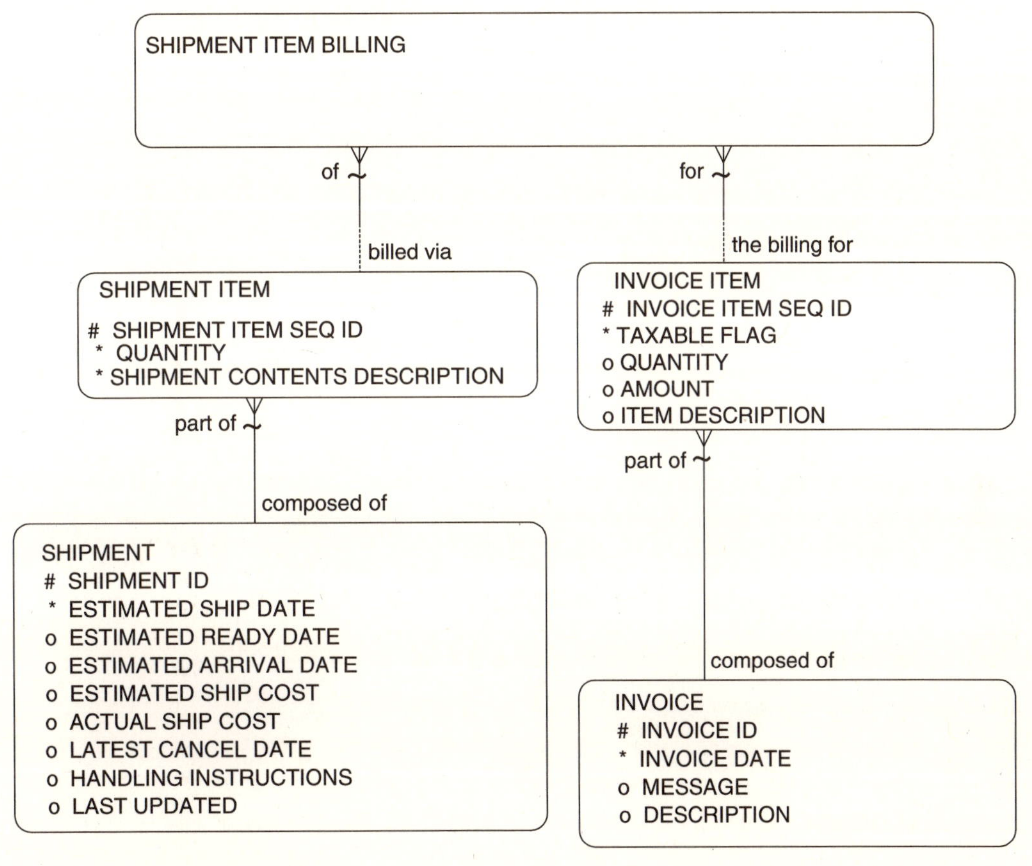

그림 7.5 배송 품목에 대한 결제

배송 품목에 대한 대금 청구

매우 일반적인 관계는 송장 품목에서 배송 품목까지이다. 왜냐하면 이러한 배송 품목은 대개 수취한 후 지불해야 하는 제품의 배송을 나타내기 때문이다. 배송된 모든 상품이 실제로 청구됐는지 어떻게 확신할 수 있나?

SHIPMENT ITEM BILLING(배송품목청구) 엔터티를 사용하면 기업에서 이 정보를 추적할 수 있다(그림 7.5 참조). 이 엔터티는 INVOICE ITEM(송장품목)과 SHIPMENT ITEM(배송품목) 간의 교차 정보를 저장하는 방법을 제공한다. 각 송장 품목은 하나 이상의 배송 품목에 대한 청구를 나타내야 한다. 반대로 원래 송장 품목을 조정해야 하는 경우 많은 송장 품목과 관련된 하나의 배송 품목이 있을 수 있다. 예를 들어 원래 배송의 일부 제품이 손상된 경우 해당 제품에 대한 신용 거래가 필요하다. 신용 거래는 두 번째 송장의 송장 품목 형태를 취한다. 따라서 한 배송 품목에는 실제로 두 개의 다른 송장 품목과의 관계가 발생한다. 하나의 발송 품목이 동일한 송장의 두 송장 품목과 관련되지는 않는다(업무 규칙을 적용해야 함).

표 7.9는 이 엔터티가 보유한 데이터의 몇 가지 예를 보여준다. 표에는 두 개의 송장 품목이 표시된 단일 배송 품목의 예가 나와 있다. 동일한 배송 품목(배송 ID 1235번, 품목 1번)은 두 개의 송장 품목과 관련되어 있음을 확인하라. 첫 번째 송장 품목은 1,000개의 품목을 배송하는 청구서다. 고객이 수령 시 손상된 품목 10개를 발견했다. 따라서 다음 송장에서 다른 송장 품목은 10개의 손상된 품목을 고객에게 제공하는 것이다. 이 조정은 원래 배송 품목과 연결되어 적절히 추적할 수 있다. 따라서 동일한 배송 품목에 대해 두 개의 송장 품목이 있다.

표 7.9 배송 송장 데이터

SHIPMENT ID	SHIPMENT ITEM SEQ ID	INVOICE ID	INVOICE ITEM SEQ ID	QUANTITY (FROM INVOICE ITEM)
1235	1	30002	1	1000
	2	30002	2	1000
	3	30002	3	100
1235	1	30045	1	−10
1330	1	30005	1	
	2	30005	1	
	3	30005	1	

배송 ID 1330번의 예는 그 반대의 상황을 보여준다. 이 경우 세 개의 배송 품목이 하나의 송장 품목에만 연결된다. 이는 배송 품목은 품목의 구성 요소가 보여지지만, 송장은 전체 조립품의 가격만을 보여줄 때 발생할 수 있다. 이 상황은 다른 날짜의 세 건의 배송이 하나의 송장에 합쳐진 경우

에도 발생할 수 있다(사전 합의된 결제 계약 때문일 수 있음).

SHIPMENT INVOICE(배송송장)에는 quantity(수량) 속성이 없으며, 표 7.9에 표시된 수량은 INVOICE ITEM(송장품목)에서 나온 것임을 유의하라. 그 이유는 기업은 일반적으로 배송된 품목에 대해 부분적으로 송장을 발행하지 않기 때문이다. 이 경우가 존재할 수 있고, 송장 품목 수량을 배송 품목에 연결해야 하는 경우 quantity(수량) 속성을 추가할 수 있다.

모든 배송에 대해 항상 SHIPMENT INVOICE(배송송장) 기록이 있는 것은 아니다. 이동과 같은 일부 배송은 기업이 내부 거래를 추적하기를 원치 않는 한 송장에 표시되지 않는다.

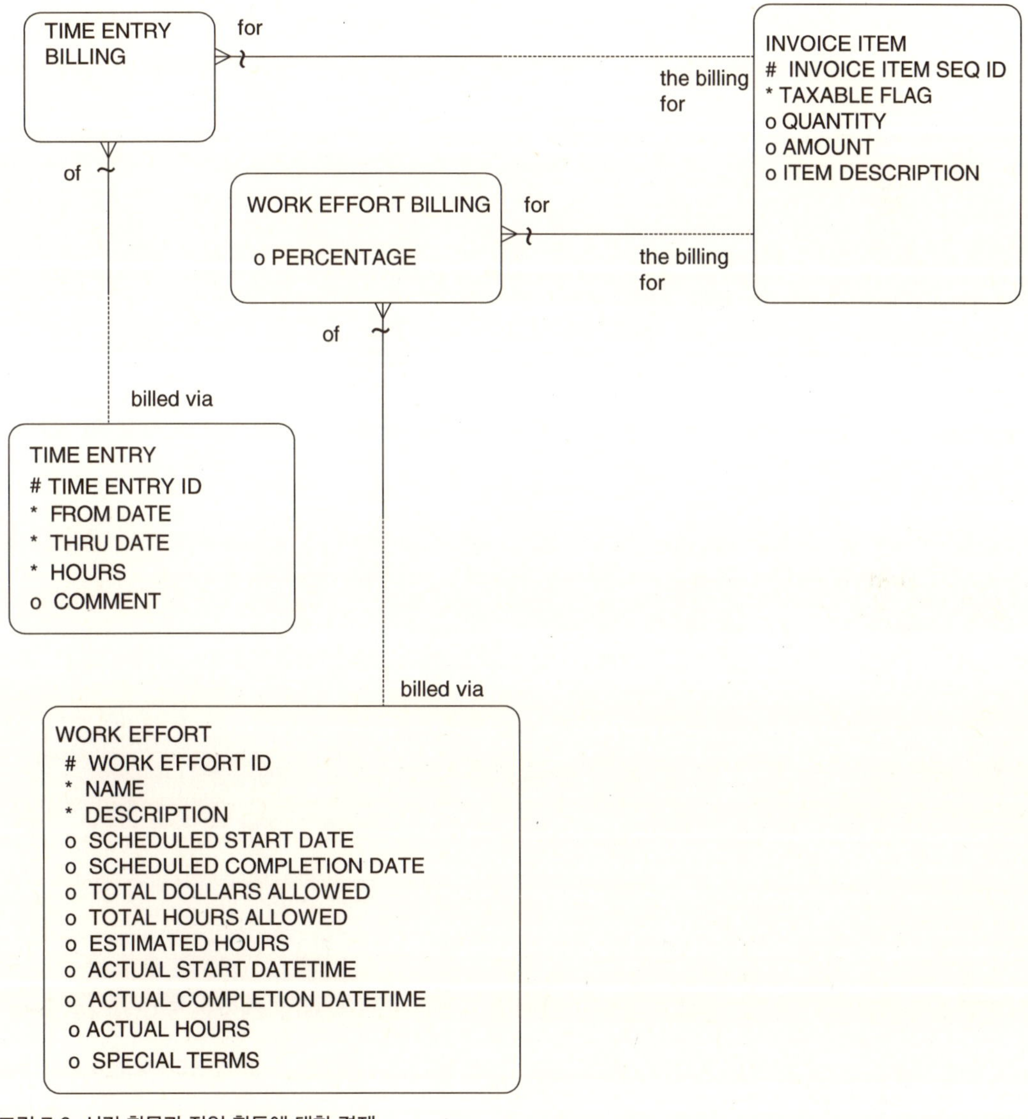

그림 7.6 시간 항목과 작업 활동에 대한 결제

작업 활동 및 시간 항목에 대한 요금 청구

이전 절에서는 제품 배송이 일반적으로 청구되는 방법을 나타냈다. 그러면 서비스는 어떻게 청구되는가? 서비스는 일반적으로 두 가지 방법 중 하나로 청구된다. 서비스를 수행하는 조직은 그들의 시간이나 특정 작업 활동에 대한 진행을 위해 고객에게 청구한다.

그림 7.6은 작업 활동 및 시간 항목에 대한 청구를 위한 데이터 모델을 나타낸다. SHIPMENT ITEM(배송품목)이 INVOICE ITEM(송장품목)과 다대다(M:M) 관계를 맺는 것과 마찬가지로 여러 이유 때문에 WORK EFFORT(작업활동) 및 TIME ENTRY(시간항목)는 INVOICE ITEM(송장품목)과 다대다(M:M) 형태로 연관되어 있다. 각 WORK EFFORT(작업활동)는 많은 INVOICE ITEM(송장품목)에 의해 청구될 수 있으며, 그 반대의 경우도 마찬가지다. 교차 엔터티 WORK EFFORT BILLING(작업활동청구)은 다대다(M:M) 관계를 수용한다. 마찬가지로 교차 엔터티 TIME ENTRY BILLING(시간항목청구)은 TIME ENTRY(시간항목)에서 INVOICE ITEM(송장품목)까지 다대다(M:M) 관계를 해소한다.

회사는 작업 활동에 대한 진행 요금을 청구하는 것이 일반적이기 때문에 WORK EFFORT(작업활동)에는 많은 INVOICE ITEM(송장품목)이 있을 수 있다. 예를 들어, 컨설팅 조직과 같은 전문 서비스 회사는 고객에게 프로젝트를 시작할 때 30%(일종의 작업 활동), 처음 제공한 후에 30%, 그리고 프로젝트 완료 후 30일이 지난 다음에 40%를 부과할 수 있다. 이것은 동일한 작업 활동에 대한 세 개의 INVOICE ITEM(송장품목)을 나타낸다. Percentage(백분율) 속성은 해당 송장 품목에 속한 작업 활동의 양을 기록한다. 많은 WORK EFFORT(작업활동)가 단일 INVOICE ITEM(송장품목)으로 결합되어 청구될 수 있다. 예를 들어, 법률 회사는 단일 INVOICE ITEM(송장품목)으로 청구된 수수료에 대해 세 가지 다른 활동을 수행하는 데 동의할 수 있다.

각 TIME ENTRY(시간항목)에는 이와 관련된 많은 INVOICE ITEM(송장품목)이 있을 수 있다. TIME ENTRY(시간항목)가 5시간의 컨설팅 서비스에 대한 것이라고 가정한다. 고객은 5시간 내에 기대했던 것을 얻지 못하고 불만을 제기했으며 컨설팅 회사는 해당 시간대와 관련하여 2시간의 보증을 발행하기로 동의함으로써 대응했다. 따라서 동일한 TIME ENTRY(시간항목)에 대해 두 개의 INVOICE ITEM(송장품목)이 생성되었다. 일반적으로 시간 항목의 부분 청구는 수행되지 않는다. 그러나 이것이 가능한 경우 hours(시간) 속성을 TIME ENTRY BILLING(시간항목청구)에 추가하여 각 시간 항목의 비용이 청구된 것을 보일 수 있다.

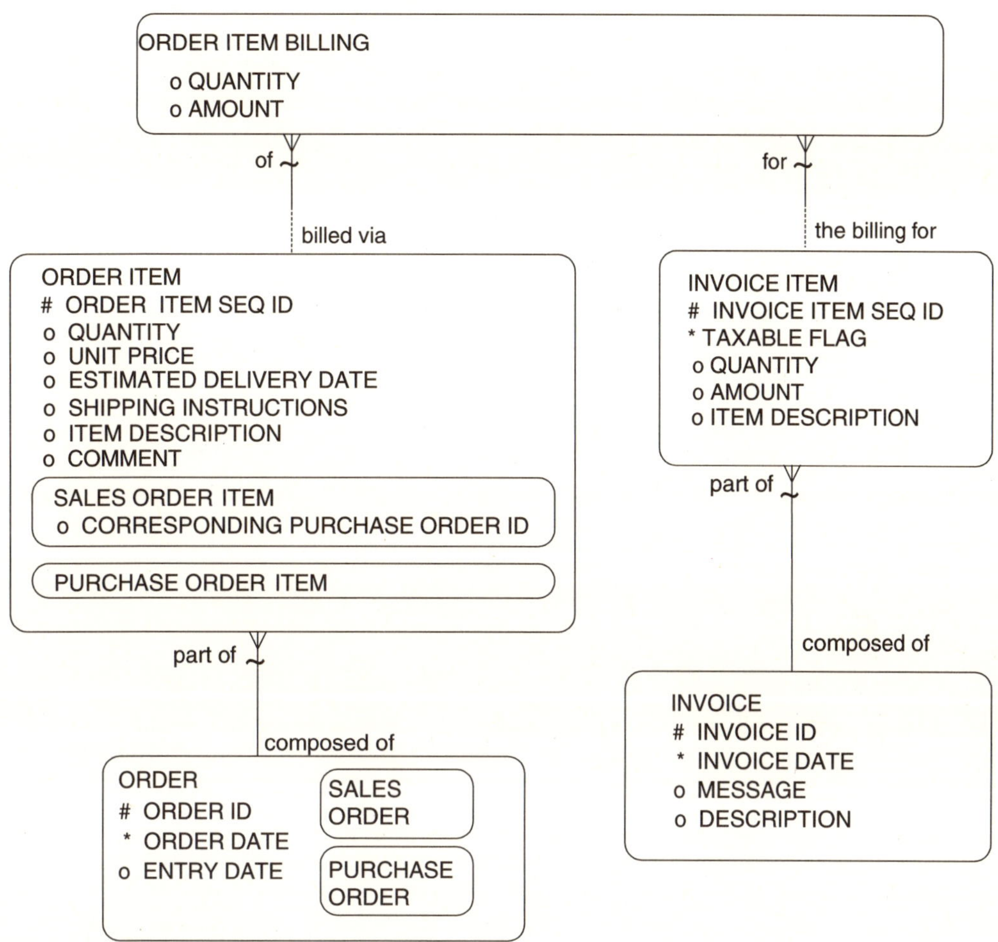

그림 7.7 주문 품목에 대한 결제

각 TIME ENTRY(시간항목)가 조정 송장 품목을 처리하기 위해 하나 이상의 INVOICE ITEM(송장품목)을 통해 청구할 수 있다고 가정하는 대신 송장에 대한 수정이 INVOICE ITEM(송장품목)에서 이전 INVOICE ITEM(송장품목)로의 관계로 처리될 수 있는가? INVOICE ITEM(송장품목)의 재귀 관계를 통해 처리할 때 발생하는 문제 중 하나는 INVOICE ITEM(송장품목)이 다른 날짜에 여러 시간 항목을 나타낼 수 있다는 것이다. 이 경우 세 개의 시간 항목 중에서 조정 INVOICE ITEM(송장품목)이 적용된 항목을 저장하는 것이 중요할 수 있다. 이러한 이유로 이 데이터 모델에서는 각 항목이 송장 품목을 생성한 원래 거래와 직접 연관돼야 한다고 가정한다.

많은 TIME ENTRY(시간항목)는 동일한 INVOICE ITEM(송장품목)에 결합될 수 있다. 특히 시간 항목에 날짜 이외의 유사한 정보가 있는 경우 특히 그렇다. 회계사는 월요일에 2시간, 수요일에 3시간, 금요일에 4시간을 일할 수 있으며 송장에는 9시간 동안 INVOICE ITEM(송장품목)이 표시될 수 있으며, 시간표가 첨부되어 관련 시간 항목을 표시할 수 있다.

주문 품목에 대한 대금 청구

기업이 주문을 기반으로 청구를 한다면 어떻게 되는가? 아마도 제품 또는 서비스를 주문한 후 지불해야 할 것이다. 또는 기업은 주문과 관련된 배송이나 작업 활동을 추적하지 않고 주문과 이어지는 송장만 추적한다. 예를 들어, 기업은 제공된 서비스에 대한 구매 주문과 관련된 작업 활동을 항상 추적하지는 않는다.

그림 7.7은 ORDER ITEM(주문품목)이 INVOICE ITEM(송장품목)과 다대다(M:M) 관계를 가질 수 있음을 보여주는 추가 데이터 구조를 나타낸다. 교차 엔터티인 ORDER ITEM BILLING(주문품목청구)을 사용하면 주문 품목을 INVOICE ITEM(송장품목)에 묶거나 반대로 하나 이상의 INVOICE ITEM(송장품목)을 ORDER ITEM(주문품목)에 묶을 수 있다. ORDER ITEM BILLING(주문품목청구) 엔터티의 amount(금액) 및 quantity(수량) 속성은 주문 품목에서 여러 송장으로 또는 그 반대로 금액 또는 수량의 분배를 저장하기 위해 제공된다.

1년간 회계 서비스를 위한 구매 품목을 120,000달러에 구매한 예를 들어 보자. 회계 회사는 매월 송장을 발행한다. 송장에는 10,000달러에 대한 송장 품목이 나타난다. 그런 다음 ORDER ITEM BILLING(주문품목청구)을 사용하여 구매 주문의 해당 주문 품목에 연결되며, 원래 120,000달러 중 10,000달러가 청구되었음을 나타내기 위해 10,000달러의 금액이 입력된다. 이를 통해 기업은 최초 약정액이 실제로 청구되었는지를 쉽게 추적할 수 있고, 또한 구매 주문 금액을 초과하여 청구된 경우 쉽게 알 수 있다. 이 예는 단일 ORDER ITEM(주문품목)이 많은 INVOICE ITEM(송장품목)과 연관될 수 있음을 보여준다.

표 7.10 주문 품목에 대한 결제

PURCHASE ORDER ID	ORDER ITEM SEQ ID	QUANTITY	UNIT PRICE	INVOICE ID	INVOICE ITEM SEQ ID	INVOICE QUANTITY	ORDER ITEM BILLING QUANTITY
10001	1	40 (hours)	$60	990023	1	100	40
10002	1	40 (hours)	$60				40
10003	1	40 (hours)	$60				20
10003	1	40 (hours)	$60	990026	1	20	20

하나의 INVOICE ITEM(송장품목)이 여러 ORDER ITEM(주문품목)에 해당할 수 있음을 보여주기 위해 내부 컴퓨터 시스템에 대한 하드웨어 지원이 필요한 기업을 고려해 보라. 시간이 지남에 따라 이 지원을 제공하기 위해 동일한 외부 회사에 대해 세 개의 개별 구매 주문을 실행한다. 각 주문에는 40시간의 현장 지원을 위한 주문 품목이 있으며 총 120시간이 소요된다. 다시 시간이 지나 서비스가 제공되지만 공급업체의 청구 주기 때문에 첫 번째 송장에는 100시간 동안의 하나의 주문 품목이 있다. 최종 20시간은 다음 송장에 청구된다. 표 7.10은 이러한 트랜잭션에 대한 세부 사항을 보여준다.

이 구조를 사용하면 거의 모든 주문 및 송장 조합을 처리할 수 있다. 데이터 모델에서 이런 유연성을 제공하기 위해 어떻게든 해야 하는 이유는 무엇인가? 기업은 서비스 공급업체가 어떻게 송장을 발행하는지를 통제할 실제적인 방법이 없다. 공급업체에게 이 모델은 중요하지 않다. 이 모델은 다양한 상황을 처리할 수 있을 정도로 유연하기 때문에 고객 구매 주문과 관련하여 공급업체가 비즈니스를 수행하는 방법은 기업에 아무런 영향을 미치지 않는다. 또한 이 모델은 판매 및 구매 주문 품목에 대한 청구를 저장하는 데 있어 융통성을 제공한다.

지불

지불을 요청하는 청구가 발급된다. 발행 및 수령된 지불에 대한 추적은 대부분의 비즈니스에서 매우 중요한 보편 데이터 개념이다. 이는 기업의 돈의 흐름을 나타내기 때문이다.

그림 7.8a는 송장 및 결제 계정에 대한 지불을 추적하는 데이터 모델을 제공한다. 각 PAYMENT(지불)은 PAYMENT APPLICATION(지불적용)을 통해 많은 INVOICE(송장)에 적용될 수 있다. 반대로 부분 지불이 이루어지면 단일 송장(INVOICE)에 대해 여러 지불을 할 수 있다.

또는 지불은 "계정"에 적용될 수 있다. 이는 특정 송장에 적용되지 않고 BILLING ACCOUNT(결제계정)에 적용되는 것을 의미한다. 이는 지불이 이루어지는 곳과 지불하는 송장이 명확하지 않은 상황을 허용한다. 또한 요금을 미리 지불할 수 있다. 이 두 가지 경우 모두 지불이 적절한 송장 품목에 나중에 적당하게 할당될 수 있다.

PAYMENT APPLICATION(지불적용)은 PAYMENT(지불)와 BILLING ACCOUNT(지불계정) 사이뿐만 아니라 PAYMENT(지불)와 INVOICE ITEM(송장품목) 사이에 존재할 수 있는 다대다(M:M)

관계를 제공한다.

    PAYMENT(지불) 엔터티는 PARTY(관계자)에서 PARTY(관계자)로 전송된 돈의 예를 나타낸다. RECEIPT(수령) 서브타입은 기업 내부 조직의 수신 금액을 나타내며, DISBURSEMENT(지급)는 내부 조직이 전송한 지불 금액을 나타낸다. 하나의 내부 조직에서 다른 내부 조직으로 지불하면 두 개의 PAYMENT(지불) 인스턴스가 생성된다. 한 내부 조직은 RECEIPT(수령)를 저장하고 다른 내부 조직은 DISBURSEMENT(지급)를 저장한다.

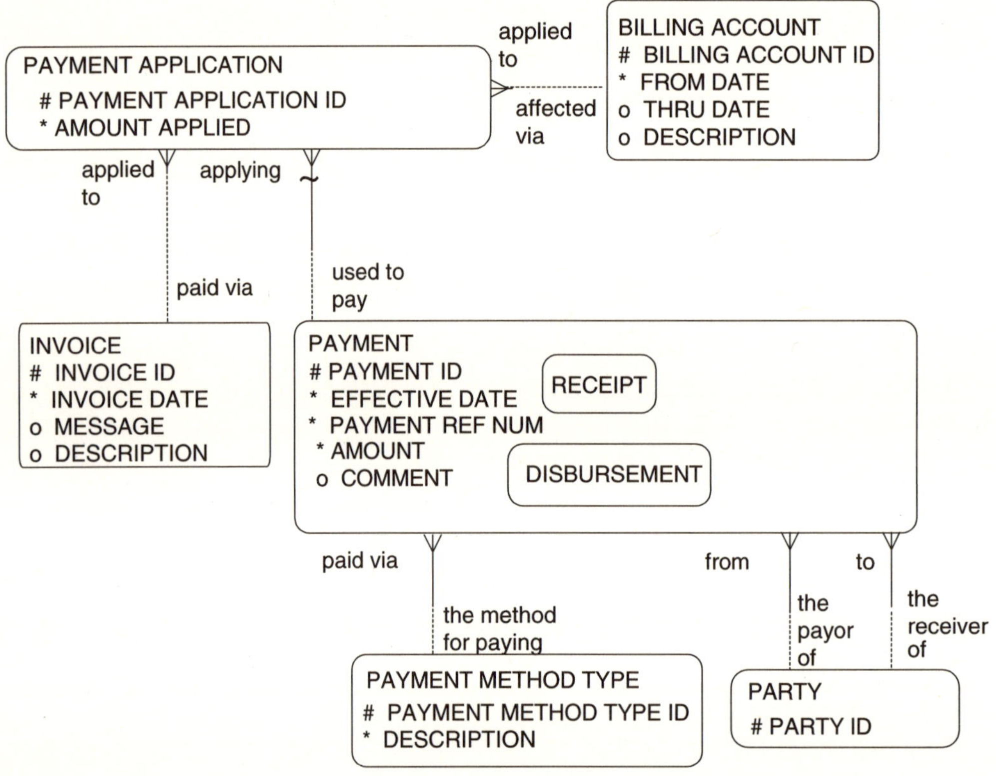

그림 7.8a 송장 지불

    PAYMENT(지불) 엔터티는 "전자(전자 송금의 경우)", "현금", "인증된 수표", "개인 수표" 또는 "신용 카드"와 같은 지불 종류를 나타내는 PAYMENT METHOD TYPE(지불방법유형) 엔터티와 관련된다. Payment ref num(지불식별NUM)은 수표 번호 또는 전자 전송 식별자와 같은 지불 식별자를 나타낸다. 지불이 실현될 때 effective date(유효일자)를 저장한다. 예를 들어, 전자 송금은 장래의 시간이 될 수도 있고, 수표는 날짜를 늦춰서 나중에 유효하게 할 수 있다. Comment(주석)는 "제공된 서비스를 칭찬하는 메시지와 함께 지불이 이루어졌다"와 같은 거래와 관련된 어떤 상황도 완전하게 설명하는 속성을 나타낸다.

표 7.11은 지불에 대한 예제 데이터를 보여준다. 송장 ID 30002번의 금액은 184.04달러이며, 이는 각 송장 품목에 대해 quantity(수량)에 unit price(단가)를 곱한 값을 더하여 계산할 수 있다. 지불 조직이 "Goldstein Elite pens"과 관련하여 미해결 문제가 있었고 처음에는 지불하지 않았기 때문에 기업은 송장 30002번에 대해 182.20달러의 부분 지불 수표를 받았다. 문제를 해결한 후 동일한 송장 30002번에 대해 다른 12.84 달러(펜 12달러 + 판매세 0.84달러)를 지불하여 송장을 완전히 지불했다. 이 예는 송장에 대해 부분 지불이 발행될 때 둘 이상의 지불이 있을 수 있음을 보여준다.

다른 두 송장, 구매 송장 990023번 및 990026번에는 두 가지 모두에 대해 하나의 지불이 있다. 7,000달러 지불 중 6,000달러가 송장 990023번에 적용되었으며, 기업은 1,200달러 중 1,000달러만 지불하기로 결정해서 두 번째 송장으로 인해 200달러가 추가로 부과된다.

일부 기업의 송장은 매우 복잡해서 송장 품목 수준에서 추적된다. 예를 들어, 조직의 정보 시스템 기능을 아웃소싱하는 대형 컨설팅 회사는 종사하는 모든 컨설턴트에 대해 단일 청구할 수 있다. 지불 회사는 자신이 편한 송장 품목에 대해서만 지불할 수 있으며, 수신 회사는 지불된 송장 품목을 추적하길 원할 수 있다.

송장 30002번에 대한 표 7.11의 이전 예제는 어떤 송장 품목이 미해결 상태인지 확인하기 위해 송장 품목에 대한 지불을 추적하고자 하는 이유를 보여준다. 회사는 송장 품목 중 세 개를 완전히 지불했으며, 송장이 부분적으로 지불되었음을 저장하는 것과는 대조적으로 어떤 송장 품목이 미해결됐는지를 추적하려 할 수 있다. 송장 품목에 대한 지불을 추적하는 결정은 조직에 따라 다르고, 개별 송장 품목의 지불 빈도에 대한 전체 송장의 지불 빈도에 따라 달라진다. 장점은 송장 품목별 추적이 보다 구체적이라는 점이다. 그러나 모든 INVOICE ITEM(송장품목)에 대해 최소 하나의 PAYMENT APPLICATION(지불적용) 인스턴스가 있기 때문에 더 많은 작업과 더 많은 데이터베이스 인스턴스가 필요하다.

그림 7.8b는 송장 품목 수준에서 지불 추적을 처리하기 위한 대체 데이터 모델을 제공한다. 이 모델에서 PAYMENT APPLICATION(지불적용)은 INVOICE ITEM(송장품목)과 관련되어 있으므로 송장의 각 부분에 대한 지불을 추적한다. 이 구조는 기업이 돈을 받은 송장 품목과 돈을 지출한 송장 품목을 알 수 있게 한다. 물론, 이 모델에서는 어떤 품목이 어떤 지불에 해당하는지를 저장하

표 7.11 송장 지불

INVOICE ID	INVOICE ITEM SEQ ID	PRODUCT	PRODUCT FEATURE	ADJUSTMENT	QUANTITY	UNIT PRICE	PAYMENT APPLICATION AMOUNT	PAYMENT ID	PAYMENT AMOUNT
30002							$182.20	1298398	$182.20
							$12.84	1298412	$12.84
	1	Johnson fine grade 8½ by 11 bond paper			10	$8.00			
	2		Product quality, Extra glossy finish			$2.00			
	3	Goldstein Elite pens			4	$12.00			
	4	HD 3½-inch diskettes			6	$7.00			
	5			Sales tax		$12.04			
	6			Shipping and handling		$16.00			
	7			Fee (order processing fee)		$5.00			
990023							$6,000	488893	$7,000
	1	Accounting services				$6,000			
990026							$1,000		
	1	Accounting services				$1,200			

려는 바람뿐만 아니라 기업이 필요한 정보를 가지고 있다고 가정한다.

일반적인 지불 사례는 은행 업계에서 발생하는 송장 품목 청구를 하는 것이다. 대출을 지불해야 한다면 송장이 발행될 수 있다. 그런 다음 대출 금액에 대한 부분 지불이 접수되면 업무 규칙에 따라 어떤 송장 품목이 먼저 지불되어야 하는지가 결정된다. 따라서 어떤 송장 품목을 지불하는지 추적하는 것이 중요하다. 예를 들어, 돈을 먼저 수수료에 적용한 다음 만기가 된 이자에 적용한 후 원금에 적용할 수 있다.

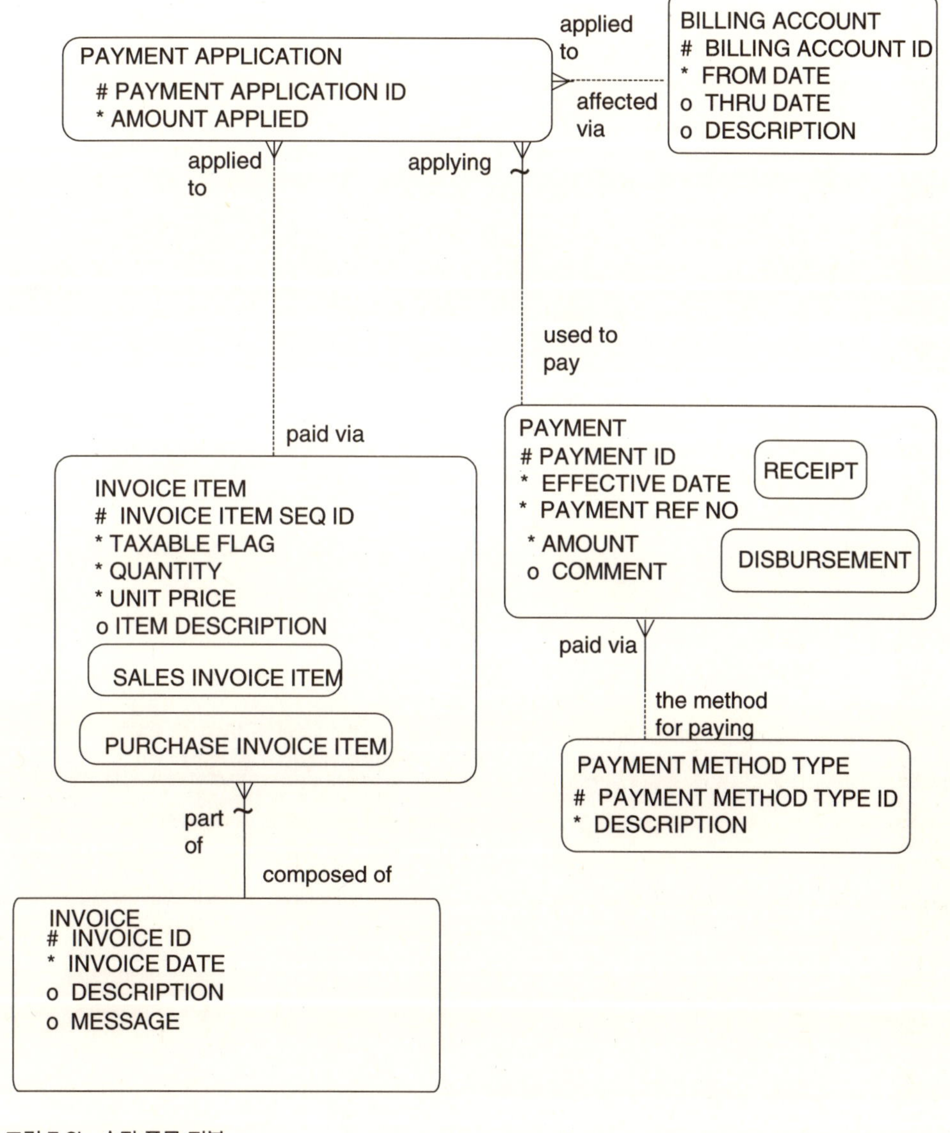

그림 7.8b 송장 품목 지불

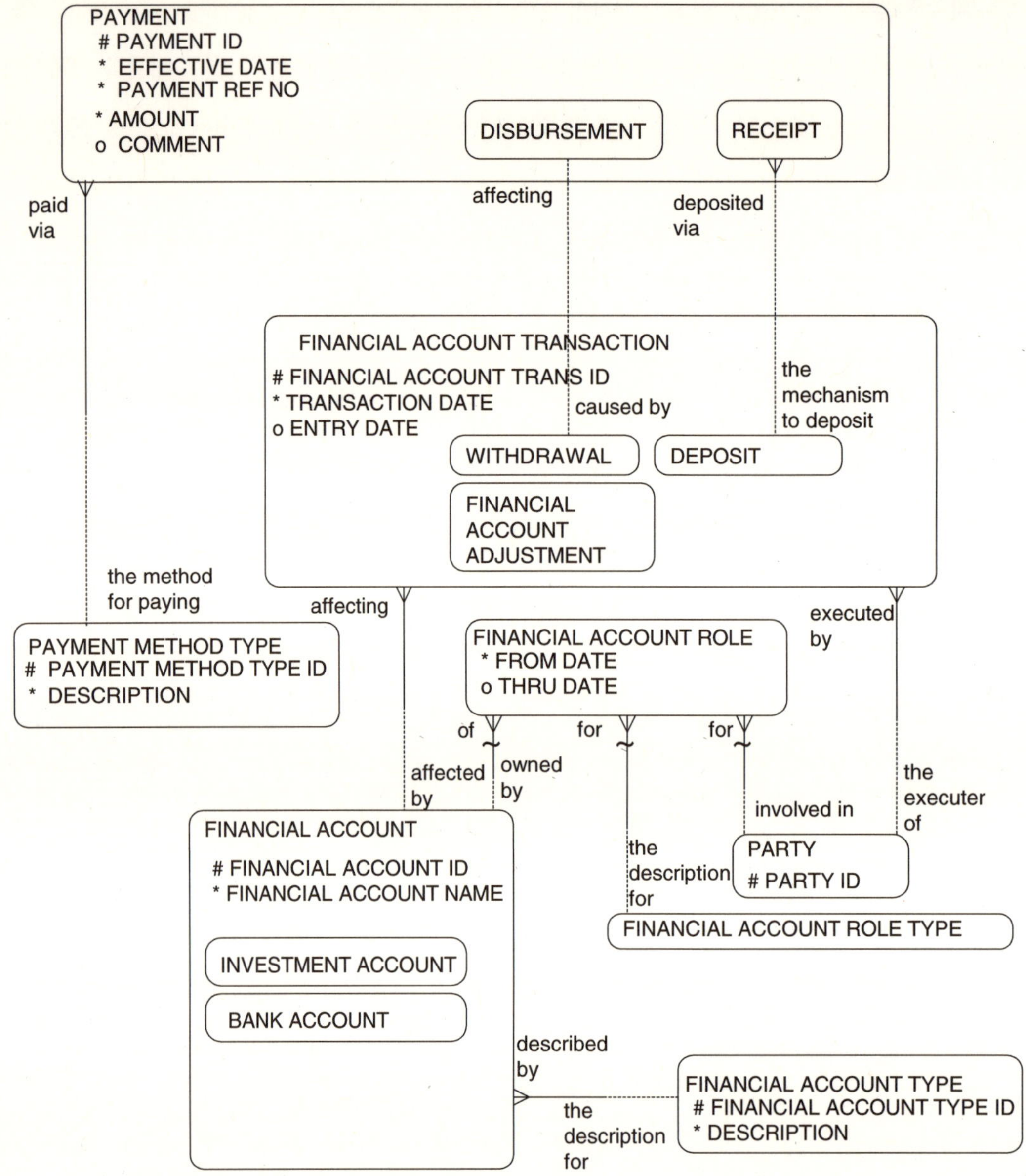

그림 7.9 재무 회계와 임금, 인출

　세 번째 가능한 데이터 모델은 PAYMENT APPLICATION(지불적용)이 INVOICE(송장) 또는 INVOICE ITEM(송장품목)과 관련되어 있음을 설명하는 것이다. 이를 통해 기업은 송장의 전체 지불을 쉽게 저장할 수 있으며 필요한 경우 개별 INVOICE ITEM(송장품목)에 대한 대금을 저장할 수 있다. 송장 또는 송장 품목 중 하나에 대해 지불을 적용하는 이 옵션은 많은 혼란(절차 및 송장 추적 포함)을 초래할 수 있어서 커다란 단점이 있다.

재무 회계와 입금, 인출

지불금이 수령되면, 은행 계정, 투자은행 계정 또는 자금이 보관되는 어떤 형태의 금융 계정으로 입금하는 것이 중요하다. 이 절에서는 재무 계정에 대한 거래로 저장된 입출금 처리에 대해 설명한다.

그림 7.9는 금융 계정, 예금 및 인출을 처리하는 데이터 모델을 나타낸다. FINANCIAL ACCOUNT(금융계정)는 자금을 유지하는 수단이며, 서브타입에는 BANK ACCOUNT(은행계정)와 INVESTMENT ACCOUNT(투자은행계정)가 포함된다. FINANCIAL ACCOUNT TYPE(금융계정유형) 엔터티에 설명되어 있는 "당좌예금계정", "예금계정", "IRA계정", "뮤추얼펀드계정" 등과 같은 다른 유형의 FINANCIAL ACCOUNT(재무계정)가 있을 수 있다. 각각의 PAYMENT(지불)는 RECEIPT(수령) 또는 DISBURSEMENT(지급) 중 하나 일 수 있으며, 이것은 여러 종류의 FINANCIAL ACCOUNT TRANSACTION(금융계정거래), 즉 DEPOSIT(입금) 및 WITHDRAWAL(인출)과 관련이 있다. 하나 이상의 RECEIPT(수령)이 FINANCIAL ACCOUNT(금융계정)에 영향을 미치는 FINANCIAL ACCOUNT TRANSACTION(금융계정거래) 유형인 DEPOSIT(입금)에 포함될 수 있다. 각 DISBURSEMENT(지급)는 FINANCIAL ACCOUNT(금융계정)에 영향을 미치는 FINANCIAL ACCOUNT TRANSACTION(금융계정거래) 유형인 WITHDRAWAL(인출)과 관련될 수 있다.

예를 들어, 기업은 세 개의 수표를 수령하고(RECEIPT) 이 세 개의 수표가 은행 계정(FINANCIAL ACCOUNT)에 입금되었음을 저장하는 DEPOSIT(입금) 거래를 가진다. 이 기업은 궁극적으로 자금 WITHDRAWAL(인출)을 초래하는 수표를 발행할 수 있으며(DISBURSEMENT), 이는 FINANCIAL ACCOUNT(재무계정)(예를 들면 은행 계정)에도 영향을 미치는 FINANCIAL ACCOUNT TRANSACTION(재무계정거래)이다.

표 7.12는 네 개의 RECEIPT(수령)로 구성된 DEPOSIT(입금)의 전형적인 예를 나타낸다. 두 개의 수표로 구성된 두 개의 인출도 있다. 처음 두 개의 수령은 표 7.11의 이전 예에서 받은 수령이며, 이전에 표시되지 않은 두 개의 수령이 포함되어 각 입금과 해당 수령을 저장하는 방법을 설명한다.

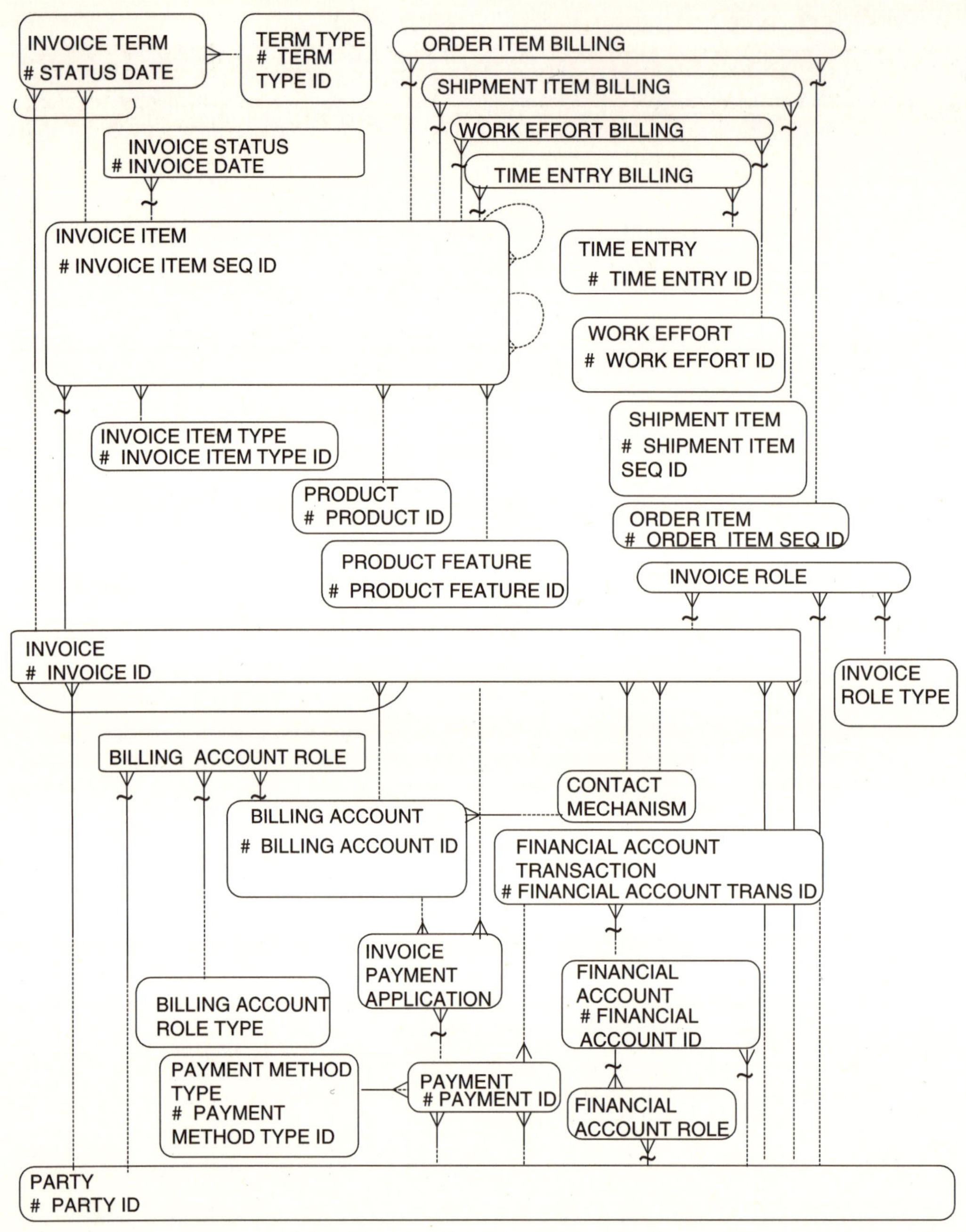

그림 7.10 송장 전체 모델

표 7.12 인출과 입금

PAYMENT ID	PAYMENT AMOUNT	DEPOSIT ID	DEPOSIT AMOUNT	WITHDRAWAL AMOUNT	FINANCIAL ACCOUNT ID (BANK ACCOUNT NUMBER OR INVESTMENT ACCOUNT ID)
1298398	$182.20	398749	$917.04		8389309984
1298412	$12.84				
394789	$343.00				
97873	$379.00				
88394	$480.00	398761		$480.00	8389309984
88756	$670.00	398762		$670.00	8389309984

요약

이 장에서는 상품, 상품 특성, 조정, 배송, 작업 활동 및 주문에 대한 송장 및 송장 품목 모델을 제공한다. 이 장에서 설명한 다른 모델은 송장 역할, 송장 청구 계정, 송장 상태 및 조건, 송장 지불 및 금융 계정 입출금이다. 주요 엔터티와 관계는 그림 7.10과 같다. 이것은 강력하고 통합된 솔루션을 개발할 수 있는 교차 엔터티와 모델의 다른 부분과의 상호 관계다. 이러한 모델은 한번 구현되면 중복 데이터 발생을 최소화하고 데이터베이스를 단순하게 관리해야 한다.

엔터티와 속성의 목록은 부록A를 참조하라.

CHAPTER

8

회계 및 예산

많은 회계 기능은 기업에 따라 크게 다르지 않다. 기업은 거래를 저장하고, 이러한 거래를 내부 조직의 회계 계통도에 공고하고, 예산을 설정하고, 예산 편차를 추적하고, 비즈니스 운영 결과를 보고해야 한다.

회계 및 예산 데이터 모델은 기업의 존재에 영향을 미치는 많은 중요한 질문에 대답하기 위해 재무 정보를 관리해야 한다.

■ 기업의 재무상태는 어떠하며, 이전 기간과의 차이는 무엇인가?

■ 각 기간에 어떤 유형의 거래가 발생했으며 각 거래가 얼마나 발생했는가? 예를 들어, 어떤 지불이 어떤 송장에 대해 이루어졌으며, 어떤 송장이 아직 미결인가?

■ 여러 기간 동안 발생한 비용은 얼마인가?

■ 감가상각, 자본환원, 할부상환과 같은 거래가 기업에 어떤 영향을 미쳤는가?

■ 어떤 예산이 설정되었고 기업은 이 예산과 비교하여 어떻게 성과를 냈는가?

■ 이 장에서는 아래 유형과 같은 정보가 있는 데이터 모델을 설명한다.

■ 회계 계통도

■ 기업거래 대 회계거래

■ 회계거래

■ 회계거래 상세

■ 총계정원장 계정 협회 및 보조원장 계정

■ 자산 감가상각

■ 예산 정의

- 예산 수정

- 예산 검토

- 예산 시나리오

- 예산 금액의 사용 및 출처

- 예산 대 총계정원장

내부 조직 회계 계통도

일반적으로 회계 시스템을 설정하는 첫 번째 단계는 각 조직의 회계 계통도를 결정하는 것이다. 회계 계통도는 기업이 단순히 회계 목적을 위해 비즈니스 활동을 추적하는 데 사용할 거래 카테고리이다.

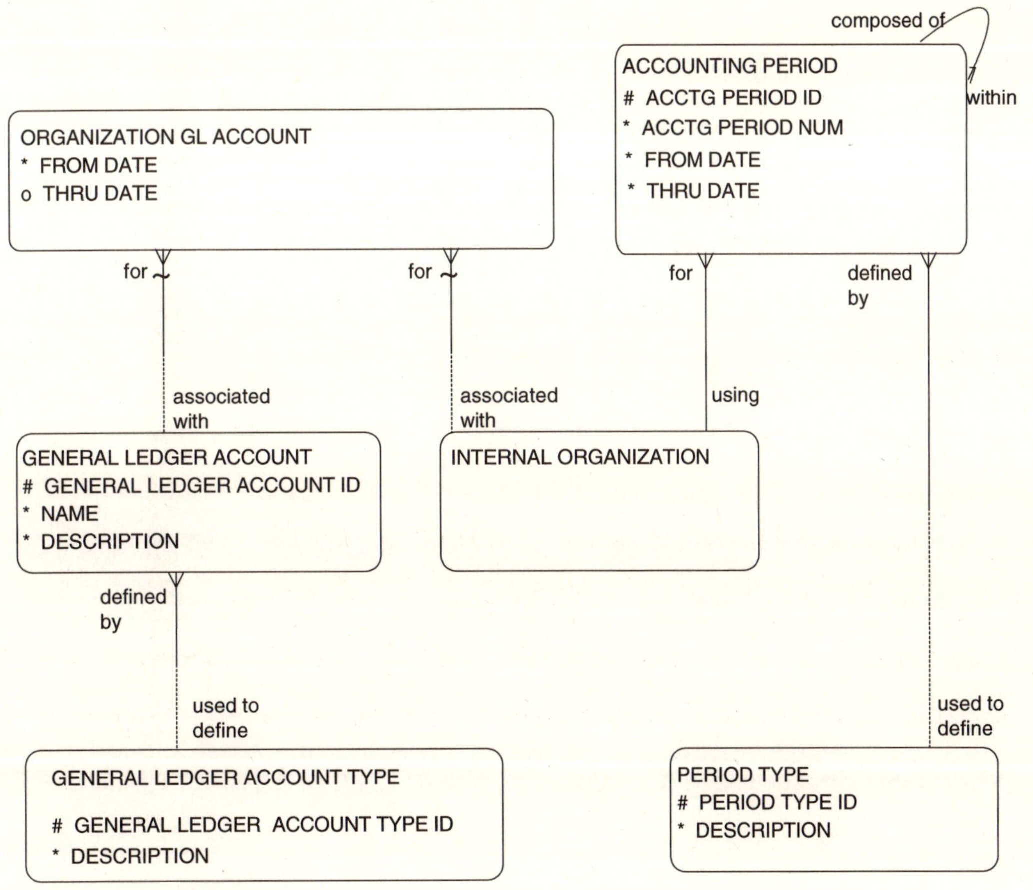

그림 8.1 내부 조직 회계 계통도

그림 8.1은 기업 내의 각 조직에 대한 회계 계통도를 세우고 관리할 수 있는 데이터 모델을 보여준다. GENERAL LEDGER ACCOUNT(총계정원장계정)는 거래가 게시된 재무 보고의 유형을 나타낸다. 예를 들면 "현금" 계정 또는 "소모품 비용" 계정이다. 각 GENERAL LEDGER ACCOUNT(총계정원장계정)는 계정 유형(예를 들면 "자산" 또는 "부채")을 지정하기 위해 하나의 GENERAL LEDGER ACCOUNT TYPE(총계정원장계정유형)로 분류될 수 있다. 각 INTERNAL ORGANIZATION(내부조직)은 많은 GENERAL LEDGER ACCOUNT(총계정원장계정)를 사용할 수 있으며, 각 GENERAL LEDGER ACCOUNT(총계정원장계정)는 하나 이상의 INTERNAL ORGANIZATION(내부조직)과 연관될 수 있다. ORGANIZATION GL ACCOUNT(조직총계정원장계정)는 다대다(M:M) 관계를 해소한다. 각 내부 조직은 업무 활동을 보고하는 ACCOUNTING PERIOD(회계기간)를 설정할 필요가 있다. 각 ACCOUNTING PERIOD(회계기간)는 "회계연도", "달력연도", "회계분기" 등과 같은 PERIOD TYPE(주기유형)이다.

총계정 원장 계정 및 유형

총계정 원장 계정은 재무 보고 목적으로 비슷한 유형의 거래를 함께 분류하는 방법이다. GENERAL LEDGER ACCOUNT(총계정원장계정) 엔터티에 표시된 name(이름) 속성은 재무제표에서 보고 목적으로 사용될 계정의 이름을 식별한다. 총계정 원장 계정 이름의 예로 "현금", "미수금", "지급어음" 또는 "광고 경비"가 있다. Description(설명) 속성은 계정의 정의를 제공하여 계정을 제대로 이해할 수 있도록 한다.

이 모델의 GENERAL LEDGER ACCOUNT(총계정원장계정) 엔터티의 키는 general ledger account ID(총계정원장계정ID)이고 이는 의미 없는 고유 번호로 채워진다. 다른 많은 회계 시스템에서는 계정을 쉽게 식별할 수 있도록 general ledger account ID(총계정원장계정ID)에 의미 있는 기호를 할당한다. 키는 조직 구성 요소로 시작해서 하위 조직 부분과 계정 유형을 가지고, 계정을 나타내는 숫자를 가질 수 있다. 이 ID 구조의 예는 "ABC100-200-A-101"이다. 여기서 "ABC100"은 조직을 나타내고 "200"은 특정 부서를 나타내며 "A"는 자산을 나타내며 "101"은 계정 "현금"을 나타낸다. 의미 있는 키를 갖는 문제는 기업의 재구성과 같이 기업 내에서 상황이 변경되면 키 값과 외부 키 값을 변경해야 하는데, 이는 데이터 불일치의 가능성이 높아지기 때문에 시스템에 주요 문제가 발생한다는 것이다. 이것은 정확해야 할 회계 시스템에서 원하는 것이 아니다.

표 8.1 총계정 원장 계정

GL ACCOUNT ID	NAME	DESCRIPTION	GL ACCOUNT TYPE
110	Cash	Liquid amounts of money available	Asset
120	Accounts receivable	Total amount of moneys due from all sources	Asset
240	Notes Payable	Amounts due in the form of written contractual promissory notes	Liability
300	Retained Earnings	Identifies the difference between assets and liabilities that the owners have earned	Owners Equity
420	Interest Income	Amounts of revenues accumulated for a period due to interest earned	Revenue
520	Advertising expense	Costs due to all ads placed in newspapers, magazines, etc.	Expense
530	Office Supplies expense	Expenses for buying supplies needed for the office	Expense

GENERAL LEDGER ACCOUNT TYPE(총계정원장계정유형) 엔터티는 GENERAL LEDGER ACCOUNT(총계정원장계정)의 분류를 나타낸다. 유효한 분류에는 "자산", "부채", "소유주지분", "수익" 및 "비용"이 포함된다. 이 정보는 재무제표에 정보를 묶는 방법을 제공한다. "자산", "부채" 및 "소유주지분" 범주는 관련 총계정 원장 계정과 함께 일반적으로 조직의 대차대조표에 사용된다. "수익" 및 "비용" 범주는 일반적으로 손익계산서에 사용된다.

표 8.1은 총계정 원장 계정의 예와 각 계정과 관련된 유형을 보여준다.

조직 총계정 원장 계정

총계정 원장 계정이 설정되었으므로 보고를 위해 사용하는 내부 조직과 관련이 있어야 한다. 각 INTERNAL ORGANIZATION(내부조직)에는 관련된 GENERAL LEDGER ACCOUNT(총계정원장계정)가 여러 개 있을 수 있다. 반대로, 각 GENERAL LEDGER ACCOUNT(총계정원장계정)는 많은 INTERNAL ORGANIZATION(내부조직)의 요구를 충족시키기 위해 재사용될 수 있다. GENERAL LEDGER ACCOUNT(총계정원장계정)는 어떤 내부 조직이 어떤 총계정 원장 계정을 사용하는지 보여준다. ORGANIZATION GL ACCOUNT(조직총계정원장계정) 엔터티의 from date(시작일자) 및 thru date(종료일자) 속성은 총계정 원장 계정이 내부 조직의 회계 계통도에 추가된 시기와 유효 기간을 나타낸다.

　　ORGANIZATION GL ACCOUNT(조직총계정원장계정)는 특정 내부 조직에 대한 총계정 원장의 인스턴스를 나타내서 매우 중요한 엔터티다. 예를 들어, 회계 거래는 이 엔터티와 관련되어 특정 대차대조표 또는 손익계산서 계정에 대한 모든 거래의 관리를 허용한다.

회계 기간

ACCOUNTING PERIOD(회계기간) 엔터티는 조직이 재무 보고를 위해 사용하는 기간을 나타낸다. 이것은 회계 연도, 회계 분기, 회계 월, 역년, 역월 또는 PERIOD TYPE(기간유형)에서 사용할 수 있는 기타 기간을 정의하는 것일 수 있다. Acctg period num(ber)(회계기간번호)는 회계 기간의 연관 번호를 나타낸다. 예를 들어, 1년에 13회계 기간이 있는 경우, 이 기간 유형에 대한 acctg period num(회계기간번호)은 "1"에서 "13"까지 다양하다. 분기는 "1"에서 "4"까지 다양할 수 있다. From date(시작일자) 및 thru date(종료일자) 속성은 각 인스턴스의 기간을 나타낸다.

　　또 다른 구조는 from date(시작일자) 및 thru date(종료일자) 속성대신 기간의 시작일과 종료일을 식별하기 위해 from day(시작일) 및 thru day(종료일)를 사용하는 것이다. 기간의 시작과 끝에 대한 월과 일과 같은 날짜의 일부만 지정하기 때문에 날짜 도메인이 아닌 문자 도메인이다. 이 설계의 이점은 기간을 한 번만 정의할 수 있다는 것이다. 예를 들어, 매년 회계 기간을 재입력하는 대신 "회계 연도"의 PERIOD TYPE(기간유형)을 식별하기 위해 회계 from day(시작일)는 "3월 1일"일 수 있고, 회계 thru day(종료일)는 "2월 28일"일 수 있다. 이 데이터 구조의 한 가지 단점은 2월 말에 끝나는 기간에 윤년을 처리하기 복잡하다는 것이다. 이 데이터 구조의 또 다른 단점은 그림 8.1과 같이 날짜를 명확하게 저장하는 것과는 대조적으로 어떤 거래를 어떤 기간에 게시할 것인지 파악하기 위해서는 날짜 변환이 필요하기 때문에 구현하기 어렵다는 것이다.

　　각 ACCOUNTING PERIOD(회계기간)는 재귀 관계에 표시된 바와 같이 단 하나의 ACCOUNTING PERIOD(회계기간) 내에 있을 수 있다. 이를 통해 매월 기간을 분기별로 합할 수 있으며, 년별로 합할 수 있다.

　　표 8.2는 ABC기업 및 ABC자회사의 회계 계통도의 예를 보여준다. 많은 총계정원장 계정이 두 조직 내에서 사용되지만 일부 계정은 다르다. 예를 들어, ABC기업은 "무역박람회비용(trade show expense)" 계정이 있는 반면 자회사는 무역박람회와 관련이 없기 때문에 이 계정이 없다.

표 8.2 조직 총계정 원장 계정

INTERNAL ORGANIZATION	ACCTG PERIOD FROM DATE	ACCTG PERIOD THRU DATE	PERIOD TYPE	GENERAL LEDGER ACCOUNT TYPE	GENERAL LEDGER ACCOUNT	GL ACCOUNT FROM DATE	GL ACCOUNT THRU DATE
ABC Corporation	Jan 1, 2001	Dec 31, 2001	Fiscal Year	Asset	Cash	Jan 1, 1995	
					Accounts receivable	Jan 1, 1995	
				Liability	Notes payable	Jan 1, 1995	
				Owners Equity	Retained earnings	Jan 1, 1995	
				Revenue	Interest income	Jan 1, 1995	
				Expense	Marketing expense	Jan 1, 1995	Dec 31, 1996
					Advertising expense	Jan 1, 1997	
					Trade show expense	Jan 1, 1997	
					Office supplies	Jan 1, 1995	
ABC Subsidiary	Jan 1, 2001	Dec 31, 2001	Fiscal Year	Asset	Cash	Jun 1, 1997	
					Accounts receivable	Jun 1, 1997	
				Liability	Notes payable	Jun 1, 1997	
				Owners Equity	Retained earnings	Jun 1, 1997	
				Revenue	Interest income	Jun 1, 1997	
				Expense	Marketing expense	Jun 1, 1997	
					Office supplies	Jun 1, 1997	

또한 각 조직은 ACCOUNTING PERIOD(회계기간)의 from date(시작일자) 및 thru date(종료일자)와 관련이 있는 회계 년도 기간을 가지고 있다. 두 조직의 회계 연도 기간은 같다. 그러나 동일한 기업 내의 내부 조직은 서로 다른 회계 기간을 가질 수 있다. 예를 들어, 6월 1일부터 5월 31일까지의 회계 기간을 가진 조직은 최근 회계 기간이 1월 1일에서 12월 31일인 내부 조직으로 병합되었을 수 있다.

ORGANIZATION GL ACCOUNT(조직총계정원장계정)의 from date(시작일자)와 thru date(종료일자)는 어떤 기간의 내부 조직에 어떤 총계정원장 계정이 존재했는지 추적할 수 있는 기능을 제공한다. 예를 들어, 표 8.2는 1997년 1월 1일 ABC기업이 "마케팅비용" 계정을 "광고비용" 및 "무역박람회비용"이라는 두 개의 계정으로 나눴다는 것을 보여준다.

회계 거래 정의

이 책의 여러 부분에는 조직의 회계에 영향을 주는 거래가 있다. 예를 들어, 7장에서 INVOICE(송장)를 생성하면 관련 회계 거래 즉, SALES ACCTG TRANS(판매회계거래)가 생성된다. 3장에서 INVENTORY ITEM(재고품)을 조정하기 위한 ITEM VARIANCE(품목변동)의 식별은 ITEM VARIANCE ACCTG TRANS(품목변동회계거래)로 이어진다. 따라서 기업에서는 회계 거래에 대한 정보를 관리할 필요가 있다.

그림 8.2는 회계 거래 데이터 모델의 초기 부분을 제공한다. ACCOUNTING TRANSACTION(회계거래) 엔터티는 기업의 재무제표에 영향을 주는 모든 거래를 포함하는 슈퍼타입이다. 여기에는 내부 조직의 재무 상태 조정을 문서화한 DEPRECIATION(감가상각), CAPITALIZATION(자본환원), AMORTIZATION(할부상환), ITEM VARIANCE ACCTG TRANS(품목변동회계거래), 그리고 OTHER INTERNAL ACCTG TRANS(기타내부회계거래)와 같은 INTERNAL ACCTG TRANS(내부회계거래)가 포함된다. 회계 거래는 OBLIGATION ACCTG TRANS(의무회계거래)나 PAYMENT ACCTG TRANS(지불회계거래)가 포함된 EXTERNAL ACCTG TRANS(외부회계거래)일 수도 있다. 각 PAYMENT ACCTG TRANS(지불회계거래)는 돈이 들어오는 RECEIPT ACCTG TRANS(수령회계거래) 또는 돈이 나가는 DISBURSEMENT ACCTG TRANS(지불회계거래)를 나타낸다.

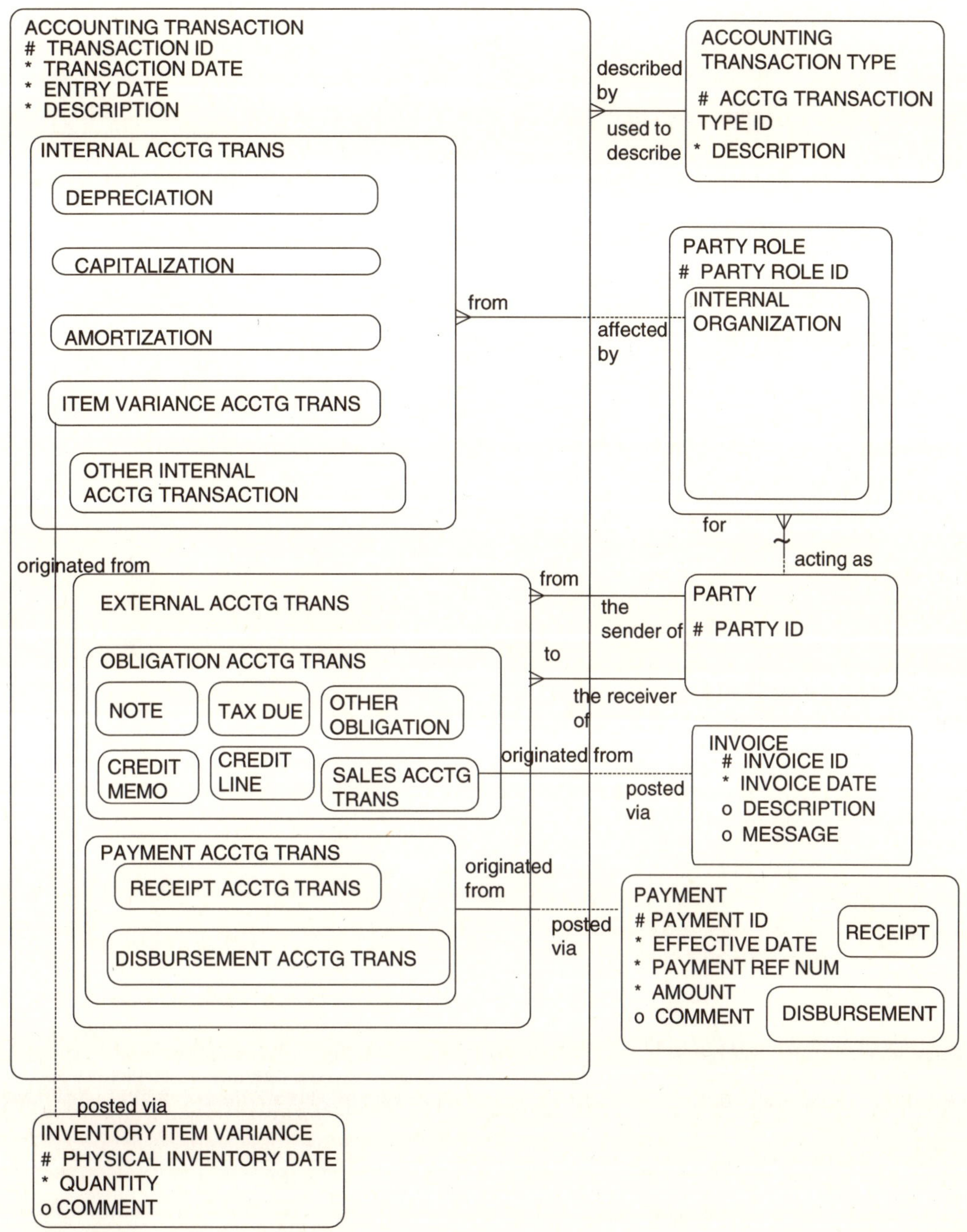

그림 8.2 회계 거래

    각 ACCOUNTING TRANSACTION(회계거래)은 사업 거래와 관련된 것일 수 있다. 따라서 SALES ACCTG TRANS(판매회계거래)는 INVOICE(송장) 인스턴스에서 발생해야 하며, PAYMENT ACCTG TRANS(지불회계거래)는 PAYMENT(지불) 인스턴스에서 생성되며, ITEM

VARIANCE ACCTG TRANS(품목변동회계거래)는 재고 조정을 나타내는 INVENTORY ITEM VARIANCE(재고품변동) 인스턴스에서 비롯된 것이어야 한다.

ACCOUNTING TRANSACTION(회계거래)에서 ACCOUNTING TRANSACTION TYPE(회계거래유형)으로의 관계는 각 거래의 특정 하위 수준 분류를 제공한다. 유형에는 "자산 판매를 위한 지불 영수증" 또는 "구매 주문 지불"과 같은 서브타입으로 분해될 수 있다.

기업 거래 대 회계 거래?

각 ACCOUNTING TRANSACTION(회계거래)은 해당 기업 거래에서 비롯될 수 있는데, 이는 데이터 모델을 통해서 기업의 재무 상태에 영향을 줄 수 있는 모든 거래다. 이 모델은 상응하는 기업 거래 관계 중 몇 가지를 보여 주며 조직의 특성에 따라 많은 관계가 있을 수 있다. 이 모델은 INVENTORY ITEM VARIANCE(재고품변동) 인스턴스가 해당 ITEM VARIANCE ACCTG TRANS(품목변동회계거래) 거래를 통해 게시될 수 있음을 보여준다. 마찬가지로, 각 INVOICE(송장)는 SALES ACCTG TRANS(판매회계거래)를 통해 게시될 수 있으며, 각 PAYMENT(지불)는 PAYMENT ACCTG TRANS(지불회계거래)에 해당한다.

INVOICE(송장)와 같은 기업 거래는 실제로 회계 거래와 연결된 별개의 엔터티인가? 아니면 실제로 회계 거래의 서브타입인가? 이러한 기업 거래와 회계 거래는 일대일 관계며 동일한 것을 나타내기 때문에 같은 것으로 생각할 수 있다. 즉, 기업의 회계장부에 영향을 주는 거래다. 반면에 기업 거래와 회계 거래 간에는 시간차가 있을 수 있다. 예를 들어 아직 게시되지 않아서 특정 시점에 관련 회계 거래가 없을지라도 기업에 의해 INVOICE(송장)는 관리될 수 있다. 또한 INVOICE(송장)는 "관리자 승인 보류중" 상태일 수 있으므로 INVOICE(송장)로 관리되지만 ACCOUNTING TRANSACTION(회계거래)로는 관리되지 않는다. 따라서 데이터 모델은 각 기업 거래가 해당 회계 거래와는 별도의 엔터티임을 보여준다.

회계 거래

각 ACCOUNTING TRANSACTION(회계거래) 인스턴스는 회계 기간에 분개로 나타난다. ACCOUNTING TRANSACTION(회계거래) 엔터티에는 특정 거래를 고유하게 식별하는 transaction ID(거래ID)가 있다. Transaction date(거래일자)는 거래가 발생한 날짜다. Entry date(입력일자)는 분개가 시스템에 입력된 날짜다. Description(설명) 속성은 거래의 세부 사항을 설명한다. 거래 금액은 거래 세부 사항에서 관리되기 때문에 amount(금액) 속성이 없다는 점에 유의하라. 거래 세부 사항은 다음 절에서 다룬다.

회계는 두 가지 주요 유형의 거래를 처리한다. ACCOUNTING TRANSACTION(회계거래)은 INTERNAL ACCTG TRANS(내부회계거래)나 EXTERNAL ACCTG TRANS(외부회계거래)일 수 있다. INTERNAL ACCTG TRANS(내부회계거래)는 영향을 받는 내부 조직의 회계장부에만 영향을 끼치는 조정 거래다. EXTERNAL ACCTG TRANS(외부회계거래)는 회계장부가 보관되어 있는 기업 외부 관계자와 거래를 수반하는 거래다.

서브타입은 내부 조직의 재무상태를 조정하는 DEPRECIATION(감가상각), CAPITALIZATION(자본환원), AMORTIZATION(할부상환), ITEM VARIANCE ACCTG TRANS(품목변동회계거래), 그리고 OTHER INTERNAL ACCTG TRANS(기타내부회계거래)와 같은 INTERNAL ACCTG TRANS(내부회계거래)의 예를 나타낸다.

OBLIGATION ACCTG TRANS(의무회계거래) 서브타입은 다른 관계자에게 돈을 갚아야 하는 다른 형태의 관계자를 나타내는 다양한 다른 서브타입으로 세분된다. OBLIGATION(의무)의 한 서브타입은 NOTE(증서)다. 내부 조직이 돈을 갚아야 하는 지급어음이거나, 회사가 돈을 지불해야 하는 수취어음일 수 있다. 다른 서브타입은 CREDIT MEMO(신용메모)로, 한 관계자로부터 다른 관계자에게 신용이 제공되는 거래다. TAX DUE(납세)는 정부 기관에 세금을 지불해야 하는 의무다. SALES ACCTG TRANS(판매회계거래) 엔터티는 판매된 상품에 대한 지불 의무를 나타낸다. CREDIT LINE(신용한도액)은 금융 기관이 다른 관계자에게 제공한 신용 한도에서 실제로 빌린 돈을 나타낸다. 사업에 따라 다른 형태의 의무가 있을 수 있다. 따라서 OTHER OBLIGATION(기타의무) 서브타입이 포함된다.

PAYMENT ACCTG TRANS(지불회계거래) 서브타입은 내부 조직이 수령한 금액(RECEIPT ACCTG TRANS) 또는 내부 조직이 보낸 금액(DISBURSEMENT ACCTG TRANS)을 나타낸다. 한 내부 조직에서 다른 내부 조직으로 지불하면 두 개의 PAYMENT ACCTG TRANS(지불회계거래) 인스턴스가 생성된다. 한 내부 조직은 RECEIPT(수령)를 저장하고 다른 내부 조직은 DISBURSEMENT(지불)를 저장한다.

표 8.3 회계 거래

TRANSACTION ID	TO PARTY	FROM PARTY	TRANSACTION DATE	TRANSACTION AMOUNT	TRANSACTION TYPE	DESCRIPTION
32389		ABC Corporation	Jan 1, 2000	$200	Depreciation	Depreciation on pen engraver
38948	ACME Company	ABC Corporation	May 31, 2000	$900	Invoice	Invoiced amount due
39776	ABC Corporation	ACME Company	Jun 13, 2000	$700	Payment receipt for invoices	Payment against invoice
45783	ACME Company	ABC Corporation	Jul 2, 2000	$200	Credit memo	Credit to invoice #
45894	ABC Corporation	ACME Company	Aug 13, 2000	$300	Payment receipt for invoices	Payment made on account with invoice in mind
46325	ACME Company	ABC Corporation	Oct 10, 2000	−$300	Payment receipt for invoices	Returned payment for moneys held with no invoice
47874	ABC Corporation	Johnson Recycling	Oct 11, 2000	$1200	Payment receipt for asset sale	Payment received for sale of pen engraver

회계 거래 및 관련 관계자

INTERNAL ACCTG TRANS(내부회계거래)는 내부 조직의 회계장부에 대한 조정 역할을 하는 거래를 확인한다. 거래에 참여하는 조직은 단 하나(즉, 회계장부를 조정하는 내부 조직)이기 때문에 INTERNAL ORGANIZATION(내부조직)과 단일 관계가 있다.

EXTERNAL ACCTG TRANS(외부회계거래) 서브타입은 두 관계자에 영향을 주는 회계 거래를 설계한다. EXTERNAL ACCTG TRANS(외부회계거래)는 OBLIGATION ACCTG TRANS(의무회계거래) 또는 PAYMENT ACCTG TRANS(지불회계거래) 중 하나일 수 있다. OBLIGATION ACCTG TRANS(의무회계거래)는 한 관계자가 다른 관계자에게 빚졌음을 인정한 거래를 나타낸다. 따라서 관계는 거래의 양측에 관련된 관계자를 식별한다. PAYMENT ACCTG TRANS(지불회계거래)는 한 관계자가 다른 관계자에게 지불하는 거래를 나타낸다. 그러므로 두 관계자와 연관된다.

표 8.3은 다양한 회계 거래 유형의 예를 보여준다. 첫 번째 행(트랜잭션ID 32389번)은 한 장비에 대한 감가상각비(depreciation)를 저장하는 내부 거래의 예다. 한 관계자만이 영향을 받았다. 즉 ABC기업의 장비를 소유한 내부조직만이 영향을 받았다. 나머지 거래는 상대 관계자를 포함하는 다양한 유형의 외부 거래다. 예를 들어, 거래 39776번은 ACME회사가 ABC기업에 빚진 700달러를 지불하기 위한 수령(입금)을 나타낸다.

회계 거래 세부 정보

그림 8.3a는 조직의 총계정원장 계정에 거래 상세를 연관시킬 뿐만 아니라 회계 세부 대차 항목을 회계 거래에 추가함으로써 이전 회계 거래 모델을 보강한다. 각 ACCOUNTING TRANSACTION(회계거래)은 거래에 대한 대차 항목을 나타내는 많은 TRANSACTION DETAIL(거래세부)로 나뉜다. 대차 항목은 내부 조직의 계정 중 하나에 영향을 미치므로 내부 조직을 위한 GENERAL LEDGER ACCOUNT(총계정원장계정)의 저장소인 ORGANIZATION GL ACCOUNT(조직총계정원장계정)과 연관된다.

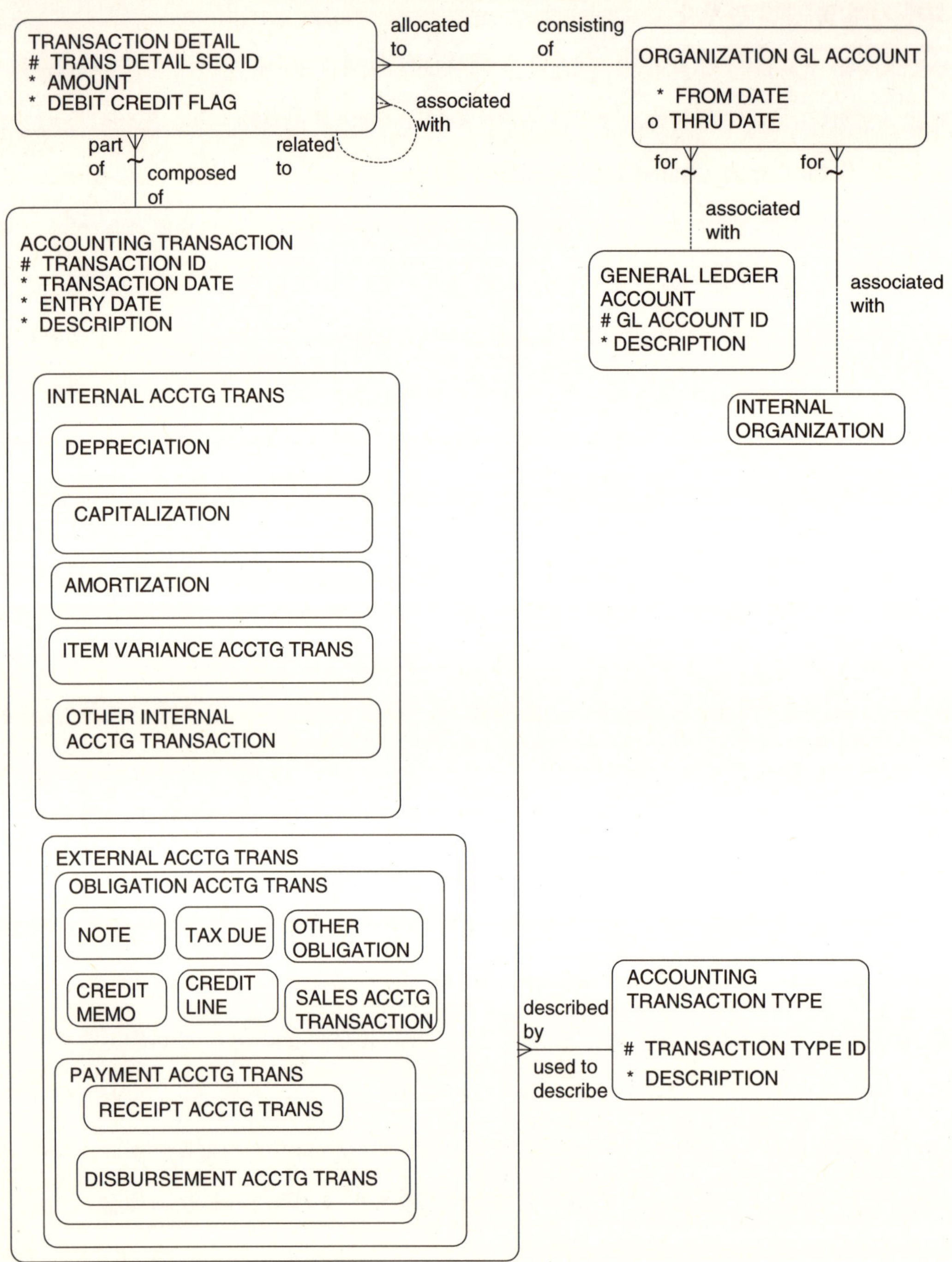

그림 8.3a 회계 거래 세부

거래 세부

그림 8.3a와 같이 각 ACCOUNTING TRANSACTION(회계거래)은 하나 이상의 TRANSACTION DETAIL(거래세부)로 구성되어야 하며, 거래의 각 부분이 특정 ORGANIZATION GL ACCOUNT (조직총계정원장계정)에 미치는 영향을 보여준다. TRANSACTION DETAIL(거래세부) 인스턴스는 회계 용어의 "분개 항목"에 해당한다.

복식기장회계 원칙에 따르면, 각 거래에는 적어도 두 개의 세부 인스턴스인 차변 및 대변이 있다. 예를 들어, INVOICE(송장) 유형의 ACCOUNTING TRANSACTION(회계거래)은 총계정원장 계정 "미수금(accounts receivable)"에 대한 차변과 총계정원장 계정 "매출(revenue)"에 대한 대변의 두 가지 TRANSACTION DETAIL(거래세부) 인스턴스를 생성할 수 있다. 표 8.4는 이 거래(거래 ID 38948번)의 세부 사항을 나타낸다.

각 거래는 특정 내부 조직 내의 총계정원장 계정과 관련되어 있는데, 이는 표 8.4의 조직 총계정원장 계정(ORGANIZATION GL ACCOUNT) 열 괄호 안에 "ABC기업"을 참조한 이유다. ORGANIZATION GL ACCOUNT(조직총계정원장계정)과 관련된 조직이 ACCOUNTING TRANSACTION(회계거래)과 연관된 PARTY(관계자)에 관해서 의미가 통하는지를 확인하기 위해 적절한 업무 규칙을 마련해야 한다. 예를 들어, ABC기업의 INTERNAL TRANSACTION(내부거래)이 있는 경우 TRANSACTION DETAIL(거래세부) 인스턴스는 다른 내부 조직이 아닌 "ABC기업"의 ORGANIZATION GL ACCOUNT(조직총계정원장계정)와 연관될 필요가 있다.

Transaction Id(거래ID)와 trans detail seq id(거래세부번호ID)는 ACCOUNTING TRANSACTION(회계거래)을 세분하는 세부 인스턴스이므로 TRANSACTION DETAIL(거래세부)을 고유하게 식별한다. Debit/credit flag(차변대변여부)는 거래 세부 사항이 적절한 총계정원장 계정에 차변이나 대변으로 게시됐는지 여부를 나타낸다 Amount(금액)는 거래의 해당 부분 금액을 나타낸다. 많은 물리 데이터베이스 설계는 금액 속성 내에서 debit/credit flag(차변대변여부)를 양수 또는 음수 부호로 구현하므로 차변과 대변을 쉽게 상쇄할 수 있도록 산술 기능을 사용할 수 있다.

하나의 ACCOUNTING TRANSACTION(회계거래)에 적어도 두 개의 TRANSACTION DETAIL(거래세부) 인스턴스가 있다고 명시돼 있다. 대부분의 경우 회계 거래에는 두 개 이상의 세부 항목이 있을 수 있다. 거래ID 39776번인 표 8.4의 세 번째 거래를 고려하라. 이 거래는 송장에 대한 지불인데 조기 지불을 해서 2% 할인되었다. 이 거래로 세 건의 세부 기록, 즉 900달러의 매출

채권, 882달러의 현금 증가 및 18달러의 할인 비용을 처리할 수 있었다.

표 8.4의 네 번째 거래(거래ID 47874번)는 네 가지 세부 인스턴스가 있는 회계 거래의 예를 나타 낸다. 이 경우에는 펜 조각 기계를 판매하여 받은 1,000달러의 현금에 대한 차변이 생기고, 기계의 누적 감가상각에 대한 200달러의 차변, 자산에 대한 회계장부가인 800달러의 대변, 400달러의 거래에 대한 자본 이득(1,000달러의 수령액에서 600달러의 장비의 순가치를 뺀 금액)을 기록하는 대변이 생긴다.

표 8.4 거래 세부

TRANSACTION ID	TRANSACTION DESCRIPTION	TRANS DETAIL SEQ ID	AMOUNT	DEBIT/CREDIT FLAG	ORGANIZATION GL ACCOUNT
32389	Depreciation on equipment	1	$200	Debit	Depreciation expense (ABC Corporation)
		2	$200	Credit	Accumulated depreciation for equipment (ABC Corporation)
38948	Invoiced amount due	1	$900	Debit	Accounts receivable (ABC Corporation)
		2	$900	Credit	Revenue (ABC Corporation)
39776	Payment against invoice	1	$882	Debit	Cash (ABC Corporation)
		2	$18	Debit	Discount expense (ABC Corporation)
		3	$900	Credit	Accounts receivable
47874	Payment received for sale of pen engraver	1	$1000	Debit	Cash (ABC Corporation)
		2	$200	Debit	Accumulated depreciation (ABC Corporation)
		3	$800	Credit	Asset (ABC Corporation)
		4	$400	Credit	Capital gain (ABC Corporation)

회계 거래 세부 사항 간의 관계

기업은 특정 거래 간의 관계에 대한 질문에 답해야 한다. 예를 들어, 어떤 송장이 어떤 지불을 통해 지급되었으며, 어떤 송장이 아직 미결 상태인가? 고객에서 발송된 대변전표를 통해 어떤 송장이 인하되었는가? 송장이나 납부 금액에 일치하지 않았기 때문에 어떤 지불이 나중에 다시 원래 관계자에게 송금됐는가?

TRANSACTION DETAIL(거래세부) 재귀 관계는 다른 거래 세부 사항과 연관된 회계 거래 세부 사항을 추적하는 기능을 제공한다. 이 재귀 관계를 사용하여 모델은 이전 질문에 답하기 위한 정보를 제공할 수 있다.

어떤 지불이 어떤 의무에 대한 것인지를 보여주는 TRANSACTION DETAIL(거래세부) 재귀가 필요한가? 이것은 500달러에 대한 지불이 500달러의 의무를 지불했음을 알 수 있듯이 파생된 정보가 아닌가? 500달러에 대한 의무가 여러 개라면 어떤가? 어떤 지불이 어떤 의무에 대한 것인지를 관리할 필요가 있다. 부분 지불이 발생할 때, 어떤 지불이 어떤 의무에 대한 것인지를 추적하는 것이 더 중요하다. 마찬가지로 어떤 의무가 어떤 의무와 관련되어 있는지 추적하는 것도 중요하다 (예를 들면 관련 신용 거래가 있는 송장).

표 8.5는 서로 다른 회계 거래를 서로 관련시키기 위해 모델을 어떻게 사용해야 하는지를 설명한다. 가장 흔한 관련 거래 유형은 어떤 지불이 어떤 송장에 대한 것인지이다. 거래ID 38948번에 따르면 900달러는 미수금으로 인해 지급된다. 다음 거래(39776번)는 이 송장에 적용되는 지불이다. 마지막 열인 연관 거래ID(Associated Transaction ID) 및 거래세부번호ID(TRANS Detail Seq ID)는 하나의 거래 세부 사항에서 다른 거래 세부 사항까지의 재귀 관계를 나타낸다. 이 경우 미수금에 대한 대변이 지급된 최초 송장인 거래 38948번과 특별히 연관된다는 것을 나타낸다.

표 8.5는 또한 두 개의 송장(거래 50984번과 50999번)이 단일 지불(거래 60985번)을 통해 지불되었음을 보여준다. 이 경우 두 개의 송장 각각에 할당된 금액을 식별하기 위해 "미수금" 항목을 나타내는 거래 세부가 두 개의 세부 인스턴스로 분할되었다.

이 모델은 회계에서 발생하는 모든 유형의 거래 관계를 수용할 수 있다. 예를 들어, 송장 금액, 환불액(다른 지불과 관련된 지불), 송장에 적용된 부분 지불(채무에 대한 지불), 최초 구매 거래에 적용된 감가상각된 장비의 판매(지불 및 내부 거래와 관련된 지불, 즉 감가상각)를 줄이는 대변전표를 관리하는 정보를 제공할 수 있다.

표 8.5 거래 세부 관계

TRANSACTION ID	TRANSACTION DESCRIPTION	TRANS DETAIL SEQ ID	AMOUNT	DEBIT/ CREDIT	ORGANIZATION GL ACCOUNT	ASSOCIATED TRANSACTION ID AND TRANS DETAIL SEQ ID
38948	Invoiced amount due	1	$900	Debit	Accounts receivable (ABC Corporation)	
		2	$900	Credit	Revenue (ABC Corporation)	
39776	Payment against invoice	1	$882	Debit	Cash (ABC Corporation)	
		2	$18	Debit	Discount expense (ABC Corporation)	
		3	$900	Credit	Accounts receivable (ABC Corporation)	38948, 1
50984	Invoiced amount due	1	$1000	Debit	Accounts receivable (ABC Corporation)	
		2	$1000	Credit	Revenue (ABC Corporation)	
50999	Invoiced amount due	1	$2000	Debit	Accounts receivable (ABC Corporation)	
		2	$2000	Credit	Revenue (ABC Corporation)	
60985	Payment against invoice	1	$3000	Debit	Cash (ABC Corporation)	
		2	$1000	Credit	Accounts receivable (ABC Corporation)	50984, 1
		3	$2000	Credit	Accounts receivable (ABC Corporation)	50999, 1

계정 잔액 및 거래

이전 모델과 마찬가지로 각 TRANSACTION DETAIL(거래세부)은 ORGANISATION GL ACCOUNT(조직총계정원장계정)와 관련되어야 하는가? 아니면 각 회계 기간 동안 계정에 대한 잔액을 저장하는 엔터티와 관련되어야 하나? 계정 잔액을 엔터티로 설계하는 것에 대한 강한 논쟁이 있다. 결국 재무제표 및 기타 재무보고는 계정 잔액에 따라 결정될 수 있으므로 잔액 엔터티는 중요한 정보다. 또한 관리자는 반드시 관련 거래를 조회하지 않고 일정 기간 동안의 특정 총계정원장 계정의 잔액을 보고 싶어한다. 또한, 관련 거래는 이전 해에 대한 계정 잔액을 보관할 수 있다.

그림 8.3a의 모델은 계정 잔액이 계정에 영향을 미친 거래로부터 파생된 정보이기 때문에 계정 잔액을 엔터티나 속성으로 표시하지 않는다. 파생 데이터가 데이터 모델에 포함될 때마다 중복 정보가 생긴다. 시스템에 설계된 중복 정보가 있을 때 데이터 정확성에 영향을 줄 수 있는 데이터 동기화 문제가 발생한다. 계정 잔액과 관련하여 기간이 끝난 후에는 정보가 많이 변하지 않으므로 데이터 동기화 문제가 크지 않다고 주장할 수 있다. 과거 기간에 대한 소급 회계 조정은 문제를 복잡하게 만들고 논리 모델에 계정 잔액을 저장하는 것은 현명하지 않을 수 있다.

확실히 논리 모델을 실제로 물리 모델로 구현할 때 다양한 기간에 대한 계정 잔액을 포함하는 것이 좋다. 관리자는 의심의 여지 없이 이 정보를 빠르게 조회할 필요가 있으며, 물리 디자인은 계정 잔액을 알기 위해 총계정원장 계정과 연결된 거래를 훑을 필요가 없어야 한다.

계정 잔액에 대한 설계가 순수한 데이터 모델링을 나타내지는 않지만, 많은 데이터 모델러는 모델이 완전하고 실용적인 것을 포함해야 한다고 주장한다. 따라서 그림 8.3b는 계정 잔액 정보를 포함하는 대체 모델을 보여준다. 이 데이터 모델은 구현 목적으로 매우 실용적인 데이터베이스 설계를 나타낸다.

그림 8.3b는 ORGANISATION GL ACCOUNT BALANCE(조직총계정원장계정잔고)가 TRANSACTION DETAIL(거래세부)과 ORGANIZATION GL ACCOUNT(조직총계정원장계정) 사이에 추가되었음을 보여준다. 이렇게 하면 특정 ACCOUNTING PERIOD(회계기간)에 대한 ORGANIZATION GL ACCOUNT(조직총계정원장계정)의 현재 잔액을 저장하는 ORGANIZATION GL ACCOUNT BALANCE(조직총계정원장계정잔고)의 중요한 속성인 amount(금액)에 직접 접근할 수 있다.

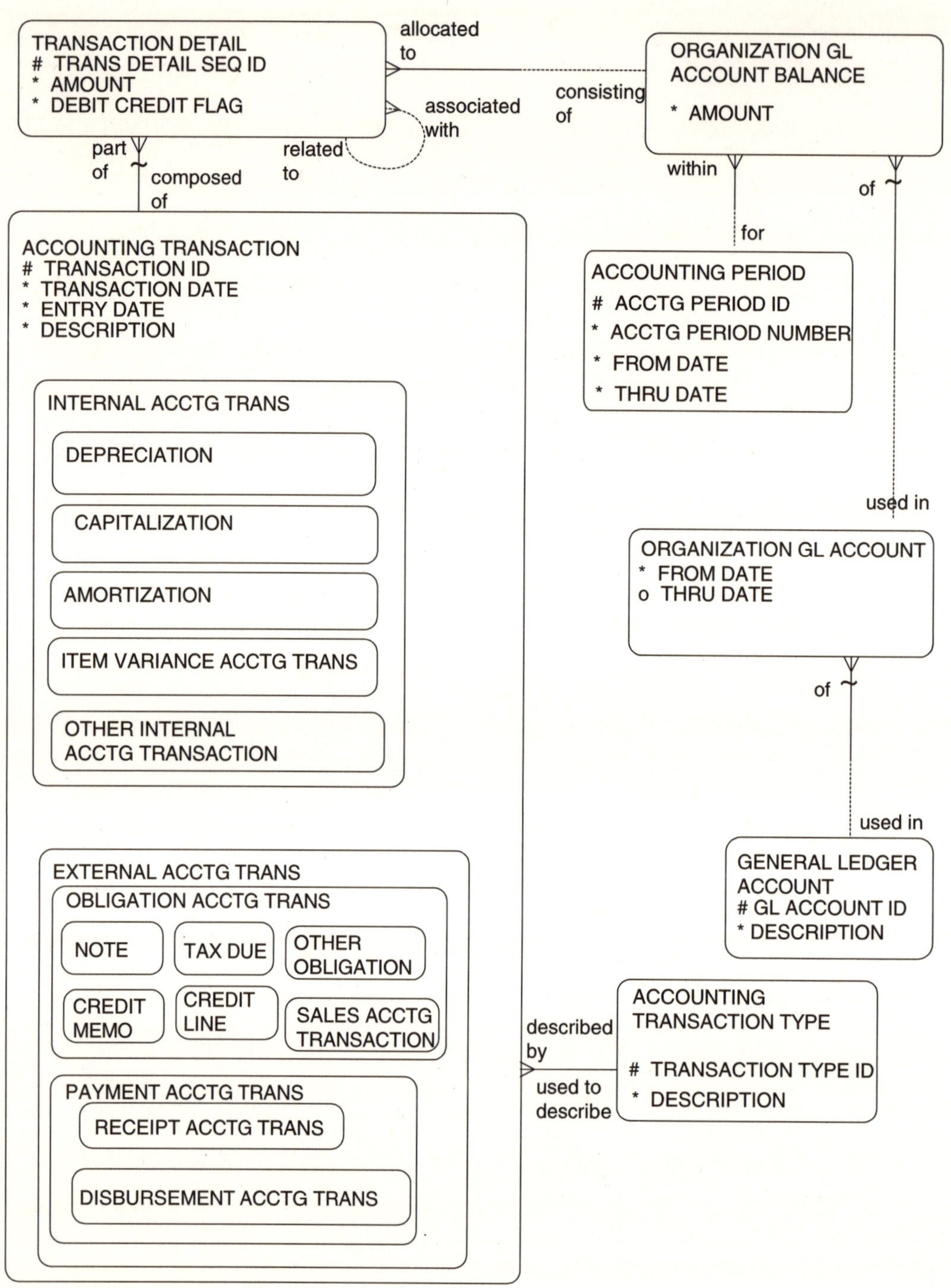

그림 8.3b 회계 거래 세부와 계정 잔액

보조 계정

회계에서 조직은 종종 보조원장이 특정 계정의 상태를 추적하도록 한다. 기업에 얼마나 많은 부채가 있는지를 보여주는 "미수금" 총계정원장 계정이 있을 수 있다. 이 계정은 각 청구 고객 또는 빚지고 있는 다른 관계자에 대해 빚지고 갚은 금액을 보여주는 미수금 보조 총계정원장 계정으로 구성될 수 있다. 마찬가지로 총계정원장 "미지급금" 계정에는 보조원장 계정이 있으며, 각 계정은 기업에 돈을 지불하는 공급업체 또는 기타 관계자를 나타낸다. 다양한 상품 또는 상품 카테고리를 나타내는 총계정원장 계정은 별도의 총계정원장 계정으로 포착되어 전체 상품 수익 계정으로 합쳐질 수 있다.

그림 8.4는 보조원장의 정보 요구사항을 반영한 데이터 모델을 제공한다. 모델은 각 ORGANIZATION GL ACCOUNT(조직총계정원장계정)가 하나 이상의 다른 ORGANIZATION GL ACCOUNT(조직총계정원장계정)를 포함할 수 있음을 보여주는 재귀 관계를 가지고 있다. 부모 총계정원장 계정은 미지급금 또는 미수금과 같은 계정을 나타낸다. 재귀 관계는 특정 고객이나 공급업체, 상품 또는 상품 카테고리에 대한 정보를 관리하는 관련 보조원장 계정과의 관계로 구성된다. 이러한 보조 계정 각각은 BILL TO CUSTOMER(청구고객)[PARTY ROLE(관계자역할)의 서브타입], SUPPLIER(공급업체)[PARTY ROLE(관계자역할)의 서브타입], PRODUCT(상품) 또는 PRODUCT TYPE(상품유형)과 같은 다른 엔터티와 관련될 수 있다. 총계정원장 계정은 특정 상품에 의해서 생성된 수익을 추적하기 위해 특정 상품과 연관될 수 있거나 많은 양의 상품이 있는 경우 총계정원장 계정은 상품 카테고리와 관련될 수 있다.

보조 총계정원장 계정은 관계자의 매우 구체적인 역할을 나타내는 BILL TO CUSTOMER(청구고객) 및 SUPPLIER(공급업체)의 역할과 관련이 있다. 다른 역할을 하는 다른 관계자가 다른 기업에 빚을 지거나 기업이 그들에게 빚을 질 수도 있다. 따라서 모델은 BILL TO CUSTOMER(청구고객) 및 SUPPLIER(공급업체)의 특정 역할에 연결하는 대신 보다 일반적인 PARTY(관계자)와의 관계를 나타낼 수 있다.

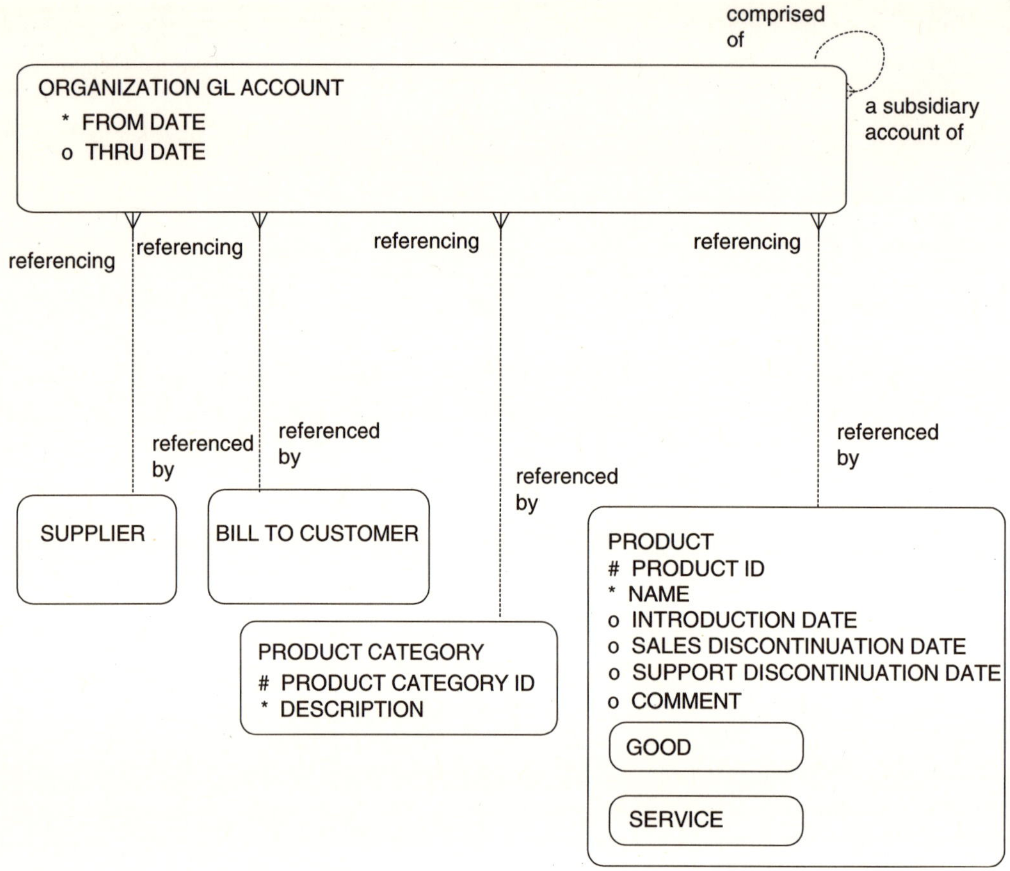

그림 8.4 총계정 원장 계정 연결과 보조 계정

자산 감가상각

추가 엔터티는 특정 회계 거래 계산 방법을 결정하는 데 사용된다. 이 절에는 공통 유형의 내부 거래, 즉 감가상각을 계산하는 방법을 설명한다.

그림 8.5에서 볼 수 있듯이 각 DEPRECIATION(감가상각) 거래는 특별히 하나의 FIXED ASSET(고정자산)(6장에서 설명)에 대한 것이다. FIXED ASSET(고정자산)은 DEPRECIATION METHOD(감가상각법)를 사용하여 감가상각 될 수 있다. 동일한 감가상각 방법을 사용하여 하나 이상의 고정 자산을 감가상각 할 수 있으며, 고정 자산의 감가상각 방법이 바뀔 수 있으므로(IRS와 같은 기관에 의해 규제될 수 있음) 고정자산에는 여러 가지 감가상각 방법이 있을 수 있다. 따라서 FIXED ASSET DEPRECTION METHOD(고정자산감가상각법) 엔터티는 다양한 기간 동안 각 고

정자산에 대해 어떤 감가상각 방법이 사용됐는지를 기록한다.

DEPRECIATION METHOD(감가상각법) 엔터티에는 "정액법" 또는 "이중체감잔액법"과 같은 감가상각 유형을 지정하는 description(설명) 속성이 있다. 또한 감가상각 계산 공식을 설명한다. 표 8.6은 감가상각 계산 목적으로 관리되는 정보 유형의 예를 보여준다. 이 예에서 펜 조각사는 1999년에 대한 방법으로 "이중체감잔액법"을 사용했다. 2000년부터는 "정액법"을 사용하기 시작했다. 이 감가상각 방법에 대한 공식을 설명하는 것은 매우 흥미롭지만, 이 정보는 회계 서적에서 찾을 수 있으며 이 책의 범위를 벗어난다.

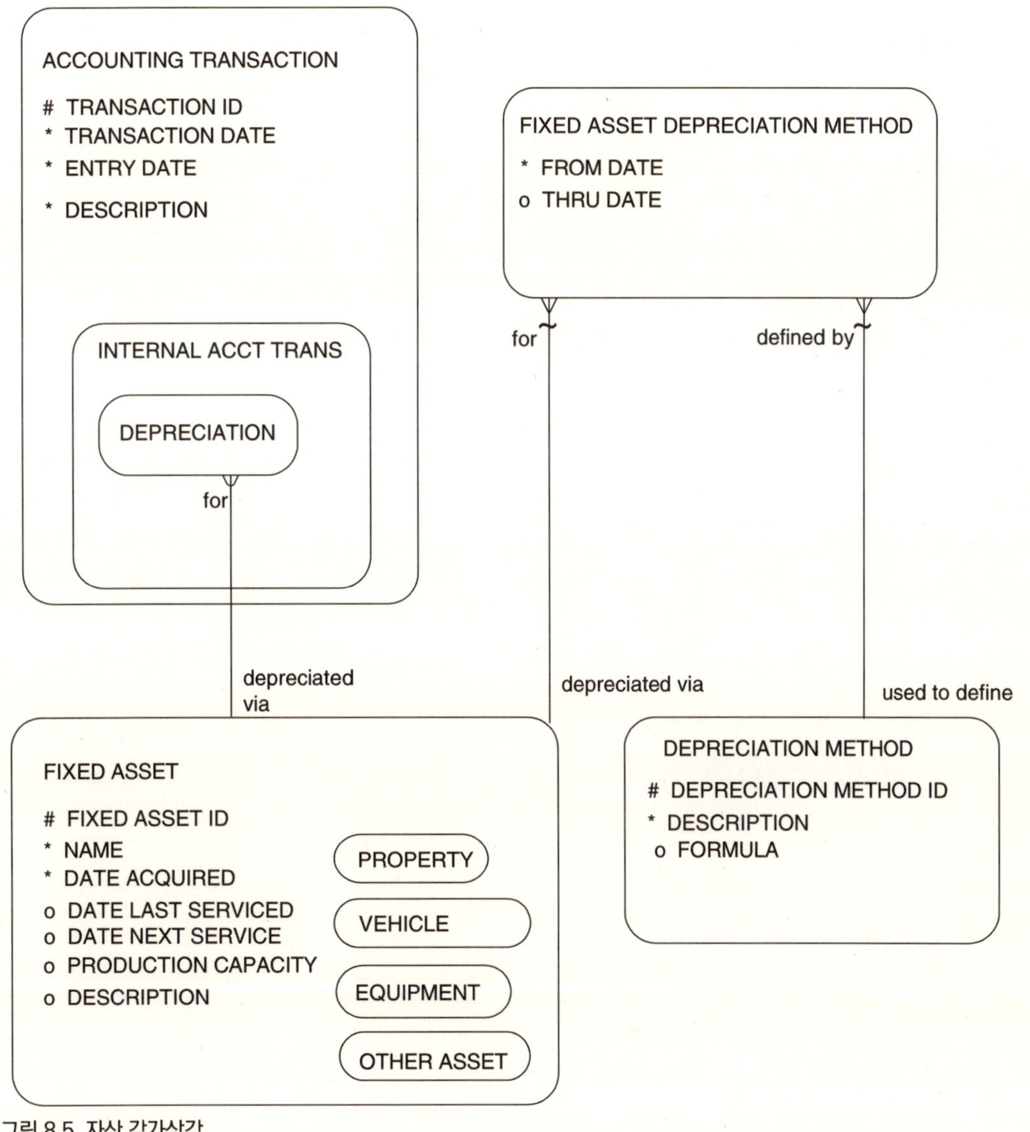

그림 8.5 자산 감가상각

표 8.6 고정 자산 감가상각 방법

FIXED ASSET NAME	DEPRECIATION METHOD DESCRIPTION	DEPRECIATION METHOD FORMULA	FROM DATE	THRU DATE
Pen Engraver	Double-declining balance depreciation	(Purchase cost – salvage cost)* (1/estimated life in years of the asset)*2	Jan 1, 1999	Dec 31, 1999
	Straight-line depreciation	(Purchase cost – salvage cost)/estimated life in years of the asset	Jan 1, 2000	

예산 정의

재무통제의 또 다른 측면은 예산 책정이다. 그림 8.6은 돈 지출을 관찰하기 위해 설정된 예산에 대한 정보를 제공하는 데이터 모델을 보여준다. 각 BUDGET(예산)은 비용 유형 항목에 대한 OPERATING BUDGET(영업예산) 또는 고정자산 및 장기 항목에 대한 CAPITAL BUDGET(자본예산)일 수 있다.

BUDGET TYPE(예산유형)을 사용하면 조직의 필요에 따라 예산 유형을 유연하게 분류할 수 있다. BUDGET(예산) 엔터티는 일정 기간 동안 비용 항목 그룹에 필요한 금액에 대한 정보를 설명한다. STANDARD TIME PERIOD(표준시기간)는 예산을 할당할 수 있는 가능한 기간을 관리한다. 각 BUDGET(예산)은 시간 경과에 따라 다양한 BUDGET ROLE(예산역할)에 연관된 많은 관계자와 BUDGET STATUS(예산상태)를 가질 수 있다. PARTY(개인 또는 조직일 수 있음)를 위한 예산 역할에는 예산 요청의 개시자, 예산이 요청된 관계자, 예산의 검토자 및 예산 승인자가 포함된다. 각 BUDGET(예산)은 하나 이상의 BUDGET ITEM(예산품목)으로 구성되어야 하며, 각각은 예산 품목을 설명하는 BUDGET ITEM TYPE(예산품목유형)으로 설명된다. BUDGET ITEM(예산품목)은 다른 BUDGET ITEM(예산품목)과 재귀 관계일 수 있어 예산 품목의 계층 구조를 허용한다.

예산

예산은 돈 지출을 계획하는 방법이다. 그림 8.6에는 예산과 관련된 주요 정보를 기술하는 BUDGET(예산) 엔터티가 있다. 예산은 budget ID(예산ID)로 고유하게 식별된다. STANDARD TIME PERIOD(표준시기간)와의 관계는 해당 기간의 from date(시작일자) 및 thru date(종료일자)

를 포함하여 예산 적용 기간을 나타낸다. 이것은 다른 기업에 대한 기간의 다른 유형을 나타낼 수 있다. 엔터티 PERIOD TYPE(기간유형)은 정의된 각 기간에 사용된 특정 유형을 식별한다. 일반적인 기간 유형은 "월", "분기", "연도"다. Description(설명) 속성은 예산을 상위 수준에서 설명한다.

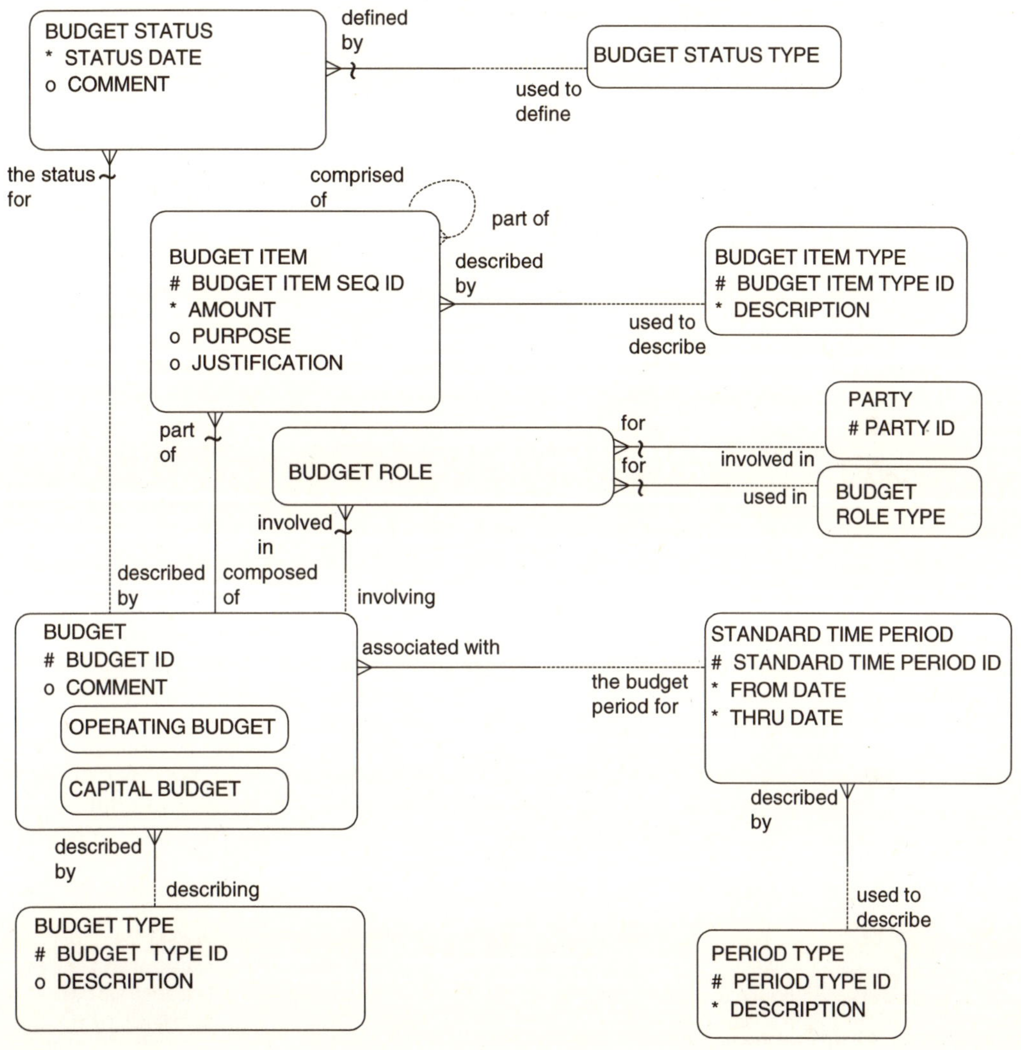

그림 8.6 예산 정의

표 8.7은 BUDGET(예산) 엔터티에 있는 정보의 예를 보여준다. 예산ID 29839번은 ABC기업의 마케팅 부서에서 마케팅 비용(marketing budget)으로 제출한 2001년 연간(year) 예산을 나타낸다. 예산ID 38576번은 2002년 6월에 ABC기업의 관리 부서에서 계획된 사무 비용(office expenses budget)에 대한 월간(month) 예산이다. 예산39908번은 2001년 제조 기계 구매(manufacturing machines)를 위한 자본 예산이다.

예산은 부서, 사업부, 조직 또는 기업에서 사용하는 조직 구조와 같은 개별 관계자에 대해 정의

된다. 예산은 조직의 최저 수준에서 정의되어야 하며, 따라서 기업은 예산 금액을 다양한 수준으로

집계할 수 있다.

표 8.7 예산 데이터

BUDGET ID	BUDGET TYPE	PARTY FOR WHOM BUDGET IS REQUESTED	BUDGET PERIOD	PERIOD TYPE	BUDGET DESCRIPTION
29839	Operating budget	Marketing department	1/1/2001– 12/31/2001	Year	Marketing budget
38576	Operating budget	Administration department	6/1/2002– 6/30/2002	Month	Office expenses budget
39908	Capital budget	Manufacturing operations	1/1/2001– 12/31/2001	Year	New manufacturing machines needed

표 8.8 예산 품목

BUDGET ID	BUDGET DESCRIPTION	BUDGET ITEM SEQ	BUDGET ITEM DESCRIPTION	AMOUNT	PURPOSE	JUSTIFICATION
29839	Marketing budget	1	Trade shows	$20,000	Connect directly with various markets	Last year, this amount was spent and it resulted in three new clients
		2	Advertising	$30,000	Create public awareness of products	Competition demands product recognition
		3	Direct mail	$15,000	To generate sales leads	Experience predicts that one can expect 50 leads for every $5,000 expended
38576	Office expenses budget	1	Office supplies	$5,000	Supplies needed to perform office administration tasks	This is the amount expended last year and is required again
		2	Furniture	$10,000	For new facility on Benjamin Street	New facility needs some basic items of furniture

예산 품목

각 BUDGET(예산)은 하나 이상의 BUDGET ITEM(예산품목)으로 구성되어야 하며, BUDGET ITEM(예산품목)에는 예산 대상을 정확히 저장해야 한다. Amount(금액) 속성은 기간 내에 품목에 필요한 총금액을 나타낸다. Purpose(목적) 속성은 품목이 필요한 이유를 설명하고 justification(이유) 속성은 예산 금액이 소비되어야 하는 이유를 설명한다. 각 BUDGET ITEM(예산품목)은 BUDGET ITEM TYPE(예산품목유형)으로 설명되어 공통 예산 품목 설명을 재사용할 수 있다. BUDGET ITEM(예산품목)은 재귀 관계를 통해 다른 BUDGET ITEM(예산품목)으로 구성될 수 있다. 표 8.8은 이전 절에서 설명한 예산 내 예산 품목의 간단한 두 가지 예를 제공한다.

예산 상태

각 BUDGET(예산)은 일반적으로 예산 프로세스가 진행됨에 따라 다양한 단계를 거친다. 예산은 일반적으로 특정 날짜에 작성되고 검토되며, 승인을 위해 제출된 다음 수락 또는 거부되거나 수정을 위해 제출자에게 되돌려진다.

그림 8.6은 각 BUDGET(예산)이 시간 경과에 따라 하나 이상의 BUDGET STATUS(예산상태)를 가지며, 각 예산 상태는 STATUS TYPE(상태유형)의 다른 서브타입인 BUDGET STATUS TYPE(예산상태유형)에 의해 설명된다. 이 구조는 다양한 단계를 통해 예산 내역을 추적할 수 있도록 한다.

표 8.9는 예산 상태의 예를 나타낸다. 11월 15일에 예산이 수정을 위해 제출자에게 되돌려졌을 때, 예산의 새로운 개정판에 대한 필요성이 생겼는데, 이는 다음 절에서 논의될 것이다.

표 8.9 예산 상태

BUDGET ID	STATUS DATE	BUDGET STATUS TYPE DESCRIPTION	COMMENT
29839	Oct 15, 2000	Created	
29839	Nov 1, 2000	Submitted	
29839	Nov 15, 2000	Sent back for modifications	Management agreed with the types of items budgeted; however, it asked that all amounts be lowered.
29839	Nov 20, 2000	Submitted	
29839	Nov 30, 2000	Approved	

예산 수정

각 예산은 대개 BUDGET(예산)에 대해 여러 예산 수정본을 작성하는 프로세스를 거친다. 그림 8.7은 기업의 요구에 따라 BUDGET REVISION(예산수정) 정보를 저장하는 방법에 대한 두 가지 대안을 제공한다. 기업이 예산에 대한 각 변경 사항을 추적할 필요가 없고 예산 개정마다 완전히 새로운 예산으로 간주하는 경우 상위 모델이 사용된다. 기업이 시간이 지남에 따라 각 예산 품목의 변경 사항을 추적하려는 경우 아래 모델이 필요하다.

그림 8.7의 상단 모델은 수정이 필요할 때마다 완전히 새로운 예산을 만들고 관리함으로써 예산 수정을 간단히 처리할 수 있음을 보여준다. 이전 예산은 BUDGET(예산) 재귀 관계를 통해 다음 예산과 관련될 수 있다. 이 모델은 매우 간단한 반면 단점은 많은 예산 품목이 다음 변경까지 일관성을 유지할 수 있더라도 전체 예산이 저장될 필요가 있다는 것이다. 또한 이 모델은 예산 수정에 대한 변경 내역을 추적하지 않는다. 이 모델은 상대적으로 단순한 예산과 예산 요건이 있는 조직을 위해 설계되었다.

그림 8.7의 하단 모델은 각 BUDGET(예산)에 영향을 줄 수 있는 BUDGET REVISION(예산수정)이 하나 이상 있을 수 있다는 것을 보여준다. 각 BUDGET(예산)은 하나 이상의 BUDGET ITEM(예산품목)으로 구성되며, 각 BUDGET ITEM(예산품목)에는 하나 이상의 BUDGET REVISION IMPACT(예산수정영향)의 영향을 받을 수 있다. 각 BUDGET REVISION(예산수정)은 하나 이상의 BUDGET ITEM(예산품목)에 영향을 줄 수 있으며, 그 반대의 경우도 있으므로 BUDGET ITEM(예산품목)과 BUDGET REVISION(예산수정) 간의 다대다(M:M) 관계로 인해 BUDGET REVISION IMPACT(예산수정영향)가 생긴다.

BUDGET REVISION IMPACT(예산수정영향)의 revised amount(수정금액) 속성은 예산 품목의 감소 또는 증가된 금액을 저장한다. Add delete flag(추가삭제여부)는 예산 수정에 따라 추가되거나 삭제된 예산 품목을 표시한다. Revision reason(수정이유) 속성은 각 예산 품목이 변경된 이유를 보여준다.

예산은 많이 수정될 수 있기 때문에 BUDGET REVISION(예산수정) 엔터티는 각 개정 전체를 관리하는데 사용된다. 각 BUDGET REVISION(예산수정)은 budget ID(예산ID) 및 예산 버전을 지정하는 revision seq(개정번호)로 고유하게 식별된다.

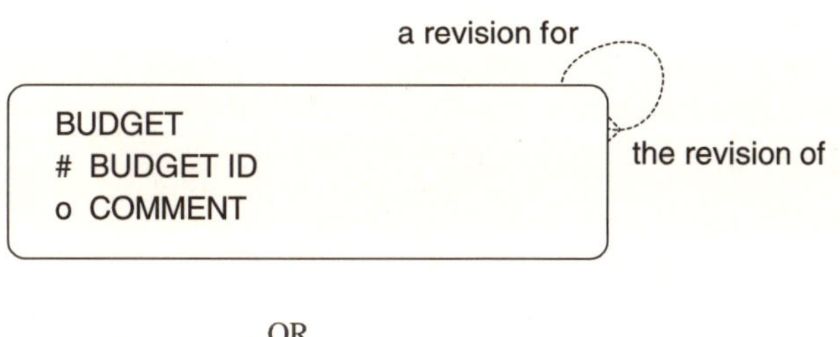

OR

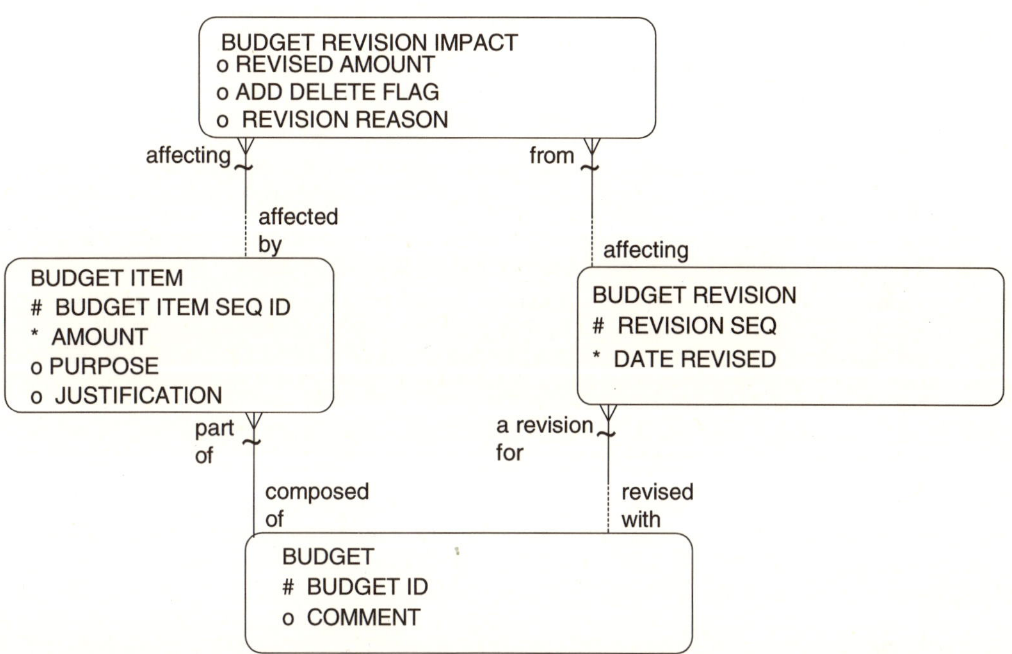

그림 8.7 예산 수정

　표 8.10은 BUDGET REVISION(예산수정) 엔터티에 있는 정보의 예를 보여준다. 이 예에서는 예산 29839번에 1.1번과 1.2번의 두 가지 수정이 있음을 보여준다.

　초기 예산은 1.1번 수정에 의해 개정되었다. 수정 1.1번은 품목2와 품목3의 변경과 인터넷 광고에 대한 품목 추가로 구성된다. 이는 BUDGET REVISION(예산수정)이 하나 이상의 BUDGET ITEM(예산품목)에 영향을 줄 수 있음을 나타낸다. 수정 1.2번은 같은 BUDGET ITEM(예산품목)이 하나 이상의 BUDGET REVISION(예산수정)에 의해 영향을 받을 수도 있다는 것을 보여주는 광고용 우편 예산을 다시 조정하기 위해 추가됐다. 다대다(M:M) 관계의 필요성을 확인하는 이 예는 BUDGET ITEM(예산품목)에 변경 사항을 저장하는 BUDGET REVISION IMPACT(예산수정영향) 엔터티를 사용하여 설명된다. 이 구조로 예산의 현재 및 변경 기록이 관리되고 조회된다.

BUDGET ID	BUDGET DESCRIPTION	REVISION NUMBER	A REVISION OF	BUDGET REVISION IMPACT REASON	BUDGET REVISION IMPACT RELATIONSHIP TO BUDGET ITEM	BUDGET REVISION IMPACT AMOUNT	ADD DELETE FLAG
29839	Marketing budget						
29839	Marketing budget	1.1	29839	Needed to substantially cut advertising	29839, item 2	−$10,000	
				Needed to substantially cut direct mail	29839, item 3	−$7,000	
				Need to add budget for linternet advertising	29839, item 4	+$5,000	Added
29839	Marketing budget	1.2	29839	Direct mail budget still needs to be reduced	29839, items 3	−$2,000	

예산 검토

예산 편성 과정에서 여러 사람들이 승인을 위해 예산 검토에 참여할 수 있다. 기업의 예산 과정에서 형식의 정도에 따라 각 예산 검토의 결과를 추적할 필요가 있을 수 있다. 그림 8.8의 BUDGET REVIEW(예산검토), PARTY(관계자) 및 BUDGET REVIEW RESULT TYPE(예산검토결과유형) 엔터티는 예산 검토 프로세스의 결과뿐만 아니라 예산 검토와 관련된 관계자에 대한 추적을 제공한다.

BUDGET REVIEW(예산검토) 엔터티는 BUDGET REVIEW(예산검토)와 PARTY(관계자) 간의 관계를 통해 검토 과정에 참여한 관계자에 대한 정보를 제공한다. Review date(검토일자)는 검토에 참여한 때를 나타낸다. Comment(주석) 속성은 검토에 대한 개인적인 의견을 기록할 수 있게 한다. 예산 검토와 관련한 각 개인의 결정은 BUDGET REVIEW RESULT TYPE(예산검토결과유형)과의 관계를 통해 나타난다.

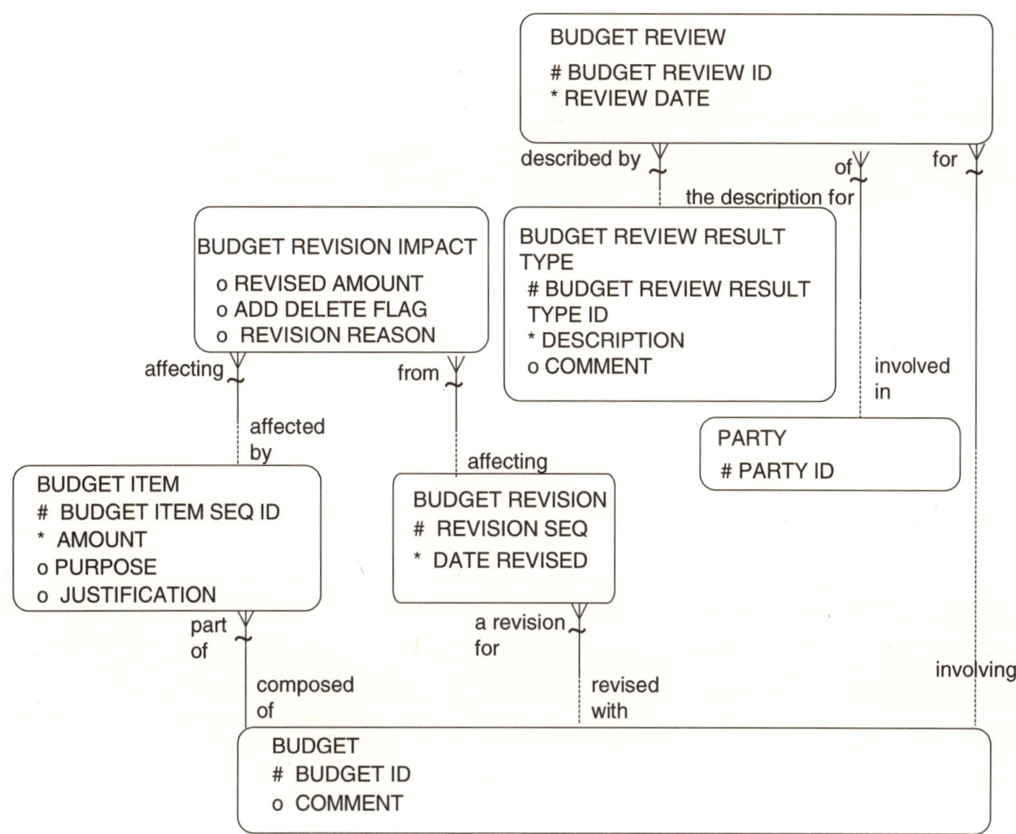

그림 8.8 예산 검토

예산 검토 프로세스가 BUDGET(예산) 엔터티 또는 BUDGET REVISION(예산수정) 엔터티와 관련이 있는가? 각 수정본을 검토할 수 있지만 각 BUDGET REVISION(예산수정)은 실제로 BUDGET(예산)의 일부이므로 검토 과정에서 다룬다. 따라서 BUDGET REVIEW(예산수정)는 하나 이상의 BUDGET REVISION(예산수정)이 포함될 수 있는 BUDGET(예산)과 관련이 있다.

표 8.11 예산 검토

BUDGET ID	BUDGET REVISION PARTY ID	REVIEW DATE	BUDGET REVIEW RESULT DESCRIPTION	COMMENT
29839	Susan Jones	Nov 10, 2000	Accepted	Budget seems reasonable
	John Smith	Nov 15, 2000	Rejected	Budgeted amount is too high
29839	Susan Jones	Nov 22, 2000	Accepted	Budget is OK
	John Smith	Nov 30, 2000	Accepted	Budget is OK

표 8.11은 BUDGET REVIEW(예산검토) 프로세스에 포함될 수 있는 정보를 나타낸다. 이 예는 예산 검토 과정에 참여한 사람들에 대한 정보와 의견 및 결론을 제공한다. 이 정보는 예산 검토에 관한 지원 정보로 사용되며, 궁극적으로 그림 8.6에 정의된 BUDGET STATUS(예산상태)에 영향을 줄 수 있다.

검토 결과가 예산 수정 상태에 영향을 줄 수 있으므로 BUDGET REVIEW(예산검토) 엔터티가 BUDGET STATUS(예산상태)와 관련이 있다고 생각할 수 있다. 실제로 검토 및 상태가 각각 예산에 대해 독립적으로 존재하기 때문에 이러한 엔터티 간에 직접적인 데이터 관계는 없다. 그러나 기업은 어떤 검토 결과가 한 상태에서 다음 상태로 이동하는지를 결정하기 위해 업무 규칙을 관리할 수 있다.

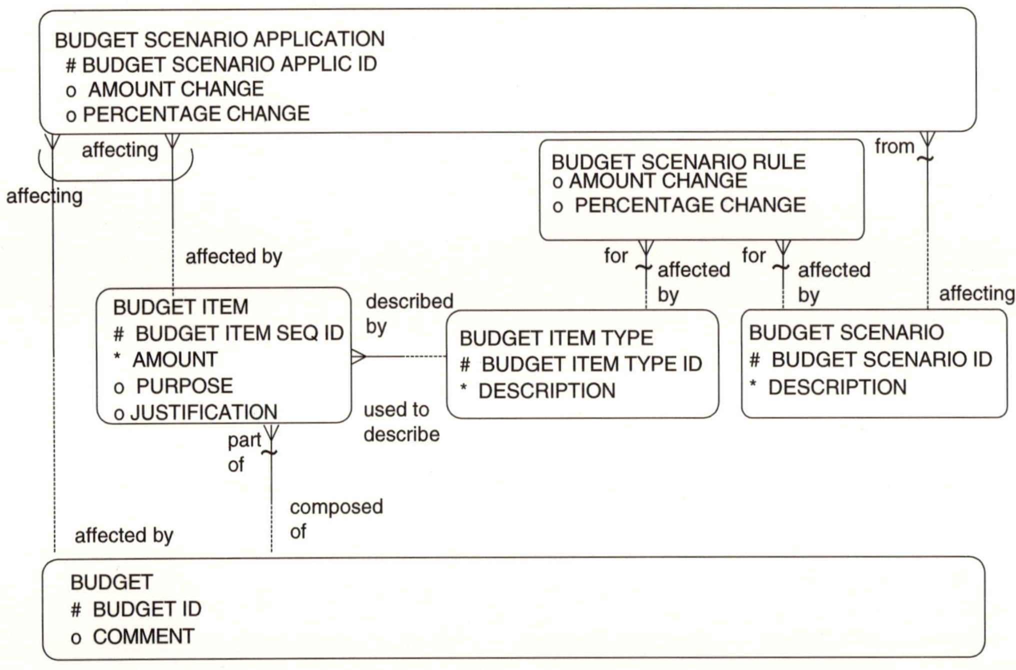

그림 8.9 예산 시나리오

예산 시나리오

예산 품목은 다양한 시나리오에 기반을 둔 품목과 연관된 다른 수치를 종종 가진다. 예를 들어, 시장 상황이 뛰어난지, 괜찮은지, 빈약한지에 따라 예산 품목에 다른 돈이 할당될 수 있다. 그런 다음 데이터 모델은 다른 조건 또는 시나리오에서 품목에 대한 예산 금액을 표시하는 방법이 필요하다.

그림 8.9는 다른 BUDGET SCENARIO(예산시나리오)를 기반으로 예산 책정된 금액에 변화를 준 모델을 나타낸다. BUDGET SCENARIO(예산시나리오)에는 "우수한 시장 조건", "열악한 시장 상황", "최악의 경우", "최상의 사례", "주요 거래가 서명됨", "주요 거래가 서명되지 않음"과 같은 시나리오 유형을 저장하는 description(설명) 속성이 있다. 이러한 조건을 기반으로 여러 예산 수치를 관리할 수 있다. 각 BUDGET(예산) 또는 BUDGET ITEM(예산품목)에는 각 BUDGET SCENARIO(예산시나리오)에 대한 금액 변경 또는 비율 변경을 저장하는 여러 BUDGET SCENARIO APPLICATION(예산시나리오적용)이 있을 수 있다. 이는 이런 금액이나 비율이 전체 예산에 균등하게 적용될 수 있음을 의미하거나[BUDGET(예산)과 연관돼 있는 경우] 각 예산 품목마다 다를 수 있음을 의미한다[BUDGET ITEM(예산품목)과 연관된 경우]. 금액이나 비율 변경은 특정 BUDGET SCENARIO(예산시나리오)에 따라 달라질 BUDGET ITEM(예산품목) 금액에 적용되는 금액의 변경이나 비율의 변경을 관리한다. 예를 들어, BUDGET SCENARIO(예산시나리오) 설명이 "우수 시장 상황"인 경우 "마케팅" 예산 품목에 10,000달러 더 많을 수 있지만, BUGGET SCENARIO(예산시나리오)가 "나쁜 시장 상황"인 같은 BUGGET ITEM(예산품목)에 대해서는 -5,000달러가 있을 것이다.

BUDGET SCENARIO RULE(예산시나리오규칙)은 표준 BUDGET ITEM TYPE(예산품목유형)에 대한 금액이나 비율을 높이거나 낮추기 위한 것으로 표준 percentage change(비율변경) 또는 금액 변경(amount change)을 저장한다. 이 규칙은 BUDGET ITEM SCENARIO(예산품목시나리오)에 연결된 기본 금액 또는 비율일 수 있다. 그러나 예산 편성 시점에 더 많이 있을 수 있으므로 특정 예산 품목의 값과 다를 수 있다.

표 8.12는 예산 시나리오에 포함될 수 있는 값의 예를 제공한다. 표는 예산 품목 금액이 다른 시나리오에 따라 다를 수 있음을 보여준다. "무역박람회(trade show)" 예산은 20,000달러다. 그러나 데이터 구조는 우수한 마케팅 조건이 있는 경우 20% 높게 제공하고, 마케팅 조건이 좋지 않은 경우에는 20% 낮게 제공한다. 이는 예산이 여전히 20,000달러이며 평균 마케팅 조건에서 변경되지 않을 것임을 의미한다. BUDGET SCENARIO RULE PERCENTAGE CHANGE(예산시나리오규칙 비율변경) 열은 예산 품목 유형에 대해 제안된 증가 또는 감소를 나타낸다. BUDGET SCENARIO APPLICATION PERCENTAGE CHANGE(예산시나리오적용비율변경)는 특정 예산에 사용된 실

제 비율 변경을 나타낸다. 다음의 예는 예산이 제안된 –15% 대신 –20%로 지정된 "나쁜 시장 상황 (poor maketing condition)"에서 전시회를 제외한 모든 예산 품목에 대한 시나리오 변경을 정의하는 데 사용된 규칙을 보여준다.

표 8.12 예산 시나리오

BUDGET ID	BUDGET DESCRIPTION	BUDGET ITEM SEQ	BUDGET ITEM TYPE DESCRIPTION	AMOUNT	BUDGET ITEM SCENARIO	BUDGET SCENARIO RULE PERCENTAGE CHANGE	BUDGET SCENARIO PERCENTAGE CHANGE
29839	Marketing budget	1	Trade shows	$20,000	Excellent marketing conditions	+20%	+20%
					Poor marketing conditions	–15%	–20%
		2	Advertising	$30,000	Excellent marketing conditions	+25%	+25%
					Poor marketing conditions	–15%	–15%
		3	Direct mail	$15,000	Over 2% return responses	+30%	+30%
					Less than 1% return responses	–40%	–40%

예산 금액의 사용 및 출처

예산이 설정되었으므로 조직은 재정적 약속에 충당된 적절한 예산이 있는지 관찰하고, 각 예산 품목에 대한 투입 및 지출을 관찰한다. 요구사항, 주문 및 지불과 같은 특정 트랜잭션은 예산의 지속적인 사용을 관찰하기 위해 예산 품목과 연관될 필요가 있다. 다음 모델은 지출 예산(예산액 사용)을 추적하거나 예산 수익(예산액 출처)을 추적하는 데 사용할 수 있다.

그림 8.10은 이러한 질문에 답하기 위한 데이터 모델을 제공한다. 각 ORDER ITEM(주문품목)은 특정 BUDGET ITEM(예산품목)을 통해 허가되고 할당될 수 있다. 이 관계는 다양한 예산 품목에 대한 약정(및 달러 금액)이 무엇인지를 확립한다. REQUIREMENT(요구사항)는 REQUIRMENT

BUDGET ALLOCATION(요구사항예산할당) 엔터티를 거쳐 많은 BUDGET ITEM(예산품목)을 통해 자금을 조달할 수 있다. 이 관계는 예산 사용에 대한 뛰어난 요건에 대한 정보를 제공한다.

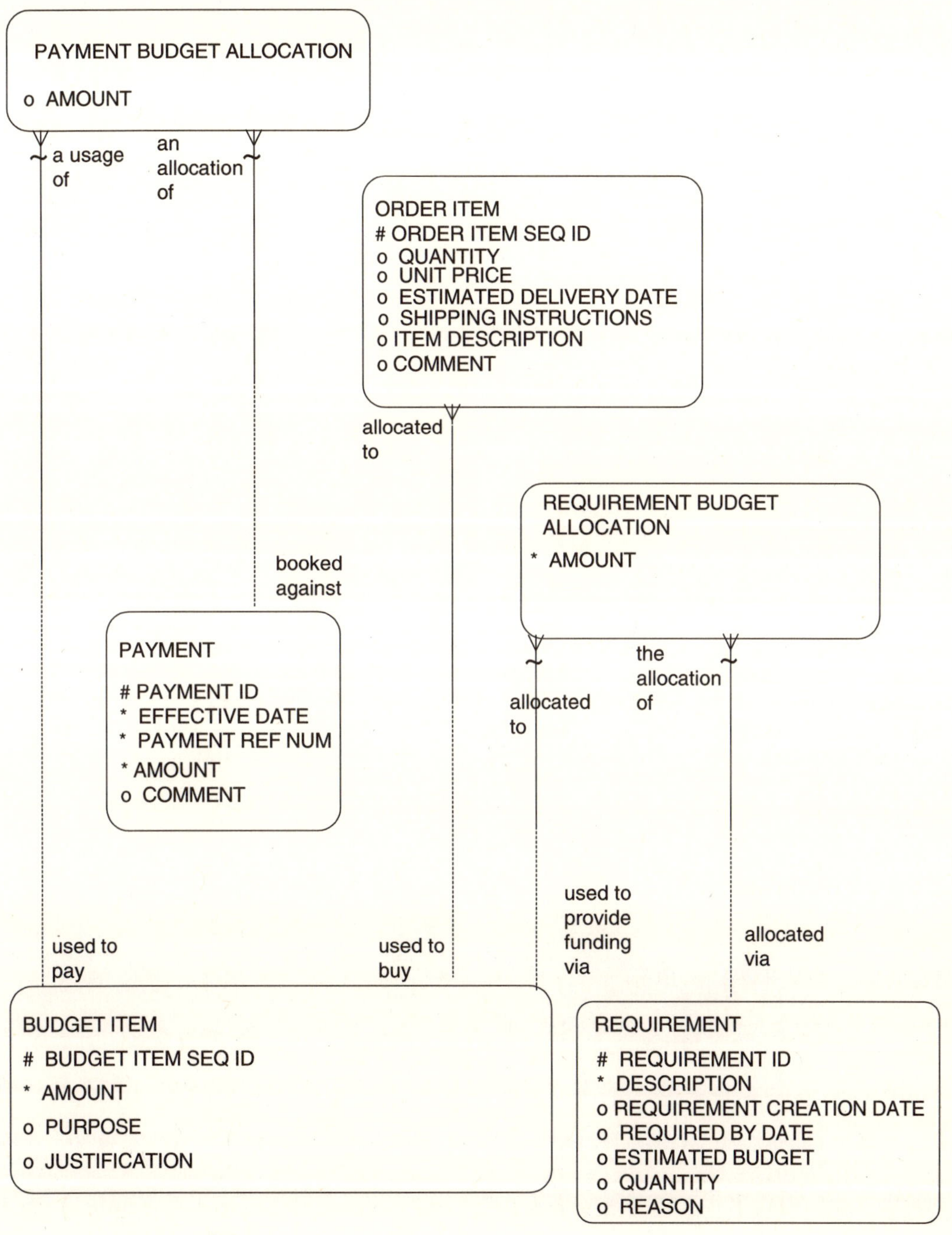

그림 8.10 예산 할당

PAYMENT(지불)와 BUDGET ITEM(예산품목) 간의 다대다(M:M) 관계는 PAYMENT BUDGET ALLOCATION(요구사항예산할당) 엔터티를 사용하여 해결된다. PAYMENT BUDGET ALLOCATION(요구사항예산할당)은 예산 품목에 대한 지출 및 수령을 저장하지만 관련 주문이 없는 지출에 대해서만 저장한다. 구매 주문이 있는 지출의 경우, ORDER ITEM(주문품목)과 BUDGET ITEM(예산품목) 간의 관계는 예산에 대한 돈의 투입을 저장한다. 구매 주문서가 있는 지출에 대한 돈을 결정하기 위해 PAYMENT BUDGET ALLOCATION(지불예산할당)은 사용되지 않는데, 이는 PAYMENT(지불)에서 구매 주문의 해당 PURCHASE ORDER ITEM(구매주문품목)까지의 관계에서 파생될 수 있기 때문이다.

다음 두 절에서는 그림 8.10의 모델을 설명한다. 이 모델은 기금 지출과 같은 예산에 대한 지불뿐만 아니라 발주와 같은 예산된 금액에 대한 투입을 추적하는 방법을 보여준다.

예산에 대한 약정

예산 편성에 관여된 대부분의 기업은 예산에 대한 두 가지 유형의 비교에 관심이 있다. 예산 품목에 대해 어떤 약정이 존재하고 예산 품목에 대해 소비된 것이 무엇인지다. 이 절에서는 예산에 대한 약정을 추적하는 데 필요한 정보를 다룬다.

예산이 승인되면 기업은 예산에 대한 약정을 추적하는 데 관심을 보인다. 구매 주문의 품목은 예산 품목에 대한 약정을 설정할 수 있다. 그러므로 그림 8.10에서 데이터 모델은 각 ORDER ITEM(주문품목)이 하나의 BUDGET ITEM(예산품목)에 할당될 수 있음을 보여준다. 주문 품목은 일반적으로 구매 주문에서 나온다. 그러나 수익 예산의 경우 동일한 모델이 판매 주문에 대해서도 사용될 수 있다. 예를 들어, "Johnson Elite Pens"에 대한 구매 주문 품목은 행정부의 "사무용품" 예산 품목에 대해 저장될 수 있다.

각 구매 주문 품목은 특정 상품에 대한 것이고, 각 상품은 특정 예산 품목에 해당한다고 결론지을 수 있다. 이는 ORDER ITEM(주문품목)에서 BUDGET ITEM(예산품목)의 관계 대신 PRODUCT(상품)에서 BUDGET ITEM(예산품목)로의 관계가 생긴다. 이것은 일부 상황에서 효과가 있을 수 있지만, 약정 할당은 특정 환경에 의존적이어서 대개 일반화될 수 없다.

개인용 컴퓨터(PC) 구입을 고려하라. 한 번의 구매 주문에서 PC는 시스템 개발 프로젝트에 사용되며 해당 프로젝트의 예산 품목에 연결된다. PC에 대한 다른 구매 주문에서, PC는 특정 직원을 위한 것이며 컴퓨터 장비 예산 품목에 할당될 수 있다. 따라서 주문한 제품에 따라 예산 할당을 수행하는 대신 ORDER ITEM(주문품목)은 개별 상황을 수용할 수 있도록 BUDGET ITEM(예산품목)에 대한 할당을 결정한다.

예산 품목은 REQUIREMENT(요구사항)에 대한 자금 지원을 제공하기 위해 사용될 수 있고, 그런 요구사항이 실제로 구현될 수 있는지를 결정할 수도 있다. 즉, 요구사항을 이행하기 전에 이 품목에 대한 예산에 충분한 돈이 있는지를 결정하기 위해 예산 품목에 할당할 필요가 있다. 요구사항의 비용은 하나 이상의 BUDGET ITEM(예산품목)에 할당될 수도 있다. 그림 8.10은 각 REQUIREMENT(요구사항)가 많은 예산 품목에 할당될 수 있으며 하나의 BUDGET ITEM(예산품목)이 한 개 이상의 REQUIREMENT(요구사항)에 사용될 수 있음을 보여준다. 따라서 이 다대다(M:M) 관계는 REQUIREMENT BUDGET ALLOCATION(요구사항예산할당) 엔터티로 해소된다. Amount(금액) 속성은 주어진 품목에 대한 총 요구사항을 쉽게 계산할 수 있도록 달러 할당 정보를 저장하는 데 사용된다.

예를 들어, 개인용 컴퓨터를 수리하기 위한 내부 보수 주문(즉, 업무 요구사항)은 이를 고칠 직원에 대해 시간당 50달러의 비용이 소요될 수 있다. 이것은 "PC수리(요구사항이 적용되는 경우)"와 같은 특정 예산 품목에 대한 가능한 약정을 나타낼 수 있다. 시간이 지남에 따라 같은 예산 품목에 대해 많은 주문이 있을 수 있다.

반면에 프로젝트에 대한 WORK REQUIREMENT(작업요구사항)에는 여러 가지 예산 품목 중 총 10만 달러가 필요할 수 있다. 프로젝트 직원에게 비용을 지불하기 위해서 작업 주문은 연구 프로젝트에 대한 예산에 포함된 "급여"를 위해 BUDGET ITEM(예산품목)에서 8만 달러가 필요할 수 있다. 또한 프로젝트는 사무용품에 2만 달러가 필요할 수도 있다. 사무용품은 기업의 간접비 예산 중 "사무용품"을 위한 예산 품목에서 온다.

예산에 대한 지불

조직은 예산 품목에 대해 어떤 약정이 있었는지 아는 것 외에도 각 예산 품목에 대해 지불된 사항을 알고 싶어한다. 구매 주문 품목과 같은 약정은 지불 의무를 나타내지만, 지출과 같은 지불은 예산 품목에 대한 실제 지불을 나타낸다.

그림 8.10에 제시된 데이터 모델은 두 가지 시나리오, 즉 지급 전에 주문이 있을 때와 주문이 없

는 지불이 있을 때 예산에 대한 지불을 포착하는 기능을 제공한다.

지불 전에 주문이 있으면 해당 주문 품목으로 지불을 추적할 수 있다. 이는 예산 품목에 대해 수행된 것에 비해 구매 주문 품목 중 소비된 금액이 얼마인지를 결정하는 데 필요하다. 즉, 데이터 모델은 예산 품목에 연결된 해당 주문에 대한 지출을 추적한다. 예를 들어, "사무용품" 예산 품목에 대한 50,000달러의 구매 주문에는 25,000달러의 지출이 있을 수 있다. 50,000달러는 예산 품목 약정을 나타낸다. 25,000달러는 그 약정에 대한 지출을 나타낸다.

PAYMENT(지불)는 일련의 데이터 모델 횡단을 통해 ORDER ITEM(주문품목)과 관련된다. PAYMENT(지불)는 INVOICE PAYMENT ITEM APPLICATION(송장지불품목적용)을 통해 INVOICE ITEM(송장품목) 엔터티와 관련된다. 그런 다음 각 INVOICE ITEM(송장품목)은 SHIPMENT ITEM(배송품목)(제품) 또는 ORDER ITEM(주문품목)(구매 서비스)과 직접 관련된다. SHIPMENT ITEM(배송품목)은 다시 구매 주문의 ORDER ITEM(주문품목)으로 관련된다.

말할 필요도 없이, 지급에서 원 주문 품목까지의 관계는 매우 복잡하며 수 많은 업무 규칙이 필요하다. 예를 들어, 지불은 부분 주문이나 다양한 배송에 대한 많은 주문을 지불할 수 있다. 기업은 적절한 구매 주문에 지출을 할당하는 방법에 대한 업무 규칙이 필요하다.

주문에 대한 지불을 추적하는 것은 복잡할 수 있지만, 예산이 예산 품목과 관련하여 약정된 금액과 소비된 금액을 정확히 반영해야 하는 경우에도 필요하다. 정보가 데이터베이스에 저장되든 사람이 수동으로 예산 할당을 계산하든 동일한 절차가 이뤄져야 한다. 적절한 예산 할당을 파악하려면 지출은 해당 송장에 연결되고 배송에 연결된 다음 주문 상세와 연결될 필요가 있다.

경우에 따라 지출이 이루어지기 전에 주문이 되지 않을 수도 있다. 예를 들어, 직원은 구매 주문 없이 상점에서 수표로 품목에 대해 지불할 수 있다. 그러나 이 지출은 여전히 예산 품목에 할당되어야 할 수 있다. 그림 8.10의 데이터 모델은 PAYMENT BUDGET ALLOCATION(지불예산할당) 엔터티를 사용하여 이 상황을 수용한다. 이것은 BUDGET ITEM(예산품목)과 PAYMENT(지불) 사이의 교차 엔터티다. Amount(금액) 속성은 각 지불이 각 예산 품목에 할당되는 금액을 저장한다.

표 8.13은 지출 예산 배정의 예를 보여준다. 이 경우 직원이 사무용품 상점에 가서 의자 및 사무용품 구매를 위해 2,000달러의 수표를 썼다. 이 지불은 사무용품과 가구라는 두 가지 예산 품목 간에 배분돼야 한다. 표의 처음 두 행은 예산과 예산 품목을 나타낸다. 다음 세 행은 지출에 대한 정보를 설명한다. 마지막 행은 거래 중 500달러가 "사무용품" 예산 품목에 할당되었고 1,500달러가

"가구" 예산 품목에 할당되었음을 보여준다.

이 예산 데이터 모델은 예산의 구매 주문 실행 및 지출 측면뿐 아니라 예상 수익 및 돈의 수령을 수용하기 위한 것이다. 그림 8.10의 모델은 돈의 사용 및 출처를 수용하기 위해 사용할 수 있다. 이는 예산계획에 대한 판매 주문 약정 및 수령을 추적하는 것을 의미한다.

PAYMENT BUDGET ALLOCATION(지불예산할당)은 RECEIPT(수령) 또는 DISBURSEMENT(지불)를 위한 것일 수 있으며, 이로 인해 그들이 예정 판매 송장과 연관된 것처럼 돈의 수령을 포함할 수 있다. 또한 BUDGET ITEM(예산품목)에서 ORDER ITEM(주문품목)까지의 관계는 구매 주문뿐 아니라 판매 주문에 대한 품목을 추적할 수 있도록 한다. 이 모델을 사용하면 기업이 송수신 금액을 설정할 수 있도록 한다.

표 8.13 지출 예산 배정

BUDGET ID	BUDGET ITEM TYPE DESCRIPTION	PAYMENT (DISBURSEMENT) ID	PAYMENT TRANSACTION DESCRIPTION	PAYMENT TRANSACTION AMOUNT	PAYMENT BUDGET ALLOCATION AMOUNT
38576	Office supplies	2903	Payment by check for a chair and office supplies	$2,000	$500
38576	Furniture	2903	Payment by check for a chair and office supplies	$2,000	$1,500

총계정원장과 예산 관계

예산은 총계정원장과 다른 목적으로 사용된다. 예산은 지출을 관찰하는 데 사용된다. 총계정원장 계정은 기업의 재무 성과를 저장하는 데 사용된다. 부서 관리자는 비용 관리에 도움이 되는 예산 품목을 어떤 방식으로든 정의할 수 있다. 회계사는 세금 요건 및 다양한 재무보고 요건을 충족시키기 위해 자신의 회계 계통도를 분류한다.

따라서 예산 품목이 총계정원장 계정과 직접 일치하지 않을 수 있다. 예산 품목을 총계정원장 계정에 연결할 수 있으면 매우 유용하다(때로는 필요하다). 기업은 "마케팅 비용"과 같은 특정 총계정원장 계정에 대해 예산 및 지출이 얼마인지를 알려고 할 수 있다.

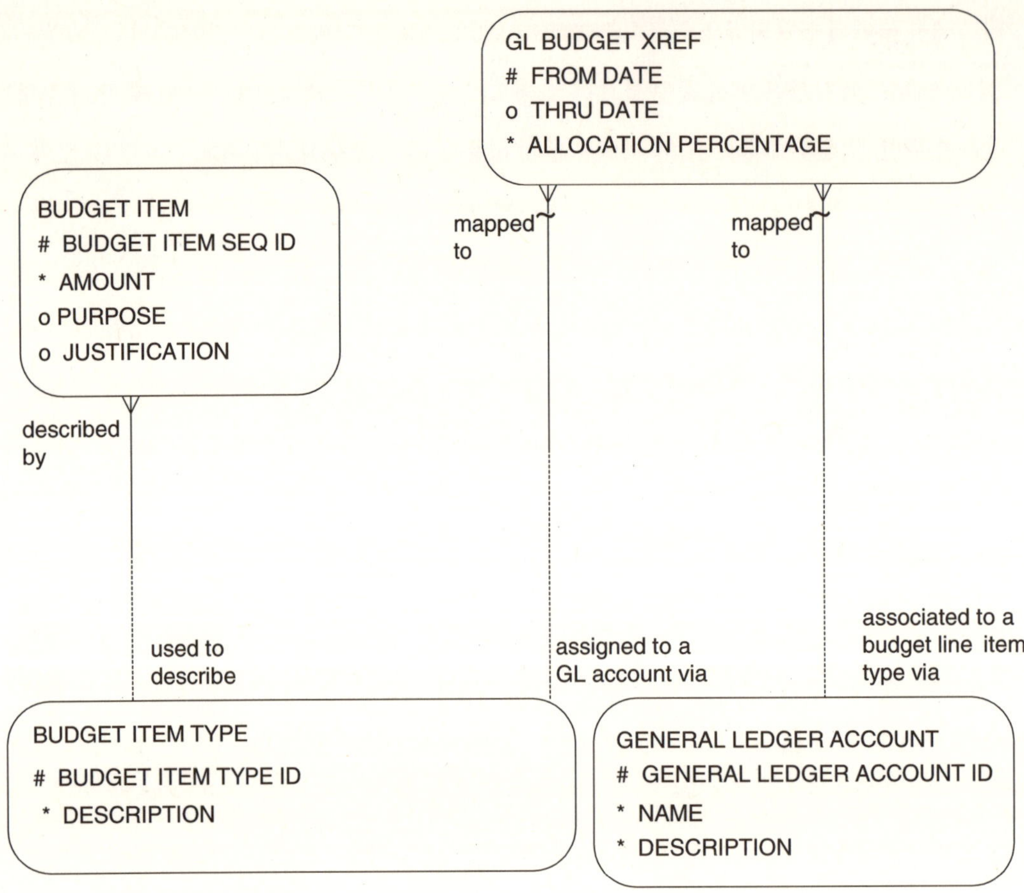

그림 8.11 총계정 원장과 예산 관계

표 8.14 총계정 원장과 예산 관계

GENERAL LEDGER ACCOUNT NAME	BUDGET ITEM TYPE DESCRIPTION	GL BUDGET XREF ALLOCATION PERCENTAGE	GL BUDGET XREF FROM DATE	GL BUDGET XREF THRU DATE
Office Supplies Expense	Office supplies	100	Jan 1, 2001	
Salaries Expense	Sales director	100	Jan 1, 2001	
Salaries Expense	Sales representative	100	Jan 1, 2001	
Trade Show Expense	Marketing	50	Jan 1, 2001	
Advertising Expense	Marketing	50	Jan 1, 2001	

그림 8.11은 예산 품목 유형을 총계정원장 계정에 연결하는 데이터 모델을 보여준다. 각 BUDGET ITEM TYPE(예산품목유형)은 많은 GENERAL LEDGER ACCOUNT(총계정원장계정)와 관련이 있으며 반대의 경우도 마찬가지다. 따라서 GL BUDGET XREF(총계정원장예산외부참조) 엔터티는 다대다(M:M) 관계를 해소한다.

데이터 모델 리소스 북

표 8.14는 예산 품목과 총계정원장 계정 간 관계의 예를 보여준다. 첫 번째 예는 회계사들이 좋아하는 상황을 보여준다. 부서 관리자가 예산 용도로 총계정 원장 계정 이름을 사용하면 예산 품목("사무용품")은 총계정원장 계정("사무용품비용")에 일대일로 연결된다.

표 8.14는 예산 품목과 총계정원장 계정 간 관계의 예를 보여준다. 첫 번째 예는 회계사들이 좋아하는 상황을 보여준다. 부서 관리자가 예산 용도로 총계정 원장 계정 이름을 사용하면 예산 품목["사무용품(office supplies)"]은 총계정원장 계정["사무용품비용(office supplies expense)"]에 일대일로 연결된다.

표 8.14의 두 번째 및 세 번째 행에 표시된 예는 많은 예산 품목 유형이 하나의 총계정원장 계정에 해당할 수 있음을 보여준다(회계사가 추적하고 감사하기 여전히 쉽다). 예산 품목은 영업 이사(sales director) 직책과 영업 담당자(sales representative)를 위해 설정되었다. 이들은 모두 "급여비용(salaries expense)"이라는 총계정원장 계정으로 연결된다.

세 번째 예제는 가장 복잡해서 제대로 관리하기 위해서는 더 많은 작업이 필요하다. 표 8.14의 네 번째와 다섯 번째 행은 "마케팅(marketing)" 예산 품목이 "무역박람회(trade show expense)"에 50%, "광고비용(advertising expense)" 총계정원장 계정에 50% 연결돼야 함을 보여준다.

예산 품목이 총계정원장 계정에 연결되는 방법에 대한 규칙은 시간이 지나면 변경될 수 있다. GL BUDGET XREF(총계정원장예산외부참조) 엔터티의 from date(시작일자)와 thru date(종료일자) 속성은 시간 경과에 따라 다른 매핑을 허용한다. 이 모델은 매핑이 기업 내의 여러 조직에서 동일하다고 가정한다.

예산 품목 대 총계정 원장 계정

이전 모델에서는 예산 품목 유형에서 총계정원장 계정에 이르는 표준 매핑이 있음을 보여준다. 또 다른 공통 정보 요구사항은 총계정원장 계정과 비교할 때 예산 수치를 표시하는 것이다. 예를 들어 특정 비용 분류, 감가상각, 예상 수익 또는 기타 총계정원장 계정에 대한 예산이 있을 수 있다

그림 8.11의 모델을 사용하여 각 총계정원장 계정의 예산 금액을 알 수 있다. 각 BUDGET ITEM(예상품목)은 하나 이상의 GENERAL LEDGER ACCOUNT(총계정원장계정)와 연관된 BUDGET ITEM TYPE(예산품목유형)으로 구성되고, 이는 ORGANIZATION GL ACCOUNT(조직총계정원장계정)와 연관된다. 따라서 예산 품목 금액을 조직의 특정 일반 계정에 다시 묶는다.

총계정원장 계정과 예산 사이에 다대다(M:M) 관계가 있을 수 있기 때문에 이 횡단 관계는 복잡하다. 항상 일대일 대응이 있는 경우 모델을 연관 GL BUDGET XREF(총계정원장예산외부참조) 대신 GENERAL LEDGER ACCOUNT(총계정원장계정)와 BUDGET ITEM TYPE(예산품목유형) 간에 일대일 관계로 바꿀 수 있다. 또한 다른 예산 정보를 저장할 필요가 없다면 BUDGET(예산) 및 BUDGET ITEM(예산품목) 구조 대신 일대일 관계로 ORGANISATION GL ACCOUNT(조직총계정원장계정)에 있는 속성으로서 budgeted amount(예산금액)를 나타낼 수 있다.

요약

여러 기업 간에는 유사한 회계 및 예산 정보 요구사항이 많이 있다. 이 장에는 내부 조직에 대한 회계목록을 만들고, 회계 거래를 추적하고, 예산을 설정하고, 예산 편성을 기록하고, 예산 시나리오를 관리하고, 예산 검토 프로세스 정보를 관리하고, 예산에 대한 약정 및 할당을 기록하고 예산을 총계정원장계정에 상호 참조하는 데이터 모델이 포함되어 있다.

그림 8.12는 이 장에 포함된 회계 및 예산 모델의 전체적인 모습을 나타낸다.

엔터티와 속성의 목록은 부록A를 참조하라.

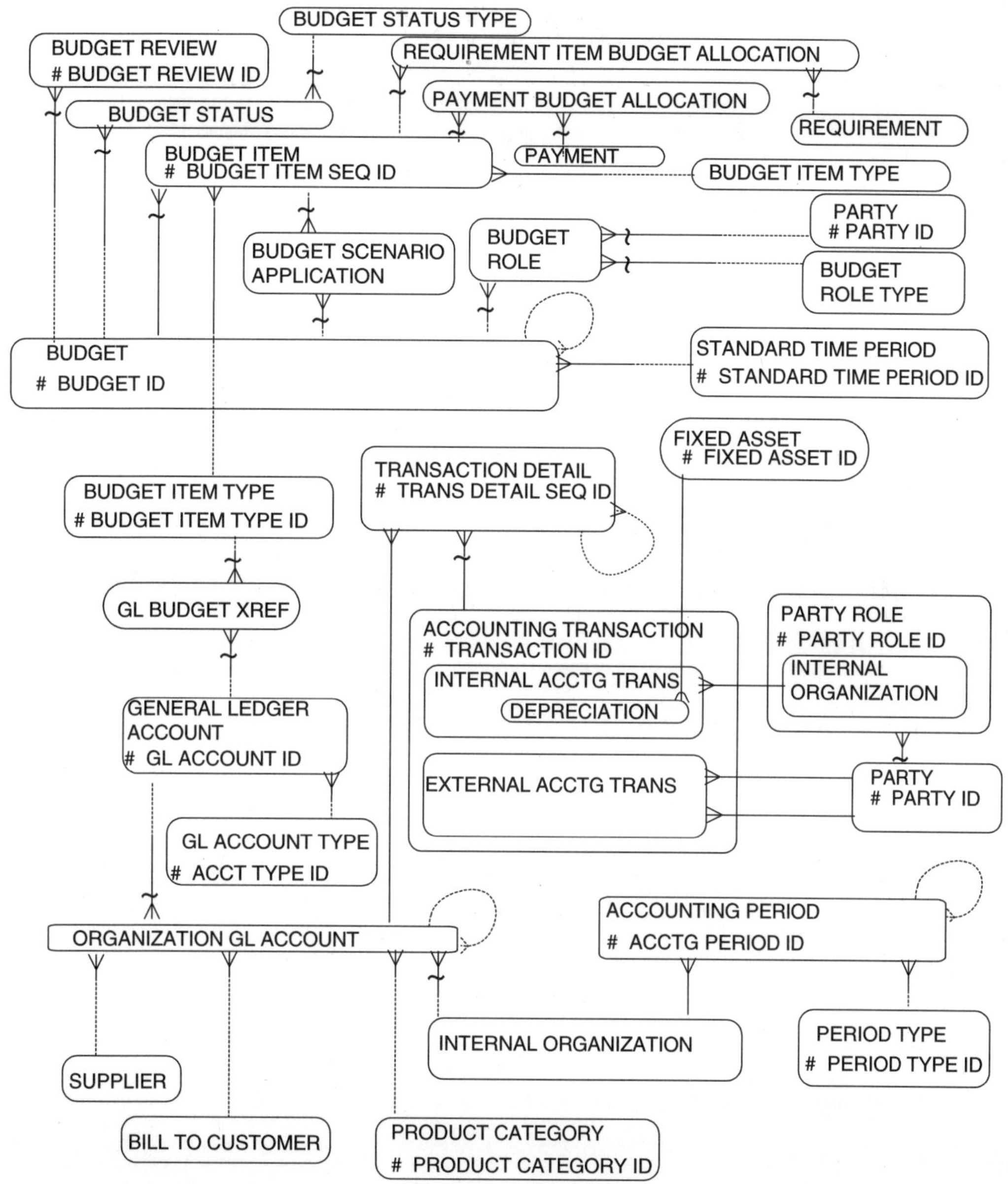

그림 8.12 계정과 예산 전체 모델

CHAPTER

9

인적 자원

지금까지 이 책은 관계자, 상품, 주문, 배송, 송장, 작업 활동 및 회계와 같이 기업이 비즈니스를 수행하는 데 필요한 많은 정보를 처리하기 위한 모델을 논의했다. 비즈니스의 중요한 부분 중 하나인 인적 자원 또는 인사를 논의하는 게 남았다. 인적 자원이 없으면 기업은 업무에 필요한 핵심 자원을 고용하고 사용할 수 없다.

기업에서 유지하기 원하는 정보는 다음과 같다.

- 누가 고용된 상태며, 고용 이력은 어떤가?

- 회사에 어떤 직책이 있는가?

- 직책은 채워졌는가? 그렇다면 누가 어떤 직위를 갖고 있으며 그 책임은 무엇인가?

- 누가 누구에게 보고하는가?

- 이 직책의 임금은 얼마인가?

- 누가 언제 임금이 인상되었는가?

- 기업은 어떤 혜택을 누구에게 제공하는가?

- 이 혜택의 비용은 얼마인가?

- 고용 지원 프로그램의 상태는 어떤가?

- 직원의 기술은 무엇인가?

- 직원의 성과는 무엇인가?

- 급여를 지급하는 데 필요한 환경설정, 공제 및 급여 정보는 무엇인가?

- 어떤 지원자가 있으며, 몇 명이 직원으로 채용됐는가?

- 회전율 및 이직의 원인은 무엇인가?

기업이 보통 자신의 데이터 구조로 사용하려 표준 인적 자원 패키지를 구입한다는 점을 감안할 때 인적 자원 데이터를 설계해야 하는 이유는 무엇인가? 한 가지 이유는 올바른 패키지를 선택하기 위해 어떤 정보 요구사항이 기업에 필요한 것인지를 아는 것이 중요하다는 것이다. 또 다른 이유는 많은 기업들이 자체 구축 시스템과 잘 통합되지 않는 패키지를 통해 별도의 인사 관리 시스템을 구현하는 경우가 많다는 것이다.

이 장에서는 기업이 기본적인 인적 자원 정보를 추적하고, 이 책에 제시된 다른 모델과 연결되는 모델을 설명한다. 이 장에 제시된 모델은 다음과 같다.

- 표준 인적 자원 모델(EMP DEPT 모델)
- 고용
- 직위 정의
- 직위 유형 정의
- 직위 수행
- 직위 보고
- 직위 수행 및 추적
- 임금 결정 및 급여 기록
- 수당 추적
- 연봉 정보
- 직원 지원서
- 직원 기술 및 자격
- 직원 성과(대체 모델도 제공)
- 직원 해고

표준 인적 자원 모델

많은 책에서 볼 수 있는, 직원에 대한 매우 기본적인 모델을 EMP DEPT 모델이라고 한다. 그림 9.1은 이 모델을 나타낸다. 각 EMP(직원)에는 emp id(직원 ID), emp name(직원명), position(직위), date hired(고용일자)와 같은 정보가 있다. 각 EMP(직원)는 EMP(직원) 순환 관계에 표시된 대로 관리자인 다른 EMP(직원)에 보고한다. 각 EMP(직원)는 ID와 설명이 있는 DEPT(부서) 내에 있다. 그림 9.1은 이 단순화된 인적 자원 모델을 사용하여 데이터 모델 원칙을 설명하는 데 유용하다. 이 책에 나오는 모델은 실제 인적 자원 정보 요구사항을 관리하기 위한 보다 효과적인 인적 자원 데이터 모델을 보여준다.

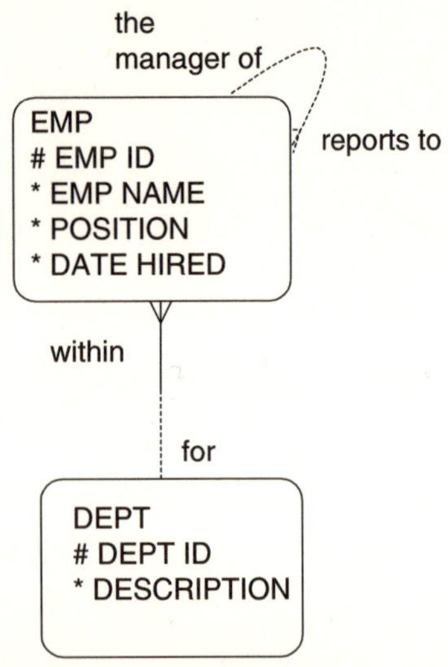

그림 9.1 표준 직원 사원 모델

이 표준 모델에는 몇 가지 단순화된 구조가 있다.

■ 직원, 관리자 및 부서는 PARTY ROLE(관계자역할)의 서브타입으로 이상적으로 관리돼야 하는 역할이므로 사람이나 조직이 각 역할에 대해 중복으로 명시되지 않는다.

■ 내부 조직에 개인을 고용하는 것은 보이지 않는 중요한 PARTY RELATIONSHIP(관계자관계)이다.

■ 직위는 표준 모델에서 속성으로 나타난다. POSITION(직위)은 직원과의 다대다(M:M) 관계뿐만 아니라 자체 정보가 있는 중요한 엔터티다(자세한 내용은 나중에 설명).

■ 한 직원이 다른 한 직원에게만 보고하는 보고 구조는 지나치게 단순하다. 한 가지 예로 직원은 점선이나 매트릭스 구조를 통해 여러 관리자에게 보고할 수 있다. 또 다른 문제는 보고 구조가 실제로 한 직원에서 다른 직원으로 진행되는지 여부다. 존 존스가 승진하면 존에게 보고한 모든 사람들도 그 시점에 승진하는가? 사람을 기반으로 하는 보고 구조인가, 아니면 직위가 다른 직위에 실제로 보고하는가?

■ 이 데이터 모델에 반영된 이력은 없다. 각 직원은 언제 직책을 맡았는가? 직원이 언제 각 부서에 소속됐는가? 직원이 언제 조직에 채용됐는가?

인적 자원에 대한 다음의 참조 데이터 모델은 이러한 질문을 처리하고 보다 견고한 인적 자원 데이터 구조를 제공한다.

고용

직원과 고용주 관계를 모델링하는 데 사용할 수 있는 데이터 구조는 무엇인가? 그 관계에는 from date(시작일자)와 thru date(종료일자)가 있고 관계의 상태가 있으며, 관계 내에서 연관된 계약이 있을 수 있으며 접촉 내역이 있을 수 있다. 이들은 모두 두 관계자 사이의 관계, 즉 PARTY RELATIONSHIP(관계자관계)에 대한 정보 요구사항을 나타낸다.

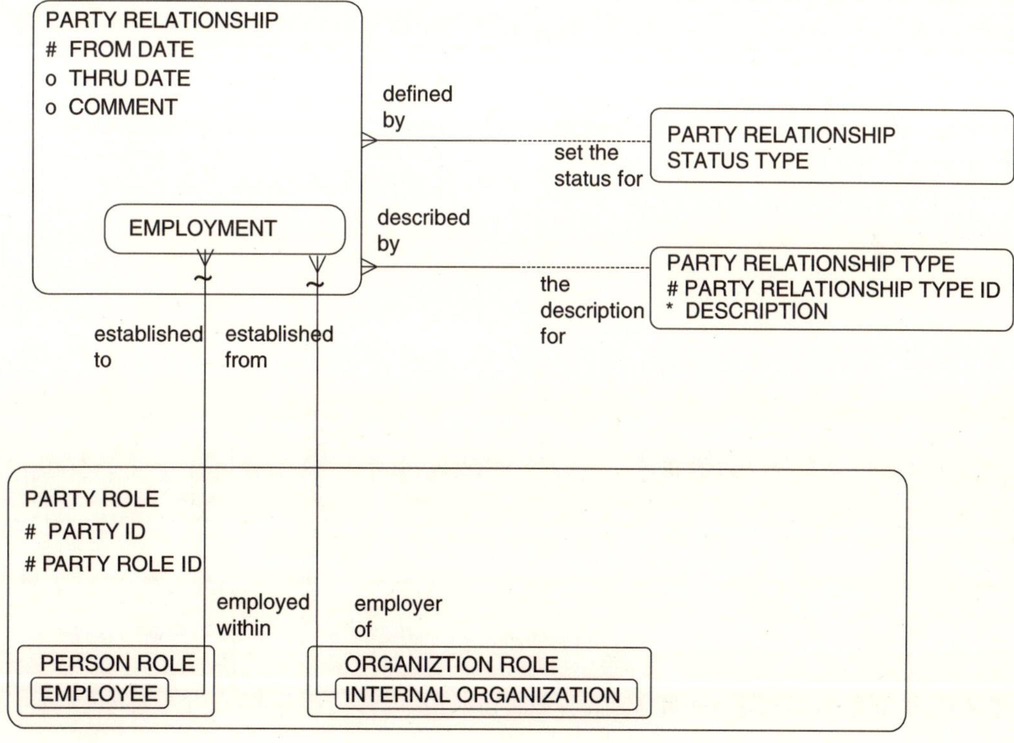

그림 9.2 고용

그림 9.2는 고용 정보를 관리하기 위한 데이터 모델을 나타낸다. EMPLOYMENT(고용)는 PARTY RELATIONSHIP(관계자관계)의 서브타입이며 EMPLOYEE(직원)의 PARTY ROLE(관계자역할)과 INTERNAL ORGANIZATION(내부조직) 간의 관계를 나타낸다. 이는 기업이 자체 직원을 추적하는 데에만 관심이 있다고 가정한다. 모델이 외부 조직의 직원도 수용해야 하는 경우 EMPLOYMENT(고용) 엔터티는 EMPLOYEE(직원)와 EMPLOYER(고용주) 사이에 있어야 한다.

EMPLOYMENT(고용)는 두 관계자 간의 관계 유형이기 때문에 PARTY RELATIONSHIP(관계자관계)의 속성을 상속한다. 그것은 고용의 마지막 날짜인 thru date(종료일자)뿐만 아니라 관계의 시작을 나타내는 from date(시작일자)를 상속한다. 각 고용은 "활성", "비활성", "보류", "종료" 등과 같은 상태를 가지므로 PARTY RELATIONSHIP STATUS TYPE(관계자관계상태유형)과의 관계를 상속한다. EMPLOYMENT(고용) 엔터티를 사용하여 중요한 정보를 자신이 속한 곳에 배치할 수 있다. 예를 들어, 많은 데이터 모델은 데이터가 실제로 고용 상태를 나타낼 때 직원의 상태를 보여준다. "사임" 상태는 실제로 그 직원의 상태가 아니다. 해당 직원은 한 자회사에서 퇴직한 후 해당 기업 내의 다른 자회사에 고용되었을 수 있다. 사임의 상태는 내부 조직으로부터 사임한 두 관계자에 대한 정보를 나타내기 때문에 EMPLOYMENT(고용)의 실제 상태다.

이것은 관계(두 관계자)와 대조적으로 관계자의 속성 간을 구별하는 중요성에 대한 또 다른 예를 제공한다. 이 두 엔터티가 섞이면(데이터 모델에 관계자 대 관계를 참조하는 두 개의 다른 엔터티가 없으면 섞일 것임) 데이터 불일치와 오류가 발생하여 부정확한 데이터가 생성된다.

직위 정의

직위는 무엇을 나타내는가? 기업 내에서 POSITION(직위)은 시간이 지남에 따라 둘 이상의 사람이 사용할 수 있는 일 자리를 나타낸다. 일부 기업에서는 이를 FTE 또는 정규직으로 지칭할 수도 있다. 예를 들어 한 조직의 HR 부서에서 초급 프로그래머를 위해 두 개의 직위(두 명의 FTE)가 열려 있다고 말하면 두 명을 고용할 수 있음을 나타낸다. 이들 각자는 같은 유형의 직무를 수행할 수 있지만 두 개의 별도 일 자리를 수행할 것이다. 시간이 지남에 따라 이들 중 한 명이 사임하고 다른 사람으로 대체될 수 있다. 세 번째 사람은 비워 있던 기존 직위를 채울 것이다. 이것은 새로운 직위가 되지 않을 것이다(이것은 직위 수행 절에서 더 설명될 것임).

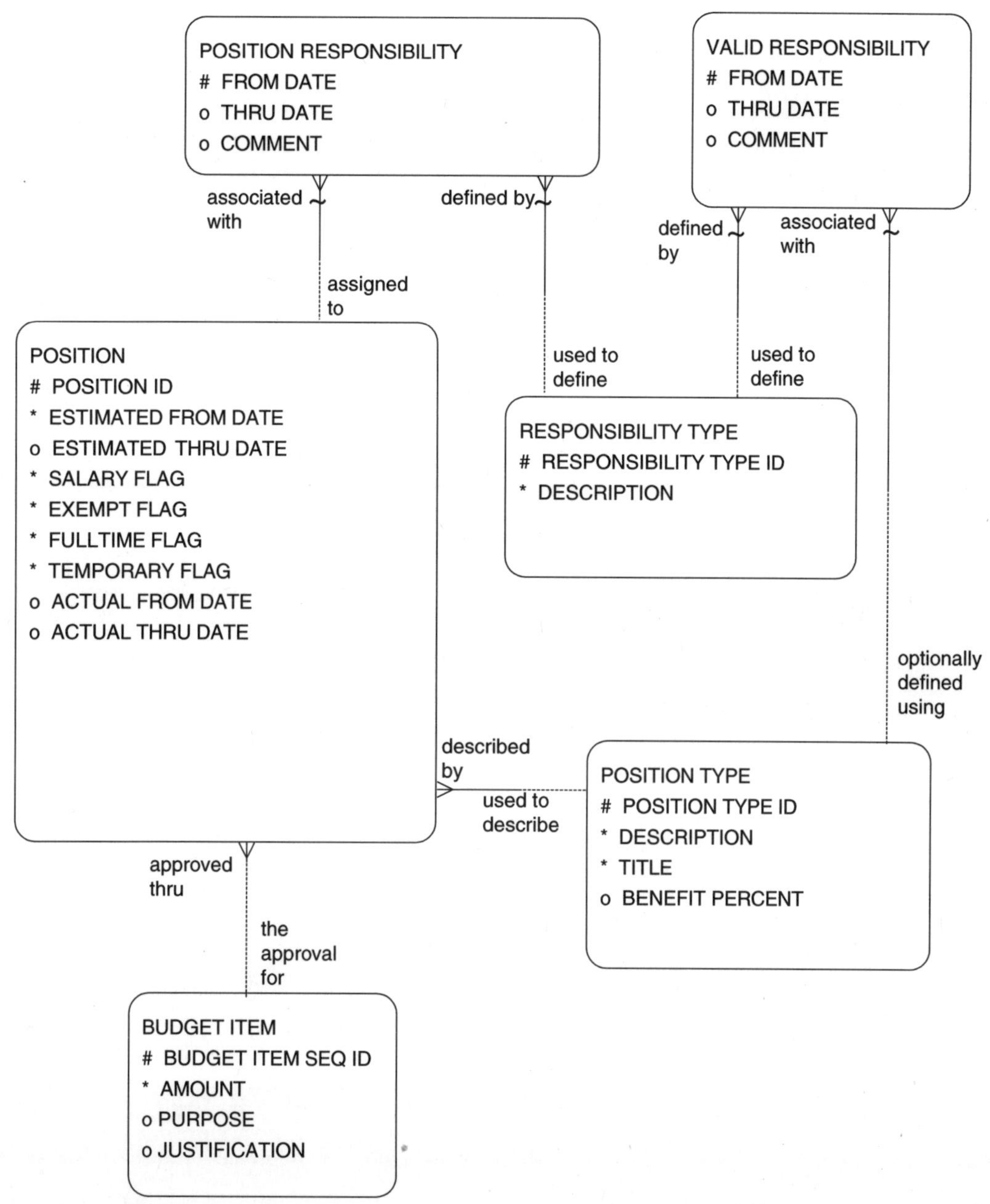

그림 9.3 직위 정의

그림 9.3에서 직위를 정의하는 데 사용된 엔터티가 설계된다. POSITION(직위) 엔터티는 주어진 일 자리에 대해 추적할 기본 정보를 포함한다. POSITION TYPE(직위유형) 엔터티는 일을 더 자세히 정의하고 범주화하기 위한 정보를 제공하는 반면, BUDGET ITEM(예산품목)은 자리를 인증하는 방법을 제공한다. RESPONSIBILITY TYPE(책임유형), VALID RESPONSIBILITY(유효책임), POSITION RESPONSIBILITY(직위책임) 엔터티는 모든 직위에 대해 가능한 책임과 실제 책임을

할당하고 추적하는 방법을 제공한다.

직위

기업이 POSITION(직위)에 대해 추적하고자 하는 일부 데이터가 그림 9.3에 나와 있다. Estimated from date(예측시작일자)와 estimated thru date(예측종료일자)는 계획할 때 사용될 수 있다. 이 데이터는 조직에 이 역할을 수행할 인력이 필요한 게 언제인지를 예상하는 첫 번째 징후다. 직위가 무기한인 경우 estimated thru date(예측종료일자)는 공백이 된다.

엔터티에 포함된 다양한 여부는 직위에 고용된 특정 상황을 정의하는 데 도움이 된다. 그 사람은 월급을 받는가, 시급을 받는가? 그 직위는 FLSA(Fair Labor Standards Act)에 따라 면제 또는 비과세인가? 이것은 전업 직위인가 아르바이트 직위인가? 그것은 임시적인가 영구적인가? 이 질문에 대한 답변은 수당 관리자 및 연봉 담당자에게 매우 중요하다. 또한 이 모델에는 한번 알려진 데이터를 추적할 수 있도록 actual from date(실제시작일자)와 actual thru date(실제종료일자)를 포함한다. 이러한 속성 중 일부에 대한 예제 데이터가 표 9.1에 나와 있다.

직위 승인

첫째, 기업에 일이 존재하기까지 대개 어떤 식으로든 승인을 받고 자금을 조달받는다. 이 모델에서 직위는 BUDGET ITEM(예산품목)을 통해 승인될 수 있다. BUDGET ITEM(예산품목)은 하나 이상의 직위를 승인하거나 자금을 제공할 수 있다. 예를 들어, 프로그래머에 대한 예산 품목이 있을 수 있다. 그런 다음 기업이 가진 여러 프로그래머 직위에 자금을 지원하기 위해 예산 품목 금액이 사용된다. 직위가 예산에 묶여 있는 경우 BUDGET ITEM(예산품목)에 영향을 주는 BUDGET(예산)에 대한 BUDGET STATUS(예산상태)가 승인될 때 직위는 "인증"된 것으로 간주된다[BUDGET(예산) 모델에 대한 자세한 내용은 8장 참조].

직위 유형

각 일이 POSITION(직위)의 단일 인스턴스를 나타내지만, 이 일 중 몇 개는 직위 유형의 제목이나 설명과 같은 공통된 특성을 가질 수 있다. 이러한 일반적인 특성은 공통된 POSITION TYPE(직위유형)에 의해 나타난다. POSITION TYPE(직위유형) 엔터티는 일종의 일을 위해 존재하는 모든 자리와 관련된 정보를 관리한다. 표 9.2에는 이 데이터의 예를 나타낸다.

POSITION ID	ESTIMATED FROM DATE	ESTIMATED THRU DATE	SALARY?	EXEMPT?	FULL-TIME?	TEMP?
101	Jan 1, 2001		Yes	No	Yes	No
204	Jun 1, 2001	Aug 31, 2001	Yes	Yes	Yes	Yes

표 9.2 직위 유형 데이터

POSITION TYPE ID	DESCRIPTION	TITLE	BENEFIT PERCENT
1100	Recommend proper policies, procedures, and mechanisms for conducting effective business.	Business Analyst	100
2200	Enter bookkeeping figures, file appropriate accounting papers, and perform administrative accounting tasks.	Accounting Clerk	50

데이터에서 볼 수 있듯이 각 POSITION TYPE(직위유형)에는 식별을 위한 position type ID(직위유형ID), 간단한 description(설명) 및 표준 작업 title(직책)이 있다. 저장할 수 있는 기타 데이터는 기업이 특정 유형의 직위에 대해 지불하게 될 수당의 비율을 저장하는 benefit percent(수당률)다. 예를 들어, 표 9.2의 데이터는 기업이 모든 "비즈니스 분석가(business analyst)" 직위에 대해 100퍼센트의 수당을 지불하기로 결정했음을 나타낸다.

직위 책임

또한 그림 9.1에서 보인 RESPONSIBILITY TYPE(책임유형), VALID RESPONSIBILITY(유효책임), POSITION RESPONSIBILITY(직위책임) 엔터티가 있다. 이 엔터티들은 다양한 직무 책임에 대해 정의하고, 상이한 직위 유형에 대해 어떤 책임이 적절한지를 식별하고, 주어진 직위에 실제로 할당된 책임을 식별하도록 한다. VALID RESPONSIBILITY(유효책임)와 POSITION RESPONSIBILITY(직위책임)는 from date(시작일자)와 thru date(종료일자)가 있다. 이를 통해 기업은 직무와 직위에 대해 변화하는 책임을 할당하고 추적할 수 있다. 이러한 방식으로 매우 구체적이고 세부적인 직무 기술이 개발될 수 있으며, 동시에 진행중인 변경을 허용한다.

잘 통합된 시스템을 관리하기 위해 기업은 이 데이터 중 일부를 제어하기 위한 업무 규칙을 수립하고자 할 수 있다. 어떤 RESPONSIBILITY TYPE(책임유형)이 POSITION RESPONSIBILITY(직위책임)로 지정되면 POSITION(직위)이 연관된 POSITION TYPE(직위유형)에 대해 VALID

RESPONSIBILITY(유효책임)으로 먼저 확인된다는 것을 보장하기 위해 데이터 점검이 개발될 수 있다. 예를 들어, "계정 담당자"의 새 직책이 생성된다. 책임 중 하나는 "매월 판매 보고서를 작성하는 것"이다. 이것이 할당되기 전에 "월간 판매 보고서 작성"이 "계정 담당자"의 POSITION TYPE(직위유형)과 관련된 VALID RESPONSIBILITY(유효책임)로 이미 존재해야 한다. 또한, 두 엔터티의 from date(시작일자)와 thru date(종료일자)를 비교하여 할당된 책임이 할당된 기간 동안 실제로 유효한지를 확인할 수 있다.

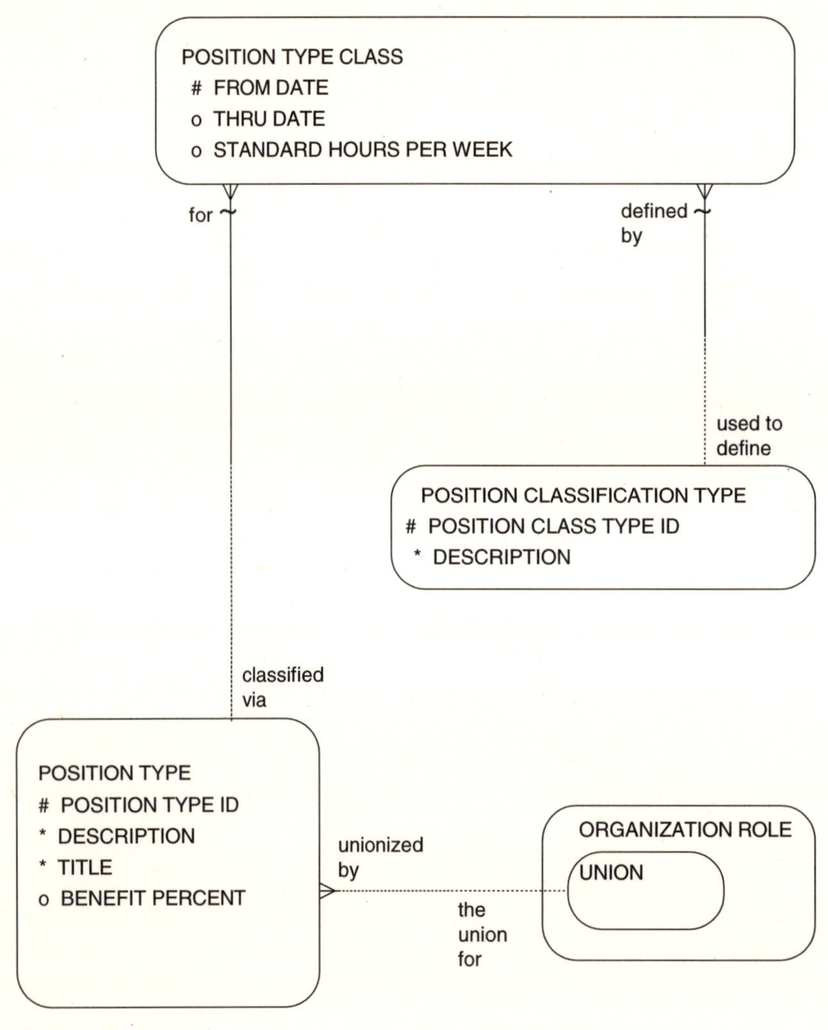

그림 9.4 직위 유형 정의

표 9.3 직위 유형 분류 데이터

POSITION TYPE	CLASSIFICATION TYPE	FROM DATE	THRU DATE
Programmer	Computer	Jan 1, 1995	
	Technical	Jan 1, 1995	
System Administrator	Computer	Jan 1, 1995	
	Admin Support	Apr 1, 1997	
Business Analyst	Computer	Jan 1, 1995	Dec 31, 1999
	MIS	Jan 1, 2000	

직위 유형 정의

일부 기업은 그들의 직위 유형을 더 분류해야 할 수도 있다. 이를 돕기 위해 그림 9.4의 모델이 개발되었다. 여기에는 선택 엔터티인 POSITION TYPE CLASS(직위유형분류)가 POSITION TYPE(직위유형)과 POSITION CLASSIFICATION TYPE(직위분류유형) 사이의 교차 엔터티로 존재한다. 이러한 엔터티를 사용하여 직위 유형의 추가 묶음이 수행될 수 있다. POSITION TYPE(직위유형)은 시간이 지남에 따라 재분류될 수 있으므로 POSITION TYPE(직위유형)과 POSITION CLASSIFICATION TYPE(직위분류유형) 사이의 다대다(M:M) 관계를 지원하기 위해 from date(시작일자)와 thru date(종료일자)를 가진 POSITION TYPE CLASS(직위유형분류) 엔터티가 포함된다. 가능한 데이터의 예가 표 9.3에 나타난다.

표 9.3의 데이터는 문제의 해당 기업에 대해서 "프로그래머", "시스템 관리자" 및 "비즈니스 분석가"의 직위 유형이 모두 "컴퓨터" 직위로 분류되었음을 나타낸다. 그런 다음 2000년에 "비즈니스 분석가"가 "MIS"로 재분류되었다. "프로그래머"는 "컴퓨터" 분류 외에도 "기술"로 분류되는 반면 "시스템 관리자"는 "관리 지원"으로 분류된다. Thru date(종료일자)가 포함되지 않은 경우에는 분류가 여전히 유효하다고 가정한다. 이 모델을 사용하여 기업은 필요에 맞게 매우 상세하고 유연한 분류 체계를 개발할 수 있다.

일부 기업은 직위가 어떻게 급여를 제공하는지를 분류하기 위해 POSITION CLASSIFICATION TYPE(직위분류유형) 엔터티를 사용하길 원할 수 있다. POSITION CLASSIFICATION TYPE(직위분류유형)에는 "시별", "급여", "면제", "무배정", "시간제", "풀타임", "정규" 또는 "임시"와 같은 데이터가 포함될 수 있다. 그런 다음 POSITION TYPE CLASS(직위유형분류) 엔터티는

POSITION(직위)에 대한 이러한 기본 분류의 내역 목록 역할을 한다. POSITION(직위) 엔터티는 현재 이러한 분류 쌍에 대한 여분 속성을 표시한다. 이런 사용법이 나열된 데이터로 구현되는 경우 이러한 속성은 POSITION(직위)에서 제거될 수 있다(물리 모델에서 기업은 현재 데이터를 더 쉽게 보고하기 위해 직위 자리와 관련된 여부로서 이 데이터를 구현할 수도 있다).

조직

어떤 기업은 특정 유형의 직위가 조합에 가입됐는지를 추적해야 할 수도 있다. 조합은 조직 유형의 하나이기 때문에 ORGANIZATION ROLE(조직역할)의 서브타입인 UNION(조합)과의 관계를 통해 처리된다. 이 정보는 급여나 수당 협상 중에 또는 계류 중인 파업의 경우에 매우 중요할 수 있다. 직위가 조합 관계를 통해 보호되는 경우, 기업은 이러한 유형의 직위에 관한 특정 지침을 가질 수 있다.

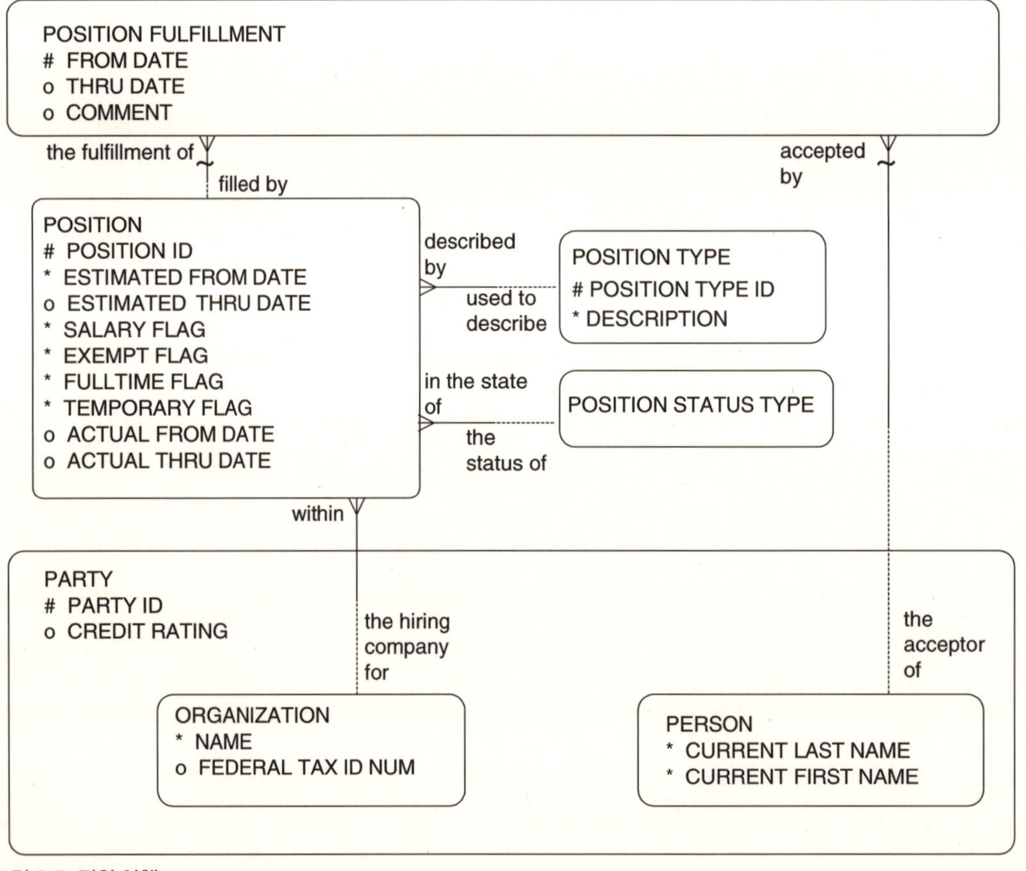

그림 9.5 직위 이행

직위 이행 및 추적

그림 9.5는 기업이 조직 내의 각 개인의 직위 기록을 추적할 수 있게 하는 모델을 보여준다. POSITION FULFILLMENT(직위이행) 및 POSITION STATUS TYPE(직위상태유형)을 추적하기 위한 엔터티를 포함한다. 모델에는 상황에 맞게 POSITION(직위) 및 PERSON(개인) 엔터티가 필요하다. ORGANISATION(조직)은 고용 회사에 대한 정보를 제공하기 위해 포함되어 있다.

직위 이행

사람은 물론 시간이 지남에 따라 또는 동시에 한 가지 이상의 직위를 가질 수 있다. 반대로 직위는 시간이 지남에 따라 한 명 이상의 사람에 의해 수행될 수 있다(심지어 일자리 공유를 통해 동시에 수행될 수도 있음). POSITION FULFILLMENT(직위이행) 엔터티는 이 활동의 이력을 관리할 수 있는 매우 유연한 방법을 제공한다. From date(시작일자)와 thru date(종료일자) 속성을 통해 기업은 이 데이터에 대한 정확한 정보를 역사적으로 보관할 수 있다. 이는 PERSON(개인)과 POSITION(직위) 사이에 실제로 존재하는 다대다(M:M) 관계를 해결하는 편리하고 효과적인 방법이다. 가능한 데이터는 표 9.5에 나와 있다.

주어진 데이터는 마이크 존슨의 경력 경로를 보여준다. 그는 점차적으로 "우편 직원"의 직위에서 "CEO"로 승진했다. "CEO" 항목에 대한 thru date(종료일자)가 비어 있기 때문에 현재 해당 직위를 보유하고 있다고 가정한다. 수 존스의 경력도 나와 있다. 그녀는 1995년 "프로그래머"로 시작하여 1997년에는 "비즈니스 분석가"라는 부가적인 역할을 수행했다. 그녀는 1999년에 "MIS 관리자"로 승진했다. 마지막으로 2000년 11월 2일 CIO(최고 정보 책임자)로 현재 자리를 차지했다.

많은 기업에서 인기 있는 추세는 일자리 공유의 개념이다. 이 상황에서는 두 사람이 한 위치를 채운다. 둘 다 아르바이트로 일하며 직책의 책임을 분담한다. 이것은 FTE(정규직)의 개념이 가장 유용한 곳이다. 업무 분담 상황에서 기업은 전임 1명(1명의 FTE)만 승인했으며, 이는 하나의 "인원"을 구성한다. 한 명의 아르바이트와 다른 아르바이트는 한 명의 FTE와 같다. FTE의 수는 자원 할당, 예산 책정, 보고 관계 등에 필요한 정보다. 다시 말하지만, 정보는 사람이 아닌 직위와 관련이 있거나 의존적이다.

POSITION FULFILLMENT(직위이행) 엔터티의 또 다른 특징은 FTE 또는 인원을 혼동하지 않으면서 업무 분배 상황에서 직원 지정을 저장하는 데 사용될 수 있다는 것이다. 이 엔터티의 기본 키가 POSITION(직위)에서 상속된 키(직위ID)와 PERSON(개인)에서 상속된 키(관계자ID) 및 from date(시작일자) 속성의 조합이다. 이 세 부분으로 구성된 키를 사용하면 같은 시간에 동일한 직위를 수락한 것으로 한 명 이상의 사람을 저장할 수 있다. 물론 이것이 허용되는지 여부는 업무 규칙 구현에 의해 제어될 수 있다. 기업이 일자리 공유를 수행하지 않으면 PERSON(개인)과의 관계를 제거하고 복합 키에서 party ID(관계자ID)를 제거하여 이를 적용하도록 모델을 변경할 수 있다. 그러한 작업이 완료되면 동일한 기간 동안 한 명만 직위를 차지할 수 있다(이 경우에도 일부 업무 규칙이 필요할 것이다).

조직 외부의 사람이 계약자와 같이 권한이 부여된 직위를 채울 수도 있다. 이 모델은 POSITION FULFILLMENT(직위이행)가 EMPLOYEE(직원)가 아닌 PERSON(개인)에 의해 받아들여져야 한다는 것을 보여주기 때문에 표준 모델보다 훨씬 유연하여 이 상황을 처리할 수 있다. 그 개인이 직원인지 기업 외부의 개인인지를 결정하기 위해 PARTY RELATIONSHIP(관계자관계) 엔터티를 사용할 수 있다(2장 참조). 이 정보가 포함되어 있기 때문에 PARTY RELATIONSHIP(관계자관계)을 사용하여 직위가 비직원으로 채워질 수 있는지와 같은 업무 규칙을 시행할 수도 있다.

표 9.5 직위 이행 데이터

PERSON	POSITION	FROM DATE	THRU DATE
Mike Johnson	Mail Clerk	May 31, 1980	Jun 1, 1980
	Mail Supervisor	Jun 1, 1980	Dec 31, 1983
	Office Manager	Jan 1, 1984	May 31, 1990
	Regional Manager	Jun 1, 1990	May 31, 1996
	CEO	Jun 1, 1996	
Sue Jones	Programmer	Mar 1, 1995	Feb 27, 1997
	Business Analyst	Feb 28, 1997	Mar 14, 1999
	MIS Manager	Mar 15, 1999	Nov 1, 2000
	CIO	Nov 2, 2000	

직위 상태 유형

POSITION STATUS TYPE(직위상태유형)은 직위의 현재 상태를 나타낸다. 직위가 처음 식별되면 "계획"된 상태다. 기업이 직위를 수행하기로 결정하면 "활성" 또는 "사용" 상태로 바뀔 수 있다. 기업이 더 이상 직위가 필요하지 않다고 결정하면 상태는 "비활성" 또는 "폐쇄"일 수 있다. "이행" 상태는 POSITION FULFILLMENT(직위이행) 엔터티에서 파생될 수 있기 때문에 "이행" 값은 없다.

채용 조직

그 직위에 대한 고용 회사는 무엇인가? 이것은 POSITION(직위)과 ORGANIZATION(조직) 사이의 관계를 통해 쉽게 추적된다. 기업이 고용하지 않으면 직위가 필요 없다.

기타 고려 사항

이 모델에서 분명하지 않은 몇 가지 다른 정보는 개인이 실제로 활성된 직위를 취하는 방법에 관한 것이다. 사실, 인터뷰 절차는 PARTY COMMUNICATION EVENT(관계자접촉내역) 모델을 통해 추적할 수 있다(그림 2.12 참조). 인터뷰는 COMMUNICATION EVENT(접촉내역) 엔터티에 저장된 인터뷰 내용을 가진 COMMUNICATION EVENT PURPOSE TYPE(접촉내역목적유형)이다. 이 모델에 대한 자세한 내용은 2장을 참조하라.

직위 보고 모델과 결합된 POSITION FULFILLMENT(직위이행) 모델을 사용하여 기업은 언제든지 조직 및 구조의 전체 그림을 유지하고 접근할 수 있다.

직위 보고 관계

대부분의 데이터 모델은 보고하는 사람을 보여주고 다른 사람에게 관리되는 사람을 보여준다. 2장에서 논의했듯이, 사람과 조직을 위한 공통 모델은 일반적으로 지나치게 단순화돼 있다. 많은 모델에서 관리자에 대한 재귀 관계가 있는 EMPLOYEE(직원) 엔터티가 나타난다. 크고 동적인 조직에서 이 구조는 많은 업데이트와 데이터 불일치를 초래할 수도 있다.

문제는 실제로 보고 구조가 직위에 있는 사람들의 구조가 아닌 기업 조직 구조의 기능이라는 것이다. 그것이 실제로 개인 기능이었다면, 개인이 승격될 때 이전에 그 사람에게 보고한 모든 사람들은 승진 후에도 그 사람에게 여전히 보고할 것이다. 이는 대개 실제로 그렇지 않다. 대부분의 경우 감독자가 승진하면 비워진 감독 직위는 다른 사람으로 채워진다. 원래 감독자에게 보고한 사람은 새로운 사람에게 보고하지만 여전히 동일한 직위에 보고한다. 모든 사람의 보고 관계를 변경하는 대신 직위 보고 모델은 한 사람의 직위 할당을 변경하여 이 상황을 처리한다(이 장의 뒷부분에서 자세히 설명).

또한 기업은 사람들을 다양한 직위에 배치하기 전에 직위 계층을 식별할 수 있다. 확실히 이것은 조직이 처음 생성될 때의 경우다. 이 상황은 기업이 재구성될 때도 발생한다.

단순화된 모델이 구현될 때 일어나는 일은 일반적으로 현재 조직 구조의 모습만 관리되는 것이다. 재구성 및 승진의 모든 기록이 손실된다. 예를 들어, EEOC 소송이 기업에 제기되어 특정 시점에 직위를 맡은 사람이 누구인지와 누가 감독자인지를 파악하는 것이 필요할 때 심각한 문제가 될 수 있다. 그림 9.6에 제시된 모델은 이 문제와 다른 문제를 해결한다.

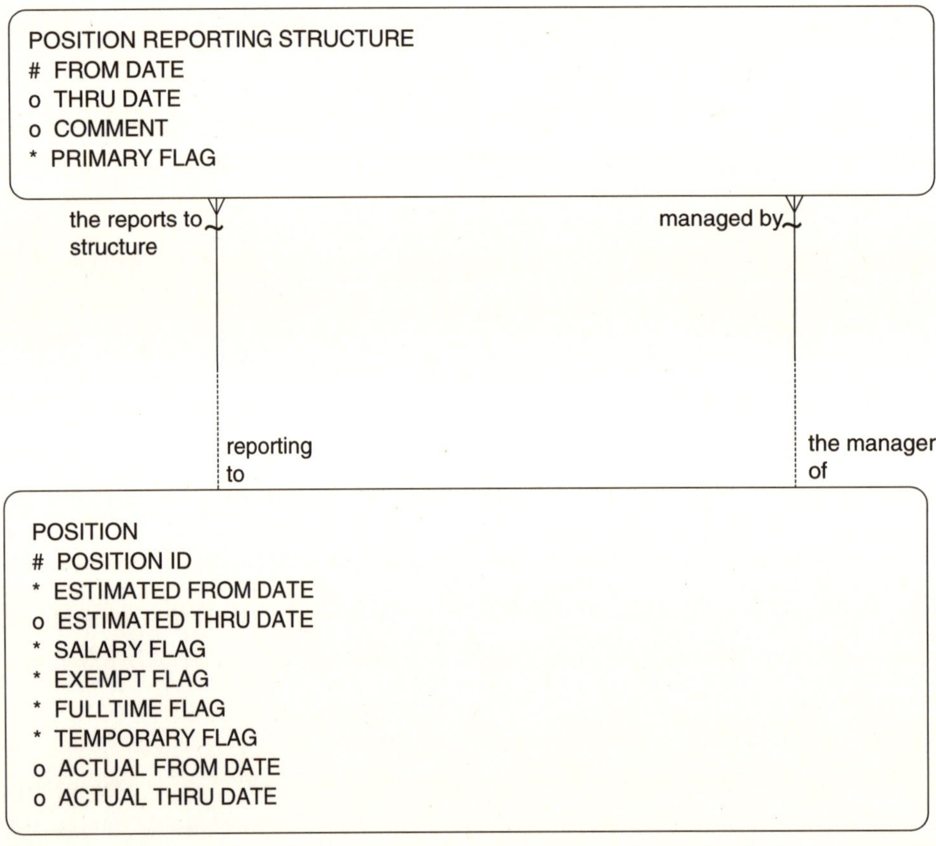

그림 9.6 직위 보고 관계

직위 보고 구조

그림 9.6의 모델은 POSITION(직위)을 자신과 다시 연결하는 엔터티 POSITION REPORTING STRUCTURE(직위보고구조)를 나타낸다. 앞에서 설명한 대로 from date(시작일자)와 thru date(종료일자) 속성이 시간 경과에 따른 조직의 변경 사항을 추적할 수 있도록 제공된다. Primary flag(기본여부) 속성은 유연한 행렬 유형 구조를 모델링하는 데 도움이 된다. 이 경우 특정 직위는 동시에 여러 직위에 보고할 수 있다. 이 여부 표시를 통해 기업은 어떤 보고 관계가 우선 적용되는지를 표시할 수 있다.

표 9.4의 예제에서 비즈니스 분석가, 시스템 관리자 및 프로그래머/분석가는 IS 이사에게 보고한다. 기업이 성장하고 IS 개발 관리자 직위와 유지 관리자 직위를 만들어 IS 이사에게 보고한다고 가정한다. 각 사람의 보고 관계를 변경하는 대신 직위의 이전 보고 관계를 만료하고[thru date(종료일자) 속성을 사용] 수정된 구조를 표시하기 위해 새 인스턴스를 추가할 수 있다. 이 방법으로 기업은 새로운 보고 구조를 보다 쉽게 구축할 수 있으며, 동시에 이전 구조에 대한 정확한 기록을 관리할 수 있다.

표 9.4 직위 보고 관계 데이터

REPORTING TO POSITION	THE MANAGER OF POSITION	FROM DATE	THRU DATE	PRIMARY FLAG
Director of Business Information Systems	Business Analyst	Jan 1, 2000	Dec 30, 2000	Yes
	Systems Administrator	Jan 1, 2000	Dec 31, 2000	Yes
	Programmer/Analyst	Jan 1, 2000	Dec 31, 2000	Yes
IS Development Manager	Business Analyst	Jan 1, 2001		Yes
	Systems Administrator	Jan 1, 2001		No
	Programmer/Analyst	Jan 1, 2001		Yes
Maintenance Manager	Systems Administrator	Jan 1, 2001		Yes
	Programmer/Analyst	Jan 1, 2001		No

예제 데이터에서 thru date(종료일자)가 비어있는 경우 현재 보고 관계로 인정된다. 또는 향후 thru date(종료일자)는 사전에 계획된 종료일을 가진 현재 관계를 나타낼 수 있다. 새로운 구조에서 "프로그래머/분석가" 및 "시스템 관리자" 직위는 이제 "IS 개발 관리자"와 "유지보수 관리자"에게 보고한다(이 직위는 직위 유형이 아닌 기업 내의 실제 자리를 나타낸다). 그들에게는 분할 임무가 있

다. "시스템 관리자"의 경우 "유지보수 관리자"와의 관계에 대해 primary flag(기본여부)가 "예"로 설정된다. 그것은 "프로그래머/분석가" 직위의 반대다. 이 방법으로 이 중 어떤 직위가 궁극적으로 보고할 수 있는지 식별하는 것이 가능하다.

대기업의 경우 조직 구조에 대한 이러한 변화는 수백 또는 수천 명의 사람들에게 영향을 줄 수 있다. 실제 관계자가 아닌 직위의 보고 관계를 변경하는 시스템을 설계하면 업데이트가 거의 필요하지 않으며 장기적인 관점에서 아마도 데이터가 훨씬 깨끗해질 것이다.

요점은 직위와 사람이 별개의 엔터티라는 것이다. 다음 절에서는 사람과 직위가 실제로 어떻게 관련되는지에 대해 논의할 것이다.

급여 결정 및 지불 내역

이 절에 제시된 모델은 정부와 같은 고도로 구조화된 조직이나 소규모 민간 기업과 같이 구조가 덜 조직화된 조직 모두를 처리하는 확장 가능한 모델이다(그림 9.7 참조). 이는 POSITION TYPE RATE(직위유형비율), RANGE TYPE(범위유형), PERIOD TYPE(기간유형), PAY GRADE(지불등급) 및 SALARY STEP(호봉) 엔터티를 사용하여 수행된다. 또한 이 모델에는 급여 기록[예를 들어, PAY HISTORY(지불내역)와 EMPLOYMENT(고용)]을 추적할 수 있는 엔터티 및 관계가 포함되어 있다.

직위 유형 비율

POSITION TYPE RATE(직위유형비율) 및 RATE TYPE(범위유형) 엔터티는 6장(그림 6.7 참조)에 정의되었다. 이 엔터티는 작업 활동에 대한 적절한 비용 견적을 포착할 수 있도록 다양한 직위 유형에 대한 비용 및 표준 요율을 제공한다. 이 절에서는 표준 급여율 및 범위를 추적하는 데 있어 다른 유형의 직위 비율을 통합하기 위해 이 엔터티의 사용을 확대할 것이다.

POSITION RATE TYPE(직위유형비율) 엔터티는 특정 직위 유형에 대해 허용할 수 있거나 괜찮은 급여 및 급여 범위를 저장하는 데 사용될 수 있다. 이 정보는 채용 과정에서 급여를 협상할 때 관리자가 사용할 수 있다. From date(시작일자)와 thru date(종료일자)가 포함돼 있어 이런 표준 이력을 보관할 수 있다.

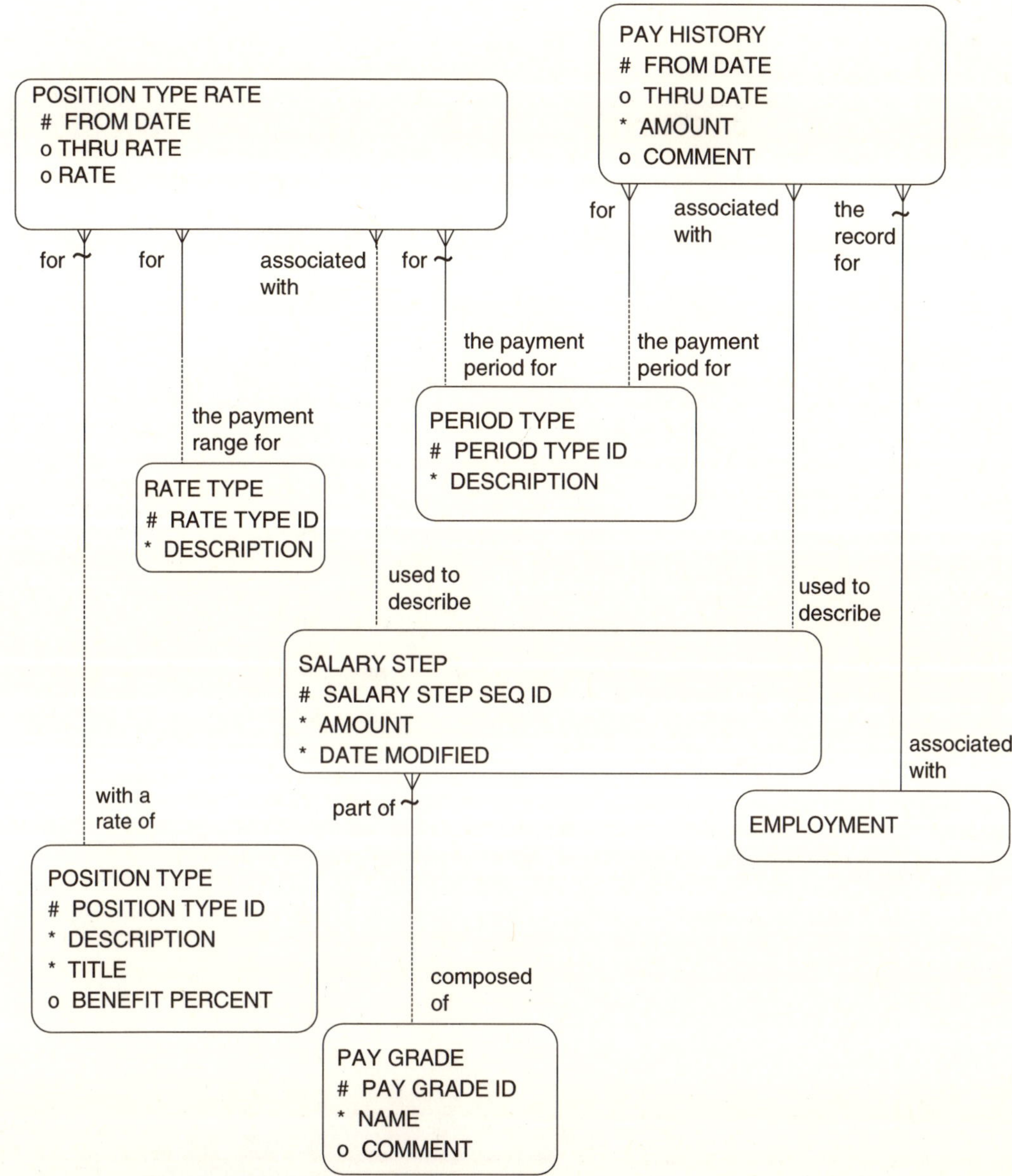

그림 9.7 급여 결정과 지불 내역

RATE TYPE(비율유형)과의 관계는 "최고 급여율", "최저 급여율", "평균 급여율" 및 "표준 급여율"과 같은 참조 정보를 저장하는 기능을 제공하며, 이는 각 유형의 직위에 담아낼 수 있는 다른 유형의 급여율을 나타낸다. 이는 직위 유형에 대한 상한선, 평균 지불 금액, 하한선 그리고 기본 및 표준 지급 금액을 나타낸다. PERIOD TYPE(기간유형)과의 관계로 기업은 요율을 기록할 수 있는 다양한 지급 기간 유형을 정의할 수 있다. PERIOD TYPE(기간유형)의 예로는 "연별", "주별", "월별"

등이 있다. 이 관계는 기업이 여러 기간 유형(예를 들면, 시간당 평균 및 월 평균)에 대한 정보를 저장할 수 있게 하는 기본 키의 일부다. 표 9.6은 예제 급여율 데이터를 나타낸다.

예제 데이터는 문제의 기업이 직위 유형 "프로그래머"에 대한 요율 정보를 10년 동안 한 번만 업데이트했음을 나타낸다. 1990년부터 1999년까지는 급여율이 동일하게 유지되었고 2000년에는 증가했다. 이 조직은 프로그래머에게 기꺼이 지불할 평균 연봉, 최고 연봉 및 최저 연봉에 대한 정보를 관리했다. 또한 시간당 임금 지급에 사용된 표준 요율을 추적했다.

표 9.6 급여율 데이터

POSITION TYPE	RATE TYPE	AMOUNT	PERIOD TYPE	FROM DATE	THRU DATE
Programmer	Average pay rate	$45,000	per year	Jan 1, 1990	Dec 31, 1999
	Highest pay rate	$70,000	per year	Jan 1, 1990	Dec 31, 1999
	Lowest pay rate	$25,000	per year	Jan 1, 1990	Dec 31, 1999
	Standard pay rate	$30.00	per hour	Jan 1, 1990	Dec 31, 1999
	Average pay rate	$55,000	per year	Jan 1, 2000	
	Highest pay rate	$90,000	per year	Jan 1, 2000	
	Lowest pay rate	$30,000	per year	Jan 1, 2000	
	Standard pay rate	$55.00	per hour	Jan 1, 2000	

표 9.7 급여 등급 데이터

GRADE ID	PAY GRADE NAME	SALARY STEP SEQ ID	SALARY STEP AMOUNT
1	GG-1	1	$10,000
		2	$10,200
		3	$10,400
		4	$10,500
		5	$10,800
2	GG-2	1	$10,450
		2	$10,780
		3	$11,200
		4	$11,650

급여 등급 및 호봉

이 엔터티에 저장된 추가 정보에는 사전 정의되고 고도로 구조화된 지불 시스템이 있는 기업에서 사용하기 위해 PAY GRADE(급여등급) 및 SALARY STEP(호봉)이 포함될 수 있다. 이는 구조화된 급여 계획을 참조하여 수행된다. 이러한 유형의 계획은 일반적으로 등급과 단계의 두 가지 수준이 있다. SALARY STEP(호봉) 엔터티는 amount(금액) 속성을 포함하며, 일반적으로 PAY GRADE(급여등급)의 문맥으로 설명된다. 표 9.7은 예제 등급 계획의 일부를 포함한다.

"GG-1"과 "GG-2" 사이의 임금 체계에 중복이 있음을 유의하라. GG-2의 1단계는 GG-1의 3단계와 4단계 사이에 있다. 이는 이러한 유형의 임금 체계에서 흔한 일이다. HR 관리자가 신입 사원에 대한 임금 협상에 유연성을 갖도록 한다. 등급은 기본적으로 "고정적"이며 특정 직위 유형에 묶여 있기 때문에 관리자는 주어진 직위에 대해 어떤 등급이 제공될 수 있는지에 대해서 제한된다. 이러한 제한 사항을 보완하기 위해 등급의 단계에 의해 포함된 지불 범위는 매우 광범위하다. 표 9.8은 등급 시스템이 사용된 POSITION TYPE RATE(직위유형비율)의 예제 데이터를 제공한다.

표 9.8에 표시된 데이터에서 주목해야 할 몇 가지 사항이 있다. 첫째, 급여 등급 시스템을 사용할 때 SALARY STEP(호봉)에서 금액을 직접 가져오므로 POSITION TYPE RATE(직위유형비율) 열에 값이 없다. 물론 업무 프로세스에서 채워지지 않도록 구현해야 한다. 그렇지 않으면 충돌하는 정보가 생길 수 있다. 지급 계획과 함께 사용하기 위해 이 모델을 구현할 때 이 속성을 삭제할 수 있다. 반대로 계획을 사용하지 않는 기업에 대한 모델을 구현할 때는 POSITION TYPE RATE(직위유형비율) 속성이 필수다.

둘째, thru date(종료일자) 데이터도 비어 있다. 이것은 시간이 지남에 따라 선택된 급여 등급 및 호봉에 대한 달러 금액이 증가할 수 있지만, POSITION TYPE RATE(직위유형비율)와 관련된 단계 지정이 변경될 필요가 없다는 개념을 보여준다. 이 경우 급여가 인상되었음을 나타내기 위해 급여율 기록에서 아무 것도 변경할 필요가 없다. 다시 말하면, 급여 인상이 SALARY STEP(호봉) 정보에 업데이트를 해서 반영됐기 때문에 thru date(종료일자)를 입력하고 새로운 인스턴스를 생성할 필요가 없다.

표 9.8 급여율 예제

POSITION TYPE	RATE TYPE	POSITION TYPE RATE	GRADE	SALARY STEP SEQ ID	PERIOD TYPE	FROM DATE	THRU DATE
Programmer	Average pay rate		GG-6	6	per year	Jan 1, 1990	
	Highest pay rate		GG-8	10	per year	Jan 1, 1990	
	Lowest pay rate		GG-5	1	per year	Jan 1, 1990	

지불 내역 및 실제 연봉

PAY HISTORY(지불내역)로 표시되는 실제 급여나 보수는 사람과 연관되며, POSITION(직위) 또는 POSITION TYPE(직위유형)과 연관되지 않는다. 실제로 이것은 고용주와 고용인 간에 존재하는 고용(PARTY RELATIONSHIP(관계자관계)의 서브타입)과 관련이 있다.

개인이 차지하는 직위가 시간이 지나면 바뀔 수 있기 때문에 급여는 POSITION(직위)과 관련이 없다. 그러나 이것이 급여가 자동으로 변경될 것이라는 것도 의미하지 않는다. 때로 개인은 더 많은 책임을 지고 더 높은 직위에 배치되지만 적절한 직무 수행 능력을 입증할 때까지 급여는 인상되지 않는 경우가 있다. 일자리 공유 시나리오를 다시 고려하자. 임금이 직위에 묶여 있다면, 두 사람 모두 똑같은 대가를 받아야 한다. 이것은 다른 수준의 기술이나 경험에 기초하여 한 관계자에게 다른 관계자보다 많은 돈을 지불하는 기업의 유연성을 제한한다.

기업의 성격에 따라 급여는 실제 달러 금액으로 표시되며 선택적으로 SALARY STEP(호봉)과의 관계로 표시된다. POSITION TYPE RATE(직위유형비율)의 rate(비율) 속성과 달리 amount(금액)는 PAY HISTORY(지불내역)에 항상 저장되어 주어진 기간 동안 개인이 지급받은 것에 대한 혼란이 없도록 한다. 또한, 이것은 가능한 비율의 목록이 아닌 개인에 대한 실제 급여의 기록이기 때문에, 선택된 기간 동안 그 사람에 대한 기록은 단 한 건일 수 있다. 이 인스턴스와 연관된 PERIOD TYPE(기간유형)은 기업이 이 데이터를 보려는 방식에 따라 결정된다. 이 데이터의 예는 표 9.9를 참조하라.

표시된 데이터는 ABC기업에서 근무하는 존 스미스의 임금 기록을 제공한다. 그것은 지난 6년간 그의 월급과 인상을 보여준다. Thru date(종료일자)가 누락된 경우 현재의 연봉을 나타내는 것으로 가정한다. 이러한 종류의 데이터를 사용해서 기업은 직원의 급여 기록을 정확하게 추적할 수 있다. 계약자와 같은 외부 관계자의 보수를 추적해야 하는 경우 데이터 모델은 PAY HISTORY(지불내역)를 EMPLOYMENT(채용) 서브타입 대신에 PARTY RELATIONSHIP(관계자관계)의 서브타입에 연관시켜야 한다.

표 9.9 지불 내역 데이터

EMPLOYER	EMPLOYEE	FROM DATE	THRU DATE	AMOUNT	PERIOD TYPE
ABC Corporation	John Smith	Jan 1, 1995	Dec 31, 1997	$45,000	per year
		Jan 1, 1998	Dec 31, 2000	$55,000	per year
		Jan 1, 2001		$62,500	per year

혜택 정의 및 추적

급여 또는 보수 외에도 대부분의 기업은 혜택 패키지를 통해 보상을 제공한다. 여기에는 휴가, 건강 보험 또는 생명 보험, 병가 또는 퇴직 계획이 포함된다. 이러한 혜택의 비용은 부분적으로 또는 완전히 기업이 부담할 수 있다. 그림 9.8은 혜택 추적을 위해 단순화된 모델을 나타낸다. 여기에는 각 PERIOD TYPE(기간유형)에 대한 EMPLOYMENT(고용) 내의 각 BENEFIT TYPE(혜택유형)에 대한 PARTY BENEFIT(관계자혜택)에 대한 정보가 포함된다.

고용

혜택이 특정 고용주와 직원 관계와 연관되어 있기 때문에 PAY HISTORY(지불내역)와 유사하게 PARTY BENEFIT(관계자혜택)는 PARTY(관계자)나 PERSON(개인)이 아닌 EMPLOYMENT(고용) 서브타입과 연관된다. 대형 대기업에서는 사람들이 한 회사에서 다른 회사로 이동할 수 있으므로 때로는 그들의 경력에 따라 다른 시기에 다른 조직에서 혜택을 얻을 수도 있다. 기업이 조직의 하위 수준에서 혜택 비용을 추적하려는 경우, 비용을 직원과 단순히 연관시키는 것만으로는 충분하지 않다. 왜 혜택을 직원 및 조직과 직접 연관시키지 않는가? EMPLOYMENT(채용)를 사용하면 기업은 계약자가 우연히 혜택을 받는 것과 같은 일을 방지하는 업무 규칙을 시행할 수 있다.

　보험 목적을 위해, 개인에 대한 EMPLOYMENT(고용) 인스턴스를 통해 하나 이상의 조직에 대해 개인을 위한 혜택을 결정할 필요가 있다. 직원 중 일부는 두 가지 아르바이트를 할 수 있는데 중복 혜택을 피하기 위해 각 직무가 제공하는 혜택을 아는 것이 중요할 수 있다. 이는 어떤 보험 정책이 질병에 대해 지불해야 하는지를 결정할 때도 유용하다. 이 정보는 보험 회사가 비용을 통제하도록 돕는 데 중요할 수 있다.

관계자 혜택

PARTY BENEFIT(관계자혜택)에는 기업에서 추적하고자 하는 몇 가지 정보가 있을 수 있다. 첫 번째는 from date(시작일자)와 thru date(종료일자)다. 이를 통해 시간 경과에 따른 혜택을 추적할 수 있다. 또한 기업은 실제 혜택 비용과 고용주가 실제로 지불한 퍼센트를 추적하고자 할 수 있다. 이 정보를 통해 직원뿐만 아니라 기업도 비용을 계산할 수 있다. 또 다른 속성인 available time(가능

시간)이 휴일이나 병가와 같이 허용 가능한 시간을 추적하기 위해 포함된다. 혜택 데이터의 예가 표 9.10에 나와 있다.

주어진 예제는 ABC기업에서 일하는 존 스미스를 다룬다. 수년 동안 그의 건강 보험 비용은 연간 1,200달러에서 1,500달러로 올랐다. 당시 ABC기업은 처음에는 그에게 50%의 비용을 지불했지만 현재는 60%를 지불한다. 이 데이터는 또한 그가 현재 휴가 15일과 병가 10일을 사용하고 있으며 회사가 그 시간의 전체 비용을 충당하고 있음을 보여준다. 스미스 씨는 또한 2001년에 자격을 얻었을 때 401k 연금 계획을 시작했다. 이 정보는 계획 비용이 연간 50달러(관리 비용)이며, 회사는 비용의 100%를 부담하고 있음을 나타낸다.

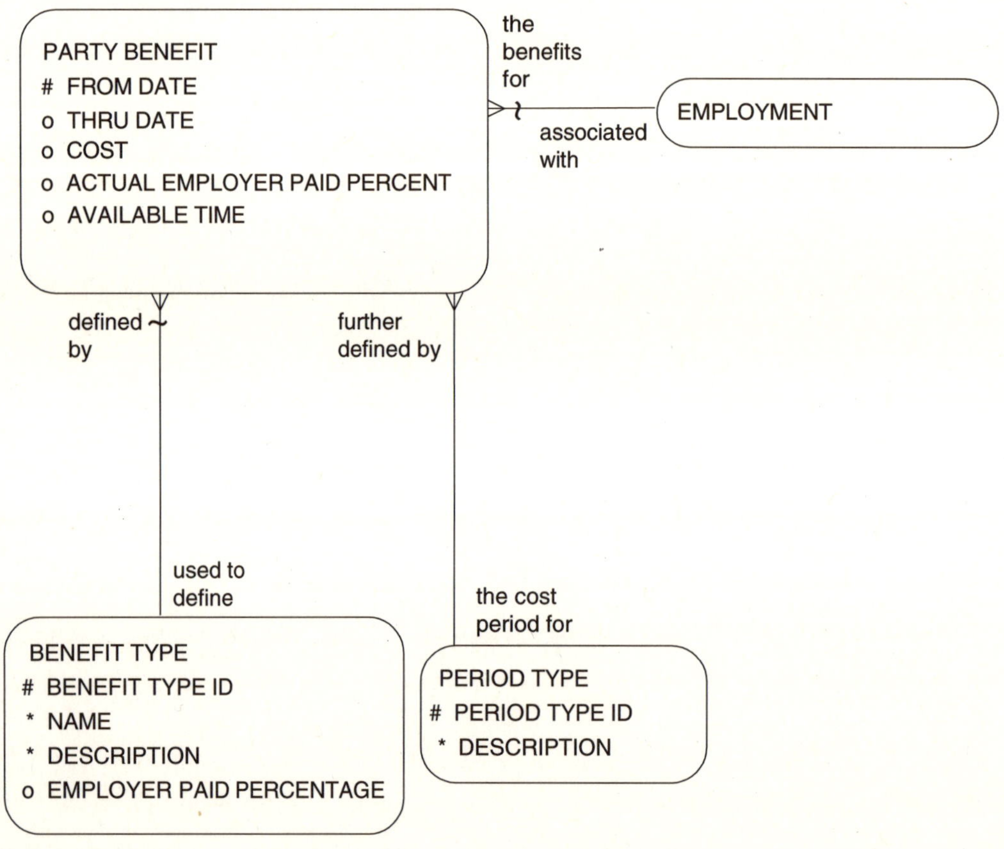

그림 9.8 혜택 추적

EMPLOYER	EMPLOYEE	BENEFIT TYPE	FROM DATE	THRU DATE	COST	PERIOD TYPE	ACTUAL EMPLOYER PAID %	AVAILABLE TIME
ABC Corporation	John Smith	Health	Jan 1, 1998	Dec 31, 2000	$1200	per year	50	
			Jan 1, 2001		$1500	per year	60	
		Vacation				days	100	15
		Sick leave				days	100	10
		401k	Jan 1, 2001		$50.00	per year	100	

기간 유형

표 9.10에는 기간 유형이 포함되어 있다. 이는 PERIOD TYPE(기간유형) 엔터티와의 관계가 해소된 결과다(그림 9.8 참조). 이 정보는 주로 cost(비용) 속성을 수정하는 데 사용된다. 그것이 없다면 보고된 달러에 대한 근거가 없어서 기업의 비용을 정확하게 결정할 방법이 없을 것이다. 또한 표에 표시된 것처럼 "휴가" 및 "병가"와 같은 유형의 맥락으로 사용할 수도 있다.

혜택 유형

기업이 제공하는 다양한 유형의 혜택은 BENEFIT TYPE(혜택유형) 엔터티에 나열된다. 예제 데이터가 표 9.10에 나와 있다. 혜택을 확인하는 것 외에도 이 엔터티는 특별 혜택이 있는 모든 직원과 연관된 비용을 계산하는 데 사용될 수 있는 표준 employer paid percentage(고용주지급비율)를 저장할 수 있다.

　고용주 분담금에 대한 비율은 다양한 세부 수준으로 이 정보를 저장할 수 있도록 BENEFIT TYPE(혜택유형)뿐만 아니라 PARTY BENEFIT(관계자혜택) 및 POSITION TYPE(직위유형)에도 포함된다. 이 때문에 특정 업무 규칙을 적용해야 한다. 가능한 규칙 세트는 다음과 같다.

■ Actual employer paid percent(실제고용주지급비율)가 PARTY BENEFIT(관계자혜택)에 존재하면 그것이 우선한다.

■ 공백인 경우, POSITION FULFILLMENT(직위이행)에 표시된 대로 개인의 현재 직위와 연관된 POSITION TYPE(직위유형)의 benefit percent(혜택비율)가 사용된다.

■ 이 두 값이 모두 공백인 경우, BENEFIT TYPE(혜택유형)의 employer paid percent(고용주지급비율)는 무시된다.

이 절에서는 혜택을 다루는 데 있어 일반적인 데이터 구조를 제공한다. 보험 업계의 기업을 위한 더 종합적인 모델이 필요한 경우 2권 5장에 더 완전한 모델이 있다.

급여 정보

표준 인적 자원 모델에 대해 고려해야 할 또 다른 항목은 급여다(그림 9.9 참조). 급여가 없다면 오랫동안 기업을 위해 일하는 인적 자원은 없을 것이다. 이 모델은 많은 사람에게 있어 급여에서 가장 중요한 부분이 무엇인지를 고려한다. 그것은 급여를 제대로 받는지이다. 급여에 대한 정보는 EMPLOYEE(직원), INTERNAL ORGANIZATION(내부조직), PAYMENT METHOD TYPE(지불방법유형), PAYROLL PREFERENCE(급여선호), PAYCHECK(급료), DEDUCTION(공제) 및 DEDUCTION TYPE(공제유형) 엔터티에 포함된다.

PAYCHECK(급료)는 DISBURSEMENT(지불) 엔터티의 서브타입이며, 다른 지불과는 대조적으로 급료의 고유한 특성이 있기 때문에 개별적으로 설계된다. 7장의 지불 모델은 지불의 유형을 만드는 데 있어 포괄적인 데이터 모델을 설명하고, 이 절에서는 급여 지불의 세부 사항을 추가함으로써 해당 모델을 자세히 설명한다.

직원

혜택 및 급여와 마찬가지로 모든 연봉 정보는 EMPLOYEE(직원) 및 INTERNAL ORGANIZATION(내부조직)과 관련된다. 이러한 관계는 PAYMENT(지불)와 PARTY(관계자) 관계의 보다 구체적인 설계를 나타낸다. 고용주(내부조직)와 직원 또는 이와 유사한 관계가 없는 경우 급여를 받을 필요가 없기 때문에 관계는 필수 관계다. 이러한 관계를 기반으로 시스템 내의 어떤 관계자도 지불 수표를 발행 받지 못하도록 업무 규칙이 사용될 수 있다.

지불 방법 유형

오늘날의 편의와 전자상거래 세계에서 급여를 받는 것은 그 어느 때보다 간단하지 않다. 이제 고용주는 임금을 받는 방법에 대해서 직원에게 다양한 옵션을 제공하여 선택하게 할 수 있다. 이러한 옵션의 기본 양식은 7장의 지불 모델 절에 설명된 대로 PAYMENT METHOD TYPE(지불방법유형) 엔터티에 의해 설명된다. 여기에는 "현금", "수표" 및 "온라인"와 같은 데이터가 저장될 수 있다. 기업 급여 부서의 기능에 따라 이러한 옵션 중 일부 또는 전부를 직원에게 제공할 수 있다.

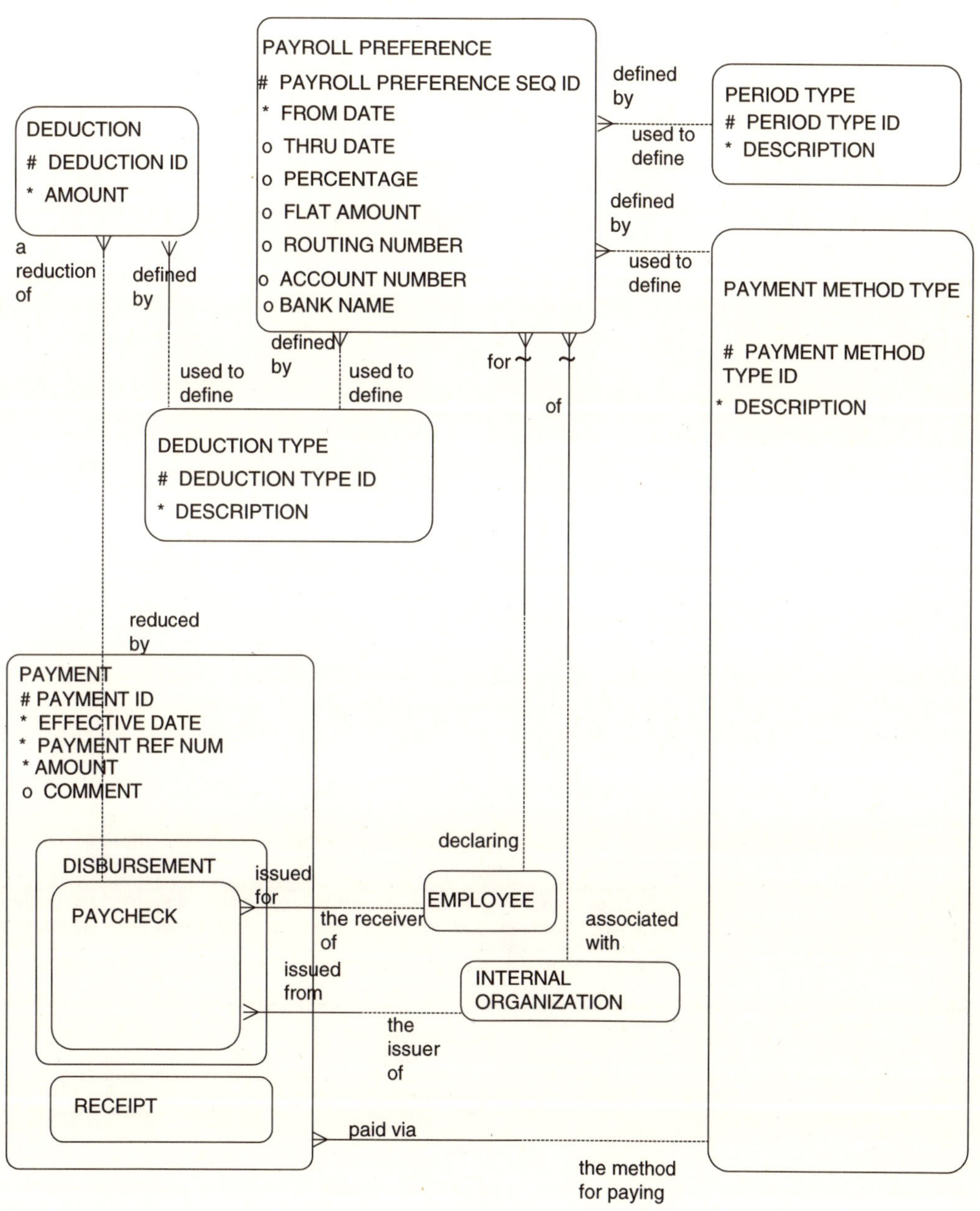

그림 9.9 급여 정보

급여 선호

직원이 보수의 일부는 수표로 원하고 나머지는 현금으로 원할 수도 있다. 다른 사람들은 돈을 나눠서 여러 다른 은행에 온라인으로 입금하기를 원할 수도 있다. 일부 직원은 재설정하지 않는 한 모든 급여에 대해 표준 공제가 처리되기를 원할 수 있다.

이러한 유형의 정보를 처리하기 위해 모델에는 PAYROLL PREFERENCE(급여선호) 엔터티가 포함된다. 직원은 시간이 지남에 따라 선호를 변경할 수 있기 때문에 from date(시작일자) 속성과 thru date(종료일자) 속성이 포함된다. 필요한 기타 정보에는 총 보수의 percentage(비율) 또는 직원이 특정 PAYMENT METHOD TYPE(지불방법유형)에 지정되길 원하거나 PAYROLL PREFERENCE(급여선호)에서 DEDUCTION TYPE(공제유형)으로의 관계를 통해 관리되는 특정 반복 공제로 지정되길 원하는 flat amount(균일금액)가 포함된다. 선택된 지불 유형이 "온라인"인 경우 routing number(라우팅번호), account number(계좌번호), bank name(은행이름)을 사용하여 거래를 성공적으로 완료할 수 있다. 기업이 이것을 자체 엔터티로 관리할 의지와 수단을 갖고 있지 않기 때문에 엔터티가 아닌 속성으로 저장된다. 각 PAYROLL PREFERENCE(급여선호)는 특정 PERIOD TYPE(기간유형)에 대해 정의될 수 있다. 예를 들어, 원하는 특정 표준 공제는 "연간", "월간" 또는 "주간"의 보수 기간 유형에 대해 지정될 수 있다.

예제 데이터가 표 9.11에 나타난다. 이전 예제에서와 같이 고용주는 여전히 ABC기업이고 직원은 존 스미스라고 가정한다. 예제 데이터에는 오늘날 급여 부서에서 발생하는 매우 일반적인 시나리오가 포함되어 있다. 스미스 씨가 회사 생활을 시작할 때, 급여를 온라인 입금으로 받기로 정한다. 데이터에 표시된 바와 같이 그는 수표 계좌와 저축 계좌로 나누기를 원한다. 그런 다음 1999년에 그는 하나의 수표 계좌를 폐쇄하고 다른 은행에서 새 계좌를 개설하기로 결정한다. 급여 부서에 정보가 제공되고 첫 번째 선호 지정이 만료되고 11월 2일에 효력이 시작되는 새로운 선호 지정이 입력된다. 네 번째 행은 매달 보험에 대한 표준 공제액이 있음을 보여준다.

PAYROLL PREFERENCE(급여선호)의 기본 키는 EMPLOYEE(직원)와 채용 회사인 INTERNAL ORGANIZATION(내부조직)의 기본 키를 조합한 간단한 일련 번호다. 이것은 급여 선호 유형에 따라 PAYROLL PREFERENCE(급여선호) 엔터티에 다른 정보를 저장해야 하기 때문에 필요하다.

급여

이제 지불 방법이 확립되었으므로 실제 지불을 고려해야 할 때다. PAYCHECK(급료) 엔터티에는 기업이 직원에게 지급해야 하는 수표에 대해 저장할 필요가 있는 기본 정보가 들어 있다. 그림 9.9에서 보듯이 이 엔터티는 PAYMENT(지불)에서 필요한 속성, 즉 payment ID(지불ID), 수표번호 또는 온라인 입금번호일 수 있는 payment ref num(지불참조번호), 수표 또는 온라인 입금일인 effective date(효력일자), amount(금액) 및 선택적으로 comment(주석)를 상속한다.

수표에 대한 금융 계좌 정보는 7장의 그림 7.9에 있는 지불 금융 계좌 데이터 모델을 사용하여 수표를 입금한 후에 결정될 수 있다. 이 정보는 payment ref num(지불참조번호)과 함께 특정 급여를 고유하게 식별하고 그 금액이 어디에 입금되었는지를 알 수 있는 정보를 포함한다. 온라인으로 입금된 수표에도 원천 계정과 수표번호가 필요하며, 이는 서류 확인서에 나타난다. Effective date(효력일자)는 급여 지불이 발행된 실제 날짜다. 온라인 입금의 경우, 이는 은행의 수표 지급 일자와 일치하지 않을 수도 있다. Amount(금액)는 PAYMENT(지불) 엔터티의 일부로 저장되며 PAYCHECK(급료) 서브타입에 의해 지불 총액으로써 상속된다. 급여의 순 금액은 PAYCHECK(급료) 금액에서 DEDUCTION(공제) 엔터티의 연관된 인스턴스에 저장된 금액을 차감하여 계산할 수 있다.

표 9.11 급여 선호 데이터

PAYROLL PREFERENCE SEQ ID	PAYMENT METHOD TYPE	FROM DATE	THRU DATE	PERCENTAGE	FLAT AMOUNT	ROUTING NO AND ACCOUNT NUMBER	DEDUCTION TYPE	PERIOD TYPE
1	Electronic	Jan 1, 1995	Nov 1, 1999	50		99986-99, 30984098		
2	Electronic	Jan 1, 1995		50		99986-98, 93485999		
3	Electronic	Nov 2, 1999		50		11111-22, 67567676		
4		Nov 2, 1999			$125		Insurance	Per month

공제 및 공제 유형

DEDUCTION(공제) 엔터티는 특정 수표에서 발생하는 다양한 공제에 대한 정보를 저장한다. DEDUCTION TYPE(공제유형) 엔터티는 기업에서 허용하거나 법에서 요구하는 유효한 공제 유형

목록을 포함한다. 이들 중 일부는 다음과 같다. "연방세", "FICA", "주세", "401k", "은퇴", "보험" 또는 "카페테리아 제도"이다.

DEDUCTION TYPE(공제유형)은 DEDUCTION(공제)과 연관됐을 때 실제 급여 지출에 적용될 수 있다. 이 DEDUCTION(공제)은 실제 급여 수표(또는 온라인 이체)에서 공제된 금액의 인스턴스를 나타낸다. DEDUCTION TYPE(공제유형)은 직원이 지속적으로 원하는 표준 공제를 제공하는 데 사용될 수도 있다.

표 9.12에는 특정 급여에 적용된 공제 사례가 나와 있다. 예제 데이터가 다시 존 스미스 및 ABC 기업과 관련되어 있다고 가정한다. 이 데이터는 대부분의 조직에서 전형적인 예를 보여준다. 수표 번호 1001번은 2001년 1월 1일에 총액 2,000달러로 발급됐다. 공제에는 표준 공제와 보험에 대한 추가 공제가 포함된다. 총 공제액은 459.50달러며, 수표의 순 금액은 1,540.50달러다.

표 9.12 급여 데이터

CHECK NO	EFFECTIVE DATE	AMOUNT	DEDUCTION ID	DEDUCTION TYPE	AMOUNT
1001	Jan 1, 2001	$2,000	1	Federal tax	$200.00
			2	FICA	$54.50
			3	State tax	$80.00
			4	Insurance	$125.00

그럼 1,540.50달러는 어디에 있는가? 그것은 PAYCHECK(급료)가 연관된 같은 EMPLOYEE(직원)와 관련된 PAYROLL PREFERENCE(급여선호)에 무엇이 저장됐는지를 기준으로 예치되거나 분배돼야 한다(예를 들어, ABC기업의 존 스미스에 대해 급여가 지급된 경우 ABC기업의 존 스미스에 대한 선호 설정이 사용돼야 함). 선호 인스턴스가 없으면 어떻게 되는가? 자연스럽게 수표가 지급되거나 선호 설정이 이루어지기 전까지 수표 처리가 지연되는가? 다시 말하면, 이러한 결정을 내리고 전체 트랜잭션이 올바르게 완료됐는지를 확인하려면 더 많은 업무 규칙을 마련해야 한다.

구직 신청

각 고용은 구직 신청으로 시작될 수 있다. 신청서는 적절히 검토되고 처리되도록 하기 위해서 관리될 수 있다. 또한 이 정보는 얼마나 많은 지원서를 받았는지, 어디에서 받았는지(신청서의 원천), 직원으로 채용된 신청서의 비율 같은 정보를 제공하여 채용 프로세스의 가치 있는 분석을 제공한다.

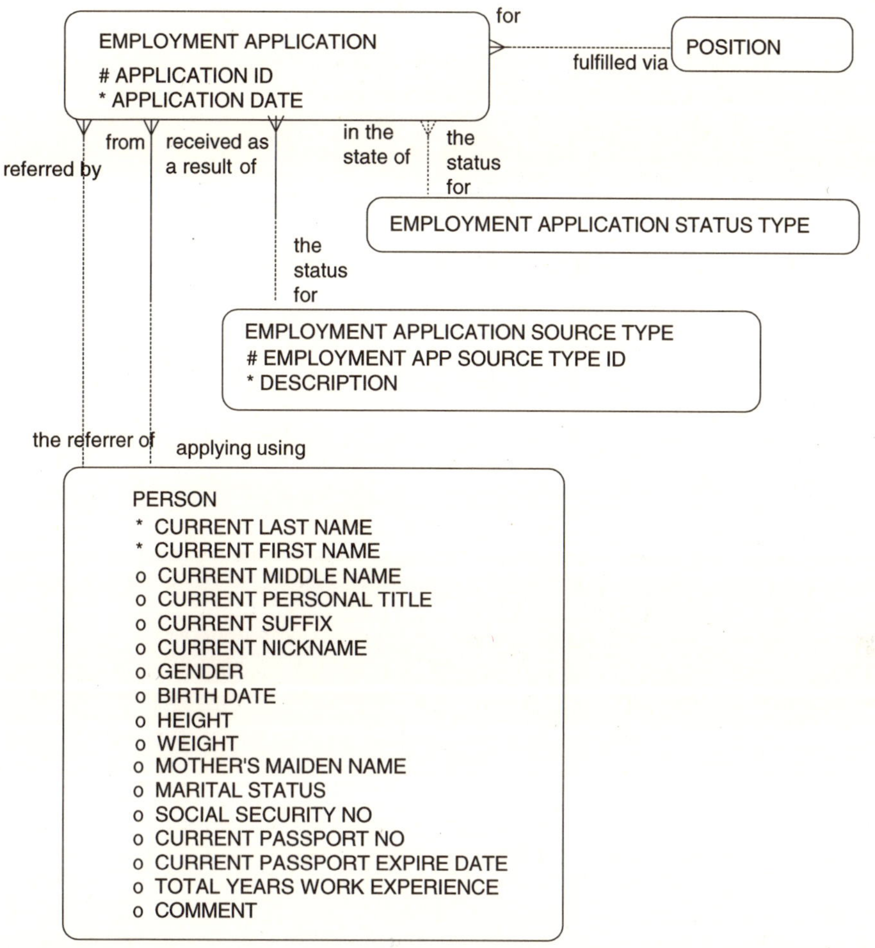

그림 9.10 구직 신청

그림 9.10은 구직 신청에 대한 정보를 보여주는 데이터 모델을 제공한다. 각 EMPLOYMENT APPLICATION(구직신청)은 POSITION(직위)에 대한 것일 수 있다. 신청은 특정 직위의 자리가 가능한지 모른 채로 이뤄질 수 있기 때문에 관계는 선택적이다. 각 EMPLOYMENT APPLICATION(구직신청)에는 "수령", "재검토", "제출", "거절", "무관심" 등과 같이 연관된 EMPLOYMENT APPLICATION STATUS TYPE(구직신청상태유형)이 있을 수 있다. 각 EMPLOYMENT APPLICATION(구직신청)은 또한 "신문", "추천", "인터넷" 등과 같은 EMPLOYMENT APPLICATION SOURCE TYPE(구직신청원천유형)에서 받았을 수 있다. 각 신청은 후보자를 대표하는 단 한 명의 PERSON(개인)으로부터 온 것일 수 있다. 신청은 후보자의 추천인인 PERSON(개인)으로부터도 추천될 수 있다.

직원 기술 및 자격

인적 자원의 중요한 측면은 사람과 조직의 기술, 자격 및 교육 수준을 추적하는 것이다. 이 정보는 관계자들이 자신의 기술과 자격에 따라 가장 적합한 위치에 배치되도록 하기 위해 필요하다.

그림 9.11은 직원뿐만 아니라 모든 사람과 조직의 기술, 자격 및 교육을 관리하는 데 도움이 되는 모델을 제공한다. 각 PARTY(관계자)는 책임을 할당할 사람을 평가할 때 개인이나 조직 모두를 추적하는 것이 유용할 수 있으므로 하나 이상의 PARTY QUALIFICATION(관계자자격) 또는 PARTY SKILL(관계자기술)을 가질 수 있다. 사람들이 보유하고 있는 교육의 수준을 관리하기 위해 각 PERSON(개인)은 자신이 참여한 교육 프로그램을 나타내는 하나 이상의 PERSON TRAINING(개인교육) 인스턴스를 가질 수 있다. RESUME(이력서) 엔터티는 각 관계자의 배경 및 자격과 관련된 하나 이상의 텍스트 설명을 기록한다.

자격, 기술 및 이력서가 PARTY(관계자)가 아니라 PERSON(개인)과 관련이 있어야 한다고 생각할 수 있다. 조직은 심사 받는 것에 대한 자격, 전문화하는 기술 그리고 재능을 설명하는 이력서를 가질 수 있다.

직원 성과

인적 자원 기능의 일부는 시간이 지남에 따라 직원의 효율성을 추적하는 것이다. 직원은 일반적으로 주기적으로 평가되며, 직원에 대한 평가 문구가 저장될 수 있다.

그림 9.12a는 직원에 대한 감사 추적을 제공하기 위해 사용될 수 있는 인사고과와 관련된 정보를 관리하는 데이터 모델을 제공한다. 각 EMPLOYEE(직원)는 하나 이상의 PERFORMANCE REVIEW(인사고과)를 받을 수 있다. 수령인은 인사고과가 작성된 사람이다. EMPLOYEE PERFORMANCE REVIEW(인사고과)는 검토에 대해 책임이 있는 한 명의 MANAGER(책임자)로부터 온다. 기업이 특정 검토를 제공할 관리자를 한 명 이상 추적해야 하는 경우 이 관계는 다대다(M:M)가 될 수 있다. EMPLOYEE PERFORMANCE REVIEW(인사고과)는 고과 검토에서 제기될 수 있는 다양한 질문을 나타내는 PERFORMANCE REVIEW ITEM(인사고과항목)으로 구성될 수 있다. 이에 대한 예로는 "직원의 신속성 평가" 또는 "직원의 팀워크 스타일 설명"이다. 각

PERFORMANCE REVIEW ITEM(인사고과항목)은 해당 항목 및 설명에 대해 RATING TYPE(등급 유형)과 관계로 설명되는 가능한 RATING(등급)과 함께 고과와 연관된 특정 항목을 나타낸다(항목이 설명만 요청할 경우 일부 항목은 등급이 주어지지 않을 수 있다).

각 EMPLOYEE(직원)는 직원의 성과를 문서화하기 위한 또 하나의 방법인 하나 이상의 PERFORMANCE NOTE(성과메모)의 수신자일 수 있다. 예를 들어, "할 스미스는 부하 직원이 아니었고 관리자의 지시를 경청하지 않았다"는 의견과 함께 2001년 1월 20일 특정 일자에 관한 NOTE(메모)가 있을 수 있다.

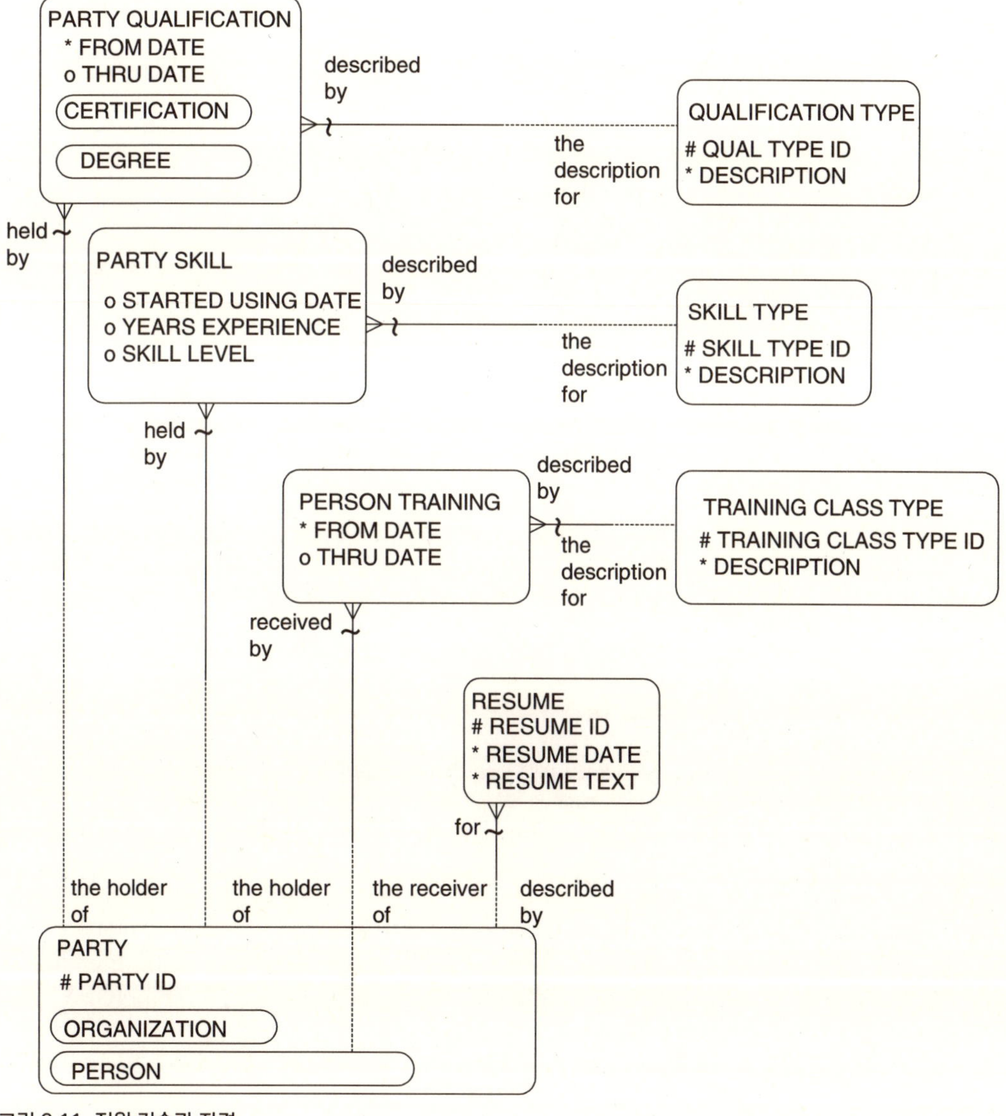

그림 9.11 직원 기술과 자격

그림 9.12a에서 관리되는 정보는 대부분 조직의 직원에게 의무적이다. 이 모델은 또한 기업의 요건이 있다면 인사고과가 제공될 수 있는 계약자와 같은 다른 사람들을 위해 이 정보를 포함하도록 확장될 수 있다. 일부 기업은 제품 및 서비스를 제공하는 조직의 인사고과를 추적하기를 원할 수도 있다. 모델을 확장하기 위해 PERFORMANCE NOTE(성과메모)와 PERFORMANCE REVIEW(인사고과)에 대한 관계는 조직이 성과 메모 및 인사 고과를 받을지에 따라 PERSON(개인) 또는 PARTY(관계자) 중 누구에게나 적용된다.

연봉인상, 상여, 승진 및 강등은 PERFORMANCE REVIEW(인사고과)에서 발생할 수 있는 중요한 정보다. 따라서 PAY HISTORY(지불내역), PAYCHECK(급료) 및 POSITION(직위) 엔터티는 고과와 관련된다. 급여 인상 또는 인하는 PAY HISTORY(지불내역)의 인스턴스에 관리되며 PERFORMANCE REVIEW(인사고과)에 영향을 받을 수 있다. 보너스는 PAYCHECK(급료)로 관리되며 PERFORMANCE REVIEW(인사고과)에서 발생할 수 있다. 특정 POSITION(직위)과 관련된 경우 고과를 통해 승진 또는 강등으로 이어질 수 있으므로 POSITION(직위)은 PERFORMANCE REVIEW(인사고과)의 영향을 받을 수 있다.

그림 9.12a 모델에 대한 또 다른 대안이 그림 9.12b에 나와 있다. 이 모델은 COMMUNICATION EVENT PURPOSE(접촉내역목적)의 서브타입으로 PERFORMANCE REVIEW(인사고과)뿐만 아니라 PERFORMANCE NOTE(성과메모)를 관리하며, 상응하는 COMMUNICATION EVENT(접촉내역)는 EMPLOYMENT(고용)의 PARTY RELATIONSHIP(관계자관계)에 대한 목적을 설명한다. 이 모델은 또한 PERFORMANCE NOTE(성과메모) 또는 PERFORMANCE REVIEW(인사고과)가 COMMUNICATION EVENT(접촉내역)에 관련된 모든 PARTY(관계자)에게 해당될 수 있다는 사실을 제공한다. 예를 들어, 성과 메모나 인사 고과는 "검토 중인 계약자" COMMUNICATION EVENT ROLE(접촉내역역할)을 가진 계약자를 위해 보관될 수 있다.

성과 메모나 인사 고과를 접촉 내역의 유형으로 간주해야 하나? 동일한 속성 및 관계가 적용될 수 있기 때문에 대답은 "예"일 수 있다. 그러나 첫 번째 모델(그림 9.12a)은 현실적으로 변화에 매우 민감하고 개별적으로 관리될 가능성이 높기 때문에 성과 메모나 인사 고과를 별도의 엔터티로 취급한다. 모델러는 모델링이 필요한 기업에 가장 적합한 모델을 결정해야 한다.

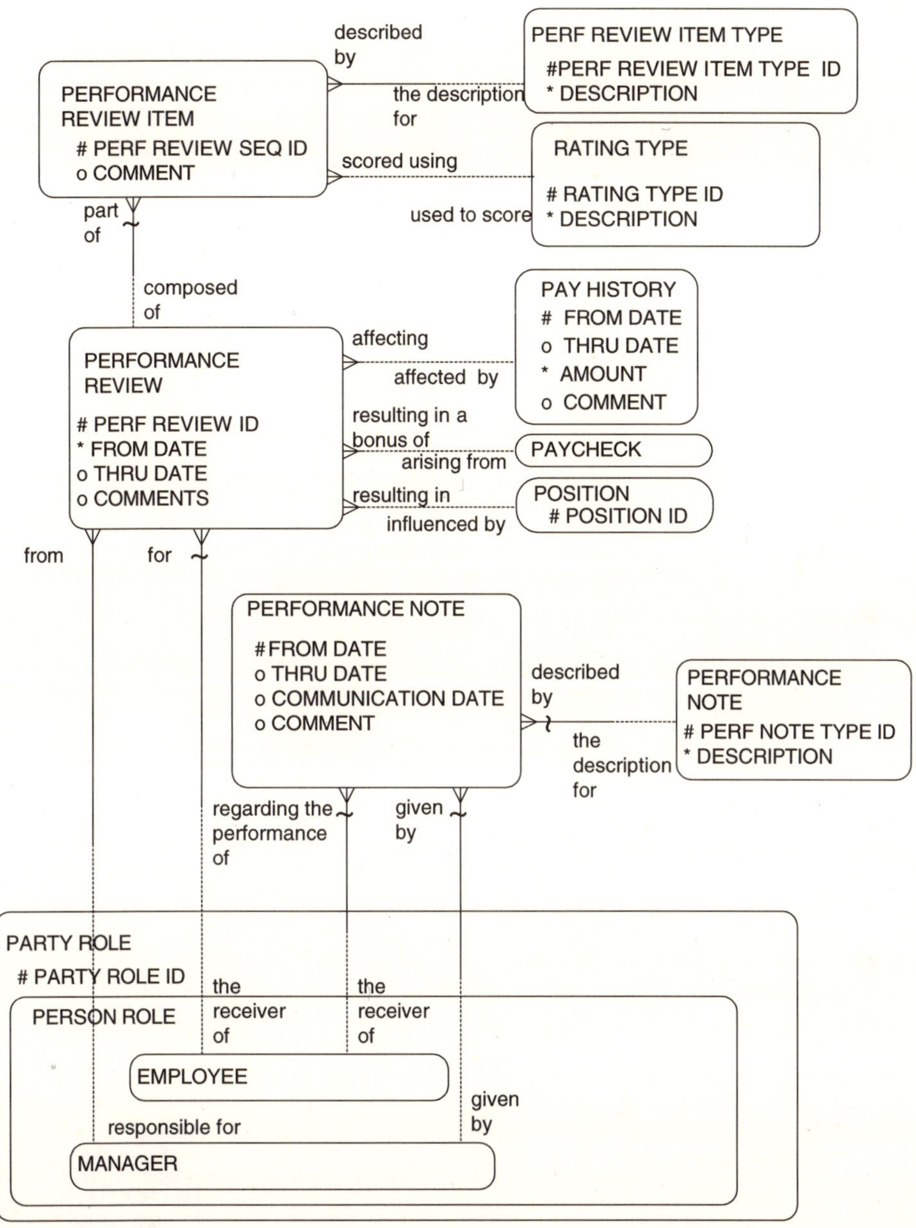

그림 9.12a 직원 성과

직원 해고

불행하거나 다행스럽게도, 생각하기에 따라 직원 해고에 대한 정보를 추적할 필요가 있다. 실업 수당과 같은 가능한 여파뿐 아니라 해고 날짜, 해고 사유, 해고 유형은 저장할 중요한 정보다.

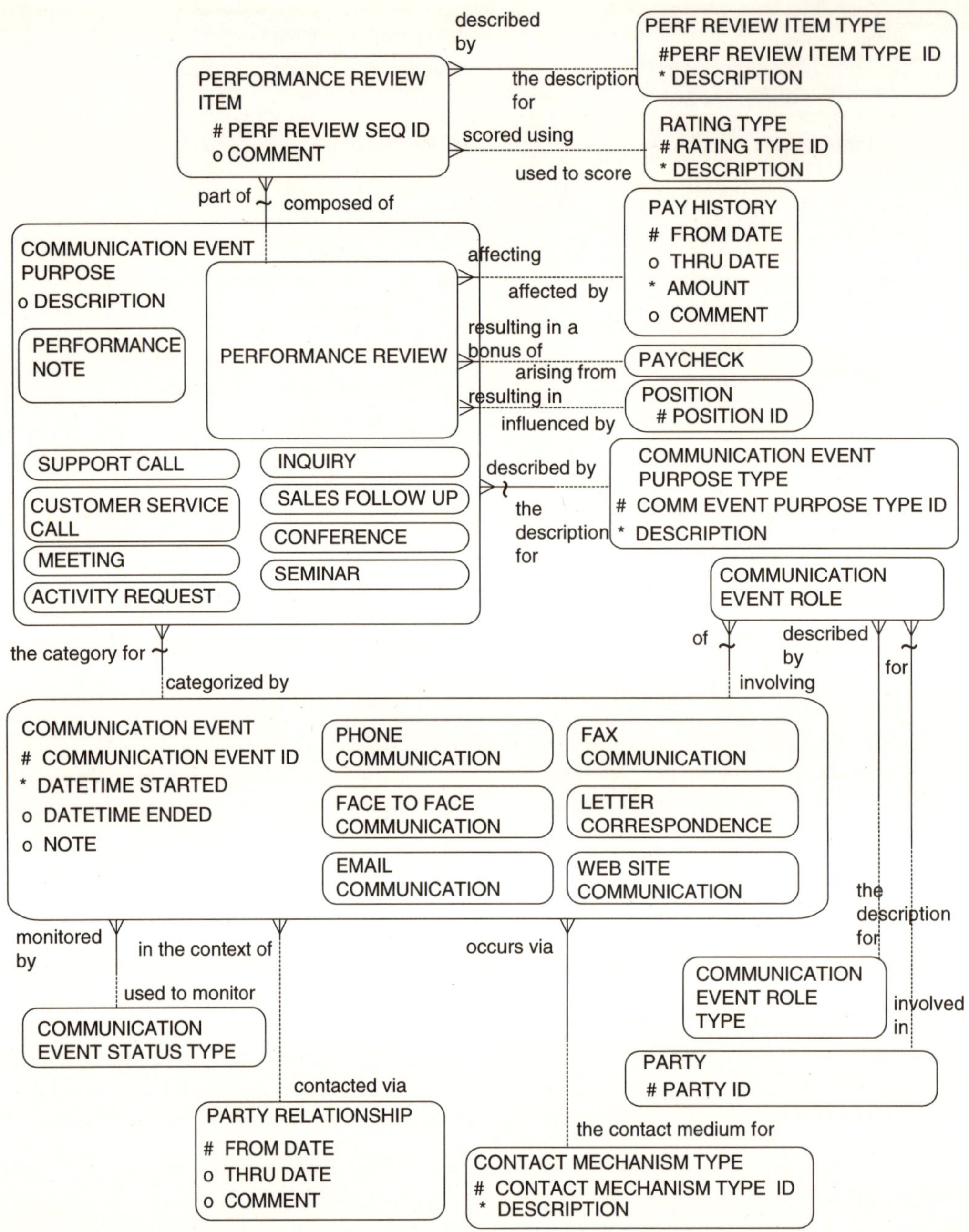

그림 9.12b 직원 성과 대안 모델

 그림 9.13은 직원 해고에 대한 정보를 나타낸다. 앞에서 설명한 것처럼 EMPLOYMENT(고용) 엔터티는 EMPLOYEE(직원)와 INTERNAL ORGANIZATION(내부조직) 간의 관계를 설정하는 PARTY RELATIONSHIP(관계자관계)의 서브타입이다. EMPLOYMENT(고용)가 해고되면 PARTY RELATIONSHIP(관계자관계)의 thru date(종료일자)에 해고 날짜가 저장된다. 해고 시, PARTY

RELATIONSHIP STATUS TYPE(관계자관계상태유형) 인스턴스인 "해고됨"은 고용이 종료되었음을 나타내기 위해 사용된다. TERMINATION TYPE(해고유형)은 "사임", "해고" 또는 "은퇴"와 같이 어떤 종류의 해고가 발생했는지를 저장한다. TERMINATION REASON(해고사유)는 해고의 상황과 원인을 설명하는 description(설명)을 관리한다. 예를 들면 "불복종", "새로운 직업을 얻음", "성과가 좋지 않음", "이직" 등이 있다.

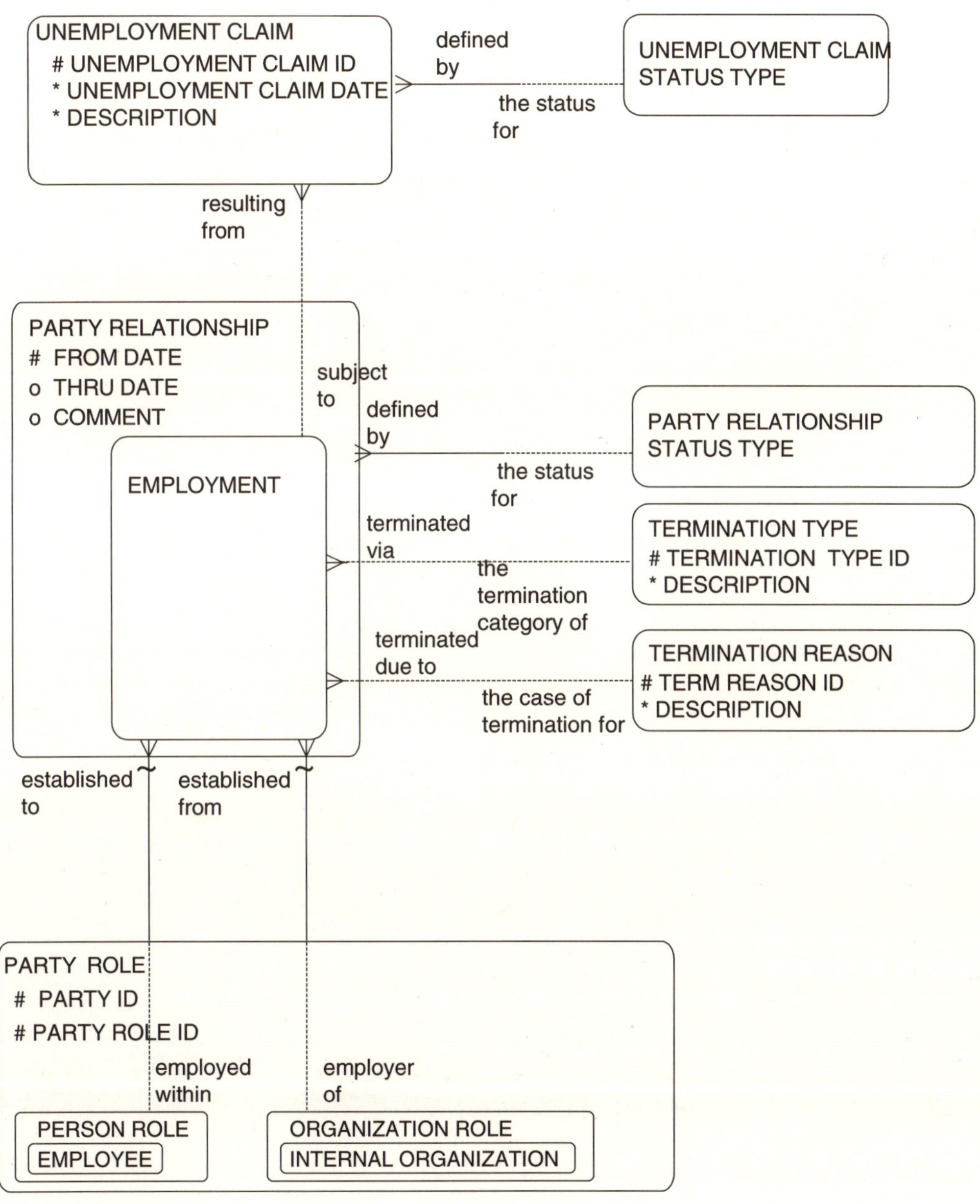

그림 9.13 직원 해고

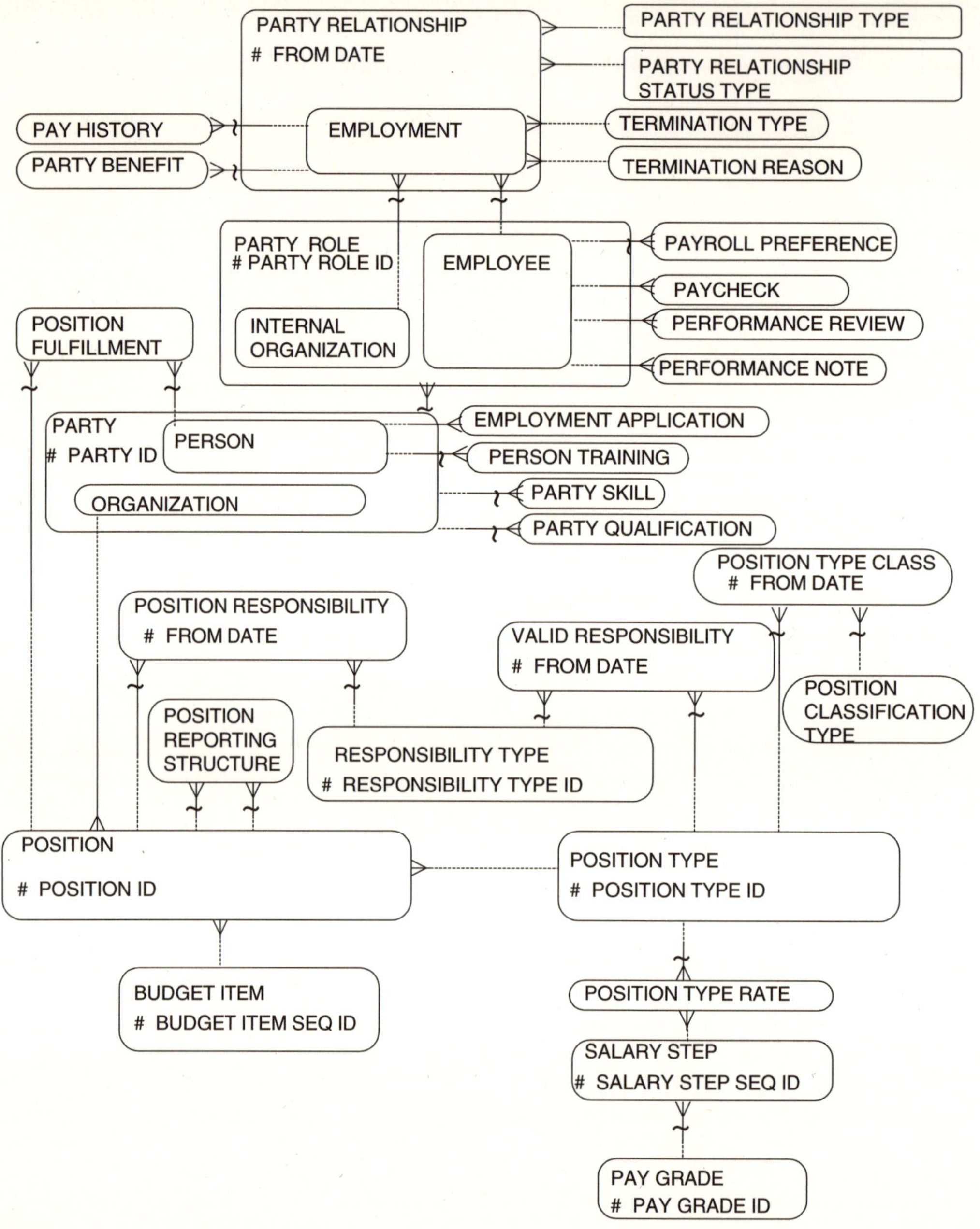

그림 9.14 인적 자원 전체 모델

UNEMPLOYMENT CLAIM(실업수당청구)은 고용 종결과 관련될 수 있는 실업 수당 청구에 대한 정보를 관리한다. Claim date(청구일자)에는 실업 수당 청구일이 표시된다. Description(설명)은 청구의 배경에 대한 정보와 UNEMPLOYMENT CLAIM STATUS TYPE(실업수당청구상태유형)과의 관계에 대해 청구가 "제출", "보류 중", "수락", "거절" 또는 기타 중요한 상태인지를 저장한다.

상태 이력이 필요하다면, 모델은 UNEMPLOYMENT CLAIM(실업수당청구)과 UNEMPLOYMEN
CLAIM STATUS TYPE(실업수당청구상태유형) 사이에 다대다(M:M) 관계를 포함해야 한다. 기타
정보는 기업의 필요에 따라 관련된 다양한 관계자, 청구에 관한 메모, 청구에 관련된 달러 수치 등
과 같은 UNEMPLOYMENT CLAIM(실업수당청구)과 관련될 수 있다.

이 사실을 표현하는 일반적인 방법임에도 불구하고, 실제로 종료된 것이 직원이 아니라는 사
실에 주목하는 것이 중요하다. 실제로 종료된 것은 고용이다. 이는 PARTY RELATIONSHIP
STATUS TYPE(관계자관계상태유형)이 어떤 관계인지와는 무관하게 관계자 정보를 저장하기 위해
사용된 PARTY STATUS(관계자상태)와 반대되는 종료 상태를 저장하기 위해 사용된 이유다(누군가
사망한 경우 이를 기록하는 데 사용).

요약

이 장에서는 인적 자원 정보 추적 및 관리(그림 9.14 참조)와 같이 비즈니스 운영 측면에서 보다 복
잡한 것 중 하나를 논의했다. 제시된 모델을 통해 기업은 직원 및 계약자와 관련된 직위 및 임무를
보다 효율적으로 추적할 수 있다. 또한 모델에는 직위 분류, 보고 구조, 급여율 결정, 기업과 관련된
사람들의 급여 기록 추적, 수당 추적, 급여 정보, 고용 신청, 직원 기술, 직원 성과 및 직원 해고 등
의 요소가 포함되어 있다.

엔터티와 속성의 목록은 부록A를 참조하라.

CHAPTER

10

전사 데이터 모델에서 데이터 웨어하우스
데이터 모델 생성

이전 장에서는 특정 데이터 주제 영역, 즉 관계자, 상품, 주문, 배송, 작업 활동, 회계 및 인사에 대한 데이터 모델에 중점을 두었다. 이러한 데이터 모델은 데이터 웨어하우스뿐만 아니라 모든 유형의 시스템을 구축하는 데 필수적이므로 데이터의 특성과 그 관계를 이해하는 것이 중요하다.

데이터 웨어하우스를 구축하기 위해 이러한 데이터 모델을 사용하는 과정은 어떻게 진행되는가? 이 장에서는 변환 과정을 설명할 뿐만 아니라, 이전 장의 논리 데이터 모델을 사용해서 변환의 각 유형별 예제를 제공한다.

데이터 웨어하우스 아키텍처

논리 데이터 모델을 데이터 웨어하우스로 변환하는 방법을 논의하기 전에 운영 환경에서 의사 결정 지원 시스템으로의 변환 과정과 관련된 세 가지 유형의 모델을 이해하는 것이 중요하다.

■ 전사 데이터 모델

■ 데이터 웨어하우스 디자인

■ 부서별 데이터 웨어하우스 디자인 또는 데이터 마트

전사 데이터 모델

전사 데이터 모델은 데이터와 그 관계를 전사적으로 보여준다. 이는 일반적으로 데이터 주제 영역에 대한 논리 데이터 모델뿐만 아니라 각 데이터 주제 영역에 대한 개요와 이들 간의 관계가 있는 상위 모델을 포함한다. 이 모델은 기업의 온라인 트랜잭션 처리(OLTP) 시스템과 데이터 웨어하우스를 개발하는 기초가 된다. 이전 장에서 제시된 모델은 기업의 전사 데이터 모델의 시작점 역할을 할 수 있다.

데이터 웨어하우스 디자인

데이터 웨어하우스 디자인은 때로는 데이터 웨어하우스 데이터 모델이라고도 한다. 이는 의사 결정 지원 환경을 위한 단일 원천으로서의 역할을 하는, 통합된 주제 중심의 매우 세부적인 전략 정보의 기반을 나타낸다. 이를 통해 운영 환경에서 정보를 추출하고 정리하여 중앙의 통합된 전사적 데이터 웨어하우스 환경으로 변환할 수 있다. 데이터 웨어하우스 데이터 모델은 통합된 상세한 정보 수준을 관리하므로 기업의 모든 부서 및 기타 내부 조직은 일관되고 통합된 의사 결정 지원 정보의 이점을 누릴 수 있다.

부서별 데이터 웨어하우스 디자인 또는 데이터 마트

부서별 데이터 웨어하우스 디자인은 전사 데이터 웨어하우스에서 추출한 부서별 정보를 관리하는 데 사용된다. 이것은 가벼우면서 고도로 요약된 데이터 또는 데이터 마트라고도 한다. 부서별 데이터 웨어하우스의 예로는 고객별 제품 판매, 날짜별, 영업 담당자별과 같은 특정 부서의 영업 분석 정보를 관리하는 것이다. 이 부서는 부서별 데이터 웨어하우스를 만들고 전사 데이터 웨어하우스에서 자체 데이터 웨어하우스(또는 데이터 마트)로 정보를 가져올 수 있다.

회사의 다른 부서(예를 들면, 마케팅 부서)는 월별, 상품별, 지역별 판매와 같은 전사적 차원의 판매 정보에 관심을 가질 수 있다. 이 부서는 자체 목적을 위해 부서별 데이터 웨어하우스 디자인을 만들 수 있다. 이 정보를 수집하기 위해 운영 시스템을 대상으로 추출, 변환 및 정리 루틴을 구축하는 대신 전사 데이터 웨어하우스에 의존할 수 있다.

설계된 데이터 웨어하우스 환경

그림 10.1에 설명한 것처럼 이 아키텍처 방식을 사용하면 각 부서에서 기업 정보에 대한 서로 다른 뷰를 추출하게 되는 함정을 피할 수 있다. 이러한 일관성 없는 추출은 통합되지 않고 일관성 없는 데이터로 이어진다. 결국 의사 결정 지원의 기본 목표는 전략적이고 의미 있는 관리 정보를 제공하는 것이다. 이를 수행하는 가장 이상적인 방법은 통합 데이터 개발에 초점을 맞추는 것이다. 그런

다음 이 작업이 완료되면 다양한 정보가 필요한 여러 부서에 전달해야 한다.

기업이 전사 데이터 모델에서 데이터 웨어하우스 데이터 모델로, 부서별 데이터 웨어하우스로 이동하면 모델은 특정 기업에 더 많이 종속된다는 점에 유의해야 한다. 예를 들어, 이전 장의 논리 데이터 모델의 많은 부분은 여러 다른 기업에서 사용할 수 있다. 데이터 웨어하우스 데이터 모델은 기업에 유용하다고 판단되는 의사 결정 지원 정보 유형에 관한 수많은 가정을 기반으로 하기 때문에 기업에 더 구체적이다. 부서별 데이터 웨어하우스는 부서의 특정 요구에 훨씬 더 의존적이다.

따라서 이 장의 뒷부분과 이후 장에서 설명하는 데이터 웨어하우스 모델은 각 기업의 데이터 웨어하우스 디자인이 고유한 특정 업무 요건에 크게 의존하기 때문에 예제로만 제공된다.

이 장에서는 특히 전사 데이터 모델을 데이터 웨어하우스 데이터 모델로 변환하는 것에 중점을 둔다. 11장에서는 여러 주제 영역을 포함하는 데이터 웨어하우스 데이터 모델의 예를 제공한다. 12장, 13장 및 14장에서는 부서별 데이터 모델의 예를 제공하고, 다차원 분석을 위해 스타 스키마 표기법을 사용하여 부서별 웨어하우스를 구조화하기 위한 다양한 디자인을 보여준다.

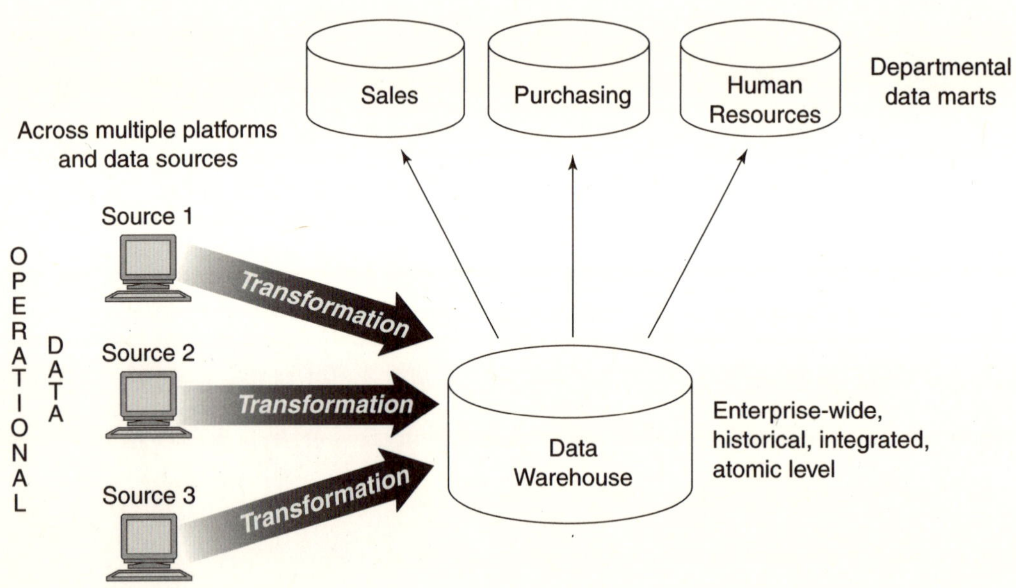

그림 10.1 데이터 웨어하우스 아키텍처

전사 데이터 모델

데이터 웨어하우스의 설계 및 구성을 위한 출발점은 전사 데이터 모델이다. 데이터 모델이 없으면 데이터 웨어하우스의 데이터 구조와 내용을 구성하기가 매우 어렵다.

전사 데이터 모델은 매우 광범위한 범위를 포괄할 수 있다. 그럴 때 전사 데이터 모델이라고 한다(기업 데이터 모델은 동의어임). 반면에 기업 내의 데이터 모델은 제한된 범위를 포괄할 수 있다. 예를 들어 특정 부서 또는 부서 내의 정보를 포함할 수 있다. 전사 데이터 모델의 경우나 기업의 일부에 대한 데이터 모델인 경우 모두 데이터 모델은 데이터 웨어하우스 데이터 모델을 만들기 위한 출발점이다.

많은 조직에서 수년 동안 데이터 모델의 중요성을 인식하고 그러한 모델을 구축하는 데 시간과 노력을 투자했다. 고전적인 데이터 모델 설계 기술의 문제점 중 하나는 운영 및 의사 지원 환경에 대한 모델링 간에 차이가 없다는 것이다. 고전적인 데이터 모델 설계 기술은 정보의 맥락을 고려하지 않고 전체 기업의 정보 요구를 모으고 종합한다. 이러한 모델의 결과는 매우 정규화되는 경향이 있는 전사 데이터 모델이다.

전사 데이터 모델은 데이터 웨어하우스 구축 프로세스를 시작하기에 매우 좋은 곳이다. 지적 수준의 통합 및 통합을 위한 토대를 제공한다. 전사 데이터 모델은 데이터 웨어하우스 용으로 특별히 제작된 것이 아니기 때문에 데이터 웨어하우스 데이터 모델을 작성하려면 약간의 변형을 적용할 필요가 있다.

변환 요구사항

전사 데이터 모델에서 데이터 웨어하우스 데이터 모델로 변환하려면 전사 데이터 모델에 대해 적어도 다음을 식별하고 구조화 해야 한다.

- 기업의 주요 주제 영역
- 주제 영역 간의 관계
- 주제 영역의 정의
- 각 데이터 주제 영역에 대한 논리 데이터 모델(엔터티 관계 다이어그램이라고도 함)

또한 각 주요 논리 데이터 모델에 대해 다음을 식별하고 구조화 해야 한다.

■ 엔터티

■ 엔터티의 키

■ 엔터티의 속성

■ 엔터티의 서브타입

■ 엔터티 간의 관계

이전 장의 논리 모델은 전사 데이터 모델 개발의 시작점으로 사용할 수 있다. 제시된 모델은 기업 내 주요 데이터 주제 영역의 상당 부분을 나타낸다. 이 책의 이전 장, 즉 2장에서 9장까지는 기업의 대략적인 데이터 주제 영역에 해당한다. 예를 들어, PARTY(관계자) 데이터 주제 영역, PRODUCT(상품) 데이터 주제 영역 등이 있다. 각 기업은 특정 비즈니스에 적합한 데이터 주제 영역을 선택하고 필요한 다른 데이터 주제 영역을 추가해야 한다.

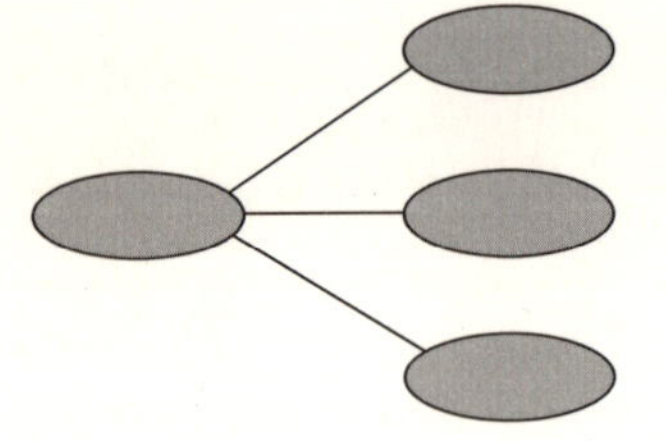

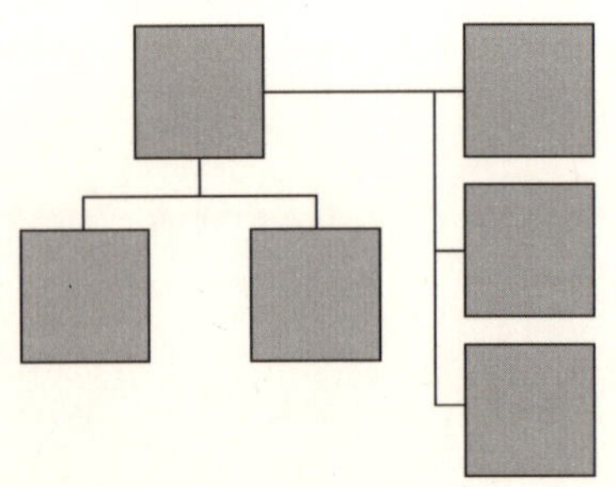

그림 10.2 데이터 모델 구성요소

프로세스 모델

보다 많은 설계 및 모델링 구성 요소를 전사 데이터 모델과 함께 사용할 수 있다. 예를 들어, 기업은 디자인을 설계하고 프로세스 통합을 설계할 수 있다. 프로세스 분석은 일반적으로 다음과 같이 구성된다.

- 기능 분해
- 데이터 및 프로세스 매트릭스
- 데이터 흐름도
- 상태전이도
- HIPO 차트
- 의사코드

이들은 일반적으로 전사 데이터 모델의 일부가 아니라 전사 프로세스 모델에 포함된다. 이 책은 "참조 데이터 모델"을 다루지만, 이러한 범용 프로세스 모델을 개발하는 데 도움이 되는 "범용 프로세스 모델" 또는 템플릿에 대한 필요성도 크다. 프로세스 모델은 데이터 웨어하우스나 의사 결정 지원 시스템(DSS) 환경이 아닌 운영 환경에 직접 적용되기 때문에 프로세스 모델은 일반적으로 데이터 웨어하우스 설계자에게는 그리 관심이 없다. 이는 프로세스 모델이 아닌 데이터 웨어하우스 디자인의 토대를 형성하는 전사 데이터 모델이다.

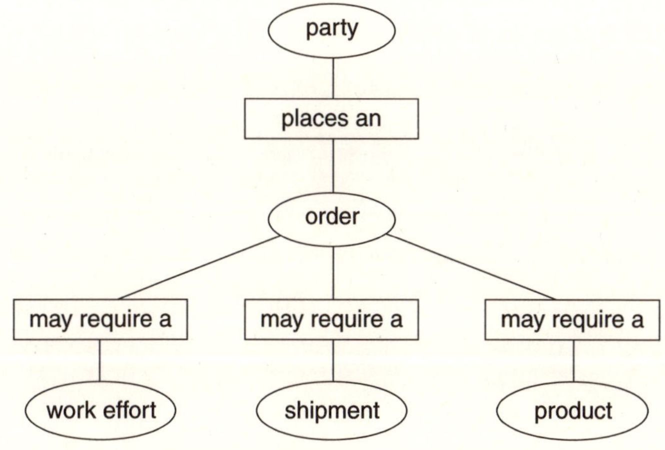

그림 10.3 최상위 모델의 단순 예제

상위 및 논리 데이터 모델

앞서 언급했듯이 전사 데이터 모델은 일반적으로 여러 수준, 즉 각 주제 영역에 대한 상위 모델과 논리 데이터 모델로 나뉜다. 전사 데이터 모델의 상위 수준에는 주요 주제 영역과 주제 영역 간의 관계가 포함된다. 그림 10.3은 상위 전사 데이터 모델의 간단한 예를 보여준다.

그림 10.3에는 5개의 주제 영역인 관계자, 주문, 상품, 배송 및 작업 활동이 있다. 관계자와 주문, 주문 및 작업 활동, 주문 및 배송, 주문 및 상품 간에는 직접적인 관계가 있다. 물론 상위 데이터 모델에서 많은 간접 관계가 추론되지만 직접 관계만 표시된다. 상위 전사 데이터 모델에는 세부 사항이 전혀 포함되어 있지 않다. 이 수준에서 세부 사항은 불필요하게 모델을 복잡하게 만든다.

전사 데이터 모델의 다음 단계 모델은 논리 데이터 모델이다. 여기에 모델의 세부 사항이 많이 나와 있다. 이 모델에는 엔터티, 키, 속성, 서브타입 및 관계가 포함돼 있으며 완전히 정규화 되어 있다. 이전 장의 각각은 일반적으로 데이터 주제 영역에 해당하며 해당 영역에 대해 정규화된 논리 데이터 모델을 포함한다. 상위 모델에서 식별된 각 주제 영역과 논리 데이터 모델 간에는 관계가 있다. 식별된 각 주제 영역에 대해 그림 10.4와 같이 단일 논리 데이터 모델이 있다.

많은 조직에서 논리 데이터 모델은 동일한 수준의 세부 사항으로 구체화되지 않는다. 일부 논리 데이터 모델은 완전히 설계되고 속성까지 전부 채워진 반면, 다른 모델은 거의 세부 사항 없이 설계된다.

데이터 웨어하우스가 한 번에 한 단계씩 반복적으로 개발될 것이기 때문에 더 큰 전사 데이터 모델의 완성도는 데이터 웨어하우스 개발자에게는 거의 중요하지 않다. 즉, 모든 논리 데이터 모델을 한 번에 개발하는 방대하고 도전적인 방법으로 데이터 웨어하우스를 개발하는 것은 매우 드물다. 따라서 전사 데이터 모델이 준비 정도가 다른 상태에 있다는 사실은 데이터 웨어하우스 설계자에게는 중요하지 않다. 그림 10.5는 데이터 웨어하우스가 한 번에 한 단계씩 개발됨을 보여준다. 먼저 데이터 모델의 일부("상품"과 같은 특정 데이터 주제 영역)가 데이터 웨어하우스 설계를 위해 변환되고 준비된 다음에 데이터 모델의 다른 부분이 변환된다.

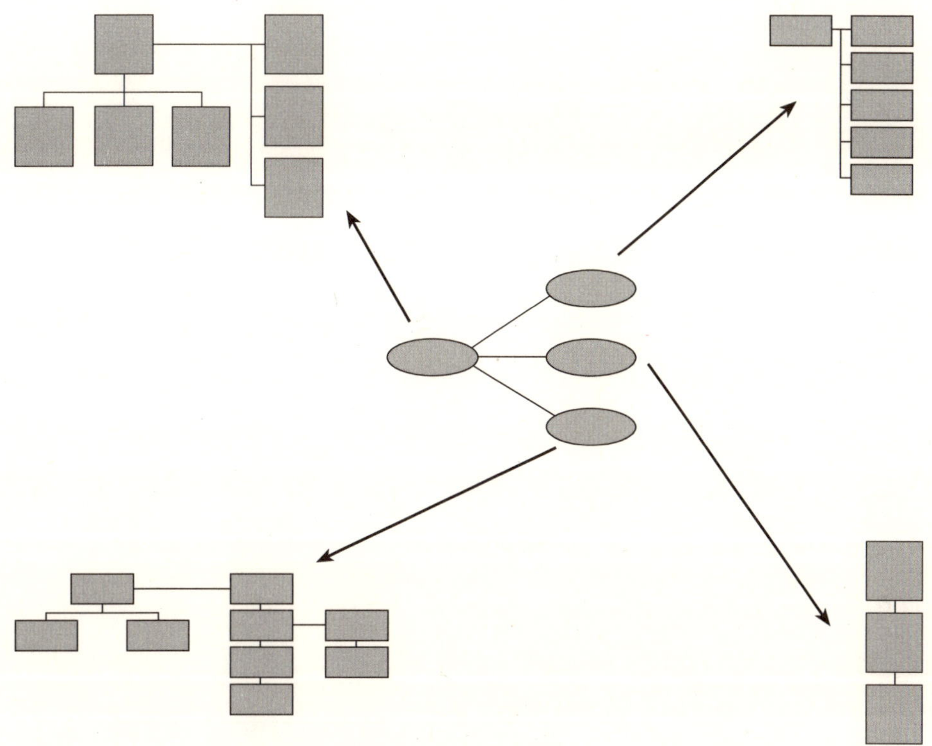

그림 10.4 각 주와 주제 영역에는 고유한 중간 레벨의 모델이 있다

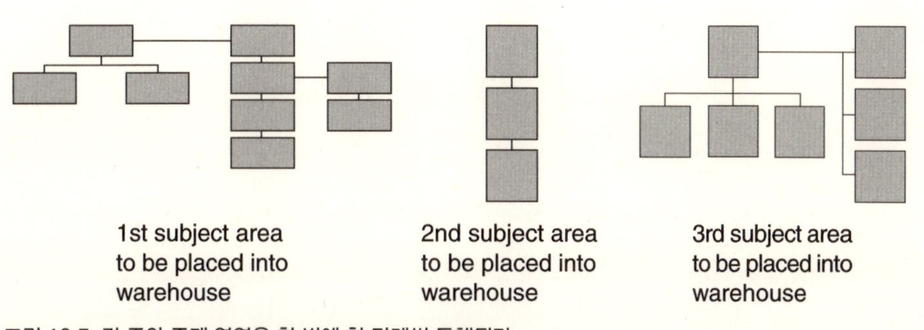

그림 10.5 각 주와 주제 영역은 한 번에 한 단계씩 동행된다

변환하기

기업에 전사 데이터 모델이 있으면 데이터 웨어하우스 데이터 모델로의 변환 프로세스를 시작할 수 있다. 다음은 전사 데이터 모델을 데이터 웨어하우스 데이터 모델로 변환하는 절차다.

■ 순수한 운영 데이터 제거

■ 만약 없다면 데이터 웨어하우스의 핵심 구조에 시간 요소를 추가

■ 적절한 파생 데이터 추가

■ 데이터 관계를 데이터 아티팩트로 변환

■ 데이터 웨어하우스에서 발견되는 다양한 수준의 세분성을 위한 합의

■ 서로 다른 테이블의 유사 데이터 병합

■ 데이터 배열 생성

■ 안정성 특성에 따른 데이터 속성의 분리

이러한 활동은 데이터 웨어하우스 데이터 모델을 생성할 때 지침이 된다. 변환 결정은 주로 기업의 구체적인 의사 결정 지원 요구사항을 기반으로 해야 한다.

운영 데이터 제거

첫 번째 작업은 그림 10.6과 같이 전사 데이터 모델을 검사하고 순수하게 운영되는 모든 데이터를 제거하는 것이다. 이 그림은 전사 데이터 모델에서 발견된 일부 데이터가 데이터 웨어하우스의 데이터 모델로 바뀌는 것을 보여준다. Message(메시지), description(설명), terms(조건) 및 status(상태)와 같은 일부 데이터는 대개 운영 환경에 적용된다. 데이터 웨어하우스 데이터 모델 구축의 첫 번째 단계로 이런 데이터는 제거해야 한다. 논리 데이터 모델에서는 제거되지 않는다. 그것들은 단지 데이터 웨어하우스에서 유용하지 않다. 기업 데이터 모델 내의 INVOICE(송장)에 대한 정보를 나타내는 상자는 message(메시지), description(설명)과 같은 속성이거나, INVOICE TERM(송장조건) 또는 INVOICE STATUS(송장상태)와 같은 관련 정보일 수 있다.

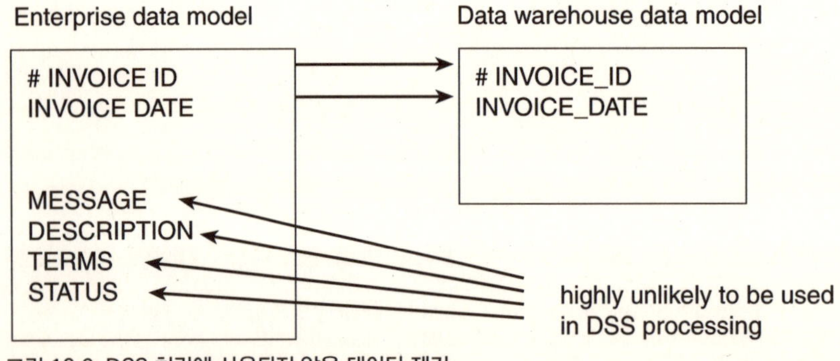

그림 10.6 DSS 처리에 사용되지 않을 데이터 제거

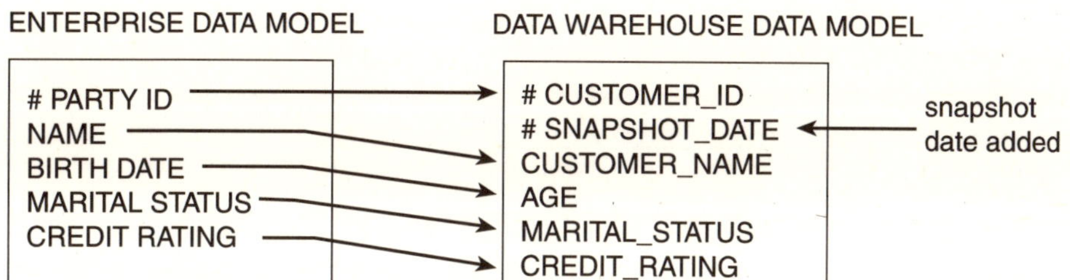

그림 10.7 데이터 웨어하우스 모델에 시간 요소 추가

운영 데이터를 제거하는 것은 결코 쉬운 결정이 아니다. "DSS를 위해 데이터가 사용될 가능성은 무엇인가?"라는 질문이 항상 중심이다. 불행하게도 DSS를 위해 거의 모든 데이터를 사용할 수 있도록 상황을 억지로 꾸밀 수 있다. 보다 합리적인 접근법은 "데이터가 DSS를 위해 사용될 합리적인 가능성은 무엇인가?"라고 묻는 것이다.

언제나 제기될 수 있는 논쟁은 DSS가 항상 알려지지 않은 것을 포함하기 때문에 DSS를 위해 사용될 것이 무엇인지 결코 알지 못한다는 것이다. 이를 바탕으로 모든 데이터를 보관해야 한다. 그러나 데이터 웨어하우스 환경에서 데이터 볼륨을 관리하는 데 드는 비용은 설득력 없는 부자연스러운 환경에서만 DSS에 사용될 데이터를 제거하지 않는 것은 명백하게 잘못된 것임을 나타낸다.

웨어하우스 키에 시간 요소 추가

전사 데이터에 대한 두 번째 필요한 수정 모델은 그림 10.7에서와 같이 키가 없는 경우 데이터 웨어하우스에 시간 요소를 추가하는 것이다.

그림에서 snapshot_date(생성일시)가 고객의 키로 추가되었다. 전사 데이터 모델은 party ID(관계자ID)를 키로 사용하여 관계자 정보를 지정했다. 그러나 웨어하우스에서는 시간이 지남에 따라 고객 인구 통계가 변경될 수 있기 때문에 고객 관련 관계자 데이터의 스냅샷이 만들어진다. 해당 스냅샷의 유효 날짜가 키 구조에 추가된다. 이러한 스냅샷을 만드는 데는 여러 가지 방법이 있으며, 데이터 웨어하우스 키에 시간 요소를 추가하는 몇 가지 일반적인 방법이 있다. 예제에 표시된 기법은 일반적인 것이다.

또 다른 일반적인 기법은 시작과 종료 날짜를 키 구조에 추가하는 것이다. 이 기법은 특정 시점의 스냅샷이 아닌 연속적인 데이터를 표현할 수 있다는 장점이 있다. 이 기법의 예가 그림 11.2의 예제 데이터 웨어하우스 데이터 모델에 나와 있다.

논리 데이터 모델에서 식별된 데이터에 이미 from datetime(시작일시)이나 thru datetime(종료일시) 속성과 같은 시간 요소가 있는 경우 데이터 웨어하우스 키 구조에 다른 시간 요소를 추가할 필요가 없다.

파생 데이터 추가

논리 데이터 모델에 대한 다음 변환은 그림 10.8에서와 같이 파생 데이터를 데이터 웨어하우스 데이터 모델에 추가하는 것이다(그림 10.8 참조). Total_amount(총금액) 속성은 INVOICE(송장)의 amount(금액) 속성에 quantity(수량) 속성을 곱하여 추출된다.

일반적으로 데이터 모델러는 데이터 모델링 프로세스의 일부로 추출 데이터를 포함하지 않는다. 논리 모델은 기업의 데이터 요구사항만을 보여준다. 논리 데이터 모델에서 추출 데이터가 누락된 이유는 추출 데이터가 포함될 때 해당 데이터의 파생 또는 계산과 관련하여 특정 프로세스가 추론되기 때문이다. 추출 데이터는 성능 또는 액세스 용이성의 이유로 물리 데이터베이스 설계에만 추가된다.

추출 데이터가 널리 액세스되고 계산되는 데이터 웨어하우스 데이터 모델에 추출 데이터를 추가하는 것은 적절하다. 파생 데이터의 추가는 웨어하우스 데이터에 액세스하는 데 필요한 처리량을 줄이므로 의미가 있다. 또한 제대로 계산된 후에는 계산의 무결성에 거의 영향을 주지 않는다. 다시 말하면 파생된 데이터가 올바르게 계산되면 누군가가 데이터를 계산하기 위해 잘못된 알고리즘을 사용할 가능성은 없다. 따라서 데이터 웨어하우스의 데이터 신뢰성은 향상된다.

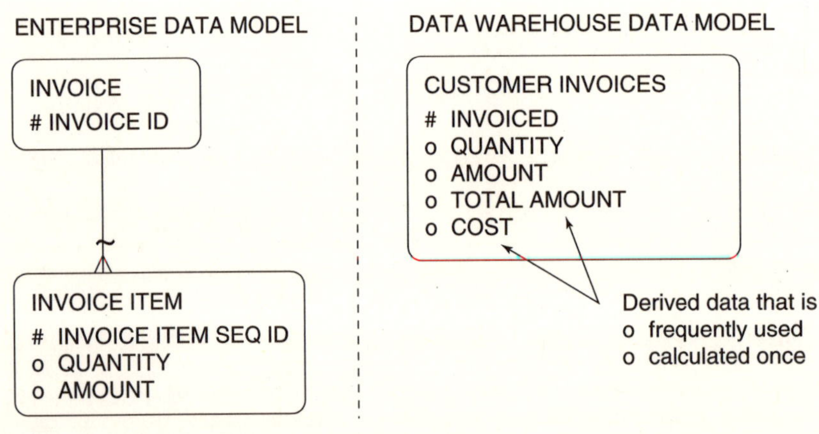

그림 10.8 적절한 추출 데이터 추가

물론 데이터가 데이터 웨어하우스에 추가될 때마다 다음 질문을 해야 한다. "가치 있는 데이터가 추가 되었는가?" 데이터 웨어하우스에서 데이터 양의 문제는 모든 데이터 바이트에 대해 질문을 해야 한다는 것이다. 그렇지 않으면 데이터 웨어하우스가 관리할 수 없는 비율로 빠르게 커진다.

관계 아티팩트 생성

전통적인 데이터 모델링에서 발견된 데이터 관계는 관계의 기초가 되는 유일한 사업 가치(즉, 상품에 대한 유일한 주요 공급업체가 있음)를 가정한다. 운영 데이터에 액세스할 때 그 데이터가 정확하다는 가정하에, 관계의 고전적 표현은 적절하다. 데이터 웨어하우스는 일반적으로 데이터 테이블 간에 많은 관계 값을 가지고 있는데, 이는 웨어하우스의 데이터가 오랜 시간 동안의 데이터를 나타내기 때문이다. 따라서 시간이 지남에 따라 자연스럽게 많은 관계 값이 생긴다(즉, 시간이 지남에 따라 상품에 대한 많은 상품 공급업체가 생김). 따라서 고전 데이터 모델링에서 발견된 테이블 간의 관계에 대한 고전적 표현은 데이터 웨어하우스에 적합하지 않다. 데이터 웨어하우스의 테이블 간의 관계는 아티팩트 생성을 통해 얻을 수 있다.

관계 아티팩트를 설명하는 한 가지 방법은 한 시점에 존재하고 더 이상 존재하지 않는 관계의 존재다. 만약 사람이 결혼하여 이혼을 하면, 위자료 지불은 관계 아티팩트의 표시다. 존재했지만 더 이상 존재하지 않는 관계를 상기시키는 것이다. 기업 내 판매 분석을 위해 오래된 고객 관계는 운영 시스템에 더 이상 존재하지 않을지라도 데이터 웨어하우스에 기록하는 것이 중요하다.

웨어하우스에서 관리되는 관계의 아티팩트는 데이터 웨어하우스에 대한 데이터 스냅샷이 생성되는 순간 명백하고 확실한 관계의 일부일 뿐이다. 즉, 스냅샷이 만들어지면 유용하고 분명한 관계와 관련된 데이터가 웨어하우스 테이블로 들어가게 된다.

아티팩트에는 외래 키 및 관련 테이블의 컬럼과 같은 기타 관련 데이터가 포함될 수 있으며 스냅샷에는 관련 데이터만 포함될 수 있고 외래 키는 포함될 수 없다. 이것은 데이터 웨어하우스 설계자가 직면하는 가장 복잡한 주제 중 하나다. 그림 10.9와 같은 간단한 데이터 관계를 고려하라.

그림 10.9는 PRODUCT(상품)와 SUPPLIER(공급업체) 간의 관계를 보여준다. 이 정보는 3장, 그림 3.5, PRODUCT(상품), SUPPLIER PRODUCT(공급업체상품) 및 PREFERENCE TYPE(선호유형) 엔터티에서 볼 수 있다. 이 예에서 각 PRODUCT(상품)에는 기본 SUPPLIER[기본 PREFERENCE TYPE(선호유형)]가 있다. 무결성 제약 조건은 SUPPLIER(공급업체)(또는 조직)가 삭

제된 경우 해당 공급업체를 기본 소스로 하는 SUPPLIER PRODUCT(공급업체상품) 인스턴스가 존재하지 않을 수 있음을 나타낸다. 즉, 공급업체 기록이 삭제됐기 때문에 주요 공급업체에 대한 정보가 손실된다. 이 관계는 액세스 순간에 현재 진행중인 정확한 데이터 관계를 나타낸다.

이제 데이터의 스냅샷을 만들 수 있는 방법과 관계 정보를 저장하는 방법을 고려한다. 그림 10.10은 데이터 웨어하우스에 나타날 수 있는 PRODUCT(상품) 및 SUPPLIER(공급업체) 데이터의 스냅샷을 보여준다.

PRODUCT(상품) 스냅샷 테이블은 주말, 월말 등 정기적으로 작성되는 테이블이다. 현재 PRODUCT(상품)에 대한 자세한 정보가 수집된다. 수집된 정보 중 하나는 스냅샷 순간의 primary supplier name(주요공급업체이름)이다. 또 다른 아티팩트는 해당 시점에 운영 시스템에 있는 공급업체 정보에서 추출한 공급 업체 위치다. 기업이 공급업체와 비즈니스를 중단하고 공급업체 인스턴스가 삭제되더라도 데이터 웨어하우스는 여전히 해당 상품의 주요 공급업체에 대한 기록을 보관한다. 이는 보관되는 관계 아티팩트의 예다. 관계는 보관되는 시점 정보로서 정확하다. 다른 의미는 의도되거나 암시되지 않는다.

ENTERPRISE DATA MODEL

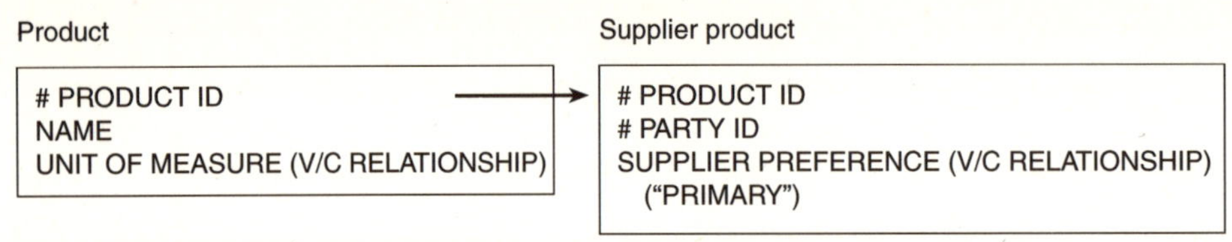

그림 10.9 상품과 고급업체 사이의 선택 관계

DATA WAREHOUSE DATA MODEL

PRODUCT SNAPSHOT TABLE

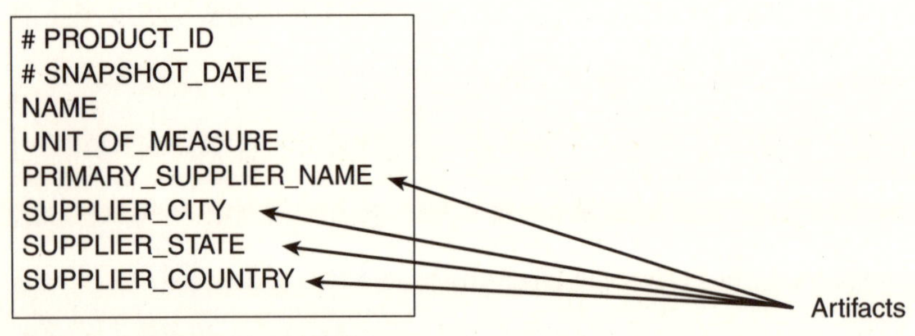

그림 10.10 운영 데이터 관계 아티팩트

DATA WAREHOUSE DATA MODEL

PRODUCT HISTORY TABLE

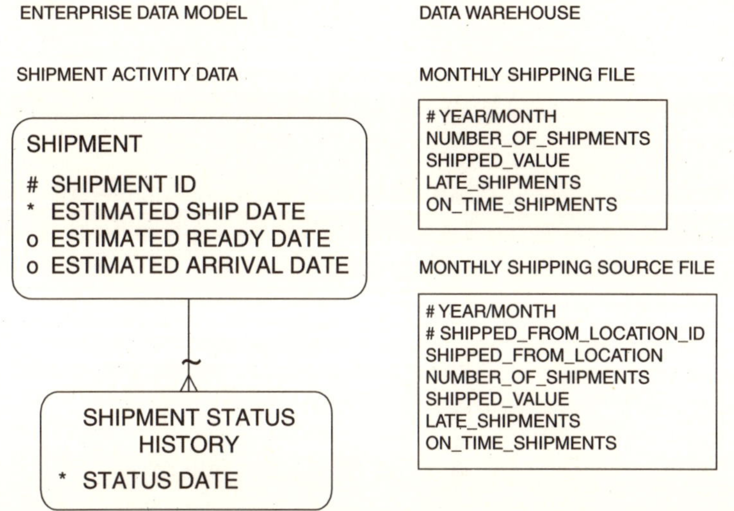

그림 10.11 또 다른 형태의 웨어하우스 데이터는 모든 활동이 캡처된 개별 이력 데이터이다

그림 10.12 운영 환경에서 데이터 웨어하우스 환경으로 갈 때 세분화된 다른 변화를 수용

앞서 논의한 스냅샷에는 하나의 큰 단점이 있다. 그것은 불완전하다. 그것은 순간에 존재하는 관계만을 보여준다. 스냅샷이 포착하지 못하는 주요 이벤트가 발생할 수 있다. 예를 들어 매주 PRODUCT SNAPSHOT(상품스냅샷)을 만들었다고 가정한다. 일주일 동안 상품에 세 개의 주요 공급업체가 있었을 수도 있지만 스냅샷에는 이 사실이 반영되지 않는다.

스냅샷은 작성하기가 쉽고 데이터 웨어하우스의 필수 부분이지만 단점이 있다. 전체 데이터 인스턴스를 저장하려면 데이터 웨어하우스의 데이터에 스냅샷이 아닌 내역 인스턴스가 필요하다. 그림 10.11은 데이터 웨어하우스의 내역 데이터의 예를 보여준다.

PRODUCT HISTORY(상품내역) 테이블에 화물을 선창에 수령하고 관련 정보를 기록한다. 무엇보다도 PRODUCT(상품)의 SUPPLIER(공급업체)가 기록된다. 이것은 데이터 웨어하우스 내에 기록되는 또 다른 형태의 아티팩트 관계 정보다. 모든 납품에 대해 생성된 내역 인스턴스가 있다고 가정하면 시간 경과에 따라 두 테이블 간의 관계 인스턴스는 완료된다.

데이터의 세분성 변경

데이터 웨어하우스의 기능 중 하나는 다양한 수준의 세분성이다. 경우에 따라 데이터가 운영 환경에서 데이터 웨어하우스 환경으로 전달됨에 따라 세분성 수준은 변경되지 않는다. 다른 경우에는 데이터가 데이터 웨어하우스로 전달될 때 세분성 수준이 변경된다. 세분성 수준이 변경되면 그림 10.12와 같이 데이터 웨어하우스 데이터 모델에 이러한 변경 사항을 반영해야 한다.

그림에서 전사 데이터 모델은 배송이 이루어질 때마다 수집되는 배송 활동 데이터를 보여준다. 최종 사용자가 지정한 요구사항으로 인해 데이터가 데이터 웨어하우스로 전달될 때 데이터 세분성이 변경된다. 배송 데이터에 대한 두 가지 요약이 이루어지며, 총 배송에 대한 월별 요약과 지역에서 배송된 배송물의 요약이 이루어진다.

세분성 변경 문제(데이터 웨어하우스 데이터 모델러에 관한 한)는 다음과 같은 질문을 중심으로 이루어진다.

■ 데이터를 요약(즉, 일별, 주별, 월별로 요약)하기 위해 어떤 기간을 사용해야 하는가?

■ 요약된 테이블에 어떤 데이터 요소가 있어야 하는가?

■ 운영 환경이 요약된 데이터 요소를 지원하는가(즉, 웨어하우스에 운영 데이터 소스에서 계산할 수 없는 데이터 웨어하우스 설계자가 명시한 데이터가 있는가)?

■ 상세한 분석을 위한 세분화 수준을 낮추는 것과 그 세부 정보를 저장하는 비용 사이의 절충점은 무엇인가? 특히 대규모 데이터베이스(VLDB)의 경우 디스크 공간, 성능 및 데이터베이스 관리 간접비가 포함된다.

테이블 병합

다음 변환 고려 사항은 그림 10.13에서 설명한 것처럼 기업 테이블을 하나의 데이터 웨어하우스 테이블로 병합하는 것이다.

이 그림은 운영 환경의 두 테이블인 INVOICE(송장) 및 INVOICE_ITEM(송장품목)(상단 두 개의 상자)을 보여준다(7장 참조). 테이블은 정규화 되어 있다. 데이터 웨어하우스 환경에 배치되면서 그들은 병합된다. 병합은 쿼리 성능을 크게 향상시킬 수 있으며, 일반적으로 필요한 조인을 제거하여 데이터 구조를 단순화할 수 있다.

병합이 의미 있는 조건은 다음 상황이 발생할 때이다.

■ 테이블은 공통 키(또는 부분 키)를 공유한다.

■ 다른 테이블의 데이터가 자주 같이 사용된다.

■ 입력 패턴이 대략 동일하다.

이러한 조건 중 하나라도 충족되지 않으면 테이블을 병합하는 것이 적절하지 않을 수 있다.

주어진 예에서 키의 공통 부분은 invoice_id(송장ID)다. 많은 경우 두 테이블의 정보가 함께 사용되며, 입력 패턴이 정확히 동일하다(즉, 송장 품목이 없는 송장이 필요하지 않음).

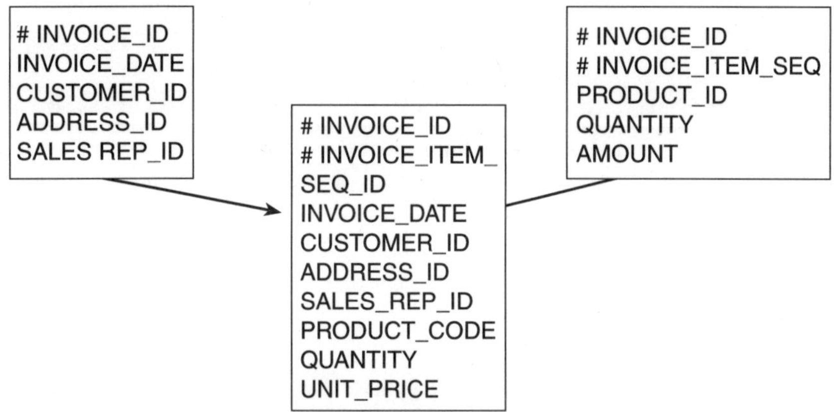

그림 10.13 전사 데이터 테이블을 웨어하우스 데이터 모델에 병합

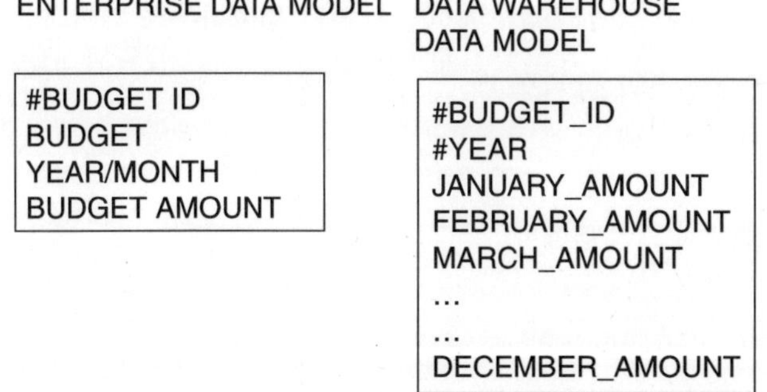

그림 10.14 데이터 웨어하우스 모델에 데이터 배열을 만드는 게 올바른 디자인 선택

데이터 배열 만들기

다음 변환 작업은 데이터 웨어하우스 데이터 모델에서 데이터 배열 만들기를 고려하는 것이다. 전 사 데이터 모델의 데이터는 일반적으로 정규화된다. 즉, 반복 그룹은 데이터 모델의 일부로 표시되 지 않는다. 그러나 적절한 조건에서 데이터 웨어하우스는 반복 그룹을 포함할 수 있고 포함해야 한 다. 그림 10.14는 데이터 배열을 포함하는 데이터 웨어하우스 데이터 모델을 만드는 예를 보여준다.

전사 데이터 모델은 예산 기록[8장의 BUDGET(예산) 및 BUDGET ITEM(예산품목)]이 한 달 단 위로 작성되었음을 보여준다. 그러나 데이터가 데이터 웨어하우스로 이동하면 배열로 구성되어 해 당 년도의 각 달이 배열로 나타난다.

데이터의 구조화에는 몇 가지 이점이 있다. 하나는 매달 데이터를 개별적인 인스턴스로 저장하 지 않음으로서 일정한 공간이 절약된다는 것이다. 데이터 웨어하우스의 경우 budget_id(예산ID) 및 year(년) 값은 매년 한 인스턴스에 표시되지만, 전사 데이터 모델의 경우 값은 매년 12 인스턴스 로 표시된다(예산 기간이 월간일 경우). 이 공간의 절약은 결코 사소하지 않을 수 있다. 어떤 경우에 는 테이블에 필요한 전체 공간의 25%에 해당한다. 또한 데이터를 구조화하는 데이터 웨어하우스 는 데이터를 구성하는 전사 데이터 모델로서 인덱스 엔터티의 12분의 1을 필요로 한다.

다른 장점은 성능 향상의 가능성을 증가시키는, 단일 물리적 위치에서 매년 발생하는 모든 데이 터를 구성할 수 있다는 것이다. 이는 많은 논리 인스턴스가 하나의 실제 인스턴스에 저장되므로 동 일한 데이터를 검색하는 데 필요한 물리적 입출(I/O) 수가 줄어들기 때문이다. 이것이 중요한 요소 인지 여부는 데이터 사용, DBMS(데이터베이스 관리 시스템) 사용, DBMS 내의 인스턴스의 물리적 구성 등과 같은 여러 가지 고려 사항에 따라 달라진다.

데이터 배열 작성은 범용적인 선택이 아니다. 올바른 상황에서만 데이터 웨어하우스 데이터 모 델에 데이터 배열을 만드는 것이 좋다. 그 조건은 다음과 같다.

■ 데이터의 발생 횟수를 예측할 수 있는 경우

■ 데이터의 발생이 상대적으로 작을 때(물리적 크기 면에서)

■ 자주 발생하는 데이터를 함께 사용하는 경우

■ 입력 및 삭제 패턴이 안정적일 때

데이터 웨어하우스의 흥미로운 측면 중 하나는 웨어하우스의 데이터 키 구조에 종종 시간 요소가 포함되어 있고, 시간 단위가 예측 가능하게 발생하기 때문에 데이터 웨어하우스 테이블에 데이터 배열 기술이 아주 적절하다는 것이다. 즉, 단일 테이블에 데이터 배열을 만드는 기술과 데이터 웨어하우스 간에는 강력한 친화력이 있다.

안정성에 따른 데이터 구성

최종 변환 기법은 변경하려는 경향에 따라 데이터 웨어하우스에서 데이터를 구성하는 것이다. 전사 데이터 모델은 테이블 내에 포함된 변수의 변경 비율을 거의 또는 전혀 구분하지 않는다. 그러나 데이터 웨어하우스는 웨어하우스 내의 데이터 변경 비율에 매우 민감하다. 데이터 웨어하우스 내에서 최적의 데이터 구성은 한 테이블의 데이터가 느리게 변경되고 다른 테이블의 데이터가 빠르게 변경되는 경우다. 그 이유는 엔터티의 모든 데이터가 스냅샷이 있는 테이블에만 저장되는 경우 어떤 값이 변경되면 모든 값의 복사본을 만들어야 하기 때문이다. 급속하게 변화하는 값은 안정된 데이터의 많은 인스턴스를 방지하기 위해 별도의 테이블에 저장되어야 한다.

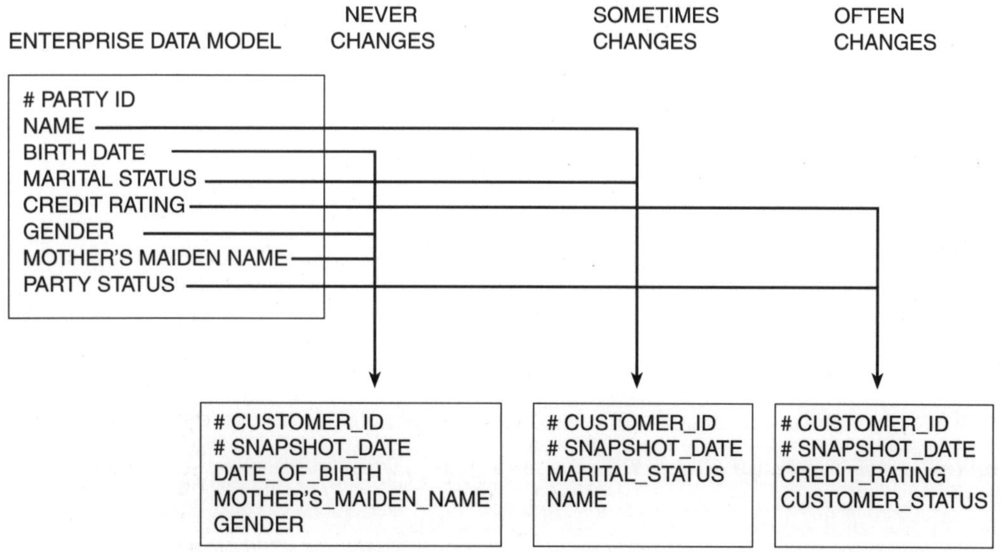

그림 10.15 전사 데이터 모델의 데이터는 변경 가능성에 따라 더 나눌 수 있음

이 변환의 작동 방식을 그림 10.15에 나타낸다. 그림은 전사 데이터 모델이 고객을 위해 일부 데이터를 수집했음을 보여준다. 그런 다음 그 데이터는 드물게 변경되는 데이터, 때때로 변경되는 데이터 및 자주 변경되는 데이터의 세 가지 범주로 나뉜다. 데이터 웨어하우스 데이터 구조는 결국 변동성 측면에서 호환 가능한 구조로 끝난다. 이는 웨어하우스 내의 데이터를 최소화하는 메커니

즘을 제공하여, customer_status(고객상태)와 같이 빠르게 변하는 속성이 변경될 때마다 date-of-birth(생년월일)와 같은 고정된 정보를 다시 저장할 필요가 없다.

요약

전사 데이터 모델은 데이터 웨어하우스를 구축하기 위한 기초다. 그러나 전사 데이터 모델은 데이터 웨어하우스 설계로 바뀌기 때문에 상당한 양의 설계 활동이 필요하다. 데이터 웨어하우스 데이터 모델은 사용자 요구사항과 관련하여 다음과 같은 설계 활동을 수행함으로써 전사 데이터 모델에서 생성된다.

- 순수하게 운영되는 모든 데이터 제거
- 웨어하우스 키에 시간 요소를 추가하지 않은 경우 추가
- 적절한 파생 데이터 추가
- 관계 아티팩트 생성
- 웨어하우스 데이터의 세분성 변경 합의
- 적절한 경우 테이블 병합
- 적절한 경우 데이터 배열 지정
- 안정성에 따라 데이터 구조화

다음 장에서는 이러한 원칙을 사용하여 예제 데이터 웨어하우스 데이터 모델 설계를 설명한다.

CHAPTER

11

예제 데이터 웨어하우스 데이터 모델

각 기업에는 의사 결정 지원에 유용한 정보 유형과 관련하여 고유한 요구사항이 있다. 하지만 의사 결정 지원 환경은 일반적으로 정보에 입각한 전략적 결정을 내리기 위해 추세를 설명하고 성과를 묘사하며 주요 비즈니스 지표를 규정하는 정보를 제공한다.

기업 전반에 걸쳐 여러 부서에서 응답해야 할 필요가 있는 다음과 같은 다양한 의사 결정 지원 질문이 있다.

- 서로 다른 기간 동안 영업 담당자는 어떻게 수행했는가?
- 누구에게 언제 어떤 상품이 가장 인기가 있는가?
- 어떤 유형의 고객이 어떤 유형의 상품을 구매하고 있는가?
- 다양한 내부 조직이 상품에 소비하는 비용은 얼마인가?
- 예산 금액과 지출한 금액의 차이는 무엇인가?
- 어떤 유형의 배경을 가진 사람들이 어떤 직위를 맡고 있는가?
- 다른 연령층 또는 연방고용평등위원회(Equal Employment Opportunity Commission, EEOC) 범주 내의 사람들에 대한 평균 급여는 얼마인가?

이 장에서는 이러한 유형의 질문에 응답하는 예제 데이터 웨어하우스 데이터 모델을 제공한다. 이 모델은 2장에서 9장까지의 논리적 데이터 모델을 기반으로 개발한 다음 10장에서 설명한 원칙을 활용하여 적절한 변환을 수행한다. 이 장의 모델은 12장, 13장, 14장의 부서별 모델에 있는 데이터의 출처로 사용된다.

이 데이터 웨어하우스 데이터 모델은 의사 결정 지원 정보의 전사적인 원천 역할을 한다. 이는 운영 환경에서 데이터 웨어하우스 환경으로의 데이터 추출, 정리 및 변환을 위한 중앙 프로세스를 허용하는 아키텍처에 필수적인 요소다(10장 참조). 이 접근 방식을 사용하면 서로 다른 요건을 가진 여러 부서가 통합되고 일관된 정보 원천을 사용하여 부서별 데이터 웨어하우스 또는 데이터 마트를 구축할 수 있다.

고객 송장으로의 변환

운영 환경에서 데이터 웨어하우스 환경으로의 데이터 변환을 설명하는 데는 두 가지 핵심 요소가 필요하다. 즉, 데이터의 선택(또는 선택 취소)과 데이터를 데이터 웨어하우스로 이동하는 방법을 설명하는 변환 규칙이 있다.

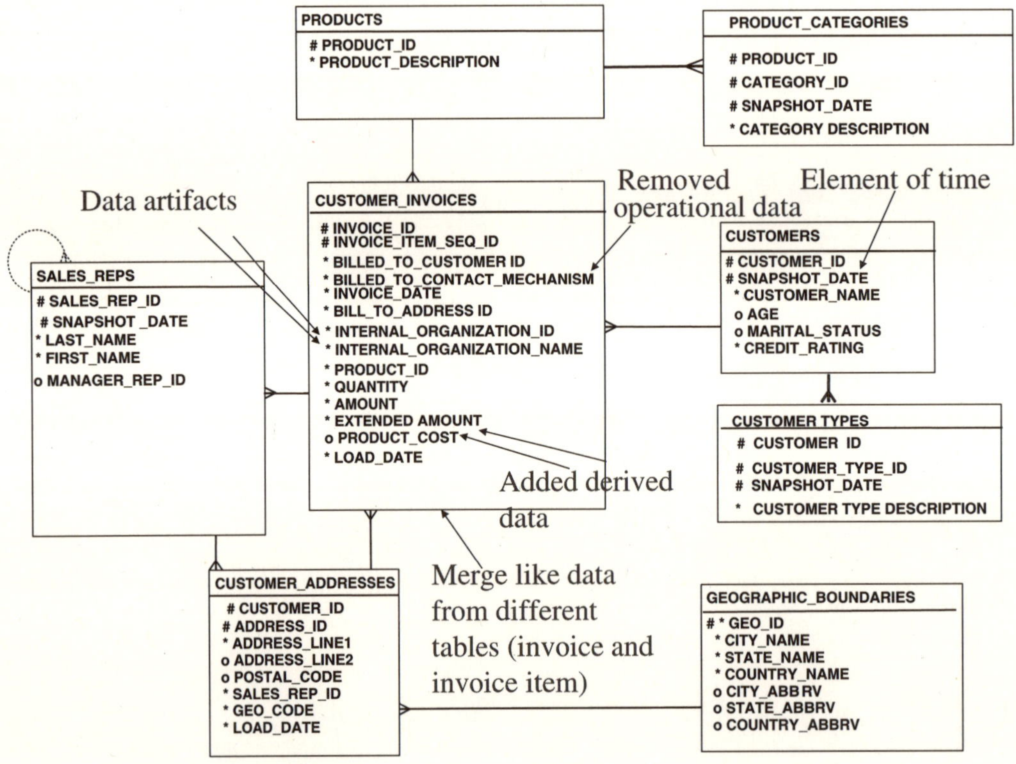

그림 11.1 데이터 웨어하우스 설계의 기초

이 절에서는 데이터 웨어하우스 디자인의 일부인 그림 11.1에서 데이터 웨어하우스 디자인으로 이동하기 위해 전사적 데이터 웨어하우스 데이터 모델의 CUSTOMER_INVOICES(고객송장) 데이터 주제 영역을 개발하는 데 사용되는 변환 프로세스의 예를 제공한다. 데이터를 추출하기 위한 선택 기준 및 알고리즘은 프로세스를 설명하기 위한 목적으로만 제공된다. 선택 기준과 알고리즘은 업무 요구사항에 따라 기업마다 다를 수 있다.

CUSTOMER INVOICES(고객송장) 테이블의 정보는 10장에서 설명한 원칙에 따라 INVOICE(송장) 및 INVOICE_ITEM(송장품목)(7장, 그림 7.1 참조)을 변환한 결과다. 이 프로세스에 대한 자세한 내용은 다음 절에서 설명한다.

운영 데이터 제거

먼저 메시지, 설명, 상태 및 송장 조건과 같은 운영 정보가 INVOICE(송장)에서 제거되었다. 이로 인해 invoice_id(송장ID) 및 invoice_date(송장일자)가 CUSTOMER_INVOICE(고객송장) 데이터 웨어하우스 테이블의 일부로 남았다. Invoice_id(송장ID) 컬럼은 사용자가 특정 거래에 대한 분석을 수행할 수 있도록 남겨졌다. 송장 품목을 살펴보면, 전략적 영업 관리 결정에 중요하지 않은 것으로 간주되어 taxable Flag(과세대상여부)가 제거되었다(일부 조직에서는 이를 유효한 의사 결정 지원 정보로 간주할 수 있지만, 이러한 결정은 관련된 기업에 따라 결정됨). 따라서 product_id(상품ID), quantity(수량) 및 amount(금액)가 남았다.

시간 요소 추가

시간 요소가 존재하는지 확인하기 위해 invoice_date(송장일자)가 INVOICE(송장) 엔터티에 남겨졌다. CUSTOMER_INVOICES(고객송장) 테이블은 특정 송장 품목 거래를 나타내므로 해당 키의 일부로 invoice_date(송장일자)를 포함할 필요가 없다.

거래 자체는 invoice_id(송장ID) 및 invoice_item_seq_id(송장품목순번ID)에 의해 고유하게 식별되며 시간에 영향 받지 않는다. 즉, 거래 정보는 시간이 지남에 따라 변경되지 않는다(이 모델에서는 송장 품목이 발송된 후에 업데이트되지 않도록 하는 업무 규칙이 기업에 있다고 가정한다. 원래의 송장을 조정할 수 있는 별도의 품목으로서 조정이 이루어져야 한다).

CUSTOMERS(고객) 테이블에는 시간이 지남에 따라 변경될 수 있는 고객에 대한 인구 통계가 포함된다. 이 테이블은 내역 데이터의 저장소를 제공하는 키의 일부로서 snapshot_date(저장일시)를 포함하며, 이는 이 장의 뒷부분에서 설명한다.

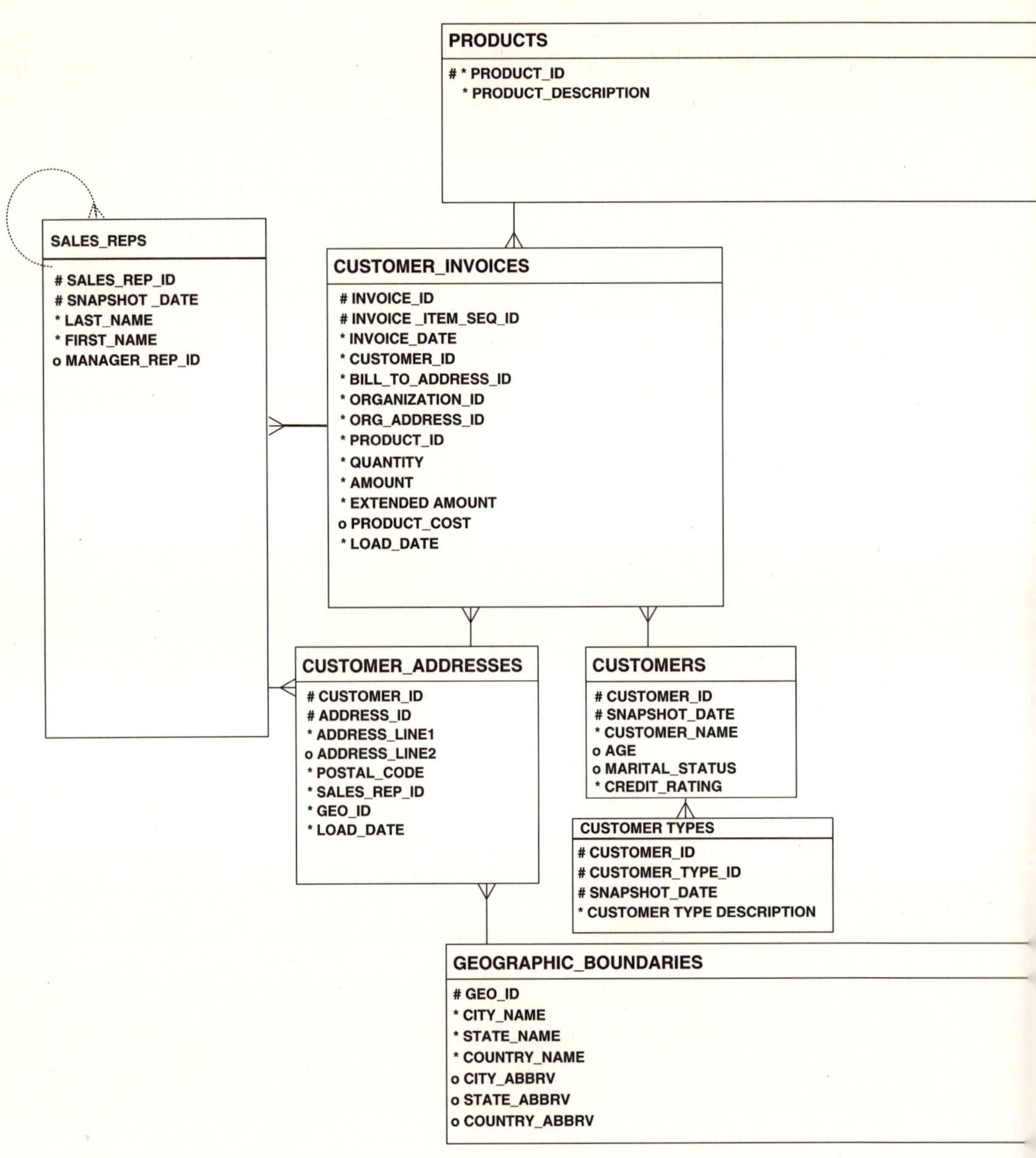

그림 11.2 데이터 웨어하우스 설계의 예제

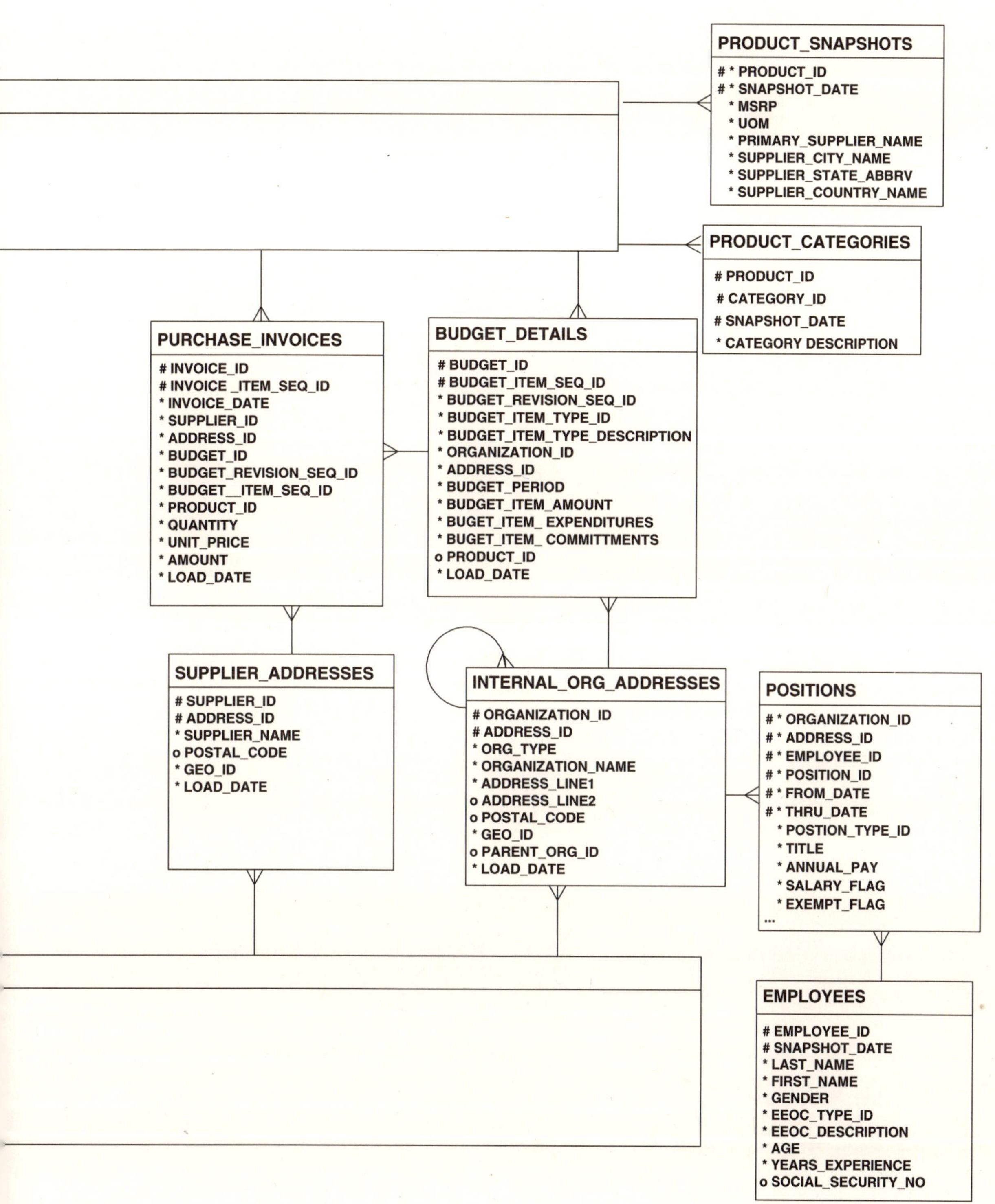

PRODUCT_SNAPSHOTS
* PRODUCT_ID
* SNAPSHOT_DATE
* MSRP
* UOM
* PRIMARY_SUPPLIER_NAME
* SUPPLIER_CITY_NAME
* SUPPLIER_STATE_ABBRV
* SUPPLIER_COUNTRY_NAME

PRODUCT_CATEGORIES
PRODUCT_ID
CATEGORY_ID
SNAPSHOT_DATE
* CATEGORY DESCRIPTION

PURCHASE_INVOICES
INVOICE_ID
INVOICE _ITEM_SEQ_ID
* INVOICE_DATE
* SUPPLIER_ID
* ADDRESS_ID
* BUDGET_ID
* BUDGET_REVISION_SEQ_ID
* BUDGET__ITEM_SEQ_ID
* PRODUCT_ID
* QUANTITY
* UNIT_PRICE
* AMOUNT
* LOAD_DATE

BUDGET_DETAILS
BUDGET_ID
BUDGET_ITEM_SEQ_ID
* BUDGET_REVISION_SEQ_ID
* BUDGET_ITEM_TYPE_ID
* BUDGET_ITEM_TYPE_DESCRIPTION
* ORGANIZATION_ID
* ADDRESS_ID
* BUDGET_PERIOD
* BUDGET_ITEM_AMOUNT
* BUGET_ITEM_ EXPENDITURES
* BUGET_ITEM_ COMMITTMENTS
o PRODUCT_ID
* LOAD_DATE

SUPPLIER_ADDRESSES
SUPPLIER_ID
ADDRESS_ID
* SUPPLIER_NAME
o POSTAL_CODE
* GEO_ID
* LOAD_DATE

INTERNAL_ORG_ADDRESSES
ORGANIZATION_ID
ADDRESS_ID
* ORG_TYPE
* ORGANIZATION_NAME
* ADDRESS_LINE1
o ADDRESS_LINE2
o POSTAL_CODE
* GEO_ID
o PARENT_ORG_ID
* LOAD_DATE

POSITIONS
* ORGANIZATION_ID
* ADDRESS_ID
* EMPLOYEE_ID
* POSITION_ID
* FROM_DATE
* THRU_DATE
* POSTION_TYPE_ID
* TITLE
* ANNUAL_PAY
* SALARY_FLAG
* EXEMPT_FLAG
...

EMPLOYEES
EMPLOYEE_ID
SNAPSHOT_DATE
* LAST_NAME
* FIRST_NAME
* GENDER
* EEOC_TYPE_ID
* EEOC_DESCRIPTION
* AGE
* YEARS_EXPERIENCE
o SOCIAL_SECURITY_NO

그림 11.2는 보다 완벽한 데이터 웨어하우스 디자인이며, 이 장의 뒷부분에서 설명한다. 그림 11.2의 POSITIONS(직위) 테이블은 시간 경과에 따른 데이터 변경을 나타내는 또 다른 공통 기술의 사용법을 보여준다. From_date(시작일자) 및 thru_date(종료일자) 컬럼을 사용하여 키의 일부로 유효 기간을 포함한다. 이는 데이터가 자주 변경되지 않고 시간에 따른 변경 사항을 저장해야 할 때 적절한 기술이다(스냅샷 방법은 시간 간격이 아닌 특정 시간에만 정보를 제공한다).

파생 데이터 추가

CUSTOMER_INVOICES(고객송장) 테이블의 extended amount(확장금액) 컬럼은 파생 값으로서 포함된다. 이는 한 번만 계산되며 자주 액세스될 것이기 때문에 추가되었다. 이 컬럼을 계산하는 공식은 amount(금액) * quantity(수량)다.

관계 아티팩트 만들기

CUSTOMER_INVOICES(고객송장)에서 청구된 to_customer_id(대상고객ID) 및 billed_to_contact_mechanism(청구연락매체)은 어디에서 왔는가? 그것들은 논리 모델에서 설명된 관계(billed to)의 해소를 통해서 도출되었다(그림 7.2, 7.3a 및 7.3b 참조). 이러한 관계는 궁극적으로 PARTY(관계자)를 직접 가리키거나 PARTY(관계자)와 관련된 "청구고객" BILLING ACCOUNT ROLE(결제계정역할)을 가진 BILLING ACCOUNT(결제계정)를 통해 관계자ID를 가리킨다(그림 7.3a). 어떤 경우든 이 의사 결정 지원 모델의 목적에 대해서 필요한 정보는 이러한 관계의 대상자 및 위치이다. DSS 분석가 또는 다른 최종 사용자에게 디자인을 더 이해시키기 위해 컬럼은 party_id(관계자ID)보다는 billed_to_customer_id(청구고객ID)라고 불린다. billed_to_customer_id(청구고객ID)는 CUSTOMERS(고객) 및 CUSTOMER_ADDRESSES(고객주소)의 customer_id(고객ID) 컬럼에 대한 외래 키다.

Billed_to_customer_id(청구고객ID) 및 billed_to_contact_mechanism(청구고객연락매체)은 청구에 대한 책임이 있는 고객과 송장이 전송된 연락 매체를 식별한다. 이 모델의 경우 청구 고객 정보가 데이터 웨어하우스 내에 저장되는 것이 중요하다고 판단되었다. 고객 또는 주문한 관계자로서 주문이 배송된 관계자를 사용하는 것과 같이 의사 결정 지원에 중요한 것으로 간주되는 경우 다른 컬럼을 추가할 수 있다. 이 모델은 이 엔터티에 고객 및 고객 연락 매체에 대한 추가 아티팩트 정보를 포함할 수 있다. 그러나 추가로 고객 정보를 CUSTOMER ADDRESSES(고객주소) 및 CUSTOMERS(고객) 테이블에 저장하는 또 다른 디자인 결정이 이루어지므로 중복 저장된 데이터의 양을 줄임으로써 필요한 전체 저장 공간을 줄일 수 있다. 저장되는 고객 주소는 고객의 기본 직장 주소다.

DSS 분석가가 대답해야 할 또 다른 질문은 다음과 같다. 거래에 참여한 영업 담당자는 누구인가? 이에 대한 대답을 위해 CUSTOMER_INVOICES(고객송장) 테이블에서 SALES_REPS(영업사원) 테이블로의 관계가 있다. 영업 사원은 그림 7.2의 송장 역할 모델에서 파생될 수 있다. 이 모델은 각 INVOICE(송장)에 INVOICE ROLE(송장역할)이 있으며 그 중 하나가 "영업 담당자"의 INVOICE ROLE TYPE(송장역할유형)일 수 있음을 보여준다. 이 경우 외부 조직(즉, 고객)과 내부 직원(영업 담당자 또는 직원) 간의 고객/영업 담당자와 유사한 관계를 추적해야 한다.

Sales_rep_last_name(고객담당자이름) 및 sales_rep_first_name(고객담당자성) 컬럼은 영업 담당자가 회사를 떠난 경우를 고려하여 CUSTOMER_INVOICES(고객송장)에 데이터 아티팩트로 포함될 수 있다. 그러나 이 모델에는 여러 시점에 이름이 무엇인지와 관리자가 누구였는지를 저장하기 위해 스냅샷 날짜가 있는 SALES_REPS(영업담당) 테이블에 영업 담당자 이름을 포함한다. 이는 invoice date(송장일자)와 일치하는 스냅샷 날짜가 있는 각 송장에 대해서 여러 영업 담당자를 관리할 수 있도록 한다.

또한 영업 담당자의 이름이 자주 사용된다는 사용자 요구사항이 있다면, 세부 정보가 포함된 이 컬럼을 포함하고 담당자의 이름을 찾기 위해 SALES_REPS(영업담당)에 조인할 필요가 없으므로 분석을 보다 간단하고 효율적으로 수행할 수 있다. 이 방법으로 DSS 분석가는 영업 담당자의 이름으로 판매 정보에 더 쉽게 액세스할 수 있다. 그러나 저장소에 더 많은 디스크 공간이 필요하며, 미리 정의된 많은 이름을 관리하기 위한 디자인 결정이 필요하다.

거래 당시 영업 담당자의 관리자는 누구였는가? SALES_REPS(영업담당) 테이블의 manager_rep_id(관리자사원ID) 컬럼은 재귀 관계를 통해 이 데이터를 제공한다. 이 컬럼은 현재 영업 담당자의 관리자 ID를 나타낸다. 이 관계는 시간이 지남에 따라 변할 수 있기 때문에 SALES_REPS(영업담당) 테이블의 스냅샷 날짜를 사용하면 관리자가 여러 시점에서 누구인지 파악할 수 있다. 사용자 요구사항이 있다면 분석을 쉽게 하기 위해 manager_last_name(관리자이름) 및 manager_first_name(관리자성)도 CUSTOMER_INVOICES(고객송장)에 아티팩트로 저장될 수 있다. 이러한

컬럼은 SALES_REPS(영업담당) 테이블에 저장되어 저장소의 공간을 줄이고[모든 CUSTOMER_
INVOICES(고객송장) 인스턴스에 중복 저장되는 대신], 여러 판매 담당자나 관리자가 가능하도록
허용한다.

이 책의 모델이 구현되었다고 가정할 때, manager ID(관리사원ID)는 POSITION REPOR
TING STRUCTURE(직위보고구조)를 검토하여 운영 데이터에서 얻을 수 있다(그림 9.6 참조). 이
데이터는 영업 담당자가 현재 채우고 있는 직위에서 "보고된" 직위를 소유한 사람의 party ID(관
계자ID)를 결정함으로써 파생될 수 있다. SALES_REPS(영업담당) 테이블에 표시된 재귀 외래 키는
manager_rep_id(관리담당ID)가 SALES_REPS(영업담당) 테이블에 sales_rep_id(영업담당ID)로
존재함을 나타내기 위한 것이다. 이 모델은 영업 담당 관리자가 또한 영업 담당자라고 가정한다.
또한 이 재귀 관계는 판매 데이터를 집계할 수 있는 높은 수준의 그룹화(예를 들면 판매원이 광역 관
리자에게 보고할 수 있는 지역 관리자에게 보고함)에 사용될 수 있다. 이 모델이 저장하는 유일한 정
보는 first_name(성)과 last_name(이름)이므로 이 관계는 관리자 정보에 대한 추가 테이블을 갖는
부담을 줄여준다(사용되는 DBMS에 따라 이점이 될 수도 있고 아닐 수도 있다).

CUSTOMER_INVOICES(고객송장)의 internal_organization_id(내부조직ID) 및 internal_
organization_name(내부조직이름) 컬럼은 판매를 담당하는 내부 조직을 추적하는 방법을 제공
한다. 관계자는 그림 7.3b의 INVOICE(송장)에서 INTERNAL ORGANIZATION(내부조직)까지
의 청구를 추적한다. 내부 조직 정보가 빠르게 변경되면 설계자는 추가 내부 조직 정보 아티팩트를
CUSTOMER_INVOICES(고객송장) 테이블에 저장하는 것을 고려할 수도 있다.

Product_cost(상품가격)는 관계 아티팩트에 따라 파생된 컬럼이다. 판매 시점의 실제 상품 가격
을 나타낸다. 품목 비용에 대한 정보 중 일부는 INVOICE ITEM(송장품목)에서 송장이 발행되는 품
목의 관련 비용까지의 관계를 탐색하여 선택할 수 있다. 이는 PURCHASE ORDER ITEM(구매주
문품목)의 amount(금액)(4장 참조), SHIPMENT(배송)의 actual ship cost(실제배송비용)(5장 참조)
또는 WORK EFFORT(작업활동)에 있는 TIME ENTRY(시간입력)를 통해 적용된 율로서 관리되는
비용(6장 참조) 같이 비용은 모델의 여러 부분에 저장될 수 있기 때문에 파생되는 복잡한 컬럼일 수
있다. 이는 상품 원가를 결정하기 위해 다양한 원가 계산 방법[즉, 선입선출(FIFO), 후입선출(LIFO)
또는 평균 원가]을 적용함으로써 더욱 복잡해진다. INVOICE ITEM(송장품목) 엔터티는 구입한 품
목의 원가를 결정하는 데 필요한 정보를 제공하는 INVOICE ADJUSTMENT(송장조정)(그림 7.1b

    데이터 모델 리소스 북

참조)뿐만 아니라 quantity(수량)와 amount(금액)를 저장한다. 이 예제는 관련된 선택 기준 중 일부를 제공하지만 상품 원가를 결정하는 알고리즘은 복잡할 수 있으며, 원가 계산 방법에 대한 기업의 업무 규칙에 크게 의존한다.

세밀도의 수용 수준

CUSTOMER_INVOICES(고객송장) 테이블의 청구 품목 수준에 판매 정보를 저장함으로써 기업은 전사 데이터 웨어하우스에서 가장 낮은 수준의 세밀도를 관리하도록 선택한다. 즉, 데이터는 거래 수준에서 저장되므로 더 세분화할 수 없다. 이를 통해 부서별 데이터 웨어하우스는 데이터 웨어하우스 데이터 모델에 가장 상세한 수준의 데이터(원자 수준이라고도 함)가 있기 때문에 필요한 상세 수준의 판매 정보를 집계할 수 있다.

경우에 따라 기업 웨어하우스에 여러 수준의 세밀도를 저장하는 것이 좋다. 이는 추가 수준을 정의할 수 있는 합당한 비즈니스 사유와 요구사항이 있는 경우에만 수행해야 한다. 실제 요구사항을 알 수 없는 경우 이러한 추가 수준을 저장하는 데 필요한 공간과 이를 구축하는 데 필요한 자원이 낭비될 수 있다. 웨어하우스가 부서별 웨어하우스를 공급하는 데 사용되는 것으로 알려진 경우, 데이터 마트의 설계자에게 보다 높은 수준의 세분화 정의를 맡기는 것이 가장 좋다. 그런 다음 부서의 특정 요구사항을 사용하여 의미 있는 집계를 생성할 수 있다.

테이블 병합

이전 절에서 암시한 바와 같이 CUSTOMER_INVOICES(고객송장)의 기본은 INVOICE(송장) 및 INVOICE ITEM(송장품목) 엔터티의 병합이다. 이는 두 테이블이 공통 키(즉, invoice_id)를 공유하고, 두 테이블의 데이터가 자주 함께 사용되고, 두 테이블에 대해 저장하는 패턴이 동일하다는 기초 위에서 행해진 것이다.

안정성에 따른 분리

CUSTOMERS(고객) 테이블에서 기본 키의 일부인 snapshot_date(입력일자) 컬럼은 각 고객과 관련된 변동이 심한 일부 인구 통계의 내역을 관리하는 기능을 제공한다. 데이터 중 일부가 연령 및 신용 등급과 같이 변동성이 큰 경우 공간 절약을 위해 CUSTOMER_DEMOGRAPHICS(고객인구통계) 테이블로 분리될 수 있다. 이것은 안정성에 따라 데이터 속성을 분리하는 개념을 나타낸다.

고객 정보는 기업의 운영 시스템에서 직접 추출할 수 있다. 이 책에 제시된 모델의 측면에서, 이 데이터는 2장에서 설명한 PARTY(관계자) 엔터티에서 가져온 것이다. PARTY ROLE TYPE(관계자역할유형)이 "청구고객"인 모든 관계자를 수집하여 데이터를 추출할 수 있다. 조직 또는 회사인 고객의 경우 customer_name(고객이름) 컬럼은 PARTY(관계자)의 ORGANIZATION(조직) name(이름)에서 파생되며 보다 구체적으로 INVOICE(송장)에 대해 청구된 조직이다. 고객이 개인인 경우 PERSON(개인) 엔터티의 current first name(현재이름)과 current last name(현재성)이 name(이름) 컬럼으로 결합된다(순서는 상세한 기업 고유 변환 규칙에 의해 결정되어야 함).

기타 고려 사항

CUSTOMER_INVOICES(고객송장)의 load_date(적재일자)는 데이터가 데이터 웨어하우스에 적재된 날짜를 나타낸다. 따라서 운영 환경에 변경 내용이 있을 경우 데이터 웨어하우스의 일부 인스턴스를 변경하여 최신 정보로 바꿀 수 있다.

지금까지의 토론에서 알 수 있듯이 웨어하우스 용 테이블 디자인이 간단할지라도 제안된 방식으로 데이터를 가져 오는 것은 상당히 불안한 작업일 수 있다. 데이터가 여러 원천 시스템에서 나올 수 있다는 점을 감안할 때, 데이터를 청소(또는 정리)하고 이를 통합해서 웨어하우스 모델로 변환해야 할 필요가 있다. 예를 들어, 고객 데이터는 서로 다른 플랫폼에서 실행되는 두 운영 시스템에 존재할 수 있다. 이 정보를 하나의 웨어하우스 테이블로 가져오려면 데이터를 주의 깊게 조사하여 두 시스템이 일치하는 곳과 일치하지 않는 곳을 확인해야 한다. 그런 다음 해당 데이터를 웨어하우스에 맞는 공통 방식으로 변환하는 프로세스를 개발해야 한다.

이 점이 정확하게 설계된 데이터 웨어하우스가 기업의 경영진 및 분석가에게 엄청난 이익을 줄 수 있는 이유다. IS 직원 측에서 상당한 시간과 노력을 들이지 않고도 전에는 불가능했던 방식으로 데이터와 경향을 볼 수 있다. 설명된 대로 데이터를 미리 준비하면 다양한 보고서를 처리하는 데 필요한 시간과 시스템 자원이 줄어든다.

예제 데이터 웨어하우스 데이터 모델

그림 11.2는 기업 전반의 정보 요건을 지원하는 데이터 웨어하우스 데이터 모델의 예를 보여준다. 이 모델은 데이터 웨어하우스 데이터 모델이 단일 데이터 주제 영역에서 시작할 수 있지만, 다른 주제 영역은 시간이 지나면서 통합될 수 있다는 개념을 보여준다.

이 예제 데이터 웨어하우스 모델은 이전 절의 고객 송장 모델을 기반으로 하고 모델에 다른 데이터 주제 영역을 통합한다. 특히 인적 자원, 예산 및 구매 정보가 모델에 추가되었다.

이 모델에는 기업이 의사 결정 지원에 유용하다고 생각할 수 있는 많은 정보가 포함되어 있을 수 있지만, 모든 것을 포함하는 것은 아니다. 예를 들어 모든 재무 정보, 작업 활동 또는 주문 및 배송 정보를 다루는 것은 아니다. 이 모델은 데이터 웨어하우스가 반복적으로 개발되고, 시간이 지남에 따라 다른 주제 영역이 이 모델에 한 번에 하나씩 통합될 수 있다는 원칙을 보여준다. 세 가지 데이터 주제 영역이 통합되어 이 모델에 포함된다.

■ 판매 분석. 이 의사 결정 지원 정보는 주로 PRODUCTS(상품), CUSTOMER_INVOICES(고객송장), SALES_REPS(영업담당), CUSTOMER_ADDRESSES(고객주소), CUSTOMERS(고객) 및 GEOGRAPHIC_BOUNDARIES(지리구역) 테이블을 통해 제공된다.

■ 예산 책정 및 구매. 이 의사 결정 지원 정보는 PRODUCTS(상품), PRODUCT_SNAPSHOTS(상품스냅샷), PURCHASE_INVOICES(구매송장), SUPPLIER_ADDRESSES(공급업체주소), BUDGET_DETAILS(예산상세), INTERNAL_ORG_ADDRESSES(내부조직주소) 및 GEOGRAPHIC_BOUNDARIES(지리구역) 테이블을 통해 제공된다.

■ 인적 자원. 이 의사 결정 지원 정보는 INTERNAL_ORG_ADDRESSES(내부조직주소), POSITIONS(직위) 및 EMPLOYEES(직원) 테이블을 통해 제공된다.

공통 참조 테이블

그림 11.2에서 특정 테이블은 데이터 주제 영역에 걸쳐 있으며, 데이터의 여러 부서별 뷰에 유용하다는 점에 주목하라. GEOGRAPHIC_BOUNDARIES(지리구역) 테이블은 여러 유형의 분석에 포함된 구역 유형을 식별하는 데 유용하다. Geo_id(구역ID)는 CUSTOMER_ADDRESSES(고객주소), SUPPLIER_ADDRESSES(공급업체주소) 및 INTERNALORG_ ADDRESSES(내부조직주소)와 같은

여러 테이블에 나타난다. GEOGRAPHIC_BOUNDARIES(지리구역) 테이블은 geo_id(구역ID)에 연결된 조회 정보를 제공한다. 이 테이블은 도시, 주 또는 국가에 따라 데이터를 추출하는 데 사용할 수 있다. 이 정보는 중앙 사전 결정식 의사 결정 지원 환경에서 관리되므로 여러 부서의 데이터 마트로 쉽게 추출될 수 있다(따라서 데이터 마트 전반에서 일관성을 보장함).

PRODUCTS(상품) 테이블은 구매, 판매 및 예산 책정 부서별 데이터 마트에 사용될 수 있는 표준 정보의 또 다른 예다. 판매된 상품은 주로 소매 및 유통 조직에서 구입한 상품이다. 예를 들어, 유통회사는 특정 유형의 연필을 재판매하기 위해 구입할 수 있다. 이 정보가 운영 환경에서 데이터 웨어하우스로 단 한번 변환된다는 사실은 장기간에 걸쳐 많은 개발 시간을 절약할 수 있으며 보다 나은 의사 결정 지원 정보로 이어질 수 있다는 것을 나타낸다.

요약

이 장에서는 기업의 요구를 지원하기 위해 구축된 예제 데이터 웨어하우스 디자인에 대해 자세히 설명했다. 전사 데이터 모델을 데이터 웨어하우스 모델로 변환하기 위해 10장에서 논의된 방법은 이 책에서 제시된 송장 발행과 관련된 논리적 데이터 모델에 특별히 적용되었다. 결과로 생성되는 데이터 웨어하우스 디자인에는 일부 비정규화 및 다양한 수준의 세분성이 포함되어 있어 기업이 제기한 질문에 응답하는 데 도움이 된다. 제시된 데이터 웨어하우스 데이터 모델은 DSS, 온라인 분석 처리(OLAP) 및 다차원 분석에 사용되는 부서별 모델을 개발하는 출발점으로 사용할 수 있다. 이 모델의 몇 가지 예가 다음 세 개의 장에서 설명된다.

제시된 것은 논리적 데이터 모델을 변형하여 발생할 수 있는 많은 웨어하우스 디자인 중 하나임을 유의해야 한다. 데이터 웨어하우스의 구조는 답변이 필요한 질문에 크게 영향을 받는다. 분석하는 동안 기업 최종 사용자가 충분한 질문을 받는다면 최종 디자인은 기업에 필요한 정보를 제공해야 한다. 그렇지 않으면 더 많은 질문을 하고 다른 디자인을 개발해야 한다. 이것이 데이터 웨어하우스를 구축하는 것은 반복적인 과정이라고 말한 이유다.

이 데이터 웨어하우스 디자인을 위한 테이블과 컬럼 목록은 부록 B를 참조하라.

CHAPTER

12

판매 분석을 위한 스타 스키마 설계

ABC기업이 11장에 설명된 데이터 웨어하우스를 구축했다고 가정한다. 의미 있는 판매 분석 정보를 얻을 수 있는 기회에 흥분한 동부 지역 판매 관리자는 IS 부서에 데이터를 언제 어떻게 이용할 수 있는지 접촉했다. 그렇게 단순하지 않다는 것을 아는 IS 부서는 몇 가지 구체적인 요구사항을 모았다. 실제 요구사항을 검토한 결과 영업 관리자가 전체 웨어하우스에 액세스할 필요가 없다는 것이 분명했다. 사실 그것은 너무 많은 정보일 것이고 궁극적으로 혼란과 불만을 초래할 것이다. IS는 부서별 데이터 웨어하우스(또는 데이터 마트)를 개발하는 것이 가장 좋은 솔루션이라고 판단했다.

데이터 웨어하우스는 중요한 모든 역사적인 세부사항을 포착하는 데 필요한 모든 원자 데이터를 저장한다. 데이터 마트는 최종 사용자가 쉽게 분석할 수 있도록 이 데이터 조각을 가져오는 방법을 제공한다. 각 데이터 마트는 일반적으로 데이터 웨어하우스의 일부를 차지하며, 특정 부서 또는 기업 조직의 요건을 처리하도록 설계되었다.

이전 장에서 지적했듯이 데이터 웨어하우스는 일반적으로 한 번에 하나의 주제 영역으로 개발된다. 이 장에서는 변환될 판매 분석 주제 영역을 포함하는 부서 웨어하우스에 대해서 가능한 스타 스키마 구조에 대해 간략히 설명한다.

이 장의 디자인 목적은 데이터 웨어하우스에서 개발할 수 있는 부서별 데이터 웨어하우스(또는 데이터 마트)의 예를 제공하는 것이다. 각 기업은 자체 영업 요건을 충족하도록 영업 분석 부서별 웨어하우스를 수정할 수 있다. 모델은 다차원 분석을 위해 표준 스타 스키마 형식으로 제공된다. 스타 스키마는 팩트 테이블이라는 중앙 테이블을 포함하고, 디멘전이라는 여러 개의 조회 테이블과의 관계를 포함하는 데이터베이스 설계다.

스키마가 다이어그램으로 만들어지면, 종종 별과 닮은 패턴을 형성해서 스타 스키마란 이름이 생겼다. 이 장의 모델을 통해 DSS 분석가는 다음과 같은 질문에 답할 수 있다.

- 특정 기간 동안 상품의 판매량은 얼마인가?

- 특정 기간 동안 상품 카테고리에 대한 판매량은 얼마인가?

- 각 고객은 각 상품별로 얼마를 구입했나?

- 선택된 고객이 각 상품 카테고리에서 얼마나 구매했나?

- 영업 사원이 얼마나 판매하고 있는가? 그들은 누구에게 파는가?

- 그들이 판매하는 상품 또는 상품 카테고리는 무엇인가?

- 판매가 언제 최고였는가? 판매가 언제 최악이었나?

- 그 기간 동안 누가 구매했고 누가 판매를 했는가?

- 어떤 상품 또는 고객이 가장 수익성이 높은가?

다음 페이지에 제시된 특정 스키마에는 다음이 포함된다.

- 판매 분석 데이터 마트 디자인
- 트랜잭션 지향 판매 데이터 마트
- 판매 실적 데이터 마트
- 상품 분석 데이터 마트 디자인

판매 분석 데이터 마트

예를 계속 들자면, 요구사항 분석은 동부 지역 판매 관리자가 상품, 고객, 영업 사원 및 지리적 영역별 판매 정보를 확인할 필요가 있다는 것을 밝혔다. 이 모든 정보는 일별, 주별, 월별, 분기별 및 연도별 분석을 위해 사용할 수 있어야 한다. 또한 판매 관리자는 세부 사항을 요구할 때 가끔씩 트랜잭션 수준에서 정보를 볼 수 있는 기능이 필요하다.

그림 12.1은 여러 가지 방식으로 판매를 분석할 수 있는 스타 스키마를 보여준다. 이 다이어그램은 중앙 팩트 테이블과 여러 디멘전 테이블을 포함하는 간단한 데이터베이스 스타 스키마를 보여준다. 팩트 테이블은 CUSTOMER SALES(고객판매)이며, 보고될 데이터(측정값이라고도 함)를 보관할 다양한 디멘전 및 컬럼의 모든 키를 포함한다. 이 테이블은 데이터 웨어하우스의 집계

된 추출을 제공하여 원하는 각 디멘전을 통해 판매를 표시한다. 팩트가 조회될 수 있는 것에 의한 디멘전은 CUSTOMERS(고객), CUSTOMER_DEMOGRAPHICS(고객인구통계), INTERNAL ORGANIZATIONS(내부조직), SALES_REPS(영업담당자), ADDRESSES(주소), PRODUCTS(상품) 및 TIME_BY_DAY(일별기간)다. 이 스키마는 24시간마다 현재 데이터를 사용할 수 있도록 매일 집계되고 적재된다. 이는 데이터가 매일 포착되므로 세분화 수준이 상당히 정확하다는 것을 의미한다.

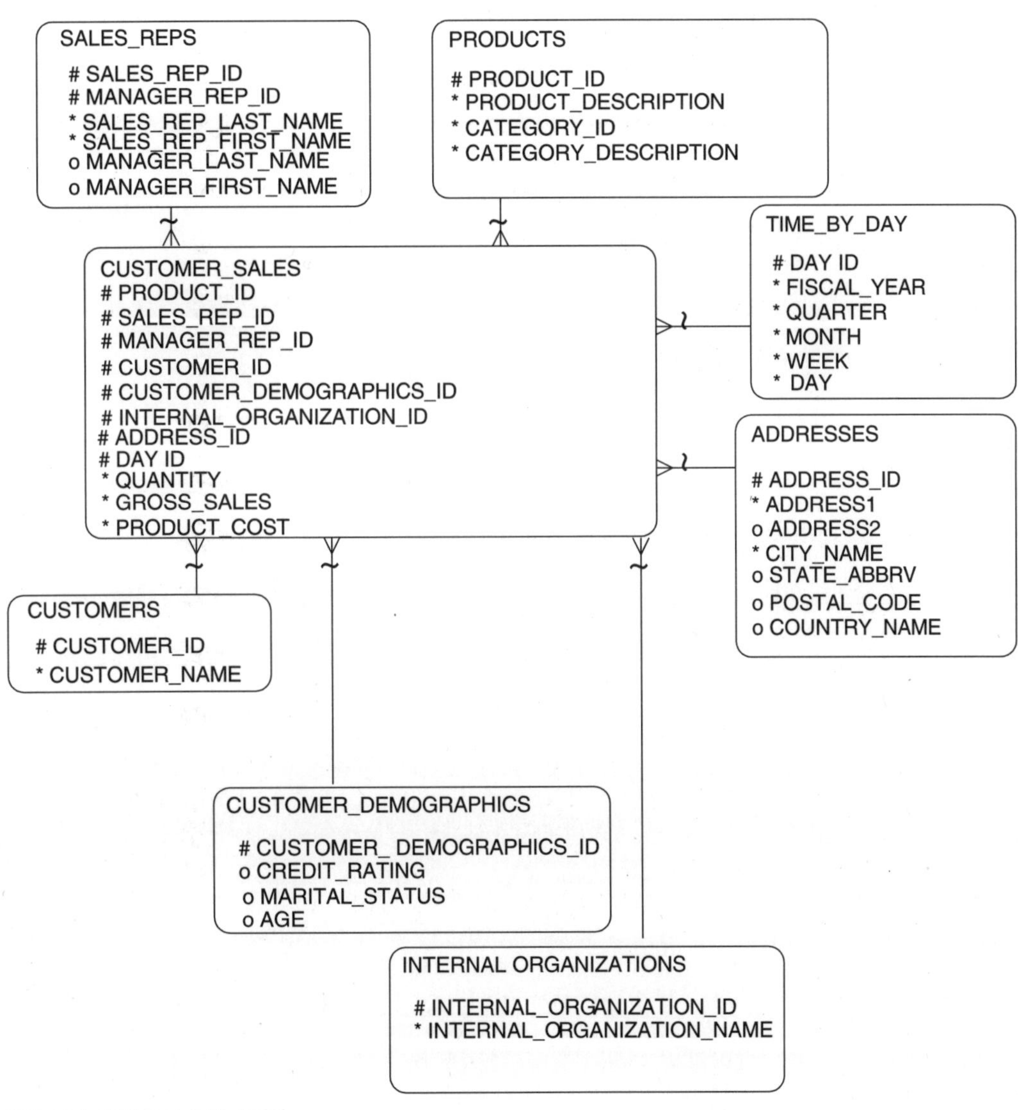

그림 12.1 판매 분석 스타 스키마

고객 판매 팩트 테이블

CUSTOMER_INVOICES(고객송장) 테이블의 정보는 데이터 웨어하우스 테이블 CUSTOMER_INVOICES(고객송장)와 관련 테이블(그림 11.1 참조)을 적절한 데이터 마트 디자인으로 변환한 결과다. 판매 관리자(또는 DSS 분석가)가 다차원 분석 접근법을 사용할 수 있도록 하기 위해 데이터 웨어하우스의 데이터는 조회하기 쉽고 잘 수행되는 스타 스키마로 변환된다.

팩트 테이블의 핵심은 다양한 디멘전 키의 조합이다. 즉 product_id(상품ID), sales_rep_id(판매담당자ID), customer_id(고객ID), customer_demographics_id(고객인구통계ID), internal_organization_id(내부조직ID), address_id(주소ID) 및 day_id(일자ID)로 구성된다. 데이터 웨어하우스의 정보는 각 송장을 집계하고 이러한 디멘전의 조합으로 분할된 팩트 테이블에 결과 송장 집계를 저장한다. 즉, 역사적으로 발생한 디멘전의 모든 조합에 대한 CUSTOMER SALES(고객판매) 팩트 테이블에 레코드가 있다.

분석가가 특정 조회에 대한 자세한 트랜잭션 결과를 보려면 선택된 조회 디멘전을 데이터 웨어하우스에 대한 조회의 매개 변수로 사용하여 주 데이터 웨어하우스로 접근할 수 있다. 많은 데이터 웨어하우스 도구는 요약된 데이터를 구성하는 트랜잭션을 조회하기 위해 데이터 마트의 쿼리 매개 변수를 데이터 웨어하우스에 자동으로 전달하는 기능을 제공한다.

Quantity(수량), gross sales(총매출액) 및 product_cost(상품가격) 컬럼은 요약 및 추세 분석이 수행되는 측정 값이다. Quantity(수량) 컬럼은 송장 처리된 실제 상품 수량을 나타내며, 7장의 송장 데이터 모델에 있는 INVOICE ITEM(송장품목)의 quantity(수량) 속성 값이다. Gross sales(총매출액)는 모든 송장 품목에 대한 확장 금액[INVOICE ITEM(송장품목) quantity(수량) * amount(금액)]의 집계이며, 해당 송장 품목과 관련된 조정 사항을 더하거나 뺀 것으로 이것은 또한 INVOICE ITEM(송장품목) 엔티티에서 가져온다. Product_cost(상품원가)는 상품 원가며 2장의 PRODUCT COST COMPONENT(상품원가구성요소) 모델의 정보를 사용하여 계산할 수 있다. 실제 가격을 원할 경우 공식이 훨씬 복잡해질 수 있으며, 가격 데이터는 주문 모델(송장 품목의 원가를 포착), 배송 모델(배송 비용 포착) 및 작업 활동 모델(상품 생산 비용 포착)에서 모을 수 있다.

데이터 웨어하우스에서 데이터 마트까지 발생하는 데이터 변환에는 데이터를 집계하고(같은 날에 동일한 디멘전에서 여러 가지 판매가 있을 수 있음) 총 송장 금액과 같은 파생 데이터를 추가하고 상품 원가를 결정한다. 선택한 데이터에 제한이 있을 수도 있다. 예를 들어, 앞에서 설명한 것처럼 웨어하우스 데이터를 추출하는 프로세스에는 특정 부서 또는 사업부와 같은 특정 내부 조직에 대한 고객 송장 데이터만 포함될 수 있다. 이는 특정 조직에 선택 프로세스를 제한함으로써 이루어질 수 있다. 영업 사원이나 고객 또는 날짜 범위에 따라 다른 제한이 있을 수 있다.

사용된 특정 알고리즘은 데이터를 사용하는 기업의 특정 비즈니스 분석 요구사항을 기반으로 해야 한다.

고객 디멘전

사용자 인터뷰 중에 IS 부서는 각 청구 고객에 대한 판매가 필요하다는 것을 알게 되었다. 그러나 영업 관리자는 고객 이름에 대한 변경 사항에 관심이 없었으므로 customer_name(고객이름) 속성은 customer_id(고객ID)와 함께 CUSTOMERS(고객) 디멘전 테이블에 저장된다. 웨어하우스에서 이 테이블로 가져온 데이터는 각 고객이 사용할 수 있는 최신 데이터여야 한다.

스타 스키마는 PARTY ROLE(관계자역할)의 서브타입인 CUSTOMER(고객)와의 관계를 표시한다. 고객은 BILL TO CUSTOMER(청구고객), SHIP TO CUSTOMER(배송고객) 또는 END USER CUSTOMER(최종사용자고객)와 같은 보다 구체적인 역할을 정의하기 위해 추가로 서브타입을 지정할 수도 있다. 이 데이터 마트 디자인은 INVOICE ITEM(송장품목)에 대한 것이므로 설계된 고객은 청구 고객이다. 이 정보가 필요한 경우 배송 고객 또는 최종 사용자 고객에게 표시하기 위해 별도의 추가 디멘전이 필요할 수 있다. 송장 품목에서 배송 품목까지의 관계를 사용하여 발송처 정보가 추출된다.

데이터 마트 디자인은 단 하나의 디멘전 내에서(디멘전 내의 레벨과 같은) 배송 및 청구 고객을 표시할 수 있다. 하지만 청구 고객과 배송 고객 간에는 다대다(M:M) 관계가 존재하기 때문에 설계자는 배송 고객과 청구 고객의 디멘전을 다르게 할 수 있다.

고객 인구 통계 디멘전

분석가가 고객의 인구 통계에 대해 더 자세한 정보를 얻을 수 있도록 CUSTOMER_DEMO GRAPHICS(고객인구통계) 테이블이 포함된다. 이 디멘전 테이블의 데이터는 기업 데이터 웨어하우스에 있는 CUSTOMER DEMOGRAPHICS(고객인구통계) 데이터 테이블에서 직접 추출할 수 있다.

이 테이블은 테이블에 있는 각 컬럼에 대한 값의 조합에 대한 레코드를 저장한다. 예를 들어, 이 테이블에는 "AAA"라는 credit_rating(신용등급)과 "결혼"이라는 marital_status(결혼상태), 그리고 "20-25"라는 age(나이)를 저장할 수 있다. 나이는 각 나이에 맞는 숫자를 허용하는 대신 합리적인 크기로 제한하기 위해 다양한 연령대를 사용한다*. 이는 CUSTOMER_INVOICES(고객송장) 팩트 테이블과 관련될 수 있는 CUSTOMER_DEMOGRAPHIC(고객인구통계) 디멘젼 테이블에서 고유한 행을 나타낸다.

*The Data Warehouse Toolkit Ralph Kimball John Wiley & Sons. 2000.

만약 분석가가 "20-25"세의 모든 고객에 대한 판매 데이터를 보는 데 관심이 있는 경우 CUSTOMER_DEMOGRAPHICS(고객인구통계)에 제한적인 쿼리(예를 들어 연령이 "20-25"인 모든 고객 ID를 조회)를 사용하여 이 데이터를 처리할 수 있다. Marital_status(결혼상태)나 credit_rating(신용등급)을 기반으로 데이터를 수집하는 데에도 동일한 접근 방식을 사용할 수 있다.

의미 있는 정보를 얻기 위해 판매 관리자는 판매가 이루어진 시점에서의 인구 통계학적 데이터의 필요성을 내비쳤다. 이번 달 고객의 나이는 중요하지 않다. 중요한 정보는 판매가 종결된 지난해 고객의 나이다. 이 수준의 세부 정보를 제공하기 위해 CUSTOMER_DEMOGRAPHICS(고객인구통계) 테이블은 age(나이), marital_status(결혼상태) 및 credit_rating(신용등급) 컬럼을 사용하여 작성되었다. 모든 고객이 사람(조직일 수도 있음)은 아니기 때문에 나이와 결혼 상태는 선택적 컬럼이다. Credit_rating(신용등급) 컬럼은 사람과 조직 모두에게 적용될 수 있다. 그러나 그것은 알려지지 않을 수도 있으므로 선택 사항이다.

전사 웨어하우스에서 CUSTOMER_DEMOGRAPHICS(고객인구통계) 테이블의 핵심은 customer_id(고객ID) 및 snapshot_date(입력일자)다. 데이터 웨어하우스는 모든 변경 사항을 고객의 인구통계에 저장한다. 이 데이터 마트는 송장에 적용되는 경우에만 인구통계에 관심이 있다. 따라서 테이블은 각 송장에 적용할 때 해당 인구통계의 적절한 스냅샷을 추출하여 적재된다. 각 송장 발행 당시에 적용된 대로 각 고객의 인구통계를 추출하고 기존 CUSTOMER_DEMOGRAPHICS(고객인구통계) 디멘젼 인스턴스와의 관계를 생성하거나 새로운 조합이 있을 때마다 CUSTOMER_DEMOGRAPHICS(고객인구통계) 디멘젼에 레코드를 삽입하여 테이블을 적재할 수 있다.

영업 사원 디멘전

DSS 분석가가 대답해야 할 또 다른 질문은 다음과 같다. 특정 기간 동안 각 영업 사원의 판매량은 얼마인가? 영업 사원을 관리하며 판매에 책임이 있는 영업 관리자는 누구인가? 이러한 요건에 답하기 위해 sales_rep_id(판매담당자ID) 및 manager_rep_id(관리담당자ID) 컬럼이 CUSTOMER_INVOICES(고객송장)의 키의 일부로 포함되고 SALES_REPS(영업사원) 디멘전의 키가 된다. 영업 사원과 관리자의 고유한 조합이 성과를 분석하기 위해 이러한 속성 중 하나를 조회하는 것을 허용한다.

데이터 웨어하우스에서 각 SALES_REPS(영업사원)는 재귀 관계를 사용하고, manager_rep_id(관리담당자ID)를 연결하여 영업 사원이 해당 관리자에 대한 것인지 또는 반대로 영업 사원이 누구인지를 확인하기 위해 관리자와 재귀 관계를 가진다. SALES_REPS(영업사원)는 CUSTOMER(고객), INVOICES(송장)에 대한 관계로 저장된다. 이 정보는 데이터 마트로 추출되어 SALES_REPS(영업사원) 디멘전에 추가된다. 이름을 포함해서 특정 담당자에 대한 세부 사항은 디멘전 테이블 SALES_REPS(영업사원)에 포함된다. 이 테이블은 웨어하우스의 SALES_REPS(영업사원) 테이블에 해당한다. 이 테이블을 채울 때 고려해야 할 유일한 제한 사항은 필요한 판매 데이터와 관련된 담당자만 선택하는 것이다. 웨어하우스 테이블이 작아서 테이블 전체를 복사하는 것이 더 간단하고 성능에 영향을 미치지 않을 수 있다("작은"의 기준은 기업마다 다르다는 것을 주의).

데이터 모델에 따라서 하나의 송장에 대해 둘 이상의 영업 사원이 있을 수 있다. 이 경우 송장 금액, 수량 및 비용은 각 영업 사원 및 관리자에게 정확한 입금을 반영하기 위해 적절하게 분할(그림 7.2와 같이 각 영업 사원이 받은 입금 비율에 따라)될 필요가 있을 것이다.

내부 조직 디멘전

분석가는 다양한 내부 조직의 매출을 분석하여 다양한 자회사, 부서, 사업부 등의 성과를 평가할 수 있다. INTERNAL ORGANIZATION(내부조직) 디멘전에서는 이러한 분석을 허용한다.

이 데이터는 데이터 웨어하우스의 INTERNAL ORGANIZATIONS(내부조직) 디멘전 테이블에 저장된 internal_organization_id(내부조직ID) 및 internal_organization_name(내부조직이름) 컬럼에서 가져온다.

DSS 및 다차원 분석에서 일반적으로 요구되는 또 다른 구성 요소 또는 디멘전은 지리적 영역, 지역 또는 위치다. 예를 들어, 동부 지역 판매 관리자는 다양한 지리적 영역뿐만 아니라 다양한 고객 위치 또는 장소 별로 판매량을 파악해야 한다. 경우에 따라 판매가 이루어진 실제 주소를 아는 것이 중요할 수 있다. 이를 통해 해당 지역에 다양한 상품이 다양한 고객 위치에서 얼마나 잘 판매되고 있는지 평가할 수 있는 정보를 얻을 수 있다.

Address_id(주소ID) 컬럼과 ADDRESSES(주소) 디멘전은 이 모델에 대한 정보를 제공한다. 이 데이터는 웨어하우스 테이블 CUSTOMER_ADDRESSES(고객주소) 및 GEOGRAPHIC_BOUNDARIES(지리구역)에서 추출된다. City_name(도시명), state_abbrv(주약자) 및 country_name(국가명) 값은 geo_id(지리ID) 컬럼을 사용하여 GEOGRAPHIC_BOUNDARIES(지리구역) 웨어하우스 테이블에서 추출된다. 고객 및 영업 사원 데이터와 마찬가지로 고려해야 할 유일한 제한은 선택한 판매 데이터에서 참조하는 주소만 가져 오는 것이다.

또한 주소가 특정 고객을 위한 것인지 확인하는 방법으로 customer_id(고객ID) 컬럼이 ADDRESSES(주소) 테이블에서 삭제되었다[POSTAL ADDRESS(우편주소)와 같은 CONTACT MECHANISM(연락매체)이 많은 PARTY(관계자)에서 사용될 수 있음]. 주소의 식별자가 고유하고 주소의 특성이 거의 변경되지 않기 때문에 이 디멘전이 고유한 주소 레코드만 필요하다고 사용자 인터뷰를 통해 결정했다. 즉, 전사 웨어하우스의 추출 프로세스는 연관된 고객 수에 관계 없이 특정 address_id(주소ID)에 대한 정보를 한 번만 가져와야 한다. 중복 데이터가 제거되므로 부서 웨어하우스 공간을 절약할 수 있다. 고객과 고객의 주소가 다대다(M:M) 관계이기 때문에 별도의 디멘전을 갖는 것이 고객 분석 또는 위치 분석을 처리할 수 있는 최고의 유연성을 제공한다.

ADDRESSES(주소) 테이블에는 도시, 주, 국가 및 우편번호뿐만 아니라 address_linel(주소1) 및 address_line2(주소2)도 포함된다. 이를 통해 지역 영업 관리자는 동일한 도시 내에 여러 위치를 가질 수 있는 단일 고객의 매출을 비교할 수 있다. 일부 DSS 분석가는 특정 고객 위치에서의 실적에 관심이 있을 수 있지만, 다른 DSS 분석가는 도시, 주 및 국가와 같은 거대한 지역별로 판매를 그룹화하는 데 더 많은 관심을 가질 수 있다. 두 가지 수준의 세부 사항이 포함되어 있다.

상품 디멘전

PRODUCTS(상품) 테이블은 판매된 다양한 상품에 대한 설명 및 카테고리 정보를 제공한다. 이 디멘전을 사용하여 DSS 분석가는 상품 또는 상품 카테고리별 상품 판매를 결정하여 상위 수준의 분석을 수행할 수 있다. 이 테이블의 데이터는 전사 웨어하우스 모델에 있는 PRODUCTS(상품) 테이블의 직접 추출 또는 사본이다.

3장, 그림 3.2의 데이터 모델은 상품이 둘 이상의 카테고리로 분류될 수 있음을 보여준다. 현재 웨어하우스 및 데이터 마트는 상품에 대한 기본 카테고리만 선택한다고 결정했다[그림 3.2의 PRODUCT CLASSIFICATION CATEGORY(상품분류카테고리) 엔터티의 primary_flag(기본여부) 속성으로 표시]. 여러 카테고리에 상품을 저장해야 하는 경우 product_id(상품ID) 및 product_category_id(상품카테고리ID)가 모두 CUSTOMER_SALES(고객판매) 팩트 테이블의 키여야 한다.

시간 디멘전

업계에서 인정되는 표준은 대부분의 스타 스키마 디자인에 시간 디멘전이 있다는 것이다. 이를 반영하기 위해 TIME_BY_DAY(일별기간) 디멘전 테이블이 다양한 기간을 저장하는 데 사용된다. 여기에는 fiscal_year(회계연도), quarter(분기), month(월), week(주) 및 day(일)가 포함된다. 이러한 방법으로 웨어하우스의 데이터를 액세스하고 집계할 수 있다. 이 기간은 연도와 같은 단일 기간뿐만 아니라 이러한 기간을 수용할 수 있다. 표 12.1에는 TIME_BY_DAY(일별기간) 테이블을 채울 수 있는 데이터의 예가 들어있다.

데이터에 표시된 대로 테이블 키 day_id(일ID)는 팩트 테이블에서 송장의 일자를 나타낸다. 이 날짜는 해당 연도, 월, 분기 및 주와 연관된다. 이 표에 적재되는 날짜는 기업이 분석을 수행하고자 하는 기간에 따라 달라진다.

표 12.1 시간 디멘전 데이터

DAY	FISCAL YEAR	QUARTER	MONTH	WEEK
03-JAN-2000	2000	1	1	1
04-JAN-2000	2000	1	1	1
27-JAN-2000	2000	1	1	4
02-MAY-2000	1996	2	5	1

이 시점에서 이 시간 데이터는 기업의 규칙에 따라 여러 가지 의미가 있음을 유의해야 한다. 이 테이블은 조직적으로 정의된 기간을 저장하는 데 사용할 수 있다. 많은 기업이 회계 연도 기준으로 운영되기 때문에 연도에 대한 컬럼은 바로 flscal_year(회계연도)다. 이를 통해 분석가는 커다란 혼란 없이 회사의 표준 시간 범위 내에서 작업할 수 있다. 저장된 연도가 단지 역년일 경우, 디멘전 테이블의 시간 ID와 회사 보고서에서 예상되는 시한 사이의 불일치가 있으므로 데이터 및 추세를 해석할 때 혼동이 발생할 수 있다. 두 연도 값이 모두 분석에 필요하면 역년에 대한 컬럼을 추가할 수 있다. 작업일, 주말 또는 휴일과 같은 다른 분류로 일자를 분류하기 위해 모델에 다른 확장을 추가할 수 있다.

이 구조를 사용하면 CUSTOMER_SALES(고객판매)의 상세 데이터를 시간 요소 day(일자)별로 집계할 수 있다. 회계연도별로 집계하여 연간 추세를 관찰하거나, 월별 추이를 관찰하여 1년 내의 추세를 관찰하거나, 계절 추세를 분석할 수 있다(예를 들어 1995년부터 2000년까지 6월, 7월, 8월의 총 매출액 비교). 마찬가지로 분기별 또는 주별 집계 데이터도 생성할 수 있다. 이는 특정 연도, 월 또는 주를 가진 시간 ID 값과 관련된 데이터를 선택하여 수행된다(실제 메커니즘은 사용되는 DSS 도구에 따라 다름). 이 모델은 일차원 디멘전 테이블을 사용하여 여러 가지 집계를 생성할 수 있으므로 매우 유연하다.

이것은 DBMS 및 데이터 양과 같은 많은 요인에 따라 빠른 조회 검색을 제공할 수도 있고 제공하지 않을 수도 있다. 성능이 문제가 되면 여러 시간대별로 집계된 데이터를 보유할 수 있도록 별도의 테이블을 구성할 수 있다. 예를 들어 TIME_BY_DAY(일별기간) 디멘전을 TIME_BY_YEAR(연별기간) 디멘전으로 대체하여 연도별로 판매 데이터가 포함된 요약된 표를 간단하게 작성할 수 있다. 그리고 사용 가능한 연도 목록만 포함된 다른 시간 디멘전 테이블이 필요하다[이 작업이 완료되면 quantity(수량), gross_sales(총매출액) 및 product_cost(상품원가) 컬럼은 송장의 연 가치를 합한 값이 됨]. 기업의 필요에 따라 성능을 향상시키고 공간을 절약하기 위해 일일 데이터 마트 대신 주간, 월간 또는 연간 데이터 마트를 사용할 수 있다.

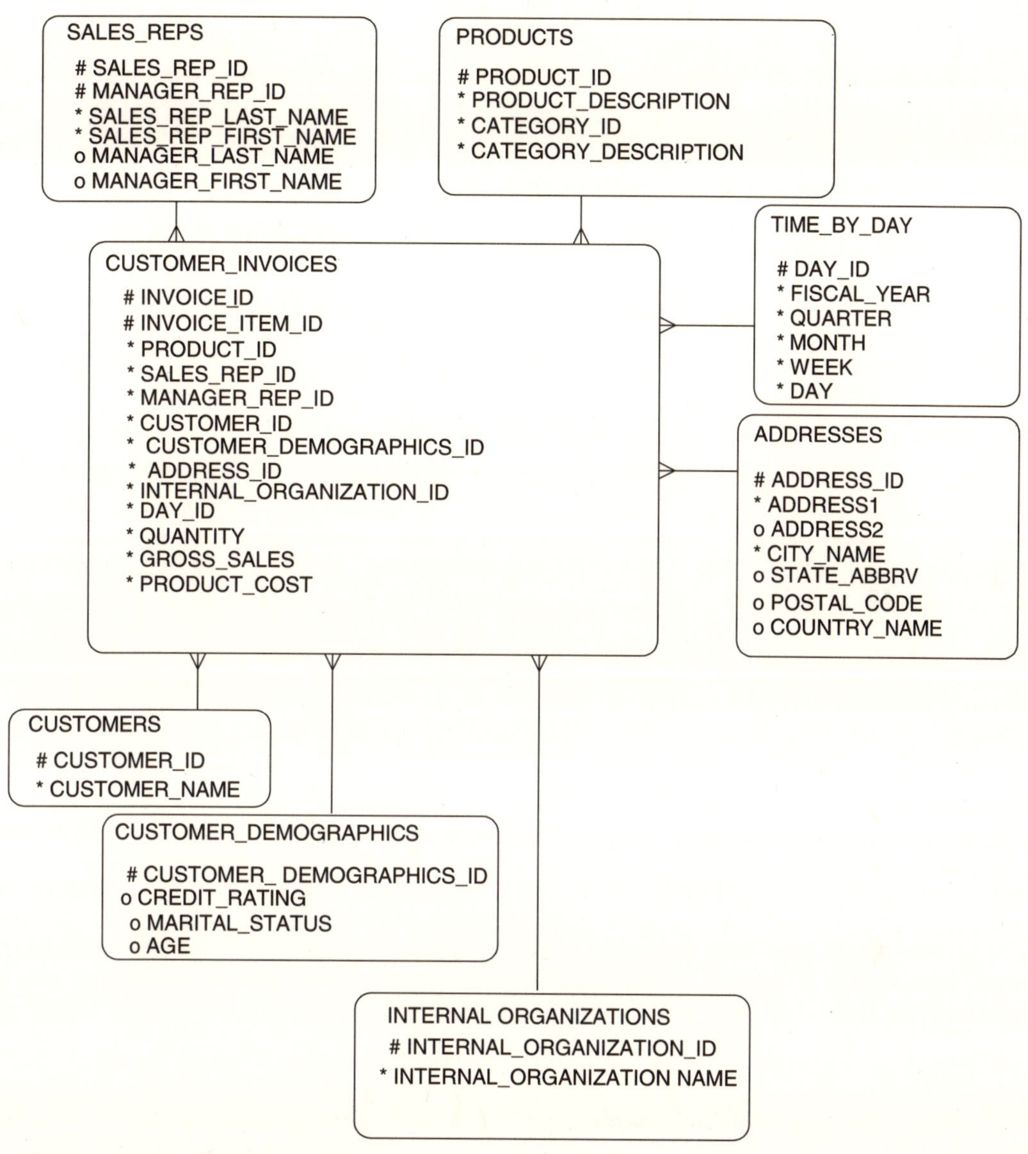

그림 12.2 트랜잭션 지향 판매 데이터 마트

트랜잭션 지향 판매 데이터 마트

개별 트랜잭션 수준의 세분성을 갖는 데이터 마트가 수용 가능한 데이터 마트 디자인인가? 데이터 웨어하우스는 개별 트랜잭션 데이터를 저장하므로 데이터 웨어하우스에서 볼 수 있기 때문에 이러한 트랜잭션을 데이터 마트로 가져와야 하는가? 웨어하우스에서 원래 트랜잭션으로 다시 매핑할 수 있는 드릴 스루(Drill Through) 기능을 사용하여 데이터 마트 레벨에서도 이러한 트랜잭션을 저장해야 하는가? 아마도 특정 부서에서는 자체 송장 트랜잭션에 액세스하고 이러한 트랜잭션을 여러 디멘전으로 쉽게 조작할 수 있기를 원할 것이다.

이전의 데이터 마트 디자인을 수정하여 트랜잭션 수준에서 보다 세분화된 수준으로 데이터를 관리한다고 가정해 보라. 그림 12.2는 이 모델의 예를 보여준다. 그림 12.2 모델은 키를 invoice_id(송장ID) 및 invoice_item_id(송장품목ID)로 변경함으로써 수정되었다. 이 디자인의 디멘전 테이블에 대한 외래 키는 팩트 테이블에 대한 키의 일부가 아니다(이는 팩트 테이블에 키의 일부로서 외래 키를 모두 가지고 있지 않은 유일한 팩트 테이블임).

표면적으로 판매 분석을 위한 정밀한 세분화처럼 보인다. 집계 레벨에서 송장을 확인한 다음 개별 트랜잭션에 도달할 때까지 드릴다운할 수 있다는 부가적인 이점이 있다. 트랜잭션 수준에서 스타 스키마를 표시할 때 문제가 발생할 수 있다. 트랜잭션을 그대로 유지해야 하고 트랜잭션의 일부 관계에 복잡한 관계가 포함될 수 있으므로 일부 정보가 올바르게 저장되지 않을 수 있다.

예를 들어, 송장 데이터 모델에 표시된 것처럼 한 송장에 두 명 이상의 영업 사원이 있을 수 있고, 각자 송장에 대해 다른 비율을 받았다. 이는 그림 11.2의 데이터 웨어하우스 설계에 기록되어 CUSTOMER INVOICES(고객송장) 테이블에 대해 여러 SALES_REPS(판매담당자)를 허용한다. 스타 스키마는 디멘전에서 팩트 테이블까지의 일대다(1:M) 관계로 정의되므로 스타 스키마에서 이 구조는 지원하지 않는다. 사실은 각 CUSTOMER_INVOICES(고객송장) 인스턴스에 대해 많은 SALES_REPS(판매담당자)가 있을 수 있다는 것이다. 그림 12.2는 단일 영업 사원을 보여줌으로써 많은 영업 사원의 제약을 단순화했다. 그러나 완전히 정확한 것은 아니다.

이전 모델(그림 12.1)은 각 영업 사원의 비율을 각 영업 사원에게 할당하고 팩트 테이블의 측정값을 적절하게 변환하여 이를 처리했다. 팩트 인스턴스가 집계된 금액을 나타내므로 이 작업을 수행할 수 있다. 그러나 트랜잭션 기반으로 이것은 더 어렵다. 각 트랜잭션은 다양한 영업 사원을 수용하기 위해 여러 트랜잭션으로 분할될 수 있다. 이것은 트랜잭션의 수를 두 배 또는 세 배로 늘릴 수 있는데 이는 이미 상당히 큰 수이다. 이 작업이 완료되면 동일한 트랜잭션이 여러 번 저장되기 때문에 혼동을 줄 수 있다. 예를 들어, 트랜잭션 수를 조회하면 결과가 잘못될 수 있다.

이 예는 데이터 웨어하우스 및 데이터 마트를 설계할 때 고려해야 할 주요 사항을 보여준다. 데이터 웨어하우스는 원자 트랜잭션 및 그 내역을 저장하도록 설계되었다. 이것은 다대다(M:M) 관계 또는 재귀 관계와 같이 더 복잡한 관계가 필요할 수 있기 때문에 비 스타 스키마 데이터 구조에서 데이터를 저장하는 것을 의미할 수 있다.

데이터 마트는 조회 및 성능 중심의 방식으로 데이터를 저장하도록 설계되었다. 스타 스키마 형식은 이러한 간단한 구조에서 정보를 처리하기 매우 쉽기 때문에 이러한 요건을 가장 잘 충족시키는 데이터 구조의 예이다. 간단한 데이터 구조로 인해 보다 쉽게 성능을 최적화할 수 있다.

따라서 이 책의 나머지 부분에 제시된 다른 참조 데이터 마트 디자인은 트랜잭션의 세분성을 기반으로 하지 않을 것이다. 팩트 테이블에 표시된 디멘전의 조합과 관련된 측정을 기반으로 한다.

영업 분석 데이터 마트의 변형

그림 12.1에 표시된 스타 스키마 디자인에는 여러 가지 변형이 있을 수 있다. 답해야 하는 비즈니스 질문에 따라 스타 스키마 디자인이 다를 수 있다.

변형 1: 영업 사원 실적 데이터 마트

매우 구체적인 목표가 있을 수 있는 영업 분석 데이터 마트의 예는 영업 사원의 성과를 측정하는 것이다. 예를 들어 매월 영업 사원의 성과를 분석해야 할 필요성을 생각해 보라. 이는 앞서 언급한 지역 영업 관리자 또는 다른 기업의 인적자원 관리자가 수행할 수 있다. 이러한 관리자는 보고하는 영업 사원의 성과를 평가하거나 판매 보상 계획을 개발 및 모니터링해야 할 수 있다. 그들은 일반적으로 어떤 상품이 판매되고 있는지 상관하지 않으며, 고객의 인구통계에 관심을 보이지 않는다. 그들의 관심은 판매 실적이며, 아마 영업 사원의 시장이 얼마나 다양한지를 결정하기 위해 다양한 고객에게 얼마나 판매됐는지가 관심사다. 이러한 요구에 부응하기 위해 테이블 SALES_REP_SALES(영업사원판매)(그림 12.3 참조)가 설계되었다. 이 테이블은 영업 사원별, 고객별, 주소별, 월별로 미리 집계된 데이터를 제공한다. 예를 들어 필요한 질문이 다음과 같다고 가정한다.

■ 지난 12개월 동안 특정 영업 사원의 판매량은 얼마인가?

■ 특정 월의 특정 영업 사원을 통해 가장 많은 양을 구매한 고객은 누구인가?

■ 영업 사원의 고객을 대상으로 한 판매 분포는 무엇인가?

■ 각 영업 사원은 할당된 주마다 얼마나 판매하는가?

■ 각 주 내에서 어느 도시가 영업 사원에게 가장 큰 물량을 주었는가?

이 질문들에 답하기 위해, 그림 12.3 모델은 최고의 판매 분석 스타 스키마일 수 있다. 이 스타 스키마는 그림 12.1 스타 스키마를 대신할 수도 있고, 그림 12.1 스타 스키마에 추가될 수도 있다

더 빠른 액세스를 위해 더 많이 집계된 스타 스키마 버전이 필요할 수 있기 때문에 이전 스타 스키마에 추가될 수 있다. 또 다른 이유는 서로 다른 부서가 데이터에 대한 액세스 요건이 다를 수 있으므로 각 부서의 요건을 충족시키는 여러 가지 데이터 마트 디자인이 있을 수 있다는 것이다. 그러나 이들은 모두 같은 전사적 데이터 웨어하우스에서 데이터를 추출하여 의사 결정 지원 데이터의 일관성 있고 통합된 원천 데이터가 데이터 마트 디자인을 지원할 수 있도록 해야 한다.

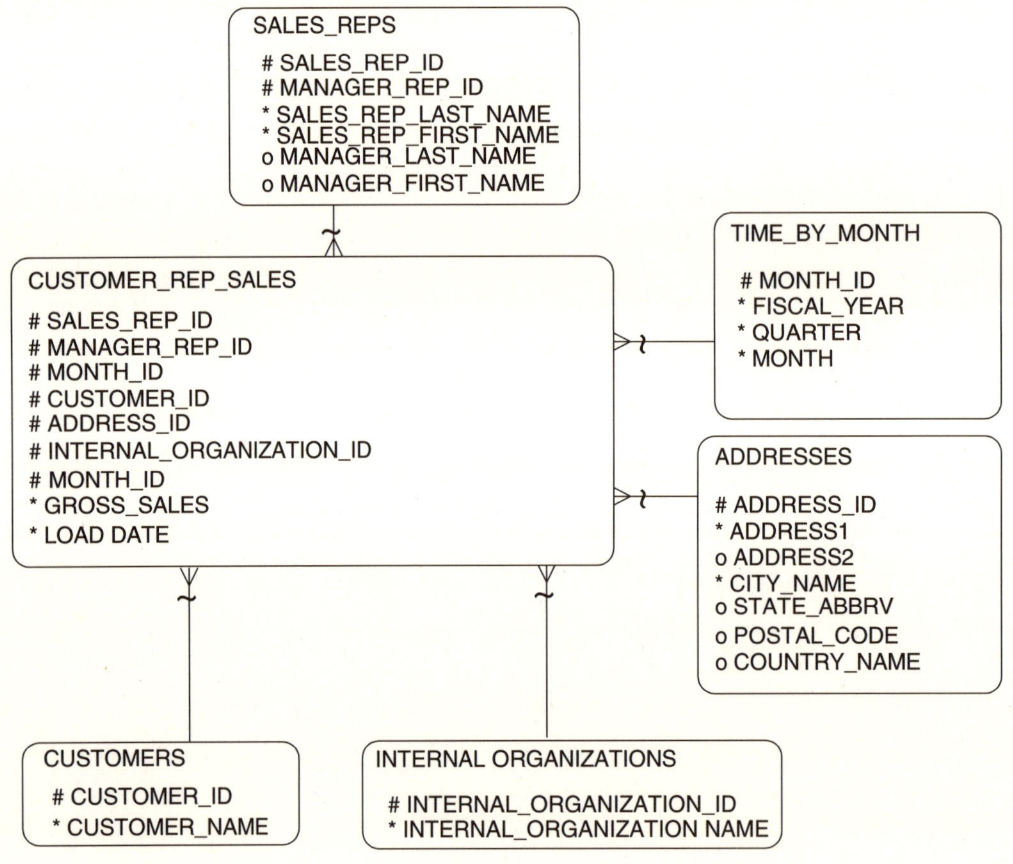

그림 12.3 영업사원 실적

고객 담당자 판매 팩트 테이블

CUSTOMER_REP_SALES(고객담당자판매) 테이블은 개별 상품과 상관없이 영업 사원의 성과에 대한 데이터 집계이므로 PRODUCT(상품) 디멘전 테이블이 더 이상 존재하지 않는다. 고객 인구 통계도 중요하지 않아 CUSTOMER_DEMOGRAPHICS(고객인구통계) 디멘전도 삭제되었다. 이 테이블은 두 개의 디멘전이 제거되었기 때문에 이전 테이블보다 다소 높은 수준의 집계를 나타낸 다. 측정 값과 상품 원가도 값이 상품에 따라 다르고, 이런 상황에서 정확하게 집계할 수 없기 때문에 삭제되었다.

시간 디멘전

이 스타 스키마에는 시간 디멘전 테이블에 약간의 차이가 있다. 이제는 월별로 집계된다. 영업 관리자가 IS 부서에 인터뷰할 때, 일별 정보가 제기된 질문에 대답할 필요가 없다는 것이 분명했다. 하지만 데이터의 월간 조회는 가장 유용할 것이다. 따라서 팩트 테이블에는 기업의 회계연도 내에서 특정 월을 고유하게 식별하는 ID가 포함된 컬럼(월ID)이 있다. 이는 시간 디멘전 테이블에 일치된다.

데이터는 월별로만 집계되므로 시간 디멘전에는 month(월), quarter(분기) 및 fiscal_year(회계년도) 컬럼만 있으면 된다. Week(주) 컬럼은 월간 데이터 집계 조회에서는 의미가 없기 때문에 더 이상 사용할 필요가 없다. 또 다른 핵심은 월 기준으로 데이터를 집계하면 집계 수준이 높아진다는 것을 나타낸다.

따라서 이 테이블은 DSS 분석가 또는 부서 관리자에게 매우 유연한 데이터 조회 수단을 제공할 수 있다.

변형 2: 상품 분석 데이터 마트

ABC기업의 상품 분석가가 상품 성능을 평가하기 위한 정보를 필요로 한다고 가정해 보자. 이 정보는 다양한 지역의 상품 제공에 대한 전략적 의사 결정에 사용된다. 분석가와의 인터뷰에서는 특정 고객, 고객 주소 또는 고객 인구 통계 정보가 이러한 유형의 분석에 중요하지 않다는 것을 알아냈다. 월별 집계를 통해 적절한 수준의 세분성을 제공할 수도 있다.

그림 12.4는 PRODUCT_SALES(상품판매)가 중앙 팩트 테이블로 포함된 스키마를 보여준다. 이

는 이전에 논의된 테이블보다 더 적은 디멘전을 포함하고 있으며 기록은 월별로 집계되기 때문에 보다 고도로 집계된 것으로 간주된다. 따라서 이 테이블을 사용하여 상품 판매를 위해 월별과 지역 별로 미리 집계된 데이터를 보유할 수 있다. 앞의 테이블에는 고객 및 영업 사원 정보도 포함되어 있지만, 이 정보는 필요하지 않다. 따라서 sales_rep_id(영업사원ID), customer_id(고객ID) 및 address_id(주소ID) 컬럼은 이 테이블에 포함되지 않는다. 이 스키마에서 필요한 디멘전 테이블은 GEOGRAPHIC_BOUNDARIES(지리구역), PRODUCTS(상품) 및 TIME_BY_MONTH(월별기간)이다.

상품 판매 팩트 테이블

이 테이블의 수치는 quantity(수량), gross_sales(총판매량) 및 product_cost(상품원가)다. 이 테이블의 데이터는 CUSTOMER_INVOICES(고객송장)의 모든 정보를 product_id(상품ID), city_name(도시명), month(월) 및 year(연도)로 합산하여 만들 수 있다. 선택한 도시는 새 컬럼 geo_id(지리구역ID)에 의해 참조된다. 이전 예제에서와 같이 이 데이터는 관심 있는 상품에 대한 데이터 웨어하우스 CUSTOMERINVOICES(고객송장) 테이블의 데이터를 선택하고 합하여 주 웨어하우스에서 직접 가져올 수도 있다. 추출된 데이터에 대한 추가 제한은 geo_id(지리구역ID) 컬럼을 통해 도시 이름을 기반으로 하는 집계와 CUSTOMER_ADDRESSES(고객주소)와의 조인을 통해 만들어질 필요가 있다는 것이다.

지리 구역 디멘전

Geo_id(지리구역ID)는 무엇인가? 웨어하우스의 경우, 이 ID는 도시 이름과 연관되어 있기 때문에 데이터는 도시 관련 데이터 수준으로 합쳐질 수 있다. GEOGRAPHIC_BOUNDARIES(지리구역) 테이블에는 지리적 영역, 즉, 도시, 주 및 국가의 계층 구조가 포함되어 있다. 분석가는 이 디멘전을 사용하여 선택된 주 또는 국가 내의 모든 도시에 대한 데이터를 수집할 수 있다. 또한 데이터를 여러 주 또는 국가별로 선택할 수 있다. 따라서 한 도시의 각 상품에 대해 해당 상품의 모든 판매 금액과 수량이 합산되어 상품 및 도시별 총액을 제공한다. 일단 컴파일되면, 이 데이터는 상품 분석이나 다양한 지리적 영역과 관련하여 상품이 어떻게 수행되고 있는지에 대한 신속하고 높은 수준의 관점을 필요로 하는 다른 경영진에게 매우 유용할 수 있다. 집계하기 위한 더 적은 수의 인스턴스가 있기 때문에 이 테이블을 사용하면 상품별 총 매출을 볼 수도 있다.

이 데이터에서 답할 수 있는 질문은 다음과 같다.

■ 지난 12개월 동안 특정 상품의 판매 수익은 얼마인가?

■ 특정 월에 가장 많은 양이 판매된 상품은 무엇인가?

■ 어떤 상품이 모든 판매에서 가장 많은 수익을 올렸는가?

■ 해당 상품에서 어느 지역이 가장 많은 수익을 올렸는가?

■ 특정 연도의 특정 국가에서 각 상품 또는 상품 카테고리의 수익성은 얼마인가?

■ 상품별로 가장 높은 평균 연간 매출을 올린 국가는 어디인가?

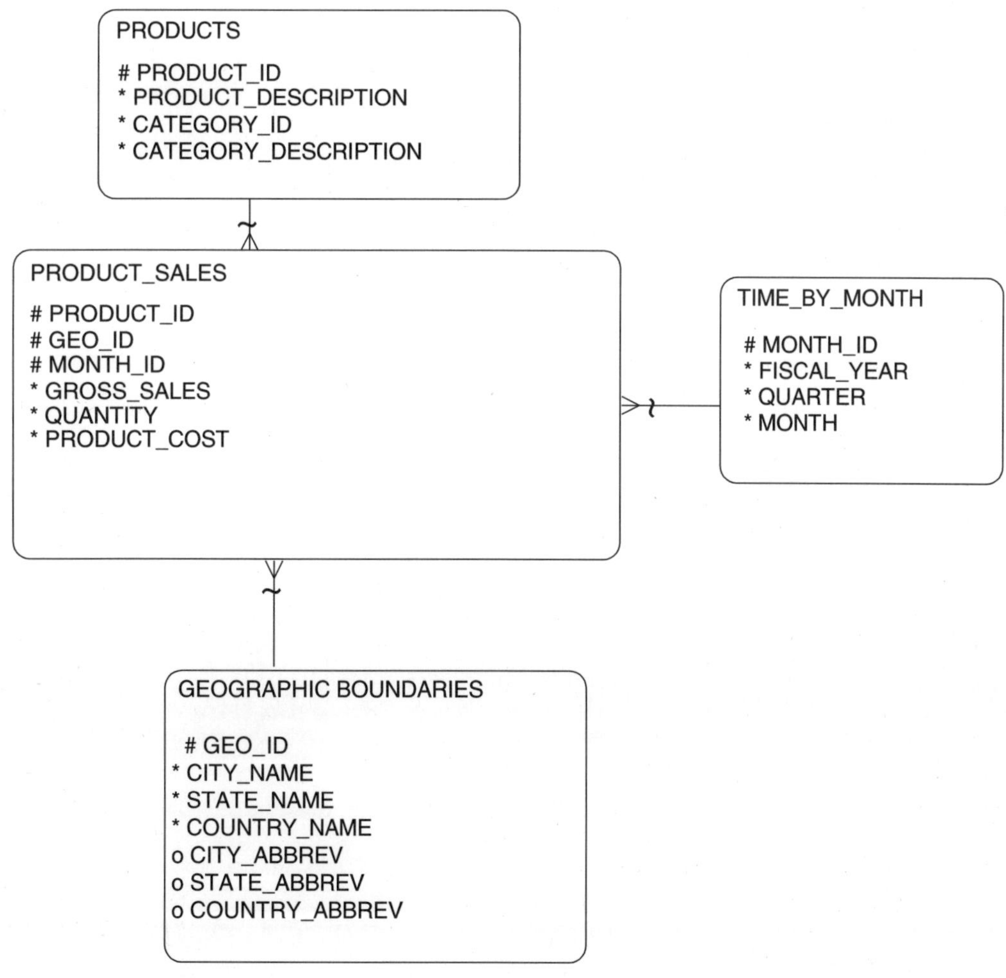

그림 12.4 상품 분석 스타 스키마

요약

이 장에서는 판매 분석을 지원하기 위해 작성된 예제 스타 스키마 디자인에 대해 자세히 설명했다. 전사 데이터 웨어하우스에서 데이터 마트로의 데이터 이동이 논의되었다. 결과 디자인에는 제기된 질문에 응답하는 데 도움이 되는 다양한 수준의 세분성이 포함되었다. 제시된 모델은 DSS, OLAP 및 다차원 분석을 지원하는 데 효과적으로 사용될 수 있다.

제시된 내용은 전사 웨어하우스를 기반으로 부서별 웨어하우스를 구축할 때 발생할 수 있는 많은 가능한 디자인 중 하나다. 스키마 구조는 질문에 크게 영향을 받는다. 철저한 최종 사용자 인터뷰 과정을 통해 결과 디자인은 부서별 분석가에게 유용한 정보를 제공해야 한다. 그렇지 않은 경우 더 많은 질문을 하고 다른 디자인을 개발해야 한다. 다시 말하자면 데이터 웨어하우스 또는 데이터 마트를 구축하는 것이 반복 프로세스여야 한다.

지금까지의 논의에서 분명히 알 수 있듯이 전사 데이터 웨어하우스로 데이터를 가져 오는 것이 어려웠을지라도 웨어하우스는 부서별 데이터 마트(스타 스키마) 개발을 위한 훌륭한 기반을 제공한다. 모든 주요 변환 및 통합 작업은 이미 완료되어 문서화되었다. 다시 말하면, 이것이 올바르게 설계된 데이터 웨어하우스가 기업의 경영진 및 분석가에게 놀라운 이점을 줄 수 있는 이유다. 이를 통해 IS 직원 측의 상당한 시간과 노력을 들이지 않고는 불가능했던 방식으로 직원들은 추세를 보다 쉽게 볼 수 있다. 설명된 대로 데이터를 미리 설정하면 다양한 데이터 마트를 생성하는 데 필요한 시간과 시스템 자원을 줄일 수 있다. 또한 데이터 웨어하우스 데이터 모델의 통합 원천이 있으므로 여러 부서의 데이터 웨어하우스에 유용할 수 있는 일관된 의사 결정 지원 정보가 있으므로 데이터의 정확성이 향상된다.

이러한 스타 스키마 디자인에 대한 테이블 및 컬럼 목록은 부록C를 참조하라.

13

인적 자원을 위한 스타 스키마 디자인

이전 장에서와 마찬가지로 제안된 다른 부서별 데이터 웨어하우스 디자인이 논의될 것이다. ABC 기업 인사부의 EEOC(Equal Employment Opportunity Commission) 회계감사 사업부는 동부 지역 판매 관리자가 해당 그룹을 위해 만들어진 데이터 마트에 얼마나 만족하는지 듣고 있다. 사업부는 데이터 마트가 전략적으로 중요한 데이터에 대한 보고서를 작성하는 데 필요한 시간과 에너지를 크게 절감했으며, 일부 적절한 DSS 도구를 사용하면 동향을 효과적으로 분석하는 것이 매우 쉽다는 것을 들었다.

시대에 뒤떨어지고 싶지 않으며 진정한 필요성을 느낀 EEOC 사업부 관리자는 사업부에 작은 데이터 웨어하우스를 만드는 데 도움이 되도록 IS 부서에 요청한다. 데이터 마트의 개념이 파악된 것에 고무돼서 IS 관리자는 약간의 사람들을 작업에 기꺼이 투입한다. 일련의 인터뷰가 끝나면, IS 팀은 EEOC 팀이 답변하는 데 가장 관심을 가질 질문들이 무엇인지를 결정하고, 데이터 마트가 특별히 이러한 질문을 해결할 수 있도록 몇 가지 스타 스키마를 개발한다. 이 장에서는 이러한 데이터 마트의 구조를 검토한다.

앞에서 설명한 것처럼 이 장에서 모델의 목적은 부서별 데이터 웨어하우스 구축의 개념을 보여주는 예제를 제공하는 것이다. 이 모델은 특정 기업의 요구에 맞게 조정될 수 있다. 하지만 이 부서별 데이터 웨어하우스 디자인은 이를 구현하는 기업에 크게 의존한다는 것을 이해해야 한다. 그러나 이 모델은 EEOC 사업부의 DSS 분석가가 다음과 같은 질문에 답할 수 있도록 한다.

■ 얼마나 많은 프로그래머/분석가가 아프리카계 미국인인가?

■ 백인의 연봉과 비교하면 어떤가?

■ 남성 대 여성 근로자의 평균 월급은 얼마인가?

- 급여 인상률이 다른 그룹보다 높거나 낮은 그룹이 있는가?
- 연간 급여가 경력 연수 또는 회사의 근무 연수에 대해 어떻게 비교되는가?
- 소수 인종 노동자는 몇 명이나 되는가? 이 그룹은 몇 퍼센트인가?
- 다양한 상태의 직원이 몇 명 있으며, 그 특성은 무엇인가? 예를 들어 파트 타임 직원의 수와 평균 연봉은 얼마인가?
- 어떤 유형의 직위가 어느 정도의 근무 기간 동안 고용되어 있었나? 10년 이상 고용된 직원은 몇 명인가? 20년 이상 근무한 직원은?

아래 페이지에 제시된 특정 스키마에는 다음이 포함된다.
- 인적 자원 스타 스키마
- 높은 수준의 세분화된 인적 자원 스타 스키마

인적 자원 스타 스키마

IS 부서는 EEOC 직원과의 인터뷰 결과를 바탕으로 직원 수, 평균 연령, 평균 근무 경력, 평균 근무 연수, 모든 부서 모든 직원의 평균 연봉 같은 인적 자원 측정을 볼 수 있는 것과 그들을 직위나 EEOC 카테고리(백인, 히스패닉, 아프리카계 미국인, 아시아계, 아메리카 인디언 등), 상태, 급여 등급, 근무 기간, 성별에 의해 묶는 것이 처음에는 매우 유용하다고 판단했다. 직원들과의 토론에서는 일별 정보가 필요하지 않지만, 월말 조직의 그림은 의미 있는 추세를 관찰할 수 있음을 나타낸다.

그림 13.1에 표시된 스타 스키마는 전사 데이터 웨어하우스의 데이터를 기반으로 개발되었으며 이러한 요건을 해결한다. 중앙 팩트 테이블인 HUMAN_RESOURCES_FACT(인적자원팩트)는 다양한 디멘전의 키뿐 아니라 분석할 중요한 측정 값을 포함한다. 이 스타 스키마의 디멘전에는 ORGANIZATIONS(조직), POSITION_TYPES(직위유형), GENDERS(성), LENGTH_OF_SERVICES(근속년한), STATUSES(상태), PAY GRADES(급여등급), EEOC_TYPES(EEOC유형) 및 TIME_BY_MONTH(월별기간)가 포함된다. 표시된 대로 이 스키마의 데이터는 매월 말에 적재될 것이다.

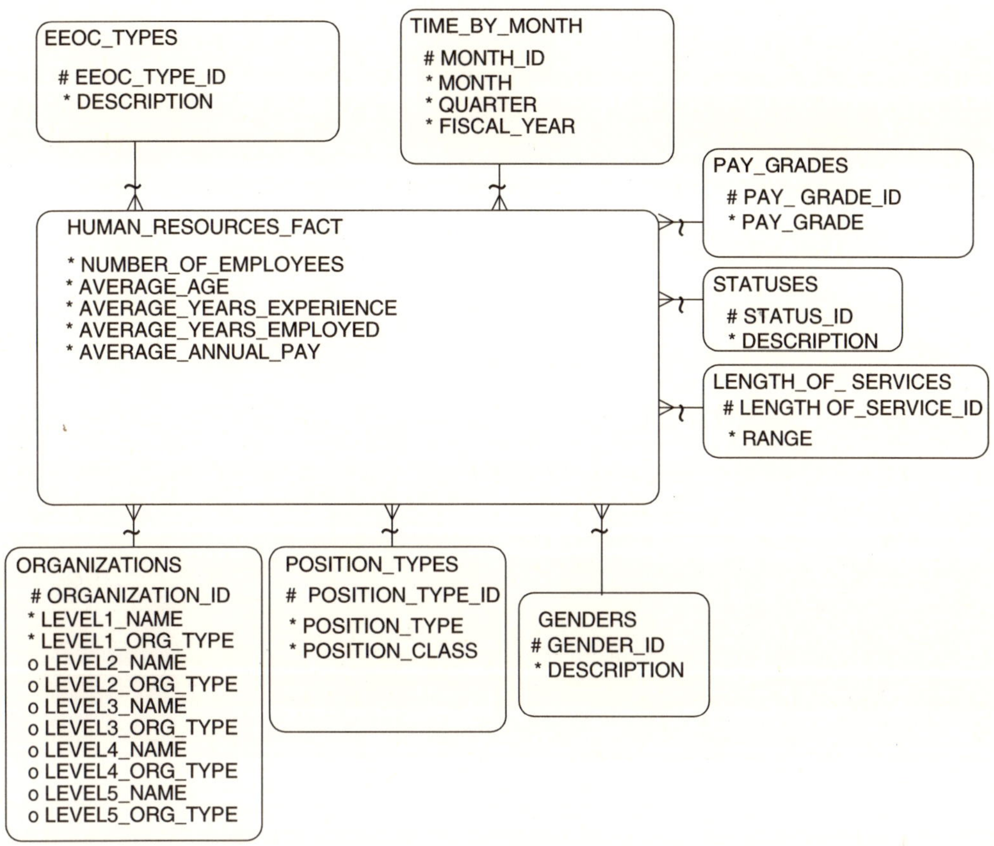

그림 13.1 급여 지급 내역

인적 자원 팩트 테이블

이 팩트 테이블에 대한 측정 값은 다음과 같다.

Number_of_employees(직원수). 지정된 디멘전 값을 충족시키는 직원의 수를 나타낸다.

Average_age(평균연령). 지정된 디멘전 값을 충족하는 직원의 평균 연령을 나타낸다.

Average_years_experience(평균경력연수). 이것은 ABC기업 내부와 외부에서 근무한 경력의 총 연수를 나타낸다. 즉, 직원이 그 분야에서 일한 경력의 연수를 의미한다.

Average_years_employed(평균근무연수). 직원이 기업에 고용된 평균 연수를 나타낸다.

Average_annual_pay(평균연봉). 해당 월말 현재 해당 직원의 연간 연봉을 나타낸다. 즉, 스냅샷을 찍은 시점에서 현재 급여율이 동일하게 유지되면 직원이 1년 동안 받을 금액이다.

Average_years_employed(평균근무연수)는 전사 웨어하우스에 표시된 대로 회사에서 직원이 속한 모든 직위의 from date(시작일자)와 thru_date(종료일자)를 기준으로 계산된 값이다. 이러한 컬럼의 값이 직원에 따라 변경되더라도 해당 월이 키의 일부라는 사실은 이 값이 다양한 시점(이 경우 매월 말)에 있었던 것의 내역을 제공한다.

분석가는 측정 값으로써 회사의 직원 평균 나이 또는 부서의 직위 유형 내 경력 연수와 같은 것을 찾을 수 있다(이는 디멘전 선택에 대한 평균 경력 연수를 직원 수로 나눠서 계산). 다음과 같은 질문을 할 수 있다.

■ 55세에서 60세 사이의 사람들과 25세에서 30세 사이의 사람들의 평균 급여는 얼마인가?
■ 각 직책 유형 또는 각 부서 내에서 15년 이상의 경험(또는 근무)을 가진 사람들의 급여는 얼마인가?

스타 스키마에 대한 12장의 표기법은 명시적으로 각 팩트 테이블에 대한 기본 키를 보여주었다. 이 책의 나머지 팩트 테이블에 대한 키는 항상 각 디멘전의 기본 키 조합이므로 나머지 각 팩트 테이블에 대한 키는 명시적으로 나타내지 않는다. 독자는 각 팩트 테이블의 기본 키가 각 디멘전의 기본 키 조합이라는 것을 알아야 한다.

조직 디멘전

내부 조직에 대한 정보는 웨어하우스 테이블 INTERNAL_ORG_ADDRESSES(내부조직주소)에서 가져온다. 이 데이터 마트에는 지리 정보가 필요하지 않으므로 고유한 조직 식별자 및 이름만 전사 웨어하우스에서 이동하도록 선택되었다. 또한 분석가가 부서, 사업부 또는 지점과 같은 유형을 기반으로 분석할 조직을 선택할 수 있도록 추출된 수많은 org_type(조직유형) 컬럼[예를 들면, levell_org_type(1단계조직유형), Ievel2_org_type(2단계조직유형) 등]이 있다.

이 테이블의 구조는 지금까지 본 다른 테이블의 구조와 약간 다르다. 주 웨어하우스에 표시된 조직 계층 구조를 org_type(조직유형) 컬럼에 저장하기 위해 비정규화 되었다. Levell_org_type(1단계조직유형) 정보는 추출된 가장 낮은 수준의 HUMAN RESOURCE FACT(인적자원팩트) 측정 레코드와 직접적으로 연관된 데이터를 나타낸다. Level2_org_type(2단계조직유형)은 "1단계" 조직에 대한 상위 조직의 이름 및 유형이다(예를 들면 부서가 속한 사업부). Level3_org_type(3단계조직유형)은 "2단계"의 부모다. Levell_name(1단계명) 및 Ievel2_name(2단계명)과 같은 이름의 컬럼은 방금 설명한 것과 같은 방식으로 작동한다.

"2단계" 이상의 단계는 정보가 필요하지 않으므로 ID를 포함하지 않는다. 각 디멘전 레코드는 해당 조직 ID로 정의되며, "1단계" 또는 가장 낮은 단계의 단위다. 예를 들어, 디멘전 레코드는 "회계부서"가 "2단계" 회계 사업부 내에 있는 "1단계"에 있고 "회계사업부"는 "3단계" 동부 지역에 있으며, 동부지역은 "5단계" ABC기업 내에 있는 "4단계"인 ABC자회사 내에 있다는 것을 나타낼 수 있다. 5단계의 구조만 포함하면 ABC기업에서 발견된 조직 단계에 기반한 결정을 내릴 수 있다. 이 모델은 필요에 따라 단계를 더하거나 뺌으로써 다른 조직에 쉽게 적용될 수 있다.

표 13.1은 조직 디멘전에서 볼 수 있는 데이터의 예를 보여준다. 설명을 위해 "3단계"까지 표시된다. 요점은 각 조직 디멘전이 기업 구조에서 가장 낮은 단계를 나타내므로 원하는 수준으로 분석을 집계할 수 있다. 이 테이블의 기본 구조는 최종 사용자에게 재귀 구조를 적용하기 보다 성능을 향상시키고 조회를 단순화하는 역할을 한다.

직위 유형 디멘전

이 정보는 논리 데이터 모델의 POSITION(직위) 및 POSITION TYPE(직위유형) 엔터티에 해당하는 전사 웨어하우스의 POSITIONS(직위) 테이블에서 직접 추출된다. 이 디멘전은 해당 직위와 연관된 position_class(직위유형)와 함께 표현된 모든 유형의 직위(position_type)의 고유한 목록을 나타낸다. 어떤 주어진 직위에 대해서도 한동안 단 하나의 직위 유형이 관련되어 있다고 가정한다. 분석가는 이 디멘전을 사용하여 상위 수준의 직위 분류인 position_type(직위유형)나 position_class(직위종류)(POSITION TYPE CLASSIFICATION 엔터티에 있는)에 의해 HUMAN_RESOURCE_FACT(인적자원팩트)에서 선택할 수 있다. 이것은 product_description(상품설명) 및 category_description(카테고리설명) 컬럼(그림 12.1 참조)을 모두 포함하는 PRODUCTS(상품) 디멘전(이전 장에서 설명)과 구조가 비슷하다.

표 13.1 조직 디멘전

ORGANIZATION ID	LEVEL 1 NAME	LEVEL 1 ORG TYPE	LEVEL 2 NAME	LEVEL 2 ORG TYPE	LEVEL 3 NAME	LEVEL 3 ORG TYPE
10929	Accounting	Department	Finance	Division	Eastern	Region
23948	Investments	Department	Finance	Division	Eastern	Region
29039	Sales	Department	Marketing	Division	Western	Region

성별 디멘전

기업은 남성 또는 여성이 차지하는 직위의 수, 평균으로 지불되는 금액 및 경험치를 분석하기 원할 수 있다. 많은 인적 자원 기업은 "남성", "여성", "남성-여성", "여성-남성" 및 "제공되지 않음"의 다섯 가지 성별 설명 유형을 관리해야 한다.

근속연한 디멘전

이 디멘전은 기업과의 고용 기간과 관련된 다양한 범위의 분석을 허용한다. 예를 들어, 10-15년 동안 근무한 직원 수는 몇 명이고 평균 연봉은 얼마인가? 이 LENGTH_OF_SERVICE(근속연한) 디멘전은 average_years_employed(평균근무연수) 측정과 함께 사용할 수 있다. 분석가는 5~9년의 근무 기간 동안 종업원에 대한 average_years_employed(평균근무연수) 측정치를 결정할 수 있으므로 고용 기록에 대한 지식을 더욱 향상시킬 수 있다.

상태 디멘전

상태는 조직의 각 상태에 대한 직원 수, 평균 급여 또는 기타 측정 기준에 대한 정보를 제공한다. 가능한 상태는 "시간제", "정규직", "면제", "임시" 등이 될 수 있다. 이를 통해 기업은 여러 유형의 직원에 대한 분석을 수행할 수 있다.

급여 등급 디멘전

이 디멘전은 다양한 급여 등급에 따라 인적 자원 척도를 조회할 수 있으며, 9장 그림 9.7의 PAY GRADE(급여등급) 엔터티에 해당한다. SALARY STEP(호봉)과 같이 보다 구체적인 정보가 필요하면 이 디멘전의 수준으로 포함될 수도 있다. 이 디멘전은 많은 유형의 인적 자원 직위에 얼마가 지불되는지를 분석하는 데 도움이 될 수 있다. 예를 들어, 급여 등급 5에 종사하는 직원의 수는 얼마며, 평균 연봉은 얼마인가?

EEOC 유형 디멘전

이 디멘전은 전사 웨어하우스의 EMPLOYEES(직원) 테이블에서 고유한 eeoc_type_id(EEOC유형 ID) 및 연관된 description(설명) 값을 수집하여 작성된다. 분석 요구사항에 따라 이 정보는 인적 자원부의 EEOC 규정준수 사업부에서 후원하기에 정보를 디멘전으로 포함시키는 것이 중요하다.

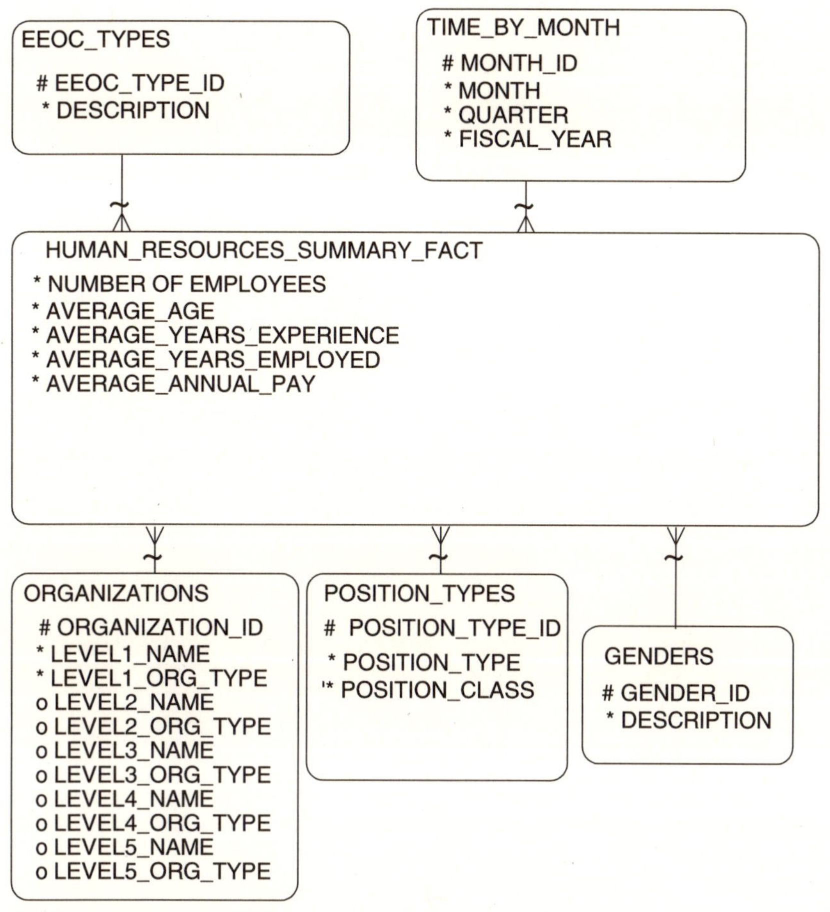

그림 13.2 인적자원 스타 스키마

월별 기간 디멘전

이 스키마에 사용되는 TIME_BY_MONTH(월별기간) 테이블은 12장에서 논의된 판매 분석 데이터 마트에서 사용된 테이블과 동일하다. 검토를 위해 회계 연도와 월 조합을 고유하게 나타내는 month_id(월ID)가 포함되어 있다. 이 테이블에 적재된 데이터는 팩트 테이블의 데이터가 포함하는 모든 기간을 나타내야 한다. 그것은 EEOC 분석가들에게 월별뿐만 아니라 분기별 및 연도별로 데이터를 수집할 수 있는 기능을 제공한다. 이러한 방식으로 보고 요구사항을 쉽게 준수할 수 있어야 한다.

Month_id(월ID) 컬럼은 시간 디멘전에 대한 연결 역할을 한다. 이 정보는 기업이 업무를 수행하는 매월에 대한 인적 자원 팩트를 나타낸다.

앞에서 설명한 것처럼 데이터 웨어하우스의 또 다른 원칙은 다양한 수준의 세밀도를 수용하는 것이다. 판매 분석 모델에서와 마찬가지로 EEOC 회계감사부 직원과의 인터뷰는 실제로 연방 정부에 보고하기 위해 몇 가지 공통적인 평균이 필요함을 나타낸다. 그들은 조직 전체에서 직위 유형, EEOC 카테고리 및 성별을 기반으로 해서 평균 연봉을 평가할 필요가 있었다. 이러한 요구를 수용하기 위해 IS 부서는 HUMAN_RESOURCES_SUMMARY_FACT(인적자원집계팩트) 테이블을 기반으로 상위 계층 스키마를 개발했다(그림 13.2 참조).

이 테이블은 어떻게 적재되는가? 전사 웨어하우스 또는 HUMAN_RESOURCE_FACT(인적자원팩트) 테이블에서 적재될 수 있다. 이 두 스키마는 동일한 부서에서 사용되므로 월간 적재 프로세스를 완료한 후 HUMAN_RESOURCE_FACT(인적자원팩트) 테이블에서 집계 데이터를 적재하는 것이 가장 효율적일 수 있다(전체 웨어하우스를 스캔하지 않아도 되며, 세부 테이블의 데이터는 본질적으로 미리 선택된다). 이 경우, 한 달에 대한 세부 데이터를 선택함으로써 테이블을 적재하고, 이전 스타 스키마에서 측정한 값을 선택한 후 합계가 합쳐지고 동일한 organization_id(조직ID), position_type_id(직위유형ID), eeoc_type_id(EEOC유형ID) 및 gender_id(성별ID)를 사용하여 더 넓은 범위에 할당된다. 계산은 number_of_employees(직원수), average_age(평균연령), average_years_experience(평균경력연수), average_years_employed(평균고용연수) 및 average_annual_pay(평균연봉) 컬럼에 적재된다(대부분의 관계형 DBMS에서는 평균을 쉽게 계산할 수 있는 SQL 함수가 있음).

이 데이터를 활용하면 ABC기업의 EEOC 사업부에서 다음과 같은 질문에 쉽게 답할 수 있다.

- 데이터 모델링 직위에서 백인 남성과 비교한 히스패닉 여성의 평균 월급은 얼마인가?
- 여성 감독자와 남성 감독자의 평균 연령과 평균 급여는 어떻게 다른가?
- 특정 사업부 내에서 수년 간의 경력, 급여 및 EEOC 카테고리를 비교하는 확실한 추세가 있는가?

인적 자원 정보의 또 다른 집계 뷰를 만드는 이유는 무엇인가?

그림 13.2의 스키마에서 대답할 수 있는 질문은 그림 13.1의 스키마에서도 대답할 수 있다. 이를 염두에 두고 그림 13.2에 제시된 것과 같이 덜 세분화된 스키마를 작성해야 하는 이유는 무엇인가? 그림 13.2의 스키마는 성능을 위해 최적화되어 있으며, 최종 스키마보다 훨씬 빠른 쿼리를 제공한다. 특정 데이터만 필요한 특정 부서에서 사용할 수 있는 상위 수준 집계에는 여러 가지 변형이 있을 수 있다. 스타 스키마가 이와 같이 집계된 다른 이유는 일부 인사는 특정 인적 자원 정보만 볼 수 있도록 할 수 있으며, 데이터 보안을 제공하는 한 가지 방법은 민감한 데이터를 특정 개인이나 그룹에 제한하면서 중첩된 데이터의 다른 뷰를 제공하는 것이다.

요약

이 장에는 인적 자원 데이터의 분석을 지원하기 위해 구축된 두 개의 예제 스타 스키마 디자인에 대한 자세한 내용이 포함되어 있다. 결과 디자인은 최종 사용자 인터뷰 중 질문에 답하는 데 도움이 되는 몇 가지 추가 비정규화 및 집계 수준을 보여주었다. 이전에 언급했듯이 전사 데이터 웨어하우스에서 파생될 수 있는 여러 가지 가능한 스키마 중 몇 가지가 제시되었다. 부서별 모델의 구조는 답하도록 설계된 질문에 의해 결정됐다. 데이터 웨어하우스 전략을 성공적으로 수행하려면 실제 비즈니스 및 정보 요건을 결정하기 위해 최종 사용자에게 인터뷰를 해야 한다는 점을 지나치게 강조해서는 안 된다.

묘사된 것처럼, 한 부서가 시간과 돈을 기꺼이 쏟아 붓기 전에 다른 부서의 모험이 얼마나 성공적인지를 보기 위해서 기다리는 것은 드문 일이 아니다. 데이터 마트뿐만 아니라 만족스러운 사용자를 생성함으로써 방법론 및 기술이 입증되면 다른 사람들은 곧 그 성공에 동참하기를 원할 것이다. 이러한 마트 설계를 위한 테이블과 칼럼 목록은 부록C를 참조하라.

CHAPTER

14

추가 스타 스키마 디자인

이 장에서는 재고 관리 분석, 구매 주문 분석, 물류/배송 분석, 작업 활동 분석 및 재무 분석과 같은 조직의 일반적인 기능에 대한 몇 가지 추가 스타 스키마 디자인을 제공한다.

참조 데이터 모델 장(3장에서 9장까지)에는 데이터 분석에 도움이 되는 해당 데이터 분석 또는 스타 스키마 디자인이 있다. 관계자를 다루는 2장에서는 고객, 공급 업체, 내부 조직, 시설 등과 같이 여러 스타 스키마에 사용되는 구성요소를 제공한다. 다음은 이 장에 정의된 스타 스키마에 대한 해당 데이터 모델 장을 보여준다.

재고 관리 모델을 포함하는 3장은 이 장의 재고 관리 스타 스키마에 해당된다.

구매 주문 및 구매 주문 품목 모델을 포함하는 4장은 구매 주문 스타 스키마에 해당된다.

배송 모델을 포함하는 5장은 이 장의 배송 스타 스키마에 해당된다.

작업 활동 모델을 포함하는 6장은 이 장의 작업 활동 스타 스키마에 해당된다.

송장 모델을 포함하는 7장은 12장, 그림 12.1부터 12.4까지의 고객 송장 스타 스키마에 해당된다. 회계 및 예산 모델을 포함하는 8장은 이 장의 재무 분석 스타 스키마에 해당된다. 인적 자원 모델을 포함하는 9장은 13장, 그림 13.1 및 13.2의 인적 자원 스타 스키마에 해당된다.

각 스타 스키마에는 데이터 웨어하우스 요구사항을 논의하는 데 유용한 시작점인 일반적인 질문이 제공된다. 각 다이어그램에는 템플릿 측정 값과 디멘전이 제공되며, 데이터 웨어하우스 사용자가 필요로 할 수 있는 것에 대한 토론을 용이하게 하기 위해 질문을 예제 데이터 웨어하우스 질문으로 사용할 수 있다.

 데이터 모델 리소스 북

재고 관리 분석

그림 14.1은 재고품을 분석하기 위한 템플릿 스타 스키마 디자인을 규정한다. 이 설계는 3장에서 볼 수 있듯이 기업이 부품별로 재고를 관리하고 일부가 원자재, 조립품 또는 완제품이 될 수 있다고 가정한다. 부품이 추적되지 않고 기업이 제품을 관리하는 경우에만 GOOD(제품)을 PART(부품)로 대체한다. 이 스타 스키마에 대한 정보는 3장 및 5장의 엔터티 조합에서 추출할 수 있다.

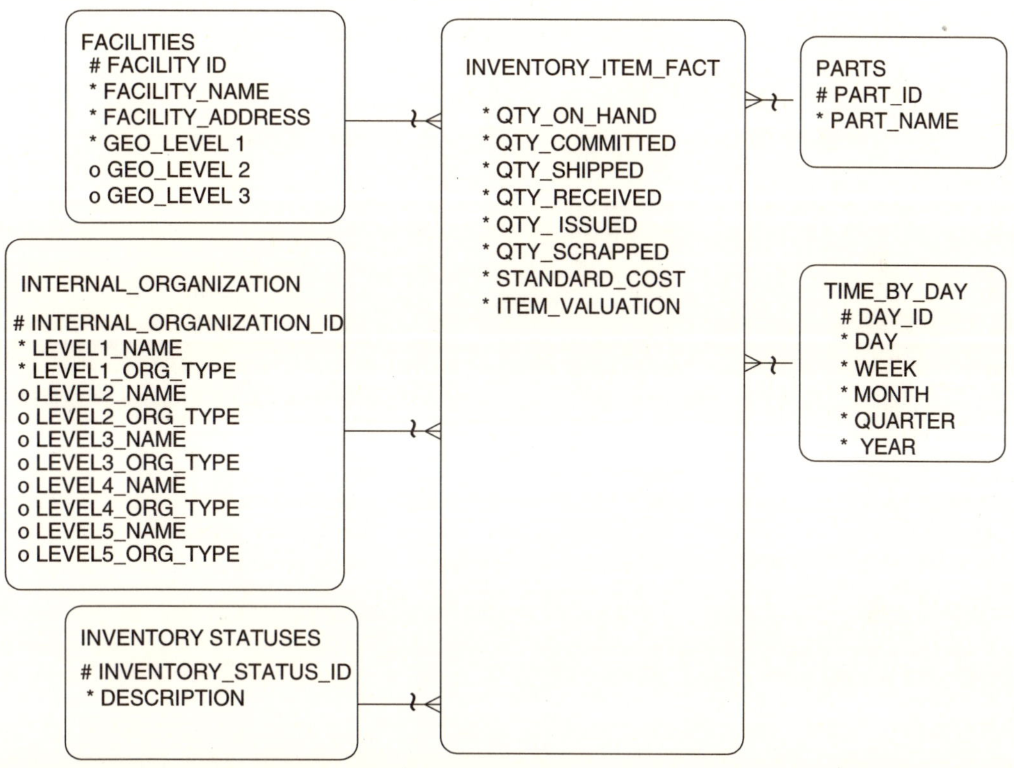

그림 14.1 상품과 배송 데이터 모델에 기반한 재고 관리 스타 스키마

디멘전에서 지리 단계 및 조직 단계는 지리적 위치와 조직 체계 구조의 유연한 계층 구조를 제공한다. 예를 들어, 지리 단계는 도시, 주 또는 국가를 나타낼 수 있거나 나중에 주, 국가, 대륙으로 변경될 수 있다. Level_org_type(단계조직유형) 컬럼은 그림 13.2에서 설명되었지만 이제는 ORGANIZATIONS(조직) 대신 INTERNAL ORGANIZATIONS(내부조직)에만 적용된다. 조직 단계는 부서, 사업부 및 모기업일 수 있으며 시간이 지남에 따라 변경될 수도 있다. 이 규칙은 이 장의 후속 스타 스키마 디자인에 사용된다.

그림 14.1은 다음 유형의 질문을 처리하도록 설계되었다.

■ 기업이 여러 유형의 부품(기업이 제품을 추적하는 경우에는 제품)을 얼마나 보유하고 있는가?

■ 얼마를 사용했는가?

■ 기업은 재고 수준을 어떻게 최적화하고, 필요한 것을 저장하고, 어디에 필요로 하는가? 우리가 필요한 것을 기업이 어떻게 예측할 수 있는가?

■ 다양한 장소의 재고 상태는 무엇인가? 여러 지역 및 다양한 종류의 상품에 대해 얼마나 많은 재고가 출하되고, 접수되고, 배급되었나?

■ 시간이 지남에 따라 다양한 시설에서 폐기된 부품 유형의 재고량은 얼마인가?

■ 재고품의 수와 품목 가치는 무엇인가?

■ 다양한 시설과 내부 조직의 재고 균형 및 재고 필요성에 대한 시간 경과 추세는 무엇인가?

■ 시설 및 내부 조직의 재고 비용은 얼마인가?

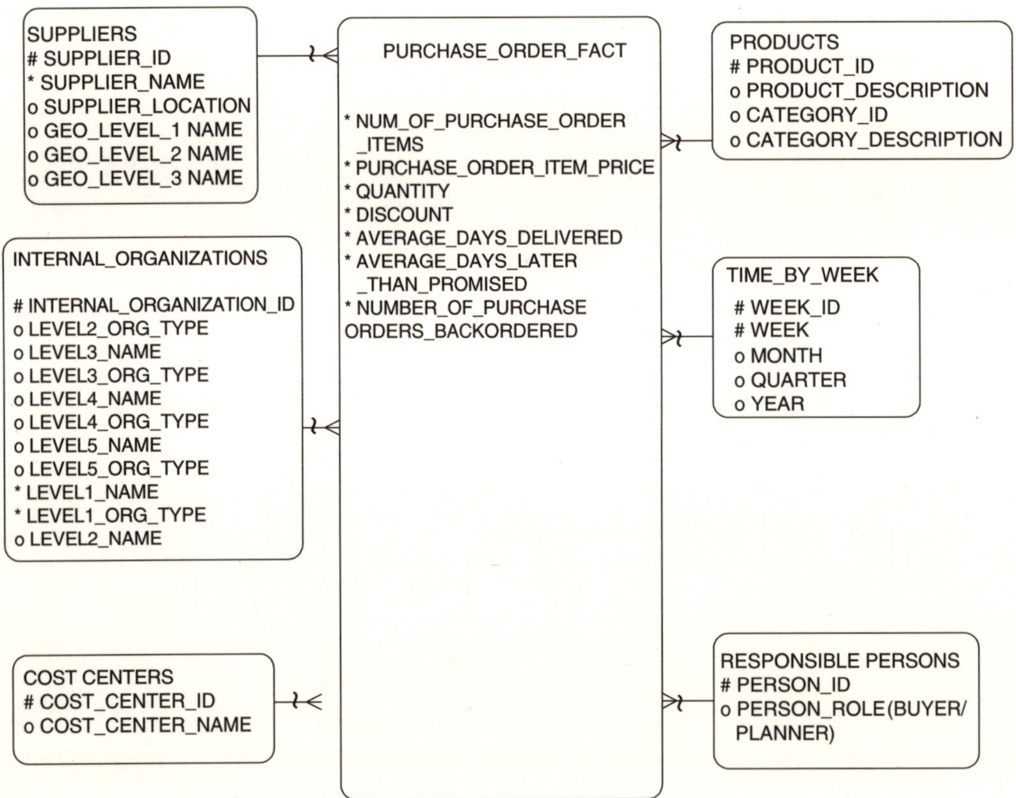

그림 14.2 주문 모델에 기반한 구매 주문 스타 스키마

구매 주문 분석

그림 14.2는 구매 주문을 분석하기 위한 템플릿 스타 스키마 디자인을 규정한다. 이 디자인의 정보는 4장에서 설명한 PURCHASE ORDER(구매주문) 및 PURCHASE ORDER ITEM(구매주문품목) 엔터티를 기반으로 한다.

구매 주문 스타 스키마는 다음 유형의 질문을 처리하도록 설계되었다.

■ 다양한 내부 조직에서 어떤 유형의 상품을 주문하는가?

■ 어떤 유형의 상품에 대한 구매 주문은 몇 번이며, 시간 경과에 따라 얼마나 많은 품목이 발생하는가?

■ 서로 다른 공급 업체의 상품 유형별 평균 가격은 얼마인가?

■ 다양한 유형의 상품에 대해 다양한 공급 업체가 제공한 할인 유형은 무엇인가?

■ 공급 업체가 시간이 지남에 따라 여러 상품에 대해 최적의 가격을 제시한 것은 무엇인가?

■ 구매 주문에 대해 약속한 것보다 평균 몇 일 늦어졌는지를 기준으로 측정한 다양한 공급 업체는 얼마나 신속한가?

■ 다양한 상품이 인도되기까지 소요된 평균 일수의 내역을 통해 측정한 다양한 상품의 예상 납품 소요시간을 얼마인가?

■ 다양한 상품에 대해 더 나은 가격과 할인을 협상하는 데 있어 어떤 구매자가 더 효과적인가?

■ 여러 공급업체가 다양한 유형의 상품에 대해 얼마나 많은 구매 주문을 역발주하는가?

■ 가장 많은 구매 주문 금액이 할당된 원가 부문은 무엇인가?

■ 각 원가 부문에서 지출한 금액의 상품별 고장은 무엇인가?

배송 분석

그림 14.3은 배송을 분석하고 조직이 물류 운영을 분석하도록 돕기 위해 스타 스키마를 제공한다. 분석되는 데이터는 주로 SHIPMENT ITEM(배송품목) 엔터티와 관련 정보에서 가져온다.

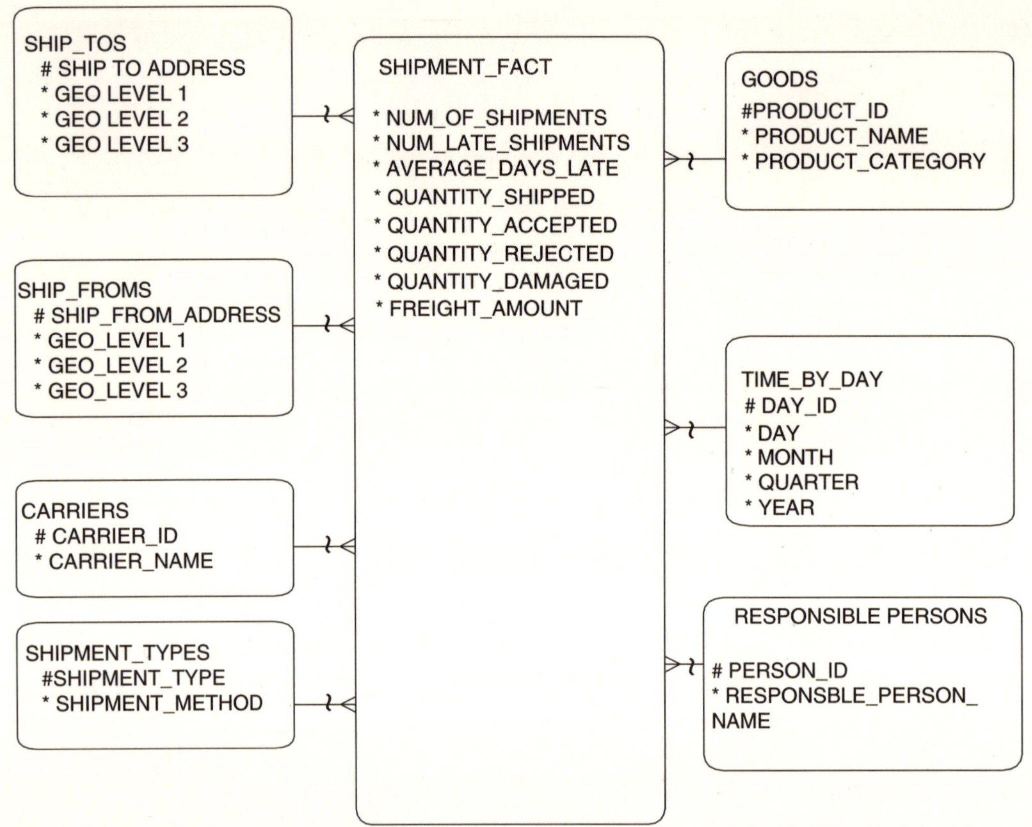

그림 14.3 5장 모델에 기반한 배송 스타 스키마

이 배송 분석 스타 스키마 디자인의 주요 이점은 고객 배송, 구매 배송, 이동, 생산자 직송 그리고 기타 SHIPMENT TYPE(배송유형)을 포함한 모든 유형의 상품 이동을 분석할 능력을 제공하는 것이다. 스타 스키마는 기업이 다음과 같은 질문을 평가할 수 있게 한다.

- 배송물 인도 기대치는 얼마나 만족스러운가?

- 손상되거나 거부된 배송이 얼마나 많이 수령 또는 인도되고 있는가[quantity_damaged(손상수량) 및 quantity_rejected(거부수량) 측정을 통함]?

- 어느 항공사에 의해 얼마나 많은 배송이 늦었는가[늦은 배송은 shipment received date(배송일자)가 promised order shipment date(배송약속일자)보다 클 때 발생]?

- 얼마나 많은 배송이 어떤 유형의 상품에 대해 어떤 운송회사에 대해 거부되는가?

- 운송회사에 따라 어떤 종류의 상품이 손상되는가?

- 다양한 지역을 오가는 다양한 운송회사에 대한 다양한 유형의 배송에 대한 화물 요금[freight_amount(화물량) 값]은 무엇인가?

     데이터 모델 리소스 북

■ 어떤 사람이 운송비를 낮추고 반송을 최소화해서 가장 효과적인 배송이 될지에 대해 책임지는 가?

작업활동 분석

그림 14.4는 생산 가동, 수리 활동, 컨설팅 계약, 내부 프로젝트 또는 6장에 설명된 다른 유형의 작업활동과 같은 다양한 작업활동이 얼마나 효과적인지 분석하기 위한 작업활동 분석 스타 스키마를 제공한다. 작업활동 스타 스키마는 WORK EFFORT(작업활동) 엔터티 및 관련 정보에서 제공된다.

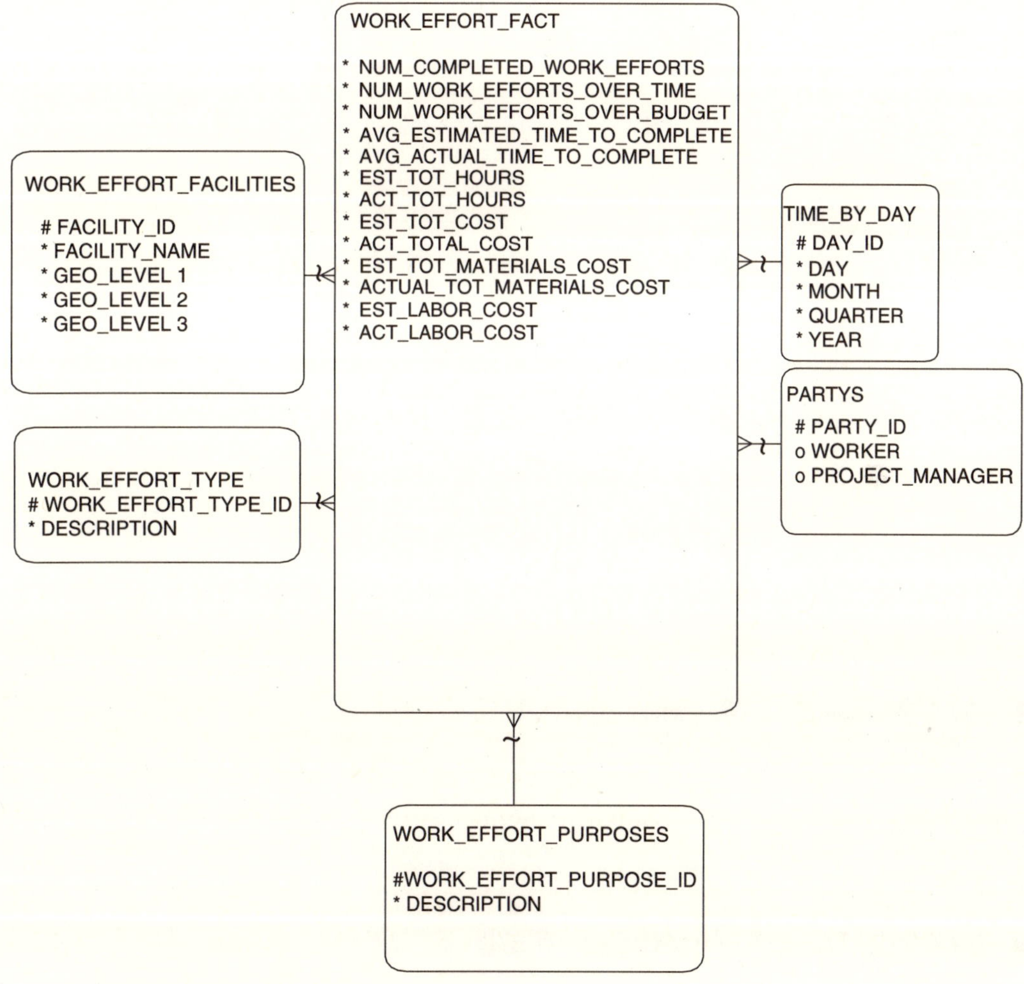

그림 14.4 작업 활동 모델에 기반한 작업 활동 스타 스키마

이 데이터 분석 디자인이 응답해야 하는 질문 유형은 다음과 같다.

- 일정과 예산에 맞춘 성과를 기반으로 한 작업활동이 얼마나 성공적이었나?

- 프로젝트 관리자 또는 작업자와 같은 다양한 유형의 관계자에 대한 성과는 무엇이었나?

- 다양한 작업활동에 소비된 평균 시간은 얼마인가(작업활동은 여러 수준에서 정의되었다는 것을 명심하라. 예를 들어 계획, 프로젝트, 단계, 활동, 작업 등이 될 수 있음)?

- 어떤 시설이 다양한 유형의 작업활동을 위해 인건비와 자재 비용을 낮추는 최고 기록을 가지고 있는가?

- 실제 노동력, 재료 및 총비용은 이 품목의 예상 비용과 비교할 때 어떤가?

- 시간이 지남에 따라 다양한 유형의 업무활동에 대한 비용이 어떻게 바뀌었나? 시설 및 프로젝트 관리자가 다양한 유형의 작업활동을 완료하는 데 얼마나 걸리나?

- 어떤 목적으로 어떤 설비가 완비되었는지에 대한 작업활동은 얼마나 필요한가?

재무 분석

그림 14.5는 8장의 회계 트랜잭션을 분석하기 위한 템플릿 스타 스키마 디자인을 제공하며, 집계된 ACCOUNTING TRANSACTION(회계트랜잭션) 인스턴스를 기반으로 한다. ACCOUNT_BALANCES(계좌잔액) 스타 스키마는 다양한 국가 및 대륙 분석을 위한 LOCATIONS(위치)과 TIME_BY_MONTH(월별기간)을 분석한 GENERAL_LEDGER ACCOUNTS(총계정원장계정)와 INTERNAL ORGANIZATIONS(내부조직)에 의해 대차대조표와 손익계산서 계정 분석을 허용한다.

이 재무 분석 스타 스키마는 다음과 같은 질문에 답한다.

- 실제 수입은 계획된 수입과 어떻게 비교되는가?

- 시간 경과에 따른 다양한 비즈니스 단위(조직 단계의 예제 유형)의 재무 성과를 어떻게 시각적으로 묘사할 수 있는가?

- 할당된 예산에 대한 비용을 관리하는 다양한 부서(예: 조직 단계)가 얼마나 적절한가?

- 가능한 비즈니스 관련 문제를 일으킬 수 있는 소득 및 지출 계정(GENERAL LEDGER ACCOUNTS)에 대해 발생한 상당한 차이는 무엇인가?

- 미수금 영역(총계정원장계정의 유형)에서 명백한 추세는 무엇인가? 이러한 추세는 판매 비용(총

계정원장계정의 다른 유형)을 증가시키거나 감소시키는데 어떤 조짐을 나타내는가?

■ 현금 흐름 추이를 통해 사업 확장을 위해 얼마나 많은 자본을 사용할 수 있는지 예측할 수 있는가?

■ 부채 비율, 유동 자산 비율 및 유동성 비율과 같은 주요 재무 비율에서 시간 경과에 따라 어떤 추세가 있는가(이러한 정보는 다양한 총계정원장계정에 적용되는 수식을 통해 계산할 수 있으며, 정보가 현재 스타 스키마에서 파생될 수 있는 경우에도 추가 측정 값으로 포함될 수 있음)?

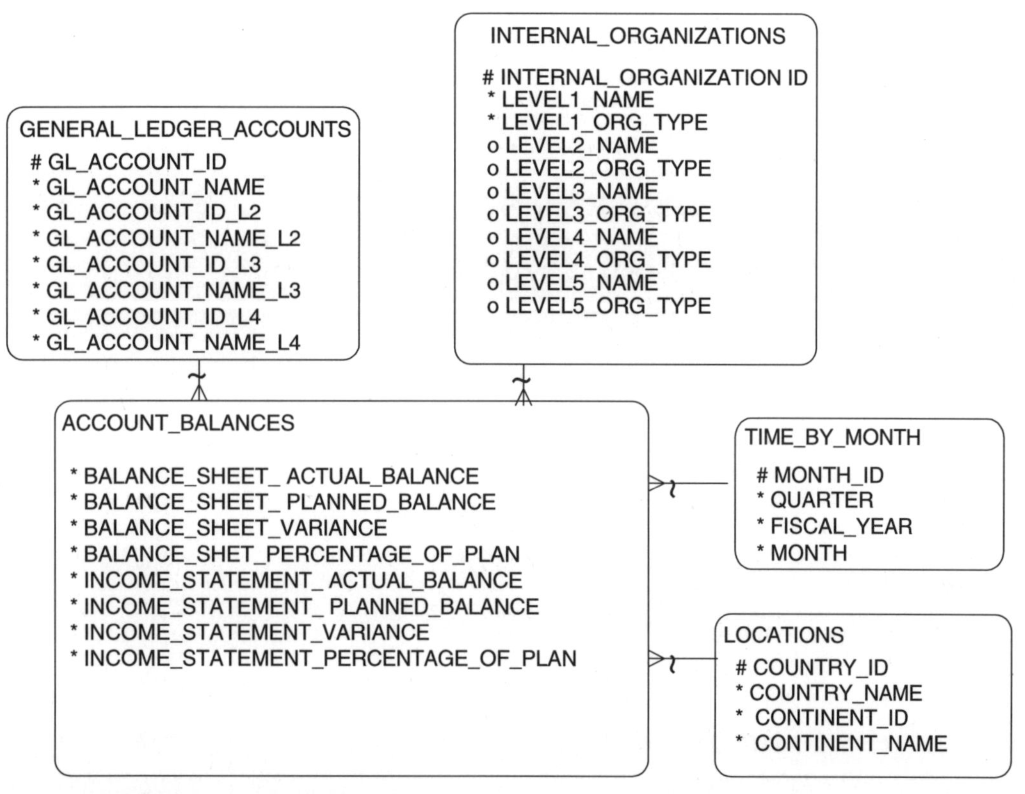

그림 14.5 8장 모델에 기반한 재무 스타 스키마

요약

이 장에서는 재고 관리 분석, 구매 주문 분석, 물류 분석, 작업활동 분석 및 재무 분석을 위해 데이터 마트 디자인을 시작하기 위한 참조 데이터 모델의 몇 가지 예를 제공했다.

다른 많은 스타 스키마 디자인이 기업에 적용될 수 있으며, 이 장에서는 데이터 웨어하우스 및 데이터 마트 요구사항을 용이하게 하기 위해 사용될 수 있는 공통된 질문과 함께 일반적인 디자인 중 일부 예제를 제공한다.

부록C에서는 이 장의 엔터티를 포함하여 스타 스키마의 테이블과 컬럼 목록을 제공한다.

CHAPTER

15

참조 데이터 모델 구현

이 책에는 데이터 모델링 작업을 빠르게 시작할 수 있는 다양한 모델이 제공됐다. 그러나 이러한 모델의 목적은 무엇이며, 기업에서 이를 사용하여 고품질의 운영 및 데이터 웨어하우스 데이터베이스를 구축할 수 있는가? 이 책의 모델은 보다 통합된 시스템의 구축을 용이하게 하고, 기업이 정보를 보다 잘 관리할 수 있게 하며, 보다 짧은 기간에 고품질의 데이터베이스 설계를 이끌어 낼 수 있게 한다. 이 장에서는 전사 데이터 모델 개발에서부터 프로젝트의 논리 데이터 모델 개발, 데이터베이스 구현의 기초가 되는 물리 데이터베이스 설계 개발에 이르기까지 모델의 라이프 사이클을 다룬다. 이러한 모델을 데이터 웨어하우스 구현에 사용하는 방법에 대해서도 설명한다.

참조 데이터 모델을 통합하는 효과적인 방법은 다음과 같이 요약할 수 있다.

■ 기업에서 일반적으로 알려진 비즈니스 용어를 사용하고 적절한 정보 요구사항을 추가해서 참조 데이터 모델을 변경 및 추가함으로써 전사 데이터 모델을 개발한다.

■ 특정 응용 프로그램에 대한 비즈니스 요구사항에 따라 각 프로젝트에 대한 적절한 논리 데이터 모델을 구축한다.

■ 논리 데이터 모델 및 기술 요구사항을 기반으로 필요한 물리 데이터베이스 설계를 생성한다.

■ 적절한 대상 DBMS(데이터베이스 관리시스템)로 데이터베이스 설계를 사용자 정의한다.

■ 이 영역에 접근할 때 대답해야 할 질문은 다음과 같다.

■ 참조 데이터 모델을 사용하기 위한 유효한 목적과 응용 프로그램은 무엇인가?

■ 작성할 수 있는 모델은 무엇이며, 참조 데이터 모델은 이를 어떻게 지원할 수 있는가?

■ 특정 기업의 비즈니스를 적절히 반영하기 위해 참조 데이터 모델에 필요한 사용자 정의는 무엇인가?

■ 비즈니스 기능 및 프로세스가 데이터 모델에 어떤 영향을 미치는가?

■ 특정 프로젝트에 대한 논리 데이터 모델을 생성할 때 어떤 선택을 사용할 수 있는가?

■ 참조 데이터 모델은 얼마나 유연한가? 그것들을 구현할 수 있는 올바른 방법은 하나만 있는가?

■ 물리 데이터베이스 설계를 작성할 때 고려해야 할 사항은 무엇인가?

■ DBMS 플랫폼 선택이 디자인에 어떤 영향을 주는가?

이 장에서는 비즈니스 분석, 시스템 설계 및 데이터베이스 설계 영역에서 이러한 각 주제를 다룰 것이다. 참조 데이터 모델은 원칙을 설명하고 이해를 돕는 데 사용된다. 각 절의 초점은 개요 영역에 강조할 것이고 적절한 질문에 답할 것이다.

전사 데이터 모델 – 기업 정보의 통합 비즈니스 뷰

오늘날 중요한 정보 이슈 중 하나는 기업에 의해서 사용되는 일관된 정보를 용이하게 하는 통합 시스템을 어떻게 개발하느냐는 것이다 전체 모델과 독립적으로 프로젝트가 개발될 때, 동일한 정보 항목이 종종 별도의 테이블에 구현되고 때로는 다른 의미로 구현되어 일관성 없는 중복된 데이터 및 비통합 시스템을 초래한다.

이 책의 참조 데이터 모델은 전사 데이터 모델 설계를 시작할 수 있고, 기업에 정보의 "로드맵"을 제공하며 정보가 다른 정보와 어떤 관련이 있는지를 보여주기 위해 사용될 수 있다. 프로젝트에 이러한 로드맵이 있다면 데이터 구조를 동일하게 구성하고 데이터 항목에 같은 정의를 사용하거나 물리 데이터 구조를 공유해서 각 프로젝트를 용이하게 하도록 이 모델을 사용할 수 있다. 이러한 접근 방식은 훨씬 더 높은 데이터 일관성, 데이터 품질 및 궁극적으로는 기업의 운영을 개선하는 데 사용되는 보다 나은 정보로 이어질 수 있다. 전사 데이터 모델은 기업의 정보 요구사항을 문서화하고 정보를 통합하는 데 도움을 준다.

이 책의 참조 데이터 모델을 사용하여 다음을 수행할 수 있다.

다양한 응용 프로그램에서 정보 간의 상호 관계를 설명하는 전사 데이터 모델을 작성하는 데 도움이 된다. 이는 기업이 정보를 통합할 수 있도록 지원하는 핵심 요소다.

논리 데이터 모델 개발의 출발점을 제공한다.

기업의 기존 데이터 모델에 데이터 모델의 새 영역을 추가한다.

기업의 기존 논리 데이터 모델을 검증하고 추가 또는 수정에 대한 아이디어를 제공한다.

시스템 개발자가 다양한 데이터 조각의 본질을 이해하고 기업에 더 나은 정보를 제공하기 위한 가능한 옵션과 솔루션을 제공한다.

기업의 정보 요구사항을 이해하고 응용 프로그램 패키지를 선택하고 구현하는 데 도움이 되는 기초로 사용된다. 응용 프로그램 패키지의 요구사항은 일반적으로 기능 요구사항, 데이터 요구사항 및 기술 요구사항으로 구성된다. 데이터 모델은 데이터 요구사항의 역할을 할 수 있다. 왜 패키지가 기업의 정보 요구사항을 결정하게 하는가? 기업은 응용 프로그램 패키지를 적절히 선택하고 구현하기 위해 자체 요구사항을 알아야 한다.

정보 로드맵 역할을 하여 여러 시스템의 데이터를 식별하고 동기화 하도록 돕는다. 기업이 자체 구축 시스템 대신 대부분 응용 프로그램 패키지를 사용하기로 결정한 경우에도 전사 데이터 모델을 사용하여 정보 요구사항을 식별하여 응용 프로그램 패키지가 어디에 중복 정보를 저장하는지를 식별할 수 있다.

전사 데이터 모델 외에도 전사 프로세스 모델은 기업 전체에서 비즈니스 기능을 식별하고 동일한 프로세스를 중복하거나 불일치하게 개발하지 않는 시스템을 구축하는 데 도움을 줄 수 있다. 예를 들어, "견적" 프로세스는 기업 프로세스 모델에서 한 번 표현되고 정의되며, 이 기능은 견적 시스템, 주문 입력 시스템 및 개발된 송장 발행 시스템에 대해 동일한 방식으로 구현되어야 한다. 템플릿 또는 참조 프로세스 모델은 기업의 프로세스 모델을 시작하고 검증하는 데 도움이 될 수 있다. 업계에서 시스템 개발 프로젝트를 지원할 재사용 가능한 프로세스 모델을 개발할 필요가 있다.

매우 큰 기업은 비즈니스의 일부분에 대한 통합 뷰를 개발하는 것을 고려할 수 있다. 예를 들어, 대형 다국적 기업은 고객 서비스, 영업 지원, 기술 지원 및 전세계 교육을 담당하는 고객 서비스 및 지원 부서와 관련된 정보 및 프로세스를 처리해야 한다고 결정할 수 있다. 전체 기업을 포괄하는 전사 모델을 보유하는 것이 중요할 수도 있지만, 이 비즈니스 영역에 대한 모델을 개발하는 것이 더 관리하기 쉬운 노력일 수 있다.

참조 데이터 모델(또는 참조 프로세스 모델)을 이 전사 데이터 모델을 작성하기 위한 기초로 사용하는 데 성공하려면 업계에서 시작해야 한다. 정보에 대한 이해는 비즈니스에서부터 시작된다. 사업가가 이해할 수 있는 수준으로 정보를 유지하는 것이 중요하다. 전사 데이터 모델을 준비할 때 비즈니스 개념을 완벽하게 수행해야 한다. 가장 넓은 관점을 표현하기 위해 모델은 유연하면서 여러 비즈니스 문제를 해결할 수 있어야 한다.

참조 데이터 모델 사용자 정의

이 책의 논리 데이터 모델은 기업이 시스템을 설계하거나 기업 데이터 모델을 개발할 때 가장 먼저 시작하도록 설계되었다. 이 책의 여러 절에서 언급했듯이, 기업은 이 모델에 의해서 다뤄지지 않는 특정 업무 요건이나 모델 변경이 필요한 용어에 대한 변경을 항상 가질 것이다. 다음 절에서는 어떻게 기업에 적절하도록 용어에 대한 변경을 다룰지 뿐만 아니라 요구되는 다양한 변경 과정을 다룬다.

사용자 정의 변경

다양한 변경 과정이 데이터 모델에 적용될 수 있다. 변경은 매우 쉬운 수정에서부터 더 어려운 데이터 모델 변경에 이르기까지 다양하다. 쉬운 변경의 예는 모델의 하나 이상의 엔터티에 속성을 추가하는 것이다. 이는 데이터 모델의 구조가 손상되지 않고 모델의 다른 부분에 미치는 영향을 검토할 필요가 없기 때문에 매우 쉬운 변경으로 간주된다. 그러나 기존 구조의 비정규화를 나타내는 속성을 도입하지 않도록 주의해야 한다.

약간 더 어려운 수정은 데이터 모델에 새로운 엔터티 또는 관계를 추가하는 것이다. 이 경우 새로운 엔터티 또는 관계가 모델의 다른 부분에 이미 존재하는지 여부를 판별하는 것이 필요하다. 예를 들어, PRODUCT PACKAGE(상품포장)라는 이름의 엔터티를 추가하라는 제안이 있다면, 그 정보가 이미 MARKETING PACKAGE(마케팅포장) 엔터티 내에 존재하는지를 봐야 한다(그림 3.9b 참조). 이는 기업에서 PRODUCT PACKAGE(상품포장)를 정의하는 방법에 따라 다르므로 주의 깊은 분석이 필요하다.

데이터 모델러는 데이터 모델에서 엔터티 및 관계를 수정하거나 삭제할 때 좀 더 신중해야 한다. 데이터 모델은 고도로 통합되어 있기 때문에, 데이터 모델의 많은 엔터티와 관계는 다른 많은 다이어그램에서 다양한 목적으로 재사용된다.

그 변경이 모델의 다른 부분에 어떻게 영향을 미칠 수 있는지에 대한 고려와 분석이 있어야 한다. 예를 들어, 기업이 ORGANIZATION(조직) 및 PERSON(개인)을 PARTY(관계자)의 서브타입이 아닌 두 개의 개별 엔터티로 설계하기로 결정한 경우, 이 변경이 모델의 다른 부분에 어떤 영향을 미치는지를 고려해야 한다. 일부 변경 사항은 극적일 수 있지만 엔터티 및 관계에 대한 다른 변경 사항은 전체 모델에 미치는 영향이 적을 수 있다. 기업이 이러한 데이터 모델 중 일부만 사용하는 경우 제안된 변경 사항의 영향은 그리 중요하지 않을 수 있다.

이러한 모델을 수정할 때 주의를 기울여야 하지만, 이 모델의 한 가지 목적은 데이터 모델러에게 출발점을 제공하는 것이다. 모델이 이러한 목적으로 사용된다면, 각 기업의 정보 요구사항을 충족시키기 위해 모델 수정은 예상되고 권장되어야 한다.

데이터 모델이 통합되어서 많은 변경이 영향 분석을 필요로 할 수 있기 때문에 시스템 개발 팀은 적절한 변경 제어의 사용 및 데이터 관리 절차를 고려해야 한다. 이러한 절차에는 다음을 포함하지만 이에 국한되지 않는다. 누가 모델을 관리할 책임이 있는가? 변경 요청이 어떻게 문서화되고, 우선 순위가 부여되고, 평가되고, 승인되는가? 데이터 모델 버전이 어떻게 관리되는가? 변경 관리 프로세스(예를 들면, 정기 검토 회의, 시스템, 양식 등)를 지원하기 위해 제공되는 방법은 무엇인가?

고유 비즈니스 용어에 대한 모델 사용자 정의

이 책에서 참조 데이터 모델을 사용할 때는 특정 기업의 용어에 맞게 모델을 수정하는 것이 중요하다. 각 기업은 고유하며 일부 기업에서 유효한 것은 다른 기업에서는 유효하지 않는다. 비즈니스와 관련하여 비즈니스 언어를 포착하는 것이 중요하다. 중요한 개념은 참조 데이터 모델에 나와 있지만 업계와 직접 관련되지 않을 수도 있다. 이것이 기업에 대한 참조 데이터 모델을 수정하는 첫 번째 작업이다.

이러한 용어를 이해하는 데는 여러 가지 방법이 있다. 문서 검토, 인터뷰 및 촉진 회의는 기업의 중요한 측면을 발견하는 데 사용되는 몇 가지 일반적인 방법이다. 이 문제를 논의하면서 기업의 다른 유사한 부분에 대해 다른 용어를 사용하거나 다른 것에 대해 유사한 용어를 사용하는 것이 발견될 가능성이 크다. 언어 요건에 대한 이런 불일치는 참조 데이터 모델을 변경하는 중에 처리해야 한다. 작업의 범위와 특성에 따라 매우 복잡할 수 있다. 일반적으로 이것은 업계 내에서 합의가 필요할 것이다. 일부 항목은 CUSTOMER(고객), PARTY(관계자) 등과 같은 공통적인 이해가 있어야 하지만, 다른 항목은 이를 요구하지 않을 수도 있다. 업계와 함께 항목의 우선 순위를 정하고 모든 필요한 비즈니스 담당자를 완전히 지원할 수 있는 시간을 보내야 한다.

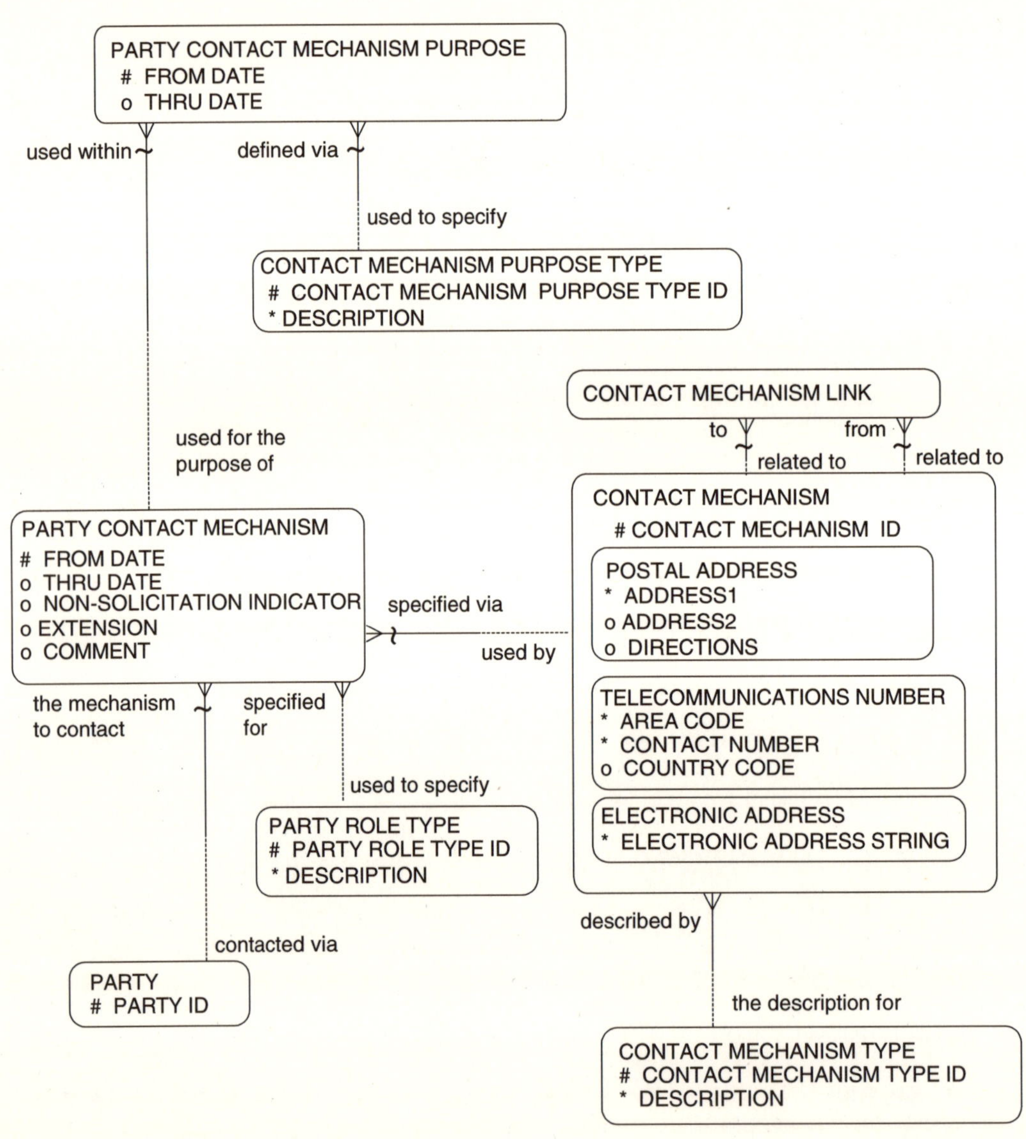

그림 15.1 관계자 연락 매체

표 15.1 관계자 연락 매체에 의한 별칭

UNIVERSAL DATA NAME	XYZ CO. ALIAS NAMES
PARTY	BUSINESS ENTITY
CONTACT MECHANISM	CONTACT METHOD, CONTACT TYPE
TELECOMMUNICATIONS NUMBER	PHONE NUMBER (includes fax, cell, beeper, pager, and so on)
ELECTRONIC ADDRESS	EMAIL ADDRESS, WEB ADDRESS
CONTACT MECHANISM LINK	CONTACT METHOD RELATIONSHIP

가장 좋은 방법은 해당 용어에 대한 모든 비즈니스 별칭을 모델에서 일반 용어와 동일시하는 것이다. 이렇게 하면 비즈니스 뷰가 포함될 것이지만 통일된 표준을 향해 노력하게 될 것이다. 합의(또는 다수 참가자의 동의)가 달성되면, 이 용어는 기업 관점을 지원하도록 수정될 수 있다. 모든 개념을 완벽하게 이해하기 위해 이 과정에서 모든 별칭을 문서화하는 것이 일반적으로 권장된다.

핵심은 모델러가 기업의 특정 요구에 집중할 수 있도록 일반 구문을 재분석하는 시간을 절약하기 위해 가능한 많은 제공된 구성을 재사용하는 것이다. 그 데이터 구조가 적용되면 사용된 용어가 달라서 데이터 구조 아이디어를 유지하면서 엔터티의 이름을 변경한다.

기업의 비즈니스 용어를 사용하는 개념을 설명하기 위해 다음 절에서는 2장(그림 2.10)의 관계자 연락매체 모델을 검토할 것이다.

다시, 그림 15.1 모델은 각 PARTY(관계자)가 PARTY CONTACT MECHANISM(관계자연락매체)을 사용하는 CONTACT MECHANISM(연락매체)을 보여준다. 이것은 몇 가지 서브타입으로 구성된다. POSTAL ADDRESS(우편주소), TELECOMMUNICATIONS NUMBER(통신번호) 및 ELECTRONIC ADDRESS(전자주소)다. PARTY CONTACT MECHANISM PURPOSE(관계자연락매체목적)가 포함된다. 앞에서 설명한 구조는 모든 PARTY(관계자)에 대한 모든 잠재적인 연락 방법을 나타낸다.

특정 기업에 대한 용어 변경의 사례

이 예에서 XYZ회사의 관계자 연락매체를 사용자 정의하기 위해 노력하는 데이터 분석가인 존 도우는 PARTY CONTACT MECHANISM(관계자연락매체)과 관련된 비즈니스 요청을 검토한다. 그는 모델 내 다른 엔터티에 대한 많은 별칭이 있음을 발견한다.

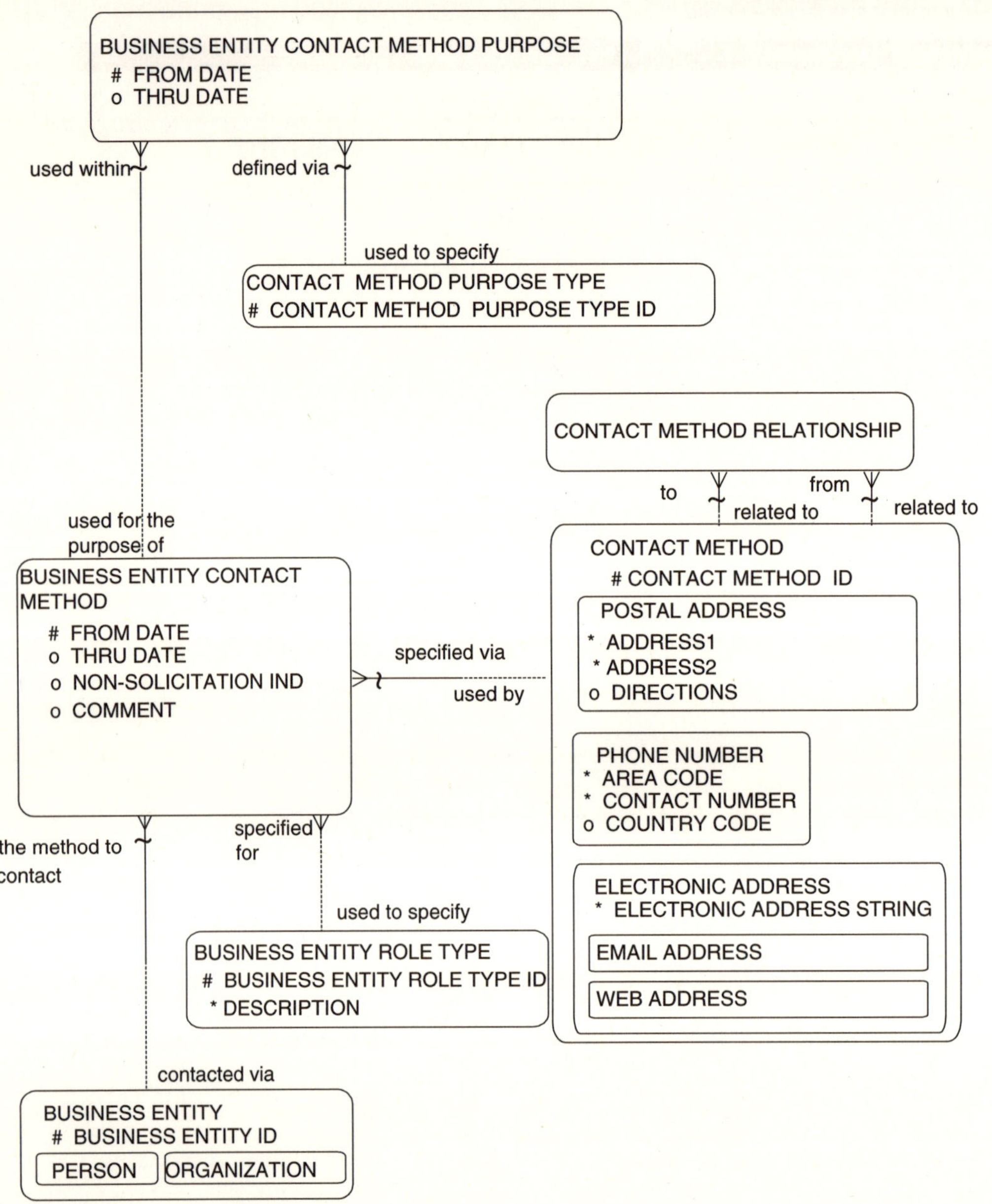

그림 15.2 응용된 관계자 연락 매체

이러한 별칭은 사용자 지정 참조 데이터 모델의 후보 엔터티 이름이다. 그림 15.2에서 볼 수 있듯이 사용자 정의된 이름이 해당 엔터티에 적용된다.

참조 데이터 모델에 대한 업데이트는 XYZ회사 업체 이름을 적용한다. 즉 PARTY(관계자)는 BUSINESS ENTITY(사업체)로 대체되고, CONTACT MECHANISM(연락매체)은 CONTACT METHOD(연락체계)로 대체되며 TELECOMMUNICATIONS NUMBER(통신번호)는 PHONE

NUMBER(전화번호)로 대체된다. ELECTRONIC ADDRESS(전자주소)는 유지되었지만 비즈니스에서 EMAIL ADDRESS(이메일주소)와 WEB ADDRESS(홈페이지주소)라는 두 가지 유명한 이름을 사용했기 때문에 두 개가 전사 데이터 모델에 서브타입으로 추가되었다. 별칭 엔터티를 서브타입으로 추가하면 두 가지 이점이 있다. 하나는 각 유형에 대한 고유한 속성이 발견될 때 포착될 수 있으며, 두 번째는 기존 업체명을 새로운 일반 업체명에 연결할 수 있다는 것이다.

이 시점에 중요한 이해는 언어 사용이라는 것을 언급한다. 특정 용어가 전통적으로 한 가지를 의미하는 경우, 그 개념에 대해 이전에 사용되지 않은 새 단어나 용어를 선택하는 것이 가장 좋다. 예를 들어 XYZ회사의 ORGANIZATION(조직)이 항상 XYZ회사의 자회사를 의미하는 경우, 외부 회사를 대표하는 데 사용하는 것은 현명하지 않을 수 있다. 분석가들은 단어가 이전에 전혀 의미하지 않았던 것을 의미하도록 강요하기보다 그 개념에 대한 대체 용어를 찾아야 한다.

또 다른 중요한 개념은 비즈니스 사상을 주로 반영하는 단어를 선택하는 것이다. 이전 예에서 XYZ회사의 ELECTRONIC ADDRESS(전자주소)에 대해서는 두 가지 용어가 매우 일반적이다. ELECTRONIC ADDRESS(전자주소)는 이전에 사용되지 않았기 때문에 기업의 어휘에 이 주소를 추가하기로 결정했지만, 더 높은 개념의 유형으로 두 개의 알려진 용어를 추가했다. 이를 통해 비즈니스 사용자는 새로운 용어를 이해하고 두 가지 알려진 개념을 포함시킴으로써 공통된 느낌을 얻을 수 있다.

다른 질문은 비즈니스 모델 내에서 사용되어야 하는 별칭을 선택하는 방법이다. 일반적으로 대부분의 비즈니스 사용자는 가장 일반적인 비즈니스 용어를 구체화할 수 있다. 사용하기 가장 좋은 용어는 가장 많이 사용된 용어다. 이 접근법의 이점은 대부분의 비즈니스 집단이 이 용어를 이해할 수 있다는 것이다. 단점은 모두에게 알려진 용어는 명확하지 않을 수 있는 미묘함을 내포하고 있다는 것이다. 용어의 유용성을 적절히 평가하기 위해서는 이것들을 이해하고 문서화해야 한다.

이 예에서 존 도우는 PARTY(관계자)에 일반적으로 사용되는 용어가 BUSINESS ENTITY(사업체)라는 것을 알게 되었다. 연구에서 그는 기업의 많은 부분이 사람과 조직을 "사업체"라고 부르는 것을 발견한다. 그의 발견과 여러 비즈니스 집단과의 토론에서 PARTY(관계자) 대신 BUSINESS ENTITY(사업체)가 모델에 사용되었다. PARTY(관계자) 용어는 충분히 이해되는 용어가 아니기 때문에 피해야 한다. 그러나, 관계자 모델로부터의 동일한 데이터 구조가 사용될 수 있다.

전사 데이터 모델은 특정 기업의 정보 요구사항을 포괄해야 한다. 많은 공통 요소가 시작을 돕기 위해 모델에 사용될 수 있지만, 기업의 정보 요구사항을 포착해서 모델에 추가해야 한다. 기업 모델을 개발하는 모델러는 일반적으로 인터뷰, 그룹 회의 및 모델링 회의를 통해 이 정보를 수집하여 정보 요구사항을 보다 완벽하게 이해해야 한다.

참조 데이터 모델은 전사 데이터 모델의 기반이 될 수 있으며 특정 기업의 요건을 지원하기 위해 수정이 필요할 수 있다. 예를 들어, 존 도우가 참조 데이터 모델 내의 엔터티, 관계 및 데이터 객체의 대부분이 XYZ회사에 적용 가능하다고 판단하더라도 그는 추가해야 할 필요가 있음을 알게 된다.

예를 들어, 존 도우는 XYZ회사가 각 개인 또는 조직과 연락하기 위해 원하는 시간을 저장해야 하며 각기 다른 연락 방법에 따라 시간이 다를 수 있으므로 각 연락 방법에 대해 선호 시간을 저장해야 한다는 것을 알았다고 가정한다. 사람이나 조직은 전자 메일 주소를 사용하여 언제든지 연락할 수 있다고 정할 수 있다. 그러나 정상 업무 시간 중에 특정 전화에만 연락해야 한다고 정할 수 있다.

또한 XYZ 기업은 전사 데이터 모델 내의 참조 데이터 모델에 서브타입을 추가해야 한다. 그들은 ELECTRONIC ADDRESS(전자주소)의 다른 유형으로서 WEB ADDRESS(홈페이지주소), EMAIL ADRESS(이메일주소) 및 IP ADDRESS(IP주소)의 서브타입을 구체적으로 식별해야 할 필요가 있다.

이러한 요구사항은 기업에 대한 추가 정보 요구사항을 나타낼 수 있으므로 이러한 데이터 모델 및 발견된 기타 정보 요건을 나타내기 위해 데이터 모델 구조를 전사 데이터 모델에 추가해야 한다. 그림 15.3은 참조 데이터 모델에 대한 추가로 IP ADDRESS(IP조소)뿐만 아니라 PREFERRED CONTACT TIME(선호연락시간)의 추가 엔터티를 보여준다(이것은 참조 데이터 모델 구조로 간주될 수도 있지만, 설명을 위해 특정 기업에 대한 추가 요구사항으로 표시됨).

그림 15.3은 각 PARTY CONTACT MECHANISM(관계자연락매체)이 하나 이상의 PREFERRED CONTACT TIME(선호연락시간)에 선호될 수 있다는 것을 보여준다. 이 엔터티는 from datetime(시작일시)과 thru datetime(종료일시)을 나타낸다. 각 연락 매체는 서로 다른 시간 선호도를 가질 수 있다. 예를 들어, ACME의 고객인 마크 마르티네즈가 선호하는 연락 시간은 월요일부터 금요일까지 오전 9시부터 오후5시까지다. 다른 고객은 목요일부터 금요일까지 3시부터 5

시까지만 연락하도록 지정할 수 있다. 이 고객은 토요일이나 일요일 오전 10시부터 오후 4시까지 집 전화로 연락하는 것이 좋다고 정할 수 있다.

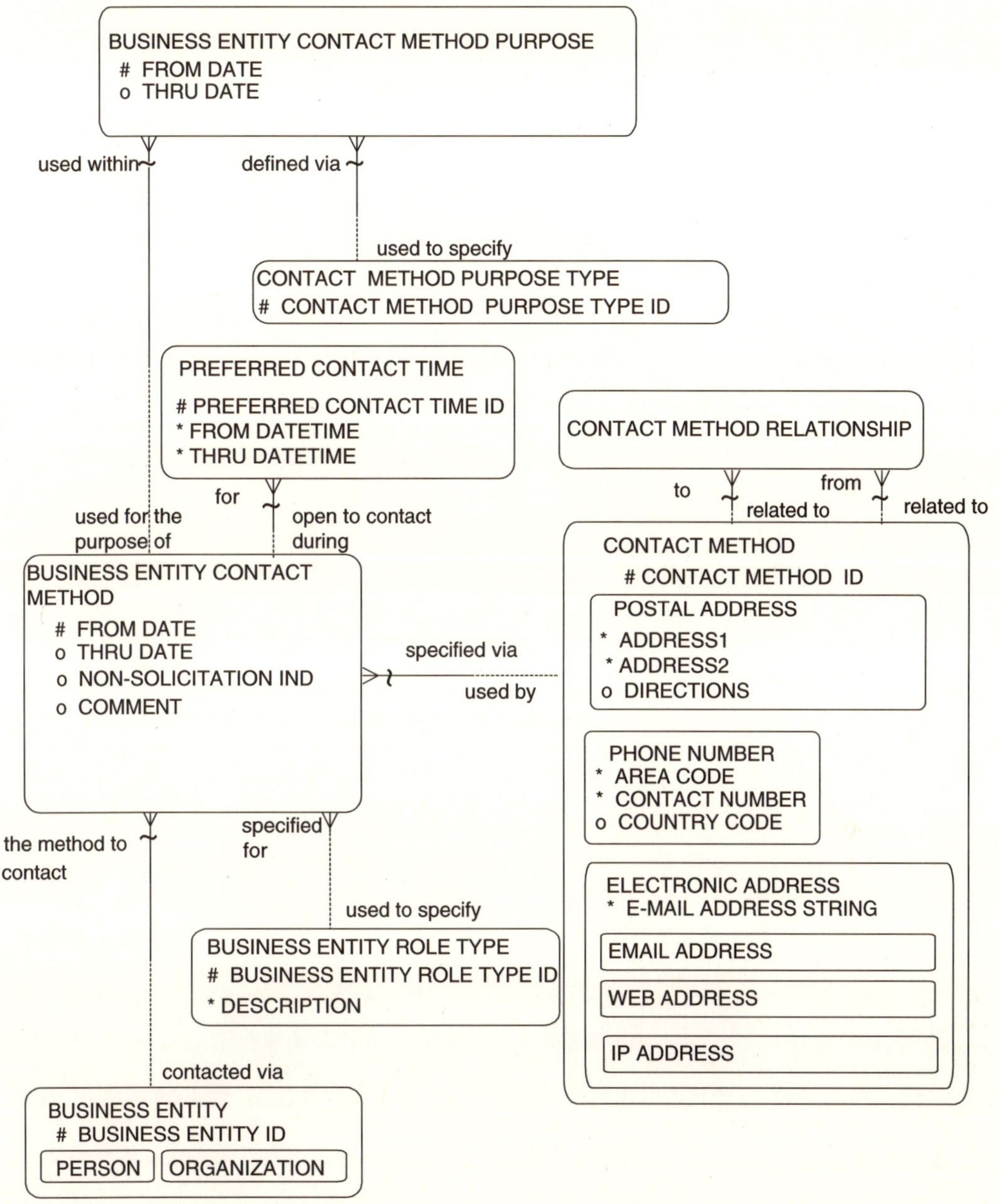

그림 15.3 참조 데이터 모델에 추가된 정보 요구사항

　　모든 정보가 참조 데이터 모델에 대해 수집되면, 일관된 기업 뷰를 형성하기 위해 단일 모델로 연결되어야 한다. 이를 통해 대상 도구 내에서 모델을 만들고 수정할 수 있다. 일단 모델이 생성된 후에는 모델을 보다 쉽게 관리하기 위해 Party(관계자), Product(상품), Order(주문), Shipment(배

송), Work Effort(작업활동), Invoicing(송장), Accounting(회계), 그리고 Human Resources(인적 자원)와 같은 비즈니스 개념(데이터 주제 영역)에 의해 분류돼야 한다.

참조 데이터 모델 및 전사 데이터 모델로 비즈니스 문제를 해결하는 방법

전사 데이터 모델은 일단 완료되면 중요한 정보에 대한 비즈니스 이해를 반영한다. 이것은 지원, 시간 및 자원을 필요로 하는 진행중인 과정이다. 비용이 많이 들고 시간이 필요하기 때문에 그러한 기능에 대한 필요성에 의문을 가질 수도 있다. 이점은 여러 가지 면에서 훨씬 능가한다. 이 모델의 한 가지 중요한 이점은 비즈니스 문제를 해결할 수 있는 능력을 촉진하는 데 있다.

문제를 올바르게 해결하려면 비즈니스에서 모든 정보를 명확하게 파악해야 한다. 상식으로 여겨지는 과거의 이해가 종종 이 견해를 흐리게 한다. 이러한 가정은 필요하며 이해돼야 한다. 모델에 있는 정보를 통해 무엇이 있어야 하며 현재 개선이 필요한 게 무엇인지 명확히 이해할 수 있다. 일단 제기되면, 진정한 업무 요건을 지원하기 위해 정보를 다시 설계할 수 있다.

정보에 대한 명확하고 간결한 청사진은 이해를 돕는다. 모델에는 명확한 업무 규칙, 개념 및 아이디어가 그래픽 형식으로 저장된다. 모델은 정보를 이해하는 것을 돕기 위해 자세한 설명을 제공할 수 있다. 일단 충분한 이해가 이루어지면, 그룹은 잠재적인 변화와 수정을 논의할 수 있다. 추가 가정은 요구에 따라 제기되고 수정될 수 있다.

이 정보의 명확한 청사진은 즉시 사용 가능한 생각을 지원할 수 있다. 비즈니스가 정보를 볼 수 있게 될 때, 이는 잠재적 대안에 대한 명확한 이해를 이끌고 다양한 관점을 제공한다. 전사 데이터 모델은 발견된 여러 관점을 제공하도록 향상된다.

비즈니스를 수행하는 데는 여러 가지 복잡한 개념이 있다. 종종 업계의 몰락이 충분히 예측 가능한 것은 아니다. 모델링된 정보는 심각한 효율성, 성능 또는 지원 문제를 일으킬 수 있는 잠재적 덫을 알아내는 데 도움을 줄 수 있다. 정보의 전사 데이터 모델을 제공할 때 가장 큰 이점 중 하나는 모든 잠재적 해결책을 이해하는 것이다. 이것은 모든 가능성을 보기 위한 상세하고 철저한 정보의 청사진을 통해 수행된다.

이 예에서 존 도우는 사업체에 연락하는 데 관련된 주요 비즈니스 정보를 보여준다. 이 정보를 설계함으로써 XYZ회사의 기업주는 전자 우편, 우편 주소 및 전화가 본질적으로 동일한 것(사업체와 연락)을 성취하는 대체 수단이라는 것을 이해하기 시작했다. 따라서 이는 유사한 정보다.

결과 시스템이 여러 관계자와 연락하기 위한 모든 방법을 보여주기 위해 이 정보를 함께 표시할 수 있다면 관계자 간의 연락을 용이하게 할 수 있다. 사업체와의 연락은 접촉이 유효한 시기를 알기 위해 목적에 따라 이해된다. 또한 접촉 내역이 관계의 맥락에 있음을 보여 주며(이 정보는 그림 2.12에서 사용 가능), 얼마나 잘 수행되었는지를 관리하는 것이 중요하다(이 정보는 그림 2.13에서 사용 가능).

전사 데이터 모델은 데이터 중복과 시스템이 잘 작동하지 않는 것을 식별하는 데 도움이 될 수 있다. 예를 들어, 고객 서비스 요원과 영업 담당자가 모두 동일한 유형의 접촉 내역을 사용하고 있으며, 데이터가 현재 통합되어 있지 않다는 것을 지적할 수 있다. 이는 고객이 고객 서비스 부서에서 불만 사항을 방금 전달했다는 것을 알지 못한 채 고객에게 전화하는 판매 계정 관리자의 시나리오로 이어질 수 있다.

이 모델은 사람이나 조직을 다룰 때 완전한 청사진을 볼 수 있도록 사람이나 조직의 전체 프로필에 대한 정보를 관리하는 것이 중요하다는 것을 지적할 수 있다. 제안 요청 프로세스에서 선택되지 않은 공급업체 중 하나가 우연히 최고의 고객이었음을 알지 못하면서 공급업체를 선택했을 때의 결과는 무엇인가?

의사 결정 지원 환경에서는 수익 극대화를 위해 고객에게 가장 많은 금액과 매출액을 초래하는 연락 방법 유형을 분석하는 것이 중요하다. 예를 들어, 전자 메일 연락처(전화 연락처 또는 우편물과 대조적으로)는 판매를 유도하는 더 많은 단서를 생성하는 것으로 나타난다.

기업의 필수 정보에 대한 통찰력과 데이터 모델에 제시된 관련 관계를 통해 기업은 시스템의 중복을 검증하고 수정하고 개선하며 제거할 수 있다.

특정 응용 프로그램에 대한 데이터 모델 사용

전사 데이터 모델을 사용하면 기업의 정보를 전체적으로 볼 수 있지만, 고품질 데이터 디자인을 기반으로 개별 응용 프로그램을 구축하는 것이 중요하다. 전사 데이터 모델을 사용하면 개별 응용 프로그램에 대한 견고한 데이터베이스 디자인 개발을 시작할 수 있을 뿐만 아니라 개별 응용 프로그램이 전체 전사 시스템에 통합되도록 좋은 맥락을 제공할 수 있다.

전사 데이터 모델 및 개별 응용 프로그램 데이터 디자인(응용 프로그램의 논리 데이터 모델이라고도 함)은 서로 지원하고 기여할 수 있다. 전사 데이터 모델은 개별 응용 프로그램의 출발점을 제공할 수 있으며, 응용 프로그램 데이터 디자인은 통찰력을 얻고 전사 데이터 모델로 다시 학습할 수 있으므로 다른 응용 프로그램이 이 지식을 활용할 수 있다.

특정 응용 프로그램을 위한 우수한 시스템 설계의 주요 목적은 비즈니스 문제를 해결하고 대상 커뮤니티가 사용할 수 있는 시스템을 생산하는 것이다. 좋은 디자인을 완성하기 위해서는 많은 의사 소통과 영향력이 필요하다. 이 장의 참조 데이터 모델은 이미 가장 공통적인 요건을 처리하고 데이터에 대한 비즈니스 이해를 향상시킴으로써 보다 빠르고 고품질의 데이터 설계를 용이하게 한다. 일단 이것이 성립되면 설계 및 구현의 다음 단계가 더 쉬워진다.

업무 프로세스 이해하기

정보를 명확하게 이해하기 위해 현업과 협력할 때 가장 큰 과제 중 하나는 데이터 관점에서만 생각하지 않는 것이다. 대부분의 현업은 알려진 업무 프로세스의 관점에서 생각한다. 데이터 이해를 위해 유리한 시점에서 접근하는 것이 중요하다. 이를 달성하기 위해서는 데이터 뒤의 업무 프로세스에 대한 확실한 이해가 필요하다.

모든 인터뷰 또는 촉진 회의에서 효과적인 접근 방법은 데이터 모델의 유효성을 검사하고 세부 조정하는 데 도움이 되는 업무 프로세스를 요약하는 것이다. 이것은 프로세스 모델링 방법론처럼 형식적일 수도 있고, 토론을 돕기 위한 업무 프로세스의 절차 흐름처럼 단순할 수도 있다. 대화의 자연스러운 흐름에서 행해진 "어떤" 것은 필연적으로 포함된 "무엇"을 요구할 것이다. 행해진 "어떤" 것은 프로세스 모델로 설계될 수 있다. 필요한 "무슨" 정보는 데이터 모델을 사용하여 설계될 수 있다. 데이터 모델러는 데이터의 세부 사항을 이끌어 내면서 목표, 프로세스, 데이터, 사용된 시스템, 필요한 보고서, 문제 및 가능한 솔루션에 대해 질문할 수 있다.

이전에 지적했듯이 템플릿 프로세스 모델은 프로세스 분석 시작을 도울 수 있다. 템플릿 모델은 분석가가 판매, 마케팅, 상품 개발 또는 고객 서비스 기능과 같이 대부분의 조직에서 수행하는 공통 기능에 대한 프로세스 모델을 재사용할 수 있게 하여 시간 절약을 돕는다. 또한 템플릿 프로세스 모델은 필요한 프로세스가 누락되지 않았는지 확인하기 위한 체크포인트를 제공하는 데 도움이 될 수 있다.

이 예에서 존 도우는 XYZ회사 임원과 만나서 접촉 관리 시스템을 보다 잘 관리하는 것과 관련하여 해결해야 할 비즈니스 문제를 논의한다. 분명히 XYZ는 인터넷 용량을 확장할 계획이며 웹에서 존재를 증가시키기로 결정했다. 전화 및 우편의 전통적인 연락 방법은 포기해서는 안되지만 이메일, 웹사이트 및 많은 고객에 대한 직접 접촉을 사용하여 향상되었다. XYZ는 각 고객에게 연락하여 연락 방법을 결정한다. 전반적인 프로세스는 비즈니스 팀과 논의되며, 정보 수집 및 의사 결정 방법을 설계한다. 존은 XYZ회사의 프로세스 및 데이터 요구사항을 모두 저장한다.

표 15.2는 연락처를 보다 잘 관리하는 데 필요한 프로세스를 보여준다. 각 프로세스는 시스템이 어떻게 동작하는지를 이해할 수 있도록 응용 프로그램을 설계하는 동안 문서화된다. 관련 데이터는 업무 요구사항과 규칙을 관리하면서 정의되고 설계된다(다음 절에서 이를 보여줌).

완료된 프로세스는 필요한 응용 프로그램에 대한 정보 요건을 결정하는 데 도움이 된다. 지원 업무 프로세스를 통해 현업은 개발된 프로세스를 검토한 다음 해당 프로세스를 지원하는 데 필요한 정보가 무엇인지를 식별할 수 있다. 이러한 방식으로, 데이터 요구사항은 프로세스의 이해로부터 추가로 유도될 수 있다. 프로세스 모델은 데이터 모델이 올바른지 또는 변경돼야 하는지 여부를 검증하는 역할을 할 수도 있다.

표 15.2 필수 업무 프로세스 예제

BUSINESS PROCESS	RELATED INFORMATION
Retrieve current contact methods	CUSTOMER, CUSTOMER CONTACT METHOD, POSTAL ADDRESS, PHONE NUMBER, ELECTRONIC MAIL ADDRESS, WEB ADDRESS
Determine most effective method for making contact for the desired purpose	CUSTOMER CONTACT METHOD AND CUSTOMER CONTACT METHOD PURPOSE
Establish that permission was granted for contacting customer(s)	CUSTOMER, CUSTOMER CONTACT METHOD, **non-solicitation ind, use permission ind**, CONTACT METHOD,
Establish best time(s) to make contact	CUSTOMER CONTACT METHOD, PREFERRED CONTACT TIME
Make customer contact	CUSTOMER, CUSTOMER CONTACT METHOD, CONTACT METHOD
Update Customer Contacts and Contact Method Relationships	CUSTOMER, CUSTOMER CONTACT MECHANISM, CONTACT METHOD, CONTACT METHOD RELATIONSHIP

논리 데이터 모델 작성

일단 업무 프로세스에 대한 명확한 이해가 이뤄지면 응용 프로그램의 논리 데이터 모델을 완성할 수 있다. 논리 데이터 모델은 프로세스에서 요약된 특정 정보 요구사항과 비즈니스 문제를 해결해야 한다. 비즈니스 관점을 갖는 것이 중요하다. 그렇지 않으면 구축된 시스템이 특정 비즈니스 문제를 해결하지 못할 위험이 있다.

전사 데이터 모델은 기업의 전반적인 요건을 파악하고 전사적으로 정보가 통합되는 방식을 보여주기 위해 중요하다. 응용 프로그램의 논리 데이터 모델을 작성하는 경우 특정 응용 프로그램의 업무 프로세스 및 데이터 요구사항이 완전히 충족될 수 있도록 모델을 보다 자세히 구체화하는 것이 중요하다. 전사 데이터 모델은 설계자가 기업의 다양한 관점을 원근감 있게 유지하도록 하여 결과 데이터 모델이 기업의 통합 구조에 적합하게 한다. 전사 데이터 모델의 구성을 사용해야 하는 시기와 해당 특정 응용 프로그램에 필요한 특정 사용자 지정을 제공할 시기를 아는 것이 중요하다.

고객의 전화번호, 팩스번호, 이메일 주소 및 기타 연락 방법을 추적하는 판매 조직에 대한 응용 프로그램을 시작하기 위해 전사 데이터 모델 구조가 사용된다고 가정하자. 기업의 다른 부분에서는 직원 및 조직에 대한 정보를 추적해야 하지만 판매 조직은 특정 요건을 충족시킬 수 있다.

이 응용 프로그램의 요건을 개발할 때 판매 조직의 특수한 요건을 이해하는 동시에 회사 전체의 접촉 방법 및 접촉 내역을 추적할 수 있다는 이점을 인식하는 것이 중요하다. 판매 조직이 추적하는 것과 동일한 고객 정보는 고객 서비스 부서, 회계 부서 및 품질 보증 부서에서도 추적할 수 있다.

상세한 시스템 모델에서 존 도우는 판매 조직에게 몇 가지 추가적인 요건이 중요하다는 사실을 발견했다. 기업의 다른 부분에서도 중요할 수 있으므로 전사 데이터 모델에 다시 통합될 수 있다. 기업의 다른 부분이 이 정보를 기꺼이 관리할 것인지 여부를 알 수 없기 때문에 이러한 정보 요구사항은 특정 응용 프로그램 모델에만 포함될 수 있다.

존 도우가 전사 데이터 모델에 나열된 대부분의 엔터티, 관계 및 속성이 판매 조직에 적용 가능하다고 판단했다고 가정하자. 그는 그림 15.4에서 볼 수 있듯이 추가적인 요건이 있음을 발견했다. 예를 들어, 고객으로부터 "판매 권유" 전화를 할 수 있는 권한을 만들려는 목적으로 CUSTOMER CONTACT METHOD PURPOSE(고객연락방법목적) 엔터티에 추가 속성인 use permission ind(사용자권한ID)가 있음을 발견한다. 이것은 세부 프로세스 분류에 요약된 프로세스 요구사항이었으며, 고객이 특정 목적으로 연락할 수 있는 권한을 부여했음을 보여주는 것이다. 예를 들어, 고객이 "판매 권유"의 CONTACT METHOD PURPOSE TYPE(연락방법목적유형)에 대해 특정 전화 번호로 연락되는 것을 승인했을 수 있다. XYZ는 허가하지 않은 고객이 전화로 권유 받지 않는 것이 중요하기 때문에 고객 담당자에 대한 요구사항이 필요하다. 기업의 다른 많은 부분에서는 이것이 필요하지 않을 수도 있다. 따라서 속성은 전사 데이터 모델에 포함되지 않을 수 있다.

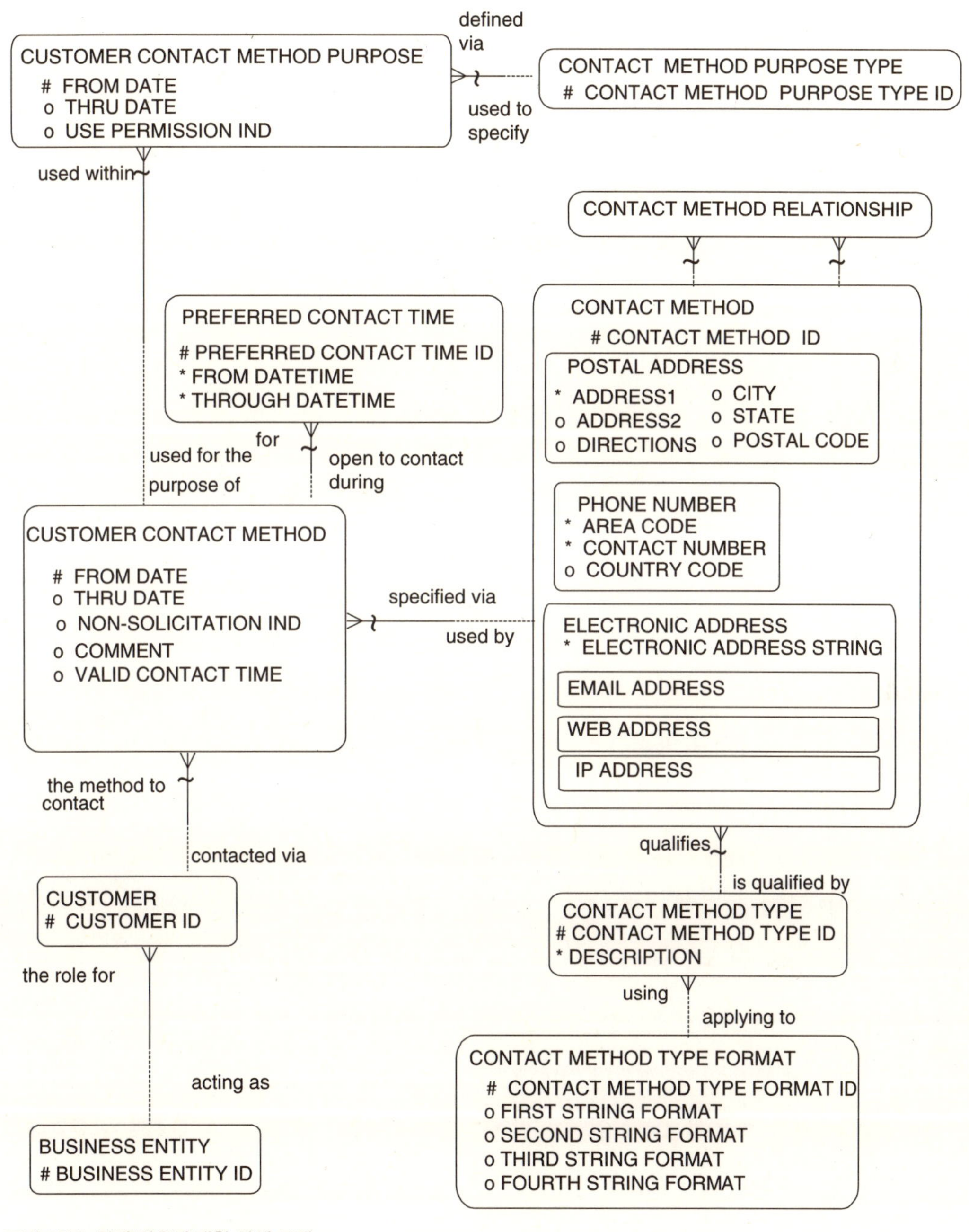

그림 15.4 판매 권유에 대한 상세 모델

전사 데이터 모델과 특정 응용 프로그램 모델의 또 다른 차이점은 역할에 관계 없이 기업이 모든 BUSINESS ENTITY(사업체)에 대한 CONTACT METHODS(접촉수단)를 추적한다는 점이다. 특정 응용 프로그램은 고객을 위한 이러한 CONTACT METHODS(접촉수단)에만 관심이 있다(이 경우 잠재 고객은 고객의 서브타입이라고 생각함). 따라서 응용 프로그램 특정 모델은 CUSTOMERS(고객)를 위한 CONTACT METHODS(접촉수단)를 모델링하고 CUSTOMERS(고객)를 BUSINESS ENTITY(사업체)에 다시 연관시킴으로써 전사 데이터 모델의 데이터 구조 내에 머물러 있게 할 수 있다[CUSTOMER(고객)에서 BUSINESS ENTITY(사업체)로의 관계는 business entity ID(사업체 ID)에 외래 키를 사용하여 구현될 수 있다].

일반적으로 논리 데이터 모델은 기업 데이터의 일반적인 구조를 더 자세하고 보다 명확하게 표현한다. 존은 다양한 유형의 연락 매체에 대해 추가 검증하기 위해 CONTACT MECHANISM TYPE FORMAT(연락매체유형구성방식) 엔터티를 작성하는 응용 프로그램에 추가 요건이 있음을 발견했다. 예를 들어, "전자 메일 주소"에 대한 CONTACT MECHANISM TYPE FORMAT(연락매체유형구성방식)은 문자열의 두 번째 부분이 필요한 부분임을 식별하기 위해 두 번째 문자열 형식으로서 "@"을 가질 수 있다. "국내전화번호"의 CONTACT METHOD TYPE(연락방법유형)은 "###"의 첫 번째 문자열 형식을 갖기 때문에 이 유형의 연락 매체가 유효하기 위해 세 개의 숫자(즉, 지역코드)로 시작되어야 함을 나타낸다. 이 추가 정보 요구사항은 오류를 제거하고 XYZ에 매우 정확한 정보를 제공하기 위한 것이다.

강력한 솔루션을 지원할 수 있을 만큼 세부적인 내용을 유지하는 것도 중요하다. 필요한 세부 수준은 시스템의 요구사항에 따라 설정된다. 이는 시스템의 유용성을 결정하기 때문에 중요한 영역이다. 세부 정보가 도출되면 정보 요건도 자세히 설명된다. 이 예에서 CONTACT METHOD(연락방법)에 대한 세부 사항이 추가 요구사항을 지원하도록 향상되었다. 이 토론에서는 주어진 문제에 접근할 수 있는 방법이 하나도 없다는 사실을 강조하는 것이 중요하지만, 식별된 요건을 기반으로 한다. 참조 데이터 모델은 지침 접근법을 제공하며, 모델을 사용하는 그룹에게 응용 프로그램을 개발할 때 고려해야 할 추가 아이디어뿐만 아니라 시작점을 줄 것이다.

모든 요구사항을 이해하고 설계한 후에는 비즈니스 및 설계 팀이 검토하여 필요한 모든 요구사항을 다룰 수 있도록 한다. 이 시점에서 모든 정보를 다루기 위해 조정이 필요하다. 이제 설계팀은 설계를 완료한 것으로 받아들여 응용 프로그램을 지원하기 위해 데이터베이스에 구현할 수 있는 물리 데이터베이스 설계를 개발해야 한다.

물리 데이터베이스 설계

참조 데이터 모델은 효과적인 물리 데이터베이스 설계의 기초로 사용될 수 있다. 이것에 내장된 유연성을 통해 응용 프로그램을 보다 안정적으로 관리할 수 있다. 기업의 업무 규칙은 시간이 지남에 따라 변경될 수 있기 때문에 유연한 데이터베이스를 제공하는 것이 중요하며, 데이터베이스 설계는 재구성(비용이 많이 드는 프로세스)하지 않고도 이러한 많은 변경 사항을 처리할 수 있어야 한다. 여기에 나와 있는 기본 데이터베이스 원칙에 따라 모든 데이터베이스에서 성공적인 설계를 수행할 수 있다. 이는 견고한 디자인을 만드는 데 도움이 되는 개요로 제공된다.

데이터베이스 디자인 기본 원칙

모든 데이터베이스 디자인은 견고한 논리 데이터 모델을 기반으로 해야 한다. 이것은 개발된 시스템이 그것을 사용하는 비즈니스 업계에 부합하도록 하는 중요한 단계다. 참조 데이터 모델은 필요한 논리 데이터 모델의 생성을 용이하게 하는 데 사용할 수 있다. 그런 다음 이러한 모델을 물리 데이터베이스 설계로 구현할 수 있다. 물리 데이터베이스 설계는 선택된 데이터베이스 관리 시스템에 대한 데이터베이스 성능을 고려하면서 논리 데이터 모델의 정보 요구사항을 구현한다. 논리 데이터 모델은 데이터가 관리되고 접속되는 방식에 따라 물리적으로 여러 가지 방식으로 구현될 수 있다. 데이터 뒤의 프로세스는 데이터의 사용 방법과 데이터의 물리 요구사항, 즉 흐름, 업데이트 빈도, 트랜잭션 크기 및 정체를 이해하는 데 중요하다. 데이터 웨어하우스 또는 마트와 같은 분석 기능에 데이터를 사용할지 여부를 이해하는 것도 중요하다. 이것들은 토론할 필요가 있는 주요 고려 사항이다.

또 다른 핵심 고려 사항은 데이터베이스에 사용될 데이터베이스 엔진 유형이다. 각자 특별한 고려 사항이 있으므로 디자인을 지원하기 위해서는 중요한 정보가 필요하다. 기업 시스템의 요구사항에 따라 데이터베이스 관리 시스템을 선택해야 한다. 각 회사는 데이터베이스 선택을 지원하기 위한 아키텍처 지침을 가지고 있어야 한다. 일단 숙련된 데이터베이스 관리자(DBA)는 데이터 모델러와 협력하여 필요한 물리 데이터베이스 설계를 작성해야 한다.

참조 데이터 모델을 기반으로 하는 논리 데이터 모델을 사용하면 물리 디자인은 표준 원칙을 사용하여 파생될 수 있다. 다음 절의 목표는 출발점으로 참조 데이터 모델을 사용하여 작성된 논리 데이터 모델이 성능 및 구현 고려 사항을 포함하는 물리 데이터베이스 설계를 만드는 데 어떻게 사용될 수 있는지를 보여주는 것이다. 다음 절에서는 참조 데이터 모델을 물리적으로 구현하는 방법과 논리 데이터 모델을 물리 데이터베이스 설계로 변환하는 데 사용되는 표준 사례에 대한 몇 가지 예제를 중점적으로 다룬다.

데이터베이스 디자인은 논리 데이터 모델을 따라야 한다. 비즈니스 관점과 요구사항을 관리하기 위한 중요한 노력이 논리 모델에 반영되기 때문에 그 이유는 분명하다. 논리 데이터 모델은 프로세스와 연결되어 있기 때문에 데이터베이스 관리자는 디자인에 필요한 사용, 흐름, 보안 및 기타 요소를 이해할 수 있다. 설계 접근법을 사용할 때, 추정은 물리 데이터베이스 생성 및 적재 전에 쉽게 검사된다.

논리 데이터 모델은 중복을 제거하기 위해 3정규형(3NF)으로 정규화되어야 한다. 즉, 각 속성은 한 번만 저장되며 전체 키 및 기본 키와 직접 연관된다. 이 책의 모델은 각 속성이 해당 속성을 결정하는 키가 있는 엔터티와 연관되어 있으므로 3정규형이다. 예를 들어, non-solicitation_ind(비권유ID)는 해당 엔터티의 기본 키, 즉 customer id(고객ID), contact method id(연락방법ID) 그리고 from date(시작일자)로부터 결정될 수 있기 때문에 CUSTOMER CONTACT METHOD(고객연락방법)의 속성이다. 다르게 말하자면 기본 키를 알고 있는 경우 속성을 결정할 수 있다.

일단 물리 디자인이 시작되면, 비정규화 과정이 시작된다. 물리 데이터베이스 설계는 정규화되지 않을 수 있으며, 데이터 관리 또는 액세스 속도에 대한 중복 속성을 포함할 수 있다. 예를 들어 address1(주소1)과 같은 연락 방법 속성을 CUSTOMER CONTACT METHOD(고객연락방법) 엔터티에 유지하면 중복 데이터가 발생하지만 성능은 향상될 수 있다. 테이블 조인 수, 인덱스 수, 쿼리 수, 업데이트, 삽입 등 성능 문제를 기반으로 비정규화하는 것이 가장 좋다. 이 시점에서 프로세스를 지원해야 하는 요건을 고려하여 성능 요구사항을 고려했다. 이전 단계에서와 같이 데이터를 모델링하고 추정을 검사하여 데이터를 실제로 작성하고 적재한다.

물리 데이터베이스 설계에서 데이터베이스를 작성하는 데 중요한 단계는 기존 데이터를 새롭거나 향상된 구조에 맵핑하는 것이다. 데이터의 변환은 프로세스에서 데이터가 적재될 때뿐만 아니라 처리될 필요가 있다.

설계된 솔루션으로부터 데이터베이스를 만드는 데 필요한 코드를 생성하는 도구가 많이 있다. 일단 생성되면, 필요한 데이터 객체가 DBMS에 적재되고 데이터베이스가 데이터를 적재할 준비를 한다. 모든 데이터가 DBMS에 적재되면 응용 프로그램 검사를 시작할 수 있다. 새로운 정보 요구사항이 발견되면 전사 및 논리 데이터 모델부터 시작하여 수정해야 한다. 응용 프로그램의 적합성을 검사한 후에는 데이터베이스를 사용할 수 있다.

물리 데이터베이스 설계 생성

이 책의 논리 데이터 모델은 물리 데이터베이스 설계를 나타내지 않으며, 기업의 정보 요건을 나타낸다. 물리 데이터베이스 설계는 논리 데이터 모델로 표현된 정보 요구사항을 구현할 수 있는 데이터베이스 설계로 변환된다.

논리 데이터 모델과 물리 데이터베이스 설계 간의 주요 차이점은 후자는 성능 최적화를 할 수 있다는 것이다. 물리 데이터베이스 설계자는 논리 데이터베이스 설계를 데이터베이스 설계의 시작점으로 사용하고 성능 및 액세스 용이성 측면에서 적절한 경우 구조를 비정규화한다. 예를 들어, 파생된 데이터가 포함되거나 테이블이 병합될 수 있으며, 특정 상황에서 데이터 배열이 일대다(1:M) 관계를 대체할 수 있다.

동일한 논리 데이터 모델을 다양한 물리 데이터베이스 설계로 변환하는 몇 가지 다른 방법이 있다. 디자인 의사 결정의 대부분은 트랜잭션 빈도, 데이터 사용, 데이터 크기 통계 및 선택한 관계형 데이터베이스 관리 시스템(RDBMS)에 따라 다르다.

또한 논리 데이터 모델의 슈퍼타입과 서브타입은 물리 데이터베이스 설계에서 여러 가지 다른 방식으로 구현될 수 있다.

1. 서브타입이 있는 슈퍼타입은 서브타입을 나타내는 조회 테이블과의 관계가 있는 단일 테이블로 구현될 수 있다. 예를 들어, PARTY(관계자), PERSON(개인) 및 ORGANIZATION(조직) 엔터티는 "개인" 또는 "조직"인지를 나타내기 위해 PARTY TYPE(관계자유형)에 대한 조회와 함께 PARTY(관계자) 테이블로 구현될 수 있다.

2. 각 서브타입이 슈퍼타입 속성을 가진 별도의 테이블로 설정될 수 있다. 예를 들어, PERSON(개인)과 ORGANIZATION(조직) 서브타입을 가진 PARTY(관계자) 엔터티는 PERSON(개인) 테이블과 ORGANIZATION(조직) 테이블로 구현될 수 있다. PARTY(관계자)에 대한 관

계는 이제 PERSON(개인) 테이블, ORGANIZATION(조직) 테이블 또는 둘 모두를 가리키고, PARTY(관계자)의 모든 속성은 두 테이블의 컬럼이 된다.

3. 슈퍼타입과 하나의 서브타입은 하나의 테이블로 병합될 수 있으며, 다른 서브타입은 자체 테이블로 구현될 수 있다. 예를 들어, PARTY(관계자), PERSON(개인) 및 ORGANIZATION(조직) 엔터티는 PARTY(관계자)의 모든 속성과 PERSON(개인)의 모든 속성을 포함하는 PARTY(관계자) 테이블로 구현될 수 있다. 이 시나리오에서 ORGANIZATION(조직)은 별도의 테이블이 될 것이며, PARTY(관계자) 테이블과 관련된다. 이 설계에서는 PERSON(개인) 테이블이 ORGANIZATION(조직) 테이블보다 훨씬 자주 조회된다고 가정한다. 이것이 ORGANIZATION(조직) 테이블이 분리된 이유다.

4. 슈퍼타입은 하나의 테이블로 구현될 수 있으며, 각 서브타입은 별도의 테이블로 구현될 수 있다. 이 물리 데이터베이스 설계에서 PARTY(관계자), PERSON(개인) 및 ORGANIZATION(조직) 엔터티는 PERSON(개인)에서 PARTY(관계자)로 그리고 ORGANIZATION(조직)에서 PARTY(관계자)로 관계가 있는 PARTY(관계자) 테이블, PERSON(개인) 테이블 및 ORGANIZATION(조직) 테이블로 연결되는 자체 테이블로 구현된다.

물리 데이터베이스 설계자는 물리 데이터베이스 설계에 이르기 위해 이러한 결정과 다른 결정을 내려야 한다.

물리 데이터베이스 설계 예

앞의 예제를 기반으로 다양한 디자인 옵션이 설명될 것이다. 우리는 2장의 관계자 모델을 물리 설계의 토론 대상으로 삼을 것이다. 물리 설계 옵션이 이 모델에 대해 논의되었지만, 모든 참조 데이터 모델은 유사한 물리 데이터베이스 설계 방식을 사용하여 물리적으로 구현될 수 있다.

관계자 역할 및 관계 모델 검토

다음 절에서는 2장의 관계자 역할과 관계자 관계 모델을 간략하게 검토할 것이다. 다음 절에서는 이 모델에 대한 물리 데이터베이스 설계의 가능한 예를 제공한다.

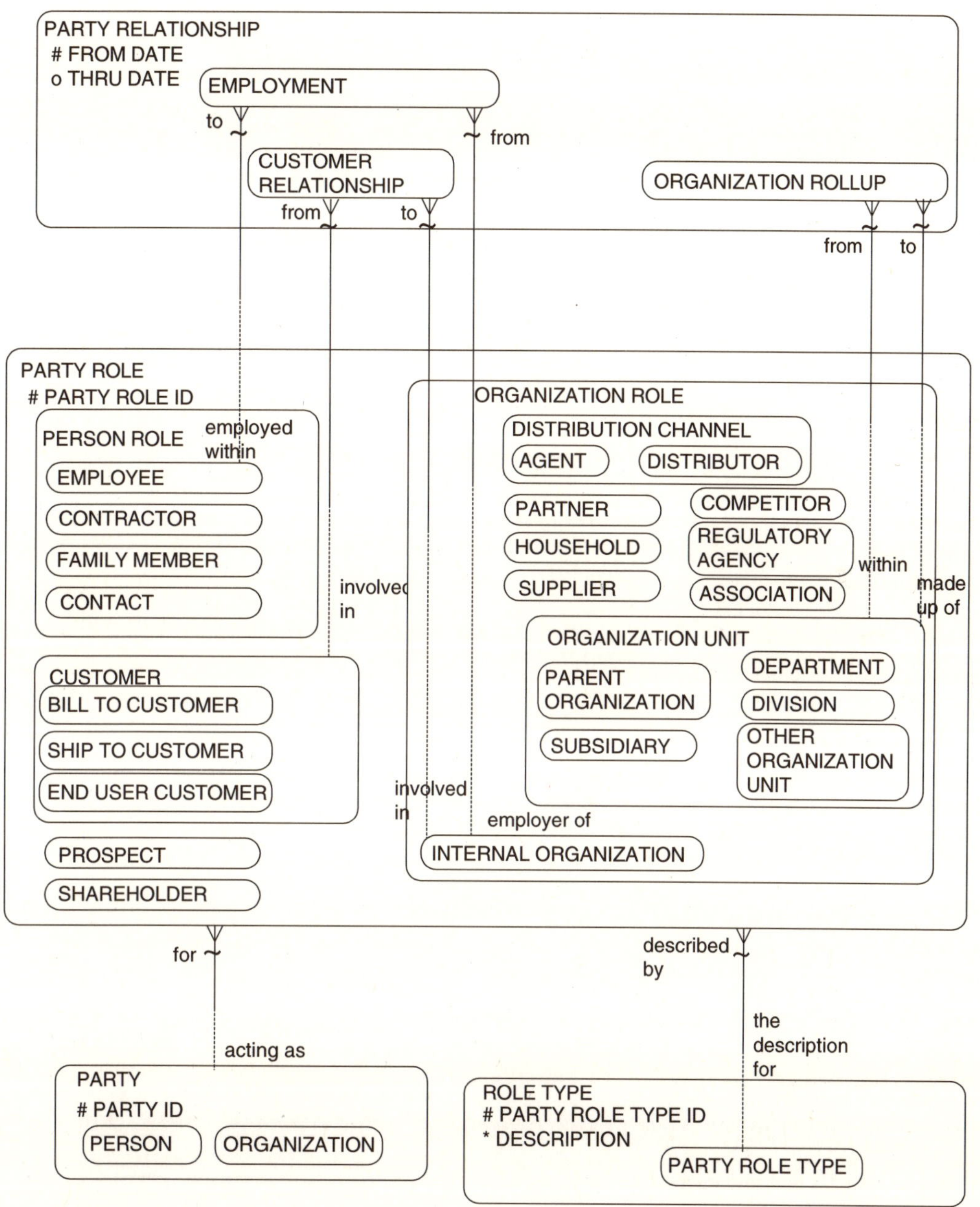

그림 15.5 상세 관계자 관계

　2장에서 설명했듯이, 각 PARTY(관계자)는 PARTY(관계자)의 다양한 역할을 설명하는 많은 다른 ROLE TYPE(역할유형)에 참여할 수 있다. 이 ROLE TYPE(역할유형)은 PARTY(관계자) 유형에 의해 영향을 받는데, PERSON(개인) 또는 ORGANIZATION(조직)으로 서브타입이 될 수 있다. 일부 ROLE TYPE(역할유형)은 PERSON(개인) 또는 ORGANIZATION(조직), 특히 SHAREHOLDER(주주), CUSTOMER(고객) 및 PROSPECT(가망고객)에 대한 것이며, 다른 역할 유형은 특정 PERSON ROLE(개인역할) 또는 ORGANIZATION ROLE(조직역할)에 대한 것일 수 있다(그림 15.5 참조).

2장에서 설명한 것처럼, PARTY RELATIONSHIP(관계자관계)은 관계 내의 관계 상태, 우선 순위 또는 접촉 내역과 같은 두 관계자 간의 관계에 대한 정보를 저장한다. CUSTOMER RELATIONSHIP(고객관계)은 관계자 관계의 예이며, XYZ회사에서 가장 중요한 정보 요구사항 중 하나는 이 관계를 추적하고 관리하는 것이다. EMPLOYMENT(고용), ORIGANIZATION ROLLUP(조직합병) 및 기타 많은 관계자 관계와 연관 PARTY ROLE(관계자역학)과 같은 잠재적인 PARTY RELATIONSHIP(관계자관계) 서브타입이 있다. 그러나 다음 토론에서는 PARTY(관계자), PERSON(개인), ORGANIZATION(조직), CUSTOMER(고객), EMPLOYEE(직원), INTERNAL ORGANIZATION(내부조직), CUSTOMER RELATIONSHIP EMPLOYMET(고객관계고용) 및 ORGANIZATION ROLLUP(조직합병) 엔터티의 물리 구현에 중점을 둘 것이다.

전사 데이터 모델 및 논리 데이터 모델 개발 노력은 일반적으로 연락 매체 모델에 대한 이전 논의에서 설명한 대로 이 모델에 적용된다. 다음 절에서는 전사 또는 논리 데이터 모델링 작업이 이미 수행되었다고 가정하고, 모델 구현을 위한 물리 데이터베이스 설계 옵션에 대해 설명할 것이다.

관계자 역할 및 관계 물리 디자인, 옵션1

Universal Separate 테이블 구현은 PARTY(관계자) 테이블을 구현하는 대신 PERSON(개인) 및 ORGANIZATION(조직) 서브타입에 대해 설정된다. 이는 각 테이블의 인스턴스 수가 하나의 큰 PARTY(관계자) 테이블보다 훨씬 적기 때문에 성능을 향상시킨다. 단점은 사람이나 조직이 CUSTOMER(고객)와의 관계 또는 사람과 조직에서 ORDER(주문)와의 관계와 같은 다른 엔터티와 관련이 있는 경우, 디자인이 더 복잡하고 결과 시스템이 복잡해지는 경향이 있다는 것이다. 예를 들어 응용 프로그램은 ORDER(주문)와 관련된 PERSON(개인) 또는 ORGANIZATION(조직)을 참조해야 하며, 응용 프로그램은 주문과 관련된 PARTY(관계자)를 단순히 표시하는 대신 추가 로직이 필요하다.

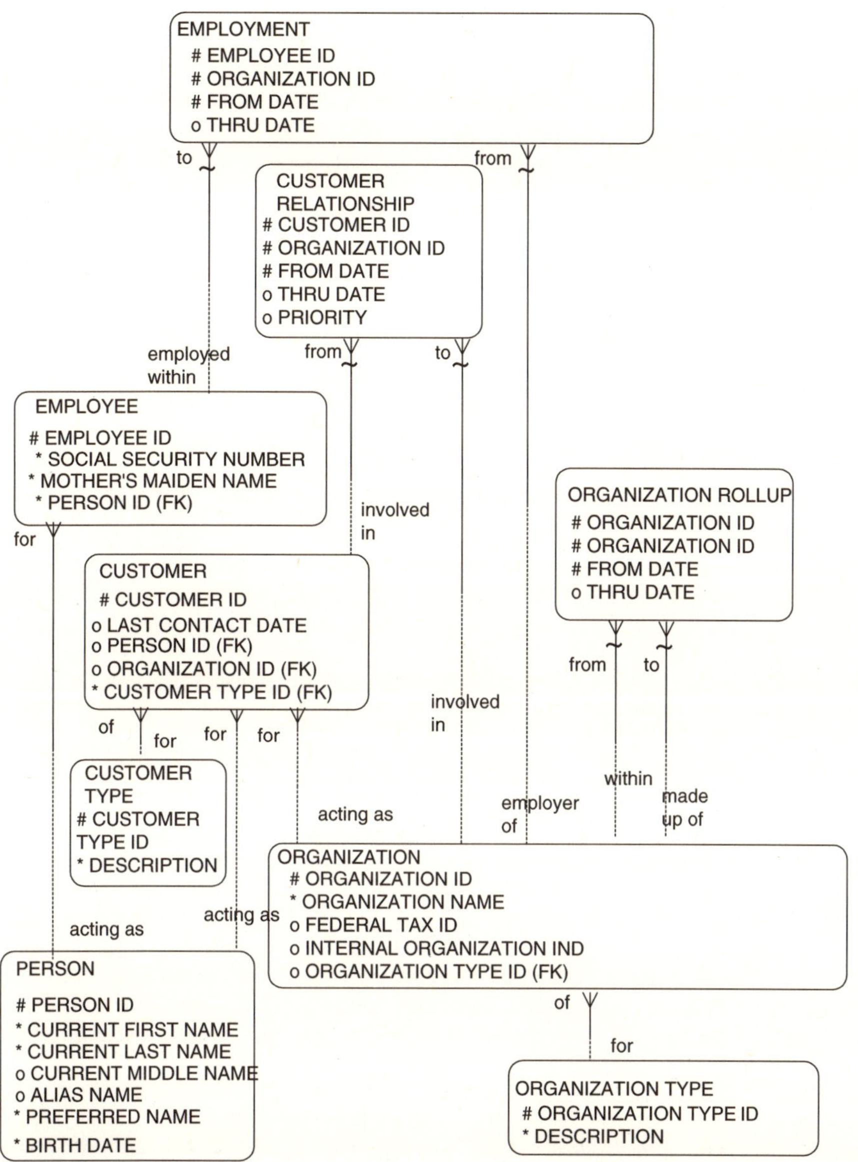

그림 15.6 관계자 역할과 관계 물리 설계, 옵션1

EMPLOYEE(직원) 및 CUSTOMER(고객)와 같은 일부 PARTY ROLE(관계자역할)에 대해서도 별도의 테이블이 설정된다. PARTY ROLE(관계자역할)은 대부분의 응용 프로그램 개발 노력에 의해 자체 테이블이 필요하다고 보여지기 때문에 이것은 매우 실용적인 구현이다. 별도의 CUSTOMER(고객) 및 EMPLOYEE(직원) 테이블이 있더라도 이러한 각 테이블은 역할을 담당하는 PERSON(개인) 또는 ORGANIZATION(조직)에 연결되어 있기 때문에 전체론적 통합 관점이 보존된다. 따라서 PERSON(개인)은 그 사람의 정보를 중복 저장하지 않고 여러 역할을 수행할 수 있다.

이 예에서 PERSON(개인)은 CUSTOMER(고객)로서의 역할을 하거나 EMPLOYEE(직원)로서의 역할을 할 수 있다. 아마도 CUSTOMER(고객)인 EMPLOYEES(직원)는 할인과 같은 특별 고려 사항을 부여받거나 적어도 특별한 대우를 받는다.

각 CUSTOMER(고객)는 자신의 customer id(고객ID)와 고객이 기업의 모든 사람과 연락한 마지막 날짜인 last contact date(최종연락일자)와 같은 고객 역할에 고유한 특정 정보를 가지고 있다. BILL TO CUSTOMER(청구고객)와 SHIP TO CUSTOMER(배송고객) 서브타입은 CUSTOMER TYPE(고객유형) 테이블에 customer type id(고객유형ID) 외래 키로 전환되어 CUSTOMER TYPE(고객유형)의 description(설명)이 "청구고객"인지 "배송고객"인지를 나타낸다. 슈퍼타입과 서브타입에 대한 하나의 테이블이 있기 때문에 첫 번째 서브타입 구현 옵션을 사용하는 예다(서브타입이 있는 슈퍼타입 엔터티는 단일 테이블로 구현될 수 있음).

각 EMPLOYEE(직원)는 고유한 직원 ID와 특정 역할을 관리하기에 적합한 정보를 갖고 있다. 예를 들어, 기업에서는 social security number(사회보장번호)와 mother's maiden name(어머니결혼전성)이 직원에게만 관리되는 것으로 간주한다.

둘 이상의 역할이 필요한 사람에 대한 속성은 PERSON(개인) 테이블에서 관리된다. 이것은 사람들에 관한 정보가 한 번 저장되어야 하고 중복되는 각 역할에 대해 중복되지 않아야 한다는 전체론적 원칙을 지킨다. 예를 들어, 개인의 current first name(현재성), current last name(현재명), current middle name(현재중간명), alias name(별칭명), preferred name(선호명), 그리고 birthdate(생년월일)는 다양한 역할과 많은 다른 응용 프로그램에서 필요할 수 있다. CUSTOMER(고객)와 EMPLOYEE(직원) 테이블에 employee name(직원이름)과 customer name(고객이름)을 저장함으로써(사람을 위해 설정된 다른 역할 테이블에 이름을 반복함으로써) 디자인은 이것이 PERSON(개인)에 대한 정보라는 것을 인식해서 각 EMPLOYEE(직원)와 CUSTOMER(고객)는 이 정보에 접근을 허용하는 PERSON(개인)과 연관된다.

특정 데이터베이스를 위한 이런 설계에 대한 가능한 반론은 고객 이름을 액세스하기 위해 CUSTOMER(고객)에서 PERSON(개인)으로의 조인을 수행해야 하고, 직원 이름을 액세스하기 위해 EMPLOYEE(직원)에서 PERSON(개인)으로의 유사한 조인이 이뤄져야 하기 때문에 이는 성능 위주가 아니라는 것이다. CUSTOMER(고객) 테이블은 customer name(고객이름) 속성을 포함할 수 있고, EMPLOYEE(직원) 테이블은 employee name(직원이름) 속성을 포함할 수 있다. 그러나 단점이 있다. 그 사람이 직원과 고객이면 어떻게 되는가? 이것은 이름을 두 번 저장하고 이름이 바뀌면 불일치하게 저장된다는 것을 의미한다.

데이터베이스 설계는 PERSON(개인) 또는 ORGANIZATION(조직) 테이블에 대한 각 역할의 뷰를 제공하여 역할 테이블에서 개인 또는 조직 테이블로의 필요한 조인이 데이터베이스 조회를 복잡하지 않도록 할 수 있다. 물론 성능상의 문제가 있으며, 설계자는 중복된 데이터 가능성에 대비하여 균형 있게 고려할 필요가 있다. 중복 데이터는 비즈니스에 심각한 영향을 미칠 수 있다.

Customer name(고객이름) 속성이 CUSTOMER(고객) 테이블에 있고 EMPLOYEE(직원)의 name(이름) 속성이 EMPLOYEE(직원) 테이블에 있더라도 적어도 공통인 person id(개인ID) 외래 키는 기업이 둘 이상의 역할을 수행할 수 있는 동일한 관계자의 존재를 식별할 수 있게 한다.

PARTY ROLE(관계자역할) 서브타입 중 일부는 성능을 향상시키고 물리 테이블 설계를 단순화하기 위해 논리 데이터 모델을 약간 수정하여 설계되었다. INTERNAL ORGANIZATION(내부조직)과 ORGANIZATION UNIT(조직단위)은 논리 모델의 PARTY ROLE(관계자역할) 서브타입이었으며, 조직이 기업 내부 조직인지 여부와 조직이 부서, 사업부, 자회사, 모기업 또는 다른 유형의 역할을 수행했는지에 대한 정보를 제공했다. 물리 데이터베이스 설계는 조직이 기업의 일부인지("예" 값) 또는 그렇지 않은지("아니오" 값)를 지정하는 internal organization ind(내부조직여부) 속성을 관리함으로써 INTERNAL ORGANIZATION(내부조직) 정보 요구사항을 처리한다.

물리 데이터베이스 설계는 각 ORGANIZATION(조직)을 "부서", "사업부", "자회사" 및 "부모조직"을 묘사하는 ORGANIZATION TYPE(조직유형) 설명과 연관시켜 ORGANIZATION UNIT(조직단위) 요구사항을 처리한다. 부서, 사업부, 자회사, 부모조직 및 기타 조직 단위 간의 관계는 PARTY RELATIONSHIP(관계자관계)의 서브타입인 ORGANIZATION ROLLUP(조직합병) 엔터티를 통해 처리된다.

PARTY RELATIONSHIP(관계자관계) 엔터티 각각은 별도의 테이블로 구현되며, 슈퍼타입의 속성 및 관계를 모두 상속한다(이는 두 번째 서브타입 구현 전략임. 각 서브타입은 각각의 테이블에 포함된 슈퍼타입 속성과 함께 별도의 테이블로 설정될 수 있음). 이것은 EMPLOYMENT(고용), CUSTOMER RELATIONSHIP(고객관계) 그리고 ORGANIZATION ROLLUP(조직합병)을 별도의 테이블로 보여주는 실용적인 구현이다. 이들은 별도의 테이블로 구현되지만 전사 모델은 status(상태), priority(우선순위), 그리고 communication events(접촉내역)와 같이 그림에 표시되지 않은 속성뿐만 아니라 from date(시작일자)와 thru date(종료일자) 같은 공통 정보를 공유한다고 언급한다. 따라서 이 모델은 PARTY RELATIONSHIP(관계자관계) 서브타입 테이블에 대해 고려돼야 하는 공통 정보를 나타내는 데 유용하다.

물리 데이터베이스 설계를 위한 예제 데이터, 옵션1

다음 표는 PERSON(개인), ORGANIZATION(조직), CUSTOMER(고객), EMPLOYEE(직원), CUSTOMER RELATIONSHIP(고객관계), EMPLOYMENT(고용), ORGANIZATION ROLLUP(조직합병)에 저장될 수 있는 데이터의 예를 제공한다.

표 15.3 사람 테이블

PERSON ID	CURRENT FIRST NAME	CURRENT LAST NAME	CURRENT MIDDLE NAME	ALIAS NAME
1234	John	Doe	P	
1345	Mary	Smith	E	
7890	Joe	Jones	W	
9900	John	Jones		Jack
7823	Jane	Doe		
6723	K	Smith	Frank	Bud

표 15.4 조직 테이블

ORGANIZATION ID	ORGANIZATION NAME	FEDERAL TAX ID
8457	Goodcusto, Inc	84-1111-222
8890	ABC Inc.	84-3333-444
8789	Twin Systems	84-6666-777
8821	Consultants Inc.	84-2222-444
8845	DEF Supplies	84-5455-333
9923	XYZ Co	84-7777-444
9924	XYZ Subsidiary	84-7777-456

표 15.3은 PERSON(개인) 테이블의 내용을 보여준다. 이 경우 테이블에 대한 키로 사용되는 고유 식별자를 생성하는 PERSON ID(개인ID)와 같은 PERSON(개인)에 대한 공통 정보가 정의된다. 각 인스턴스에는 적절한 current first name(현재명)과 current last name(현재성)인 "존 도우",

"메리 스미스", "조 존스", "존 존스", "제인 도우" 및 "케이 스미스"가 있다. 표에서 이 열은 필수 항목이다. Current middle name(현재중간명)과 alias name(별칭명)은 선택 사항이며 필요한 경우에만 채워진다. 대부분의 경우 current middle name(현재중간명)은 "1234", "1345" 및 "7890"행의 첫 번째 이니셜을 포함한다. 이 정보가 적용되지 않았으므로 "9900" 및 "7823" 행을 비워 두었다. "6723"의 경우 값은 "프랭크"고 PERSON(개인)의 이름은 "K Frank Smith"이며, 그 사람은 이름 대신 그의 중간 이름을 사용한다. 단지 두 열만 별칭을 포함한다. "9900"의 값은 "잭"이고 "6723"의 값은 "버드"다.

표 15.4는 기업이 관련된 조직의 몇 가지 예를 제공한다. 각 조직의 이름 및 연방세 ID뿐만 아니라 조직 ID가 저장된다. 따라서 각 조직에 대한 정보는 조직이 재생할 수 있는 역할별이 아니라 한 번만 저장될 수 있다.

표 15.5는 고객인 사람이나 조직에 대한 정보를 제공해서 CUSTOMER(고객) 테이블에 존재한다. 사람이나 조직이 고객일 수 있기 때문에 고객 Id는 아마 판매 조직에 의해서 각 고객에 대해 설정된다. 그들이 담당할 수 있는 어떤 역할에 대한 정보를 포함하는 ORGANIZATION(조직)이나 PERSON(개인)에 대한 전체 프로파일을 보는 것을 허용하는 기업 뷰뿐만 아니라 CUSTOMER(고객)를 사용해서 응용 프로그램의 개별 요건을 제공한다.

표 15.5 고객 테이블

PERSON ID	ORGANIZATION ID	CUSTOMER ID	CUSTOMER FIRST AND LAST NAME (FROM THE PERSON TABLE)	ORGANIZATION NAME	LAST CONTACT DATE
1345		87487	Mary Smith		3/13/00
7890		49795	Joe Jones		4/15/00
7823		49859	Jane Doe		5/16/00
6723		98785	K. Smith		2/12/00
	8457	84989		Goodcusto, Inc	4/20/00

표 15.6 직원 테이블

PERSON ID	EMPLOYEE ID	CURRENT FIRST NAME AND CURRENT LAST NAME	SOCIAL SECURITY NUMBER	MOTHER'S MAIDEN NAME
1234	387847	John Doe	234-29-8015	Barr
7890	934789	Joe Jones	178-90-2137	Stevens
7823	466765	Jane Doe	186-09-2918	Kylie

표 15.7 고객 관계 테이블

CUSTOMER ID	FIRST AND LAST NAME (FROM THE PERSON TABLE)	ORGANIZATION NAME (FROM THE ORGANIZATION TABLE)	ORGANIZATION ID	ORGANIZATION NAME	PRIORITY
87487	Mary Smith		9923	XYZ Co	1
87487	Mary Smith		9924	XYZ Subsidiary	5
49795	Joe Jones		9923	XYZ Co	5
49859	Jane Doe		9923	XYZ subsidiary	3
98785	K. Smith		9923	XYZ Co	5/15/2000
84989		Goodcusto, Inc	9923	XYZ Co	5/30/2000

표 15.8 고용 테이블

EMPLOYEE ID	PERSON ID	FIRST AND LAST NAME (FROM THE PERSON TABLE)	ORGANIZATION ID	ORGANIZATION NAME	EMPLOYMENT FROM DATE	EMPLOYMENT THRU DATE
387847	1234	John Doe	9923	XYZ Co	3/14/1999	
934789	7890	Joe Jones	9923	XYZ Co	2/13/1999	
466765	7823	Jane Doe	9923	XYZ Co	5/12/1999	1/14/00

표 15.9 조직 합병 테이블

ORGANIZATION ID	ORGANIZATION NAME	ORGANIZATION TYPE	ORGANIZATION ID	ORGANIZATION NAME	ORGANIZATION TYPE
9924	XYZ Subsidiary	Subsidiary	9923	XYZ Co	Parent organization
8789	Twin Systems	Division	8890	Goodcusto	Parent organization

Last contact date(최종접촉일자)는 고객인 사람 또는 조직에만 적용될 수 있는 속성이다. 따라서 CUSTOMER(고객) 테이블의 컬럼이다. 다른 응용 프로그램에서도 이 정보가 필요하다고 간주되면 PERSON(개인) 또는 ORGANIZATION(조직) 테이블의 컬럼이거나 둘 다 있어야 한다. 이것은 마지막 COMMUNICATION EVENT(접촉내역)에서 알아낼 수 있기 때문에 파생된 컬럼이다. 그러나 물리 설계자는 이를 성능 상의 이유로 포함시키기로 결정했다. 응용 프로그램 코드는 이 날짜를 마지막 COMMUNICATION EVENT(접촉내역) 날짜와 동기화해서 정보가 일관성을 유지하도록 할 필요가 있다.

표 15.6은 EMPLOYEE(직원) 테이블에 있을 수 있는 정보를 제공한다. Employee ID(직원ID)는 인적자원 응용 프로그램과 같은 특정 응용 프로그램에 제공될 수 있다. 다시 말해, 응용 프로그램은 인적 자원 내에서만 사용되는 컬럼으로 간주되는 경우 social security number(사회보장번호)와 mother's maiden name(어머니결혼전성) 같은 자체 데이터를 저장할 수 있다. 각 직원 ID가 개인 ID와 관련되어 있다는 사실은 기업이 그 사람에 대한 다른 정보와 연결하여 완전한 뷰를 제공할 수 있게 한다.

조 존스(사람ID 7890)는 XYZ회사의 직원이며, 표 15.5에서도 고객으로 확인되었다. 이러한 유형의 정보는 조에게 더 나은 서비스를 제공하는데 사용될 수 있으며, XYZ회사가 실제로 얼마나 많은 직원이 고객인지 알면 도움이 된다.

표 15.7은 CUSTOMER RELATIONSHIP(고객관계) 테이블에 있을 수 있는 정보를 제공한다. 이 테이블은 PERSONS(개인) 또는 ORGANISATIONS(조직)를 고객인 ORGANIZATION(조직)과 연결한다. 이를 통해 각 고객은 기업의 각 조직과 몇 가지 CUSTOMER RELATIONSHIPS(고객관계)를 가질 수 있다. 예를 들어, 테이블에는 메리 스미스가 우선순위가 1로 가장 높은 XYZ회사와 CUSTOMER RELATIONSHIP(고객관계)을 가지고 있음을 보여준다. 그녀는 또한 XYZ자회사 조직과의 CUSTOMER RELATIONSHIP(고객관계)가 있다. 여기서 그녀의 우선순위는 5다(아마도 그녀는 해당 조직과 많은 업무를 수행하지 않았을 것임). 고객이 동일한 관계자임에도 불구하고 관계에 따라 다를 수 있는 각 관계에 대한 관계 상태와 같은 기타 정보가 있을 수 있다.

표 15.8은 어떤 직원이 어떤 조직에 고용되었는지에 대한 정보를 기록한다. 이 표에는 XYZ기업의 직원 세 명이 보인다. 누가 외부 조직의 직원이었는지를 포함하도록 확장할 수 있다. 그러나 기업은 이 정보를 관리할 의지와 수단이 있음을 입증해야 한다. 한 개인이 여러 조직에 의해 여러 번 고용될 수 있다. 그러나 EMPLOYEE(직원) 테이블 또는 PERSON(개인) 테이블의 정보는 여러 번 사용된 결과로 변경되지 않을 수 있다.

마지막으로, 표 15.9는 ORGANIZATION ROLLUP(조직합병)의 몇 가지 예를 제공한다. 이 표는 XYZ자회사[ORGANIZATION TYPE(조직유형)이 "자회사")가 XYZ회사(ORGANIZATION TYPE(조직유형)이 "부모조직"]로 합병될 수 있음을 보여준다. 기업의 부서, 사업부, 자회사 또는 모기업의 구조는 언제든지 기업의 조직 구조를 보여주기 위해 합병될 수 있다[ORGANIZATION ROLLUP(조직합병)의 from date(시작일자)와 thru date(종료일자)는 변경 사항을 포착하도록 제공]. 또는 기업은 외부 조직의 조직 구조를 포착하여 이런 회사에 대한 정보를 얻을 수 있다. 예를 들어, 두 번째 행은 Twin System(외부 공급업체)이 Goodcusto(외부 고객)의 부서임을 보여준다.

이 물리 데이터베이스 설계 구현의 한 가지 이점은 기업의 다양한 부서가 자체 정보를 보다 쉽게 "소유"하고 관리할 수 있는 매우 실용적인 전략을 제공한다는 것이다(별도의 테이블에 있기 때문). PERSON(고객) 또는 ORGANIZATION(조직)에 전체 프로파일을 포착할 수 있도록 기본 체제가 다양한 역할을 통합할 수 있도록 제공한다. 예를 들어 판매 조직은 CUSTOMER(고객) 구체 정보를 보다 쉽게 관리할 수 있으며, 인적 자원 부서는 직원 정보를 관리할 수 있다. 두 부서 모두 직원이자 고객인 사람에 대해 보다 완전한 프로파일을 볼 수 있다.

이 디자인의 단점은 새로운 역할과 관계가 알려지면 새로운 테이블이 필요할 수 있다는 것이다. 또한 각 역할과 관계는 STATUS TYPE(상태유형) 또는 PRIORITY TYPE(우선순위유형)과 같은 테이블을 PARTY ROLE(관계자역할) 및 PARTY RELATIONSHIPS(관계자관계)와 관련시킬 수 있는 대신에 중복 속성과 관계를 필요로 할 수 있다. PERSON(개인) 및 ORGANIZATION(조직) 서브타입을 분리하는 데 장점이 있지만, 엔터티들을 PARTY(관계자) 엔터티에 연관시킬 수 있는 대신에 중복 구조 및 관계가 필요할 수 있다.

요약하면, 각 PARTY ROLE(관계자역할)과 각 PARTY RELATIONSHIPS(관계자관계)는 별도의 테이블로 구현될 수 있으며, 공통된 person ids(개인ID) 및 organization ids(조직ID)와 함께 연결되어 사람과 조직의 통합된 뷰를 제공하면서 특정 응용 프로그램의 요건을 충족시킬 수 있다.

관계자 역할 및 관계 물리 설계, 옵션2

그림 15.7은 관계자 역할 및 관계자 관계 모델을 구현하기 위해 이전 설계와 약간 다른 버전을 제공한다. 이 설계는 대부분의 PARTY ROLE(관계자역할)과 PARTY RELATIONSHIPS(관계자관계)가 별개의 테이블로 설정된다는 점에서 유사하다. 이 설계는 PARTY(관계자) 테이블이 PERSON(개인) 및 ORGANIZATION(조직)을 별도의 테이블로 분리하는 대신 사람 및 조직 모두에 대한 정보를 저장한다는 것을 보여준다. 데이터 예제는 party id(관계자ID)를 person id(개인ID)와 organization id(조직ID)와 연결하는 대신 사람과 조직의 공통 프로파일에 각 역할을 연결한다는 점을 제외하면 첫 번째 설계 옵션과 유사하다.

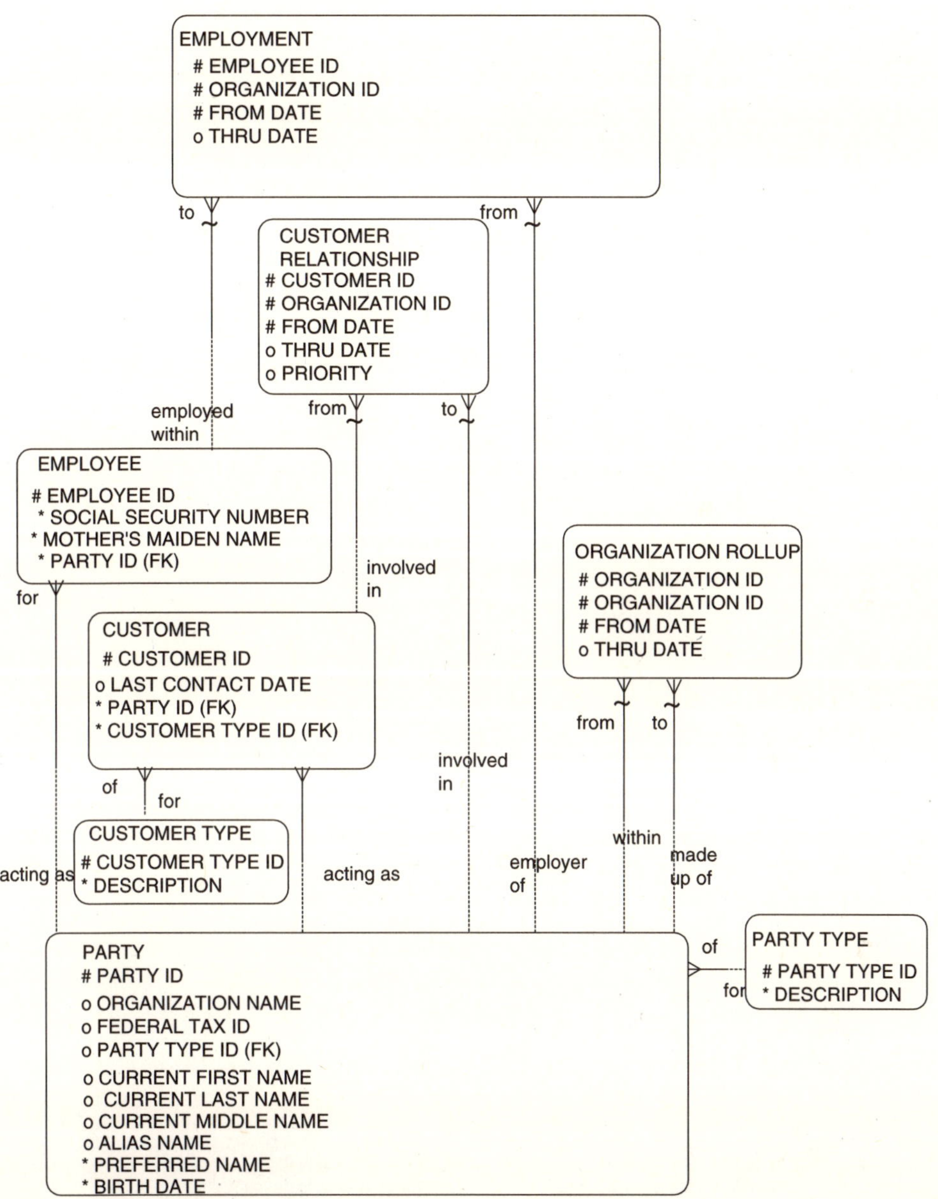

그림 15.7 관계자 역할과 관계 물리 디자인, 옵션2

　이는 사람과 조직간에 동일한 데이터 구조를 공유하는 이점을 제공한다. 예를 들어, 동일한 PARTY CONTACT MECHANISM(관계자연락매체) 구조가 PERSONS(개인)와 ORGANISATIONS(조직) 둘 다와 관계 없이 PARTY(관계자)에 사용될 수 있다. 계약 및 주문은 PERSONS(개인) 및 ORGANIZATION(조직) 대신 PARTY(관계자)와 관련될 수 있다. 책임은 사람이나 조직일 수 있는 관계자에게 할당될 수 있다. 이 설계가 유익한 많은 다른 상황이 존재한다.

이 PARTY(관계자) 테이블은 기업의 모든 사람과 조직을 저장하는 경우 상당히 커질 수 있다. 이 문제를 해결하기 위해 다양한 물리적 액세스 전략을 포함할 수 있다. 예를 들어, 테이블이 많이 인덱스화되거나 더 강력한 프로세서가 이 정보에 액세스하는 데 사용될 수 있다.

또 다른 옵션은 각 역할 테이블에 party ID(관계자ID)를 외래 키로 저장하고, 각 역할 테이블에 공통 관계자 속성을 중복 저장하는 것이다. 적어도 기업은 많은 역할을 하는 동일한 관계자의 존재를 식별할 수 있다. 이 시나리오에서는 관계자의 키를 알고 있기에 데이터 불일치를 쉽게 조정할 수 있다. 그럼에도 설계자는 성능 고려 사항에 대해 깨끗하고 정규화되고 일관된 설계가 필요하다.

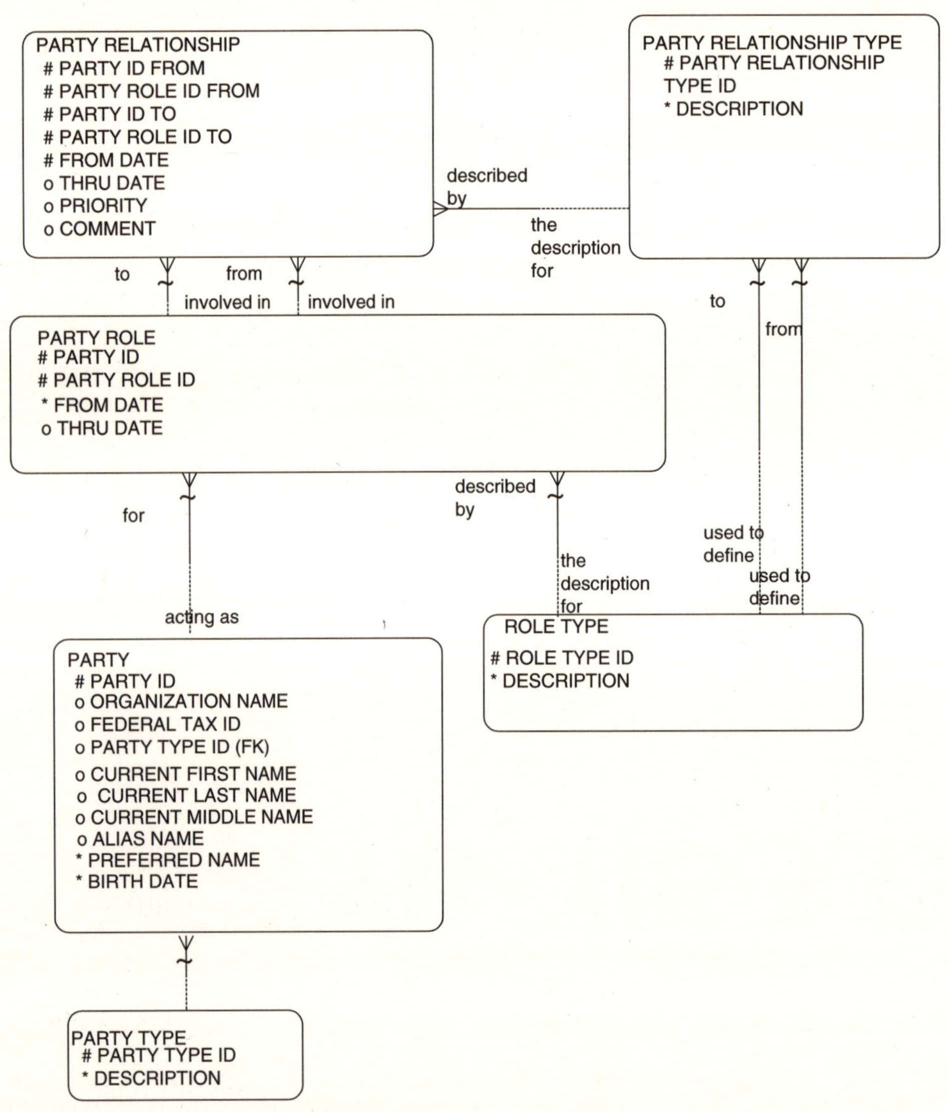

그림 15.8 관계자 역할과 관계 일반 설계, 옵션3

다음 예제는 한 모델 내의 모든 역할과 관계를 처리하기 위해 일반적인 전체 테이블 집합을 어떻게 설정하는지를 검토할 것이다. 이는 참조 데이터 모델의 유연성이 정보 요구사항이 변경되는 경우에도 안정적으로 유지될 수 있는 매우 유연한 데이터베이스 설계를 제공함을 보여준다.

표 15.10 관계자 테이블

PARTY ID	PARTY NAME	PARTY TYPE
1234	John Doe	Person
1345	Mary Smith	Person
1567	John Smith	Person
1876	Jerry Wright	Person
7890	Joe Jones	Person
9900	John Jones	Person
7823	Jane Doe	Person
6723	Bud Smith	Person
1567	Ken Harris	Person
1990	Uma Key	Person
5134	Bill Jake	Person
6712	Betty King	Person
7876	Jeff Dane	Person
7890	Linda Kinney	Person
7721	Bob Mason	Person
7723	Larry Ink	Person
8457	Goodcusto, Inc	Organization
8890	ABC Inc.	Organization
8789	Twin Systems	Organization
8821	Consultants Inc.	Organization
8845	DEF Supplies	Organization
9923	XYZ Company	Organization
9924	XYZ Subsidiary	Organization
9925	Accounting department (of XYZ)	Organization

그림 15.8은 서브타입을 구현하기 위한 첫 번째 전략을 통합한 설계를 제공한다(서브타입이 있는 전체 슈퍼타입은 서브타입을 나타내기 위해 조회 테이블과의 관계가 있는 단일 테이블로 구현될 수 있음). 이 설계는 옵션1과 다르며 PERSON(개인) 및 ORGANIZATION(조직) 정보를 전체

PARTY(관계자) 개념으로 다시 포함하기 때문에 옵션2와 유사하다. 주요 변경은 각 관계자가 수행하는 특정 역할이 하나의 테이블인 PARTY ROLE(관계자역할)에 보관된다는 것이다. 이 경우 ROLE TYPE(역할유형)의 일반 테이블과 관계자가 수행할 수 있는 다양한 유형의 역할이 PARTY ROLE TYPE(관계자역할유형) 테이블에서 관리된다. 앞의 두 디자인과 이 디자인의 또 다른 차이점은 관계가 다른 테이블로 분리되지 않고 PARTY RELATIONSHIP(관계자관계) 테이블에 함께 배치된다는 것이다.

이 옵션은 준비 단계 데이터 웨어하우스 또는 운영 데이터 저장소와 같은 응용 프로그램에 사용할 수 있다. 또한 인스턴스 수가 상대적으로 적거나 이런 유연한 설계를 처리할 수 있는 매우 강력한 프로세서가 있는 경우에도 사용할 수 있다. 이 디자인의 이점은 매우 유연하고 모든 정보를 전체적으로 볼 수 있게 해준다는 것이다. 또 다른 잠재적인 응용 분야는 정보의 관리 및 지원이 한 조직에 의해 집중화되고 관리되는 곳이다. 두 경우 모두 이 설계가 적절할 것이다.

예를 들어, XYZ회사는 다양한 조직의 정보가 매일 운영 데이터 저장소로 수집된 다음 월말에 데이터 웨어하우스로 전송되는 의사 결정 지원 환경을 관리한다. 이 설계는 이전 예제에서 제공된 모든 데이터를 포착하는 데 필요하다.

이전처럼 XYZ회사가 PERSON(개인) 또는 ORGANIZATION(조직) 테이블에서 수집한 모든 정보가 PARTY(관계자) 테이블로 이동되었다. 연관된 PARTY TYPE(관계자유형)은 원본 데이터의 자료를 기반으로 지정되었다. PERSON(개인) 테이블에서 가져온 current first name(현재명), current last name(현재성), current middle name(현재중간명) 및 ORGANIZATION(조직) 테이블의 organization name(조직이름)이 포함된다. 각 사람의 이름과 성이 연결되어 PARTY NAME(관계자명)이 된다.

표 15.12처럼 ROLE TYPE(역할유형)을 PARTY ROLE(관계자역할)에 추가함으로써, PARTY (관계자) 테이블의 정보는 각 관계자가 XYZ회사에 참여한 역할과 연결된다. 각 개인에 대해 많은 역할을 추적할 수 있는 기능이 있음을 주목하라. 예를 들어 "존 도우"는 "잠재고객"과 "직원"이다. "조 존스"는 제인 도우처럼 "고객"과 "직원"이다. 이 경우, ROLE TYPE(역할유형)은 각 PARTY(관계자)가 갖는 잠재적인 역할을 분명히 한다. 또한 XYZ회사에 필요한 사람이나 물품을 제공하기 때문에 ORGANIZATION(조직) 유형의 PARTY(관계자)는 공급업체의 역할을 수행한다. 표 15.12는 PARTY RELATIONSHIP(관계자관계) 테이블에 저장될 수 있는 다양한 관계의 예를 제공한다.

PARTY ID	PARTY NAME (EITHER PERSON CURRENT FIRST NAME AND CURRENT LAST NAME OR ORGANIZATION NAME)	PARTY TYPE	PARTY ROLE TYPE
1234	John Doe	Person	Prospect
1234	John Doe	Person	Employee
1345	Mary Smith	Person	Customer
1567	John Smith	Person	Employee
1876	Jerry Wright	Person	Employee
7890	Joe Jones	Person	Customer
7890	Joe Jones	Person	Employee
9900	John Jones	Person	Prospect
7823	Jane Doe	Person	Customer
7823	Jane Doe	Person	Employee
6723	Bud Smith	Person	Customer
1567	Ken Harris	Person	Contractor
1990	Uma Key	Person	Contractor
5134	Bill Jake	Person	Contractor
6712	Betty King	Person	Contractor
7876	Jeff Dane	Person	Contact
7890	Linda Kinney	Person	Contact
7721	Bob Mason	Person	Contact
7723	Larry Ink	Person	Contact
8457	Goodcusto, Inc	Organization	Customer
8890	ABC Inc.	Organization	Supplier
8789	Twin Systems	Organization	Supplier
8821	Consultants Inc.	Organization	Supplier
8845	DEF Supplies	Organization	Supplier
9923	XYZ Company	Organization	Internal organization, parent company
9924	XYZ, Subsidiary	Organization	Internal organization, subsidiary
9924	Accounting department (of XYZ)	Organization	Internal organization, department

표 8.5 관계자 관계 테이블

FROM PARTY ID	FROM PARTY NAME	FROM PARTY ROLE	TO PARTY ID	TO PARTY NAME	TO PARTY ROLE	PARTY RELATIONSHIP
1345	Mary Smith	Customer	9923	XYZ Co	Internal organization	Customer relationship
9900	John Jones	Customer	9923	XYZ Co	Internal organization	Customer relationship
7823	Jane Doe	Customer	9923	XYZ Co	Internal organization	Customer relationship
8457	Goodcusto, Inc	Organization	9923	XYZ Co	Internal organization	Customer relationship
1567	Ken Harris	Contractor	9923	XYZ Co	Internal organization	Contractor relationship
1990	Uma Key	Contractor	9923	XYZ Co	Internal organization	Contractor relationship
5134	Bill Jake	Contractor	9923	XYZ Co	Internal organization	Contractor relationship
6712	Betty King	Contractor	9923	XYZ Co	Internal organization	Contractor relationship
1567	John Smith	Employee	9923	XYZ Co	Internal organization	Employee relationship
1876	Jerry Wright	Employee	9923	XYZ Co	Internal organization	Employee relationship
1567	Ken Harris	Employee	8789	Twin Systems	Employer	Employee relationship
1990	Uma Key	Employee	8789	Twin Systems	Employer	Employee relationship
5134	Bill Jake	Employee	8821	Consultants Inc.	Employer	Employee relationship
6712	Betty King	Employee	8821	Consultants Inc.	Employer	Employee relationship
7876	Jeff Dane	Contact	8890	ABC Inc.	Organization	Contact relationship
7890	Linda Kinney	Contact	8890	ABC Inc.	Organization	Contact relationship
7721	Bob Mason	Contact	8845	DEF Supplies	Organization	Contact relationship
7723	Larry Ink	Contact	8845	DEF Supplies	Organization	Contact relationship
8890	ABC Inc.	Supplier	9923	XYZ Co	Internal organization	Supplier relationship
8789	Twin Systems	Supplier	9923	XYZ Co	Internal organization	Supplier relationship
8821	Consultants Inc.	Supplier	9923	XYZ Co	Internal organization	Supplier relationship
8845	DEF Supplies	Supplier	9923	XYZ Co	Internal organization	Supplier relationship

표 15.12는 관계자 역할 및 관계 모델의 물리 구현과 함께 제공되는 유연성을 보여준다. 새로운 업무 규칙을 통해 새로운 역할이나 관계가 발견되면 이 데이터베이스 설계는 추가 테이블이 필요한 앞의 두 가지 구현과 달리 데이터베이스 변경 없이 새 역할을 지원할 수 있다. 설계자는 유연성과 유지보수성에 비한 성능 고려 사항을 평가할 필요가 있다.

데이터 웨어하우스 모델 사용

이 책에서 제공하는 데이터 웨어하우스 모델은 기업 또는 논리 데이터 모델에서 전사 데이터 웨어하우스 데이터 모델로 이동한 다음 부서별 데이터 모델로 이동하는 방법의 예를 보여준다. 이 장의 가장 중요한 점은 적절한 데이터 웨어하우스 아키텍처를 설정하는 중요성을 기업이 이해할 수 있도록 변환 프로세스를 보여주는 것이다.

10장에서는 기업 데이터 모델을 데이터 웨어하우스 데이터 모델로 변환하기 위한 변환 단계에 대해 설명했다. 11장에서는 이러한 변환 개념을 사용하여 개발된 예제 데이터 웨어하우스 데이터 모델을 제공했다. 이러한 변환 단계는 선택적으로 사용해야 한다. 데이터 웨어하우스 데이터 모델을 개발할 때 이러한 모든 단계를 사용할 필요는 없다. 그들은 단지 지침으로 사용된다.

예를 들어, 파생 데이터 포함이나 테이블 병합 및 데이터 배열 생성과 같은 비정규화가 항상 필요한 것은 아니며, 추후까지 연기될 수도 있다. 이러한 변환에 의해 제공되는 정보에 대해 기업 차원의 요구사항이 있다는 것이 명백할 때만 포함되어야 한다.

데이터 웨어하우스 환경으로 데이터를 이동하는 데 관련된 아키텍처에 대해 데이터 웨어하우스 커뮤니티에서는 많은 논란이 있었다. 특히, 많은 학설이 있는 것처럼 보인다. 어떤 기업은 먼저 전사 데이터 웨어하우스에 데이터를 추출한 다음 이를 부서별 데이터 웨어하우스로 옮겨야 한다고 말한다. 또 다른 이들은 운영 시스템에서 부서별 데이터 웨어하우스로 정보를 직접 옮길 수 있다고 주장한다. 전사적 데이터 웨어하우스의 구조인지에 대한 논쟁과 그것이 일련의 상호 연결된 스타 스키마여야 하는지 또는 전사 데이터 모델의 비정규화 버전이어야 하는지에 대한 논쟁이 있다.

전사적 데이터 웨어하우스가 있어야 하나? 아니면 부서별 데이터 웨어하우스(즉, 데이터 마트)로 추출해야 하나? 확실히 데이터를 부서별 데이터 웨어하우스로 직접 이동하는 것이 처음에는 더 쉽다. 먼저 데이터를 중간 단계로 이동한 다음 부서별 데이터 웨어하우스로 이동하는 대신 하나의 변환만 필요하다. 업무 관리자는 정보를 빠르고 쉽게 얻고 싶어한다. 사용자 커뮤니티에 필요한 정보를 제공하는 것이 시급하다. 이것이 바로 데이터 웨어하우스 개념이 적용된 이유다. 직접 경로를 선택하고 부서 웨어하우스에 직접 정보를 제공하는 것이 어떤가?

정보를 부서 웨어하우스로 직접 옮기는 데는 큰 단점이 있다. 그 단점은 부서별 데이터 웨어하우스의 첫 번째 구현이 아니라 후속 부서 구현에 있다. 각 부서에서 운영 시스템의 데이터를 부서별 데이터 웨어하우스로 직접 이동하면, 운영 시스템에 이미 존재하는 데이터 자료보다 일관성 없는 데이터 자료를 생성하는 데 큰 영향을 미친다.

데이터 웨어하우스를 만드는 대부분의 기업은 여러 운영 체제의 데이터를 정리하고 통합해야 하는 복잡한 변환 루틴에 직면한다. 데이터 웨어하우스를 만드는 데 있어 가장 큰 과제는 기업의 가장 신뢰할 수 있는 데이터 소스를 해독하는 것이다. 이는 대부분의 조직에서 동일한 데이터가 중복되거나 불일치하게 저장되는 경우가 많기 때문에 복잡하다(기업의 분리된 중복 데이터에 대한 설명은 1장 참조). 따라서 변환 프로세스에서 데이터 불일치를 처리해야 한다.

일관성 없는 데이터의 문제점을 설명하기 위해 프로젝트 업무는 데이터가 새 데이터베이스로 변환되는 곳이 어디인지를 생각하게 한다. 데이터베이스 설계가 검토되었을 때 개인 테이블에 혈액형 속성이 두 개 있다는 것을 알게 되었다. 우려할 만한 명백한 의문이 생겼다. 한 사람에게 두 가지 혈액형이 어떻게 있을 수 있는가? 물론 한 사람에게는 한 가지 혈액형만 있다. 문제가 추적되었을 때 실제로 각 사람마다 두 가지 혈액형이 있었다. 하나는 시스템 A에서, 다른 하나는 시스템 B에서 생겼다. 어느 시스템이 각 개인에 대해 더 정확한 정보를 보유하고 있는지를 알아내는 것은 극도로 어렵기 때문에 기업은 두 값 모두 시스템에 보관하기로 결정했다. 이는 여러 출처의 정보를 통합하려는 노력의 일례일 뿐이다.

각 부서에서 자체 변환 루틴을 사용하는 경우 일관성 없는 정보 관리의 가능성을 고려해야 한다. 많은 부서에서 그들의 의사 결정 지원 환경에 사람, 조직, 상품, 판매, 구매, 프로젝트 등에 관한 동일한 정보를 사용할 수 있다. 변환 루틴은 개별 부서에서 수행되는 경우 부서마다 달라지므로 일관성이 없고 혼란스러운 결과를 초래한다.

예를 들어, 마케팅 조직이 다른 용도를 사용하는 경우 주문 처리 부서에서 생산한 데이터와 일치하지 않을 수 있는 경영 판단 정보를 생성한다고 생각할 수 있다 이것은 기업에 치명적인 영향을 줄 수 있다. 여러 시스템간에 일관성 없는 정보를 가져오는 결과는 기업이 정보의 신뢰성에 의문을

데이터 모델 리소스 북

갖기 시작할 수도 있고 잘못된 정보에 대해 행동하는 것일 수도 있다.

전체 기업은 데이터 변환의 어려운 프로세스 뒤에 결과를 공유할 수 있다. 이것이 일어날 수 있는 유일한 방법은 의사 결정 지원을 위한 하나의 중심 변환 프로세스를 갖는 것이다. 전사적 데이터 웨어하우스 데이터 모델을 구축함으로써 전체 기업의 요구에 부합하는 공통 변환 루틴을 구축할 수 있다. 또한 기업은 변환 프로세스에서 발견된 데이터 불일치를 식별하고 이러한 불일치가 어떻게 처리될지 일관된 결정을 내릴 수 있다. 이 지식은 기업이 기존의 문제점을 정확하게 지적함으로써 보다 통합된 운영 시스템으로 이동할 수 있도록 도와준다. 결국 각 부서의 데이터 웨어하우스에 대해 유사한 유형의 데이터를 변환하는 대신 기업에 대해 한 번 변환 프로세스를 수행하여 장기적으로 시간과 비용을 절약할 수 있다.

기업은 장기적으로 데이터 웨어하우스를 성공적으로 수행하려면 데이터 및 정보 아키텍처에 대한 투자를 기꺼이 수행해야 한다. 비유하자면 요구사항이나 설계를 정식으로 분석할 시간을 들이지 않고 프로그램을 작성하고 개발하는 것이 더 쉬운 것처럼 보일 수 있다. 그러나 선행 투자의 부재는 보통 개발 및 관리 비용이 증가한다는 경험이 존재한다.

기업이 데이터 웨어하우스 영역으로 신속하게 진입하기를 원한다면, 이 책이나 다른 출처의 템플릿 데이터 웨어하우스 디자인을 사용하여 부서별 데이터 웨어하우스 원형을 만든 다음 제한된 양의 데이터를 가지고 적재한다. 이를 통해 기업은 의사 결정 지원 환경의 이점을 평가하고 데이터 웨어하우스 환경에 관한 전략적 결정을 내릴 수 있다. 초기 원형을 작성한 후에 기업은 향후 부서별 정보 요건을 지원하기 위해 전사적 데이터 웨어하우스를 구축하는 것을 고려할 수 있다.

요약

이 장에서는 기업의 통합된 뷰를 제공하는 모델, 특정 응용 프로그램을 설계하는 데 필요한 모델 및 데이터베이스 생성에 사용되는 물리 데이터베이스 설계 모델과 같은 다양한 유형의 시스템 개발 노력을 지원하기 위해 참조 데이터 모델을 구현하는 방법에 대해 설명했다. 이 장에서는 데이터 웨어하우스를 구현하기 위한 전략에 대해서도 살펴보았다. 강조할 설계 요점은 다음과 같다.

■ 기업 전체에 정보 통합을 용이하게 하고 기업의 정보 요구사항을 이해하기 위해 전사 데이터 모델을 수립한다.

■ 비즈니스 전문가와의 접촉을 유지하여 업무 요건을 적절하게 파악한다.

■ 비즈니스로 모델을 검토하여 비즈니스 이해가 제대로 도출되었는지 확인한다.

■ 전사 데이터 모델을 사용하여 특정 응용 프로그램에 대한 논리 데이터 모델을 작성한다. 이를 통해 해당 응용 프로그램을 기업의 전체 시스템에 더 잘 통합할 수 있으므로 정보를 보다 효과적으로 공유하고 전달할 수 있다. 또한 이미 설계된 데이터 구조를 재사용함으로써 해당 응용 프로그램의 모델링 작업을 빠르게 시작할 수 있다.

■ 논리 데이터 모델을 개발하기 위한 또 다른 입력 소스로 프로세스 모델을 사용한다. 업무 프로세스를 명확하게 이해하여 이를 자동화한다.

■ 의도된 데이터베이스 관리 시스템(DBMS)에 대한 논리 데이터 모델과 성능 고려 사항을 기반으로 필요한 물리 데이터베이스 설계 모델을 작성한다.

■ 논리 데이터 모델의 서브타입을 물리 데이터베이스 설계로 변환하여 이 장에 표시된 네 가지 접근 방식 중 하나를 선택한다.

■ 통합 의사 결정 지원(데이터 웨어하우스) 환경을 구축하기 위한 기초로 전사 데이터 모델과 논리 데이터 모델을 사용한다.

예제에서 볼 수 있듯이 각 참조 데이터 모델을 구현하는 데는 여러 가지 방법이 있다. 명확하게 정의된 설계 원칙을 따르면 참조 데이터 모델을 사용하여 물리 설계를 구현할 수 있다. 필요한 데이터베이스별 요구사항을 적용한 후 설계를 사용하여 적재 및 검사 준비가 된 물리 데이터베이스 스키마를 생성할 수 있다. 참조 데이터 모델은 또한 데이터 웨어하우스 디자인 및 구현을 위한 기초로 사용할 수 있다.

이 마지막 장의 목적은 참조 데이터 모델을 사용하여 고품질의 통합 데이터베이스 완성을 구축하는 방법을 설명하는 것이다.

이것이 참조 데이터 모델 구축에 대한 보다 광범위한 노력의 시작이길 바라며, 정보 시스템 산업이 재사용 가능한 모델을 더 많이 구축하는 것을 지속하길 바란다. 이러한 노력의 결과로 개발자는 시스템 개발 주기를 단축하고 사용자 커뮤니티를 위해 보다 저렴한 비용으로 보다 우수한 품질의 통합 정보 시스템을 생산할 수 있다.

우리는 참조 데이터 모델, 데이터 통합 또는 전체론적 시스템의 발전을 도울 수 있는 제안, 질문 또는 의견을 권장하고 존중한다.

더 많은 정보를 얻고, 질문하고, 기고하거나, 도움이 필요하면 info@univdata.com으로 메일을 보내고, silverston.wiley.com의 웹사이트나 www.universaldatamodels.com를 방문하라.

APPENDIX

A

논리 데이터 모델 엔터티와 속성

이 부록에서는 2장에서 9장에 있는 모델의 엔터티와 속성 목록을 제공한다. 이 목록에는 엔터티 이름, 속성 이름, 기본 키 표시, 외래 키 표시 및 각 속성의 도메인이 포함된다.

도메인은 데이터 타입 및 길이를 포함하여 속성에 적용할 수 있는 표준 특성을 나타낸다. 표 A.1에서 각 도메인의 성격을 정의한다. 이 부록에 나열된 속성에 도메인을 적용해서 모델을 구현할 때, 데이터 타입 및 길이에 대한 권장 사항은 표 A.1을 참조하라. 물론 각 속성의 데이터 타입과 길이는 기업의 요건에 맞도록 적절하게 조정해야 한다.

Table A.1 Appendices Domain Definitions

DOMAIN NAME	DATATYPE	SUGGESTED LENGTH	USED FOR
Blob	Blob		Images, graphics, binary information, and any attributes storing electronic object information
Comment	Varchar (variable length character string)	255	Used to store comment attributes that provide for free-form text describing the entity
Currency Amount	Number or money with two decimal places for the cents	9 digits with 2 decimals	Any currency amounts that may store monetary figures
Datetime	Date		Used to maintain any date or datetime attribute
Description	Varchar	255	Used for attributes that maintain descriptive information about the entity
Floating point	Float	9 with 4 more decimal points	Used to record information about percentages, calculated fields, variances, statistical attributes, or any attribute needing multiple decimal points
ID	Number	10	A sequential number to establish uniqueness of the entity, to be used for foreign key relationships
Indicator	Character	1	Any flag, indicator, or single character attribute used to indicate the value of an attribute. For example: Yes/No, Male/Female
Long Varchar	Varchar	255	Used to record attributes that generally need a longer string value
Name	Varchar	40	Used to record name information
Numeric	Number		Numbered values without decimal points
Short Varchar	Varchar	40	Used for attributes that generally need a longer string value
Very Long	Varchar	2000	Used for attributes that need a very long string value
Very Short	Varchar	10	Used for attributes that need a very short string value

Logical Data Model Entities and Attributes Listing

ENTITY NAME	ATTRIBUTE NAME	PK?	FK?	DOMAIN
ACCOUNTING PERIOD	ACCOUNTING PERIOD ID	Yes	No	ID
	ROLE TYPE ID	No	Yes	ID
	PERIOD TYPE ID	No	Yes	ID
	ACCTG PERIOD NUM	No	No	Numeric
	FROM DATE	No	No	Datetime
	THRU DATE	No	No	Datetime
	PARTY ID	No	Yes	ID
	INTERNAL ORGANIZATION ID	No	Yes	ID
ACCOUNTING TRANSACTION	TRANSACTION ID	Yes	No	ID
	ACCTG TRANSACTION TYPE ID	No	Yes	ID
	DESCRIPTION	No	No	Description
	TRANSACTION DATE	No	No	Datetime
	ENTRY DATE	No	No	Datetime
ACCOUNTING TRANSACTION TYPE	ACCTG TRANSACTION TYPE ID	Yes	No	ID
	DESCRIPTION	No	No	Description
ACTIVITY	WORK EFFORT ID	Yes	Yes	ID
ACTIVITY REQUEST	COMMUNICATION EVENT PRP TYP ID	Yes	Yes	ID
	COMMUNICATION EVENT ID	Yes	Yes	ID
ADDENDUM	ADDENDUM ID	Yes	No	ID
	AGREEMENT ID	No	Yes	ID
	AGREEMENT ITEM SEQ ID	No	Yes	ID
	ADDENDUM CREATION DATE	No	No	Datetime
	ADDENDUM EFFECTIVE DATE	No	No	Datetime
	ADDENDUM TEXT	No	No	Long varchar
AGENT	PARTY ID	Yes	Yes	ID
	ROLE TYPE ID	Yes	Yes	ID
AGREEMENT	AGREEMENT ID	Yes	No	ID
	PRODUCT ID	No	Yes	ID

ENTITY NAME	ATTRIBUTE NAME	PK?	FK?	DOMAIN
	PARTY ID FROM	No	Yes	ID
	PARTY ID TO	No	Yes	ID
	ROLE TYPE ID TO	No	Yes	ID
	ROLE TYPE ID FROM	No	Yes	ID
	AGREEMENT TYPE ID	No	Yes	ID
	AGREEMENT DATE	No	No	Datetime
	FROM DATE	No	Yes	Datetime
	THRU DATE	No	No	Datetime
	DESCRIPTION	No	No	Description
	TEXT	No	No	Long varchar
AGREEMENT EXHIBIT	AGREEMENT ITEM SEQ ID	Yes	Yes	ID
	AGREEMENT ID	Yes	Yes	ID
AGREEMENT GEOGRAPHICAL APPLICABILITY	GEO ID	Yes	Yes	ID
	AGREEMENT ID	Yes	Yes	ID
	AGREEMENT ITEM SEQ ID	Yes	Yes	ID
AGREEMENT ITEM	AGREEMENT ID	Yes	Yes	ID
	AGREEMENT ITEM SEQ ID	Yes	No	ID
	AGREEMENT TEXT	No	No	Long varchar
	AGREEMENT IMAGE	No	No	Blob
AGREEMENT ORGANIZATION APPLICABILITY	PARTY ID	Yes	Yes	ID
	AGREEMENT ID	Yes	Yes	ID
	AGREEMENT ITEM SEQ ID	Yes	Yes	ID
AGREEMENT PRICING PROGRAM	AGREEMENT ITEM SEQ ID	Yes	Yes	ID
	AGREEMENT ID	Yes	Yes	ID
AGREEMENT PRODUCT APPLICABILITY	PRODUCT ID	Yes	Yes	ID
	AGREEMENT ID	Yes	Yes	ID
	AGREEMENT ITEM SEQ ID	Yes	Yes	ID
AGREEMENT ROLE	PARTY ID	Yes	Yes	ID

ENTITY NAME	ATTRIBUTE NAME	PK?	FK?	DOMAIN
	AGREEMENT ID	Yes	Yes	ID
	ROLE TYPE ID	Yes	Yes	ID
AGREEMENT ROLE TYPE	ROLE TYPE ID	Yes	Yes	ID
AGREEMENT SECTION	AGREEMENT ITEM SEQ ID	Yes	Yes	ID
	AGREEMENT ID	Yes	Yes	ID
AGREEMENT TERM	AGREEMENT TERM ID	Yes	No	ID
	TERM TYPE ID	No	Yes	ID
	AGREEMENT ID	No	Yes	ID
	AGREEMENT ITEM SEQ ID	No	Yes	ID
	FROM DATE	No	No	Datetime
	THRU DATE	No	No	Datetime
	TERM VALUE	No	No	Numeric
AGREEMENT TYPE	AGREEMENT TYPE ID	Yes	No	ID
	DESCRIPTION	No	No	Description
AMORTIZATION	TRANSACTION ID	Yes	Yes	ID
ASSOCIATION	PARTY ID	Yes	Yes	ID
	ROLE TYPE ID	Yes	Yes	ID
BANK ACCOUNT	FINANCIAL ACCOUNT ID	Yes	Yes	ID
BASE PRICE	PRICE COMPONENT ID	Yes	Yes	ID
BENEFIT TYPE	BENEFIT TYPE ID	Yes	No	ID
	NAME	No	No	Name
	DESCRIPTION	No	No	Description
	EMPLOYER PAID PERCENTAGE	No	No	Floating point
BILL OF LADING	DOCUMENT ID	Yes	Yes	ID
BILL TO CUSTOMER	CUSTOMER ID	Yes	Yes	ID
	PARTY ID	Yes	Yes	ID
	ROLE TYPE ID	Yes	Yes	ID
BILLING ACCOUNT	BILLING ACCOUNT ID	Yes	No	ID
	CONTACT MECHANISM ID	No	Yes	ID
	FROM DATE	No	No	Datetime
	THRU DATE	No	No	Datetime
	DESCRIPTION	No	No	Description

ENTITY NAME	ATTRIBUTE NAME	PK?	FK?	DOMAIN
BILLING ACCOUNT ROLE	PARTY ID	Yes	Yes	ID
	BILLING ACCOUNT ID	Yes	Yes	ID
	ROLE TYPE ID	Yes	Yes	ID
	FROM DATE	No	No	Datetime
	THRU DATE	No	No	Datetime
BILLING ACCOUNT ROLE TYPE	ROLE TYPE ID	Yes	Yes	ID
BILLING FEATURE	PRODUCT FEATURE ID	Yes	Yes	ID
BRAND	PRODUCT FEATURE ID	Yes	Yes	ID
BUDGET	BUDGET TYPE ID	Yes	Yes	ID
	BUDGET ID	Yes	No	ID
	STANDARD TIME PERIOD ID	No	Yes	ID
	COMMENT	No	No	Commaint
BUDGET ITEM	BUDGET ID	Yes	Yes	ID
	BUDGET TYPE ID	No	Yes	ID
	BUDGET ITEM SEQ ID	Yes	No	ID
	BUDGET ITEM TYPE ID	No	Yes	ID
	AMOUNT	No	No	Currency amount
	PURPOSE	No	No	Long varchar
	JUSTIFICATION	No	No	Long varchar
BUDGET ITEM TYPE	BUDGET ITEM TYPE ID	Yes	No	ID
	DESCRIPTION	No	No	Description
BUDGET REVIEW	BUDGET TYPE ID	Yes	Yes	ID
	BUDGET REVIEW ID	Yes	No	ID
	BUDGET ID	Yes	Yes	ID
	PARTY ID	Yes	Yes	ID
	BUDGET REVIEW RESULT TYPE ID	Yes	Yes	ID
	REVIEW DATE	No	No	Datetime
BUDGET REVIEW RESULTS TYPE	BUDGET REVIEW RESULT TYPE ID	Yes	No	ID
	DESCRIPTION	No	No	Description
	COMMENT	No	No	Comment

| --- | --- | --- | --- | --- |
BUDGET REVISION	REVISION SEQ ID	Yes	No	ID
	BUDGET TYPE ID	Yes	Yes	ID
	BUDGET ID	Yes	Yes	ID
	DATE REVISED	No	No	Datetime
BUDGET REVISION IMPACT	BUDGET ID	Yes	Yes	ID
	BUDGET ITEM SEQ ID	Yes	Yes	ID
	REVISION SEQ ID	Yes	Yes	ID
	REVISED AMOUNT	No	No	Currency amount
	ADD DELETE FLAG	No	No	Indicator
	REVISION REASON	No	No	Long varchar
BUDGET ROLE	BUDGET TYPE ID	Yes	Yes	ID
	BUDGET ID	Yes	Yes	ID
	PARTY ID	Yes	Yes	ID
	ROLE TYPE ID	Yes	Yes	ID
BUDGET ROLE TYPE	ROLE TYPE ID	Yes	Yes	ID
BUDGET SCENARIO	BUDGET SCENARIO ID	Yes	No	ID
	DESCRIPTION	No	No	Description
BUDGET SCENARIO APPLICATION	BUDGET SCENARIO APPLIC ID	Yes	No	ID
	BUDGET SCENARIO ID	Yes	Yes	ID
	BUDGET ID	No	Yes	ID
	BUDGET ITEM SEQ ID	No	Yes	ID
	AMOUNT CHANGE	No	No	Currency amount
	PERCENTAGE CHANGE	No	No	Floating point
BUDGET SCENARIO RULE	BUDGET SCENARIO ID	Yes	Yes	ID
	BUDGET ITEM TYPE ID	Yes	Yes	ID
	AMOUNT CHANGE	No	No	Currency amount
	PERCENTAGE CHANGE	No	No	Floating point
BUDGET STATUS	BUDGET ID	Yes	Yes	ID
	STATUS TYPE ID	Yes	Yes	ID

ENTITY NAME	ATTRIBUTE NAME	PK?	FK?	DOMAIN
	STATUS DATE	No	No	Datetime
	COMMENT	No	No	Comment
BUDGET STATUS TYPE	STATUS TYPE ID	Yes	Yes	ID
BUDGET TYPE	BUDGET TYPE ID	Yes	No	ID
	DESCRIPTION	No	No	Description
BUILDING	FACILITY ID	Yes	Yes	ID
CAPITAL BUDGET	BUDGET ID	Yes	Yes	ID
	BUDGET TYPE ID	Yes	Yes	ID
CAPITALIZATION	TRANSACTION ID	Yes	Yes	ID
CARRIER	PARTY ID	Yes	Yes	ID
	ROLE TYPE ID	Yes	Yes	ID
CARRIER SHIPMENT METHOD	SHIPMENT METHOD TYPE ID	Yes	Yes	ID
	PARTY ID	Yes	Yes	ID
	ROLE TYPE ID	Yes	Yes	ID
CASE	CASE ID	Yes	No	ID
	STATUS TYPE ID	No	Yes	ID
	DESCRIPTION	No	No	Description
	START DATETIME	No	No	Datetime
CASE ROLE	CASE ID	Yes	Yes	ID
	PARTY ID	Yes	Yes	ID
	ROLE TYPE ID	Yes	Yes	ID
CASE ROLE TYPE	ROLE TYPE ID	Yes	Yes	ID
CASE STATUS TYPE	STATUS TYPE ID	Yes	Yes	ID
CERTIFICATION	QUAL TYPE ID	Yes	Yes	ID
	PARTY ID	Yes	Yes	ID
CITY	GEO ID	Yes	Yes	ID
COLOR	PRODUCT FEATURE ID	Yes	Yes	ID
COMMUNICATION EVENT	COMMUNICATION EVENT ID	Yes	No	ID
	STATUS TYPE ID	No	Yes	ID

ENTITY NAME	ATTRIBUTE NAME	PK?	FK?	DOMAIN
	CASE ID	No	Yes	ID
	CONTACT MECHANISM TYPE ID	No	Yes	ID
	ROLE TYPE ID FROM	No	Yes	ID
	ROLE TYPE ID TO	No	Yes	ID
	PARTY ID TO	No	Yes	ID
	PARTY ID FROM	No	Yes	ID
	FROM DATE	No	Yes	Datetime
	DATETIME STARTED	No	No	Datetime
	NOTE	No	No	Comment
	DATETIME ENDED	No	No	Datetime
COMMUNICATION EVENT PURPOSE	COMMUNICATION EVENT PRP TYP ID	Yes	Yes	ID
	COMMUNICATION EVENT ID	Yes	Yes	ID
	DESCRIPTION	No	No	Description
COMMUNICATION EVENT PURPOSE TYPE	COMMUNICATION EVENT PRP TYP ID	Yes	No	ID
	DESCRIPTION	No	No	Description
COMMUNICATION EVENT ROLE	COMMUNICATION EVENT ID	Yes	Yes	ID
	PARTY ID	Yes	Yes	ID
	ROLE TYPE ID	Yes	Yes	ID
COMMUNICATION EVENT ROLE TYPE	ROLE TYPE ID	Yes	Yes	ID
COMMUNICATION EVENT STATUS TYPE	STATUS TYPE ID	Yes	Yes	ID
COMMUNICATION EVENT WORK EFFORT	WORK EFFORT ID	Yes	Yes	ID
	COMMUNICATION EVENT ID	Yes	Yes	ID
	DESCRIPTION	No	No	Description
COMPETITOR	PARTY ID	Yes	Yes	ID
	ROLE TYPE ID	Yes	Yes	ID
CONFERENCE	COMMUNICATION EVENT PRP TYP ID	Yes	Yes	ID

ENTITY NAME	ATTRIBUTE NAME	PK?	FK?	DOMAIN
	COMMUNICATION EVENT ID	Yes	Yes	ID
CONTACT	PARTY ID	Yes	Yes	ID
	ROLE TYPE ID	Yes	Yes	ID
CONTACT MECHANISM	CONTACT MECHANISM ID	Yes	No	ID
	CONTACT MECHANISM TYPE ID	No	Yes	ID
CONTACT MECHANISM LINK	CONTACT MECHANISM ID TO	Yes	Yes	ID
	CONTACT MECHANISM ID FROM	Yes	Yes	ID
CONTACT MECHANISM PURPOSE TYPE	CONTACT MECHANISM PURPOSE TYPE ID	Yes	No	ID
	DESCRIPTION	No	No	Description
CONTACT MECHANISM TYPE	CONTACT MECHANISM TYPE ID	Yes	No	ID
	DESCRIPTION	No	No	Description
CONTAINER	CONTAINER ID	Yes	No	ID
	FACILITY ID	No	Yes	ID
	CONTAINER TYPE ID	No	Yes	ID
CONTAINER TYPE	CONTAINER TYPE ID	Yes	No	ID
	DESCRIPTION	No	No	Description
CONTRACTOR	PARTY ID	Yes	Yes	ID
	ROLE TYPE ID	Yes	Yes	ID
CORPORATION	PARTY ID	Yes	Yes	ID
COST COMPONENT TYPE	COST COMPONENT TYPE ID	Yes	No	ID
	DESCRIPTION	No	No	Description
COUNTRY	GEO ID	Yes	Yes	ID
COUNTY	GEO ID	Yes	Yes	ID
COUNTY CITY	GEO ID	Yes	Yes	ID
CREDIT LINE	TRANSACTION ID	Yes	Yes	ID
CREDIT MEMO	TRANSACTION ID	Yes	Yes	ID
CURRENCY MEASURE	UOM ID	Yes	Yes	ID
CUSTOMER	CUSTOMER ID	Yes	No	ID
	PARTY ID	Yes	Yes	ID

ENTITY NAME	ATTRIBUTE NAME	PK?	FK?	DOMAIN
	ROLE TYPE ID	Yes	Yes	ID
CUSTOMER RELATIONSHIP	PARTY ID FROM	Yes	Yes	ID
	PARTY ID TO	Yes	Yes	ID
	FROM DATE	Yes	Yes	Datetime
	ROLE TYPE ID FROM	Yes	Yes	ID
	ROLE TYPE ID TO	Yes	Yes	ID
CUSTOMER REQUIREMENT	REQUIREMENT ID	Yes	Yes	ID
CUSTOMER RETURN	SHIPMENT ID	Yes	Yes	ID
CUSTOMER SERVICE CALL	COMMUNICATION EVENT PRP TYP ID	Yes	Yes	ID
	COMMUNICATION EVENT ID	Yes	Yes	ID
CUSTOMER SHIPMENT	SHIPMENT ID	Yes	Yes	ID
DEDUCTION	DEDUCTION ID	Yes	No	ID
	PAYMENT ID	No	Yes	ID
	DEDUCTION TYPE ID	No	Yes	ID
	AMOUNT	No	No	Currency amount
DEDUCTION TYPE	DEDUCTION TYPE ID	Yes	No	ID
	DESCRIPTION	No	No	Description
DEGREE	QUAL TYPE ID	Yes	Yes	ID
	PARTY ID	Yes	Yes	ID
DELIVERABLE	DELIVERABLE ID	Yes	No	ID
	DELIVERABLE TYPE ID	No	Yes	ID
	NAME	No	No	Name
	DESCRIPTION	No	No	Description
DELIVERABLE TYPE	DELIVERABLE TYPE ID	Yes	No	ID
	DESCRIPTION	No	No	Description
DEPARTMENT	PARTY ID	Yes	Yes	ID
	ROLE TYPE ID	Yes	Yes	ID
DEPOSIT	FINANCIAL ACCOUNT TRANS ID	Yes	Yes	ID
DEPRECIATION	TRANSACTION ID	Yes	Yes	ID
	ASSET ID	No	Yes	ID

ENTITY NAME	ATTRIBUTE NAME	PK?	FK?	DOMAIN
	FIXED ASSET ID	No	Yes	ID
DEPRECIATION METHOD	DEPRECIATION METHOD ID	Yes	No	ID
	DESCRIPTION	No	No	Description
	FORMULA	No	No	Long varchar
DESIRED FEATURE	DESIRED FEATURE ID	Yes	No	ID
	REQUIREMENT ID	Yes	Yes	ID
	PRODUCT FEATURE ID	No	Yes	ID
	OPTIONAL IND	No	No	Indicator
DIMENSION	PRODUCT FEATURE ID	Yes	Yes	ID
	UOM ID	No	Yes	ID
	NUMBER SPECIFIED	No	No	Numeric
DISBURSEMENT	PAYMENT ID	Yes	Yes	ID
DISBURSEMENT ACCTG TRANS	TRANSACTION ID	Yes	Yes	ID
DISCOUNT ADJUSTMENT	ORDER ADJUST SEQ ID	Yes	Yes	ID
DISCOUNT COMPONENT	PRICE COMPONENT ID	Yes	Yes	ID
DISTRIBUTION CHANNEL	PARTY ID	Yes	Yes	ID
	ROLE TYPE ID	Yes	Yes	ID
DISTRIBUTION CHANNEL RELATIONSHIP	PARTY ID TO	Yes	Yes	ID
	PARTY ID FROM	Yes	Yes	ID
	FROM DATE	Yes	Yes	Datetime
	ROLE TYPE ID FROM	Yes	Yes	ID
	ROLE TYPE ID TO	Yes	Yes	ID
DISTRUBUTOR	PARTY ID	Yes	Yes	ID
	ROLE TYPE ID	Yes	Yes	ID
DIVISION	PARTY ID	Yes	Yes	ID
	ROLE TYPE ID	Yes	Yes	ID
DOCUMENT	DOCUMENT ID	Yes	No	ID
	DOCUMENT TYPE ID	No	Yes	ID
	DATE CREATED	No	No	Datetime
	COMMENT	No	No	Comment

ENTITY NAME	ATTRIBUTE NAME	PK?	FK?	DOMAIN
	DOCUMENT LOCATION	No	No	Long varchar
	DOCUMENT TEXT	No	No	Long varchar
	IMAGE	No	No	Blob
DOCUMENT TYPE	DOCUMENT TYPE ID	Yes	No	ID
	DESCRIPTION	No	No	Description
DROP SHIPMENT	SHIPMENT ID	Yes	Yes	ID
EEOC CLASSIFICATION	FROM DATE	Yes	Yes	Datetime
	PARTY TYPE ID	Yes	Yes	ID
	PARTY ID	Yes	Yes	ID
ELECTRONIC ADDRESS	CONTACT MECHANISM ID	Yes	Yes	ID
	ELECTRONIC ADDRESS STRING	No	No	Long varchar
EMAIL COMMUNICATION	COMMUNICATION EVENT ID	Yes	Yes	ID
EMPLOYEE	PARTY ID	Yes	Yes	ID
	ROLE TYPE ID	Yes	Yes	ID
EMPLOYEE PERFORMANCE REVIEW	EMPLOYEE PARTY ID	Yes	Yes	ID
	PERF REVIEW ID	Yes	No	ID
	EMPLOYEE ROLE TYPE ID	Yes	Yes	ID
	MANAGER PARTY ID	No	Yes	ID
	MNAGER ROLED TYPE ID	No	Yes	ID
	PAYMENT ID	No	Yes	ID
	POSITION ID	No	Yes	ID
	PAY HISTORY PARTY ID FROM	No	Yes	ID
	PAY HISTORY FROM DATE	No	Yes	Datetime
	PAY HISTORY ROLE TYPE ID TO	No	Yes	ID
	PAY HISTORY ROLE TYPE ID FROM	No	Yes	ID
	FROM DATE	No	No	Datetime
	THRU DATE	No	No	Datetime
	COMMENTS	No	No	Comment
EMPLOYMENT	PARTY ID FROM	Yes	Yes	ID
	PARTY ID TO	Yes	Yes	ID
	FROM DATE	Yes	Yes	Datetime

ENTITY NAME	ATTRIBUTE NAME	PK?	FK?	DOMAIN
	ROLE TYPE ID TO	Yes	Yes	ID
	ROLE TYPE ID FROM	Yes	Yes	ID
	TERMINATION REASON ID	No	Yes	ID
	TERMINATION TYPE ID	No	Yes	ID
EMPLOYMENT AGREEMENT	AGREEMENT ID	Yes	Yes	ID
EMPLOYMENT APPLICATION	APPLICATION ID	Yes	No	ID
	POSITION ID	No	Yes	ID
	STATUS TYPE ID	No	Yes	ID
	EMPLOYMENT APPLICATION SOURCE TYPE ID	No	Yes	ID
	APPLYING PARTY ID	No	Yes	ID
	REFERRED BY PARTY ID	No	Yes	ID
	APPLICATION DATE	No	No	Datetime
EMPLOYMENT APPLICATION SOURCE TYPE	EMPLOYMENT APPLICATION SOURCE TYPE ID	Yes	No	ID
	DESCRIPTION	No	No	Description
EMPLOYMENT APPLICATION STATUS TYPE	STATUS TYPE ID	Yes	Yes	ID
END USER CUSTOMER	CUSTOMER ID	Yes	Yes	ID
	PARTY ID	Yes	Yes	ID
	ROLE TYPE ID	Yes	Yes	ID
EQUIPMENT	FIXED ASSET ID	Yes	Yes	ID
ESTIMATED LABOR COST	COST COMPONENT ID	Yes	Yes	ID
ESTIMATED MATERIALS COST	COST COMPONENT ID	Yes	Yes	ID
ESTIMATED OTHER COSTS	COST COMPONENT ID	Yes	Yes	ID
ESTIMATED PRODUCT COST	COST COMPONENT ID	Yes	No	ID
	PRODUCT ID	No	Yes	ID
	PARTY ID	No	Yes	ID

ENTITY NAME	ATTRIBUTE NAME	PK?	FK?	DOMAIN
	COST COMPONENT TYPE ID	No	Yes	ID
	PRODUCT FEATURE ID	No	Yes	ID
	FROM DATE	No	No	Datetime
	THRU DATE	No	No	Datetime
	COST	No	No	Currency amount
	GEO ID	No	Yes	ID
EXPORT DOCUMENTATION	DOCUMENT ID	Yes	Yes	ID
EXTERNAL ACCTG TRANS	TRANSACTION ID	Yes	Yes	ID
	PARTY ID	No	Yes	ID
FACE TO FACE COMMUNICATION	COMMUNICATION EVENT ID	Yes	Yes	ID
FACILITY	FACILITY ID	Yes	No	ID
	PART OF FACILITY	No	Yes	ID
	FACILITY TYPE ID	No	Yes	ID
	SQUARE FOOTAGE	No	No	Numeric
	DESCRIPTION	No	No	Description
	FACILITY NAME	No	No	Name
FACILITY CONTACT MECHANISM	FACILITY ID	Yes	Yes	ID
	CONTACT MECHANISM ID	Yes	Yes	ID
FACILITY ROLE	FACILITY ID	Yes	Yes	ID
	PARTY ID	Yes	Yes	ID
	ROLE TYPE ID	Yes	Yes	ID
FACILITY ROLE TYPE	FACILITY ROLE TYPE ID	Yes	No	ID
	DESCRIPTION	No	No	Description
FACILITY TYPE	FACILITY TYPE ID	Yes	No	ID
	DESCRIPTION	No	No	Description
FAMILY	PARTY ID	Yes	Yes	ID
FAMILY MEMBER	PARTY ID	Yes	Yes	ID
	ROLE TYPE ID	Yes	Yes	ID
FAX COMMUNICATION	COMMUNICATION EVENT ID	Yes	Yes	ID

ENTITY NAME	ATTRIBUTE NAME	PK?	FK?	DOMAIN
FEATURE INTERACTION DEPENDENCY	PRODUCT FEATURE ID OF	Yes	Yes	ID
	PRODUCT FEATURE ID FACTOR IN	Yes	Yes	ID
FEATURE INTERACTION INCOMPATIBILITY	PRODUCT FEATURE ID OF	Yes	Yes	ID
	PRODUCT FEATURE ID FACTOR IN	Yes	Yes	ID
FEE	ORDER ADJUST SEQ ID	Yes	Yes	ID
FINANCIAL ACCOUNT	FINANCIAL ACCOUNT TYPE ID	Yes	Yes	ID
	FINANCIAL ACCOUNT NAME	No	No	Name
FINANCIAL ACCOUNT ADJUSTMENT	FINANCIAL ACCOUNT TRANS ID	Yes	Yes	ID
FINANCIAL ACCOUNT ROLE	FINANCIAL ACCOUNT ID	No	Yes	ID
	PARTY ID	Yes	Yes	ID
	ROLE TYPE ID	Yes	Yes	ID
	FROM DATE	No	No	Datetime
	THRU DATE	No	No	Datetime
FINANCIAL ACCOUNT ROLE TYPE	ROLE TYPE ID	Yes	Yes	ID
FINANCIAL ACCOUNT TRANSACTION	FINANCIAL ACCOUNT ID	Yes	Yes	ID
	FINANCIAL ACCOUNT TRANS ID	Yes	No	ID
	PARTY ID	No	Yes	ID
	TRANSACTION DATE	No	No	Datetime
	ENTRY DATE	No	No	Datetime
FINANCIAL ACCOUNT TYPE	FINANCIAL ACCOUNT ID	Yes	No	ID
	DESCRIPTION	No	No	Description
FINANCIAL TERM	AGREEMENT TERM ID	Yes	Yes	ID
	TERM TYPE ID	Yes	Yes	ID
FINISHED GOOD	PART ID	Yes	Yes	ID
FIXED ASSET	FIXED ASSET ID	Yes	No	ID
	PARTY ID	No	Yes	ID
	ROLE TYPE ID	No	Yes	ID

ENTITY NAME	ATTRIBUTE NAME	PK?	FK?	DOMAIN
	UOM ID	No	Yes	ID
	FIXED ASSET TYPE ID	No	Yes	ID
	NAME	No	No	Name
	DATE ACQUIRED	No	No	Datetime
	DATE LAST SERVICED	No	No	Datetime
	DATE NEXT SERVICE	No	No	Datetime
	PRODUCTION CAPACITY	No	No	Floating point
FIXED ASSET DEPRECIATION METHOD	DEPRECIATION METHOD ID	Yes	Yes	ID
	FIXED ASSET ID	Yes	Yes	ID
	FROM DATE	No	No	Datetime
	THRU DATE	No	No	Datetime
FIXED ASSET TYPE	FIXED ASSET TYPE ID	Yes	No	ID
	DESCRIPTION	No	No	Description
FLOOR	FACILITY ID	Yes	Yes	ID
GENERAL LEDGER ACCOUNT	GENERAL LEDGER ACCOUNT ID	Yes	No	ID
	GENERAL LEDGER ACCOUNT TYPE ID	No	Yes	ID
	NAME	No	No	Name
	DESCRIPTION	No	No	Description
GENERAL LEDGER ACCOUNT TYPE	GENERAL LEDGER ACCOUNT TYPE ID	Yes	No	ID
	DESCRIPTION	No	No	Long varchar
GEOGRAPHIC BOUNDARY	GEO ID	Yes	Yes	ID
	GEO BOUNDARY TYPE ID	No	Yes	ID
	NAME	No	No	Name
	GEO CODE	No	No	Short varchar
	ABBREVIATION	No	No	Short varchar
GEOGRAPHIC BOUNDARY ASSOCIATION	GEO ID	Yes	Yes	ID
	GEO ID	Yes	Yes	ID

ENTITY NAME	ATTRIBUTE NAME	PK?	FK?	DOMAIN
GEOGRAPHIC BOUNDARY TYPE	GEO BOUNDARY TYPE ID	Yes	No	ID
	DESCRIPTION	No	No	Description
GL BUDGET XREF	FROM DATE	Yes	No	Datetime
	GENERAL LEDGER ACCOUNT ID	Yes	Yes	ID
	BUDGET ITEM TYPE ID	Yes	Yes	ID
	THRU DATE	No	No	Datetime
	ALLOCATION PERCENTAGE	No	No	Floating point
GOOD	PRODUCT ID	Yes	Yes	ID
	PART ID	No	Yes	ID
GOOD IDENTIFICATION	IDENTIFICATION TYPE ID	Yes	Yes	ID
	PRODUCT ID	Yes	Yes	ID
	ID VALUE	No	No	Long Varchar
GOVERNMENT AGENCY	PARTY ID	Yes	Yes	ID
HARDWARE FEATURE	PRODUCT FEATURE ID	Yes	Yes	ID
HAZARDOUS MATERIALS DOCUMENT	DOCUMENT ID	Yes	Yes	ID
HOUSEHOLD	PARTY ID	Yes	Yes	ID
	ROLE TYPE ID	Yes	Yes	ID
IDENTIFICATION TYPE	IDENTIFICATION TYPE ID	Yes	No	ID
	DESCRIPTION	No	No	Description
INCENTIVE	AGREEMENT TERM ID	Yes	Yes	ID
	TERM TYPE ID	Yes	Yes	ID
INCOME CLASSIFICATION	FROM DATE	Yes	Yes	Datetime
	PARTY TYPE ID	Yes	Yes	ID
	PARTY ID	Yes	Yes	ID
INCOMING SHIPMENT	SHIPMENT ID	Yes	Yes	ID
INDUSTRY CLASSIFICATION	FROM DATE	Yes	Yes	Datetime
INDUSTRY CLASSIFICATION	PARTY TYPE ID	Yes	Yes	ID
	PARTY ID	Yes	Yes	ID
INFORMAL	PARTY ID	Yes	Yes	ID

ENTITY NAME	ATTRIBUTE NAME	PK?	FK?	DOMAIN
ORGANIZATION				
INQUIRY	COMMUNICATION EVENT PRP TYP ID	Yes	Yes	ID
	COMMUNICATION EVENT ID	Yes	Yes	ID
INTERNAL ACCTG TRANS	TRANSACTION ID	Yes	Yes	ID
	PARTY ID	No	Yes	ID
	ROLE TYPE ID	No	Yes	ID
INTERNAL ORGANIZATION	PARTY ID	Yes	Yes	ID
	ROLE TYPE ID	Yes	Yes	ID
	INTERNAL ORGANIZATION ID	Yes	No	ID
INTERNAL REQUIREMENT	REQUIREMENT ID	Yes	Yes	ID
INVENTORY ITEM	INVENTORY ITEM ID	Yes	No	ID
	PART ID	No	Yes	ID
	PRODUCT ID	No	Yes	ID
	PARTY ID	No	Yes	ID
	STATUS TYPE ID	No	Yes	ID
	FACILITY ID	No	Yes	ID
	CONTAINER ID	No	Yes	ID
	LOT ID	No	Yes	ID
INVENTORY ITEM STATUS TYPE	STATUS TYPE ID	Yes	Yes	ID
INVENTORY ITEM VARIANCE	INVENTORY ITEM ID	Yes	Yes	ID
	PHYSICAL INVENTORY DATE	Yes	No	Datetime
	REASON ID	No	Yes	ID
	QUANTITY	No	No	Numeric
	COMMENT	No	No	Comment
INVESTMENT ACCOUNT	FINANCIAL ACCOUNT ID	Yes	Yes	ID
INVOICE	INVOICE ID	Yes	No	ID
	PARTY ID	No	Yes	ID
	ROLE TYPE ID	No	Yes	ID

ENTITY NAME	ATTRIBUTE NAME	PK?	FK?	DOMAIN
	BILLING ACCOUNT ID	No	Yes	ID
	CONTACT MECHANISM ID	No	Yes	ID
	INVOICE DATE	No	No	Datetime
	MESSAGE	No	No	Long varchar
	DESCRIPTION	No	No	Description
INVOICE ITEM	INVOICE ITEM SEQ ID	Yes	No	ID
	INVOICE ID	Yes	Yes	ID
	UOM ID	No	Yes	ID
	INVENTORY ITEM ID	No	Yes	ID
	PRODUCT FEATURE ID	No	Yes	ID
	INVOICE ITEM TYPE ID	No	Yes	ID
	PRODUCT ID	No	Yes	ID
	TAXABLE FLAG	No	No	Indicator
	QUANTITY	No	No	Numeric
	AMOUNT	No	No	Currency amount
	ITEM DESCRIPTION	No	No	Description
INVOICE ITEM TYPE	INVOICE ITEM TYPE ID	Yes	No	ID
	DESCRIPTION	No	No	Description
INVOICE ROLE	PARTY ID	Yes	Yes	ID
	INVOICE ID	Yes	Yes	ID
	ROLE TYPE ID	Yes	Yes	ID
	DATETIME	No	No	Datetime
	PERCENTAGE	No	No	Floating point
INVOICE ROLE TYPE	ROLE TYPE ID	Yes	Yes	ID
INVOICE STATUS	STATUS TYPE ID	Yes	Yes	ID
	INVOICE ID	Yes	Yes	ID
	STATUS DATE	Yes	No	Datetime
INVOICE STATUS TYPE	STATUS TYPE ID	Yes	No	ID
	DESCRIPTION	No	No	Description
INVOICE TERM	INVOICE TERM ID	Yes	No	ID
	TERM TYPE ID	Yes	Yes	ID
	INVOICE ITEM SEQ ID	No	Yes	ID

ENTITY NAME	ATTRIBUTE NAME	PK?	FK?	DOMAIN
	INVOICE ID	No	Yes	ID
	TERM VALUE	No	No	Numeric
ISBN	IDENTIFICATION TYPE ID	Yes	Yes	ID
	PRODUCT ID	Yes	Yes	ID
ITEM ISSUANCE	ITEM ISSUANCE ID	Yes	No	ID
	INVENTORY ITEM ID	No	Yes	ID
	PICKLIST ID	No	Yes	ID
	SHIPMENT ITEM SEQ ID	No	Yes	ID
	SHIPMENT ID	No	Yes	ID
	ISSUED DATE TIME	No	No	Datetime
	QUANTITY	No	No	Numeric
ITEM ISSUANCE ROLE	PARTY ID	Yes	Yes	ID
	ITEM ISSUANCE ID	Yes	Yes	ID
	ROLE TYPE ID	Yes	Yes	ID
ITEM ISSUANCE ROLE TYPE	ROLE TYPE ID	Yes	Yes	ID
ITEM VARIANCE ACCTG TRANS	TRANSACTION ID	Yes	Yes	ID
	INVENTORY ITEM ID	No	Yes	ID
	PHYSICAL INVENTORY DATE	No	Yes	Datetime
LEGAL ORGANIZATION	PARTY ID	Yes	Yes	ID
	FEDERAL TAX ID NUM	No	No	Numeric
LEGAL TERM	AGREEMENT TERM ID	Yes	Yes	ID
	TERM TYPE ID	Yes	Yes	ID
LETTER CORRESPONDENCE	COMMUNICATION EVENT ID	Yes	Yes	ID
LOT	LOT ID	Yes	No	ID
	CREATION DATE	No	No	Datetime
	QUANTITY	No	No	Numeric
	EXPIRATION DATE	No	No	Datetime
MAINTENANCE	WORK EFFORT ID	Yes	Yes	ID
MANAGER	PARTY ID	Yes	Yes	ID
	ROLE TYPE ID	Yes	Yes	ID

ENTITY NAME	ATTRIBUTE NAME	PK?	FK?	DOMAIN
MANIFEST	DOCUMENT ID	Yes	Yes	ID
MANUFACTURER ID NO	IDENTIFICATION TYPE ID	Yes	Yes	ID
	PRODUCT ID	Yes	Yes	ID
MANUFACTURER SUGGESTED PRICE	PRICE COMPONENT ID	Yes	Yes	ID
MARKET INTEREST	FROM DATE	Yes	No	Datetime
	PRODUCT CATEGORY ID	Yes	Yes	ID
	PARTY TYPE ID	Yes	Yes	ID
	THRU DATE	No	No	Datetime
MARKETING PACKAGE	PRODUCT ID FROM	Yes	Yes	ID
	PRODUCT ID TO	Yes	Yes	ID
	FROM DATE	Yes	Yes	Datetime
	QUANTITY USED	No	No	Numeric
	INSTRUCTION	No	No	Long varchar
MEETING	COMMUNICATION EVENT PRP TYP ID	Yes	Yes	ID
	COMMUNICATION EVENT ID	Yes	Yes	ID
MINORITY CLASSIFICATION	FROM DATE	Yes	Yes	Datetime
	PARTY TYPE ID	Yes	Yes	ID
	PARTY ID	Yes	Yes	ID
MISCELLANEOUS CHARGE	ORDER ADJUST SEQ ID	Yes	Yes	ID
NON SERIALIZED INVENTORY ITEM	INVENTORY ITEM ID	Yes	Yes	ID
	QUANTITY ON HAND	No	No	Numeric
NOTE	TRANSACTION ID	Yes	Yes	ID
OBLIGATION ACCTG TRANS	TRANSACTION ID	Yes	Yes	ID
OFFICE	FACILITY ID	Yes	Yes	ID
ONE TIME CHARGE	PRICE COMPONENT ID	Yes	Yes	ID
OPERATING BUDGET	BUDGET ID	Yes	Yes	ID
	BUDGET TYPE ID	Yes	Yes	ID
OPTIONAL FEATURE	PRODUCT ID	Yes	Yes	ID

ENTITY NAME	ATTRIBUTE NAME	PK?	FK?	DOMAIN
	FROM DATE	Yes	Yes	Datetime
	PRODUCT FEATURE ID	Yes	Yes	ID
ORDER	ORDER ID	Yes	No	ID
	ORDER DATE	No	No	Datetime
	ENTRY DATE	No	No	Datetime
ORDER ADJUSTMENT	ORDER ADJUST SEQ ID	Yes	No	ID
	ORDER ADJUST TYPE ID	No	Yes	ID
	ORDER ID	No	Yes	ID
	ORDER ITEM SEQ ID	No	Yes	ID
	AMOUNT	No	No	Currency amount
	PERCENTAGE	No	No	Floating point
ORDER ADJUSTMENT TYPE	ORDER ADJUST TYPE ID	Yes	No	ID
	DESCRIPTION	No	No	Description
ORDER CONTACT MECHANISM	CONTACT MECHANISM PURPOSE TYPE ID	Yes	Yes	ID
	ORDER ID	Yes	Yes	ID
	CONTACT MECHANISM ID	Yes	Yes	ID
ORDER ITEM	ORDER ID	Yes	Yes	ID
	ORDER ITEM SEQ ID	Yes	No	ID
	BUDGET ID	No	Yes	ID
	BUDGET ITEM SEQ ID	No	Yes	ID
	PRODUCT ID	No	Yes	ID
	QUOTED ITEM SEQ ID	No	Yes	ID
	QUOTE ID	No	Yes	ID
	PRODUCT FEATURE ID	No	Yes	ID
	QUANTITY	No	No	Numeric
	UNIT PRICE	No	No	Currency amount
	ESTIMATED DELIVERY DATE	No	No	Datetime
	SHIPPING INSTRUCTIONS	No	No	Long varchar
	ITEM DESCRIPTION	No	No	Description
	COMMENT	No	No	Comment

ENTITY NAME	ATTRIBUTE NAME	PK?	FK?	DOMAIN
ORDER ITEM ASSOCIATION	SALES ORDER ID	Yes	Yes	ID
	SO ITEM SEQ ID	Yes	Yes	ID
	PURCHASE ORDER ID	Yes	Yes	ID
	PO ITEM SEQ ID	Yes	Yes	ID
ORDER ITEM BILLING	INVOICE ITEM SEQ ID	Yes	Yes	ID
	INVOICE ID	Yes	Yes	ID
	ORDER ID	Yes	Yes	ID
	ORDER ITEM SEQ ID	Yes	Yes	ID
	QUANTITY	No	No	Numeric
	AMOUNT	No	No	Currency amount
ORDER ITEM CONTACT MECHANISM	CONTACT MECHANISM PURPOSE TYPE ID	Yes	Yes	ID
	CONTACT MECHANISM ID	Yes	Yes	ID
	ORDER ID	Yes	Yes	ID
	ORDER ITEM SEQ ID	Yes	Yes	ID
ORDER ITEM ROLE	ROLE TYPE ID	Yes	Yes	ID
	PARTY ID	Yes	Yes	ID
	ORDER ID	Yes	Yes	ID
ORDER ITEM ROLE TYPE	ROLE TYPE ID	Yes	Yes	ID
ORDER REQUIREMENT COMMITMENT	ORDER ID	Yes	Yes	ID
	ORDER ITEM SEQ ID	Yes	Yes	ID
	REQUIREMENT ID	Yes	Yes	ID
	QUANTITY	No	No	Numeric
ORDER ROLE	ORDER ID	Yes	Yes	ID
	PARTY ID	Yes	Yes	ID
	ROLE TYPE ID	Yes	Yes	ID
ORDER ROLE TYPE	ROLE TYPE ID	Yes	Yes	ID
ORDER SHIPMENT	SHIPMENT ITEM SEQ ID	Yes	Yes	ID
	SHIPMENT ID	Yes	Yes	ID
	ORDER ID	Yes	Yes	ID
	ORDER ITEM SEQ ID	Yes	Yes	ID

ENTITY NAME	ATTRIBUTE NAME	PK?	FK?	DOMAIN
	QUANTITY	No	No	Numeric
ORDER STATUS	ORDER STATUS ID	Yes	No	ID
	STATUS TYPE ID	No	Yes	ID
	ORDER ID	No	Yes	ID
	ORDER ITEM SEQ ID	No	Yes	ID
	STATUS DATETIME	No	No	Datetime
ORDER STATUS TYPE	STATUS TYPE ID	Yes	Yes	ID
ORDER TERM	ORDER TERM ID	Yes	No	ID
	TERM TYPE ID	No	Yes	ID
	ORDER ID	No	Yes	ID
	ORDER ITEM SEQ ID	No	Yes	ID
	TERM VALUE	No	No	Numeric
ORDER VALUE	ORDER VALUE ID	Yes	No	ID
	FROM AMOUNT	No	No	Currency amount
	THRU AMOUNT	No	No	Currency amount
ORGANIZATION	PARTY ID	Yes	Yes	ID
	NAME	No	No	Name
ORGANIZATION CLASSIFICATION	FROM DATE	Yes	Yes	Datetime
	PARTY TYPE ID	Yes	Yes	ID
	PARTY ID	Yes	Yes	ID
ORGANIZATION CONTACT RELATIONSHIP	PARTY ID FROM	Yes	Yes	ID
	PARTY ID TO	Yes	Yes	ID
	FROM DATE	Yes	Yes	Datetime
	ROLE TYPE ID TO	Yes	Yes	ID
	ROLE TYPE ID FROM	Yes	Yes	ID
ORGANIZATION GL ACCOUNT	INTERNAL ORGANIZATION ID	Yes	Yes	ID
	PARTY ID	Yes	Yes	ID
	GENERAL LEDGER ACCOUNT ID	Yes	Yes	ID
	ROLE TYPE ID	Yes	Yes	ID
	PRODUCT CATEGORY ID	No	Yes	ID

ENTITY NAME	ATTRIBUTE NAME	PK?	FK?	DOMAIN
	CUSTOMER ID	No	Yes	ID
	PRODUCT ID	No	Yes	ID
	FROM DATE	No	No	Datetime
	THRU DATE	No	No	Datetime
ORGANIZATION ROLE	PARTY ID	Yes	Yes	ID
	ROLE TYPE ID	Yes	Yes	ID
ORGANIZATION ROLLUP	PARTY ID TO	Yes	Yes	ID
	PARTY ID FROM	Yes	Yes	ID
	FROM DATE	Yes	Yes	Datetime
	ROLE TYPE ID FROM	Yes	Yes	ID
	ROLE TYPE ID TO	Yes	Yes	ID
ORGANIZATION UNIT	PARTY ID	Yes	Yes	ID
	ROLE TYPE ID	Yes	Yes	ID
OTHER AGREEMENT	AGREEMENT ID	Yes	Yes	ID
OTHER AGREEMENT TERM	AGREEMENT TERM ID	Yes	Yes	ID
	TERM TYPE ID	Yes	Yes	ID
OTHER FEATURE	PRODUCT FEATURE ID	Yes	Yes	ID
OTHER FIXED ASSET	FIXED ASSET ID	Yes	Yes	ID
	ASSET ID	Yes	Yes	ID
OTHER ID	IDENTIFICATION TYPE ID	Yes	Yes	ID
	PRODUCT ID	Yes	Yes	ID
OTHER INFORMAL ORGANIZATION	PARTY ID	Yes	Yes	ID
OTHER INTERNAL ACCTG TRANSACTION	TRANSACTION ID	Yes	Yes	ID
OTHER OBLIGATION	TRANSACTION ID	Yes	Yes	ID
OTHER ORGANIZATION UNIT	PARTY ID	Yes	Yes	ID
	ROLE TYPE ID	Yes	Yes	ID
OTHER QUOTE	QUOTE ID	Yes	Yes	ID
OTHER SHIPPING DOCUMENTS	DOCUMENT ID	Yes	Yes	ID

ENTITY NAME	ATTRIBUTE NAME	PK?	FK?	DOMAIN
OUTGOING SHIPMENT	SHIPMENT ID	Yes	Yes	ID
PACKAGING CONTENT	SHIPMENT PACKAGE ID	Yes	Yes	ID
	SHIPMENT ITEM SEQ ID	Yes	Yes	ID
	SHIPMENT ID	Yes	Yes	ID
	QUANTITY	No	No	Numeric
PACKAGING SLIP	DOCUMENT ID	Yes	Yes	ID
PARENT ORGANIZATION	PARTY ID	Yes	Yes	ID
	ROLE TYPE ID	Yes	Yes	ID
PART	PART ID	Yes	No	ID
	NAME	No	No	Name
PARTNER	PARTY ID	Yes	Yes	ID
	ROLE TYPE ID	Yes	Yes	ID
PARTNERSHIP	PARTY ID TO	Yes	Yes	ID
	PARTY ID FROM	Yes	Yes	ID
	FROM DATE	Yes	Yes	Datetime
	ROLE TYPE ID FROM	Yes	Yes	ID
	ROLE TYPE ID TO	Yes	Yes	ID
PARTY	PARTY ID	Yes	No	ID
PARTY ASSET ASSIGN-MENT STATUS TYPE	STATUS TYPE ID	Yes	Yes	ID
PARTY BENEFIT	PARTY ID TO	Yes	Yes	ID
	PARTY ID FROM	Yes	Yes	ID
	FROM DATE	Yes	Yes	Datetime
	ROLE TYPE ID TO	Yes	Yes	ID
	ROLE TYPE ID FROM	Yes	Yes	ID
	BENEFIT TYPE ID	Yes	Yes	ID
	PERIOD TYPE ID	No	Yes	ID
	THRU DATE	No	No	Datetime
	COST	No	No	Currency amount
	ACTUAL EMPLOYER PAID PERCENT	No	No	Floating point
	AVAILABLE TIME	No	No	Numeric

ENTITY NAME	ATTRIBUTE NAME	PK?	FK?	DOMAIN
PARTY CLASSIFICATION	FROM DATE	Yes	No	Datetime
	PARTY TYPE ID	Yes	Yes	ID
	PARTY ID	Yes	Yes	ID
	THRU DATE	No	No	Datetime
PARTY CONTACT MECHANISM	FROM DATE	Yes	No	Datetime
	CONTACT MECHANISM ID	Yes	Yes	ID
	PARTY ID	Yes	Yes	ID
	ROLE TYPE ID	No	Yes	ID
	THRU DATE	No	No	Datetime
	NON-SOLICITATION INDICATOR	No	No	Indicator
	EXTENSION	No	No	Very short
	COMMENT	No	No	Comment
PARTY CONTACT MECHANISM PURPOSE	FROM DATE	Yes	Yes	Datetime
	CONTACT MECHANISM PURPOSE ID	Yes	Yes	ID
	CONTACT MECHANISM ID	Yes	Yes	ID
	PARTY ID	Yes	Yes	ID
	THRU DATE	No	No	Datetime
PARTY FIXED ASSET ASSIGNMENT	PARTY ID	Yes	Yes	ID
	FIXED ASSET ID	Yes	Yes	ID
	STATUS TYPE ID	Yes	Yes	ID
	FROM DATE	No	No	Datetime
	THRU DATE	No	No	Datetime
	ALLOCATED DATE	No	No	Datetime
	COMMENT	No	No	Comment
PARTY POSTAL ADDRESS	FROM DATE	Yes	No	Datetime
	PARTY ID	Yes	Yes	ID
	CONTACT MECHANISM ID	Yes	Yes	ID
	THRU DATE	No	No	Datetime
	COMMENT	No	No	Comment

ENTITY NAME	ATTRIBUTE NAME	PK?	FK?	DOMAIN
PARTY QUALIFICATION	QUAL TYPE ID	Yes	Yes	ID
	PARTY ID	Yes	Yes	ID
	FROM DATE	No	No	Datetime
	THRU DATE	No	No	Datetime
PARTY RATE	FROM DATE	Yes	No	Datetime
	RATE TYPE ID	Yes	Yes	ID
	PARTY ID	Yes	Yes	ID
	THRU DATE	No	No	Datetime
	RATE	No	No	Currency amount
PARTY RELATIONSHIP	PARTY ID FROM	Yes	Yes	ID
	PARTY ID TO	Yes	Yes	ID
	FROM DATE	Yes	No	Datetime
	ROLE TYPE ID TO	Yes	Yes	ID
	ROLE TYPE ID FROM	Yes	Yes	ID
	STATUS TYPE ID	No	Yes	ID
	PRIORITY TYPE ID	No	Yes	ID
	PARTY RELATIONSHIP TYPE ID	No	Yes	ID
	THRU DATE	No	No	Datetime
	COMMENT	No	No	Comment
PARTY RELATIONSHIP STATUS TYPE	STATUS TYPE ID	Yes	Yes	ID
PARTY RELATIONSHIP TYPE	PARTY RELATIONSHIP TYPE ID	Yes	No	ID
	ROLE TYPE ID VALID TO	No	Yes	ID
	ROLE TYPE ID VALID FROM	No	Yes	ID
	DESCRIPTION	No	No	Description
	NAME	No	No	Name
PARTY ROLE	PARTY ID	Yes	Yes	ID
	ROLE TYPE ID	Yes	Yes	ID
	PARTY ROLE ID	Yes	No	ID
	FROM DATE	No	No	Datetime
	THRU DATE	No	No	Datetime
PARTY ROLE TYPE	ROLE TYPE ID	Yes	Yes	ID

ENTITY NAME	ATTRIBUTE NAME	PK?	FK?	DOMAIN
PARTY SKILL	PARTY ID	Yes	Yes	ID
	SKILL TYPE ID	Yes	Yes	ID
	YEARS EXPERIENCE	No	No	Numeric
	RATING	No	No	Numeric
	SKILL LEVEL	No	No	Numeric
	STARTED USING DATE	No	No	Datetime
PARTY TYPE	PARTY TYPE ID	Yes	No	ID
	DESCRIPTION	No	No	Description
PAY CHECK	PAYMENT ID	Yes	Yes	ID
	ROLE TYPE ID	No	Yes	ID
	PARTY ID	No	Yes	ID
	INTERNAL ORGANIZATION ID	No	Yes	ID
PAY GRADE	PAY GRADE ID	Yes	No	ID
	NAME	No	No	Name
	COMMENT	No	No	Comment
PAY HISTORY	PARTY ID FROM	Yes	Yes	ID
	PARTY ID TO	Yes	Yes	ID
	FROM DATE	Yes	Yes	Datetime
	ROLE TYPE ID TO	Yes	Yes	ID
	ROLE TYPE ID FROM	Yes	Yes	ID
	SALARY STEP SEQ ID	No	Yes	ID
	PAY GRADE ID	No	Yes	ID
	PERIOD TYPE ID	No	Yes	ID
	THRU DATE	No	No	Datetime
	AMOUNT	No	No	Currency amount
	COMMENT	No	No	Comment
PAYMENT	PAYMENT ID	Yes	No	ID
	PAYMENT TYPE ID	No	Yes	ID
	PAYMENT METHOD TYPE ID	No	Yes	ID
	PARTY ID TO	No	Yes	ID
	PARTY ID FROM	No	Yes	ID
	EFFECTIVE DATE	No	No	Datetime
	PAYMENT REF NUM	No	No	Numeric

ENTITY NAME	ATTRIBUTE NAME	PK?	FK?	DOMAIN
	AMOUNT	No	No	Currency amount
	COMMENT	No	No	Comment
PAYMENT ACCTG TRANS	TRANSACTION ID	Yes	Yes	ID
	PAYMENT ID	No	Yes	ID
PAYMENT APPLICATION	PAYMENT APPLICATION ID	Yes	No	ID
	PAYMENT ID	Yes	Yes	ID
	INVOICE ITEM SEQ ID	No	Yes	ID
	INVOICE ID	No	Yes	ID
	BILLING ACCOUNT ID	No	Yes	ID
	AMOUNT APPLIED	No	No	Currency amount
PAYMENT BUDGET ALLOCATION	BUDGET TYPE ID	Yes	Yes	ID
	BUDGET ID	Yes	Yes	ID
	BUDGET ITEM SEQ ID	Yes	Yes	ID
	PAYMENT ID	Yes	Yes	ID
	AMOUNT	No	No	Currency amount
PAYMENT METHOD TYPE	PAYMENT METHOD TYPE ID	Yes	No	ID
	DESCRIPTION	No	No	Description
PAYROLL PREFERENCE	PARTY ID	Yes	Yes	ID
	INTERNAL ORGANIZATION ID	Yes	Yes	ID
	PAYROLL PREFERENCE SEQ ID	Yes	No	ID
	ROLE TYPE ID	Yes	Yes	ID
	DEDUCTION TYPE ID	No	Yes	ID
	PAYMENT METHOD TYPE ID	No	Yes	ID
	PERIOD TYPE ID	No	Yes	ID
	FROM DATE	No	No	Datetime
	THRU DATE	No	No	Datetime
	PERCENTAGE	No	No	Floating point
	FLAT AMOUNT	No	No	Currency amount
	ROUTING NUMBER	No	No	Numeric
	ACCOUNT NUMBER	No	No	Numeric
	BANK NAME	No	No	Name

ENTITY NAME	ATTRIBUTE NAME	PK?	FK?	DOMAIN
PERF REVIEW ITEM TYPE	PERF REVIEW ITEM TYPE ID	Yes	No	ID
	DESCRIPTION	No	No	Description
PERFORMANCE NOTE	PARTY ID	Yes	Yes	ID
	ROLE TYPE ID	Yes	Yes	ID
	FROM DATE	No	No	Datetime
	THRU DATE	No	No	Datetime
	COMMUNICATION DATE	No	No	Datetime
	COMMENT	No	No	Comment
PERFORMANCE REVIEW ITEM	EMPLOYEE PARTY ID	Yes	Yes	ID
	PERF REVIEW SEQ ID	Yes	No	ID
	PERF REVIEW ID	Yes	Yes	ID
	EMPLOYEE ROLE TYPE ID	Yes	Yes	ID
	RATING TYPE ID	No	Yes	ID
	PERF REVIEW ITEM TYPE ID	No	Yes	ID
	COMMENT	No	No	Comment
PERIOD TYPE	PERIOD TYPE ID	Yes	No	ID
	DESCRIPTION	No	No	Description
PERSON	PARTY ID	Yes	Yes	ID
	CURRENT LAST NAME	No	No	Name
	CURRENT FIRST NAME	No	No	Name
	CURRENT MIDDLE NAME	No	No	Name
	CURRENT PERSONAL TITLE	No	No	Name
	CURRENT SUFFIX	No	No	Name
	CURRENT NICKNAME	No	No	Name
	GENDER	No	No	Indicator
	BIRTH DATE	No	No	Datetime
	HEIGHT	No	No	Numeric
	WEIGHT	No	No	Numeric
	MOTHER'S MAIDEN NAME	No	No	Name
	MARITAL STATUS	No	No	Indicator
	SOCIAL SECURITY NUMBER	No	No	Numeric

ENTITY NAME	ATTRIBUTE NAME	PK?	FK?	DOMAIN
	CURRENT PASSPORT NUMBER	No	No	Numeric
	CURRENT PASSPORT EXPIRE DATE	No	No	Datetime
	TOTAL YEARS WORK EXPERIENCE	No	No	Numeric
	COMMENT	No	No	Comment
PERSON CLASSIFICATION	FROM DATE	Yes	Yes	Datetime
	PARTY TYPE ID	Yes	Yes	ID
	PARTY ID	Yes	Yes	ID
PERSON ROLE	PARTY ID	Yes	Yes	ID
	ROLE TYPE ID	Yes	Yes	ID
PERSON TRAINING	TRAINING CLASS TYPE ID	Yes	Yes	ID
	PARTY ID	Yes	Yes	ID
	THRU DATE	No	No	Datetime
	FROM DATE	No	No	Datetime
PHASE	WORK EFFORT ID	Yes	Yes	ID
PHONE COMMUNICATION	COMMUNICATION EVENT ID	Yes	Yes	ID
PICKLIST	PICKLIST ID	Yes	No	ID
	DATE CREATED	No	No	Datetime
PICKLIST ITEM	INVENTORY ITEM ID	Yes	Yes	ID
	PICKLIST ID	Yes	Yes	ID
	QUANTITY	No	No	Numeric
PLANT	FACILITY ID	Yes	Yes	ID
PORT CHARGES DOCUMENT	DOCUMENT ID	Yes	Yes	ID
POSITION	POSITION ID	Yes	No	ID
	STATUS TYPE ID	No	Yes	ID
	PARTY ID	No	Yes	ID
	BUDGET ID	No	Yes	ID
	BUDGET ITEM SEQ ID	No	Yes	ID
	POSITION TYPE ID	No	Yes	ID
	ESTIMATED FROM DATE	No	No	Datetime
	ESTIMATED THRU DATE	No	No	Datetime

ENTITY NAME	ATTRIBUTE NAME	PK?	FK?	DOMAIN
	SALARY FLAG	No	No	Indicator
	EXEMPT FLAG	No	No	Indicator
	FULLTIME FLAG	No	No	Indicator
	TEMPORARY FLAG	No	No	Indicator
	ACTUAL FROM DATE	No	No	Datetime
	ACTUAL THRU DATE	No	No	Datetime
	BUDGET TYPE ID	No	Yes	ID
POSITION CLASSIFICATION TYPE	POSITION CLASS TYPE ID	Yes	No	ID
	DESCRIPTION	No	No	Description
POSITION FULFILLMENT	FROM DATE	Yes	No	Datetime
	PARTY ID	Yes	Yes	ID
	POSITION ID	Yes	Yes	ID
	THRU DATE	No	No	Datetime
	COMMENT	No	No	Comment
POSITION REPORTING STRUCTURE	POSITION ID REPORTING TO	Yes	Yes	ID
	POSITION ID MANAGED BY	Yes	Yes	ID
	FROM DATE	Yes	No	Datetime
	THRU DATE	No	No	Datetime
	COMMENT	No	No	Comment
	PRIMARY FLAG	No	No	Indicator
POSITION RESPONSIBILITY	FROM DATE	Yes	No	Datetime
	POSITION ID	Yes	Yes	ID
	RESPONSIBILITY TYPE ID	Yes	Yes	ID
	THRU DATE	No	No	Datetime
	COMMENT	No	No	Comment
POSITION STATUS TYPE	STATUS TYPE ID	Yes	Yes	ID
POSITION TYPE	POSITION TYPE ID	Yes	No	ID
	PARTY ID	No	Yes	ID
	ROLE TYPE ID	No	Yes	ID
	DESCRIPTION	No	No	Description

ENTITY NAME	ATTRIBUTE NAME	PK?	FK?	DOMAIN
POSITION TYPE CLASS	FROM DATE	Yes	No	Datetime
	POSITION CLASS TYPE ID	Yes	Yes	ID
	POSITION TYPE ID	Yes	Yes	ID
	THRU DATE	No	No	Datetime
	STANDARD HOURS PER WEEK	No	No	Numeric
	FROM DATE	Yes	No	Datetime
	RATE TYPE ID	Yes	Yes	ID
	POSITION TYPE ID	Yes	Yes	ID
	PERIOD TYPE ID	Yes	Yes	ID
	SALARY STEP SEQ ID	No	Yes	ID
	PAY GRADE ID	No	Yes	ID
	THRU DATE	No	No	Datetime
	RATE	No	No	Floating point
POSTAL ADDRESS	CONTACT MECHANISM ID	Yes	Yes	ID
	ADDRESS1	No	No	Long varchar
	ADDRESS2	No	No	Long varchar
	DIRECTIONS	No	No	Long varchar
POSTAL ADDRESS BOUNDARY	GEO ID	Yes	Yes	ID
	CONTACT MECHANISM ID	Yes	Yes	ID
POSTAL CODE	ID	Yes	Yes	ID
PREFERENCE TYPE	PREFERENCE TYPE ID	Yes	No	ID
	DESCRIPTION	No	No	Description
PRICE COMPONENT	PRICE COMPONENT ID	Yes	No	ID
	PARTY ID	No	Yes	ID
	PRODUCT FEATURE ID	No	Yes	ID
	PRODUCT ID	No	Yes	ID
	AGREEMENT ITEM SEQ ID	No	Yes	ID
	AGREEMENT ID	No	Yes	ID
	PRODUCT CATEGORY ID	No	Yes	ID
	PARTY TYPE ID	No	Yes	ID
	UOM ID	No	Yes	ID

ENTITY NAME	ATTRIBUTE NAME	PK?	FK?	DOMAIN
	SALE TYPE ID	No	Yes	ID
	ORDER VALUE ID	No	Yes	ID
	QUANTITY BREAK ID	No	Yes	ID
	FROM DATE	No	No	Datetime
	THRU DATE	No	No	Datetime
	PRICE	No	No	Currency amount
	PERCENT	No	No	Floating point
	COMMENT	No	No	Comment
	GEO ID	No	Yes	ID
PRIORITY TYPE	PRIORITY TYPE ID	Yes	No	ID
	DESCRIPTION	No	No	Description
PRODUCT	PRODUCT ID	Yes	No	ID
	PART ID	No	Yes	ID
	MANUFACTURER PARTY ID	No	Yes	ID
	UOM ID	No	Yes	ID
	NAME	No	No	Name
	INTRODUCTION DATE	No	No	Datetime
	SALES DISCONTINUATION DATE	No	No	Datetime
	SUPPORT DISCONTINUATION DATE	No	No	Datetime
	COMMENT	No	No	Comment
	DESCRIPTION	No	No	Description
PRODUCT AGREEMENT	AGREEMENT ID	Yes	Yes	ID
PRODUCT ASSOCIATION	PRODUCT ID FROM	Yes	Yes	ID
	PRODUCT ID TO	Yes	Yes	ID
	FROM DATE	Yes	No	Datetime
	THRU DATE	No	No	Datetime
	REASON	No	No	Long varchar
PRODUCT CATEGORY	PRODUCT CATEGORY ID	Yes	No	ID
	DESCRIPTION	No	No	Description
PRODUCT CATEGORY CLASSIFICATION	FROM DATE	Yes	No	Datetime
	PRODUCT CATEGORY ID	Yes	Yes	ID

ENTITY NAME	ATTRIBUTE NAME	PK?	FK?	DOMAIN
	PRODUCT ID	Yes	Yes	ID
	THRU DATE	No	No	Datetime
	PRIMARY FLAG	No	No	Indicator
	COMMENT	No	No	Comment
PRODUCT CATEGORY ROLLUP	PRODUCT TYPE ID MADE UP OF	Yes	Yes	ID
	PRODUCT TYPE ID PART OF	Yes	Yes	ID
PRODUCT COMPLEMENT	PRODUCT ID FROM	Yes	Yes	ID
	PRODUCT ID TO	Yes	Yes	ID
	FROM DATE	Yes	Yes	Datetime
	REASON	No	No	Long varchar
PRODUCT COMPONENT	PRODUCT ID FROM	Yes	Yes	ID
	PRODUCT ID TO	Yes	Yes	ID
	FROM DATE	Yes	Yes	Datetime
	QUANTITY USED	No	No	Numeric
	INSTRUCTION	No	No	Long varchar
	COMMENT	No	No	Comment
PRODUCT FEATURE	PRODUCT FEATURE ID	Yes	No	ID
	PRODUCT FEATURE CATEGORY ID	No	Yes	ID
	DESCRIPTION	No	No	Description
PRODUCT FEATURE APPLICABILITY	PRODUCT ID	Yes	Yes	ID
	FROM DATE	Yes	No	Datetime
	PRODUCT FEATURE ID	Yes	Yes	ID
	THRU DATE	No	No	Datetime
PRODUCT FEATURE CATEGORY	PRODUCT FEATURE CATEGORY ID	Yes	No	ID
	DESCRIPTION	No	No	Description
PRODUCT FEATURE INTERACTION	PRODUCT FEATURE ID FACTOR IN	Yes	Yes	ID
	PRODUCT FEATURE ID OF	Yes	Yes	ID
	PRODUCT ID	No	Yes	ID
PRODUCT	PRODUCT ID FROM	Yes	Yes	ID

ENTITY NAME	ATTRIBUTE NAME	PK?	FK?	DOMAIN
INCOMPATABILITY				
	PRODUCT ID TO	Yes	Yes	ID
	FROM DATE	Yes	Yes	Datetime
	REASON	No	No	Long varchar
PRODUCT INDUSTRY CATEGORIZATION	PRODUCT CATEGORY ID	Yes	Yes	ID
PRODUCT MATERIALS CATEGORIZATION	PRODUCT CATEGORY ID	Yes	Yes	ID
PRODUCT OBSOLESCENCE	FROM DATE	Yes	Yes	Datetime
	PRODUCT ID FROM	Yes	Yes	ID
	PRODUCT ID TO	Yes	Yes	ID
	SUPERCESSION DATE	No	No	Datetime
	REASON	No	No	Long varchar
PRODUCT ORDER ITEM	ORDER ID	Yes	Yes	ID
	ORDER ITEM SEQ ID	Yes	Yes	ID
	ENGAGEMENT ITEM SEQ ID	Yes	Yes	ID
	ENGAGEMENT ID	Yes	Yes	ID
	PRODUCT ID	No	Yes	ID
PRODUCT QUALITY	PRODUCT FEATURE ID	Yes	Yes	ID
PRODUCT QUOTE	QUOTE ID	Yes	Yes	ID
PRODUCT REQUIREMENT	REQUIREMENT ID	Yes	Yes	ID
	PRODUCT ID	No	Yes	ID
PRODUCT SUBSTITUTE	PRODUCT ID FROM	Yes	Yes	ID
	PRODUCT ID TO	Yes	Yes	ID
	FROM DATE	Yes	Yes	Datetime
	QUANTITY	No	No	Numeric
	COMMENT	No	No	Comment
PRODUCT USAGE CATEGORIZATION	PRODUCT CATEGORY ID	Yes	Yes	ID
PRODUCTION RUN	WORK EFFORT ID	Yes	Yes	ID
	QUANTITY TO PRODUCE	No	No	Numeric
	QUANTITY PRODUCED	No	No	Numeric

ENTITY NAME	ATTRIBUTE NAME	PK?	FK?	DOMAIN
	QUANTITY REJECTED	No	No	Numeric
PROGRAM	WORK EFFORT ID	Yes	Yes	ID
PROJECT	WORK EFFORT ID	Yes	Yes	ID
PROPERTY	FIXED ASSET ID	Yes	Yes	ID
PROPOSAL	QUOTE ID	Yes	Yes	ID
PROSPECT	PARTY ID	Yes	Yes	ID
	ROLE TYPE ID	Yes	Yes	ID
PROVINCE	GEO ID	Yes	Yes	ID
PURCHASE AGREEMENT	AGREEMENT ID	Yes	Yes	ID
PURCHASE INVOICE	INVOICE ID	Yes	Yes	ID
PURCHASE INVOICE ITEM	INVOICE ITEM SEQ ID	Yes	Yes	ID
	INVOICE ID	Yes	Yes	ID
PURCHASE ORDER	PURCHASE ORDER ID	Yes	No	ID
	ORDER ID	Yes	Yes	ID
PURCHASE ORDER ITEM	ORDER ID	Yes	Yes	ID
	ORDER ITEM SEQ ID	Yes	Yes	ID
	PART ID	No	Yes	ID
PURCHASE RETURN	SHIPMENT ID	Yes	Yes	ID
PURCHASE SHIPMENT	SHIPMENT ID	Yes	Yes	ID
QUALIFICATION TYPE	QUAL TYPE ID	Yes	No	ID
	DESCRIPTION	No	No	Description
QUANTITY BREAK	QUANTITY BREAK ID	Yes	No	ID
	FROM QUANTITY	No	No	Numeric
	THRU QUANTITY	No	No	Numeric
QUOTE	QUOTE ID	Yes	No	ID
	PARTY ID	No	Yes	ID
	ISSUE DATE	No	No	Datetime
	VALID FROM DATE	No	No	Datetime
	VALID THRU DATE	No	No	Datetime
	DESCRIPTION	No	No	Description
QUOTE ITEM	QUOTED ITEM SEQ ID	Yes	No	ID
	QUOTE ID	Yes	Yes	ID

ENTITY NAME	ATTRIBUTE NAME	PK?	FK?	DOMAIN
	PRODUCT FEATURE ID	No	Yes	ID
	DELIVERABLE TYPE ID	No	Yes	ID
	SKILL TYPE ID	No	Yes	ID
	UOM ID	No	Yes	ID
	PRODUCT ID	No	Yes	ID
	WORK EFFORT ID	No	Yes	ID
	REQUEST ITEM SEQ ID	No	Yes	ID
	REQUEST ID	No	Yes	ID
	QUANTITY	No	No	Numeric
	QUOTE UNIT PRICE	No	No	Currency amount
	ESTIMATED DELIVERY DATE	No	No	Datetime
	COMMENT	No	No	Comment
QUOTE ROLE	PARTY ID	Yes	Yes	ID
	QUOTE ID	Yes	Yes	ID
	ROLE TYPE ID	No	Yes	ID
QUOTE ROLE TYPE	ROLE TYPE ID	Yes	Yes	ID
QUOTE TERM	QUOTE TERM ID	Yes	No	ID
	TERM TYPE ID	No	Yes	ID
	QUOTED ITEM SEQ ID	No	Yes	ID
	QUOTE ID	No	Yes	ID
	TERM VALUE	No	No	Numeric
RATE TYPE	RATE TYPE ID	Yes	No	ID
	DESCRIPTION	No	No	Description
RATING TYPE	RATING TYPE ID	Yes	No	ID
	DESCRIPTION	No	No	Description
RAW MATERIAL	PART ID	Yes	Yes	ID
REASON	REASON ID	Yes	No	ID
	DESCRIPTION	No	No	Description
RECEIPT	PAYMENT ID	Yes	Yes	ID
	FINANCIAL ACCOUNT ID	No	Yes	ID
RECEIPT ACCTG TRANS	TRANSACTION ID	Yes	Yes	ID
RECURRING CHARGE	PRICE COMPONENT ID	Yes	Yes	ID

ENTITY NAME	ATTRIBUTE NAME	PK?	FK?	DOMAIN
	UOM ID	No	Yes	ID
REGION	GEO ID	Yes	Yes	ID
REGULATORY AGENCY	PARTY ID	Yes	Yes	ID
	ROLE TYPE ID	Yes	Yes	ID
REJECTION REASON	REJECTION ID	Yes	No	ID
	DESCRIPTION	No	No	Description
REORDER GUIDELINE	REORDER GUIDELINE ID	Yes	No	ID
	PRODUCT ID	Yes	Yes	ID
	ROLE TYPE ID	No	Yes	ID
	FACILITY ID	No	Yes	ID
	FROM DATE	No	No	Datetime
	THRU DATE	No	No	Datetime
	REORDER QUANTITY	No	No	Numeric
	REORDER LEVEL	No	No	Numeric
	PARTY ID	No	Yes	ID
	INTERNAL ORGANIZATION ID	No	Yes	ID
	GEOGRAPHIC LOCATION ID	No	Yes	ID
REQUEST	REQUEST ID	Yes	No	ID
	REQUEST DATE	No	No	Datetime
	RESPONSE REQUIRED DATE	No	No	Datetime
	DESCRIPTION	No	No	Description
REQUEST ITEM	REQUEST ITEM SEQ ID	Yes	No	ID
	REQUEST ID	Yes	Yes	ID
	REQUIRED BY DATE	No	No	Datetime
	QUANTITY	No	No	Numeric
	MAXIMUM AMOUNT	No	No	Currency amount
	DESCRIPTION	No	No	Description
REQUEST ROLE	REQUEST ID	Yes	Yes	ID
	PARTY ID	Yes	Yes	ID
	ROLE TYPE ID	Yes	Yes	ID
REQUEST ROLE TYPE	ROLE TYPE ID	Yes	Yes	ID
REQUIRED FEATURE	PRODUCT ID	Yes	Yes	ID

ENTITY NAME	ATTRIBUTE NAME	PK?	FK?	DOMAIN
	FROM DATE	Yes	Yes	Datetime
	PRODUCT FEATURE ID	Yes	Yes	ID
REQUIREMENT	REQUIREMENT ID	Yes	No	ID
	FACILITY ID	No	Yes	ID
	DESCRIPTION	No	No	Description
	REQUIREMENT CREATION DATE	No	No	Datetime
	REQUIRED BY DATE	No	No	Datetime
	ESTIMATED BUDGET	No	No	Currency amount
	QUANTITY	No	No	Numeric
	REASON	No	No	Long varchar
REQUIREMENT BUDGET ALLOCATION	BUDGET ID	Yes	Yes	ID
	BUDGET ITEM SEQ ID	Yes	Yes	ID
	REQUIREMENT ID	Yes	Yes	ID
	AMOUNT	No	No	Currency amount
REQUIREMENT REQUEST	REQUEST ITEM SEQ ID	Yes	Yes	ID
	REQUEST ID	Yes	Yes	ID
	REQUIREMENT ID	Yes	Yes	ID
REQUIREMENT ROLE	PARTY ID	Yes	Yes	ID
	FROM DATE	Yes	No	Datetime
	REQUIREMENT ID	Yes	Yes	ID
	ROLE TYPE ID	Yes	Yes	ID
	THRU DATE	No	No	Datetime
REQUIREMENT ROLE TYPE	ROLE TYPE ID	Yes	Yes	ID
REQUIREMENT STATUS	REQUIREMENT ID	Yes	Yes	ID
	STATUS TYPE ID	Yes	Yes	ID
	STATUS DATE	No	No	Datetime
REQUIREMENT STATUS TYPE	STATUS TYPE ID	Yes	Yes	ID
RESEARCH	WORK EFFORT ID	Yes	Yes	ID
RESPONDING PARTY	RESPONDING PARTY SEQ ID	Yes	No	ID

ENTITY NAME	ATTRIBUTE NAME	PK?	FK?	DOMAIN
	REQUEST ID	Yes	Yes	ID
	PARTY ID	Yes	Yes	ID
	CONTACT MECHANISM ID	No	Yes	ID
	DATE SENT	No	No	Datetime
RESPONSIBILITY TYPE	RESPONSIBILITY TYPE ID	Yes	No	ID
	DESCRIPTION	No	No	Description
RESUME	PARTY ID	Yes	Yes	ID
	RESUME ID	Yes	No	ID
	RESUME DATE	No	No	Datetime
	RESUME TEXT	No	No	Long varchar
RFI	REQUEST ID	Yes	Yes	ID
RFP	REQUEST ID	Yes	Yes	ID
RFQ	REQUEST ID	Yes	Yes	ID
ROLE TYPE	ROLE TYPE ID	Yes	No	ID
	DESCRIPTION	No	No	Description
ROOM	FACILITY ID	Yes	Yes	ID
SALARY STEP	SALARY STEP SEQ ID	Yes	No	ID
	PAY GRADE ID	Yes	Yes	ID
	AMOUNT	No	No	Currency amount
	DATE MODIFIED	No	No	Datetime
SALE TYPE	SALE TYPE ID	Yes	No	ID
	DESCRIPTION	No	No	Description
SALES ACCTG TRANS	TRANSACTION ID	Yes	Yes	ID
	INVOICE ID	No	Yes	ID
SALES AGREEMENT	AGREEMENT ID	Yes	Yes	ID
SALES FOLLOW UP	COMMUNICATION EVENT PRP TYP ID	Yes	Yes	ID
	COMMUNICATION EVENT ID	Yes	Yes	ID
SALES INVOICE	INVOICE ID	Yes	Yes	ID
SALES INVOICE ITEM	INVOICE ITEM SEQ ID	Yes	Yes	ID
	INVOICE ID	Yes	Yes	ID
SALES ORDER	ORDER ID	Yes	Yes	ID

ENTITY NAME	ATTRIBUTE NAME	PK?	FK?	DOMAIN
SALES ORDER ITEM	ORDER ID	Yes	Yes	ID
	ORDER ITEM SEQ ID	Yes	Yes	ID
	CORRESPONDING PO ID	No	No	Long varchar
SALES TAX	ORDER ADJUST SEQ ID	Yes	Yes	ID
SALES TAX LOOKUP	GEOGRAPHIC LOCATION ID	Yes	Yes	ID
	SALES TAX SEQ ID	Yes	No	ID
	PRODUCT CATEGORY ID	No	Yes	ID
	SALES TAX PERCENTAGE	No	No	Floating point
SALES TERRITORY	GEO ID	Yes	Yes	ID
SELECTABLE FEATURE	PRODUCT ID	Yes	Yes	ID
	FROM DATE	Yes	Yes	Datetime
	PRODUCT FEATURE ID	Yes	Yes	ID
SEMINAR	COMMUNICATION EVENT PRP TYP ID	Yes	Yes	ID
	COMMUNICATION EVENT ID	Yes	Yes	ID
SERIALIZED INVENTORY ITEM	INVENTORY ITEM ID	Yes	Yes	ID
	SERIAL NUM	No	No	Long varchar
SERVICE	PRODUCT ID	Yes	Yes	ID
SERVICE TERRITORY	GEO ID	Yes	Yes	ID
SHAREHOLDER	PARTY ID	Yes	Yes	ID
	ROLE TYPE ID	Yes	Yes	ID
SHIP TO CUSTOMER	CUSTOMER ID	Yes	Yes	ID
	PARTY ID	Yes	Yes	ID
	ROLE TYPE ID	Yes	Yes	ID
SHIPMENT	SHIPMENT ID	Yes	No	ID
	CONTACT MECHANISM ID	No	Yes	ID
	PARTY ID	No	Yes	ID
	ESTIMATED SHIP DATE	No	No	Datetime
	ESTIMATED READY DATE	No	No	Datetime
	ESTIMATED ARRIVAL DATE	No	No	Datetime
	ESTIMATED SHIP COST	No	No	Currency amount

ENTITY NAME	ATTRIBUTE NAME	PK?	FK?	DOMAIN
	ACTUAL SHIP COST	No	No	Currency amount
	LATEST CANCEL DATE	No	No	Datetime
	HANDLING INSTRUCTIONS	No	No	Long varchar
	LAST UPDATED	No	No	Datetime
SHIPMENT ITEM	SHIPMENT ITEM SEQ ID	Yes	No	ID
	SHIPMENT ID	Yes	Yes	ID
	PRODUCT ID	No	Yes	ID
	QUANTITY	No	No	Numeric
	SHIPMENTS CONTENT DESCRIPTION	No	No	Description
SHIPMENT ITEM BILLING	INVOICE ITEM SEQ ID	Yes	Yes	ID
	INVOICE ID	Yes	Yes	ID
	SHIPMENT ID	Yes	Yes	ID
SHIPMENT ITEM FEATURE	SHIPMENT ITEM SEQ ID	Yes	Yes	ID
	SHIPMENT ID	Yes	Yes	ID
	PRODUCT FEATURE ID	Yes	Yes	ID
SHIPMENT METHOD TYPE	SHIPMENT METHOD TYPE ID	Yes	No	ID
	DESCRIPTION	No	No	Description
SHIPMENT PACKAGE	SHIPMENT PACKAGE ID	Yes	No	ID
	DATE CREATED	No	No	Datetime
SHIPMENT RECEIPT	RECEIPT ID	Yes	No	ID
	INVENTORY ITEM ID	No	Yes	ID
	PRODUCT ID	No	Yes	ID
	SHIPMENT PACKAGE ID	No	Yes	ID
	ORDER ID	No	Yes	ID
	ORDER ITEM SEQ ID	No	Yes	ID
	REJECTION ID	No	Yes	ID
	DATETIME RECEIVED	No	No	Datetime
	ITEM DESCRIPTION	No	No	Description
	QUANTITY ACCEPTED	No	No	Numeric
	QUANTITY REJECTED	No	No	Numeric

ENTITY NAME	ATTRIBUTE NAME	PK?	FK?	DOMAIN
SHIPMENT RECEIPT ROLE	PARTY ID	Yes	Yes	ID
	RECEIPT ID	Yes	Yes	ID
	ROLE TYPE ID	Yes	Yes	ID
SHIPMENT RECEIPT ROLE TYPE	ROLE TYPE ID	Yes	Yes	ID
SHIPMENT ROUTE SEGMENT	SHIPMENT ROUTE SEGMENT ID	Yes	No	ID
	SHIPMENT ID	Yes	Yes	ID
	PARTY ID	No	Yes	ID
	ROLE TYPE ID	No	Yes	ID
	FIXED ASSET ID	No	Yes	ID
	FACILITY ID	No	Yes	ID
	SHIPMENT METHOD TYPE ID	No	Yes	ID
	ACTUAL START DATETIME	No	No	Datetime
	ACTUAL ARRIVAL DATETIME	No	No	Datetime
	ESTIMATED START DATETIME	No	No	Datetime
	ESTIMATED ARRIVAL DATE	No	No	Datetime
	START MILEAGE	No	No	Numeric
	END MILEAGE	No	No	Numeric
	FUEL USED	No	No	Numeric
SHIPMENT STATUS	SHIPMENT ID	Yes	Yes	ID
	STATUS TYPE ID	Yes	Yes	ID
	STATUS DATE	No	No	Datetime
SHIPMENT STATUS TYPE	STATUS TYPE ID	Yes	Yes	ID
SHIPPING AND HANDLING CHARGES	ORDER ADJUST SEQ ID	Yes	Yes	ID
SHIPPING DOCUMENT	DOCUMENT ID	Yes	Yes	ID
	SHIPMENT ITEM SEQ ID	No	Yes	ID
	SHIPMENT ID	No	Yes	ID
	SHIPMENT PACKAGE ID	No	Yes	ID
	DESCRIPTION	No	No	Description
SIZE	PRODUCT FEATURE ID	Yes	Yes	ID
SIZE CLASSIFICATION	FROM DATE	Yes	Yes	Datetime

ENTITY NAME	ATTRIBUTE NAME	PK?	FK?	DOMAIN
	PARTY TYPE ID	Yes	Yes	ID
	PARTY ID	Yes	Yes	ID
SKILL TYPE	SKILL TYPE ID	Yes	No	ID
	DESCRIPTION	No	No	Description
SKU	IDENTIFICATION TYPE ID	Yes	Yes	ID
	PRODUCT ID	Yes	Yes	ID
SOFTWARE FEATURE	PRODUCT FEATURE ID	Yes	Yes	ID
STANDARD FEATURE	PRODUCT ID	Yes	Yes	ID
	FROM DATE	Yes	Yes	Datetime
	PRODUCT FEATURE ID	Yes	Yes	ID
STANDARD TIME PERIOD	STANDARD TIME PERIOD ID	Yes	No	ID
	PERIOD TYPE ID	No	Yes	ID
	THRU DATE	No	No	Datetime
	FROM DATE	No	No	Datetime
STATE	GEO ID	Yes	Yes	ID
STATUS TYPE	STATUS TYPE ID	Yes	No	ID
	DESCRIPTION	No	No	Description
SUB AGREEMENT	AGREEMENT ITEM SEQ ID	Yes	Yes	ID
	AGREEMENT ID	Yes	Yes	ID
SUBASSEMBLY	PART ID	Yes	Yes	ID
SUBSIDIARY	PARTY ID	Yes	Yes	ID
	ROLE TYPE ID	Yes	Yes	ID
SUPPLIER	PARTY ID	Yes	Yes	ID
	ROLE TYPE ID	Yes	Yes	ID
SUPPLIER PRODUCT	AVAILABLE FROM DATE	Yes	No	Datetime
	PRODUCT ID	Yes	Yes	ID
	PARTY ID	Yes	Yes	ID
	PREFERENCE TYPE ID	No	Yes	ID
	RATING TYPE ID	No	Yes	ID
	AVAILABLE THRU DATE	No	No	Datetime
	STANDARD LEAD TIME	No	No	Datetime

ENTITY NAME	ATTRIBUTE NAME	PK?	FK?	DOMAIN
	COMMENT	No	No	Comment
SUPPLIER RELATIONSHIP	PARTY ID TO	Yes	Yes	ID
	PARTY ID FROM	Yes	Yes	ID
	FROM DATE	Yes	Yes	Datetime
	ROLE TYPE ID FROM	Yes	Yes	ID
	ROLE TYPE ID TO	Yes	Yes	ID
SUPPORT CALL	COMMUNICATION EVENT PRP TYP ID	Yes	Yes	ID
	COMMUNICATION EVENT ID	Yes	Yes	ID
SURCHARGE ADJUSTMENT	ORDER ADJUST SEQ ID	Yes	Yes	ID
SURCHARGE COMPONENT	PRICE COMPONENT ID	Yes	Yes	ID
TASK	WORK EFFORT ID	Yes	Yes	ID
TAX AND TARIFF DOCUMENT	DOCUMENT ID	Yes	Yes	ID
TAX DUE	TRANSACTION ID	Yes	Yes	ID
TEAM	PARTY ID	Yes	Yes	ID
TELECOMMUNICATIONS NUMBER	CONTACT MECHANISM ID	Yes	Yes	ID
	AREA CODE	No	No	Numeric
	CONTACT NUMBER	No	No	Short varchar
	COUNTRY CODE	No	No	Numeric
TERM TYPE	TERM TYPE ID	Yes	No	ID
	DESCRIPTION	No	No	Description
TERMINATION REASON	TERMINATION REASON ID	Yes	No	ID
	DESCRIPTION	No	No	Description
TERMINATION TYPE	TERMINATION TYPE ID	Yes	No	ID
	DESCRIPTION	No	No	Description
TERRITORY	GEO ID	Yes	Yes	ID
THRESHOLD	AGREEMENT TERM ID	Yes	Yes	ID
	TERM TYPE ID	Yes	Yes	ID
TIME ENTRY	TIME ENTRY ID	Yes	Yes	ID

ENTITY NAME	ATTRIBUTE NAME	PK?	FK?	DOMAIN
	PARTY ID	No	Yes	ID
	ROLE TYPE ID	No	Yes	ID
	FROM DATETIME	No	No	Datetime
	RATE TYPE ID	No	Yes	ID
	UOM ID	No	Yes	ID
	WORK EFFORT ID	No	Yes	ID
	THRU DATETIME	No	No	Datetime
	HOURS	No	No	Numeric
	COMMENT	No	No	Comment
	TIMESHEET ID	No	Yes	ID
TIME ENTRY BILLING	INVOICE ITEM SEQ ID	Yes	Yes	ID
	INVOICE ID	Yes	Yes	ID
	TIME ENTRY ID	Yes	Yes	ID
TIME FREQUENCY MEASURE	UOM ID	Yes	Yes	ID
TIMESHEET	TIMESHEET ID	Yes	No	ID
	PARTY ID	Yes	Yes	ID
	ROLE TYPE ID	Yes	Yes	ID
	FROM DATE	No	No	Datetime
	THRU DATE	No	No	Datetime
	COMMENT	No	No	Comment
TIMESHEET ROLE	TIMESHEET ID	Yes	Yes	ID
	ROLE TYPE ID	Yes	Yes	ID
	PARTY ID	Yes	Yes	ID
TIMESHEET ROLE TYPE	ROLE TYPE ID	Yes	Yes	ID
TRAINING CLASS TYPE	TRAINING CLASS TYPE ID	Yes	No	ID
	DESCRIPTION	No	No	Description
TRANSACTION DETAIL	TRANS SEQ DETAIL ID	Yes	No	ID
	TRANSACTION ID	Yes	Yes	ID
	ROLE TYPE ID	No	Yes	ID
	GENERAL LEDGER ACCOUNT ID	No	Yes	ID
	AMOUNT	No	No	Currency amount

ENTITY NAME	ATTRIBUTE NAME	PK?	FK?	DOMAIN
	DEBIT CREDIT FLAG	No	No	Indicator
	PARTY ID	No	Yes	ID
	INTERNAL ORGANIZATION ID	No	Yes	ID
TRANSFER	SHIPMENT ID	Yes	Yes	ID
UNEMPLOYMENT CLAIM	UNEMPLOYMENT CLAIM ID	Yes	No	ID
	UNEMPLOYMENT CLAIM DATE	No	No	Datetime
	DESCRIPTION	No	No	Description
	STATUS TYPE ID	No	Yes	ID
	ROLE TYPE ID TO	No	Yes	ID
	ROLE TYPE ID FROM	No	Yes	ID
	PARTY ID TO	No	Yes	ID
	PARTY ID FROM	No	Yes	ID
	FROM DATE	No	Yes	Datetime
UNEMPLOYMENT CLAIM STATUS TYPE	STATUS TYPE ID	Yes	Yes	ID
UNION	PARTY ID	Yes	Yes	ID
	ROLE TYPE ID	Yes	Yes	ID
UNIT OF MEASURE	UOM ID	Yes	No	ID
	ABBREVIATION	No	No	Short varchar
	DESCRIPTION	No	No	Description
UNIT OF MEASURE CONVERSION	UOM ID FROM	Yes	Yes	ID
	UOM TO	Yes	Yes	ID
	CONVERSION FACTOR	No	No	Floating point
UPCA	IDENTIFICATION TYPE ID	Yes	Yes	ID
	PRODUCT ID	Yes	Yes	ID
UPCE	IDENTIFICATION TYPE ID	Yes	Yes	ID
	PRODUCT ID	Yes	Yes	ID
UTILIZATION CHARGE	PRICE COMPONENT ID	Yes	Yes	ID
	UOM ID	No	Yes	ID
	QUANTITY	No	No	Numeric
VALID CONTACT MECHANISM ROLE	ROLE TYPE ID	Yes	Yes	ID

ENTITY NAME	ATTRIBUTE NAME	PK?	FK?	DOMAIN
	CONTACT MECHANISM TYPE ID	Yes	Yes	ID
VALID RESPONSIBILITY	FROM DATE	Yes	No	Datetime
	POSITION TYPE ID	Yes	Yes	ID
	RESPONSIBILITY TYPE ID	Yes	Yes	ID
	THRU DATE	No	No	Datetime
	COMMENT	No	No	Comment
VEHICLE	FIXED ASSET ID	Yes	Yes	ID
WAREHOUSE	FACILITY ID	Yes	Yes	ID
WEB SITE COMMUNICATION	COMMUNICATION EVENT ID	Yes	Yes	ID
WITHDRAWAL	FINANCIAL ACCOUNT TRANS ID	Yes	Yes	ID
	PAYMENT ID	No	Yes	ID
WORK EFF ASSET ASSIGN STATUS TYPE	STATUS TYPE ID	Yes	Yes	ID
WORK EFFORT	WORK EFFORT ID	Yes	No	ID
	WORK EFFORT PURPOSE TYPE ID	No	Yes	ID
	WORK EFFORT TYPE ID	No	Yes	ID
	ASSET ID	No	Yes	ID
	FIXED ASSET ID	No	Yes	ID
	FACILITY ID	No	Yes	ID
	NAME	No	No	Name
	DESCRIPTION	No	No	Description
	SCHEDULED START DATE	No	No	Datetime
	SCHEDULED COMPLETION DATE	No	No	Datetime
	TOTAL DOLLARS ALLOWED	No	No	Currency amount
	TOTAL HOURS ALLOWED	No	No	Numeric
	ESTIMATED HOURS	No	No	Numeric
	SPECIAL TERMS	No	No	Long varchar
	ACTUAL START DATETIME	No	No	Datetime
	ACTUAL COMPLETION DATETIME	No	No	Datetime
	ACTUAL HOURS	No	No	Numeric
WORK EFFORT ASSIGNMENT RATE	FROM DATE	Yes	Yes	Datetime

ENTITY NAME	ATTRIBUTE NAME	PK?	FK?	DOMAIN
	RATE TYPE ID	Yes	Yes	ID
	PARTY ID	Yes	Yes	ID
	WORK EFFORT ID	Yes	Yes	ID
	ROLE TYPE ID	Yes	Yes	ID
	THRU DATE	No	No	Datetime
	RATE	No	No	Currency amount
WORK EFFORT ASSOCIATION	WORK EFFORT ID	Yes	Yes	ID
WORK EFFORT BILLING	INVOICE ITEM SEQ ID	Yes	Yes	ID
	INVOICE ID	Yes	Yes	ID
	WORK EFFORT ID	Yes	Yes	ID
	PERCENTAGE	No	No	Floating point
WORK EFFORT BREAKDOWN	WORK EFFORT ID	Yes	Yes	ID
WORK EFFORT CONCURRENCY	WORK EFFORT ID	Yes	Yes	ID
WORK EFFORT DELIVERABLE PRODUCED	DELIVERABLE ID	Yes	Yes	ID
	WORK EFFORT ID	Yes	Yes	ID
WORK EFFORT DEPENDENCY	WORK EFFORT ID	Yes	Yes	ID
WORK EFFORT FIXED ASSET ASSIGNMENT	WORK EFFORT ID	Yes	Yes	ID
	FIXED ASSET ID	Yes	Yes	ID
	STATUS TYPE ID	No	Yes	ID
	FROM DATE	No	No	Datetime
	THRU DATE	No	No	Datetime
	ALLOCATED COST	No	No	Currency amount
	COMMENT	No	No	Comment
WORK EFFORT FIXED ASSET STANDARD	FIXED ASSET TYPE ID	Yes	Yes	ID
	WORK EFFORT TYPE ID	Yes	Yes	ID
	ESTIMATED QUANTITY	No	No	Numeric
	ESTIMATED DURATION	No	No	Datetime

ENTITY NAME	ATTRIBUTE NAME	PK?	FK?	DOMAIN
	ESTIMATED COST	No	No	Currency amount
WORK EFFORT GOOD STANDARD	PRODUCT ID	Yes	Yes	ID
	WORK EFFORT TYPE ID	Yes	Yes	ID
	ESTIMATED COST	No	No	Currency amount
	ESTIMATED QUANTITY	No	No	Numeric
WORK EFFORT INVENTORY ASSIGNMENT	INVENTORY ITEM ID	Yes	Yes	ID
	WORK EFFORT ID	Yes	Yes	ID
	QUANTITY	No	No	Numeric
WORK EFFORT INVENTORY PRODUCED	WORK EFFORT ID	Yes	Yes	ID
	INVENTORY ITEM ID	Yes	Yes	ID
WORK EFFORT PARTY ASSIGNMENT	ROLE TYPE ID	Yes	Yes	ID
	FROM DATE	Yes	No	Datetime
	PARTY ID	Yes	Yes	ID
	WORK EFFORT ID	Yes	Yes	ID
	FACILITY ID	No	Yes	ID
	THRU DATE	No	No	Datetime
	COMMENT	No	No	Comment
WORK EFFORT PRECEDENCY	WORK EFFORT ID	Yes	Yes	ID
WORK EFFORT PURPOSE TYPE	WORK EFFORT PURPOSE TYPE ID	Yes	No	ID
	DESCRIPTION	No	No	Description
WORK EFFORT ROLE TYPE	ROLE TYPE ID	Yes	Yes	ID
WORK EFFORT SKILL STANDARD	SKILL TYPE ID	Yes	Yes	ID
	WORK EFFORT TYPE ID	Yes	Yes	ID
	ESTIMATED NUM PEOPLE	No	No	Numeric
	ESTIMATED DURATION	No	No	Numeric
	ESTIMATED COST	No	No	Currency amount
WORK EFFORT STATUS	WORK EFFORT ID	Yes	Yes	ID

ENTITY NAME	ATTRIBUTE NAME	PK?	FK?	DOMAIN
	STATUS TYPE ID	Yes	Yes	ID
	DATETIME	No	No	Datetime
WORK EFFORT STATUS TYPE	STATUS TYPE ID	Yes	Yes	ID
WORK EFFORT TYPE	WORK EFFORT TYPE ID	Yes	No	ID
	PRODUCT ID	No	Yes	ID
	DELIVERABLE TYPE ID	No	Yes	ID
	FIXED ASSET TYPE ID	No	Yes	ID
	DESCRIPTION	No	No	Description
WORK EFFORT TYPE ASSOCIATION	WORK EFFORT TYPE ID FROM	Yes	Yes	ID
	WORK EFFORT TYPE ID TO	Yes	Yes	ID
WORK EFFORT TYPE BREAKDOWN	WORK EFFORT TYPE ID TO	Yes	Yes	ID
	WORK EFFORT TYPE ID FROM	Yes	Yes	ID
WORK EFFORT TYPE DEPENDENCY	WORK EFFORT TYPE ID TO	Yes	Yes	ID
	WORK EFFORT TYPE ID FROM	Yes	Yes	ID
WORK FLOW	WORK EFFORT ID	Yes	Yes	ID
WORK ORDER ITEM	ORDER ID	Yes	Yes	ID
	ORDER ITEM SEQ ID	Yes	Yes	ID
WORK ORDER ITEM FULFILLMENT	WORK EFFORT ID	Yes	Yes	ID
	ORDER ID	Yes	Yes	ID
	ORDER ITEM SEQ ID	Yes	Yes	ID
WORK REQUIREMENT	REQUIREMENT ID	Yes	Yes	ID
	DELIVERABLE ID	No	Yes	ID
	FIXED ASSET ID	No	Yes	ID
	PRODUCT ID	No	Yes	ID
WORK REQUIREMENT FULFILLMENT	REQUIREMENT ID	Yes	Yes	ID
	WORK EFFORT ID	Yes	Yes	ID
WORKER	PARTY ID	Yes	Yes	ID
	ROLE TYPE ID	Yes	Yes	ID

APPENDIX

B

데이터 웨어하우스 데이터 모델의 테이블과 컬럼

이 부록에는 12장에서 14 장에 있는 데이터 웨어하우스 데이터 모델의 테이블과 컬럼에 대한 정보가 나열돼 있다. 이 목록에는 테이블 이름, 컬럼 이름, 기본 키 표시, 외래 키 표시 및 각 컬럼의 도메인이 포함된다.

이 부록의 각 도메인에 대한 정의는 표 A.1을 참조하라. 도메인은 데이터 타입 및 길이를 포함한, 컬럼에 적용할 수 있는 표준 특성을 나타낸다. 이 부록의 컬럼에 대한 도메인은 이러한 모델을 실제로 구현할 때 사용할 데이터 타입 및 길이에 대한 지침을 제공한다. 데이터 타입은 대상 데이터베이스 관리 시스템에 따라 다를 수 있다. 물론 각 컬럼의 데이터 타입과 길이는 기업의 특정 요건을 충족할 수 있도록 적절하게 조정돼야 한다.

Data Warehouse Data Model Tables and Column Listing

TABLE NAME	COLUMN NAME	PK?	FK?	DOMAIN
BUDGET DETAILS	BUDGET ID	Yes	No	ID
	BUDGET ITEM SEQ ID	Yes	No	ID
	PRODUCT ID	No	Yes	ID
	BUDGET REVISION SEQ ID	No	No	ID
	BUDGET ITEM TYPE ID	No	No	ID
	BUDGET ITEM TYPE DESCRIPTION	No	No	Description
	ORGANIZATION ID	No	Yes	ID
	ADDRESS ID	No	Yes	ID
	BUDGET PERIOD	No	No	Numeric
	BUDGET ITEM AMOUNT	No	No	Currency amount
	BUDGET ITEM EXPENDITURES	No	No	Currency amount
	BUDGET ITEM COMMITMENTS	No	No	Currency amount
	LOAD DATE	No	No	Datetime
CUSTOMER ADDRESSES	CUSTOMER ID	Yes	No	ID
	ADDRESS ID	Yes	No	ID
	INVOICE ID	No	Yes	ID
	INVOICE ITEM SEQ ID	No	Yes	ID
	ADDRESS LINE1	No	No	Long varchar
	ADDRESS LINE2	No	No	Long varchar
	POSTAL CODE	No	No	Short varchar
	SALES REP ID	No	Yes	ID
	GEO ID	No	Yes	ID
	LOAD DATE	No	No	Datetime
	SNAPSHOT DATE	No	Yes	Datetime
CUSTOMER INVOICES	INVOICE ID	Yes	No	ID
	INVOICE ITEM SEQ ID	Yes	No	ID
	BILLED TO CUSTOMER ID	No	Yes	ID
	SNAPSHOT DATE	No	Yes	Datetime
	CUSTOMER DEMOGRAPHICS ID	No	No	ID

TABLE NAME	COLUMN NAME	PK?	FK?	DOMAIN
	INVOICE DATE	No	No	Datetime
	BILLED TO CONTACT MECHANISM	No	No	Short varchar
	BILL TO ADDRESS ID	No	No	ID
	ORGANIZATION ID	No	No	ID
	ORG ADDRESS ID	No	No	ID
	ADDRESS ID	No	Yes	ID
	QUANTITY	No	No	Numeric
	AMOUNT	No	No	Currency amount
	EXTENDED AMOUNT	No	No	Currency amount
	PRODUCT COST	No	No	Currency amount
	LOAD DATE	No	No	Datetime
	PRODUCT ID	No	Yes	ID
CUSTOMER TYPES	CUSTOMER ID	Yes	Yes	ID
	CUSTOMER TYPE ID	Yes	No	ID
	SNAPSHOT DATE	Yes	Yes	Datetime
	CUSTOMER TYPE DESCRIPTION	No	No	Description
CUSTOMERS	CUSTOMER ID	Yes	No	ID
	SNAPSHOT DATE	Yes	No	Datetime
	CUSTOMER NAME	No	No	Name
	AGE	No	No	Numeric
	MARITAL STATUS	No	No	Indicator
	CREDIT RATING	No	No	Short varchar
EMPLOYEES	EMPLOYEE ID	Yes	No	ID
	SNAPSHOT DATE	Yes	No	Datetime
	LAST NAME	No	No	Name
	FIRST NAME	No	No	Name
	GENDER	No	No	Indicator
	EEOC TYPE ID	No	No	ID
	EEOC DESCRIPTION	No	No	Description
	AGE	No	No	Numeric
	YEARS EXPERIENCE	No	No	Numeric

TABLE NAME	COLUMN NAME	PK?	FK?	DOMAIN
	SOCIAL SECURITY NO	No	No	Numeric
GEOGRAPHIC BOUNDARIES	GEO ID	Yes	No	ID
	CITY NAME	No	No	Name
	STATE NAME	No	No	Name
	COUNTRY NAME	No	No	Name
	CITY ABBRV	No	No	Short varchar
	STATE ABBRV	No	No	Short varchar
	COUNTRY ABBRV	No	No	Short varchar
INTERNAL ORG ADDRESSES	ORGANIZATION ID	Yes	No	ID
	ADDRESS ID	Yes	No	ID
	ORG TYPE	No	No	Short varchar
	ORGANIZATION NAME	No	No	Long varchar
	ADDRESS LINE1	No	No	Long varchar
	ADDRESS LINE2	No	No	Long varchar
	POSTAL CODE	No	No	Short varchar
	GEO ID	No	Yes	ID
	PARENT ORG ID	No	No	ID
	LOAD DATE	No	No	Datetime
POSITIONS	ORGANIZATION ID	Yes	Yes	ID
	ADDRESS ID	Yes	Yes	ID
	EMPLOYEE ID	Yes	Yes	ID
	POSITION ID	Yes	No	ID
	FROM DATE	Yes	No	Datetime
	THRU DATE	No	No	Datetime
	SNAPSHOT DATE	No	Yes	Datetime
	POSITION TYPE ID	No	No	ID
	TITLE	No	No	Short varchar
	ANNUAL PAY	No	No	Currency amount
	SALARY FLAG	No	No	Indicator
	EXEMPT FLAG	No	No	Indicator

TABLE NAME	COLUMN NAME	PK?	FK?	DOMAIN
PRODUCT CATEGORIES	PRODUCT ID	Yes	Yes	ID
	CATEGORY ID	Yes	No	ID
	SNAPSHOT DATE	Yes	No	Datetime
	CATEGORY DESCRIPTION	No	No	Description
PRODUCT SNAPSHOTS	PRODUCT ID	Yes	Yes	ID
	SNAPSHOT DATE	Yes	No	Datetime
	MSRP	No	No	Currency amount
	UOM	No	No	Short varchar
	PRIMARY SUPPLIER NAME	No	No	Name
	SUPPLIER CITY NAME	No	No	Name
	SUPPLIER STATE ABBRV	No	No	Short varchar
	SUPPLIER COUNTRY NAME	No	No	Short varchar
PRODUCTS	PRODUCT ID	Yes	No	ID
	DESCRIPTION	No	No	Description
PURCHASE INVOICES	INVOICE ID	Yes	No	ID
	INVOICE ITEM SEQ ID	Yes	No	ID
	PRODUCT ID	No	Yes	ID
	INVOICE DATE	No	No	Datetime
	SUPPLIER ID	No	Yes	ID
	ADDRESS ID	No	Yes	ID
	BUDGET ID	No	Yes	ID
	BUDGET REVISION SEQ ID	No	No	ID
	BUDGET ITEM SEQ ID	No	Yes	ID
	QUANTITY	No	No	Numeric
	UNIT PRICE	No	No	Currency amount
	AMOUNT	No	No	Currency amount
	LOAD DATE	No	No	Datetime
SALES REPS	SALES REP ID	Yes	No	ID
	SNAPSHOT DATE	Yes	No	Datetime
	INVOICE ID	Yes	Yes	ID
	INVOICE ITEM SEQ ID	Yes	Yes	ID

TABLE NAME	COLUMN NAME	PK?	FK?	DOMAIN
	LAST NAME	No	No	Name
	FIRST NAME	No	No	Name
	MANAGER SALES REP ID	No	No	ID
SUPPLIER ADDRESSES	SUPPLIER ID	Yes	No	ID
	ADDRESS ID	Yes	No	ID
	SUPPLIER NAME	No	No	Name
	POSTAL CODE	No	No	Short varchar
	GEO ID	No	Yes	ID
	LOAD DATE	No	No	Datetime

APPENDIX

C

스타 스키마 설계의 테이블과 컬럼

이 부록에는 12장에서 14장에 있는 스타 스키마 설계의 테이블과 컬럼 정보가 나열되어 있다. 이 목록에는 테이블 이름, 컬럼 이름, 기본 키 표시, 외부 키 표시 및 각 컬럼의 도메인이 포함된다.

이 부록의 각 도메인에 대한 정의는 표 A.1을 참조하라. 도메인은 데이터 타입 및 길이를 포함하여 컬럼에 적용될 수 있는 표준 특성을 나타낸다. 이 부록의 컬럼에 대한 도메인과 응용 프로그램은 이러한 모델을 실제로 구현할 때 사용할 데이터 타입 및 길이에 대한 지침을 제공한다. 데이터 타입은 대상 데이터베이스 관리 시스템에 따라 다를 수 있다. 물론 각 컬럼의 데이터 타입과 길이는 기업의 특정 요건에 맞도록 적절하게 조정돼야 한다.

Star Schema Designs Tables and Column Listing

TABLE NAME	COLUMN NAME	PK?	FK?	DOMAIN
ACCOUNT BALANCES	GL ACCOUNT ID	Yes	Yes	ID
	INTERNAL ORGANIZATION ID	Yes	Yes	ID
	MONTH ID	Yes	Yes	ID
	COUNTRY ID	Yes	Yes	ID
	BALANCE SHEET ACTUAL BALANCE	No	No	Currency amount
	BALANCE SHEET PLANNED BALANCE	No	No	Currency amount
	BALANCE SHEET VARIANCE	No	No	Currency amount
	BALANCE SHEET PERCENTAGE OF PLAN	No	No	Floating point
	INCOME STATEMENT ACTUAL BALANCE	No	No	Currency amount
	INCOME STATEMENT PLANNED BALANCE	No	No	Currency amount
	INCOME STATEMENT VARIANCE	No	No	Currency amount
	INCOME STATEMENT PERCENTAGE OF PLAN	No	No	Floating point
ADDRESSES	ADDRESS ID	Yes	No	ID
	ADDRESS LINE1	No	No	Long varchar
	ADDRESS LINE2	No	No	Long varchar
	CITY NAME	No	No	Long varchar
	STATE ABBRV	No	No	Very short
	POSTAL CODE	No	No	Short varchar
	COUNTRY NAME	No	No	Short varchar
CARRIERS	CARRIER ID	Yes	No	ID
	CARRIER NAME	No	No	Name
COST CENTERS	COST CENTER ID	Yes	No	ID
	COST CENTER NAME	No	No	Name
CUSTOMER DEMOGRAPHICS	CUSTOMER DEMOGRAPHICS ID	Yes	No	ID
	CREDIT RATING	No	No	Short varchar
	MARITAL STATUS	No	No	Short varchar

TABLE NAME	COLUMN NAME	PK?	FK?	DOMAIN
	AGE	No	No	Numeric
CUSTOMER INVOICES	INVOICE ID	Yes	No	ID
	INVOICE ITEM SEQ ID	Yes	No	ID
	CUSTOMER ID	No	Yes	ID
	INTERNAL ORGANIZATION ID	No	Yes	ID
	ADDRESS ID	No	Yes	ID
	DAY ID	No	Yes	ID
	SALES REP ID	No	Yes	ID
	MANAGER REP ID	No	Yes	ID
	CUSTOMER DEMOGRAPHICS ID	No	Yes	ID
	QUANTITY	No	No	Numeric
	GROSS SALES	No	No	Currency amount
	PRODUCT COST	No	No	Currency amount
	LOAD DATE	No	No	Datetime
CUSTOMER REP SALES	INTERNAL ORGANIZATION ID	Yes	Yes	ID
	ADDRESS ID	Yes	Yes	ID
	MONTH ID	Yes	Yes	ID
	SALES REP ID	Yes	Yes	ID
	MANAGER REP ID	Yes	Yes	ID
	CUSTOMER ID	Yes	Yes	ID
	GROSS SALES	No	No	Currency amount
CUSTOMER SALES	SALES REP ID	Yes	Yes	ID
	MANAGER REP ID	Yes	Yes	ID
	CUSTOMER DEMOGRAPHICS ID	Yes	Yes	ID
	INTERNAL ORGANIZATION ID	Yes	Yes	ID
	ADDRESS ID	Yes	Yes	ID
	CUSTOMER ID	Yes	Yes	ID
	DAY ID	Yes	Yes	ID
	PRODUCT ID	Yes	Yes	ID
	QUANTITY	No	No	Numeric
	GROSS SALES	No	No	Currency amount
	PRODUCT COST	No	No	Currency amount

TABLE NAME	COLUMN NAME	PK?	FK?	DOMAIN
CUSTOMERS	CUSTOMER ID	Yes	No	ID
	CUSTOMER NAME	No	No	Name
EEOC TYPES	EEOC TYPE ID	Yes	No	ID
	DESCRIPTION	No	No	Description
FACILITIES	FACILITY ID	Yes	No	ID
	FACILITY NAME	No	No	Name
	FACILITY ADDRESS	No	No	Short varchar
	GEO LEVEL 1	No	No	Short varchar
	GEO LEVEL 2	No	No	Short varchar
	GEO LEVEL 3	No	No	Short varchar
GENDERS	GENDER ID	Yes	No	ID
	DESCRIPTION	No	No	Description
GENERAL LEDGER ACCOUNTS	GL ACCOUNT ID	Yes	No	ID
	GL ACCOUNT NAME	No	No	Name
	GL ACCOUNT ID L2	No	No	ID
	GL ACCOUNT NAME L2	No	No	Name
	GL ACCOUNT ID L3	No	No	ID
	GL ACCOUNT NAME L3	No	No	Name
	GL ACCOUNT ID L4	No	No	ID
	GL ACCOUNT NAME L4	No	No	Name
GEOGRAPHIC BOUNDARIES	GEO ID	Yes	No	ID
	CITY NAME	No	No	Name
	STATE NAME	No	No	Name
	COUNTRY NAME	No	No	Name
	CITY ABBRV	No	No	Very short
	STATE ABBRV	No	No	Very short
	COUNTRY ABBRV	No	No	Very short
GOODS	PRODUCT ID	Yes	No	ID
	PRODUCT NAME	No	No	Name
	PRODUCT CATEGORY	No	No	Name

TABLE NAME	COLUMN NAME	PK?	FK?	DOMAIN
HUMAN RESOURCES FACT	MONTH ID	Yes	Yes	ID
	PAY GRADE ID	Yes	Yes	ID
	STATUS ID	Yes	Yes	ID
	ORGANIZATION ID	Yes	Yes	ID
	GENDER ID	Yes	Yes	ID
	LENGTH OF SERVICE ID	Yes	Yes	ID
	POSITION TYPE ID	Yes	Yes	ID
	EEOC TYPE ID	Yes	Yes	ID
	NUMBER OF EMPLOYEES	No	No	Numeric
	AVERAGE AGE	No	No	Numeric
	AVERAGE YEARS EXPERIENCE	No	No	Numeric
	AVERAGE YEARS EMPLOYED	No	No	Numeric
	AVERAGE ANNUAL PAY	No	No	Currency amount
INTERNAL ORGANIZATIONS	INTERNAL ORGANIZATION ID	Yes	No	ID
	INTERNAL ORGANIZATION NAME	No	No	Name
	LEVEL 1 NAME	No	No	Name
	LEVEL 1 ORG TYPE	No	No	Short varchar
	LEVEL 2 NAME	No	No	Name
	LEVEL 2 ORG TYPE	No	No	Short varchar
	LEVEL 3 NAME	No	No	Name
	LEVEL 3 ORG TYPE	No	No	Short varchar
	LEVEL 4 NAME	No	No	Name
	LEVEL 4 ORG TYPE	No	No	Short varchar
	LEVEL 5 NAME	No	No	Name
	LEVEL 5 ORG TYPE	No	No	Short varchar
INVENTORY ITEM FACT	FACILITY ID	Yes	Yes	ID
	INTERNAL ORGANIZATION ID	Yes	Yes	ID
	INVENTORY STATUS ID	Yes	Yes	ID
	PART ID	Yes	Yes	ID
	DAY ID	Yes	Yes	ID

TABLE NAME	COLUMN NAME	PK?	FK?	DOMAIN
	ORGANIZATION ID	Yes	Yes	ID
	QTY ON HAND	No	No	Numeric
	QTY COMMITTED	No	No	Numeric
	QTY SHIPPED	No	No	Numeric
	QTY RECEIVED	No	No	Numeric
	QTY ISSUED	No	No	Numeric
	QTY SCRAPPED	No	No	Numeric
	STANDARD COST	No	No	Currency amount
	ITEM VALUATION	No	No	Currency amount
INVENTORY STATUSES	INVENTORY STATUS ID	Yes	No	ID
	DESCRIPTION	No	No	Description
LENGTH OF SERVICES	LENGTH OF SERVICE ID	Yes	No	ID
	RANGE	No	No	Short varchar
LOCATIONS	COUNTRY ID	Yes	No	ID
	COUNTRY NAME	No	No	Name
	CONTINENT ID	No	No	ID
	CONTINENT NAME	No	No	Name
ORGANIZATIONS	ORGANIZATION ID	Yes	No	ID
	LEVEL1 NAME	No	No	Name
	LEVEL1 ORG TYPE	No	No	Short varchar
	LEVEL2 NAME	No	No	Name
	LEVEL2 ORG TYPE	No	No	Short varchar
	LEVEL3 NAME	No	No	Name
	LEVEL3 ORG TYPE	No	No	Short varchar
	LEVEL4 NAME	No	No	Name
	LEVEL4 ORG TYPE	No	No	Short varchar
	LEVEL5 NAME	No	No	Name
	LEVEL5 ORG TYPE	No	No	Short varchar
PARTS	PART ID	Yes	No	ID
	PART NAME	No	No	Name
PARTYS	PARTY ID	Yes	No	Short varchar
	WORKER	No	No	Short varchar

TABLE NAME	COLUMN NAME	PK?	FK?	DOMAIN
	PROJECT MANAGER	No	No	Long varchar
PAY GRADES	PAY GRADE ID	Yes	No	ID
	PAY GRADE	No	No	Description
POSITION TYPES	POSITION TYPE ID	Yes	No	ID
	POSITION TYPE	No	No	Description
	POSITION CLASS	No	No	Description
PRODUCTS	PRODUCT ID	Yes	No	ID
	PRODUCT DESCRIPTION	No	No	Description
	CATEGORY ID	No	No	ID
	CATEGORY DESCRIPTION	No	No	Description
PRODUCTS SALES	GEO ID	Yes	Yes	ID
	MONTH ID	Yes	Yes	ID
	PRODUCT ID	Yes	Yes	ID
	GROSS SALES	No	No	Currency amount
	QUANTITY	No	No	Numeric
	PRODUCT COST	No	No	Currency amount
	LOAD DATE	No	No	Datetime
PURCHASE ORDER FACT	SUPPLIER ID	Yes	Yes	ID
	PRODUCT ID	Yes	Yes	ID
	PERSON ID	Yes	Yes	ID
	INTERNAL ORGANIZATION ID	Yes	Yes	ID
	COST CENTER ID	Yes	Yes	ID
	WEEK ID	Yes	Yes	ID
	NUM OF PURCHASE ORDER ITEMS	No	No	Numeric
	PURCHASE ORDER ITEM PRICE	No	No	Currency amount
	QUANTITY	No	No	Numeric
	DISCOUNT	No	No	Currency amount
	AVERAGE DAYS DELIVERED	No	No	Numeric
	AVERAGE DAYS LATER THAN PROMISED	No	No	Numeric
	NUMBER OF PURCHASE ORDERS ON BACKORDER	No	No	Numeric

TABLE NAME	COLUMN NAME	PK?	FK?	DOMAIN
RESPONSIBLE PERSONS	PERSON ID	Yes	No	ID
	PERSON ROLE	No	No	Short varchar
	RESPONSIBLE PERSON NAME	No	No	Name
SALES REPS	SALES REP ID	Yes	No	ID
	MANAGER REP ID	Yes	No	ID
	SALES REP LAST NAME	No	No	Name
	SALES REP FIRST NAME	No	No	Name
	MANAGER LAST NAME	No	No	Name
	MANAGER FIRST NAME	No	No	Name
SHIP FROMS	SHIP FROM ADDRESS	Yes	No	Long varchar
	GEO LEVEL 1	No	No	Short varchar
	GEO LEVEL 2	No	No	Short varchar
	GEO LEVEL 3	No	No	Short varchar
SHIP TOS	SHIP TO ADDRESS	Yes	No	Long varchar
	GEO LEVEL 1	No	No	Short varchar
	GEO LEVEL 2	No	No	Short varchar
	GEO LEVEL 3	No	No	Short varchar
SHIPMENT FACT	PRODUCT ID	Yes	Yes	ID
	PERSON ID	Yes	Yes	ID
	SHIPMENT TYPE ID	Yes	Yes	ID
	CARRIER ID	Yes	Yes	ID
	SHIP FROM ADDRESS	Yes	Yes	Long varchar
	SHIP TO ADDRESS	Yes	Yes	Long varchar
	DAY ID	Yes	Yes	ID
	NUM OF SHIPMENTS	No	No	Numeric
	NUM LATE SHIPMENTS	No	No	Numeric
	AVERAGE DAYS LATE	No	No	Numeric
	QUANTITY SHIPPED	No	No	Numeric
	QUANTITY ACCEPTED	No	No	Numeric
	QUANTITY REJECTED	No	No	Numeric
	QUANTITY DAMAGED	No	No	Numeric
	FREIGHT AMOUNT	No	No	Currency amount

TABLE NAME	COLUMN NAME	PK?	FK?	DOMAIN
SHIPMENT TYPES	SHIPMENT TYPE ID	Yes	No	ID
	SHIPMENT METHOD	No	No	Short varchar
STATUSES	STATUS ID	Yes	No	ID
	DESCRIPTION	No	No	Description
SUPPLIERS	SUPPLIER ID	Yes	No	ID
	SUPPLIER NAME	No	No	Name
	SUPPLIER LOCATION	No	No	Long varchar
	GEO LEVEL 1 NAME	No	No	Name
	GEO LEVEL 2 NAME	No	No	Name
	GEO LEVEL 3 NAME	No	No	Name
TIME BY DAY	DAY ID	Yes	No	ID
	FISCAL YEAR	No	No	Very short
	QUARTER	No	No	Very short
	MONTH	No	No	Very short
	WEEK	No	No	Very short
	DAY	No	No	Very short
TIME BY MONTH	MONTH ID	Yes	No	ID
	MONTH	No	No	Very short
	QUARTER	No	No	Very short
	FISCAL YEAR	No	No	Very short
TIME BY WEEK	WEEK ID	Yes	No	ID
	WEEK	No	No	Very short
	MONTH	No	No	Very short
	QUARTER	No	No	Very short
	YEAR	No	No	Very short
WORK EFFORT FACILITIES	FACILITY ID	Yes	No	ID
	FACILITY NAME	No	No	Name
	GEO LEVEL 1	No	No	Short varchar
	GEO LEVEL 2	No	No	Short varchar
	GEO LEVEL 3	No	No	Short varchar
WORK EFFORT FACT	PARTY ID	Yes	Yes	Short varchar

TABLE NAME	COLUMN NAME	PK?	FK?	DOMAIN
	WORK EFFORT PURPOSE TYPE ID	Yes	Yes	ID
	EFFORT TYPE ID	Yes	Yes	ID
	FACILITY ID	Yes	Yes	ID
	DAY ID	Yes	Yes	ID
	NUM COMPLETED WORK EFFORTS	No	No	Numeric
	NUMBER OF WORK EFFORTS OVER TIME	No	No	Numeric
	AVG ESTIMATED TIME TO COMPLETE	No	No	Floating point
	AVG ACTUAL TIME TO COMPLETE	No	No	Floating point
	ESTIMATED TOT HOURS	No	No	Numeric
	ACT TOT HOURS	No	No	Numeric
	EST TOT COST	No	No	Currency amount
	ACT TOTAL COST	No	No	Currency amount
	EST TOT MATERIALS COST	No	No	Currency amount
	ACTUAL TOT MATERIALS COST	No	No	Currency amount
	EST LABOR COST	No	No	Currency amount
	ACT LABOR COST	No	No	Currency amount
WORK EFFORT PURPOSES	WORK EFFORT PURPOSE ID	Yes	No	ID
	DESCRIPTION	No	No	Description
WORK EFFORT TYPES	WORK EFFORT TYPE ID	Yes	No	ID
	DESCRIPTION	No	No	Description

그 밖의 데이터 모델과 데이터 웨어하우스 디자인 자료

데이터 모델 및 데이터 웨어하우스 디자인을 재사용하는 것은 매우 중요하다고 확신한다. 재사용 가능한 데이터 모델 및 데이터 웨어하우스 디자인 구조를 위한 많은 자료가 있다. 시스템을 더 신속하고 고품질로 설계하기 위해서는 공급 업체의 모델, 웹 사이트에서 사용 가능한 모델, 응용 프로그램 패키지 내에서 사용 가능한 모델, 기업 자체에서 사용 가능한 모델, 사람들의 과거 경험에서 얻을 수 있는 모델 및 다른 출판물에서 사용 가능한 모델과 같이 사용 가능한 모델의 소스를 사용하는 것이 좋다. 다음의 출판물은 완전하지는 않지만 재사용 가능한 데이터 모델 및 데이터 웨어하우스 디자인을 위한 실질적인 소스를 제공한다.

재사용 가능한 데이터 모델 리소스

Barker, Richard. CASE*Methodm Entity Relationship Modeling. Addison-Wesley. 1989 (이 책은 주로 CASE*Method와 데이터 모델링 규칙에 중점을 두지만, 몇 가지 유용한 데이터 모델 구조 및 아이디어가 포함되어 있다.)

Fowler, Martin. Analysis Patterns: Reusable Object Models. Addison-Wesley. 1997. (이 책은 객체 지향 패턴 책이지만, 이러한 패턴 중 많은 부분이 데이터 모델링에 적용된다.)

Hay, David C. Data Model Patterns: Conventions of Thought. Dorset House. 1996.

Reingruber, Michael C, and William W. Gregory. The Data Modeling Handbook: A Best-Practice Approach to Building Quality Data Models.

Silverston, Len. "Is Your Organization Too Unique to Use Universal Data Models?" Data Management Review 8:8. September 1998.

Simsion, Graeme C. Revised and updated by Graham C. Witt & Graeme C. Simsion. Data Modeling Essentials. Coriolis. 2000.

데이터 웨어하우스 디자인 참고 자료

Adamson, Christopher, and Michael Venerable. Data Warehouse Design Solutions. John Wiley & Sons. 1998.

Connely, McNeill, and Mosimann. The Multi-Dimensional Manager, 24 Ways to Impact Your Bottom Line in 90 Days. Cognos. 1997.

Kimball, Ralph. The Data Warehouse Toolkit: Practical Techniques for Building Dimensional Data Warehouses. John Wiley & Sons. 2000.

재사용 가능한 데이터웨어 하우스 디자인 리소스

바커, 리차드. 사례 * Methodm 엔터티 관계 모델링. 애디슨-웨슬리. 1989

(참고: 이 책은 주로 사례 * 방법 및 데이터 모델링 관례; 유용한 데이터 모델 구성 및 아이디어가 포함되어 있다.)

역자 소개

위즈덤마인드 대표 컨설턴트인 김기창은 데이터 분야에 20년 가까이 종사하며 데이터 모델링과 DA(Data Architecture) 컨설팅을 하고 있는 전문가이다. 특별히 풍부한 실전을 바탕으로 데이터 모델링을 직접 수행하는 것이 강점이다.

저서로 『데이터베이스 활용을 위한 SQL Server 2000』, 『관계형 데이터 모델링 프리미엄 가이드』, 『관계형 데이터 모델링 노트』를 출간했으며, 『전사적 데이터 아키텍처 프레임워크에 대한 개념모델 개발』이라는 논문을 발표(2007년)했다.

역자는 모델러가 추구해야 할 최고의 가치는 좋은 데이터 모델을 기업에 제공하는 것이라고 말하며, 더 많은 기업들이 더 좋은 모델을 운영하게 되기를 바라고 있다. 훌륭한 모델을 설계하는 진짜 모델러가 많아지기를 소망하는 마음으로 이 책 『데이터 모델 리소스 북』 번역에 임했다고 전한다. 최근에는 같은 소망을 담아 데이터 전문가 지식 포털 디비가이드넷 (dbguide.net)에 전문가 칼럼도 연재하고 있다.

데이터 모델 리소스 북 vol. 1(Revised Edition)
: 앞서가는 모델러와 모든 회사를 위한 유니버설 라이브러리

초판 1쇄 발행 / 2018년 03월 15일

지은이 / 렌 실버스톤
옮긴이 / 김기창

편집 / 김부장
디자인 / 서당개

펴낸이 / 김일희
펴낸곳 / 스포트라잇북
제2014-000086호 (2013년 12월 05일)

주소 / 서울특별시 영등포구 도림로 464, 1-1201 (우)07296
전화 / 070-4202-9369   팩스 / 02-6442-9369
이메일 / spotlightbook@gmail.com

주문처 / 신한전문서적 (전화)031-919-9851 (팩스)031-919-9852

책값은 뒤표지에 있습니다.
잘못된 책은 구입한 곳에서 바꾸어 드립니다.

ISBN 979-11-87431-13-8 13560

스포트라잇북은 주목받는
잇북(IT Book)을 만듭니다.